자동차**구조원리**

자동차구조원리

자동차구조원리

자동차구조원리

2025 최신판

운전직 공무원

자동차 구조원리

동영상·판매율
선호도·점유율
1위

이윤승 | 윤명균 | 강주원 편저 및 직강

  자동차구조원리는 국어, 한국사, 사회 과목과 다르게 학창시절 접해볼 기회가 많지 않습니다. 또한 기구학적 요소의 비중이 높아 과목 이름에서 알 수 있듯이 자동차의 구조와 원리를 이해하지 않고 단순히 내용을 암기하는 것만으로 기출문제를 변형하거나 응용하여 출제하는 필기시험에서 좋은 결과를 기대하기 어렵습니다.

  자동차구조원리 과목을 효율적으로 학습하기 위해서는 기본기를 확실하게 하는 동시에 응용력을 키워야 합니다. 그러기 위해서는 각 시스템의 유기적인 연관관계를 찾아 머릿속에 하나의 큰 그림을 그릴 줄 알아야 합니다. 자동차는 사람처럼 모든 시스템이 유기적으로 움직이고 개발·발전 된 과정이 있습니다. 이런 전반적인 내용을 쉽게 이해하기 위해 다음과 같이 구성하였습니다.

책의 구성

첫째, 시험에 출제되었던 중요한 핵심이론 및 최신 신기술까지 대부분의 시험 범위를 아우릅니다. 출제경향 및 의도를 파악하기 위해 저자가 직접 시험에 응시하고 있으며 동시 시험으로 응시하지 못한 지역은 수험생들과의 교류를 통해 복원한 내용들을 기반으로 합니다.

둘째, 다양한 학습 자료를 활용하여 이해도를 높였습니다. 다수의 컬러사진과 그림, 애니메이션 플래시, 동영상 등

셋째, QR 코드를 제공합니다. 글과 그림만으로 이해하기 어려운 내용은 QR 코드로 링크된 동영상을 통해 설명 및 표현했습니다.

넷째, 단계별 학습으로 완성도를 높였습니다. 이해도를 높인 기본내용 학습, 주요 핵심내용을 O, X 문제로 1차 복습, 단원평가 문제를 풀면서 2차 복습, 최근 2년간 각 시도별 기출문제를 풀면서 3차 복습 및 마무리..

블로그 https://blog.naver.com/gard1212

유튜브 이윤승김진아 운전직공무원

다섯째, 유튜브를 통해 다양한 콘텐츠를 제공합니다. 입문특강 및 시험안내, 최종마무리 내용 정리, 시험치고 난 후 복원문제 풀이, 합격자 학습 노하우 정리 등.

여섯째, 블로그를 통한 빠른 피드백으로 학습 능률을 올려드리겠습니다. 네이버 블로그를 통해 질문 및 교재 정오의 내용을 반영

    다수의 최종 합격자 분들은 다음과 같이 얘기합니다. "하루 8시간 이상 꾸준히 공부했습니다." "기본서가 정말 중요하니 시험의 마무리는 이 책의 회독을 늘려 기본문제를 틀리지 않아야 합니다." "항상 긍정적으로 생각하고 행동하려 노력했습니다." 이 말들을 잘 기억하시어 "보다 안정적인 삶과 편안한 노후를 위해 공무원이 되어야겠다."는 초심을 잊지 않고 목표하신 바를 꼭 이루시길 바랍니다.

※ 본 교재는 ㈜골든벨, 강주원 선생님의 저작권에 동의를 구하여 엔진, 전기, 섀시 애니메이션 자료를 사용하였음을 알려드립니다. 본 교재의 자세한 내용의 이해를 돕기 위한 애니메이션 자료는 ㈜골든벨 홈페이지[www.gbbook.co.kr]에서 구매 하실 수 있습니다. 끝으로 소중한 자료를 사용할 수 있게 해주신 강주원 선생님께 다시 한 번 감사의 말씀을 전해드립니다. 내용의 이해를 돕기 위해 사용한 QR 코드 동영상의 일부는 장대호 선생님의 자료를 활용하였습니다. 사용할 수 있게 선뜻 허락해 주신 장대호 선생님께도 감사의 말씀을 전해드립니다.

2024년 10월

저자 이 윤 승

Contents
차 례

Contents
차 례

02 PART

자동차 구조원리 **기출문제**

PART

01

자동차 구조원리

CHAPTER 01

자동차 일반

학습목표

- 자동차의 정의
- 자동차의 분류
- 자동차의 기본 구조와 제원

SECTION 01 자동차의 정의 및 분류

1 관련 법규에 따른 자동차의 정의

(1) 자동차관리법 제2조 제1호

자동차란 원동기^甲에 의하여 육상에서 이동할 목적으로 제작한 용구^乙 또는 이에 견인되어 육상을 이동할 목적으로 제작한 용구

(2) 도로교통법 제2조 제18호

"**자동차**"란 철길이나 가설된 선을 이용하지 아니하고 원동기를 사용하여 운전되는 차(견인되는 자동차도 자동차의 일부로 본다)로서 다음 각 목의 차를 말한다.

가. 자동차관리법 제3조에 따른 다음의 자동차. 다만 원동기장치자전거는 제외한다.
 − 승용, 승합, 화물, 특수, 이륜자동차

나. 건설기계관리법 제26조 제1항 단서에 따른 건설기계
 − 덤프트럭, 아스팔트 살포기, 노상 안정기, 콘크리트 믹서트럭, 콘크리트 펌프,
  천공기^丙(트럭 적재식), 특수 건설기계 중 국토교통부장관이 지정하는 건설기계

甲 자연계에 존재하는 에너지원을 이용하여 필요한 동력을 발생시키는 장치
乙 용도를 가진 도구
丙 지질 조사를 위해 구멍을 뚫는 기계로써 시추기라고도 한다.

2 법규상의 분류

(1) 승용자동차

10인 이하를 운송하기에 적합하게 제작된 자동차

구 분		경 형		소 형	중 형	대 형
		초소형	일반			
배기량		250cc 이하 (15kW)	1000cc 미만	1600cc 미만	1600cc~2000cc 미만이거나	2000cc 이상이거나
크기	길이	3.6m 이하甲		4.7m 이하	길이, 너비, 높이 중 어느 하나라도 소형을 초과하는 것	길이, 너비, 높이 모두 소형을 초과하는 것
	너비	1.5m 이하	1.6m 이하	1.7m 이하		
	높이	2.0m 이하				

(2) 승합자동차

11인 이상을 운송하기에 적합하게 제작된 자동차, 내부의 특수한 설비로 인하여 승차 정원이 10인 이하로 된 자동차, 경형자동차로서 승차정원이 10인 이하인 전방조종자동차乙

구 분	경 형	소 형	중 형	대 형
승차 정원	배기량 – 1000cc 미만	15인 이하	16인 ~ 35인 이하이거나	36인 이상이거나
크기	길이 : 3.6m 이하 너비 : 1.6m 이하 높이 : 2.0m 이하	길이 : 4.7m 이하 너비 : 1.7m 이하 높이 : 2.0m 이하	어느 것 하나라도 소형을 초과하여 길이가 9m 미만	모두가 소형을 초과하여 길이가 9m 이상

(3) 화물자동차

화물을 운송하기 적합한 화물적재공간을 갖추고, 화물적재공간의 총적재화물의 무게가 운전자를 제외한 승객이 승차공간에 모두 탑승했을 때의 승객의 무게보다 많은 자동차

구 분		경 형		소 형	중 형	대 형
		초소형	일반			
최대 적재량		250cc 이하 (15kW)	1000cc 미만	1톤丙 이하	1톤 초과 ~ 5톤 미만이거나	5톤 이상이거나
총중량		3.6m 이하		3.5톤 이하	3.5톤 초과 ~ 10톤 미만	10톤 이상
		1.5m 이하	1.6m 이하			
		2.0m 이하				

甲 이하(이내) : 앞의 수치를 포함한 아래 범위 / 미만 : 앞의 수치를 포함하지 않은 아래 범위
　이상 : 앞의 수치를 포함한 위 범위　　　 / 초과 : 앞의 수치를 포함하지 않은 위 범위
乙 차량 앞부분과 조향장치까지의 길이가 차량 전체 길이의 $\frac{1}{4}$ 이내인 승합자동차
丙 1000kgf

(4) 특수자동차

다른 자동차를 견인하거나 구난작업 또는 특수한 용도로 사용하기에 적합하게 제작된 자동차로서 승용, 승합, 화물차가 아닌 자동차

구 분	경 형	소 형	중 형	대 형
총중량	배기량 : 1000cc 미만 길이 : 3.6m 이하 너비 : 1.6m 이하 높이 : 2.0m 이하	3.5톤 이하	3.5톤 초과 ~ 10톤 미만	10톤 이상

(5) 이륜자동차

총배기량 또는 정격출력[甲]의 크기와 관계없이 1인 또는 2인의 사람을 운송하기에 적합하게 제작된 이륜의 자동차 및 그와 유사한 구조로 되어 있는 자동차

구 분	경 형	소 형	중 형	대 형
배기량	50cc 미만	100cc 이하	100cc 초과 ~ 260cc 이하	260cc 초과
정격 출력	4kW 이하	11kW 이하	11kW 초과 ~ 15kW 이하	15kW 초과
최대 적재량		60kg₁ 이하	60kg₁ 초과 ~ 100kg₁ 이하	

TIP

▶ 배기량

① 행정체적[乙]의 부피를 말한다.

② 부피의 단위로 cm^3을 cc라고 표현한다.

③ 1기통 배기량 $= \pi \times r^2 \times L$

    [$\pi =$ 원주율, $r =$ 반지름(반경), $L =$ 행정($stroke$)]

④ 총 배기량은 1기통 배기량 × 기통 수

⑤ 압축비 $= \dfrac{\text{실린더 체적}}{\text{연소실 체적}} = 1 + \dfrac{\text{행정체적}}{\text{연소실체적}}$

⑥ 실린더체적[丙] = 연소실체적[丁] + 행정체적

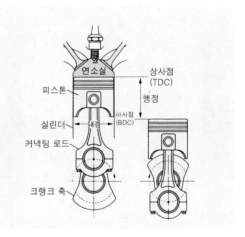

[甲] 제조업자가 보증하는 기기의 사용한도를 표시한 출력으로 전기모터의 경우 kW를 엔진의 경우 PS를 주 단위로 사용한다.
   1PS=0.736kW

[乙] 피스톤이 상사점에서 하사점까지 이동하면서 형성하는 체적

[丙] 피스톤이 하사점에 있을 때 실린더의 체적(가장 큰 체적)

[丁] 피스톤이 상사점에 있을 때 연소실의 체적(가장 작은 체적)

3 외형에 의한 분류

(1) 승용차

1) 세단 Sedan

① 엔진룸, 승객룸(캐빈룸), 트렁크룸 이렇게 3가지로 뚜렷하게 구분된다.

② 2도어甲, 4도어가 다수이고 3도어, 5도어도 있다.

그림 세단

2) 리무진 Limousine

① 세단을 베이스로 1열과 2열 사이를 늘린 형태이다.

② 운전석과 승객석을 분리하여 안전성을 강조한 형태이다.

3) 해치백 Hatch-back

① 뒤가 열린다는 뜻으로 승객석과 트렁크가 연결된 형태이다.

② 일반적으로 뒤쪽 시트를 접어서 화물 적재공간을 확보할 수 있다.

그림 리무진   그림 해치백

4) 왜건 Wagon

① 해치백과 비교했을 때 트렁크 공간이 더 길다.

② 세단의 트렁크 부분을 지붕 후단까지 위로 끌어 올린 격에 가깝다.

5) 쿠페 Coupe

① 지붕(루프)이 낮고 2도어에 앞좌석만 있다.

② 주행 성능이 우수한 편이다.

그림 왜건

그림 쿠페

甲 승객룸으로 통하는 문

6) 컨버터블 Convertible

① 지붕을 임의 탈착할 수 있는 형태로 외관상 스타일이
뛰어나다.

② 센터필러^甲를 없앤 것이 일반적이라 거주성이 떨어지
고 차체의 강성을 확보하는데 어려움이 따른다.

그림 컨버터블

③ 지붕의 재질에 따라 천과 같이 부드러운 재질이면 소프트 탑(Soft top), 반대로 딱딱한
재질이면 하드 탑(Hard top)이라고 한다.

(2) 화물차

1) 보닛형 Bonnet Type

① 운전실이 엔진룸 뒤에 위치한다.

② 군용 트럭, 견인 트럭에 많이 사용된다.

그림 보닛형

2) 캡오버형 Cab Over Type

① 운전실이 엔진룸 위에 위치한다.

② 소형트럭이나 트레일러 차량에 많이
사용된다.

3) 픽업 Pick Up

① 지붕이 없는 적재함이 운전석 뒤쪽에
있다.

② 소형 트럭에서 주로 많이 사용된다.

그림 캡 오버형

4) 밴형 Van Type

① 박스형 구조이며 악천 후 시에 화물 운송이 효율적이다.

② 소형 승합 및 RV차량과 라인을 공유하여 생산하는 경우도 있다.

그림 픽업

그림 밴형

---

^甲 "B필러"라고도 하며 앞·뒷문의 중간에 위치한 기둥을 뜻한다.

01. 자동차관리법 제3조에 따른 자동차에 승용, 승합, 화물, 특수, 이륜자동 차가 있다. ☐ O ☐ X

02. 원동기장치자전거는 자동차로 볼 수 없으나 콘크리트 펌프 및 천공기 (트럭 적재식) 등의 건설기계는 자동차로 인정한다. ☐ O ☐ X

03. 10인 미만을 운송하기에 적합하게 제작된 자동차를 승용자동차라 한 다. ☐ O ☐ X

04. 승차정원이 15인 이하의 자동차를 중형 승합자동차라 한다. ☐ O ☐ X

05. 일반 경형 자동차의 크기는 길이 3.6m 이하, 너비 1.6m 이하, 높이 2.0m 이하여야 한다. ☐ O ☐ X

06. 실린더의 배기량을 실린더체적이라도 한다. ☐ O ☐ X

07. 실린더에서 상사점과 하사점 사이의 체적을 행정체적이라 하고 각 실린 더의 행정체적의 총합을 엔진의 총 배기량이라 한다. ☐ O ☐ X

08. 실린더체적과 연소실체적의 차를 행정체적이라 한다. ☐ O ☐ X

09. 연소실체적에 대한 실린더체적을 압축비라 한다. ☐ O ☐ X

10. 승용차에서 자동차의 지붕을 임의로 탈착할 수 있는 형태로 전복사고 발생 시 차체의 강성을 확보하기 어려운 형식이 쿠페다. ☐ O ☐ X

11. 화물차에서 적재함이 박스형 구조로 되어 있어 악천 후 시 화물 운송에 적합하고 소형 승합 및 RV 차량에도 적용이 가능한 것이 밴형이다. ☐ O ☐ X

정답 및 해설

03. 10인 이하를 운송하기에 적 합하게 제작된 자동차를 승 용자동차라 한다.

04. 승차정원이 15인 이하의 자 동차를 소형 승합자동차라 한다.

06. 실린더의 배기량을 행정체 적이라도 한다.

10. 승용차에서 자동차의 지붕 을 임의로 탈착할 수 있는 형태로 전복사고 발생 시 차 체의 강성을 확보하기 어려 운 형식이 컨버터블이다.

정답

01.O 02.O 03.X 04.X
05.O 06.X 07.O 08.O
09.O 10.X 11.O

SECTION 02　자동차의 기본 구조와 제원

1 기본 구조

(1) 차체 Body : 사람이나 화물을 싣는 부분

    1) 보디·온 프레임^甲식 : 차체와 프레임을 분리한 형식

    2) 일체 구조식 Monocoque Body : 차체와 프레임이 일체로 된 형식

(2) 섀시 Chassis

  주행의 원동력이 되는 엔진을 비롯하여 동력전달장치, 현가장치, 조향장치, 제동장치 등의 주요
장치로 구성

    1) 엔진 : 자동차가 주행하는데 필요한 동력을 발생하는 장치

    2) 동력전달장치 : 엔진에서 발생한 동력을 구동바퀴까지 전달하는 장치

    3) 현가장치 : 자동차가 주행할 때 노면으로부터 받는 충격을 흡수하기 위한 장치로 주로
      차체와 차축 사이에 설치

    4) 조향장치 : 자동차의 진행방향을 바꾸기 위한 장치

    5) 제동장치 : 주행하는 자동차의 속도를 줄이거나 정지시키기 위한 장치

2 치 수

(1) 전장 Overall Length

    1) 자동차를 측면에서 보았을 때 앞쪽에서 뒤쪽 끝까지의 최대길이이다.

    2) 부속물(범퍼, 미등)까지 포함한다.

(2) 전폭 Overall Width

    1) 자동차를 정면에서 보았을 때 최대 폭을 나타낸다.

    2) 사이드 미러의 폭은 제외한다.

(3) 전고 Overall Height

    1) 접지면에서 자동차의 가장 높은 부분까지의 높이

    2) 타이어는 허용하중^乙에 따른 최대 공기압 상태에서 측정한다.

    3) 안테나는 가장 낮은 상태이다.

甲 자동차의 뼈대

乙 기계, 기계 부품, 기타 일반 제품에 대해 사용 중, 이 크기 이하의 하중(荷重)이면 안전한 것으로 인정된 하중.

(4) 축거 Wheel Base

1) 자동차를 측면에서 보았을 때 전·후 차축 중심 사이의 거리이다.

2) 3축인 경우

　① **제 1축거** : 전축과 중간축 사이거리

　② **제 2축거** : 중간축과 후축 사이의 거리

그림 윤거, 전폭, 전고

(5) 윤거 Wheel Tread

1) 자동차를 정면에서 보았을 때 좌우 타이어의 중심 사이의 거리이다.

2) 복륜인 경우에는 각 복륜 타이어의 중심과 중심사이 거리이다.

3) 윤거가 변하는 독립현가방식인 경우에는 총중량 상태에서 측정한다.

(6) 최저 지상고 Ground Clearance

1) 공차상태에서 측정한다.

2) 노면에서 자동차 최저부까지의 높이이다.

3) 타이어의 접지부분과 브레이크 드럼의 아랫부분은 측정에서 제외한다.

(7) 앞 오버행 Front Overhang

1) 앞차축 중심에서 자동차의 제일 앞부분 끝까지의 길이이다.

2) 부속물(범퍼, 훅 등)의 길이 포함이다.

(8) 뒤 오버행 Rear Overhang

뒤차축의 중심에서 부속물을 포함한 자동차 제일 뒷부분 끝까지의 길이이다.

그림 앞오버행, 전장, 축거, 뒤오버행

3 중 량

(1) 공차 중량 Unloaded Vehicle Weight

1) 자동차에 사람이 승차하지 아니하고, 물품을 적재하지 않는 상태로서 연료, 냉각수, 윤활유를 만재[甲]하고 예비타이어를 설치하여 운행할 수 있는 상태를 말한다.

2) **공차 상태에서 제외 품목** : 예비부품, 공구, 휴대물 등

(2) 적차 상태

공차 상태의 자동차에 승차정원, 최대 적재량의 화물이 적재된 상태를 말한다.

① **윤중** : 1개의 바퀴가 수직으로 지면을 누르는 중량

② **축중** : 수평상태에 1개의 축에 연결된 모든 바퀴의 윤중의 합

③ 승차정원 1인은 65kg$_f$, 13세 미만은 1.5인의 정원이 1인으로 함

(3) 스프링 위 질량 Spring Up Mass

현가장치인 스프링의 윗부분의 질량을 말한다.

(4) 스프링 아래 질량 Spring Down Mass

1) 앞·뒤 차축에 고정된 부분의 질량을 나타낸다.

2) 스프링과 쇽업소버의 질량은 반으로 나누어 스프링 위 질량과 스프링 아래 질량에 각각 더해준다.

4 성능과 공학

(1) 기관의 성능 곡선 Performance curve of engine

엔진에 대한 여러 가지 성능을 선도로 나타내는 것으로 엔진 회전수에 대한 출력, 회전력, 연료 소비율을 표시한 것이다.

1) **분당 회전수(rpm)** revolution per minute

① 엔진의 분당 회전수를 가리킨다.

② 6000rpm은 분당 6000회전을 뜻하며 이는 초당 100회전으로 환산가능하다.

2) **토크** Torque - 단위[乙]($1kg_f \cdot m = 9.8N \cdot m$)

① 축이나 바퀴가 회전하는 힘을 토크(회전력)라 한다.

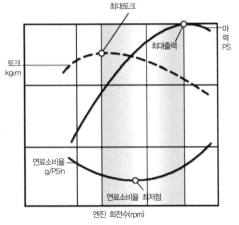

그림 엔진 성능 곡선

[甲] 자동차, 배 따위에 물건을 가득 실음.

[乙] $1kg_f$ ($_f$ 중력가속도=$9.8m/s^2$) = $9.8kg \cdot m/s^2$ = $9.8N$, $1kg \cdot m/s^2 = 1N$ 확장) Pa = $1N/m^2$

② 단위는 힘×거리로 사용하고 자동차가 0km/h에서 100km/h까지 도달하는 시간을 결정하는 데 중요한 요소로 작용한다.

3) 연료 소비율

① 내연기관의 연료 소비 성능을 나타낸다.

② 축 출력 1PS당 1시간에 소비하는 연료의 양으로 나타낸다. → (g/PS·h)

4) 출력

엔진이 행할 수 있는 일의 능률로 보통 마력으로 표현한다.

▶ **국제마력 : 1PS = 75kg$_f$·m/s^甲 = 0.735kw = 632.3kcal/h**

① **지시마력**(IHP-Indicated Horse Power) = 도시마력
실린더에서 연료가 연소하면서 발생된 이론적인 엔진의 출력

$$IHP = \frac{P_{평균유효압력(kg_f/cm^2)} \cdot A_{단면적(cm^2)} \cdot L_{행정(m)} \cdot N_{기통의 수} \cdot R_{엔진 회전수(rpm)}}{75 \times 60}$$

※ $A = \frac{\pi \cdot D^2}{4}$ ※ 4행정 사이클 = $\frac{R}{2}$ ※ 2행정 사이클 = R ※ D : 실린더의 내경(cm)

② **제동마력**(BHP-Brake Horse Power) = 축마력 = 정미마력
엔진의 크랭크축에서 계측한 마력

$$BHP = \frac{2\pi \cdot T \cdot R}{75 \times 60} ≒ \frac{T_{엔진 회전력(kg_f·m)} \cdot R_{엔진 회전수(rpm)}}{716}$$

③ **손실마력**(FHP-Friction Horse Power) = 마찰마력
기계 부분의 마찰에 의하여 손실되는 동력

$$FHP = \frac{F \cdot V}{75}$$ ※ $F_{링의 총 마찰력}$ = $Fr_{1개의 마찰력(kg_f)} \times Z_{피스톤 1개당 링의 수} \times N_{실린더 수}$

$$V_{피스톤 평균속도(m/s)} = \frac{2 \cdot R \cdot L}{60} = \frac{R_{분당 회전수(rpm)} \cdot L_{행정(m)}}{30}$$

④ **기계효율**(η)

$$\eta = \frac{제동마력(BHP)}{지시마력(IHP)} \times 100$$

제동마력(BHP) = 지시마력(IHP) - 마찰마력(FHP)

甲 75kg$_f$·m/s=75kg×9.8m/s^2·m/s=75×9.8N·m/s=735W

⑤ **SAE마력(과세마력)** = 공칭마력

- 실린더 안지름이 mm인 경우 : $\text{SAE 마력} = \dfrac{D^2_{\text{실린더 내경(mm)}} \cdot N_{\text{기통의 수}}}{1613}$

- 실린더 안지름이 inch인 경우 : $\text{SAE 마력} = \dfrac{D^2_{\text{실린더 내경(inch)}} \cdot N_{\text{기통의 수}}}{2.5}$

(2) 정지거리 = 공주거리 + 제동거리

1) 공주거리

운전자가 장애물을 인식하고 정지하려고 생각하여 제동을 하려는 순간부터 실제로 발이 브레이크 페달을 밟아 브레이크가 작동하기까지 주행한 거리

2) 제동거리

운전자가 브레이크를 밟아서 실제 브레이크가 작동하기 시작하여 정지할 때까지 이동한 거리

(3) 주행 저항 Running Resistance

주행 저항이란 자동차의 주행방향과 반대방향으로 주행을 방해하는 힘

1) 구름 저항 Rolling Resistance = R_1

자동차가 주행 시 타이어에 발생하는 저항으로서 타이어의 변형, 노면의 굴곡에 의한 충격저항 및 허브베어링㈜부의 마찰저항 등이 있다.

> **공식1** 구름 저항$(R_1) = \mu_r \times W$
>
> μ_r : 구름 저항계수 W : 차량 총중량(kg_f)

2) 공기 저항 Air Resistance = R_2

자동차의 주행을 방해하는 공기의 저항으로 자동차의 투영면적과 주행속도의 제곱에 비례한다.

> **공식 2** 공기 저항$(R_2) = \mu_a \times A \times V^2$
>
> μ_a : 공기 저항계수
> A : 전면 투영 면적(m^2)=(윤거×전고)
> V : 자동차의 주행속도(km/h)

㈜ 원활한 차축의 회전을 위해 회전체와 지지 장치 사이에 삽입되는 베어링

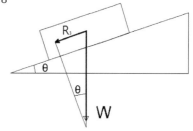

3) 등판(구배) 저항 Grade Resistance $= R_3$

자동차가 경사면을 올라갈 때 차량중량에 의해 경사면에 평행하게 작용하는 분력의 성분이다.
경사면을 구배율甲(%)로 표시하면 다음과 같다.

공식 3 등판 저항$(R_3) = W \cdot \sin(\theta) = W \cdot \dfrac{G}{100}$

W : 차량 총중량(kg_f), θ : 경사각도,
G : 구배율(%)$= \tan\theta \times 100$

4) 가속 저항 Acceleration Resistance $= R_4$

자동차의 주행속도를 변화시키는 데 필요한 힘을 가속 저항이라 하며, 자동차의 관성을 이기는 힘이므로 관성 저항이라고도 할 수 있다. 그리고 회전부분 상당중량乙(w')은 자동차 변속비에 따라 상이丙하고 저속 시에 중요한 인자가 된다.

공식 4 가속 저항$(R_4) = a \cdot \dfrac{(W + w')}{g}$

$$※ a = \frac{\text{나중속도}(V_1) - \text{처음속도}(V_0)}{\text{주행시간}(t)} (m/\sec^2)$$

W : 차량 총중량(kg_f), w' : 회전부분 상당중량(kg_f),
a : 가속도$(m/\sec^2)$, g⊤ : 중력가속도$(9.8m/\sec^2)$

5) 전 주행 저항 Total running resistance $= R$

공식 5 전 주행 저항(R)
$=$ 구름 저항(R_1) + 공기 저항(R_2) + 구배 저항(R_3) + 가속 저항(R_4)

甲 기울어진 비율　　　참고) 구배율과 경사각도θ와의 관계는 tanθ=sinθ/cosθ로 증명가능
乙 자동차가 가속할 때 자동차의 실제 중량보다 증가되는 효과가 있는데 이 증가분을 뜻함.
丙 변속비가 클수록 가속저항은 증대된다. 따라서 상용차는 승용차에 비해 가속저항이 증대된다. 즉 가속이 쉽게 이루어지지 않는다.
⊤ 1kg_f(중량)=1kg(질량)×g(중력가속도)=9.8N → 1kg_f/g(중력가속도)=1kg(질량) → 즉 중량을 질량으로 바꾸기 위해 중력가속도를 나눔.

Section별 OX 문제

01. 사람이나 화물을 싣는 부분을 차체라 하고 차체와 프레임을 분리한 형식을 모노코크(Monocoque) 형식이라 한다.
　　□ ○ 　□ ×

02. 엔진에서 발생한 동력을 구동바퀴까지 전달하는 장치를 동력전달장치(Power train)라고 한다.
　　□ ○ 　□ ×

03. 자동차를 정면에서 보았을 때 좌·우 타이어 중심사이의 거리를 휠베이스라 한다.
　　□ ○ 　□ ×

04. 자동차 출고 시 포함되어 있는 예비타이어는 공차중량에 포함된다.
　　□ ○ 　□ ×

05. 자동차 출고 시 포함되어 있는 공구는 공차중량에 포함되지 않는다.
　　□ ○ 　□ ×

06. 1개의 바퀴가 수직으로 지면을 누르는 중량을 윤중이라 한다.
　　□ ○ 　□ ×

07. 승차정원 1인은 65kg$_f$, 13세 이하는 1.5인의 정원을 1인으로 한다.
　　□ ○ 　□ ×

08. 엔진의 성능곡선으로 알 수 있는 것은 엔진의 회전수 대비 엔진의 토크, 출력, 연료소비율이다.
　　□ ○ 　□ ×

09. 지시 마력에 대한 제동마력의 비율을 백분율로 나타낸 것이 기계효율이다.
　　□ ○ 　□ ×

10. 주행 중 운전자가 위급한 상황을 인지하고 브레이크를 밟아 자동차가 정지할 때까지 이동한 거리를 제동거리라 한다.
　　□ ○ 　□ ×

11. 자동차가 주행하면서 발생되는 저항의 요소인 공기 저항은 차량의 총중량에 영향을 받지 않는다.
　　□ ○ 　□ ×

정답 및 해설

01. 사람이나 화물을 싣는 부분을 차체라 하고 차체와 프레임을 분리한 형식을 보디온 프레임식이라 한다.

03. 자동차를 정면에서 보았을 때 좌·우 타이어 중심사이의 거리를 윤거라 한다.

07. 승차정원 1인은 65kg$_f$, 13세 미만은 1.5인의 정원을 1인으로 한다.

10. 주행 중 운전자가 위급한 상황을 인지하고 브레이크를 밟아 자동차가 정지할 때까지 이동한 거리를 정지거리라 한다.

정답
01.× 　02.○ 　03.× 　04.○
05.○ 　06.○ 　07.× 　08.○
09.○ 　10.× 　11.○

단원평가문제

01 도로교통법령상의 자동차로 볼 수 없는 것은?

① 이륜자동차
② 원동기장치자전거
③ 견인되는 자동차
④ 건설기계관리법상의 건설기계

02 자동차관리법상 승용자동차의 소형 기준으로 틀린 것은?

① 배기량 1,600cc 미만
② 길이 4.7미터 미만
③ 너비 1.7미터 이하
④ 높이 2미터 이하

03 자동차관리법상 승용자동차의 경형 기준으로 맞는 것은?

① 배기량 1,000cc 이하
② 길이 3.6미터 이하
③ 너비 1.5미터 이하
④ 높이 2미터 미만

04 자동차관리법상 자동차의 규모별 기준으로 틀린 것은?

① 화물자동차의 소형 기준은 최대적재량이 1톤 이하인 것으로서, 총중량이 3.5톤 이하인 것
② 승합자동차의 소형 기준은 승차정원이 16인 이하인 것으로서 길이 4.7미터·너비 1.7미터·높이 2.0미터 이하인 것

③ 승용자동차의 중형 기준은 배기량이 1,600cc 이상 2,000cc 미만이거나 길이·너비·높이 중 어느 하나라도 소형을 초과하는 것
④ 승용자동차의 경형 기준과 화물자동차의 경형 기준은 같다.

05 4기통 기관의 행정과 직경이 100mm일 때 이 기관의 총배기량은 얼마인가?

① 785cc
② 3140cc
③ 6280cc
④ 12560cc

06 기관의 연소실 체적이 210cc이고 행정체적이 1470cc일 때 이 기관의 압축비는 얼마인가?

① 8 : 1
② 7 : 1
③ 10 : 1
④ 9 : 1

07 차체의 모양과 용도에 따른 분류 중 지붕을 임의로 탈착할 수 있고, 필러가 없는 세단형의 승용자동차는?

① 리무진
② 쿠페
③ 해치 백
④ 하드 탑

08 자동차를 차체와 섀시로 구분할 때 다음 중 차체에 속하는 것은?

① 제동장치
② 동력전달장치
③ 현가장치
④ 트렁크

09 자동차가 주행할 때 노면으로부터 받는 충격을 흡수하기 위한 장치로 주로 차체와 차축 사이에 설치되는 장치를 무엇이라 하는가?

① 조향장치　　② 제동장치
③ 현가장치　　④ 동력전달장치

10 자동차를 정면에서 보았을 때 좌우 타이어 각각의 중심에서 중심까지의 거리를 무엇이라고 하는가?

① 축거　　　　② 윤거
③ 전폭　　　　④ 전장

11 아래 그림의 □ 안에 들어갈 알맞은 용어는 무엇인가?

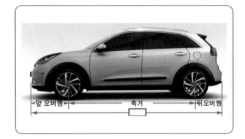

① 축거　　　　② 윤거
③ 전폭　　　　④ 전장

12 공차중량의 설명으로 틀린 것은?

① 사람이 승차하지 않은 상태이다.
② 예비타이어가 있는 차량에서는 예비타이어의 무게도 공차중량에 포함이 된다.
③ 예비 부분품 및 공구도 공차중량에 포함이 된다.
④ 연료·냉각수 및 윤활유를 만재한 상태이다.

13 적차상태에 대한 설명으로 바르지 않은 것은?

① 승차정원의 인원이 승차하고 최대적재량의 물품이 적재된 상태를 말한다.
② 승차정원 1인의 중량은 65kg_f으로 계산한다.
③ 13세 이하의 자는 1.5인을 승차정원 1인으로 본다.
④ 물품적재 시는 적재 장치에 균등하게 적재시킨 상태이어야 한다.

14 윤중의 설명으로 옳은 것은?

① 자동차가 수평상태에 있을 때 1개의 바퀴가 수직으로 지면을 누르는 중량
② 자동차가 수평상태에 있을 때 1개의 차축에 연결된 모든 바퀴의 하중의 총합
③ 자동차가 공차상태로 있을 때의 중량
④ 자동차의 제작 시 발생되는 제원치의 허용 중량

15 엔진에 대한 여러 가지 성능을 선도로 표시한 성능곡선에 표기되는 내용이 아닌 것은?

① 배기량　　　② 출력
③ 회전력　　　④ 연료소비율

16 엔진의 회전수가 3000rpm일 때 초당 회전수는 얼마인가?

① 3000회　　　② 300회
③ 100회　　　④ 50회

17 토크(회전력)의 단위로 맞는 것은?

① $kg_f \cdot m$　　② kg_f/cm^2
③ $g/PS \cdot h$　　④ $kg_f \cdot m/s$

18 실린더에서 연료가 연소하면서 발생된 이론적인 기관의 출력으로 평균유효압력, 총 배기량, 엔진의 회전수와 비례하는 마력은?

① 과세마력　　② 도시마력
③ 제동마력　　④ 손실마력

19 지시마력이 150ps이고 손실마력이 60ps일 때 기계효율은 얼마인가?

① 20%　　② 40%
③ 60%　　④ 90%

20 자동차의 중량과 관계없는 저항은?

① 공기저항　　② 마찰저항
③ 구름저항　　④ 가속저항

21 제동거리와 정지거리의 차를 무엇이라 하는가?

① 여유거리　　② 페달유격
③ 공주거리　　④ 감속거리

22 자동차가 600m를 주행하는데 60cc의 연료를 소비하였다면 연료 소비율은 몇 km/L인가?

① 3.6　　② 10
③ 36　　④ 100

23 엔진이 3600rpm으로 회전할 때 피스톤의 평균 속도는 몇 m/sec 인가? (단, 피스톤의 행정은 10cm이다.)

① 10　　② 12
③ 16　　④ 20

24 디젤엔진의 평균유효압력이 $10kg_f/cm^2$, 배기량이 100cc, 엔진의 회전수가 750rpm인 4행정 6기통 엔진의 지시마력(PS)은 얼마인가?

① 5　　② 10
③ 15　　④ 20

25 엔진의 회전수가 3750rpm에서 회전력이 $60kg_f \cdot m$ 일 때, 제동마력(PS)은 얼마인가?

① 36　　② 72
③ 145　　④ 314

26 실린더 안지름이 100mm, 피스톤의 행정이 150mm 인 기관의 회전속도가 1000rpm일 때, 4실린더 기관의 SAE 마력은 약 몇 PS인가?

① 10　　② 25
③ 75　　④ 100

27 차량 총중량이 3톤인 차량이 60km/h의 속도로 기울기 20%의 오르막길을 주행할 때 구배저항은 몇 kg_f인가?

① 200　　② 300
③ 600　　④ 1200

정답 및 해설

ANSWERS

01.②	02.②	03.②	04.②	05.②	06.①
07.④	08.④	09.③	10.②	11.④	12.③
13.③	14.①	15.①	16.④	17.①	18.②
19.③	20.①	21.③	22.②	23.②	24.①
25.④	26.②	27.③			

01. 도로교통법 제2조 18 가항 · · · · · · . 다만 원동기장치자 전거는 제외한다.

02. 길이 4.7미터 이하

03. 배기량 1000cc 미만
너비 1.6미터 이하
높이 2.0m 이하

04. ② 승합자동차의 소형 기준은 승차정원이 15인 이하인 것으로서 ······

05. πr^2(3.14×반지름의 제곱 : 원의 단면적)
$\times L$(행정) $\times N$(기통수)
$= 3.14 \times (5cm)^2 \times 10cm \times 4$
$= 3140cm^3$
$= 3140cc$　$(1cm^3 = 1cc)$

※ 직경(지름) 100mm = 10cm ⇒ 반지름 = 5cm

06. 압축비(ε)
$$= \frac{V_실}{V_연} = \frac{V_행 + V_연}{V_연}$$
$$= 1 + \frac{V_행}{V_연} = 1 + \frac{1470cc}{210cc} = 8$$

07. **컨버터블** : 지붕을 임의 탈착할 수 있는 형태로 외관상 스타일이 뛰어나다.
컨버터블은 지붕의 재질에 따라 소프트 탑과 **하드 탑**으로 나눌 수 있다.

08. **차체** : 기계 부품과 승객, 화물을 수용하고 보호하도록 설계된 자동차 구조물

09. **현가장치**의 정의에 관한 문제이며 주로 스프링, 쇽업소버 등을 활용한다.

10. 참고로 윤거와 윤중의 정의에 대한 선지가 자주 출제된다.

11. 참고로 전장에는 부속물(범퍼, 미등)까지 포함된다.

12. **"공차상태"**란 자동차에 사람이 승차하지 아니하고 물품(예비부분품 및 공구 기타 휴대물품을 포함한다.)을 적재하지 아니한 상태로서 연료 · 냉각수 및 윤활유를 만재하고 예비타이어(예비타이어를 장착한 자동차만 해당한다)를 설치하여 운

행할 수 있는 상태를 말한다.

13. ③ 13세 미만의 자는 1.5인을 승차정원 1인으로 본다.

14. 시험에 자주 출제되는 중요한 문제이다. 특히 윤중, 윤거의 정의가 자주 출제된다.

15. 엔진 성능 곡선

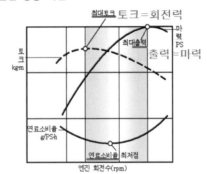

16. rpm은 분당회전수를 나타내므로 초당 회전수를 구하기 위해 60으로 나누면 된다.

17. 토크의 단위는 **힘×거리**이다.
① 힘×거리　　　　　　②는 압력의 단위
③은 연료소비율의 단위
④는 1PS(마력)=75kgf · m/s 로 일률의 단위

18. P.11
$$도시마력 = \frac{P \cdot A \cdot L \cdot N \cdot R}{75 \times 60}$$
→ 분자에 있는 항목은 도시마력과 비례관계에 있다.

19. 제동마력 = 지시(도시)마력 − 손실마력
= 150PS − 60PS = 90PS
$$기계효율(\eta) = \frac{제동마력}{지시마력} \times 100 = \frac{90}{150} \times 100 = 60\%$$

20.
[공식1]
　구름저항(R_1) $= \mu \times W$
　μ : 구름저항계수　W : 차량 총중량(kgf)

[공식2]
　공기저항(R_2) $= \mu \times A \times V^2$
　μ : 공기저항계수
　A : 전면 투영 면적(㎡)=(윤거×전고)
　V : 자동차의 주행속도(km/h)

[공식3]
　등판저항(R_3) $= W \cdot \sin(\theta) = W \cdot \dfrac{G}{100}$
　W : 차량 총중량(kgf)
　θ : 경사각도
　G : 구배율(%)

[공식4]

$$가속저항(R_4) = (W + w') \times \frac{a}{g}$$

$$※ \ a = \frac{나중속도(V_1) - 처음속도(V_0)}{주행시간(t)} \ (m/\sec^2)$$

W : 차량 총중량(kg$_f$) w' : 회전부분 상당중량(kg$_f$)

a : 가속도 g : 중력가속도

→ 4개의 공식 중에서 차량 총중량이 들어가지 않은 식은 공기저항과 관련된 2번 공식이다.

※ 전주행저항(R) = 구름저항(R_1) + 공기저항(R_2)
                   + 구배저항(R_3) + 가속저항(R_4)

그리고 전주행저항을 구하는 문제 중에 4개의 저항을 모두 주지 않고 일부인 2개 혹은 3개의 항목만 주어졌을 경우도 있다. 이럴 경우에는 조건의 2개 혹은 3개의 저항을 모두 더한 값을 전주행전항의 값으로 사용하기도 한다.

21. 정지거리 = 공주거리 + 제동거리

22. 응용문제) 600m=0.6km, 60cc = 0.06L 이므로

$$\frac{0.6km}{0.06L} = 10km/L \ \text{가 된다.}$$

23. $\frac{3600rpm}{60} = 60rps$ 이므로 초당 엔진이 60회전을 하게 된다. 엔진 1회전 = 2행정이므로
60rev/sec×2×10cm가 된다.
따라서 1200cm/sec=12m/sec

24. **지시마력(도시마력)**

$$= \frac{10kg_f/cm^2 \times 100cc \times 6 \times 750rpm}{75 \times 60 \times 100 \times 2} = 5ps$$

25. **제동마력(축마력, 정미마력)**

$$= \frac{2 \times 3.14 \times 3750rpm \times 60kg_f \cdot m}{75 \times 60} = 314ps$$

26. **과세마력(실린더 안지름이 mm)**

$$= \frac{100^2 \times 4}{1613} \fallingdotseq 24.8ps$$

27. 등판저항(R_3)

$$= W \cdot \sin(\theta) = W \cdot \frac{G}{100} = 3,000kg_f \times \frac{20}{100} = 600kg_f$$

단, 여기서 3톤 = 3,000kg$_f$ 이고
공식에 없는 요소(차속)는 무시한다.

CHAPTER

02

엔 진

💡 **학습목표**

- 엔진의 개요 ● 엔진의 주요부 ● 냉각장치 ● 윤활장치
- 가솔린 전자제어 연료장치 ● 배출가스 정화장치 ● LPG연료장치
- 디젤엔진의 연료장치 ● CRDI 연료장치

SECTION 01 엔진의 개요

연료의 연소에 의해 발생된 열에너지를 기계적 에너지로 변환시키는 장치를 엔진(기관)이라 하고 기관에는 내연기관과 외연기관이 있다.

1 엔진의 종류

(1) 내연 기관 Internal combustion engine

연료를 실린더 내에서 연소·폭발시켜 동력을 얻는 형식으로 가솔린·디젤·LPG 엔진 등이 여기에 속한다.

(2) 외연 기관 External combustion engine

외부에서 연료를 연소시켜 발생하는 열로 기관 내부의 작동물질(증기 등의 유체)을 가열하고 이 작동물질로 왕복기관이나 증기터빈을 움직이는 장치이다.

2 엔진의 분류

(1) 엔진의 위치와 구동방식에 따른 분류

1) 앞 엔진 전(前)륜 구동방식(Front-engine Front wheel drive : **F·F방식**)

① 차량의 앞쪽에 엔진을 설치하고 전륜甲을 구동하는 방식이다.

② 뒤쪽으로 동력을 전달하기 위한 추진축이 필요하지 않으므로 차량 실내 공간의 활용성을 높일 수 있다.

④ 대부분의 소형 세단이 이 방식을 채택하고 구동과 조향이 전륜에서 작동되므로 노면의

甲 앞바퀴

조건이 좋지 못한 도로에서 조향 안정성이 뛰어나다.

⑤ 전륜에 피로도가 높아 부품의 내구성甲이 짧아질 수 있다.

⑥ 일반적으로 조향 시 언더스티어乙 현상이 잘 발생된다.

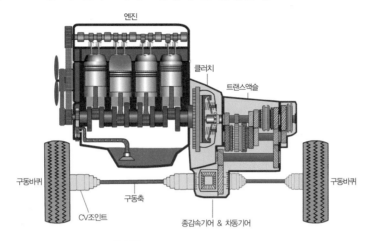

그림 앞 엔진 전륜 구동방식

2) 앞 엔진 후륜 구동방식(Front-engine Rear wheel drive : F·R방식)

① 차량의 앞쪽에 엔진을 설치하고 후륜을 구동하는 방식이다.

② 후륜을 구동시키기 위해 추진축이 필요하여 차량의 실내 공간 및 적재 공간이 높아진다.

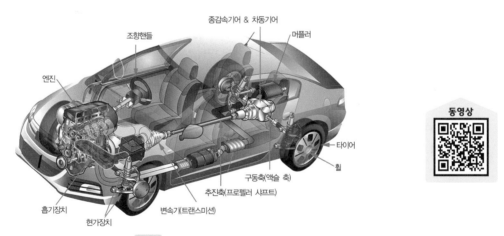

그림 앞 엔진 후륜 구동방식

③ 화물차나 레저용 차량 등에 주로 많이 사용되는 방식으로 무게 중심이 가운데 혹은 뒤쪽에
위치하게 된다.

甲 물질이 원래의 상태에서 변질되거나 변형됨이 없이 오래 견디는 성질
乙 선회하려 한 궤도보다 바깥쪽으로 차량이 밀려남

3) 뒤 엔진 후륜 구동방식(Rear-engine Rear wheel drive : R·R방식)

① 차량의 뒤쪽에 엔진을 설치하고 후륜을 구동하는 방식이다.

② 추진축이 필요하지 않으므로 실내 공간의 활용성을 높일 수 있는 구조이므로 대형 버스에 주로 많이 사용된다.(저상버스 구현 가능)

4) 4륜(전륜 : 全輪) 구동방식(4-Wheel Drive : 4WD)

차량은 항시 On-road(포장도로)에서 기후 조건이 좋은 상태에서만 주행하는 것이 아니다. 상황에 따라 Off-road(비포장도로) 및 눈길, 빗길에서 주행할 경우도 있다. 이때 전륜(前輪)이나 후륜(後輪) 구동의 한쪽만을 선택하여 구동하는 차량이 순간적으로 노면에 구동력을 전달하지 못하고 슬립을 일으키는 경우가 있다. 이러한 경우 전륜과 후륜이 모두 구동되는 4륜 구동 차량이 더욱 안정성이 높다.

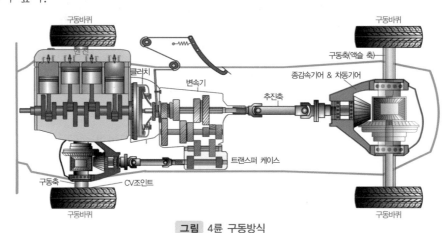

그림 4륜 구동방식

(2) 작동 방식에 의한 분류

1) 피스톤 왕복형

① 작동 유체의 폭발되는 힘을 피스톤에 전달한다.

② 피스톤의 직선운동을 크랭크축의 회전운동으로 변환시켜 축을 구동한다.

③ 가솔린·디젤·LPG 엔진 등이 여기에 속한다.

이 책에서는 피스톤 왕복형 엔진 위주로 내용을 구성한다.

2) 회전 운동형

① 작동 유체의 폭발압력을 임펠러甲로 받아서 축으로 전달하는 형식이다.

② 가스 터빈, 로터리 엔진Z이 여기에 속한다.

로터리 엔진 폭발행정

그림 로터리 엔진

甲 원심식 펌프에서 날개가 형성된 원판을 뜻한다. 원심식 : 회전하는 방식

Z 1회전에 3번 연소, 저배기량, 고출력 가능, 피스톤 정지점·밸브 X / 압축·밀폐성·혼합기충전율·엔진브레이크 효과⬇, 윤활이 어렵다.

3) 분사 추진형

① 작동 유체의 폭발압력을 일정한 방향으로 엔진 외부에 분출시켜 그 반동력을 동력으로 하는 형식이다.

② 제트 엔진, 로켓 엔진이 여기에 속한다.

(3) 사용 연료에 의한 분류

1) 가솔린 엔진

휘발유를 연료로 사용하며, 연소하기 위한 기본 조건으로 **적당한 혼합비**[甲], 규정의 **압축 압력**, **정확한 시기의 점화** 이 3가지가 요구된다.

2) 디젤 엔진

경유를 연료로 사용하며, 연소하기 위해 공기만을 흡입하여 압축한 뒤 연료를 높은 압력으로 분사시켜 점화장치 없이 발화(자기착화)하여 동력을 얻는 기관이다.

3) LPG 엔진

액화석유가스 Liquefied Petroleum Gas 를 연료로 사용하며, 가솔린 엔진과 거의 같은 구조이나 연료 공급 계통이 다르다.

참고 착화점(자연발화 최저온도)과 인화점(불꽃을 가까이 했을 때 연소되는 최저온도)

구 분	착화(발화)점(℃)	인화점(℃)	발열량(kcal/kg$_f$)	비 고
휘발유	450	−42.8	11,000	발열량은 연료의 kg당 기준으로 상대적 높·낮이 만 참조. 단위 리터당 결과는 비중에 영향을 받아 경유가 휘발유보다 높다.
경유	350	60~80	10,500	
LPG	480	−60	12,000	

(4) 기계학적 사이클에 따른 분류

동영상

1) 4행정 사이클 엔진 4 Stroke cycle engine

크랭크축이 2회전 할 때 각 실린더가 한 번씩 폭발하는 기관이며, 이때 캠축은 1회전하고, 각 흡·배기 밸브는 1번씩 개폐한다.

구분	위치	흡기	배기	크랭크축
흡입	하강	열림	닫힘	0~180도
압축	상승	닫힘	닫힘	180~360도
폭발(동력)	하강	닫힘	닫힘	360~540도
배기	상승	닫힘	열림	540~720도

구분	가 솔 린	디젤-분사펌프
압축압력	8~10kg$_f$/cm²	30~45kg$_f$/cm²
압 축 비	8~11 : 1	15~20 : 1
압축온도	120~140℃	500~550℃
폭발압력	35~45kg$_f$/cm²	55~65kg$_f$/cm²

[甲] 공기와 연료가 섞인 비율을 뜻한다. 공연비라고도 표현한다.

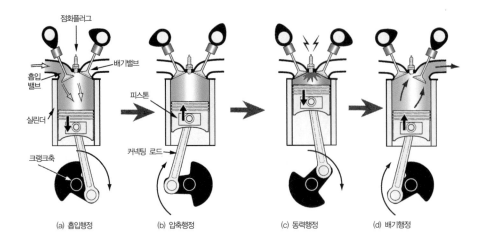

(a) 흡입행정　　(b) 압축행정　　(c) 동력행정　　(d) 배기행정

그림 4행정 사이클 엔진의 작동 원리

① 각 행정이 완전히 구분되어 있으며, 회전속도 범위가 넓다.

② 체적효율甲이 높고, 연료 소비율 및 열적 부하乙가 적고, 기동丙이 쉽다.

③ 실린더 수가 적을 경우 사용이 곤란하고, 밸브 기구가 복잡하다.

④ 마력 당 중량丁이 무겁고, 충격이나 기계적 소음이 크다.

2) 2행정 사이클 엔진 2 Stroke cycle engine

크랭크축이 1회전 할 때 각 실린더가 1번씩 폭발하는 엔진으로

주 행정 = 압축과 폭발이며, 부 행정 = 흡입과 배기이다.

① 4행정 사이클에 비해 1.6~1.7배의 출력이 발생하며, 마력 당 중량이 적고
값이 싸다.

② 크랭크축 1회전에 1회 폭발하므로 실린더 수가 적어도 회전이 원활하다.

③ 밸브 장치가 간단하므로 소음이 적고, 회전력의 변동이 적다.

④ 유효 행정己이 짧아 흡 ·배기가 불완전하며, 저속이 어렵고 역화庚가
발생한다.

⑤ 피스톤링의 소손辛이 빠르며, 연료 소비율 및 윤활유의 소비량이 높다.

甲 흡기행정 중 실린더에 흡입된 공기질량과 행정체적에 상당하는 대기질량과의 비를 말한다.
乙 전기적 ·기계적 에너지를 발생하는 장치의 출력에너지를 소비하는 것, 또는 소비하는 동력의 크기
丙 정지되어 있는 기관을 가동하기 위하여 외부의 에너지를 이용하는 것
丁 1) 마력 당 움직일 수 있는 무게. 2) 엔진의 자체 무게를 그 엔진의 정격 마력으로 나눈 값.
戊 심하게 교란되고 있는 상태를 말한다. 엔진에서 실린더로 들어가는 공기·연료 혼합 가스의 신속하게 소용돌이치는 움직임을 말한다.
己 4행정 사이클 기관에서 동력을 얻는 팽창 행정을 말함.
庚 내연 기관에서, 실린더로부터 흡기관이나 기화기 따위로 불꽃이 거꾸로 흐르는 현상
辛 불이나 열에 타서 부서지는 현상

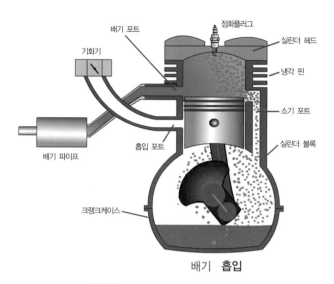

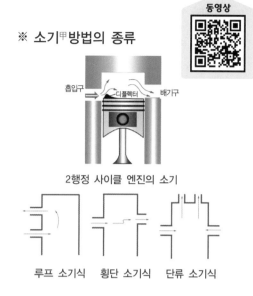

그림 2행정 사이클 엔진의 작동 원리

※ 소기^甲방법의 종류

2행정 사이클 엔진의 소기

루프 소기식   횡단 소기식   단류 소기식

(5) 밸브 배열에 따른 분류   ★ LIFT로 암기

1) **L-헤드형** : 실린더 블록에 흡·배기 밸브를 모두 설치한 형식
2) **I-헤드형** : 실린더 헤드에 흡·배기 밸브를 모두 설치한 형식
3) **F-헤드형** : 흡입 밸브는 실린더 헤드에 배기 밸브는 실린더 블록에 설치한 형식
4) **T-헤드형** : 실린더를 중심으로 흡·배기 밸브를 양쪽에 설치한 형식

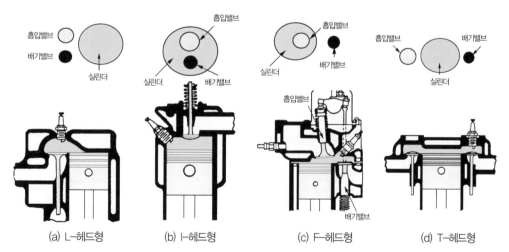

(a) L-헤드형   (b) I-헤드형   (c) F-헤드형   (d) T-헤드형

그림 밸브 배열에 의한 분류

甲 연소실에 흡입되는 혼합 가스로 연소 가스를 밀어내는 것

(6) 실린더 내경과 행정 비에 따른 분류

1) 단 행정 엔진 Over square engine

L/D 〈 1 : 실린더 내경에 대한 행정의 비율이 1보다 작다.

① 피스톤의 평균속도를 높이지 않아도 크랭크축의 회전속도를 높일 수 있다.

② 측압甲이 크고, 엔진의 높이가 낮다.

③ 피스톤이 과열되기 쉽고, 베어링을 크게 해야 한다.

④ 흡기밸브의 헤드를 크게 하여 흡입효율乙을 높일 수 있다.

2) 정방행정 엔진 Square engine

L/D = 1 : 실린더 내경과 피스톤 행정의 크기가 똑같은 엔진이다.

3) 장 행정 엔진 Under square engine

L/D 〉 1 : 실린더 내경에 대한 행정의 비율이 1보다 크다.

① 흡입량이 많고, 폭발력이 크다.

② 저속 시 회전력이 크다.

③ 측압이 작고, 엔진의 높이가 높다.

(a) 단행정 엔진　(b) 정방행정 엔진　(c) 장행정 엔진

그림 실린더 내경 / 행정비에 따른 분류

(7) 열역학적 사이클에 의한 분류

1) 오토 사이클 Otto Cycle

가솔린 엔진의 이론적인 사이클로 일정한 체적 하에서 연소가 일어나므로 정적 사이클이라고도 한다.

$$\eta(\text{열효율}) = 1 - \left(\frac{1}{\epsilon}\right)^{k-1}$$ 　k:비열비丙(1.4)　ε:압축비丁

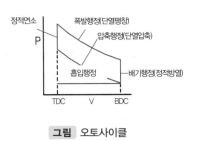

그림 오토사이클

甲 side thrust 피스톤의 상승·하강 행정 때 피스톤이 실린더 벽과 접하여 발생하는 압력을 말한다.

乙 흡입 행정에서 실제로 실린더에 흡입된 공기량과 대기압 상온에서 실린더 용적에 해당하는 공기량의 중량비를 말한다.

丙 기체의 정압비열(Cp)과 정적비열(Cv)의 비율이다.($\frac{C_p}{C_v}$) 기체의 비열은 조건에 따라 달라지는데,
압력이 일정한 상태에서 측정한 비열을 정압비열이라 한다. (비열 : 어떤 물질 1g의 온도를 1℃만큼 올리는 데 필요한 열량)

丁 압축비가 높을수록 이론 열효율은 증가한다. 하지만 실제 오토 사이클 기관에서는 압축비가 높으면 노킹이 발생되므로 제한을 받는다.

2) 디젤 사이클[甲] Diesel Cycle

저속 디젤 엔진의 이론적인 사이클로 일정한 압력 하에서 연소가 일어나므로 정압 사이클이라고도 한다.

$$\eta = 1 - \left(\frac{1}{\epsilon}\right)^{k-1} \times \frac{\delta^k - 1}{k(\delta - 1)}$$

ε:압축비   δ:단절비[乙](체적비)

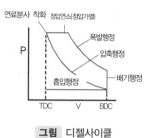

그림 디젤사이클

3) 사바테 사이클[丙] Sabathe Cycle

고속 디젤 엔진의 이론적인 사이클로 정적과 정압 사이클을 혼합한 것으로 합성 또는 복합 사이클이라고도 한다.

$$\eta = 1 - \left(\frac{1}{\epsilon}\right)^{k-1} \times \frac{\alpha\delta^k - 1}{(\alpha - 1) + k\alpha(\delta - 1)}$$

α:폭발비[丁](압력비)   δ:단절비(체적비)

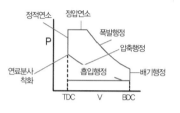

그림 사바테 사이클

4) 열역학적 사이클의 비교 및 참고사항

① **흡기조건 및 압축비가 일정할 때의 열효율 비교** : 오토 〉 사바테 〉 디젤

② **최고온도 및 최대압력이 일정할 때의 열효율 비교** : 오토 〈 사바테 〈 디젤

③ **최고온도 및 최대압력 억제에 의한 열효율 비교** : 오토 〈 디젤 〈 사바테

④ 연소과정에서 열량이 공급(Q_1)되며 배기과정에서 방열(Q_2)된다. $\eta = 1 - \dfrac{Q_2}{Q_1}$

⑤ 사바테 사이클은 폭발비가 1에 가까워지면 정압 사이클에 그리고 단절비가 1에 가까워지면 정적 사이클에 가까워진다.

⑥ 각 사이클 그래프 안의 면적은 일의 크기를 나타내며 일은 압력×부피[戊]로 나타낸다.

⑦ 각 사이클의 압축과 폭발(팽창)은 단열[己]상태에서 진행된다.

[甲] 유기분사(고압공기를 이용하여 연료를 분사하는 방식)

[乙] $\dfrac{\text{분사가 끝나는 체적}}{\text{분사가 시작되는 체적}}$, 디젤사이클은 압축비가 높을수록, 단절비가 작을수록 이론 열효율이 증가한다.

[丙] 무기분사(연료에 직접 고압을 가하여 노즐로부터 분사시키는 방식)

[丁] $\dfrac{\text{정적분사가 끝나는 압력}}{\text{정적분사가 시작되는 압력}}$, 압축비가 동일할 때에는 폭발비가 클수록, 단절비가 작을수록 이론 열효율이 증가한다.

[戊] 압력×부피($kg_f/cm^2 \times cm^3 = kg_f \times cm = $ 힘 × 거리 = 일)

[己] "내부에너지 변화가 없다."라는 전제조건 하에 단열압축과 단열팽창의 과정이 진행된다.

Section별 OX 문제

01. 추진축이 필요 없어 차량 실내 공간의 활용성을 높일 수 있는 구동방식은 앞 엔진 전(全)륜구동방식이다. ☐ O ☐ ✕

02. 추진축이 필요하고 화물차에 주로 사용되는 방식으로 차량의 뒤쪽에 무게 중심이 큰 차량에 주로 사용되는 구동방식은 앞 엔진 후륜 구동방식이다. ☐ O ☐ ✕

03. 피스톤 왕복형의 엔진은 피스톤의 직선운동을 크랭크축의 회전운동으로 변환시켜 축을 구동한다. ☐ O ☐ ✕

04. 가솔린 엔진이 연소하기 위한 기본조건 3가지는 적당한 혼합비, 규정의 압축압력, 정확한 시기의 점화이다. ☐ O ☐ ✕

05. 디젤 엔진은 실린더에 공기만을 흡입하여 압축한 뒤 높은 압력으로 연료를 분사하여 인화시키는 불꽃 점화방식이다. ☐ O ☐ ✕

06. 경유는 착화점이 높아 높은 압력과 온도에서 착화가 잘 이루어진다. ☐ O ☐ ✕

07. LPG는 착화점이 낮아 저온에서도 외부의 불꽃에 의해 연소가 잘 이루어진다. ☐ O ☐ ✕

08. 크랭크축이 2회전 할 때 각 실린더가 한 번씩 폭발하는 기관을 4행정 사이클 엔진이라 한다. ☐ O ☐ ✕

정답 및 해설

01. 추진축이 필요 없어 차량 실내 공간의 활용성을 높일 수 있는 구동방식은 앞 엔진 전(前)륜구동방식이다.
[해설] 한글 표기로 같은 "전" 을 사용하지만 한자의 의미로 두 가지 뜻이 있으니 문맥상 잘 구분하여 문제를 풀어야 한다. 시험에 한자가 표기되지는 않는다.

05. 디젤 엔진은 실린더에 공기만을 흡입하여 압축한 뒤 높은 압력으로 연료를 분사하여 발화시키는 자기 착화방식이다.

06. 경유는 착화점이 낮아 비교적 높은 압력과 온도에서 착화가 잘 이루어진다.
[해설] 인화점과 착화점을 구분해야 한다.
[예] 경유는 인화점이 높아 상온에서 불이 잘 붙지 않는다.

07. LPG는 인화점이 낮아 저온에서도 외부의 불꽃에 의해 연소가 잘 이루어진다.
[해설] LPG 연료자체의 인화점은 낮아 저온에서도 점화가 잘 되지만 LPG 연료가 공급되는 과정에서 발생되는 증발 잠열 때문에 라인이 빙결되어 시동성이 좋지 않게 된다.

정답

01.✕ 02.O 03.O 04.O
05.✕ 06.✕ 07.✕ 08.O

09. 4행정 사이클 엔진은 밸브기구가 복잡하여 충격이나 기계적 소음이 크고 마력 당 중량이 무겁다. ☐ O ☐ ×

10. 4행정 사이클 엔진은 체적효율이 높고 열적 부하가 적고 기동이 쉬우나 연료 소비율이 높다. ☐ O ☐ ×

11. 2행정 사이클 엔진에서 주 행정은 압축과 폭발이며, 부 행정은 흡입과 배기이다. ☐ O ☐ ×

12. 2행정 사이클 엔진은 4행정 사이클 엔진에 비해 1.6~1.7배의 출력이 발생한다. ☐ O ☐ ×

13. 2행정 사이클 엔진의 소기 방법에는 루프, 단류, 횡단 소기식 등이 있다. ☐ O ☐ ×

14. 밸브 배열에 의한 분류에서 L-헤드형은 흡·배기 밸브 및 피스톤이 실린더 블록에 위치한다. ☐ O ☐ ×

15. 행정에 비해 직경이 커서 흡입밸브를 크게 제작할 수 있고 흡입효율이 좋다. 또한 피스톤의 평균 속도를 높이지 않아도 크랭크축의 회전속도를 높일 수 있는 것이 장 행정 엔진이다. ☐ O ☐ ×

16. 가솔린 엔진의 이론적인 사이클을 오토사이클이라 하고 일정한 압력 하에서 연소가 일어나므로 정압 사이클이라고도 한다. ☐ O ☐ ×

10. 4행정 사이클 엔진은 체적 효율이 높고 열적 부하가 적고 기동이 쉬우며 연료 소비율이 낮다.

15. 행정에 비해 직경이 커서 흡입밸브를 크게 제작할 수 있고 흡입효율이 좋다. 또한 피스톤의 평균 속도를 높이지 않아도 크랭크축의 회전속도를 높일 수 있는 것이 단 행정 엔진이다.

16. 가솔린 엔진의 이론적인 사이클을 오토사이클이라 하고 일정한 체적 하에서 연소가 일어나므로 정적 사이클이라고도 한다.

정답

09. O 10. × 11. O 12. O
13. O 14. O 15. × 16. ×

단원평가문제

01 내연기관의 종류가 아닌 것은?

① 가솔린 기관　　② 디젤기관
③ 증기기관　　　④ LPG 기관

02 앞기관 앞바퀴(F·F)방식의 특징이 아닌 것은?

① 추진축이 짧거나 불필요하다.
② 험로에서 차량 조정성이 양호하다.
③ 후륜이 무거워 언덕길 출발 시 유리하다.
④ 실내공간이 넓어지고 무게가 가볍다.

03 기관-클러치-변속기-추진축-종감속기어 및 차동기어-액슬 축-구동바퀴로 이루어진 형식은?

① 앞기관 앞바퀴 구동방식(FF)
② 앞기관 뒷바퀴 구동방식(FR)
③ 뒷기관 뒷바퀴 구동방식(RR)
④ 앞기관 전륜(全輪) 구동방식(4WD)

04 앞기관 뒷바퀴 구동방식(FR)에 대한 설명으로 틀린 것은?

① 추진축이 반드시 필요하다.
② 전륜에 사용하는 부품에 대한 피로도가 적다.
③ 차속이 높은 상태에서 급선회 시(제동상태) 언더스티어(under steer) 현상이 일어나기 쉽다.
④ 변속기의 모양이 둥글지 않고 나팔(확성기) 형에 가깝다.

05 작동유체의 폭발압력을 일정한 방향으로 엔진 외부로 분출시켜 그 반동력을 동력으로 하는 형식인 분사 추진형 엔진에 속하는 것은?

① 제트 엔진
② 로터리 엔진
③ 가스터빈
④ 디젤 엔진

06 가솔린 엔진에서 연소하기 위해 기본으로 필요한 요구사항이 아닌 것은?

① 규정의 압축 압력
② 정확한 시기의 점화
③ 적당한 혼합비
④ 규정의 흡기온도

07 엔진 안에서 연소하기 위해 공기만을 흡입하여 높은 압력으로 압축한 뒤 연료를 높은 압력으로 강하게 분사시켜 점화불꽃 없이 발화(자기착화)하여 동력을 얻는 엔진을 고르시오.

① 가솔린 엔진　　② 디젤 엔진
③ LPG 엔진　　　④ CNG 엔진

08 다음 중 구동력이 커서 건설기계나 군용 차량에 많이 사용되는 구동방식은?

① 앞기관 뒷바퀴 구동방식(FR)
② 뒤기관 뒷바퀴 구동방식(RR)
③ 앞기관 전륜 구동식
　　(Front Engine 4-Wheel Drive)
④ 차실바닥 기관 뒷바퀴 구동방식

09 주로 중·소형 승용차에 쓰이고 있는 형식으로 조향 안정성의 향상에 유리한 구동방식은?

① 앞기관 앞바퀴 구동방식(FF)
② 앞기관 뒷바퀴 구동방식(FR)
③ 뒤기관 뒷바퀴 구동방식(RR)
④ 뒤기관 전륜 구동식

10 고속 디젤 기관의 사이클은 어느 것인가?

① 오토 사이클　② 정적 사이클
③ 디젤 사이클　④ 사바테 사이클

11 자동차의 구동방식과 기관의 위치에 따른 특징의 설명으로 옳지 않은 것은?

① 앞기관 뒷바퀴 구동식은 자동차 전체로서의 중량 분배의 조절이 어려우나, 조정성이나 안정성이 있다.
② 뒤기관 뒷바퀴 구동식은 일부의 승용차와 버스에 이용된다.
③ 앞기관 앞바퀴 구동식은 차실공간을 유효하게 이용할 수 있으며, 연료가 절약되는 형식이다.
④ 앞기관 전륜 구동식(4-Wheel Drive)은 앞·뒤 바퀴에 모두 동력을 전달하여 구동하는 형식으로 산길이나 고르지 않은 도로운행에 적합하다.

12 일반적으로 가솔린 기관(승용차)에서 많이 사용하는 열역학적 사이클은 어느 것인가?

① 오토 사이클
② 복합 사이클
③ 디젤 사이클
④ 사바테 사이클

13 다음 그림은 어떤 사이클 기관의 P-V(지압) 선도인가?

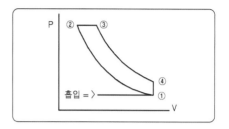

① 오토 사이클　② 복합 사이클
③ 디젤 사이클　④ 사바테 사이클

14 압축비가 동일할 때 이론 열효율이 가장 높은 사이클은 어느 것인가?

① 오토 사이클　② 복합 사이클
③ 디젤 사이클　④ 사바테 사이클

15 2행정 사이클 디젤 기관의 소기방식이 아닌 것은?

① 단류 소기식　② 루프 소기식
③ 횡단 소기식　④ 복류 소기식

16 2행정 1사이클 기관에서 디플렉터 작용이 아닌 것은?

① 혼합기의 와류작용
② 잔류가스 배출
③ 압축비의 감소
④ 연료 손실 감소

17 다음 중 4행정 사이클 기관의 장점이 아닌 것은?

① 체적 효율이 높다.
② 연료 소비율이 적다.
③ 회전 속도의 범위가 넓다.
④ 2행정 사이클 기관에 비해 출력이 높다.

18 4행정 1사이클 6기통 기관에서 모든 실린더가 한 번씩 폭발하기 위해서 크랭크축은 몇 회전하여야 하는가?

① 2회전   ② 4회전
③ 6회전   ④ 8회전

19 다음 중 2행정 사이클 기관의 장점이 아닌 것은?

① 회전력의 변동이 적다.
② 밸브기구가 간단하다.
③ 실린더 수가 적어 회전이 원활하지 못하다.
④ 소음이 적고, 마력당 중량이 가볍다.

20 디젤 기관의 압축비가 가솔린 기관보다 높은 이유는?

① 전기 불꽃으로 점화하므로
② 소음 발생을 줄이기 위해서
③ 압축열로 착화시키기 위해서
④ 노크 발생을 일으키지 않기 위해서

21 피스톤의 평균 속도를 높이지 않고 회전 속도를 높일 수 있으며, 단위 체적당 출력이 크고, 기관의 높이를 낮게 할 수 있는 행정 기관은?

① 장행정 기관
② 정방형 기관
③ 스퀘어 기관
④ 단행정 기관

22 흡·배기 밸브 배치에 의한 분류에 대한 설명 중 거리가 먼 것은?

① 밸브의 설치 위치에 따라 I, L, F, T 헤드형 엔진으로 나눌 수 있다.
② 흡입 및 배기 밸브가 모두 실린더 헤드에 설치되며 현재 가장 많이 사용하는 형식은 I 헤드형이다.
③ 흡입 및 배기 밸브가 실린더 블록에 설치되어 있으며 초창기에 사용했던 형식은 F 헤드형이다.
④ 흡입 밸브와 배기 밸브로 분리하여 실린더 블록 양쪽에 설치되어 있는 형식은 T 헤드형이다.

23 실린더 내경과 행정의 비에 따른 분류의 설명 중 틀린 것은?

① 장 행정 엔진은 저속에서 높은 회전력을 필요로 하는 곳에 주로 사용된다.
② 실린더 행정에 대한 실린더 내경의 비가 1보다 적은 엔진을 단 행정 엔진이라 한다.
③ 단 행정 엔진을 오버 스퀘어 엔진(Over square engine)이라 한다.
④ 행정과 실린더 내경이 같은 엔진을 정방형 엔진(Square)이라 한다.

24 장행정(Under square)기관의 특징을 설명한 것이 아닌 것은?

① 행정이 안지름보다 큰 엔진이다.
② 회전속도가 늦은 반면에 회전력이 크다.
③ 기관의 높이를 낮게 한다.
④ 측압이 작아 실린더 벽의 마모가 적다.

ANSWERS

01.③	02.③	03.②	04.③	05.①	06.④
07.②	08.③	09.①	10.④	11.①	12.①
13.③	14.①	15.④	16.③	17.④	18.①
19.③	20.③	21.④	22.③	23.②	24.③

01. "증기" 자가 붙은 것은 외연기관이다.

02. 바퀴의 슬립을 줄이려면 큰 하중을 받는 휠이 구동되어야 한다. 화물차 같이 짐에 의해 후륜이 무거운 차량에는 FR방식이 적합하다.

03. 추진축이 필요한 이유는 동력발생장치와 구동장치가 멀리 떨어져 있을 때이다. FR방식과 4WD방식이 대표적이라 할 수 있다.

04. 언더스티어 현상은 F·F 방식의 차량에서 주로 나타난다. F·R 방식은 오버스티어 현상이 일어나기 쉽다.

05. 제트 엔진과 로켓 엔진이 여기에 속한다.

06. 휘발유의 연료특성상 인화점이 낮은 관계로 규정의 흡기온도는 연소하는데 크게 중요한 요인이 아니다.

07. 정답을 제외한 나머지 가솔린, LPG, CNG 엔진 모두 불꽃 점화 방식을 택한다.

08. 건설기계나 군용차량이 사용되는 환경은 비포장도로일 확률이 높고 이럴 경우 4WD 구동방식이 효율적이다.

09. FF방식이 동력전달장치에 사용되는 부품수가 적어 기계적 마찰에 의한 손실이 적고 구동바퀴와 조향바퀴가 일치하여 조향 안정성에 유리하다.

10. 고속 디젤 기관에 사용되는 열역학적 사이클은 정적·정압구간이 같이 존재하므로 복합사이클 혹은 사바테 사이클이라고 한다.

11. ①은 앞기관 앞바퀴 구동방식에 대한 설명이다.

12. 가솔린 기관에서 사용하는 열역학적 사이클은 일정한 체적하에 연소가 일어나므로 정적사이클 또는 오토사이클이라 한다.

13. 그림 ②→③ 구간에서 압력이 일정하다는 것을 알 수 있다. 이는 정압 연소를 뜻하고 디젤 사이클에 해당된다.

14. 압축비가 일정할 때 열효율 비교는
(오토 〉사바테 〉디젤) 사이클 순이다.

15. 2행정 사이클 소기방식
    ㉠ 단류(유니플로) 소기식
    ㉡ 루프 소기식
    ㉢ 횡단(크로스) 소기식

16. 디플렉터 : 2행정 사이클 엔진에 주로 사용되며 피스톤 헤드에 설치한 돌출부를 뜻한다.

혼합기 및 미연소 가스에 와류를 일으켜 연료 손실을 줄여주고 잔류가스 배출을 쉽게 해준다.

17. 4행정 사이클 기관은 구성장치의 수가 많아 무겁고 마찰에 의한 기계적 손실도 높다. 또한 크랭크축 2회전에 1회 폭발하므로 지시마력도 낮다.

18. 4행정 사이클 엔진은 기통수에 상관없이 크랭크축 2회전에 모든 실린더가 한 번씩 폭발한다. 이러한 이유로 위상차를 구할 때 2회전을 각도로 표현한 (720° ÷ 기통수)로 표현한다.

19. 크랭크축 1회전(360°)마다 모든 실린더가 폭발하므로 4행정 사이클 엔진에 비해 실린더수가 적어도 회전이 원활하다.

20.

구분	가 솔 린	디젤-분사펌프
압축압력	8~10kg/cm²	30~45kg/cm²
압 축 비	8~11 : 1	15~20 : 1
압축온도	120~140℃	500~550℃
폭발압력	35~45kg/cm²	55~65kg/cm²

21. 단행정 엔진을 오버 스퀘어 엔진이라고 한다. 오버 스퀘어 엔진 표현이 기출 된 적이 있다.

22. ② 선지의 내용이 2019년 경남, 부산 기출문제로 출제된 적이 있으며 ③ 선지는 L 헤드형에 대한 설명이다.

23. ②의 실린더 행정에 대한 실린더 내경의 비가 1보다 적다를 수식으로 표현하면 $\frac{D}{L} < 1$이 되고 이는 $D \langle L$ 이 되므로 장행정 엔진이 된다.

24. 장행정 즉, 행정이 길다는 뜻으로 기관(엔진)은 높아지게 된다.

SECTION 02 엔진의 주요부

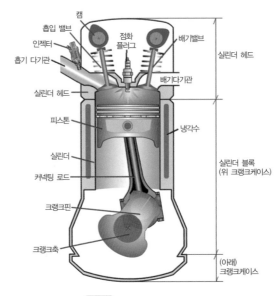

그림 엔진 주요부

1 실린더 헤드 Cylinder Head

실린더 헤드는 밸브, 점화플러그, 피스톤과 함께 연소실을 형성하며, 재질은 주철甲이나 알루미늄 합금을 사용한다. 알루미늄 합금 실린더 헤드는 가볍고 열전도성乙이 크기 때문에 연소실의 온도를 낮게 유지할 수 있고 압축비를 높일 수 있다. 또한 냉각성능이 우수하기 때문에 조기점화丙가 잘 생기지 않고 중량이 가벼운 장점이 있다. 그러나 열팽창丁이 크기 때문에 변형이 쉽고 내식성과 내구성이 비교적 떨어지는 단점이 있다.

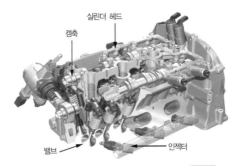

그림 실린더 헤드

甲 철 중에 탄소가 3.0~3.6%정도 함유된 것으로 내마모성, 내식성이 좋고 값이 저렴하다.
乙 열을 잘 전달하는 성질을 말한다.
丙 압축 행정 말기에 스파크에 의해 점화되기 전에 연소실의 과열로 인하여 혼합 가스가 자연 발화하는 현상이다.
丁 온도가 상승함에 따라 물체가 팽창하는 것

(1) 실린더 헤드 정비 및 점검 방법

실린더 헤드를 고정하기 위한 헤드 볼트는 바깥에서부터 중앙으로 대각선 방향 순서대로 풀고, 반대로 중앙에서부터 바깥대각선 방향 순서대로 토크렌치^甲를 이용해 조인다. 분해 후 실린더 헤드의 변형을 점검하기 위해 곧은자와 필러게이지^乙를 사용한다.

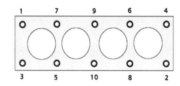

그림 헤드볼트 풀 때의 순서(조립은 역순) **그림** 실린더 헤드 점검 위치(6군데)

1) 실린더 헤드가 잘 떨어지지 않을 때

① 플라스틱 및 나무 해머로 두드려 떼는 방법
② 압축압력 및 자중^丙에 의해 떼는 방법(호이스트^丁를 이용)

2) 실린더 헤드의 균열검사 방법

① 육안검사 ② 타음^戊법 ③ 염색 탐상법 ④ 자기 탐상법^己
⑤ 형광 탐상법 ⑥ X선-투과법 ⑦ 초음파검사법^庚

(2) 밸브 기구 Valve train

각 실린더에 설치되어 있는 흡·배기밸브를 개폐하기 위해 캠의 회전운동과 스프링의 장력을 이용하는 장치.

1) SOHC(OHC) & DOHC 밸브기구의 분류

동영상

① **SOHC** Single Over Head Camshaft **밸브기구**
캠축이 실린더 헤드에 설치된 형식으로 캠축 1개, 로커-암^辛 어셈블리, 흡·배기밸브 각각 1개씩 설치되어 있는 방식이다.

② **DOHC** Double Over Head Camshaft **밸브기구**
캠축이 실린더 헤드에 설치된 형식으로 캠축 2개, 흡·배기밸브 각각 2개씩 설치되어 있는 방식이다.

甲 볼트와 너트를 규정된 토크에 맞춰 조일 때 사용하는 공구
乙 틈새를 측정하는 게이지이다.
丙 스스로의 무게
丁 비교적 소형의 화물을 들어 옮기는 장치
戊 물체를 두드려서 발생되는 소리
己 강자성체로 만든 물체에 있는 결함을 자기력선속의 변화를 이용해서 발견
庚 우리가 들을 수 있는 소리보다 주파수가 큰 음파를 이용해 변화를 발견
辛 방향 전환 기능의 암으로, 하나의 캠축으로 양쪽의 흡·배기 밸브를 단속하기 위해 지렛대의 원리를 이용한 장치

③ DOHC 밸브기구의 특징

ⓐ 흡입효율 및 허용 최고 회전수의 향상

ⓑ 높은 연소효율甲 및 응답성乙의 향상

ⓒ 복잡한 구조 및 높은 생산 단가

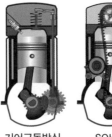

기어구동방식   SOHC   DOHC

그림 OHC & DOHC 밸브기구

2) 캠과 캠축 camshaft

크랭크축으로부터 기어·체인·벨트식 등으로 동력을 전달받아 캠축과 캠이 구동된다.

크랭크축 2회전 당 캠축은 1회전이며 각 스프로켓丙의 잇수비는 1 : 2이다.

캠축의 캠에 의해 배전기丁, 연료펌프, 오일펌프, 로커-암, 태핏戊, 밸브 등이 구동한다.

캠의 회전 운동을 태핏, 푸시로드, 로커-암을 거쳐 직선운동으로 바꾸어 사용하기도 한다.

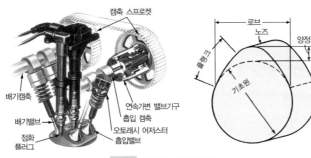

노즈	캠의 가장 높은 부분(코)
양정	기초원에서 노즈까지 높이
플랭크	밸브 리프터가 닿는 옆면
로브	밸브가 열리는 점에서 닫히는 점까지의 직선거리

그림 캠축과 캠의 구조

3) 밸브 간극(기계식 밸브 리프터)

기관 작동 중 열팽창을 고려하여 두는 것이며 I-헤드형의 OHC 기관은 밸브 스템과 로커-암 볼트 사이의 유격으로 표시한다.

밸브간극이 너무 클 때	밸브간극이 너무 작을 때
· 밸브가 늦게 열리고 일찍 닫힌다. · 운전온도에서 밸브의 열림이 작아진다. · 흡입밸브 간극이 너무 크면 흡입 공기량이 부족해진다. · 배기밸브 간극이 너무 크면 배기 불충분으로 엔진이 과열한다.	· 밸브가 일찍 열리고 늦게 닫힌다. · 블로백乙(blowback)이 발생한다. · 흡입밸브 간극이 너무 작으면 역화庚나 실화辛가 발생한다. · 배기밸브 간극이 너무 작으면 후화壬가 일어나기 쉽다.

甲 완전 연소 할 때에 발생하는 열량과 실제로 연소할 때에 발생하는 열량의 비율.

乙 부름이나 신호 따위에 대답하거나 반응하는 성질.

丙 타이밍 체인 및 벨트를 걸어 회전시키는 기어

丁 각 연소실의 점화플러그에 고전압을 나눠주는 장치

戊 원통형으로 생긴 밸브 기구의 하나로, 캠축의 캠이 회전 운동을 할 때 태핏은 상하 운동을 하게 된다.

乙 압축 행정 또는 폭발 행정일 때 가스가 밸브와 밸브 시트 사이에서 누출되는 현상을 이른다.

庚 내연 기관에서, 실린더로부터 흡기관이나 기화기 따위로 불꽃이 거꾸로 흐르는 현상

辛 연소실 내의 혼합 가스의 연소 상태를 표시하며, 그 혼합 가스가 완전 연소하지 않은 상태를 의미한다.

壬 연소실에서 연소하지 못한 혼합가스가 배기 계통에서 연소되는 현상

◎ 밸브의 양정[甲](h)

$$= \frac{\text{캠의 양정} \times \text{밸브쪽 로커암의 길이}}{\text{캠축쪽 로커암의 길이}} - \text{밸브간극}$$

그림 밸브 간극

4) 밸브 리프터(태핏)

캠의 회전운동을 상하 운동으로 바꾸어 푸시로드[乙]나 밸브로 전달한다.
편 마모를 방지하기 위해 캠과 태핏을 옵셋[丙](Off-set)시킨다.

종류에는 기계식과 유압식이 있으며 기계식은 밸브간극을 조정하는 볼트가 있다.

유압식은 윤활장치[丁]의 순환압력과 오일의 비압축성[戊]을 이용한다.

특히, 유압식 밸브 리프터는 다음과 같은 특징을 갖는다.

① 기관의 온도 변화에 관계없이 밸브간극은 항상 '0'이다.

② 밸브개폐가 정확하고, 작동이 조용하며 밸브간극 조정이 필요 없다.

③ 유체가 충격을 흡수하므로 밸브기구의 내구성이 증대 된다.

④ 구조가 복잡하고, 오일펌프 및 유압회로가 고장 나면 작동이 불량해진다.

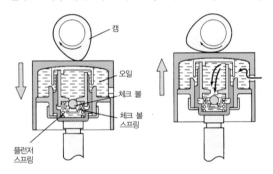

그림 직접작동형 유압식 리프터의 구조

5) 밸브와 밸브시트[己]

① 밸브의 구비조건

ⓐ 고온에서 장력[庚]과 충격에 대한 저항력이 클 것

ⓑ 무게가 가볍고 내구성 및 밸브 헤드부의 열전도성이 클 것

[甲] 밸브의 양정은 일반적으로 밸브 헤드 지름의 1/4정도로 둔다.
[乙] 두 개의 장치 사이에 설치되어 힘을 전달하는 막대.
[丙] 중심에서 떨어져 있는 정도
[丁] 기관 내부에 오일펌프를 활용해서 오일을 지속적으로 공급하여 마찰열로 인한 베어링의 고착 등을 방지하는 장치.
[戊] 압력을 주어도 부피가 변하지 않는 성질. 물 따위가 있다.
[己] 실린더 헤드에서 밸브면과 맞닿는 부분
[庚] 물체를 양쪽에서 당길 때 표면 또는 내부의 임의의 면에 대해 수직으로 작용하는 인력

② 흡·배기 밸브

구 분	온 도	간 극	헤드 지름	흡기 밸브를 더 크게 하는 이유
흡기 밸브	450~500℃	0.2~0.35mm	크 다	흡입효율 증대시킬 목적
배기 밸브	700~800℃	0.3~0.40mm	작 다	

③ 밸브의 주요부 및 특수밸브

ⓐ 마진 : 마진의 두께는 0.8mm정도이며, 재사용 여부의 기준이 되고, 기밀유지를 해준다.

ⓑ 밸브면(페이스) : 밸브시트와 접촉하여 기밀유지 및 열전도 작용을 하며 30°, 45°, 60° 각도의 것이 있으나 45°를 주로 사용한다.

ⓒ 밸브 스템 : 밸브 운동을 지지하며 스템 끝(엔드)은 평면으로 다듬질[甲]한다.

ⓓ 나트륨 밸브 : 밸브 스템을 중공[乙]하여 내부에 Na 용액 (40~60%)을 봉입 → 밸브헤드의 온도를 약 100도 정도 낮출 수 있어 밸브의 변형을 방지한다.

그림 밸브의 주요부

④ 밸브 시트 Valve seat

밸브면과 접촉하고, 시트폭은 1.5~2.0mm이며, 밸브 시트의 각은 30도, 45도 의 것이 있으며, 작동 중 열팽창을 고려하여 밸브면과 시트 사이에 0.25~1.5도 정도의 간섭각을 두고 있다.

그림 밸브 시트

⑤ 밸브 스템 가이드 Valve stem guide

밸브 가이드라고도 하며, 밸브 스템을 지지하는 관이다. 종류에는 직접식과 교환식이 있다. 스템과 가이드 사이에 0.015~0.07mm 정도의 간극을 두고 엔진 오일로 윤활한다. 다만 오일이 과다하면 연소실까지 침입하므로 가이드 윗부분에 고무제의 오일 실seal[丙]을 설치한다.

[甲] 가공하는 물품의 표면을 마지막으로 손질하는 것
[乙] 가운데 구멍을 냄
[丙] 축이나 구멍 주위로 유체가 누출되는 것을 방지하기 위해 사용되는 재료

그림 밸브의 구조

시트각 =46.5°
시트폭
=1.5~2.0mm

45°

밸브 간섭각 1.5°

그림 밸브 시트 폭과 간섭각

2.
엔
진

6) 밸브 스프링 Valve spring

캠의 회전에 의해 작동된 밸브를 원위치 시키는 역할을 하며 밸브가 닫혀있는 동안 밸브시트와 밸브면을 밀착시키는 힘을 준다. 재질은 니켈(Ni)甲, 규소(Si)乙−크롬(Cr)丙강이 사용된다.

① 밸브 스프링 서징현상과 방지책

ⓐ 서징Surging 현상 : 밸브 개폐 횟수가 밸브 스프링의 고유진동수丁와 같거나 정수배로 되었을 때 공진戊하여 캠에 의한 작동과 관계없이 진동을 일으키는 현상

ⓑ 방지책

· 이중 스프링을 사용한다.

· 원뿔형 스프링을 사용한다.

· 부등 피치 스프링을 사용한다.

· 정해진 양정 내에서 충분한 스프링 정수를 얻도록 한다.

· 고유진동수를 높인다.己

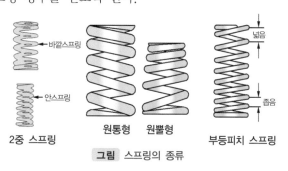

바깥스프링

안스프링

넓음

좁음

2중 스프링   원통형   원뿔형   부등피치 스프링

그림 스프링의 종류

甲 은백색의 강한 광택이 있는 금속이다. 공기 중에서 변하지 않고 산화 반응을 일으키지 않아 도금이나 합금 등을 통해 동전의 재료로 사용된다.

乙 실리콘으로 불리며 합금의 재료로 주로 사용된다. 내산성이며 자기유도도가 높아 점화코일의 철심으로도 사용되며 반도체의 재료로도 활용된다.

丙 내마모성이 우수해 기계부품, 금형, 공구 등에 경질 크롬도금(공업용 크롬도금)으로써도 널리 이용되고 있다.

丁 역학계가 외력의 영향 없이 자유롭게 진동할 때의 진동수이며, 자연 진동수 또는 고유 주파수라고도 한다.

戊 진동계의 강제진동에서 외력의 크기를 일정하게 한 채로 주파수를 변화시킬 때 진동계의 고유진동수 부근에서 변화하여 속도, 압력 등이 극대치가 되는 현상.

己 스프링이 유연할 경우 고유진동수가 낮아지니 스프링 강성을 높이는 것이 도움 된다.

② 밸브 스프링 점검 및 사용 한도

ⓐ 장 력 : 스프링 장력의 감소는 표준값의 15% 이내일 것

ⓑ 자유고^甲 : 자유고의 낮아짐은 표준값의 3% 이내일 것

ⓒ 직각도^乙 : 직각도는 자유고 100mm당 3mm 이내일 것

ⓓ 밸브 스프링의 접촉면의 상태가 2/3 이상 수평일 것

③ 스프링 상수

$$k = \frac{W}{a}$$ k : 스프링상수(kg$_f$/mm)   W : 스프링에 작용하는 하중(kg$_f$)

a : 스프링의 길이 변화량(mm)

> **연습문제**
>
> 스프링 상수가 10kg$_f$/mm의 코일스프링을 400kg$_f$로 압축하였을 때 길이의 변화량은 얼마인가?
>
> $$10\text{kg}_f/\text{mm} = \frac{400\text{kg}_f}{x} \qquad x = 40\text{mm}$$
>
> **정답** 40 mm

7) 밸브 개폐시기 Valve timing

흡기밸브는 흡입행정 시작(상사점) 전에 열려 하사점 후에 닫히고, 배기밸브는 하사점 전에 열려서 상사점 후에 닫힌다. 흡·배기밸브를 각각의 사점 전에 열어주는 것을 밸브 리드 lead^丙라 한다.

배기에서 흡입행정으로 넘어가는 순간 상사점 부근에서 흡·배기밸브가 동시에 열리는데 이를 **밸브 오버랩** Valve over lap 혹은 정의 겹침 Positive over lap이라 한다.

> **보 충**
>
> ▶ **밸브 오버랩(Valve over lap)을 두는 목적**
> 흡·배기가스의 관성을 유효하게 이용하여 흡입행정 시 흡입효율을 상승시키고, 배기행정에서는 잔류 배기가스 배출을 원활하게 하기 위함이며, 엔진 연소실내의 냉각효과를 증대시킬 수 있다.

> **연습문제**
>
> 어느 4행정 사이클 엔진의 밸브 개폐시기가 아래 보기와 같다. 흡·배기 밸브가 열려있는 기간 동안 크랭크축이 회전한 각도와 밸브 오버랩을 구하시오.
>
> [보기]
> 흡입밸브 열림 : 상사점 전 15°   흡입밸브 닫힘 : 하사점 후 30°
> 배기밸브 열림 : 하사점 전 35°   배기밸브 닫힘 : 상사점 후 12°
>
> **정답** ⓐ **흡입밸브 열림 기간 동안 크랭크축 회전각도 : 15 + 180 + 30 = 225°**
> ⓑ **배기밸브 열림 기간 동안 크랭크축 회전각도 : 35 + 180 + 12 = 227°**
> ⓒ **밸브 오버랩(정의 겹침) 동안 크랭크축 회전각도 : 15 + 12 = 27°**

---

^甲 외력을 가하지 않았을 때의 높이
^乙 반듯하게 서있는 정도
^丙 앞장서서 안내하다.

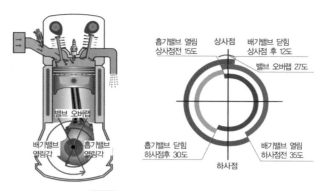

그림 밸브 개폐시기 선도

8) 가변밸브 타이밍 장치 Variable valve timing system

엔진의 운전 상태에 따라 밸브 개폐 시기 등을 바꾸어 흡·배기 효율을 높이고 출력 상승 및 연비 향상, 유해 배출가스 저감 등을 실현 할 수 있는 장치이다. VVT甲, CVVT乙, CVVL丙, CVVD丁(Duration:지속_열림)

동영상

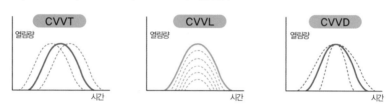

고려 항목	밸브 오버랩 크게 ←		중간 →		작게	이 유
엔진 회전수	고속				저속	고속 : 흡배기 저항 줄임 저속 : 미·연소 가스 배출방지 　　　→ 연비향상, 유해물질 감소
회전수 및 부하	고부하 중저속	고부하 고속	중부하	경부하	시동, 저온공전	고부하 : 체적효율 향상 → 회전력 증대 중부하 : EGR비율 증대 → 펌프손실 경감戊 저부하 : 흡입역류 적게 → 회전속도 안정

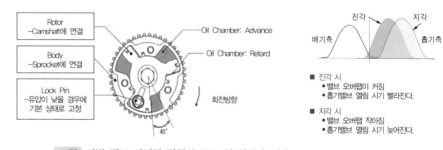

그림 가변 밸브 타이밍 장치의 구조 및 진각과 지각

甲 (Variable Valve Timing) 캠의 회전을 진각·지각시켜 오버랩을 크게 혹은 작게 두 가지 제어만 가능
乙 (Continuously Variable Valve Timing) VVT에서 제어하는 사이의 영역을 세분화하여 연속적으로 제어 가능
丙 (Continuously Variable Valve Lift) 밸브가 열리는 정도(양정-Lift)를 제어 → 오버랩 제어
丁 (Continuously Variable Valve Duration) 원심추의 원리를 이용해 밸브가 열려있는 기간을 제어 → 압축압력 제어
戊 밸브오버랩 大 → 배기가스 일부를 흡기 쪽으로 역류 → 다음 흡입 때 EGR율 ⇧(내부 EGR 효과 기대)

(3) 연소실 Combustion chamber

실린더 헤드와 피스톤이 상사점에 있을 때 형성되는 공간으로 연소실(간극) 체적이라 한다. 즉, 혼합 가스를 연소하여 동력을 발생시키는 곳이며, 구비조건은 다음과 같다.

① 연소실 내의 표면적甲은 최소가 되도록 할 것
② 가열되기 쉬운 돌출부를 두지 않을 것
③ 밸브 구멍에 충분한 면적을 주어 흡·배기 작용이 원활하게 될 것
④ 압축 행정에서 혼합기에 와류를 일으켜 화염전파시간乙을 짧게 할 것
⑤ 연소실의 종류 ┬ I-head : 반구형, 쐐기형, 욕조형, 지붕형
　　　　　　　　└ L-head : 리카도형, 제인웨어형, 와트모어형, 편평형

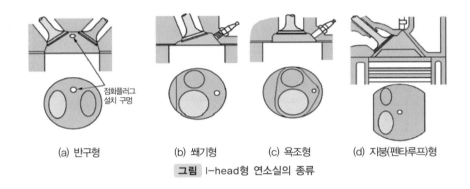

(a) 반구형　　　(b) 쐐기형　　　(c) 욕조형　　　(d) 지붕(펜타루프)형

그림 I-head형 연소실의 종류

1) 헤드 개스킷 Head gasket

실린더 헤드와 블록의 접합면 사이에 끼워져 압축가스, 냉각수 및 엔진오일의 기밀을 유지하기 위해 사용하는 석면계열의 물질이다. 최근에는 스틸의 개스킷이 사용된다.

다음과 같은 구비조건이 요구된다.

① 내열성丙과 내압성丁이 클 것
② 적당한 강도가 있으며 기밀戊유지성이 클 것
③ 엔진 오일 및 냉각수가 누출되지 않을 것

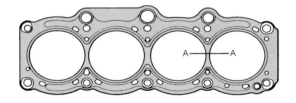

甲 입체도형의 표면 전체의 넓이
乙 가연 한계 내에 있는 혼합기에 점화하면 화염면이라고 하는 엷은 연소대가 퍼져나가는데 이것이 진행되는 시간을 뜻한다.
丙 물질이 영구적인 변화 없이 고온을 견디는 능력
丁 400~600기압까지 이르는 높은 압력도 견딜 수 있는 성질을 말한다.
戊 용기에 넣은 기체나 액체가 누출되지 않도록 밀폐하는 것

2 실린더 블록 Cylinder block

동영상

엔진의 기초 구조물로서 실린더 부분과 물재킷[甲] 및 크랭크 케이스로 구성되어 있다.

(1) 실린더 Cylinder

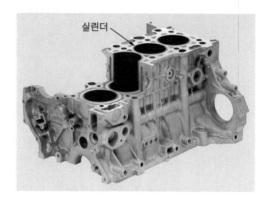
실린더

실린더는 피스톤이 기밀을 유지하면서 왕복 운동을 하는 진원통형이며, 그 길이는 피스톤 행정의 약 2배이다. 피스톤 Top링[乙] 또는 실린더에 Cr 도금한 것도 있다. 반드시 둘 중 한 곳에만 Cr 도금해야 한다. 이유는 피스톤의 마찰 및 마모를 적게 하기 위해서이다. 종류에는 일체식, 라이너식(건식과 습식)이 있다.

1) 건식 라이너 → (가솔린 엔진)

라이너가 냉각수와 간접 접촉하는 것이며, 삽입할 때 유압 프레스로 2~3ton의 힘을 가해야 하고, 라이너의 두께는 2~3㎜이다.

2) 습식 라이너 → (디젤 엔진)

라이너가 냉각수와 직접 접촉하고 바깥 둘레가 물 재킷의 일부로 된 것이며, 삽입할 때 외주[丙]에 비눗물을 칠해 끼우고, 라이너의 두께는 5~8mm이다. 그리고 라이너 상부에는 플랜지[丁]를, 하부에는 2~3개의 실링[戊]을 끼워 냉각수 누출을 방지한다.

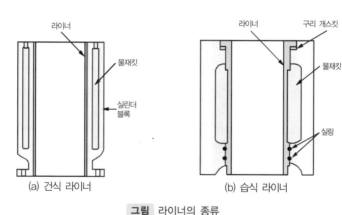

(a) 건식 라이너   (b) 습식 라이너

그림 라이너의 종류

甲 수랭식 엔진에서 실린더 및 실린더 헤드의 고온부 바깥쪽에 냉각용 물을 순환시키는 부분으로, 냉각수 재킷이라고도 한다.
乙 피스톤 헤드부와 제일 가깝게 설치된 링
丙 바깥쪽 둘레
丁 부품의 가장자리에 부착 또는 이음을 위하여 부품의 끝 또는 차양 모양으로 접합부 주위에 붙인 둥근 테두리이다.
戊 내부로부터의 누설이나 외부로부터의 침입을 방지하는 처치

3) 실린더 상부의 마모가 가장 큰 이유

윤활 상태의 불량과 피스톤 헤드가 받는 압력이 가장 크므로 피스톤 링과 실린더 벽과의 밀착력이 최대가 되고, 피스톤 링의 호흡작용으로 유막이 끊기기 쉽기 때문이다.

4) 피스톤 링의 호흡작용(플래터-Flutter 현상)

엔진이 고속으로 작동하면 상사점에서 하사점으로, 하사점에서 상사점으로 피스톤의 작동 위치가 변환될 때 피스톤 링의 접촉 부분이 바뀌는 과정에서 순간적으로 떨림이 발생되는 현상을 말한다.

5) 실린더의 점검과 정비

① 실린더 마모량 측정 방법

ⓐ 실린더의 상·중·하 3곳에서 각각 측정한다.
ⓑ 실린더의 마모량은 크랭크축 방향 보다 축의 직각방향甲(측압부)의 마모가 크다.
ⓒ 측정은 실린더보어게이지乙, 텔레스코핑게이지丙와 외측마이크로미터丁 등이 있다.

② 실린더의 보링戊 작업

ⓐ 실린더 안지름 규격이 70mm 미만은 0.15mm이상, 규격이 70mm 이상은 0.20mm 이상 마모되면 보링작업을 진행한다.
ⓑ 보링한 후에는 바이트르 자국을 지우는 호닝庚 작업을 한다.
ⓒ 호닝 후 한 실린더의 내경차는 0.02mm 이하, 각 실린더간의 내경차는 0.05mm 이하여야 한다.
ⓓ 최대 마모량+0.2mm(진원절삭값辛)한 값에서 피스톤 O/S규격(0.25mm, 0.50mm, 0.75mm, 1.00mm, 1.25mm, 1.50mm)의 바로 위 값을 선택한다.

> **연습문제**
>
> 실린더 표준 안지름이 75mm인 엔진의 최대 마모량이 0.27mm이다. 이 때 보링 값(수정 값)과 오버사이즈(O/S) 값은?
> 풀이) 0.27mm+0.2mm=0.47mm 이므로 O/S 0.25mm ~ 0.50mm 사이에 위치한다.
> ∴ 바로 위 값인 0.50mm를 선택한다.　　　 **정답** 보링 값 75.50mm, O/S 값 0.50mm

---

甲 크랭크축이 전체적으로 길게 늘어져 있는 방향(피스톤 핀의 방향과 평행)을 기준으로 수직방향을 뜻한다. 피스톤 핀을 기준으로 피스톤이 까딱거릴 수 있기 때문에 이 방향으로 실린더의 마모가 커지게 된다.
乙 다이얼 게이지와 같은 원리를 이용한 실린더 안지름 측정기
丙 T자 모양으로 생겼으며 양쪽 날개부분의 길이 변화가 가능하다. 자체는 눈금이 없기 때문에 외측 마이크로미터와 함께 사용하여 안지름, 홈 등을 측정하는 데 사용한다.
丁 공작물의 바깥쪽을 측정하는 마이크로미터로 0.01mm까지 측정이 가능하다.
戊 실린더 보링의 줄인 말이다. 일체식 실린더가 마멸 한계 이상으로 마모되었을 때 보링 머신으로 피스톤 오버 사이즈에 맞추어 진원으로 절삭하는 작업이다.
르 보링작업 시 사용되는 절단용 칼날공구를 뜻한다.
庚 숫돌로 공작물을 가볍게 문질러 정밀다듬질을 하는 기계가공법
辛 실린더 편마모를 없애기 위해 둥글게 깎아 내는 수치

(2) 피스톤 Piston

피스톤은 실린더 내에 설치되어 상하 왕복운동을 하며, 커넥팅 로드를 통하여 크랭크축에 회전력을 전달한다.

◎ **재료**

- Y합금[甲] : Al(92.5%)+Cu(4%)+Mg(1.5%)+Ni(2%)
- Lo·Ex합금[乙]
  : Al(70~85%)+Cu(1%)+Mg(1%)+Ni(1~2.5%)+Si(12~25%)+Fe(0.7%)

◎ **구비조건**

- 열전도성이 크고, 고온·고압에 견딜 것
- 열팽창률[丙]이 작으며 기계적 강도[丁]가 클 것
- 무게가 가벼우며, 관성[戊]이 작을 것

1) 피스톤의 구조

피스톤은 연소실의 일부를 형성하는 피스톤 헤드, 링지대(링 홈과 랜드), 스커트부, 보스부 등으로 되어 있으며 제1번 랜드에는 헤드부의 높은 열이 스커트부로 전달되는 것을 방지하는 히트 댐[heat dam][己]을 두는 형식도 있다. 그리고 측압은 피스톤이 섭동하면서 실린더 벽에 압력을 가하는 현상이다. 측압은 커넥팅 로드의 길이와 행정에 관계되며 동력행정에서 가장 크다.

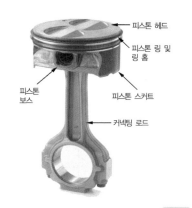

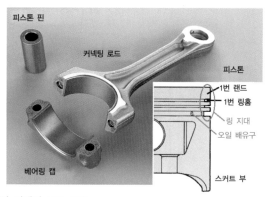

그림 피스톤 및 커넥팅 로드 구조

[甲] Al합금으로 내열성이 뛰어나고 단조, 주조에 사용된다. 주로 쓰이는 용도는 내연 기관용 피스톤이나 실린더 헤드 등이다.
　단조 : 고체인 금속재료를 해머 등으로 두들기거나 가압하는 기계적 방법으로 일정한 모양으로 만드는 조작.
　주조 : 고온 액체 상태의 재료를 형틀에 부어 넣어 굳혀 모양을 만드는 방법.
[乙] low expansion의 줄인 말로 열팽창률이 적으며 내열성이 좋다. 또한 주조·단조성이 뛰어나 피스톤 재료로 사용된다.
[丙] 열에 의한 체적 또는 길이의 증대 비율을 표시한 물체에 고유한 양.
[丁] 물체의 강한 정도.
[戊] 물체가 외부로부터 힘을 받지 않을 때 처음의 운동 상태를 계속 유지하려는 성질.
[己] 피스톤에 설치되어 있는 슬롯이나 돌기. 피스톤의 열 흐름을 제한하고 피스톤의 변형을 막기 위하여 설치하는 장치이다.

2) 피스톤의 간극

피스톤 간극은 엔진의 작동 중 열팽창을 고려해서 두며, 스커트부에서 측정한다. 규정 간극은 보통 실린더 내경의 0.05%정도이다. 간극이 크면 압축압력의 저하, 연소실로 오일 상승, 블로바이[甲] 및 피스톤 슬랩[乙]이 발생하고, 간극이 너무 작으면 마찰 증대되고 과하면 열 변형 및 소착[丙]이 발생한다.

그림 피스톤 간극

3) 피스톤 링 Piston ring

금속제 링의 일부를 잘라서 피스톤의 링홈에 설치한다. 링은 바깥쪽인 실린더 내벽 쪽으로 탄성을 유지하며, 2~3개의 압축 링과 1~2개의 오일 링으로 구성된다.

① **링의 작동**

◎ **상사점 → 하사점** : 실린더 벽과의 마찰로 링 홈의 윗면과 밀착되고 유막 위를 미끄러짐.

◎ **하사점 → 상사점** : 링 홈의 아랫면과 밀착되어 링 위쪽의 간극에 긁힌 오일이 고인다. 고인 오일이 실린더 벽에 공급되어 항상 실린더 전면에는 유막을 형성하게 된다.

② **링의 3대 작용 : 기밀 작용, 오일 제어 작용, 열전도 작용(냉각작용)**

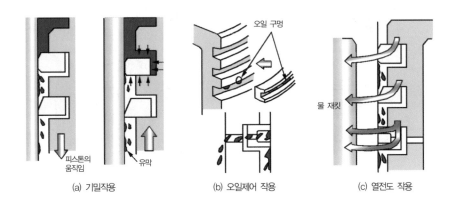

(a) 기밀작용   (b) 오일제어 작용   (c) 열전도 작용

그림 피스톤 링의 작용

③ **오일링** : 링의 전 둘레에 홈이 파져 있어 실린더 벽을 윤활하고 남은 오일을 긁어내리며 실린더 벽의 유막을 조절함과 동시에 피스톤 안쪽으로 보내어 피스톤 핀의 윤활을 돕는다.

[甲] 실린더와 피스톤 사이로 압축 또는 폭발 가스가 새는 것을 말한다.
[乙] 실린더와 피스톤 간극이 클 때 피스톤이 실린더 벽을 때리는 현상
[丙] 타서 붙는 현상

④ **링 이음 방향** : 120~180도의 각도 차를 두고 측압 부를 피해서 설치된다. 이유는 링 이음 부 쪽의 가스가 새는 것(블로바이)을 방지하기 위함이다.

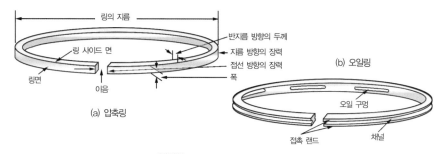

그림 피스톤 링의 형상

4) 피스톤 핀 Piston pin

피스톤 핀은 피스톤 보스부에 끼워져 피스톤과 커넥팅 로드 소단부를 연결해 주는 것이며, 재질은 저탄소 침탄甲강, Ni乙-Cr, Cr-Mo丙강이며, 표면을 경화하여 사용한다.

설치 방법에 따라 고정식, 반부동丁식, 전부동식으로 분류된다.

① **고 정 식** : 핀을 보스부에 고정 볼트로 고정하는 방식
② **반부동식** : 커넥팅로드 소단부에 클램프로 고정하는 방식
③ **전부동식** : 고정된 부분이 없고, 이탈을 방지키 위해 스냅링을 사용하는 방식

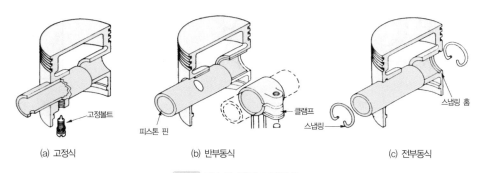

그림 피스톤 핀의 고정방식

5) 피스톤의 종류

① **캠 연마 피스톤** Cam ground piston : 타원형이고 상중하부의 직경이 다른 형상으로 온도 상승에 따라 진원이 된다.
② **스플릿 피스톤** Split piston : 가로 홈(스커트부의 열전달 억제)과 세로 홈(전달에 의한 팽창 억제)을 둔 피스톤으로 I, U, T자 홈 모양이 있다.

甲 탄소량을 매우 낮게 만들어 놓은 저탄소강의 표면으로부터 탄소를 스며들게 하여 표면 가까이에만 탄소량을 높인다.
乙 니켈 : 가장 큰 용도는 크로뮴(Cr)과 함께 철의 합금을 만들어 강성이 좋으며 내부식성인 스테인리스 강을 만드는 것이다.
丙 몰리브덴 : 극저온에서 고온까지 기구적으로 강하며 탄성률 및 열전도율은 높고 열팽창률은 낮다.
丁 부동(浮動) : 우리가 흔히 사용하는 "움직이지 않다."의 뜻이 아닌 "떠서 움직이다."의 뜻으로 사용된다.

③ **인바 스트럿 피스톤** Invar strut piston : 인바강甲{Ni(35~36%) + Mn乙(0.4%)
+ C(0.1~0.3%)}을 넣고 일체 주조丙한 형식

그림 캠 연마 피스톤 　　　　**그림** 스플릿 피스톤 　　　　**그림** 인바 스트럿 피스톤

④ **슬리퍼 피스톤** Slipper piston : 측압을 받지 않는 부분을 잘라낸 것으로 무게를 가볍게
하는 효과가 있다.

⑤ **옵셋 피스톤** Off-set piston : 피스톤 핀의 중심을 크랭크축의 중심과 1.5㎜정도 옵셋
시킨 형식으로 슬랩 방지용 피스톤이다.

⑥ **솔리드 피스톤** Solid piston : 기계적 강도가 높은 재질을 사용하여 스커트부의 열에 대한
보상장치 없고 통형이다.

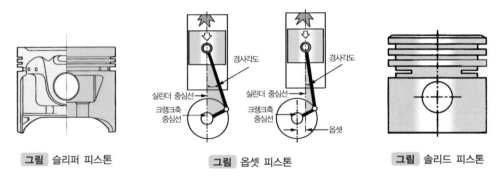

그림 슬리퍼 피스톤 　　　　**그림** 옵셋 피스톤 　　　　**그림** 솔리드 피스톤

(3) 커넥팅 로드 Connecting rod

피스톤과 크랭크축을 연결하는 막대로 피스톤의 왕복운동을 크랭크축의 회전운동으로 바꾸는
기능을 한다. 그 길이는 피스톤 행정의 1.5~2.3배이다. 재질은 Ni-Cr, Cr-Mo강이며 최근에는
두랄루민丁(Al+Cu+Mg)을 중량 감소 목적으로 사용한다.

그리고 커넥팅 로드의 휨 및 비틀림 변형은 크랭크축의 과도한 엔드플레이戊와 반복하중에 의해
서이고, 그 결과 피스톤의 측압 증대, 블로바이 증대, 소음과 진동 증대, 크랭크축의 이상 마모
증대 등에 영향을 미친다.

甲 니켈(Ni), 망간(Mn), 탄소(C)의 합금강으로 열팽창이 적어 줄자, 피스톤의 보강재료, 시계의 진자, 바이메탈 등에 사용한다.
乙 망간 : 소량의 망간을 첨가하면 강철의 강도와 유연성이 증가한다.
丙 액체 상태의 재료를 형틀에 부어 넣어 굳혀 모양을 만드는 방법.
丁 강하고 가벼운 알루미늄 합금류의 상품명이다.
戊 축등이 축 방향(길이 방향)으로 움직이는 거리(유격)를 말한다.

1) 피스톤과 커넥팅로드의 허용중량 차

① 각 피스톤의 중량차이는 2%(7g) 이내

② 각 커넥팅로드 어셈블리^甲의 중량차이는 2%(15~20g) 이내

③ 각 피스톤 커넥팅로드 어셈블리의 중량차이는 2%(30g) 이내

(4) 크랭크축 Crank shaft

메인저널, 핀, 암, 평형추로 구성되고, 피스톤의 힘을 커넥팅로드를 거쳐 회전운동으로 바꾸어 팬벨트 풀리^乙, 크랭크축 스프로켓, 플라이-휠 등에 동력을 전달하는 역할을 한다.

교환은 크랭크축에 균열이 있을 때하고, 휨 값은 다이얼 게이지로 측정하며 최대값-최소값의 1/2. 즉, 게이지 눈금의 1/2이 휨 값이다.

1) 크랭크축 엔드 플레이 End play

크랭크축 방향으로의 유격을 말하며 다이얼 게이지나 필러게이지로 측정할 수 있다. 한계값은 0.3mm이다. 엔드 플레이가 크면 피스톤, 실린더 벽 등에 악영향을 미치게 되며 이때 스러스트 베어링^丙이나 심^丁을 교환하여야 한다.

2) 저널 수정

계산방법으로 저널 축을 마이크로미터로 측정해서 최대 마모량 - 0.2mm한 값에서 저널 U/S (0.25mm, 0.50mm, 0.75mm, 1.00mm, 1.25mm, 1.50mm)의 바로 아래 값을 읽어준다.

연습문제

크랭크축 메인 저널의 표준 지름이 60mm이고, 사용 후 측정값이 59.78mm일 때 축의 수정 값 및 U/S 기준 값은?

풀이) 최대 마모량 : 59.78mm-0.2mm=59.58mm 이므로 수정 필요 값은 0.42mm가 된다.
U/S 0.25mm ~ 0.50mm 사이에 위치하므로 바로 아래 값인 0.50mm를 선택하여 수정하면 된다.

정답 수정 값 59.50mm   U/S 값 0.50mm

甲 간단하게 assy[ǽsi]로 표현하기도 하며 조립 장치의 한 방식으로 하나의 덩어리를 뜻한다.
乙 벨트를 걸어 회전시키는 바퀴
丙 하중이 축 방향으로 작용하는 베어링
丁 축 방향으로 두께를 보정하기 위해 끼우는 와셔의 일종

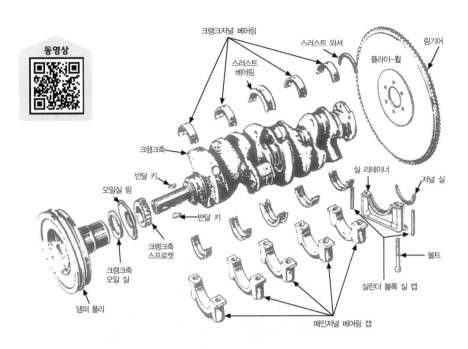

크랭크저널 베어링
스러스트 와셔
링기어
스러스트 베어링
플라이 휠
크랭크축
실 리테이너
저널 실
반달 키
오일실 링
반달 키
볼트
크랭크축 스프로켓
크랭크축 오일 실
실린더 블록 실 캡
댐퍼 풀리
메인저널 베어링 캡

그림 크랭크 축

3) 크랭크축의 위상차 및 점화순서

① **위상차**[甲]

ⓐ 4행정 기관 : 크랭크축 2회전에 모든 실린더 1회씩 폭발

즉 위상차는 '720÷실린더의 수'

> **예** 4행정 4실린더는 크랭크축이 몇 도 회전할 때 마다 폭발하게 되는가?
>
> $$\frac{720°}{4} = 180°$$

ⓑ 2행정 기관 : 크랭크축 1회전에 모든 실린더 1회씩 폭발

즉 위상차는 '360÷실린더의 수'

> **예** 2행정 4실린더는 크랭크축이 몇 도 회전할 때 마다 폭발하게 되는가?
>
> $$\frac{360°}{4} = 90°$$

② **점화순서** : 다기통 엔진의 점화순서를 실린더 배열순으로 하지 않는다. 이유는 엔진에서 발생되는 동력의 평등, 축의 원활한 회전 및 진동을 줄이는데 있다.

[甲] 엔진에 폭발행정이 발생된 기준으로 다음번 폭발행정이 발생될 때까지 크랭크축이 회전한 각

－ 점화순서 결정 시 고려할 사항은 다음과 같다.
  ⓐ 연소가 같은 간격으로 일어나도록 한다.
  ⓑ 인접한 실린더에 연이어 점화되지 않게 한다.
  ⓒ 혼합기가 각 실린더에 균일하게 분배되게 한다.
  ⓓ 크랭크축에 비틀림 진동이 일어나지 않게 한다.
→ 크랭크축 <u>비틀림 진동</u>甲 발생은 회전력이 클수록, 길이가 길수록, 강성이 작을수록 크다.

연습문제 1

1-3-4-2에서 1번 배기일 때 4번은 무슨 행정을 하고 있는가?

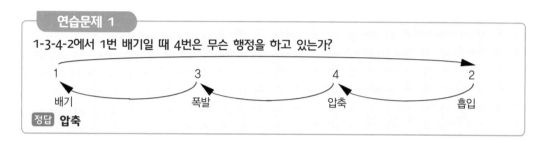

정답 **압축**

연습문제 1-1

[연습1] 문제에서 크랭크축 방향으로 180도 회전시킬 때 4번은 무슨 행정을 하고 있는가?

정답 **폭발** (행정기준 질문: 화살표 따라서 한 행정이동 → 위상각이 180도 이기 때문)

연습문제 2

1-5-3-6-2-4에서 5번 흡입 초일 때 6번은 무슨 행정을 하고 있는가?

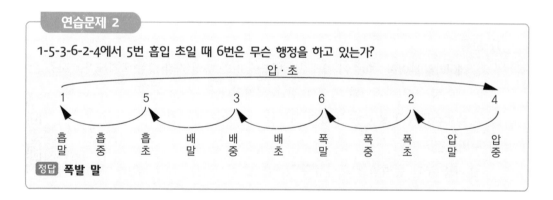

정답 **폭발 말**

연습문제 2-1

[연습2] 문제에서 크랭크축 방향으로 120도 회전시킬 때 6번은 무슨 행정을 하고 있는가?

정답 **배기·중** (행정기준 질문: 화살표 따라서 한 행정이동 → 위상각이 120도 이기 때문)

甲 가늘고 긴 물체에 비틀림 힘을 작용시켰을 때 비틀어진 물체가 원래 상태로 되돌아가려는 복원력이 작용하는데,
   이 힘에 의해 탄성진동이 일어나게 된다.

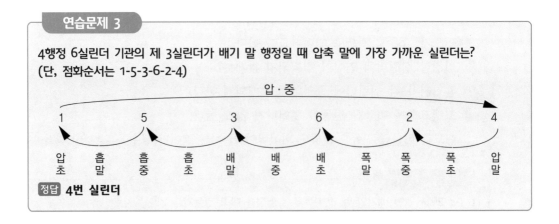

연습문제 3

4행정 6실린더 기관의 제 3실린더가 배기 말 행정일 때 압축 말에 가장 가까운 실린더는?
(단, 점화순서는 1-5-3-6-2-4)

압 · 중

| 1 | 5 | 3 | 6 | 2 | 4 |
| 압초 | 흡말 | 흡중 | 흡초 | 배말 | 배중 | 배초 | 폭말 | 폭중 | 폭초 | 압말 |

정답 **4번 실린더**

연습문제 3-1

[연습3] 문제에서 크랭크축 방향으로 120도 회전시킬 때 압축·말 행정에 가장 가까운 실린더는?

정답 **1번 실린더(행정 기준으로 질문 → 화살표를 따라 이동해온 실린더를 선택)**

(5) 엔진 베어링 Engine bearing

베어링이란 회전 또는 직선운동을 하는 축을 지지하면서 운동을 하는 부품이다. 엔진 베어링은 외주가 하우징甲에 의해 고정되고 안쪽은 유막(유체 마찰)에 의해 마찰 및 마모를 줄여 출력의 손실을 적게 하는 역할을 한다.

1) 분류

① **레이디얼 베어링** : 하중이 가해지는 방향에 따라 축의 직각 방향에 가해지는 하중을 지지하는 베어링(크랭크 저널과 크랭크 핀에 설치된다.)

② **스러스트 베어링** : 축 방향의 하중을 지지하는 베어링

2) 구비조건

① 하중 부담 능력과 길들임성乙이 좋을 것

② 내피로성, 내식성丙, 매입성(베어링 표면으로 이물질을 묻어버리는 성향)이 있을 것

3) 종류, 재질과 특성

① **배빗 메탈** : 주석(Sn) 80~90%, 납(Pb) 1% 이하, 안티몬(Sb) 3~12%, 구리(Cu) 3~7%로 조성.

길들임성, 내식성, 매입성 양호 / 고온 강도, 열전도율, 피로강도丁가 좋지 않다.

甲 부품이나 기구(機構)를 포용하는 프레임 등 모든 기계 장치를 둘러싸고 있는 상자 모양의 부분을 말한다.
乙 부품이 조립되었을 때 주변 부품과 조화되는 성질
丙 금속 부식에 대한 저항력(내부식성)
丁 부하 및 부하 크기의 변화에 대하여 견딜 수 있는 금속 부품의 능력을 말한다.

② **켈밋 메탈** : 구리(Cu) 67~70%, 납(Pb) 23~30%로 조성.

열전도율, 고온 강도, 부하 능력, 반용착성[甲]이 좋아 고속, 고온, 고하중용 기관에 사용.
/ 경도가 높아 내식성, 길들임성, 매입성이 적고 열팽창이 커 윤활 간극을 크게 설정해야
한다.

③ **트리 메탈** : 켈밋 메탈의 내식성, 길들임성, 매입성이 적은 단점을 보완하기 위하여 동합금의
셸에 아연(Zn) 10%, 주석(Sn) 10%, 구리(Cu) 80%를 혼합한 연청동을 중간층에 융착하고
연청동 표면에 배빗을 0.02~0.03mm 정도로 코팅한 베어링이다.

4) 윤활간극 (0.038~0.1mm)

① **윤활간극이 클 때** : 유압 저하 현상이 발생

(베어링 안 둘레와 크랭크 저널 사이로 다량의 오일이 빠져나감)

· 상부에 위치한 실린더 헤드로 오일 공급이 불량 → 밸브기구에 소음과 진동이 발생
· 크랭크케이스에 저장되는 오일 많아짐 → 실린더 벽에 비산되는 오일의 양이 과대
  → 연소실에 오일이 유입되는 원인 → 오일 소비가 증대

② **윤활간극이 작을 때** : 크랭크 저널과 베어링 표면이 직접 접촉

· 마찰 및 마모가 증대 → 회전저항 발생
· 과열로 인한 베어링 소착, 피스톤 및 커넥팅로드 파손
· 실린더 벽면에 오일 공급이 불량

5) 베어링의 크러시와 스프레드

① **베어링의 크러시** Bearing crush : 조립 시 베어링의 밀착 및 열전도가 잘 되도록 하기 위해
베어링의 바깥둘레를 하우징의 안 둘레보다 크게 하여야 한다. 이 베어링의 바깥 둘레와
하우징의 안 둘레와의 차를 말한다.

② **베어링 스프레드** Bearing spread : 베어링을 끼우지 않았을 때, 하우징의 지름과 베어링 바깥쪽
지름의 차(0.125~0.50㎜)를 말한다. 두는 이유는 조립 시 베어링이 수축되어 복원되려는
성질 때문에 제자리 밀착력을 높여 조립 작업 시 베어링의 이탈을 방지하고 크러시로 인한
안쪽으로 찌그러짐을 방지한다.

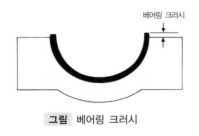

그림 베어링 크러시

그림 베어링 스프레드

甲 결합에 반하는 성질

(6) 플라이-휠 Fly-wheel

플라이-휠은 폭발 행정 시 발생한 회전력을 저장하였다가 속도를 일정하게 유지하여 주는 관성력을 이용한다. 런 아웃[甲] 측정은 다이얼게이지로 하고, 한계값은 0.05㎜이다.

1) 재질 : 주철 → 알루미늄

플라이-휠의 크기와 무게는 기관의 회전수와 실린더 수에 관계가 있고 고속·다기통화가 진행됨에 따라 무게가 가벼워져도 상관없어 최근에는 알루미늄 재료를 사용하고 있다.

2) 구성

① **링기어** : 플라이-휠의 외주에 기동전동기의 피니언기어[乙]와 맞물리기 위해 설치
② **점화시기** : 제1번 실린더의 압축 상사점 위치를 알려주는 것
   (크랭크축 풀리나 플라이-휠에 표시)

3) DMF Dual Mass Fly-wheel

토션댐퍼[丙] 기능이 추가 된 플라이-휠로 엔진에서 발생된 폭발 충격이 변속기에 전달되지 않도록, 변속기에 발생된 변속충격이 엔진에 전달되지 않도록 하여 각각의 시스템의 내구성을 증대시킬 수 있다.

그림 DMF

3 엔진의 성능

(1) 압축압력의 측정

엔진 부조[丁] 및 출력 저하 등의 기계적 이상을 진단하기 위해 시행하는 시험으로 건식과 습식측정 두 가지가 있다.

1) 압축압력 측정 시 준비 작업

① 축전지 상태를 점검하고, 기관을 가동시켜 워밍업[戊]을 시킨 후 정지시킨다.
② 모든 점화플러그를 뺀다.(디젤 기관은 분사노즐[己]을 모두 뺀다.)
③ 연료공급 차단 및 점화 1차 회로를 접지[庚]시킨다.
④ 에어클리너를 탈착[辛]하고, 스로틀 밸브를 완전히 개방한다.
⑤ 점화플러그 구멍에 압력계를 설치한다.
⑥ 크랭킹(200~300rpm)시 3~4회 압축시켜 압력계를 읽는다.

[甲] 플라이-휠의 흔들림을 일컫는 말로 원판의 측면에서 봤을 때 가운데에 비해 위·아래가 크게 흔들리는 현상을 뜻한다.
[乙] 기어가 맞물릴 때 상대적으로 작은 쪽 기어를 말하거나 래크와 맞물리는 기어(기동전동기의 작은 기어를 뜻함)
[丙] 비틀림 충격을 완화시켜주는 장치
[丁] 공전 시 연소가 조화롭지 못해 주기적으로 진동을 발생시키는 현상, 심할 경우 시동이 꺼지기도 함.
[戊] 차량 운행 전에 시동하여 엔진이 정상적인 운행이 되도록 하는 준비로, 엔진의 정상 온도(80℃)에 도달하도록 시동하는 것
[己] 기계식 디젤기관의 연소실에 연료를 분사하는 분사구
[庚] 회로와 땅(0V)을 도선으로 연결함. 연결된 회로 부분은 균일한 전위 값(0V)을 갖게 됨. 전위차가 없으면 전류는 흐르지 못한다.
[辛] 원래 부품에서 떼어 냄

2) 건식 측정

연소실 안에 오일을 넣지 않고 시험하는 것으로 실린더의 압축압력을 측정하여 측정값의 상태에 따라 엔진의 성능을 판정하며, 규정값은 $9.6kg_f/cm^2$이다.

- **정상 압축압력** : 압축압력이 규정값의 90% 이상이고 각 실린더 간 차이가 10% 이내일 때
- 압축 압력이 $11kg_f/cm^2$ 이상일 때는 연소실에 카본 등이 끼어서 수정을 요하는 상태

3) 습식 측정

실린더 벽, 피스톤 링 불량 등의 상태를 판정하기 위하여 점화 플러그 구멍으로 오일을 10cc정도 주입한 후 1분 정도 경과 후 압축 압력을 시험하는 것을 말한다.

4) 엔진 해체 정비 시기

① 압축압력이 규정값의 70% 이하일 때

② 연료 소비율이 표준 소비율의 기준보다 60% 이상일 때

③ 윤활유 소비율이 표준 소비율의 기준보다 50% 이상일 때

(2) 흡기다기관 진공도 시험

회전 중인 엔진의 흡기다기관 내의 진공도를 측정하여 다음 이상 유무를 판단할 수 있다.

1) 진공계로 알아낼 수 있는 결함 사항

① 점화시기의 틀림　　　　　　　② 밸브의 작동 불량

③ 배기 장치의 막힘　　　　　　　④ 실린더 압축압력의 누출

Section별 OX 문제

01. 일반적인 가솔린 실린더 헤드의 구성요소로는 흡·배기 밸브, 점화플러그, 캠축 등이 있고 재질은 가볍고 열전도성이 큰 알루미늄 합금을 많이 사용한다. ☐ ○ ☐ ✕

02. 흡·배기 밸브는 내열성이 좋으며 무게가 가볍고 헤드부의 열전도성이 클수록 좋다. ☐ ○ ☐ ✕

03. 캠축은 크랭크축의 회전수보다 1/2회전하며 기어, 체인, 벨트 등에 의해 크랭크축으로부터 피동된다. ☐ ○ ☐ ✕

04. 밸브간극이 너무 클 때 각각의 밸브가 일찍 열리고 늦게 닫히게 된다. ☐ ○ ☐ ✕

05. 흡기 밸브 헤드의 지름이 배기 밸브 헤드의 지름보다 크며 밸브간극 또한 흡기밸브가 더 크다. ☐ ○ ☐ ✕

06. 캠에 의한 밸브 개폐 횟수가 밸브 스프링의 고유진동수와 같거나 정수배로 되었을 때 캠에 의한 작동과 관계없이 진동을 일으키는 현상을 밸브 스프링의 서징현상이라 한다. ☐ ○ ☐ ✕

07. 흡·배기가스의 관성을 유효하게 이용하여 흡입과 배기 효율을 향상시키기 위해 상사점 부근에서 흡·배기 밸브가 동시에 열리는 것을 정의 겹침이라 한다. ☐ ○ ☐ ✕

08. 연소실의 구비조건으로 표면적은 최소가 되어야 하며, 돌출부를 두지 않아야 한다. 또한 밸브 구멍에 충분한 면적을 주어 흡·배기 작용이 원활해야 하며 압축행정 중에 와류가 발생되지 않아야 한다. ☐ ○ ☐ ✕

09. 피스톤 Top링이나 실린더 둘 중 한 곳에 Cr 도금을 하게 되면 내마모성을 높일 수 있다. ☐ ○ ☐ ✕

정답 및 해설

04. 밸브간극이 너무 작을 때 각각의 밸브가 일찍 열리고 늦게 닫히게 된다.

05. 흡기 밸브 헤드의 지름이 배기 밸브 헤드의 지름보다 크며 밸브간극은 배기온도를 고려하여 배기밸브 쪽을 더 크게 한다.

08. 연소실의 구비조건으로 표면적은 최소가 되어야 하며, 돌출부를 두지 않아야 한다. 또한 밸브 구멍에 충분한 면적을 주어 흡·배기 작용이 원활해야 하며 압축행정 중에 와류를 일으켜 화염 전파 시간을 짧게 한다.

정답

01.○ 02.○ 03.○ 04.✕
05.✕ 06.○ 07.○ 08.✕
09.○

56

10. 습식 라이너는 주로 가솔린 엔진에 사용되며 라이너 두께는 5~ 8mm, 상부에는 플랜지를 하부에는 2~3개의 실링을 끼워 냉각수의 누출을 방지할 수 있다. ☐ O ☐ ×

11. 실린더 상부에서 마모가 가장 큰 이유는 폭발행정 시 피스톤 헤드가 받는 압력이 가장 크고 윤활 상태가 불량할 경우가 많기 때문이다. ☐ O ☐ ×

12. 각각의 사점에서 피스톤이 방향전환이 이루어질 때 피스톤 링의 접촉부에서 순간적으로 떨림 현상이 발생되는 것을 링의 호흡작용이라 한다. ☐ O ☐ ×

13. 피스톤의 구비조건으로 내열성과 내압성, 열전도성이 좋아야 하고 열팽창률이 작으면서 기계적 강도는 커야한다. 또한 무게가 가벼우며 회전 관성이 작아야 한다. ☐ O ☐ ×

14. 피스톤의 제1번 랜드에서 헤드부의 높은 열이 스커트부로 전달되는 것을 방지하는 역할을 하는 것이 오일링이다. ☐ O ☐ ×

15. 피스톤 간극이 크면 마찰이 증대되고 심할 경우 열 변형 및 소착현상이 발생한다. ☐ O ☐ ×

16. 피스톤 링의 3대 작용으로 냉각작용, 기밀 유지작용, 마찰 및 마멸 감소작용이 있다. ☐ O ☐ ×

17. 피스톤 핀의 설치 방법 중 반부동식은 스냅링을 사용하여 피스톤 핀이 이탈하는 것을 방지한다. ☐ O ☐ ×

10. 습식 라이너는 주로 디젤 엔진에 사용되며 라이너 두께는 5~8mm, 상부에는 플랜지를 하부에는 2~3개의 실링을 끼워 냉각수의 누출을 방지할 수 있다.

14. 피스톤의 제1번 랜드에서 헤드부의 높은 열이 스커트부로 전달되는 것을 방지하는 역할을 하는 것이 히트댐이다.

15. 피스톤 간극이 작으면 마찰이 증대되고 심할 경우 열 변형 및 소착현상이 발생한다.

16. 피스톤 링의 3대 작용으로 냉각작용, 기밀 유지작용, 오일 제어작용이 있다.

17. 피스톤 핀의 설치 방법 중 전부동식은 스냅링을 사용하여 피스톤 핀이 이탈하는 것을 방지한다.

정답

10.×	11.○	12.○	13.○
14.×	15.×	16.×	17.×

2. 엔진

18. 옵셋 피스톤은 측압을 받지 않는 부분을 잘라내어 중량을 가볍게 하는 특성을 가진다. ☐ O ☐ X

19. 레이디얼 베어링의 윤활이 불량할 경우 베어링과 커넥팅로드가 소착되어 커넥팅로드가 파손될 수도 있다. ☐ O ☐ X

20. 크랭크축의 구성요소로 메인저널, 핀, 커넥팅로드, 플라이-휠 등이 있다. ☐ O ☐ X

21. 4행정 6기통 기관의 위상차는 120도 이다. ☐ O ☐ X

22. 1-2-4-3의 점화순서를 가진 엔진에서 4번 실린더가 흡입행정일 때 1번 실린더는 동력행정을 한다. ☐ O ☐ X

23. 플라이-휠은 실린더수가 많을수록 고속용 엔진일수록 관성력이 커야한다. ☐ O ☐ X

24. 크랭크축의 축방향의 유격을 수정하기 위해 스러스트 베어링을 활용한다. ☐ O ☐ X

25. 엔진 베어링은 하중 부담능력과 길들임성이 좋아야하고 내피로성, 내식성, 매입성이 있어야 한다. ☐ O ☐ X

26. 베어링을 끼우지 않았을 때 하우징의 지름과 베어링 바깥쪽 지름의 차이를 크러시라 한다. ☐ O ☐ X

27. 엔진을 해체하여 정비해야하는 경우로 압축압력이 규정값의 70%이하일 때, 윤활유 소비율이 표준 소비율 대비 60% 이상일 때, 연료 소비율이 표준 소비율 대비 50%이상일 때이다. ☐ O ☐ X

---

18. 슬리퍼 피스톤은 측압을 받지 않는 부분을 잘라내어 중량을 가볍게 하는 특성을 가진다.

20. 크랭크축의 구성요소로 메인저널, 핀, 암, 평형추 등이 있다.

23. 플라이-휠은 실린더수가 많을수록 고속용 엔진일수록 관성력이 작아야한다.

26. 베어링을 끼우지 않았을 때 하우징의 지름과 베어링 바깥쪽 지름의 차이를 스프레드라 한다.

27. 엔진을 해체하여 정비해야 하는 경우로 압축압력이 규정값의 70%이하일 때, 연료 소비율이 표준 소비율 대비 60%이상일 때, 윤활유 소비율이 표준 소비율 대비 50%이상일 때이다.

[해설] 압축압력을 발생시키는 연소실이 가장 위에 위치하고 연료를 사용하는 실린더가 가운데 엔진오일을 저장하는 아래 크랭크실(케이스)이 가장 아래 위치한다. 이 순서로 암기(70, 60, 50)

정답

18.×	19.O	20.×	21.O
22.O	23.×	24.O	25.O
26.×	27.×		

단원평가문제

01 내연기관의 연소실이 갖추어야 할 조건으로 틀린 것은?

① 화염전파 시간이 짧을 것
② 연소실 표면적을 최소화 할 것
③ 흡·배기 밸브의 지름을 최대한 작게 할 것
④ 가열되기 쉬운 돌출부를 없앨 것

02 어떤 4행정 사이클 기관의 점화순서가 1-2-4-3이다. 1번 실린더가 압축 행정을 할 때 3번 실린더는 어떤 행정을 하는가?

① 흡기 행정　　② 압축 행정
③ 배기 행정　　④ 폭발 행정

03 흡·배기 밸브의 오버랩(정의 겹침)이란?

① 흡기밸브는 열려 있고 배기밸브는 닫혀 있는 상태
② 흡기밸브는 닫혀 있고 배기밸브는 열려 있는 상태
③ 흡기밸브와 배기밸브가 모두 열려 있는 상태
④ 흡기밸브와 배기밸브가 모두 닫혀 있는 상태

04 4행정 6실린더 기관의 점화순서가 1-4-2-6-3-5이고 제 2번 실린더는 폭발 중의 행정일 때 3번 실린더는 무슨 행정을 하고 있는가? 또한 크랭크축을 회전 방향으로 120도 회전시켰을 때 3번 실린더는 어떤 행정인가?

① 압축 초, 압축 말
② 배기 초, 배기 말

③ 흡기 중, 압축 초
④ 배기 말, 흡입 초

05 4행정 사이클 기관의 점화순서가 1-3-4-2 이다. 3번 실린더가 흡입 행정일 때 2번 실린더는 어떤 행정을 하는가? (단, 크랭크축의 회전 방향으로 180도 회전을 더 했다.)

① 흡기 행정　　② 압축 행정
③ 배기 행정　　④ 폭발 행정

06 기관 본체를 크게 3부분으로 나눌 경우 이에 해당하지 않는 것은?

① 실린더 헤드　　② 실린더 블록
③ 피스톤　　④ 크랭크 케이스

07 실린더 헤드를 알루미늄 합금의 주물을 사용하였을 경우의 장·단점과 거리가 먼 것은?

① 주철에 비해 열전도성이 매우 좋기 때문에 연소실의 온도를 낮게 할 수 있다.
② 조기점화의 원인이 되는 열점이 생기지 않아 압축비를 어느 정도 높일 수 있는 장점이 있다.
③ 파열되면 혼합가스가 누출될 수 있으므로 단열성과 내압성이 강한 재료인 알루미늄 합금이 사용된다.
④ 열팽창이 커서 풀리기 쉽고 염분에 의한 부식이나 내구성이 떨어지는 단점이 있다.

08 다음 중 건식 라이너에 대한 설명으로 맞는 것은?

① 냉각수와 직접 접촉하는 라이너이다.
② 디젤 기관에서 사용한다.
③ 라이너 두께가 5~8㎜이다.
④ 라이너 삽입 시 2~3ton의 힘이 필요하다.

09 압축 시 연소실내에 혼합기 또는 공기에 와류를 발생시키는 직접적인 이유는?

① 조기점화
② 연소시간 단축
③ 노킹방지
④ 열효율 높임

10 연소실의 설계 시 가열되기 쉬운 돌출부를 없게 하는 이유는?

① 조기점화 및 노킹방지
② 연소시간 단축
③ 기관의 회전수 높임
④ 열효율 높임

11 실린더 마모가 TDC에서 가장 많이 일어난다. 그 이유로 틀린 것은?

① 디플렉터에 의해 발생된 와류가 연소를 촉진시키기 때문이다.
② 피스톤 링의 호흡 작용 때문이다.
③ 폭발 행정 시 TDC에 연소압력이 더해지기 때문이다.
④ 피스톤이 TDC에서 순간 정지하여 유막이 파괴되기 때문이다.

12 DOHC 가솔린 엔진의 실린더 헤드의 구성요소로 거리가 먼 것은?

① 점화플러그
② 벨트 텐셔너
③ 캠축
④ 흡기 및 배기밸브

13 피스톤 헤드부의 고열이 스커트부로 전달됨을 차단하는 역할을 하는 것은?

① 옵셋 피스톤 ② 링 캐리어
③ 솔리드 형   ④ 히트 댐

14 실린더 내의 마모는 어느 곳에서 제일 적게 일어나는가?

① 상사점
② 하사점
③ 상사점과 하사점의 중간
④ 실린더의 하단부

15 베어링의 밀착력을 높이고 열전도가 잘 되도록 하기 위해 베어링의 바깥둘레를 하우징의 안 둘레보다 크게 하는 것을 무엇이라 하는가?

① 메인저널   ② 스러스트
③ 스프레드   ④ 크러시

16 베어링을 끼우지 않았을 때, 하우징의 지름과 베어링의 바깥쪽 지름의 차를 말하며 조립 시 베어링의 밀착력을 좋게 하여 작업 시 이탈을 방지하기 위해 두는 것은?

① 메인저널   ② 스러스트
③ 스프레드   ④ 크러시

17 피스톤 링의 기능이 아닌 것은?

① 밀봉 기능   ② 마멸 기능
③ 오일제어 기능 ④ 열전도 기능

18 피스톤 링이 갖추어야 할 조건으로 틀린 것은?

① 내열 및 내마모성이 양호할 것
② 열의 전도가 양호하여 방열성이 좋을 것
③ 기관 작동 중 실린더 벽을 마모시키지 않을 것
④ 피스톤 중심을 향하여 누르는 압력이 일정할 것

19 압축링에 대한 설명이 아닌 것은?

① 하강 시 오일을 긁어내리고 상승 시 오일을 묻혀 올라간다.
② 실린더 벽에 밀착하여 압축행정 시 혼합가스 누출을 막고 폭발행정 시 연소가스의 누출을 막는다.
③ 기관의 작동 중 실린더 벽에 뿌려진 오일의 균형을 맞춰 주며 긁어내린다.
④ 피스톤이 받은 열을 실린더에 전달한다.

20 엔진오일이 연소실에 올라오는 직접적인 원인 중 맞는 것은?

① 피스톤 핀의 마모
② 피스톤 오일링의 마모
③ 크랭크축의 마모
④ 크랭크 저널의 마모

21 피스톤 링의 장력이 큰 경우와 작은 경우의 설명이 잘못된 것은?

① 링의 장력이 클 경우 실린더 벽과의 마찰손실이 증대한다.
② 링의 장력이 작을 경우 열전도 감소 현상이 발생한다.
③ 링의 장력이 클 경우 블로바이 현상이 발생한다.
④ 링의 장력이 작을 경우 마모가 감소한다.

22 피스톤핀의 고정 방식이 아닌 것은?

① 고정식
② 반부동식
③ 전부동식
④ 3/4 부동식

23 엔진의 운전 상태에 따라 밸브의 개폐시기를 조절하여 효율을 높이고 출력 상승 및 연비향상, 유해 배출가스 저감 등을 실현할 수 있는 장치를 무엇이라 하는가?

① 가변흡기조절
② 가변밸브타이밍
③ 가변형상과급
④ 연속가변변속

24 디젤 기관에 주로 사용하는 습식라이너에 대한 설명으로 맞는 것은?

① 라이너가 냉각수와 직접 접촉하여 열방산 능력이 뛰어나다.
② 삽입할 때 2, 3톤의 유압 프레스를 사용하여 힘을 고르게 가하여 조립한다.
③ 라이너의 두께가 2~3mm 정도 되는 것이 일반적이다.
④ 라이너와 물 재킷부의 조립이 확실하여 내구성에 문제되는 실링이 필요 없다.

25 크랭크축의 점화시기에 고려할 사항으로 틀린 것은?

① 연소가 같은 간격으로 일어나게 한다.
② 크랭크축에 비틀림 진동이 일어나지 않게 한다.
③ 혼합기가 각 실린더에 균일하게 분배되게 한다.
④ 인접한 실린더에 연이어 점화되어야 한다.

26 크랭크축의 재료로 일반적으로 사용되는 것이 아닌 것은?

① 고탄소강
② 니켈-크롬강
③ 크롬-몰리브덴강
④ 알루미늄 합금

27 플라이-휠의 무게는 무엇과 관계가 있는가?

① 회전속도와 실린더 수
② 크랭크축의 길이
③ 링기어의 잇수
④ 클러치판의 길이

28 유압식 밸브 개폐의 장점의 내용이 아닌 것은?

① 밸브 개폐시기가 정확하다.
② 작동이 조용하고 간격조정이 필요 없다.
③ 충격을 흡수하여 밸브기구의 내구성이 좋다.
④ 구조가 간단하다.

29 엔진에서 밸브 간극이 너무 클 때는 어떻게 되는가?

① 푸시로드가 휘어진다.
② 밸브 스프링이 약해진다.
③ 밸브가 확실하게 밀착되지 않는다.
④ 밸브가 완전하게 개방되지 않는다.

30 엔진의 밸브 간극이 너무 작을 경우 발생할 수 있는 것은?

① 밸브기구의 마모가 줄어든다.
② 작동온도에서 밸브가 확실하게 밀착되지 않는다.

③ 가스누설을 방지하는 기밀작용을 전혀 할 수 없다.
④ 연소열에 의한 밸브의 팽창이 전혀 없다.

31 밸브 스프링 서징 현상의 설명 중 알맞은 것은?

① 밸브가 열릴 때 천천히 열리는 현상
② 흡기밸브가 동시에 열리는 현상
③ 밸브가 고속회전에서 저속으로 변화할 때 스프링의 장력의 차가 생기는 현상
④ 고속 시 밸브 스프링의 신축이 심하여 밸브의 고유진동수와 캠의 회전수의 공명에 의해 스프링이 튕기는 현상

32 밸브 오버랩이 필요한 이유로 가장 거리가 먼 것은?

① 흡·배기 효율 증대
② 출력 상승 및 연비 향상
③ 밸브 스프링 서징 현상 감소
④ 유해 배출가스 저감

정답 및 해설

ANSWERS

01.③	02.④	03.③	04.①	05.③	06.③
07.③	08.④	09.②	10.①	11.①	12.②
13.④	14.④	15.④	16.③	17.②	18.④
19.③	20.②	21.③	22.④	23.②	24.①
25.④	26.④	27.①	28.④	29.④	30.②
31.④	32.③				

01. 흡·배기 밸브의 지름은 최대한 크게 제작하여 흡·배기 시 공기 저항을 줄이고 체적효율을 높일 수 있다.

02. 1번이 압축일 때 화살표를 역순으로 회전시키면 3번-폭발(동력), 4번-배기, 2번-흡입 순이 된다.

03. 배기행정에서 흡입행정으로 넘어가는 순간즉, 흡·배기 밸브 가 동시에 열려 있는 구간을 밸브 오버랩(정의 겹침)이라 한다.

04. 점화순서를 도식화하면 다음과 같다.

위 그림에서 3번 실린더가 압축 초라는 것을 알 수 있다. 여기 서 6기통의 위상차인 120도 회전시켰을 때 3번은 1개의 화살 표를 따라 이동하게 되므로 압축 말 행정에 해당된다.

05. 점화순서를 도식화하면 다음과 같다.

3번 실린더가 흡입행정일 때 2번 실린더가 폭발행정이란 것을 알 수 있다. 4기통의 위상차인 180도 만큼 회전하였으므로 1개의 화살표를 따라 이동하면 2번 실린더가 배기 행정이 된 다.

06. 참고로 실린더 블록을 위 크랭크 케이스라고 표현하기도 한다. 이럴 경우 실린더 헤드, 위 크랭크 케이스, 아래 크랭크 케이스 이렇게 3부분으로 나눌 수 있다.

07. 단열성과 내압성이 좋은 재료는 주철이다. 알루미늄 합금은 열전도성이 좋고 가벼운 것이 장점이다.

08. 건식라이너의 단점은 조립이 쉽지 않다는 것이다. 이러한 이유 로 라이너 삽입 시 큰 힘이 필요하다.

09. 압축행정 시 발생되는 와류는 화염 전파시간을 짧게 하여 연소 시간을 줄이는 데 도움이 된다.

10. 가열된 돌출부는 혼합가스 말단부에 조기점화를 일으키는 원 인이 되며 이는 가솔린 엔진에서 노킹의 원인이 된다.

11. 와류에 의해 연소가 촉진되었을 때 비정상적인 충격발생은 줄어들고 동력을 효과적으로 발생 시킬 수 있다.

12. 벨트 텐셔너는 타이밍 벨트에 장력을 유지하기 위해 실린더 블록에 설치된다.

13. **히트 댐** : 피스톤에 설치되어 있는 슬롯이나 돌기. 피스톤의 열 흐름을 제한하고 피스톤의 변형을 막기 위하여 설치하는 장치이다.

14. 이 문제는 선지의 내용을 파악해 상대적으로 정답을 선택해야 한다. 마찰이 발생되지 않는 실린더 하단부가 선지 중에 없었 다면 하사점 부분이 마모가 가장 적게 일어난다는 것을 유의 해야 한다.

15. 볼트로 조여졌을 때 하우징(새들) 내부에서 베어링이 강하게 눌려서 압착되도록 하기 위한 것이 크러시이다.

16. 베어링 조립 시 크러시에 의해 압축됨에 따라 안쪽으로 찌그러 지는 것을 방지할 수 있다.

17. 기본적인 내용의 학습여부를 확인하기 위해 기출로 많이 출제 된 문제이다.

18. 피스톤링은 피스톤 밖으로 장력이 작용하여 실린더 벽면을 누르는 압력이 균일해야 한다.

19. 비산된 오일을 균형에 맞춰 긁어내리는 역할은 제일 아래쪽에 위치한 오일링이 한다.

20. 이 문제 역시 선지의 내용을 모두 파악하고 가장 관련이 깊은 것을 정답으로 선택해야한다. 만약 피스톤의 압축링이 선지에 있었다면 오일링이 아닌 압축링을 정답으로 선택해야 한다. 기본적으로 부품의 명칭과 위치, 역할이 왜 중요한지를 보여주 는 문제이다.

21. 피스톤링의 중심에서 밖으로 장력이 발생한다는 것을 알고 있어야 해결할 수 있는 문제이다.

22. 피스톤과 커넥팅로드 소단부를 연결하기 위해 설치되는 것이 피스톤핀이다.

23. 회전수 및 부하에 따라 밸브오버랩의 정도를 다르게 하는 전자 제어이다.
    VVT – 크게 및 작게 제어
    CVVT - 크게 · 작게 및 중간구간도 제어가능
    CVVL - 밸브 열리는 높이까지 제어가능
    CVVD - 개별밸브 열림 시간까지 제어가능
    ③ **가변형상과급** : 항공기술로 과급 흡입량 조절 기능

24. 냉각수와 직접 접촉이 발생되는 구조를 습식라이너라 한다.

25. **4기통** : 1–3–4–2(우수식) 1–2–4–3(좌수식)
    6기통 : 1–5–3–6–2–4(우수식)
    1–4–2–6–3–5(좌수식)
    위의 점화순서처럼 인접한 실린더가 연이어 점화되지 않는다.

26. 충격에 의해 비틀림 하중을 많이 받는 엔진의 크랭크축에 알루 미늄 합금은 적합하지 않다.

27. 회전속도가 느리고 토크가 클수록 기통수가 적을수록 관성력 이 커야하기 때문에 플라이휠이 무거워지는 것이 일반적이 다.

28. 유압식 밸브 개폐장치는 구조가 복잡하고 유압회로에 문제가 발생하면 작동이 불량해진다.

29. 밸브 간극이 커진 만큼 캠에 의해 밸브의 작동이 지연되고 열림량도 부족해지게 된다. 또한 밸브가 완전히 개방되지 못 했기 때문에 빨리 닫히게 된다.

30. 밸브 간극이 작은 만큼 밸브가 일찍 열리고 열림량도 많아지고 늦게 닫히게 된다. 또한 정상작동 온도에서 밸브가 열에 의해 팽창되기 때문에 밸브가 닫힐 때 실린더 헤드의 시트에 완전 밀착이 되지 않는다.

31. 서징 현상 발생 시 밸브 개폐가 불안정해지고 밸브 스프링이 변형되거나 파손될 수 있다.

32.
고속 : 흡 · 배기 저항 줄임 저속 : 미 · 연소 가스 배출방지 → 연비향상, 유해물질 감소 • 고부하 : 체적효율 향상→ 회전력 증대 • 중부하 : EGR비율 증대→ 펌프손실 경감 • 저부하 : 흡입역류 적게→ 회전속도 안정

SECTION 03 냉각장치

엔진의 정상적인 온도는 80±5℃이며, 연소실에 의한 과열을 방지하고 기관의 손상 방지와 내구성 향상에 그 목적을 두고 있다.

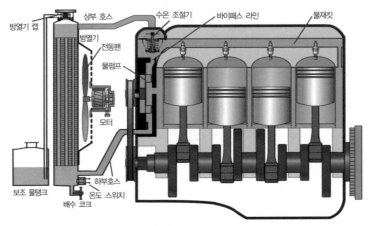

그림 냉각장치의 구성

1 냉각장치 순환

(1) 엔진 예열(워밍업) 전 / 수온 조절기 닫힘

물펌프 → 실린더 블록 및 헤드 물재킷 부 순환

(2) 엔진 예열 후 / 수온 조절기 열림

물펌프 → 실린더 블록 및 헤드 물재킷 부 순환 → 실린더 헤드 쪽 방열기 상부 호스 → 방열기 상부 탱크 → 방열기 하부 탱크 → 방열기 하부 호스 → 물펌프

(3) 엔진 과열 시 / 방열기 캡 속 압력밸브 열림

방열기 상부 탱크 → 보조물탱크로 냉각수 유출 후 냉각 계통 압력유지, 방열기 하부 탱크의 온도 스위치 작동으로 전동팬 구동

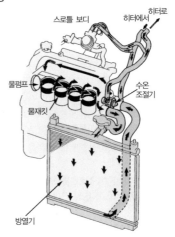

그림 수랭식의 주요 구성

2 냉각 방식

(1) 공랭식

1) **자연 통풍식** : 주행 시 받는 공기로 엔진 외부를 냉각시키는 방식

2) **강제 통풍식** : 냉각팬과 슈라우드甲를 두고 강제로

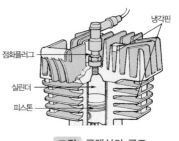

그림 공랭식의 구조

甲 (shroud) 라디에이터와 냉각 팬을 감싸고 있는 판으로, 공기의 흐름을 도와 냉각 효과를 증대시키고 배기 다기관의 과열을 방지한다.

다량의 공기를 보내어 냉각시키는 방식

(2) 수랭식

1) **자연 순환식** : 물의 대류현상[甲]을 이용하여 냉각시키는 방식

2) **강제 순환식** : 냉각수를 물펌프에 의해 강제적으로 순환시켜 냉각시키는 방식

3 냉각 장치 구성

(1) **물재킷** : 실린더 블록 및 헤드의 물 순환통로

(2) **물펌프** : 원심식 펌프[乙]를 사용

그림 물펌프와 구동벨트

1) 기관 회전수에 1.2~1.6배로 회전한다.

2) 펌프의 효율[丙]은 냉각수 온도에 반비례[丁]하고 냉각수 압력에 비례한다.

3) **벨트** : 크랭크축 풀리, 발전기 풀리, 물펌프 풀리와 연결 구동한다.

4) **장력** : 10kgf의 힘을 가하였을 때 13~20㎜ 정도 움직여야 한다.

팬벨트의 장력이 클 때(단단하다)	팬벨트의 장력이 작을 때(느슨하다)
• 물펌프 및 발전기 베어링의 마모가 촉진된다. • 물펌프의 고속회전으로 엔진이 과냉 할 염려가 있다.	• 물펌프 및 냉각 팬의 회전속도가 느려 엔진이 과열한다. • 발전기 출력이 저하되고, 소음이 발생한다.

(3) 냉각팬

라디에이터를 통하여 공기를 흡입[戊]하여 방열을 도와주는 기능을 한다.

1) **유체커플링 방식** : 고속회전에서 유체커플링에 슬립을 발생시켜 기관의 동력손실을 줄인다.
(대형 FR, RR방식의 차량에 주로 사용됨)

2) **전동팬 방식** : 냉각팬을 구동시키기 위해 전동기에 전원을 공급한다. 설치 위치가 자유롭고 기관 공전 시에도 충분한 냉각효과를 얻을 수 있으나 구동 소음이 큰 단점이 있다.
(FF 방식의 차량에 주로 사용됨)

[甲] 더운 물은 온도가 올라가면서 부피가 팽창한다. 이것은 밀도가 작아짐을 의미한다. 즉, 차가운 것은 아래로 내려오고, 따뜻한 것은 위로 올라간다.

[乙] 고속으로 회전하는 임펠러에 의해 물에 전달되는 원심력을 이용하여 물을 양수하는 장치이다.

[丙] 펌프에 들어가는 힘에 대비한 펌프의 출력(수동력)의 비율을 백분율로 표현한 값

[丁] 예) 펌프의 효율이 떨어지면 냉각수의 온도는 올라간다.

[戊] 자동차가 진행하는 방향에서 흡입된다.

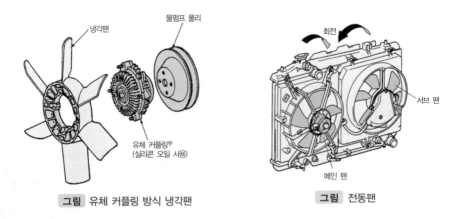

그림 유체 커플링 방식 냉각팬

그림 전동팬

(4) 방열기(라디에이터)

방열기는 다량의 냉각수를 저장하고 연소실 벽 및 실린더 벽에서 흡수한 열을 대기 중으로 방출시키는 역할을 하며 유출·입 온도 차이는 5~10℃이고 코어ㄴ가 20% 이상 막혔을 경우 교환하여야 한다.

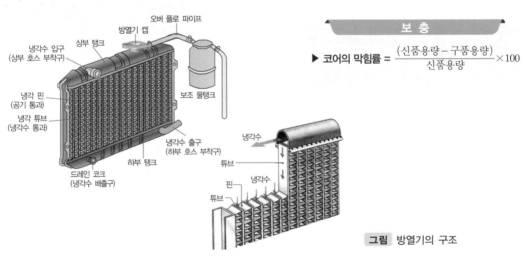

그림 방열기의 구조

> **보 충**
>
> ▶ **코어의 막힘률** $= \dfrac{(신품용량 - 구품용량)}{신품용량} \times 100$

1) 라디에이터의 구비 조건

① 단위 면적당 방열량이 클 것   ② 공기 흐름 저항이 작을 것

③ 가볍고 경량이며 강도가 클 것   ④ 냉각수 흐름 저항이 작을 것

2) 라디에이터 캡 Radiator cap

냉각장치의 비등점ㅅ을 높여 냉각범위를 넓히기 위해 사용하며, 게이지압력ㅇ으로 0.9kg_f/㎠ 정도이며, 비등점은 112℃이다.

ㅂ 라디에이터의 열을 냉각 팬의 바이메탈이 전달받아서 유체 커플링의 오일을 순환시켜 팬을 회전시키는 방식으로, 냉간 시에는 작동하지 않는다.

ㄴ 냉각각수의 통로(튜브)와 냉각핀을 포함한 것

ㅅ 끓는점. 끓는점이 높아지면 엔진이 일부 과열되더라도 오버히트 할 확률이 낮아짐

ㅇ 대기압의 기준을 영(0)으로 하여 이것보다 높은 압력을 정(正), 낮은 압력을 부(負)로써 나타내는 압력. 게이지압력=절대압력-대기압력 일반적으로 공업에서는 게이지 압력을 사용한다.

▶ 라디에이터에 기름이나 기포 발생 시 고장 개소
– 실린더 헤드 파손, 헤드 볼트의 파손·이완 또는 개스킷의 파손(냉각수와 엔진오일이 섞이게 됨)
– 자동변속기 장착차량은 붉은색의 기름이 떠있으면, 라디에이터 불량이다.
   (과거 자동변속기 오일을 냉각시키기 위해 라디에이터 하부탱크 아래쪽에 격벽을 만들어 활용)

① **압력밸브** Pressure valve

　냉각장치 내의 압력이 규정값 이상으로 되면 열려 오버플로 파이프甲를 통하여 보조 물탱크 쪽으로 냉각수를 배출시켜 필요 이상의 압력이 상승되는 것을 방지한다. 압력이 낮으면 스프링 장력에 의해서 닫히므로 냉각장치 내의 압력을 규정 압력까지 유지시키는 역할을 한다. 따라서 냉각장치 내의 압력을 항상 일정한 압력으로 유지시켜 비점을 높인다.

그림 라디에이터 캡의 작동

② **진공밸브** Vacuum valve

　냉각장치 내의 압력이 높으면 닫혀 있지만 엔진이 정지하면 냉각수 온도가 저하되어 부분 진공乙이 형성된다. 그때 진공밸브 스프링을 당기고 냉각수를 유입하여 라디에이터 내의 압력을 대기압과 동일하도록 유지시키는 역할을 한다. 즉 진공밸브는 냉각수 온도 저하로 발생되는 진공을 방지한다.

3) 라디에이터 코어

　라디에이터 코어는 공기가 흐를 때 접촉되어 냉각 효과를 향상시키는 냉각핀과 냉각수가 흐르는 튜브로 구성되어 있다. 냉각핀의 종류로는 평면으로 된 판을 일정한 간격으로 설치한 플레이트 핀, 냉각핀을 파도 모양으로 설치하여 방열량이 크고 가벼우며 현재 많이 사용하는 코르게이트 핀, 냉각핀을 벌집 모양으로 배열한 리본 셀룰러 핀 등으로 분류된다.

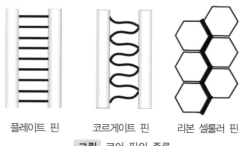
플레이트 핀　　코르게이트 핀　　리본 셀룰러 핀
그림 코어 핀의 종류

甲 라디에이터 주입구에 설치되어 고온 고압 시 냉각수가 보조 물탱크 쪽으로 나가도록 하는 파이프를 말한다.
乙 자동차 용어에서는 상대적으로 낮은 압력을 진공이라 표현한다.

(5) 수온 조절기(Thermostat : 정온기)

수온 조절기는 실린더 헤드 물재킷 출구에 설치되어 냉각수 통로를 개폐하여 냉각수 온도를 알맞게 조절한다. 그리고 열림 온도는 65℃~85℃이고 95℃ 정도이면 완전히 개방된다.

TIP

▸ **수온조절기가 열려서 고착되면 엔진이 과냉되어 워밍업이 길어지고, 닫혀서 고착되면 과열의 원인이 된다.**
① **펠릿형** : 왁스의 열팽창성과 합성 고무의 신축 작용으로 개폐하는 방식이다.
② **바이메탈甲형** : 코일 모양의 바이메탈이 수온에 의해 팽창되어 밸브가 열리는 형식이다.
③ **벨로즈형** : 에테르나 알코올을 봉입하고 냉각수 온도에 따라서 액체가 팽창, 수축하여 밸브가 통로를 개폐하는 방식이다.

(6) 수온 스위치 thermal switch

라디에이터 하부 탱크에 위치하여 냉각수의 온도가 90~100℃ 정도 되었을 때 전동팬을 작동시키기 위한 전원을 공급하는 역할을 한다. 반대로 설정온도 이하에서는 전원을 차단하여 팬의 작동을 중지시킨다.

(7) 냉각수와 부동액

1) **냉각수** : 산이나 염분이 없는 연수(증류수, 수돗물) 사용

2) **부동액** : 원액과 연수를 혼합(저온의 환경일수록 원액의 비중을 높인다.)

　① **영구 부동액** : 에틸렌글리콜乙 – 현재 많이 사용

　② **반영구 부동액** : 메탄올(비등점 65℃)

　③ **기타** : 글리세린丙

3) **부동액의 세기는 비중丁으로 표시하고 비중계로 측정할 수 있다.**

4) **부동액의 구비조건**

　① 비등점이 높고, 빙점戊이 낮아야 되며 물과 혼합이 잘될 것

　② 휘발성己이 없고, 순환이 잘되며 침전물이 없을 것

　③ 내부식성(내식성)이 크고, 팽창계수庚가 낮을 것

甲 열팽창계수가 매우 다른 두 종류의 얇은 금속판을 포개어 붙여 한 장으로 만든 막대 형태의 부품
乙 수산화 알코올 유도체로 비중 1.1131, 비등점 197.2℃, 응고점 −12.6℃(에틸렌글리콜:물=7:3에서 응고점 −50℃, 비등점 110℃), 팽창계수 크고 금속부식성이 있다.
丙 비등점 290℃, 융점 17℃ – 저온에서 결정화, 단맛의 액체, 비중이 크고 산이 포함되면 금속 부식성 있음
丁 물질의 고유 특성으로서 기준이 되는 물질의 밀도에 대한 상대적인 비를 나타낸다. 액체에서 물의 비중을 1로 한다.
戊 어는점
己 보통 온도에서 액체가 기체로 날아가는 성질
庚 물체가 가열되었을 때 그 길이 또는 체적이 증대하는 비율을 온도에 따른 값으로 나타낸 것

(8) 수온계

계기판에 냉각수의 온도를 나타내는 장치로 밸런싱 코일식^甲을 주로 사용한다.

냉간 시에 C Cool쪽에 지침이 위치하다가 정상작동 온도에서는 그림의 지침처럼 중간 정도에 위치하게 된다. 만약 냉각수의 순환이 좋지 못하거나 냉각수 라인에서 일부 누수가 발생될 경우에는 H High쪽으로 지침이 이동하게 된다. 온도를 측정하기 위해 물재킷부(실린더 헤드쪽)에 설치되며 부 특성 서미스터^乙를 사용한다.

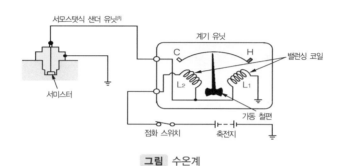

그림 수온계

4 열의 제어

(1) 출구 제어방식과 입구 제어방식

1) **출구제어방식** : 수온조절기가 엔진의 냉각수 출구 쪽에 위치하는 형식

① 한랭 시 엔진을 단시간에 정상 작동 온도로 만들 수 있다.(엔진 워밍업이 짧다.)

② 수온의 핸칭량^丁이 입구제어방식에 비해 크다.

③ 수온조절기 작동이 빈번하여 고장 확률이 높다.

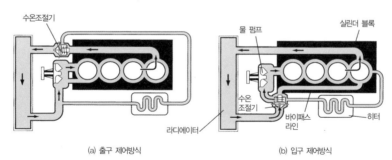

(a) 출구 제어방식　　　　　　(b) 입구 제어방식

그림 출구 제어방식과 입구 제어방식

甲 계기 유닛 내부의 L_1, L_2 코일을 뜻하며 L_2 코일의 저항은 서미스터(온도에 따른 가변저항)와 연결되어 있다. 냉각수의 온도에 따라 서미스터의 저항이 바뀌면 L_2코일에 흐르는 전류량이 변하고 이에 따라 L_2코일의 자력이 바뀌어 가동 철편을 밀거나 당기게 되는 원리로 작동된다.

乙 NTC(Negative Temperature Coefficient)-thermistor 온도가 올라가면 저항이 떨어지는 반도체 소자이다. 온도를 감지하는 용도로 사용된다.

丙 수온계나 유압계, 연료계 등의 계기에서 변화량을 검출하는 부품을 말하며, 표시부(미터)를 리시버 유닛이라고 한다. 일반적으로 수온계에는 서미스터, 유압계에는 다이어프램과 바이메탈, 연료계에는 뜨개와 가변 저항을 많이 사용한다.

丁 순간적인 온도차에 의한 갑작스런 온도변화로 욕조 안에 찬물과 뜨거운 물이 갑자기 섞이는 상황이라 이해하면 된다.

2) **입구제어** Bottom by-pass **방식** : 수온조절기를 엔진 냉각수 입구 쪽에 설치한 형식

① 수온조절기의 급격한 온도 변화가 적어 내구성이 좋다.

② 수온조절기가 열렸을 때 바이패스 회로甲를 닫기 때문에 냉각효과가 좋다.

③ 기관 내부의 온도가 일정하고 안정적인 히터 성능의 효과를 볼 수 있다.

④ 기관이 정지했을 때 냉각수의 보온 성능이 좋다.

⑤ 제어 온도를 출구제어방식 보다 낮게 설계하여 노킹乙이 잘 일어나지 않는다.

(2) 냉각장치의 손실 효율과 열효율

1) 연료의 전체 발열량丙을 100%라 하면

① **냉각 손실** : 32%   ② **배기 손실** : 37%

③ **기계 손실** : 6%   ④ **정미 출력**丁 : 25%

2) 엔진의 종류별 정미 열효율戊(%)

① **증기엔진** : 6~29%   ② **가스엔진** : 20~22%

③ **가솔린엔진** : 25~28%   ④ **디젤엔진** : 30~38%

⑤ **가스터빈** : 25~28%

甲 유압 장치의 유압 회로에서 필요에 따라 냉각수의 전부 또는 일부를 분기(分岐)하는 파이프를 말한다. 여기서는 수온조절기가 닫혔을 때 엔진 내부의 물재킷 부로 원활히 순환할 수 있도록 만들어 놓은 보상하는 라인을 뜻한다.

乙 고온에서 발생되는 조기점화 현상으로 실린더 내에서의 이상연소에 의해 망치로 두드리는 것과 같은 소리가 나는 현상을 뜻한다.

丙 단위질량의 연료가 완전 연소했을 때 방출하는 열량

丁 엔진에서 출력되는 축 출력을 말하며, 엔진 연소실의 지압 선도에서 구한 출력(도시 출력)에서 엔진 내부의 마찰 손실(기계 손실)을 뺀 것이다.

戊 엔진 축 출력에서 계산된 열효율로서, 엔진의 제동 열효율이라고도 한다.

Section별 OX 문제

01. 냉각 장치는 연소실에 의한 과열을 방지하고 기관의 손상방지와 내구성 향상을 위해 필요하다. ☐ O ☐ X

02. 팬벨트는 일반적으로 크랭크축 풀리 발전기 풀리, 물펌프 풀리와 연결하여 구동된다. ☐ O ☐ X

03. 전동팬 방식은 설치 위치가 자유롭고 기관 공전 시 충분한 냉각효과를 얻을 수 있어 대형 FR, RR방식에 주로 사용된다. ☐ O ☐ X

04. 방열기의 상부탱크와 하부탱크의 온도차는 5~10℃이고 막힘률이 신품 대비 20% 이상이면 교환한다. ☐ O ☐ X

05. 방열기내 압력이 높을 때 작동하는 것이 방열기캡 내부의 압력밸브이고 온도가 낮아져 압력이 낮아졌을 때 작동하는 것이 진공밸브이다.
☐ O ☐ X

06. 수온조절기는 90℃ 정도에서 개방되어 100℃ 정도에 완전 개방된다.
☐ O ☐ X

07. 수온조절기가 닫힌 상태에서 작동이 불량할 경우 엔진이 과열된다.
☐ O ☐ X

08. 부동액으로 사용되는 에틸렌글리콜은 끓는점이 높고 응고점이 낮은 큰 장점을 가지나 열팽창계수가 크고 금속의 부식시키는 성질이 있다.
☐ O ☐ X

09. 부동액은 물과 혼합이 잘 되어야 하고 휘발성이 강해 주변의 열을 잘 빼앗을 수 있어야 한다. ☐ O ☐ X

10. 냉각수의 출구제어방식은 입구 제어방식에 비해 핸칭량이 커서 온도변화가 크다. 이러한 이유로 수온조절기의 내구성에 좋지 않은 영향을 미친다. ☐ O ☐ X

정답 및 해설

03. 전동팬 방식은 설치 위치가 자유롭고 기관 공전 시 충분한 냉각효과를 얻을 수 있어 FF방식에 주로 사용된다.

06. 수온조절기는 65℃ 정도에서 개방되어 95℃ 정도에 완전 개방된다.

09. 부동액은 물과 혼합이 잘 되어야 하고 휘발성이 없어야 한다.

정답

01.O 02.O 03.× 04.O
05.O 06.× 07.O 08.O
09.× 10.O

2.
엔진

단원평가문제

01 냉각장치의 기능이라고 볼 수 없는 것은?

① 엔진의 과열로 인한 부품의 강도저하 방지 기능
② 노킹이나 조기점화 방지 기능
③ 기관 부품의 기계적 마찰을 줄여 주는 기능
④ 기관의 적정 온도 유지 기능

02 다음은 기관 냉각장치의 종류이다. 맞지 않는 것은?

① 강제통풍식
② 공랭식
③ 오일 냉각식
④ 수랭식

03 자동차 엔진의 대표적인 냉각방식은?

① 공랭식 중 자연통풍식
② 공랭식 중 강제통풍식
③ 수랭식 중 자연순환식
④ 수랭식 중 강제순환식

04 일반적으로 냉각수의 수온을 측정하는 곳은?

① 라디에이터 상부
② 실린더 블록 물재킷부
③ 실린더 헤드 물재킷부
④ 실린더 블록 하단부

05 출구제어방식의 서모스탯에 대한 설명으로 틀린 것은?

① 엔진의 상부 물재킷과 라디에이터 사이에 설치되어 있다.
② 냉각수 온도변화에 따라 밸브가 자동적으로 개폐된다.
③ 밸브가 완전히 닫히기 위한 작동온도는 보통 75℃~100℃이다.
④ 라디에이터로 흐르는 유량을 조절함으로써 냉각수의 적정온도를 유지하는 역할을 한다.

06 라디에이터에 요구되는 조건의 설명으로 틀린 것은?

① 단위면적의 방열량이 적어야 한다.
② 공기의 저항이 적어야 한다.
③ 가볍고 소형이며 견고해야 한다.
④ 냉각수의 저항이 적어야 한다.

07 라디에이터의 코어 막힘률은 얼마 미만이여야 하는가?

① 15% ② 20%
③ 25% ④ 30%

08 수랭식 냉각장치의 주요 구조부가 아닌 것은?

① 물재킷 ② 서모스탯
③ 냉각핀 ④ 물펌프

09 전동팬은 모터로 냉각팬을 구동하는 형식이다. 전동팬의 장점이 될 수 없는 것은?

① 라디에이터의 설치가 자유롭다.
② 엔진의 워밍업이 빠르다.
③ 일정한 냉각수의 온도에서 작동되므로 불필요한 동력손실을 줄일 수 있다.
④ 팬을 가동하는 소비전력이 적고 소음이 작다.

10 전동팬의 사용은 보통 어느 자동차에서 많이 활용되는가?

① 앞기관 앞바퀴구동 자동차
② 앞기관 뒷바퀴구동 자동차
③ 뒤기관 뒷바퀴구동 자동차
④ 뒤기관 전륜구동 자동차

11 서모스위치의 설정온도는 일반적으로 몇 ℃인가?

① 70~80℃   ② 90~100℃
③ 110~120℃   ④ 120~130℃

12 팬벨트에 관한 설명으로 적당하지 않는 것은?

① 크랭크축의 회전을 발전기 풀리와 팬 풀리(물펌프와 동시구동)에 전달하여 팬을 회전시킨다.
② 전동팬을 사용하는 엔진에서는 팬 풀리 대신에 펌프 풀리를 회전시킨다.
③ 팬벨트는 보통 이음이 없는 V벨트를 사용한다.
④ 팬벨트의 장력이 너무 단단해지면 충전 불량 및 과열의 원인이 되기도 한다.

13 팬벨트의 장력이 느슨할 때의 결과가 아닌 것은?

① 라디에이터의 냉각능력이 저하된다.
② 기관이 과열하는 원인이 된다.
③ 베어링 등의 마모가 쉽게 된다.
④ 배터리 충전이 잘 안 된다.

14 팬벨트는 적절한 장력을 유지할 것이 요구되는데 만일 $10kg_f$의 힘을 가했을 때 얼마 정도 눌러져야 하는가?

① 약 5㎜~10㎜ 정도
② 약 13㎜~20㎜ 정도
③ 약 20㎜~25㎜ 정도
④ 약 23㎜~30㎜ 정도

15 부동액 사용 시 주의점으로 틀린 것은?

① 부동액은 장시간 사용하지 않는다.
② 냉각수의 온도가 100℃가 넘을 경우에는 퍼머넌트(영구 부동액)형을 사용한다.
③ 세미 퍼머넌트형(반영구 부동액)은 인화성이 있으므로 화기에 주의한다.
④ 추운 지방의 환경에서 사용하는 부동액은 물의 함유량을 늘려야 한다.

16 냉각장치에서 흡수되는 열은 연료의 전 발열량의 몇 % 정도인가?

① 30~35%   ② 40~50%
③ 55~60%   ④ 70~80%

17 방열기에서 사용하는 코어 핀의 종류로 거리가 먼 것은?

① 플레이트 핀   ② 코르게이트 핀
③ 리본 셀룰러 핀   ④ 킹핀

18 냉각 장치의 냉각수 비등점을 올리기 위한 장치는?

① 압력식 캡   ② 코어
③ 라디에이터   ④ 물 재킷

19 기관의 온도 조절기에 대한 설명 중 틀린 것은?

① 온도 조절기의 종류에는 벨로즈형, 펠릿형 등이 있다.
② 온도 조절기는 냉각수의 온도를 일정하게 유지하도록 한다.
③ 온도 조절기 내에는 에테르 또는 알코올 등을 넣어 봉입한 것도 있다.
④ 냉각수 온도가 95℃에서 열리기 시작하여 105℃에서 완전히 열린다.

20 수온 조절기 종류에는 벨로즈형과 펠릿형이 있는데, 각각의 종류에 들어있는 물질은 무엇인가?

① 알코올과 벤젠
② 벤젠과 왁스
③ 에테르와 왁스
④ 에테르와 알코올

정답 및 해설

01. 냉각장치가 기계적 마찰을 직접 줄여주지는 못한다. 마찰을 줄여주는 역할은 윤활장치가 한다.

02. 엔진에서 오일을 직접냉각장치로 활용하지는 않는다.

03. 자동차의 내연기관은 주로 냉각수를 사용하며 펌프를 활용하여 순환한다.

04. 일반적으로 수온조절기 주변에서 냉각수의 온도를 측정한다. 수온조절기는 실린더 헤드주변의 물재킷부에 설치된다.

05. 서모스탯(수온조절기)의 밸브는 65℃정도에서 열리기 시작하여 95℃ 정도에 완전히 개방된다.

06. 방열기의 단위면적당 발열량이 커질수록 냉각효과가 우수해진다.

07. 코어의 막힘률이 20% 이상이 되면 냉각수의 순환율과 냉각효과가 현저하게 떨어지게 된다.

08. 냉각판은 공랭식 냉각장치의 주요 구조부에 해당된다.

09. 전동팬 방식에서 냉각팬을 구동하는 모터는 소비전력이 높고 소음역시 큰 편이다.

10. 전동팬은 F · F방식에서 주로 사용된다.

11. 서모스위치는 전동팬을 작동시키기 위한 기준 신호이므로 수온조절기와 구분해야 한다.

12. 팬벨트의 장력이 부족할 경우 발전기 및 물 펌프의 풀리에서 슬립이 발생된다. 이는 배터리 충전 불량 및 엔진 과열의 원인이 된다.

13. 팬벨트의 장력이 클 때 풀리를 지지하는 베어링에 큰 하중이 걸리게 되어 내구성이 떨어지게 된다.

14. 일반적으로 발전기를 이동시켜 팬벨트의 장력을 조정할 수 있다.

15. 부동액 대비 연수(빙점 높음)가 많아질 경우 겨울철 냉각수가 동결될 수 있나.

16. 연료의 전체 발열량을 100%라 하면,
• 냉각 손실 : 32%   • 배기 손실 : 37%
• 기계 손실 : 6%   • 정미 출력 : 25%

17. 킹핀은 일체식 차축의 조향장치에서 바퀴선회의 기준이 되는 축이다.

18. 압력밥솥의 경우처럼 냉각계통에 압력을 높여 냉각수의 끓는 점을 높일 수 있다.

19. 냉각수의 온도가 65~85℃에서 열리기 시작하여 95℃에서 완전히 열린다.

20. ① **펠릿형** : 왁스의 팽창성과 합성 고무의 신축 작용으로 개폐하는 방식이다.
② **바이메탈형** : 코일 모양의 바이메탈 활용
③ **벨로즈형** : 에테르나 알코올을 봉입

ANSWERS

01.③	02.③	03.④	04.③	05.③	06.①
07.②	08.③	09.④	10.①	11.②	12.④
13.③	14.②	15.④	16.①	17.④	18.①
19.④	20.③				

SECTION 04 윤활장치

　　윤활장치는 엔진 내부의 각 운동부에 윤활유를 공급하여 마찰손실과 부품의 마모를 감소시켜
기계효율을 향상시키는 역할을 하며, 윤활유의 가장 중요한 성질은 점도[甲]이다.

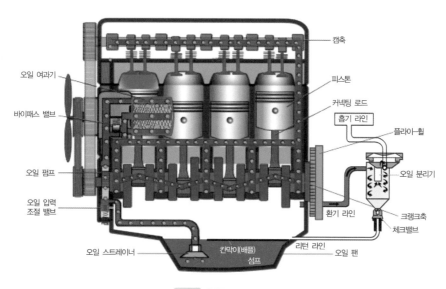

그림 윤활장치의 구성

1 윤활유 순환 순서

오일팬(섬프[乙]) → 오일 스트레이너[丙] → 오일펌프(압력⇑ 유압조절밸브 통한 오일팬 리턴가능) →
오일 필터(막혔을 때 : 바이패스밸브 작동) → 크랭크 축 및 엔진블록으로 순환 → 실린더 헤드 순환
→ 오일팬으로 회수

2 윤활유

(1) 윤활유 6대 작용

① 감마(마찰 및 마모방지) 작용　　　　② 응력[丁] 분산(충격완화) 작용
③ 밀봉(가스 누출 방지) 작용　　　　　④ 냉각(열전도) 작용
⑤ 세척(청정) 작용　　　　　　　　　　⑥ 방청(부식방지) 작용

[甲] 유체의 끈적끈적한 정도, 점도가 낮을수록 물에 가깝다.
[乙] (sump) 자동차가 언덕길을 주행할 때에 오일이 충분히 고여 있도록 하고 공급되도록 하기 위해 전체 크기에서 1/3 정도를 경사지게 하여
　　크기를 줄이고 2/3 크기의 용기에 오일이 고이도록 제작된 부분을 말한다.
[丙] 오일 배관 계통에 있어서 일반적으로는 철망으로 된 그물이 사용되며 큰 금속 이물질을 여과하는 역할을 한다.
[丁] 변형력 또는 내력(內力)이라고 한다.

(2) 윤활유 소비의 가장 큰 원인 : 연소와 누설^甲이며, 원인은 다음과 같다.

① 피스톤 링의 마모 또는 장력 부족   ② 실린더 벽의 마모

③ 밸브 스템과 가이드의 마모   ④ 밸브가이드 오일실 파손 또는 마모

⑤ 엔진 오일 누출 또는 오일 과다 주유   ⑥ 오일의 열화^乙 및 점도 저하

※ 오일이 연소될 경우 배출가스의 색이 흰색으로 변한다.

(3) 윤활 방식

① 비산^丙식   ② 압력식

③ 비산 압력식(현재 차종)   ④ 혼기식^丁(2륜 자동차)

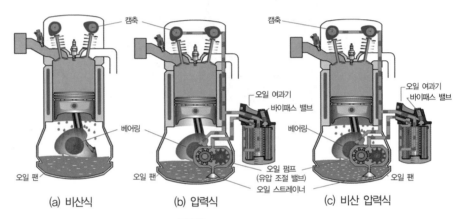

그림 윤활방식의 종류

(4) 윤활유 구비조건

① 점도가 적당하고 점도지수^戊가 커야 한다.

② 청정력^己이 커야하고 기포 발생이 적어야 한다.

③ 열과 산에 대한 안정성이 있어야 한다.

④ 비중이 적당해야 한다.(0.86~0.91)

⑤ 카본^庚 생성이 적어야 하고 카본에 대한 저항력이 있어야 한다.

⑥ 응고점^辛은 낮고 인화점과 발화점이 높아야 한다.

甲 어느 한정된 공간에 보존되어 있는 유체(기체, 액체, 고체)가 그 공간의 외부로 유출

乙 재료가 열, 빛, 방사선, 산소, 오존, 물, 미생물 등의 작용을 받아 그 성능과 기능 등의 특성이 떨어지는 현상.

丙 날아서 흩어짐

丁 연료와 윤활유를 혼합하여 연소실에 공급하면, 윤활유 일부는 연소되고 일부가 윤활 작용을 하는 방식을 이른다.

戊 온도 변화에 따른 윤활유의 점성률(점도) 변화를 표시하는 지수이다. 점도지수가 높을수록 온도의 영향을 적게 받는 좋은 오일이다.

己 씻어내는, 깨끗하게 하는 능력

庚 피스톤, 링, 밸브에 침적된 연소 생성물로, 이 생성물은 이들 부품에 나쁜 영향을 미친다.

辛 응고점은 액체가 고체로 변하는 응고(solidification) 현상이 일어나는 온도이다.

(5) 여과 방식

① **분류식** : 일부는 여과하고 일부는 여과하지 않은 오일이 윤활부로 공급

② **전류식** : 전부 여과하여 윤활부로 공급(필터가 막히면 바이패스 통로를 통함)

③ **샨트식**[甲] : 여과된 오일과 여과되지 않은 오일이 같이 윤활부로 공급(전류식+분류식)

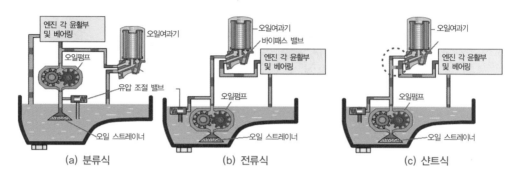

(a) 분류식   (b) 전류식   (c) 샨트식

그림 오일 여과방식의 종류

3 윤활 장치 구성

(1) 오일 팬

오일이 담겨지는 용기로 냉각작용을 위해 강철판으로 제작

① **섬프**sump : 자동차가 한쪽으로 심하게 기울어져도 오일을 충분히 고일 수 있도록 제작한 깊은 홈으로 오일 스트레이너가 이곳에 위치하게 된다.

② **칸막이**baffle : 급출발, 급제동 등 차량에 심하게 흔들릴 때 오일이 출렁이는 것을 방지하기 위한 칸막이를 오일 팬의 바닥으로부터 평형하게 설치해 놓았다.

③ **드레인 플러그** : 오일을 교환할 때 아래쪽으로 배출하기 위한 마개를 말한다.

(2) 오일 스트레이너

금속 여과망을 이용하여 윤활장치로 유입되는 입구에서 커다란 불순물을 여과한다.

(3) 오일 펌프

크랭크축, 캠축상의 헬리컬 기어[乙]와 접촉 구동하고 오일 팬의 오일을 흡입 가압하여 윤활부로 송출한다.

1) **종류** : 기어 펌프, 로터리 펌프, 플런저 펌프, 베인 펌프

2) **송출 압력(압송압력)** : $2 \sim 3 kg_f/cm^2$

甲 (그림의 초록색 점선으로 된 원 안의 유로) 오일 펌프에서 공급된 오일이 분류되어 필터로도 갈 수 있고 베어링으로도 갈 수 있다.

乙 바퀴 주위에 비틀린 이가 절삭되어 있는 원통 기어. [특징] 평기어 보다 물림률이 좋기 때문에 회전이 원활하고 조용하다.

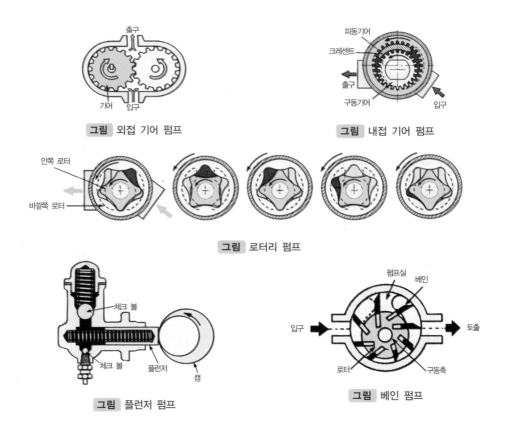

그림 외접 기어 펌프

그림 내접 기어 펌프

그림 로터리 펌프

그림 플런저 펌프

그림 베인 펌프

(4) 유압 조절 밸브(릴리프 밸브)

회로 내의 유압이 과도하게 상승하는 것을 방지하여 유압을 일정하게 해주는 작용을 하는 기구이다.

1) 유압이 높아지는 원인 - (오일 펌프와 오일 필터 사이 압력 기준)

① 기관의 온도가 낮아 점도가 높을 때

② 유압 조절 밸브 스프링의 장력이 강할 때

③ 오일 여과기 및 배유관이 카본 등의 이물질에 의해 막혔을 때

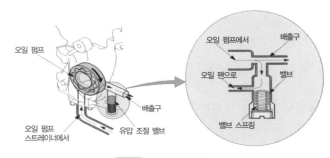

그림 유압 조절 밸브

2) 유압이 낮아지는 원인 - (오일 펌프와 오일 필터 사이 압력 기준)

① 오일의 점도저하, 희석甲에 의한 오염

② 오일펌프의 과다 마모 및 오일량 부족

③ 유압 조절 밸브 스프링의 장력과소

(5) 오일 여과기

오일 속의 수분, 연소 생성물, 금속분말 등의 불순물을 여과한다.

바이패스 밸브 : 필터가 막혔을 때 강제로 순환하기 위한 보상구멍을 제어하는 밸브

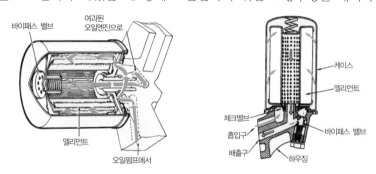

그림 오일 여과기의 구조

(6) 유면표시기

오일팬 내의 오일량, 점도, 색깔을 점검하며 F(MAX)선 가까이 있으면 정상이다.

1) 엔진오일 점검 방법

① 평지에 차량을 주차 후 엔진을 예열 시킨다.

② 시동을 끄고 변속레버를 "P"에 놓고 주차브레이크를 체결시킨다.

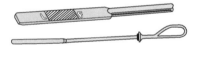

그림 유면 표시기

③ 유면표시기를 이용하여 처음 뽑았을 때는 표시기에 묻은 오일을 제거하고 끼운 뒤 다시 뽑아 "F" 가까이 있으면 정상이다.

2) 오일 색깔로 점검하는 방법

① **검은색** : 교환 시기를 넘겨 심하게 오염되었을 때

② **붉은색** : 유연 가솔린이 유입되었을 때

③ **우유색** : 냉각수가 섞여 있을 때

甲 용액에 물이나 다른 용매를 더하여 농도를 묽게 함.

(7) 윤활유 냉각기 및 크랭크케이스 환기장치

1) 윤활유 냉각기

엔진오일의 온도가 상승하게 되면 점도가 낮아져 윤활 능력이 저하되게 된다. 오일 섬프의 온도를 130℃ 이하로 유지하기 위해 별도의 냉각기를 설치한다.

2) 크랭크케이스 환기장치

블로바이 가스 중에 포함되어 있는 오일입자, 연료 잔유물, 수증기, 연소생성물 등을 오일 분리기에서 분리하여 가스는 흡기 계통으로 유입시켜 연소실로 보낸다. 오일 분리기로 원심식, 사이클론甲식, 라비린스乙식 등이 사용된다.

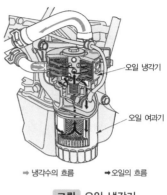

⇒ 냉각수의 흐름   ➡오일의 흐름

그림 오일 냉각기

> **TIP**
>
> 자연환기 : 블리드丙 파이프를 통해 대기 중에 방출 ⇒ 환경오염
> 강제환기 ① 실드식 : PCV丁 파이프를 이용하여 공기여과기로 유입
> ② 클로즈업 형식 : PCV 밸브를 이용하여 흡기 다기관으로 유입

(8) 유압계의 종류

부든 튜브식, 밸런싱 코일식, 바이메탈식, 유압 경고등이 있다.

◆ **부든 튜브식** : 튜브 안의 공기를 유압으로 밀어내어가 바늘을 움직이게 하는 형식이다.
◆ **밸런싱 코일식** : 유압에 의해 움직이는 막을 변형시켜 저항을 바꾸어 밸런싱 코일의 자력을 바꾸는 형식이다.
◆ **바이메탈식** : 열팽창계수가 크게 다른 금속재료를 접합하고 열선을 열팽창계수가 큰 쪽에 감아 놓은 구조이다. 유압에 의해 이 두 금속재료의 접점이 바뀌는 원리로 저항을 가변시켜 전류의 양을 변화시킨다. 전류의 변화는 게이지 쪽의 바이메탈 금속을 팽창시켜 바늘을 움직인다.

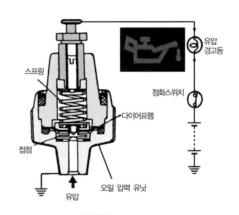

그림 유압 경고등

甲 유체의 선회류에 의해서 생기는 원심력을 이용한 분리장치
乙 (labyrinth) 미로라는 뜻이다.
丙 호흡하다.
丁 PCV(Positive Crankcase Ventilation) 크랭크 환기장치에 도움이 되는

4 윤활유의 분류

SAE Society of Automotive Engineers 미국 자동차 기술 협회 : 온도에 따른 점도 분류 ※ 번호가 높을수록 점도가 높다.
◆ 세이볼트 온도 변화에 따라 60cc의 오일이 0.1765cm의 작은 구멍을 통과하는 시간(초) 점도로 표기

단급 윤활유 : SAE 5W, SAE 10W, SAE 20W, SAE 10, SAE 20	다급 윤활유(전계절용 범용오일) SAE 5W/20, SAE 10W/30, SAE 20W/40 등
"W" 겨울철용으로 -17.78℃의 점도 "W" 없을 때에는 100℃의 점도	현재 대부분 다급 윤활유 등급을 사용 함.

사용 범위	가솔린 기관		디젤 기관	
	SAE 신	API 구	SAE 신	API 구
좋은 조건	SA	ML	CA	DG
중간 조건	SB	MM	CB, CC	DM
나쁜 조건	SC, SD	MS	CD	DS

	가솔린	도입년도		디젤
A P I 신	SG	1989	1984	CE
	SH	1993	1994	CF
	SJ	1996	2002	CI-4
	SL	2001	2007	CJ-4
	SN	2010	2017	CK-4
	↓			↓

◆ SAE 신분류 : 미국(자동차기술, 재료시험, 석유)협회와 협력하여 엔진오일의 사용용도, 품질 분류, 기술적 분류에 기본적 취지를 두고 분류.

◆ API 구분류 : American Petroleum Institute 미국 석유 협회에서 엔진의 운전조건에 따라 구분 지었다. 등급 변화 없음.

◆ API 신분류 : 미국(석유, 재료시험) 협회 그리고 SAE와 공동으로 도입연도별 설계특성에 따른 새로운 분류.

◆ 기 타 분 류 : 유럽자동차회사 제정 CCMC(1983년) → ACEA(1993), 다수 자동차회사 제정 HTHS등

◆ 앵귤러 점도 : 200cc의 오일을 유출구로 흘려 $\dfrac{오일\ 통과\ 시간}{물\ 통과\ 시간}$으로 표기

◆ 레드우드 점도 : 50cc의 오일이 가는 관속을 흐르는 시간(초)으로 표기

Section별 OX 문제

01. 윤활유의 가장 중요한 성질은 점도이다.
☐ O ☐ ✕

02. 윤활유의 6대 작용은 감마, 응력분산, 밀봉, 냉각, 세척, 방청 작용이다.
☐ O ☐ ✕

03. 윤활유 소비의 가장 큰 원인은 연소와 누유이다.
☐ O ☐ ✕

04. 윤활유는 점도가 적당하고 점도지수는 작아야 한다.
☐ O ☐ ✕

05. 윤활유의 응고점은 낮고 인화점 및 발화점은 높아야 한다.
☐ O ☐ ✕

06. 분류식 여과방식에서는 바이패스 밸브가 꼭 필요하다.
☐ O ☐ ✕

07. 오일 팬의 구성요소로 섬프, 배플, 드레인 플러그 등이 있다.
☐ O ☐ ✕

08. 윤활회로 내의 유압이 과도하게 상승하는 것을 방지하여 유압을 일정하게 해주는 작용을 하는 기구가 체크밸브이다.
☐ O ☐ ✕

09. 기관의 온도가 낮거나 유압조절밸브 스프링의 장력이 강할 때 윤활회로에 공급되는 유압은 낮아지게 된다.
☐ O ☐ ✕

10. 엔진오일을 점검하여 오일 색깔이 우유색인 것을 확인했다. 이는 윤활 계통에 냉각수가 섞여서 일어나는 현상 중에 하나이다.
☐ O ☐ ✕

정답 및 해설

04. 윤활유는 점도가 적당하고 점도지수는 커야한다.

06. 전류식 여과방식에서는 바이패스 밸브가 꼭 필요하다.

08. 윤활회로 내의 유압이 과도하게 상승하는 것을 방지하여 유압을 일정하게 해주는 작용을 하는 기구가 릴리프 밸브이다.

09. 기관의 온도가 낮거나 유압조절밸브 스프링의 장력이 강할 때 윤활회로에 공급되는 유압은 높아지게 된다.

정답

01. O 02. O 03. O 04. ✕
05. O 06. ✕ 07. O 08. ✕
09. ✕ 10. O

01 엔진 오일을 점검하는 설명으로 틀린 것은?

① 계절 및 기관에 알맞은 오일을 사용한다.

② 평탄한 곳에서 자동차를 주차하여 점검한다.

③ 오일을 점검할 때는 시동이 걸린 상태에서 한다.

④ 오일은 정기적으로 점검 및 교환한다.

02 다음 중 윤활유의 사용 목적이 아닌 것은?

① 금속 표면의 방청 작용

② 작동 부분의 응력 분산 작용

③ 섭동부의 운동 및 열에너지 저장

④ 혼합기 및 가스 누출 방지의 기밀 작용

03 윤활유는 각부의 마찰 및 마모를 방지하는데, 마찰면 사이에 충분한 유체 막을 형성하는 이상적인 윤활 상태를 무엇이라하는가?

① 경계 윤활　　② 극압 윤활

③ 마찰 윤활　　④ 유체 윤활

04 자동차의 윤활유가 갖추어야 할 구비조건으로 틀린 것은?

① 점도지수가 높을 것

② 응고점이 낮을 것

③ 발화점이 낮을 것

④ 카본 생성에 대한 저항력이 클 것

05 윤활유의 여과방식 중에서 가장 깨끗하게 오일을 여과하는 방식은?

① 분류식　　　② 전류식

③ 샨트식　　　④ 병용식

06 내연기관에 사용되는 오일펌프의 종류가 아닌 것은?

① 기어 펌프　　② 모터 펌프

③ 로터리 펌프　④ 베인 펌프

07 다음 중 엔진의 오일펌프와 오일 필터 사이를 기준으로 유압이 높아지는 원인이 아닌 것은?

① 기관 오일의 점도가 높은 때

② 오일 필터의 일부분이 막혔을 때

③ 유압 조절 밸브의 스프링 장력이 과대할 때

④ 기관 베어링의 마모가 심해 오일 간극이 커졌을 때

08 엔진 오일을 점검하였더니 오일의 색깔이 검은색을 띠었다. 이것으로 알 수 있는 사실은?

① 엔진 오일이 심하게 오염되었다.

② 개스킷이 파손되어 냉각수가 오일에 섞였다.

③ 피스톤 간극이 커져서 가솔린이 오일에 섞였다.

④ 엔진 오일에 4에틸납이 유입되었다.

09 윤활 회로 내의 유압이 과도하게 상승되는 것을 방지하고 일정하게 유지하는 것은?

① 오일펌프   ② 오일 스트레이너
③ 유압 조절밸브   ④ 오일 여과기

10 윤활유의 가장 중요한 성질은 무엇인가?

① 점도   ② 온도
③ 습도   ④ 비중

11 크랭크축 베어링의 오일 간극이 클 때 일어나는 현상으로 틀린 것은?

① 유압이 저하된다.
② 운전 중 이상음이 난다.
③ 순환회로 내의 오일 유출량이 많다.
④ 베어링에 소결이 일어난다.

12 자동차 배기가스의 색깔이 백색이다. 원인으로 가장 적당한 것은?

① 혼합비가 진하다.
② 혼합비가 엷다.
③ 완전 연소가 되었다.
④ 윤활유가 연소되었다.

13 윤활유 소비 증대의 원인이 되는 것은?

① 비산과 누설   ② 비산과 압력
③ 희석과 혼합   ④ 연소와 누설

14 다음 중 윤활유가 연소되는 원인이 아닌 것은?

① 피스톤 간극이 과대할 때
② 밸브 가이드 실이 파손되었을 때
③ 밸브 가이드가 심하게 마모되었을 때
④ 오일 팬 내에 규정보다 윤활유의 양이 적을 때

15 현재 사용되는 윤활유의 사용 용도에 따라 분류한 것은?

① SAE 분류   ② API 분류
③ SAE 신분류   ④ API 신분류

16 다음 중 가솔린 기관의 윤활 방식이 아닌 것은?

① 비산식   ② 압송식
③ 자연식   ④ 비산 압송식

17 윤활유의 분류방식을 나타내었다. SAE 신분류 방식에 해당하는 것은?

① SA, SB, SC
② ML, MM, MS
③ DG, DM, DS
④ 5W, 10W, 20W

18 어느 디젤 차량이 고온, 고부하에서 장시간 사용하는 가혹한 조건에 사용한다면 이 차량에 사용하는 가장 적당한 윤활유는?

① DD   ② DG
③ DM   ④ DS

19 다음 중 기관의 유압이 낮아지는 원인이 아닌 것은?

① 기관 오일의 점도가 낮을 때
② 윤활유가 심하게 희석되었을 때
③ 유압 조절 밸브의 스프링 장력이 과대할 때
④ 윤활 회로 내의 어느 부분이 파손되었을 때

20 온도 변화에 따른 오일 점도의 변화정도를 표시한 것은 무엇인가?

① 점도 유성 ② 점도 지수
③ 한계 점도 ④ 점도 계수

정답 및 해설

ANSWERS

01.③	02.③	03.④	04.③	05.②	06.②
07.④	08.①	09.③	10.①	11.④	12.④
13.④	14.④	15.③	16.③	17.①	18.④
19.③	20.②				

01. 시동이 걸린 상태에서는 오일이 지속적으로 비산되어 유면표시기에 닿기 때문에 오일의 잔량을 정확하게 판단하기 어렵다.

02. 윤활유의 6대 작용은 마찰 및 마모방지, 응력 분산, 밀봉(기밀), 냉각, 세척, 방청 작용이다.

03. ① **경계 윤활** : 얇은 유막으로 쌓여진 두 물체 간의 마찰로 불완전 윤활이라고도 한다.

② **극압 윤활** : 기계의 마찰면에 특히 큰 압력이 걸려, 미끄럼 마찰에 의해 발열이 커지고 유막이 파괴되기 쉬운 윤활 상태

④ 오일 윤활 베어링은 모두 **유체 윤활**이며 그리스 윤활 베어링은 반유체 윤활이라 한다.

04. 발화점이 높아야 엔진 화재의 위험성을 줄일 수 있다.

05. 오일 전체를 여과하는 전류식이 가장 깨끗한 오일을 순환시키기 좋은 구조이다. 하지만 필터가 막히는 것을 고려해 바이패스 밸브를 추가해야만 한다.

06. 점도가 높은 편인 엔진 오일을 순환시키기에 모터 펌프는 적합하지 않다.

07. 오일(윤활)간극이 커진 경우 순환 중인 오일이 벌어진 틈새로 새어나가 공급되는 라인의 압력이 낮아지게 되는 원인이 된다.

08. ②의 경우 우유색
③의 경우 붉은색
　(단, 과거의 유연휘발유를 사용했을 경우)
④의 경우 회색

09. 릴리프 밸브를 유압 조절밸브라고 한다.

10. 윤활유의 가장 중요한 성질은 끈적끈적한 정도인 점도(점성)이다.

11. 소결(응집되어 표면적 감소)은 오일 간극이 작아서 높아진 마찰열에 의해 발생된다.

12. 배기가스 색깔에 따른 엔진의 상태
① **정상** : 무색 or 엷은 청색
② **희박 연속** : 엷은 자색
③ **불완전 및 농후한 연소** : 검은색
④ **오일 연소** : 백색
⑤ **노킹발생 시** : 검은색 or 황색

13. 윤활유 소비의 가장 큰 원인은 연소와 누설이다. 연소와 누설이 되는 원인에 대해서도 학습해야 한다.

14. 연소실을 기준으로 오일이 유입될 수 있는 경로를 고려해서 답을 선택한다.

15. • SAE 분류 : 온도에 따른 점도의 분류
• SAE 신분류 : 윤활유의 사용 용도에 따른 분류
• API 구분류 : 엔진운전 조건에 따른 분류
• API 신분류 : 도입연도별 설계특성에 따른 분류

16. 압력식을 압송식이라 표현하기도 한다.

17. 표 안의 파랑색 참조

사용 범위	가솔린 기관		디젤 기관	
	SAE 신	API 구	SAE 신	API 구
좋은 조건	SA	ML	CA	DG
중간 조건	SB	MM	CB, CC	DM
나쁜 조건	SC, SD	MS	CD	DS

18. 17번 문제 (표 안의 다홍색)해설 참조

19. 윤활유 공급라인을 물을 공급하는 수도라인으로 생각하고 "물이 오염되어 잘 흐르지 못하는 상태를 점도가 높다"라고 가정하면 압력이 높을 때와 낮을 때 구분하기가 편할 것이다.

20. 온도의 변화에 따라 점도가 잘 바뀌지 않는 좋은 오일을 "점도 지수가 높은 오일"이라 표현한다.

SECTION 05 가솔린 전자제어 연료장치

전자제어 장치가 도입되게 된 계기는 배기가스 감소 및 연비, 엔진의 효율, 운전 성능을 향상시키기 위함이다. MPI 방식의 이론 공연비甲는 14.7 : 1이다.

참고 이론 공연비(공기 : 연료) ⇒ LPG = 15.6 : 1, 디젤 = 14.5 : 1

동영상
▲공기와 연료

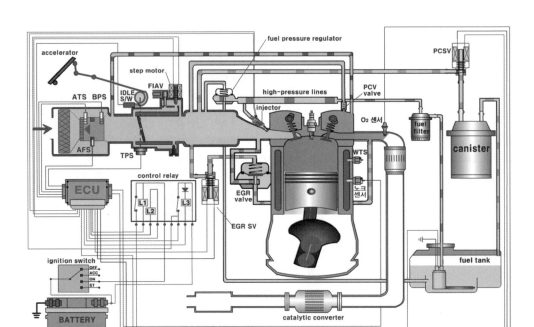

그림 전자제어식 연료 장치의 구성

동영상
▲소음기구조

1 전자제어 가솔린 엔진 기본요소의 구성

(1) 공기의 흐름

공기여과기 → 공기유량 계측기 AFS (ⓐ직접계측방식乙-BPS, ATS포함) → 스로틀 보디(TPS, 공전 조절장치) → 서지 탱크(ⓑ간접계측방식丙 : MAP 센서) → 흡기다기관(인젝터) → 연소실 → 배기다기관(산소 센서) → 촉매 변환기 → 소음기丁

甲 휘발유와 산소가 산화 반응을 일으켜서 완전 연소를 하기 위한 중량 비율을 화학식에 의해 이론적으로 구한 값을 말한다.
乙 공기가 흡입되어 흐르는 구간에 설치되어 유량을 직접 측정하는 방식으로 공기흐름에는 방해가 되는 요소로 작용한다.
丙 직접계측위치에 AFS가 없는 방식으로 서지 탱크나 흡기다기관에 MAP센서가 설치되어 압력을 측정하는 방식으로 공기유량을 간접 측정한다.
丁 내연 기관에서, 배기가스가 배출될 때 나는 폭음을 줄이거나 없애는 장치.

(2) 연료의 흐름 - MPI 방식

2 연료장치의 일반적인 사항

(1) 가솔린의 연료

1) **가솔린의 옥탄가** : 내폭성乙의 정도를 나타낸 값

2) **옥탄가** $= \dfrac{\text{이소옥탄}}{(\text{이소옥탄} + \text{노멀헵탄})} \times 100$

> **보 충**
> ▶ 이소옥탄(C_8H_{18}) : 옥테인의 이성질체甲이며 가장 중요한 구성요소인 포화탄화수소이다.
> ▶ 노멀헵탄(C_7H_{16}) : 폭발 연소하는 액체.

3) **가솔린은 탄소와 수소의 유기화합물丙 혼합체이고, 일반식은 CnH_{2n+2}이다.**

(2) 인젝터 배치에 따른 종류

1) **SPI** Single Point Injection

   인젝터 1~2개를 한곳에 모아서 설치하고, 컴퓨터(ECU丁 or ECM)에 의해 스로틀 보디에 연료를 분사시키는 방식으로 TBI Throttle Body Injection라고도 한다.

2) **MPI** Multi Point Injection

   인젝터를 각 실린더마다 1개씩 두고 흡기밸브 앞쪽에서 연료를 분사시키는 방식이다.

3) **GDI** Gasoline Direct Injection

   인젝터를 연소실 내에 설치하여 고압 분사하는 방식으로 초 희박연소를 가능하게 하는 방식이다.

3 전자제어 연료분사 방식의 분류

(1) K-제트로닉 & KE-제트로닉   ※ 제트로닉 = 분사(Injection) + 전자(Electronic)

K-제트로닉은 흡기다기관 압력제어분사(MPC戊)방식으로 연료분배기, 스타트 밸브, 공전 조절기 등의 구성 요소로 이루어진 기계식 연료분사장치지만 산소센서, TPS 등으로 구성되어진 전자제어 시스템이다. KE-제트로닉은 K-제트로닉에 플레이트 위치를 검출하여 압력 조절 액추에이터를 사용하는 기계·전자식 연료분사장치이다.

甲 분자식은 같으나 분자 내에 있는 구성원자의 연결방식이나 공간배열이 동일하지 않은 화합물
乙 내연 기관의 실린더 안에서의 노킹을 방지하기 위하여 옥탄값을 높인 가솔린의 성질
丙 흡원소물질인 탄소, 산화탄소, 금속의 탄산염, 시안화물·탄화물 등을 제외한 탄소화합물의 총칭.
丁 (Engine Control Unit or Engine Control Module)엔진의 상태를 컴퓨터로 제어하는 전자제어 장치
戊 (Manifold Pressure Controlled Fuel Injection) 센서 플레이트의 움직임을 레버에 의해 연료 분배기의 컨트롤 플런저로 전달하여 기본 분사량을 결정하는 것

(2) Mono-제트로닉 & 모트로닉

Mono-제트로닉은 연료분사를 간헐적[甲]으로 하는 방식이며 SPI방식이 여기에 속하며, 모트로닉은 점화장치와 분사장치를 결합한 방식으로 동일한 센서를 이용한다. 따라서 저렴한 비용으로 더 큰 효과를 얻을 수 있는 장점이 있다.

(3) L-제트로닉 & D-제트로닉

L-제트로닉은 흡입 공기량 제어 분사식(AFC[乙]) 방식으로 공기량을 직접 검출하는 방식이며, D-제트로닉은 흡입 다기관내의 압력변화(진공도)를 검출하여 흡입 공기량 검출하는 MAP센서를 사용하는 간접 검출방식이다.

4 전자제어식 연료장치의 각종 센서

전자식 연료 분사량 조절 방식은 AFS, BPS, ATS등 각종 센서로 기관의 작동상태를 검출하여 컴퓨터에서 연산된 후 인젝터를 작동시켜 연료 분사량을 조절한다. 즉, 컴퓨터에서 인젝터에 전류가 통전[丙]되는 시간에 의해서 연료의 분사량을 조절한다.

(1) 흡기 온도 센서(ATS : Air Temperature Sensor)

흡기 온도 센서는 흡입되는 공기 온도를 측정하여 **연료 분사량과 점화시기 보정**[丁]에 사용한다. 흡기 온도 센서와 수온 센서는 보통 **부 특성 서미스터**를 사용하는데, 온도가 상승하면 저항값이 감소하여 출력전압이 감소[戊]한다.

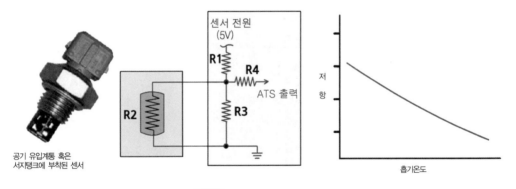

그림 흡기 온도 센서의 특성

甲 제어된 변수를 주기적으로 감시하면서 그 결과에 대한 간헐적 수정 신호를 제어기에 제공하는 제어 시스템.
乙 (Air Flow Controlled Injection) 각종 센서에서 감지한 신호를 바탕으로 기본 연료 분사량을 결정하는 것
丙 전류를 흐르게 함
丁 부족하거나 남는 부분을 보태거나 차감해서 바르게 함. 저온에서 공기의 밀도가 높아지게 되므로 연료 분사량을 더해준다.
戊 그림의 R1 저항 이후 분기점을 기준으로 R2, R3, R4는 병렬로 연결되어 있다. 온도가 상승하여 R2 값이 낮아지면 R2,3,4의 합성저항도 같이 낮아진다. 따라서 R1의 전압강하가 기존 보다 높아지고 R2,3,4의 전압강하는 기존 보다 낮아져 출력전압이 낮게 감지된다. (저항이 병렬로 연결되었을 때 각 저항에 걸리는 전압은 같다.-전기 chapter에서 언급)

(2) 대기압 센서(BPS : Barometric Pressure Sensor)

공기 유량 센서에 부착되며, 차량의 고도(高渡)를 계측하여 **연료 분사량과 점화시기를 보정**[甲]하는 **피에조저항**[乙]**형 센서**로서 전압으로 변환한 신호를 ECU에 보낸다.

(3) 공기 유량 센서(AFS : Air Flow Sensor)

기관으로 흡입되는 공기량을 계측하여 **기본 분사량을 결정**하는 센서이다.

1) 메저링 플레이트식(베인식 : Measuring plate type)

공기의 체적 유량[丙]을 계량하는 방식으로 공기의 유량에 따라 메저링 플레이트의 회전축을 기준으로 열고 닫히게 되어 연결된 저항(포텐셔미터[丁])값이 바뀌게 된다.

흡입 공기의 체적 유량은 출력전압에 반비례한다. 즉, 흡기량이 많아지면 플레이트의 각도가 커지며 U_B와 Us의 전위차가 낮아져 출력되는 전압이 낮아지게 된다.

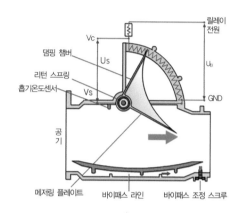

그림 메저링 플레이트식 구조와 특징

2) 열선식 Hot wire type 및 열막식 Hot film type

→ LH-제트로닉

공기의 질량 유량[戊]을 계량하는 방식으로 공기 중에 일정 온도를 유지하는 발열체(가는 백금선)를 놓으면 공기에 의하여 냉각되므로 발열체의 온도가 낮아지려 한다. 이 때 전류를 높여 원래의 설정온도를 유지시키고 이렇게 공급된 전류의 양이 곧 공기질량을 측정하는 척도가 된다. 이러한 발열체와 공기의 열전달 현상을 이용한 것이 열선·열막식이다.

- 장점 : 공기 질량을 직접 계측할 수 있어 감지부의 응답성이 빠르다.

  대기압, 온도 변화 및 맥동에 따른 오차가 거의 없다.

- 단점 : 오염 물질이 부착되면 오차가 발생한다.

  → 높은 온도로 가열하는 클린 버닝으로 보완 가능.

甲 고지대(저압)에서 공기의 밀도가 떨어지므로 연료의 분사량을 줄여준다.
乙 반도체 결정에 압력을 가하면 전기 저항이 변화하는 장치
丙 시간당 흐르는 공기나 가스의 부피를 말한다.
丁 위치에너지가 변화될 때 저항이 바뀌는 가변저항
戊 단위 단면적 당 단위 시간에 흐르는 질량. (평균유량)×(유체의 밀도)가 질량유량이 된다. 유량과 밀도는 압력, 온도에 의해 변화하지만 흐름이 정상류이고 파이프의 단면적이 변하지 않으면 질량유량은 일정하여 진다.

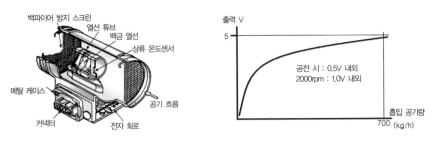

그림 열선식의 구조와 특성

3) 칼만 와류식 Karman vortex type

공기의 체적 유량을 계량하는 방식으로 와류발생 기둥 뒤편에 발생된 와류의 정도에 따라 초음파 발신기로부터 수신기까지 전달되는 초음파가 와류 수만큼 밀집되거나 분산된다. 이 정도를 변조기에 의해 전기적인 신호로 바꾸어 ECU에 보내는 방식으로 흡입 공기의 체적 유량은 전압에 비례하게 된다.

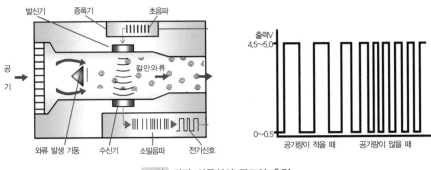

그림 칼만 와류식의 구조와 출력

4) MAP 센서 Manifold Absolute Pressure sensor → D-제트로닉

흡기다기관 절대 압력 센서로 서지탱크나 흡기 다기관의 부압을 검출하여 압력변화에 따른 흡입 공기량을 간접적으로 측정하여 ECU로 신호를 보내는 방식이다. - 스로틀 밸브가 닫히면 서지탱크의 압력이 낮아진다.

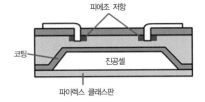

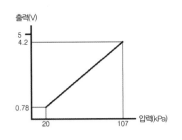

(4) 스로틀 포지션 센서(TPS : Throttle Position Sensor)

가속페달과 연결된 스로틀 밸브 중심의 회전축이 센서 내부로 연결되어 밸브의 열림 각을 감지하는 **회전 가변 저항형센서**이다. 엔진의 공전 및 부분부하甲, 전부하乙 상태를 감지하는 용도로 활용된다. 또한 TPS와 엔진회전수, ATS로부터 흡입공기량을 연산할 수 있다. 스로틀 밸브 개도량과 센서 출력전압은 비례하는 것이 일반적丙이다.

- **스로틀 보디의 구성 구품** : MPS, TPS, 공전 속도 조절기, 스로틀 밸브 등이 있다.

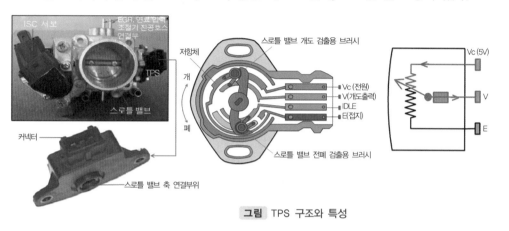

그림 TPS 구조와 특성

1) 공전속도 조절기

① 공전속도 조절 서보(ISC : Idle Speed Control servo)

공전 시 난기운전丁 및 기관에 가해지는 부하가 증가됨에 따라 ECU가 공전속도를 증가시킬 목적으로 바이패스 통로의 열림량을 제어하는 액추에이터戊로 직류(DC己) 모터를 사용한다.

DC 모터의 제어가 정밀하지 못한 관계로 모터 위치 센서(MPS)를 두어 푸시 핀의 위치를 ECU가 감지할 수 있다. ECU는 MPS, 공전 스위치庚, WTS, TPS, 차속 신호를 조합하여 스로틀 밸브의 열림 정도를 제어하게 된다.

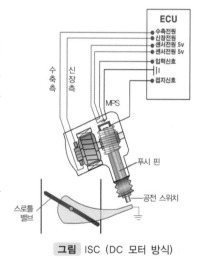

그림 ISC (DC 모터 방식)

甲 엔진에 가해지는 부하가 부분적으로 가해질 때를 뜻하는 것으로 예를 들어 자동차를 가속시키는 경우 가속페달을 부분적으로 밟았을 때 엔진이 받는 부하라 생각하면 된다.
乙 가속페달을 끝까지 밟고 가속하는 경우의 엔진이 받는 부하라 생각하면 된다.
丙 더블-포텐쇼미터를 사용하는 경우에는 스로틀 밸브 개도량에 비례하는 전압과 반비례하는 전압이 같이 출력된다.
丁 냉간 시동에서 시작하여 시동 후 농후혼합기 공급과정을 거쳐, 기관이 정상작동온도에 도달할 때까지의 기간을 말한다.
戊 ECU가 전원을 제어하여 물리적인 일을 하는 장치를 통칭하는 용어. 전자석(솔레노이드), 모터, 전구 등이 해당된다.
己 (Direct Current) : 배터리에서의 전류에서와 같이 항상 일정한 방향으로 흐르는 전류
庚 공전 시 작동하는 스위치로 TPS 이상 시에도 공전 상태를 ECU가 인지할 수 있다.

② 공전 액추에이터 방식(ISA : Idle Speed Actuator)

공전 시 엔진에 가해지는 부하를 보상하기 위해 ECU는 공전 솔레노이드甲에 흐르는 전류를 듀티乙제어한다. 이 전류에 의해 솔레노이드 밸브에 발생되는 전자력과 스프링 장력이 서로 평형을 이루는 위치까지 밸브를 이동시켜 보상 공기 통로의 단면적을 제어하는 방식이다.

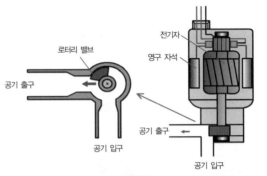

그림 공전 액추에이터(듀티 방식)

③ 스텝 모터 방식

ECU가 스텝 모터를 통해 단계별로 밸브를 작동시키기 때문에 MPS 없이도 정확한 제어丙가 가능하다. 그리고 DC 모터에서 사용하는 브러시丁가 없어 장치의 신뢰성戊이 높다. 하지만 출력당 무게가 많아서 정지 할 때 회전력이 커야하고 특정 주파수己에서 공진 및 진동현상이 일어날 수 있다.

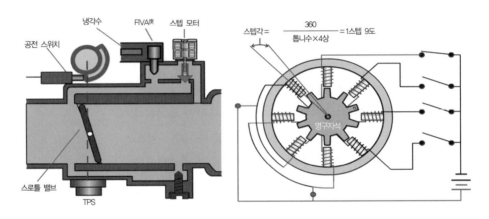

$$스텝각 = \frac{360}{톱니수 \times 4상} = 1스텝 \ 9도$$

그림 스텝 모터 방식

甲 도선을 촘촘하고 균일하게 원통형으로 길게 감아 만든 기기(전자석)
乙 정확하게 듀티 사이클이라고 하며 솔레노이드에 전기가 통하는 시간의 백분율로 나타낸다.
　(만일 솔레노이드 듀티가 50%이면 솔레노이드는 주어진 시간의 절반은 ON이 된다.)
丙 회전 오차가 누적되지 않는다.
丁 회전체에 일정한 방향으로 전원을 공급하기 위한 접점.
戊 기계, 기기가 주어진 조건에서 기능을 적정하게 수행할 확률
己 진동운동에서 단위시간당 반복운동이 일어난 횟수
庚 (Fast Idle Valve Actuator)

(5) 냉각수 온도 센서(WTS : Water Temperature Sensor)

냉각수 통로에 장착되어 있는 부 특성 서미스터 센서로서 냉각수의 온도를 검출하여 ECU에 입력시킨다. ECU는 엔진이 워밍업 상태임을 판단하며 수온이 80℃ 이하에서는 연료의 분사량을 증량한다.

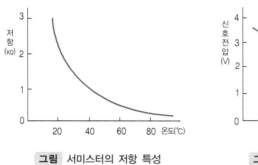

그림 서미스터의 저항 특성

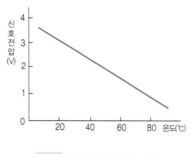

그림 서미스터의 전압 특성

(6) O₂센서 λ –sensor

배기 다기관 이후에 설치되어 배기가스 중의 O₂와 대기 중의 O₂농도 차에 따라 센서 출력전압이 달라지는 원리를 이용한 것이다. 또한 이론적 공연비 부근에서 출력 전압이 급격히 변화하게 되는데 ECU는 이 신호를 바탕으로 피드백제어甲를 하여 연료의 분사량을 보정하게 된다. 산소센서에 의해 이론적 공연비에 가깝게 제어될 때 삼원 촉매장치乙의 정화율丙은 가장 높게 되고 이를 공기 과잉률丁(λ)로 표시하여 "1" 부근으로 제어하게 된다. 이러한 이유로 산소센서를 람다(λ)센서라 부르기도 한다.

1) 지르코니아 O₂센서 Zirconia λ –sensor

고체 전해질戊의 **지르코니아 소자(ZrO₂)의** 양면에 백금 전극을 설치己하고 이 전극을 보호하기 위하여 전극 바깥부분을 세라믹으로 코팅하였다. 센서의 안쪽은 대기(산소량 높음)가 연결되고 바깥쪽은 배기가스(산소량 낮음)와 접촉된다. 이 지르코니아 소자는 고온에서 양측의 산소 농도 차이가 크면 기전력이 발생(1V 이하)되는 원리를 이용하기 때문에 외부에서 전원을 따로 입력 받을 필요가 없다. 따라서 지르코니아 O₂ 센서는 1개의 출력배선으로 구성되어 지고 외부의 충격 및 전압과 전류에 약하므로 센서의 출력을 확인할 때는 디지털 테스터로 측정한다.

甲 제어량을 측정하여 목표값과 비교하고, 그 차를 적절한 정정 신호로 교환하여 제어 장치로 되돌리며, 제어량이 목표값과 일치할 때까지 수정 동작을 하는 자동 제어를 말한다.
乙 엔진 작동 간 발생하는 배기가스 중 유해한 3가지 성분(CO, HC, NOx)을 감소시키는 장치. 배기관 중간에 부착되어 있으며 촉매로는 백금과 로듐이 사용된다.
丙 불순하거나 더러운 것을 깨끗하게 하는 비율.
丁 실제 운전에서 흡입된 공기량을 이론상 완전 연소에 필요한 공기량으로 나눈 값을 공기 과잉률이라고 하는데, 이 값의 역수를 등량비(等量比)라고 한다.
戊 고체 상태에서 이온의 이동에 의해 전류를 통할 수 있는 물질
己 850℃ 정도로 산소 농담 전지를 구성함으로써 네른스트의 식으로 표시되는 기전력을 발생시킨다. 즉 산소농도의 변화를 전기신호로 변환한다.

① 배기가스 중의 산소량이 많으면 산소 센서에서 기전력이 낮게 발생되어 출력 전압 (0.1V 정도)이 감소하여 ECU는 혼합기가 희박하다고 판단 ⇒ 연료 분사량 늘림

② 배기가스 중의 산소량이 적으면 산소 센서에서 기전력이 높게 발생되어 출력 전압 (0.9V 정도)이 증가하여 ECU는 혼합기가 농후하다고 판단 ⇒ 연료 분사량 줄임

③ 산소 센서의 정상 작동 범위는 300~400℃ 이상이다.

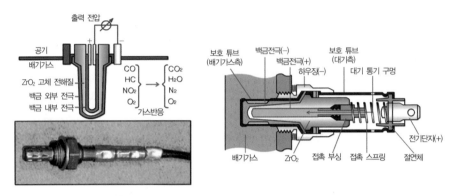

그림 지르코니아 산소 센서의 구조

2) 티타니아 O₂센서[甲] – 활성화 온도 370℃ 이상 (내부에 히터 내장-외부12V)

세라믹 절연체의 끝에 티타니아가 설치되어 있는데 전자 전도체인 티타니아(TiO_2)가 주위의 산소 분압에 대응해서 산화 환원되어 **전기 저항이 변화하는 것을 이용**하여 배기가스 중의 산소 농도를 검출하게 된다. 외부에서 5V(센서 전원)와 12V(히터 전원)의 전원을 공급하게 된다. 이러한 이유로 HEGO Heated Exhaust Gas Oxygen 센서 라고노 불린다.

① 희박한 공연비에서 저항⇑, 출력전압⇑(전압 강하량을 측정) – 4.5~4.7V

② 농후한 공연비에서 저항⇓, 출력전압⇓ – 0.3~0.8V 가 출력된다.

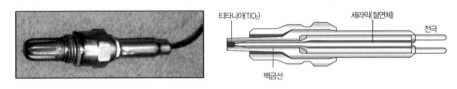

그림 티타니아 산소 센서

3) 삼원촉매 후방 O₂센서 Down-stream – 삼원촉매의 성능을 감지하는 역할

① 전방 O₂센서 Up-stream 와 같은 주기로 농후와 희박을 반복하지만 변동폭이 크지 않다.

② 약간 농후한 상태의 출력 부근에서 작은 변동값 표출 → 정상/급격한 변동 → 촉매 불량

[甲] TiO_2에 백금흑(白金黑)을 섞어 원판 형상으로 소결한 세라믹스에 전극으로서 백금선을 2개 매입(埋入)한 구조이다. 티타니아는 n형 반도체이기 때문에 산소분압이 증가하면 전기저항은 증가한다. 따라서 이 센서로 전기저항으로부터 산소분압을 알 수 있다.

4) 전영역, 광대역 Wide Band O₂센서 - UEGO Universal Exhaust Gas Oxygen

린번甲과 GDI엔진 모두 열효율이 높고 열손실이 적은 희박연소방식으로 기존의 산소센서로 공연비를 제어하는데 어려움이 따르게 되었다. 이에 희박상태일 때 지르코니아 고체전해질에 정(+)의 전류를 흐르게 하여 산소를 펌핑 셀 내로 받아들이고 그 산소는 외측전극에서 CO 및 CO_2를 환원하는 특징을 활용하여 이론공연비 부근에서 2.5V의 출력을 나타내고 희박할수록 높은 출력을 나타내는 전영역 산소센서를 사용하게 되었다.

> **TIP**
> ▶ 배기가스 색깔에 따른 엔진의 상태
> ① 정상 : 무색 or 엷은 청색　　② 희박 연소 : 엷은 자색
> ③ 불완전 및 농후한 연소 : 검은색　　④ 오일 연소 : 흰색
> ⑤ 노킹발생 시 : 검은색 or 황색

그림 전영역 산소 센서

(7) TDC 센서와 크랭크각 센서

1) TDC 센서 Top Dead Center sensor

연료의 분사 순서를 결정하기 위하여 설치된 센서로 4실린더 기관에서는 1번 실린더, 6실린더 기관에는 1번, 3번, 5번 실린더의 상사점을 디지털 신호로 바꾸어 ECU에 입력시키는 역할을 한다. 발광 다이오드乙 및 포토다이오드丙, 디스크丁로 구성되어 있으며, 디스크가 회전할 때 발광 다이오드에서 발생된 빛이 슬릿戊을 통하여 포토다이오드에 전달되면 디지털 신호己로 바꾸어 ECU에 입력되며 ECU는 크랭크축의 압축 상사점이 정 위치에 있는지 검출하여 1번 실린더 또는 1번, 3번, 5번 실린더에 대한 기본 신호를 식별하여 연료의 분사 순서를 결정한다.

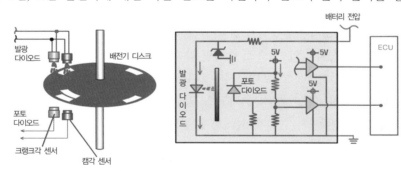

그림 광학식 크랭크각 센서(옵티컬 타입)

甲 엔진의 실린더로 들어가는 혼합기에서 공기가 차지하는 비율을 높이고, 연료의 비율을 적게 하여 연비 성능을 향상시키는 엔진.
　이론 공연비 22~23 : 1 까지 높일 수 있다.
乙 전류를 빛으로 변환시키는 반도체소자, 가정에 사용하는 LED전등과 같다.
丙 (수광다이오드) 빛에너지를 전기에너지로 변환하는 다이오드
丁 둥근 원판
戊 디스크에 빛이 통과될 수 도록 제작한 홈.
己 전기적인 두 가지 상태로만 나타내는 신호. 일반적으로 0과 1로 나타낸다.

2) 크랭크각 센서(CAS : Crank Angle Sensor)

배전기 및 크랭크축에 설치되어 있으며 연료 분사시기와 점화시기를 결정하고 연료의 기본 분사량을 제어하기 위하여 엔진의 회전수 및 크랭크축 위치를 검출하여 ECU에 입력시키게 된다. 페일세이프[甲] 기능이 없어 고장이 나면 엔진의 시동이 되지 않는다.

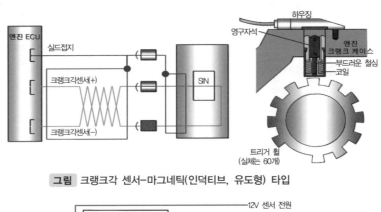

그림 크랭크각 센서-마그네틱(인덕티브, 유도형) 타입

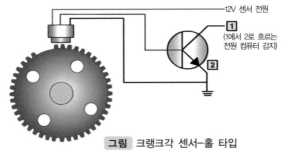

그림 크랭크각 센서-홀 타입

(8) 노킹 센서 Knocking sensor

기관의 작동 중에 노킹이 발생되면 점화시기를 조절하여 노킹을 방지하기 위하여 설치된 센서이다. 실린더 블록에 설치된 압전소자로 수정편 양쪽에 금속판을 접촉시켜 노킹이 발생되면 수정편에서 고주파 진동을 전기적 신호로 변환시켜 ECU에 입력시키는 역할을 한다. 노크 발생 시 ECU는 점화시기를 지각[乙]하는 제어를 하게 되고 노크 발생신호가 입력되지 않으면 출력을 높이기 위해 점화시기를 다시 진각[丙]시키는 제어를 하게 된다.

(a) 전자유도 방식 **그림** 노크 센서의 종류 (b) 압전 방식

甲 이중 안전 기능이다. 장치의 일부에 결함 또는 고장이 일어나거나 잘못된 조작을 하더라도, 다른 안전장치가 작동하여 결정적인 사고나 파손을 예방하는 기능을 말한다.
乙 불꽃 발생 시점을 뒤로 늦춰 엔진의 온도를 낮출 수 있다.
丙 불꽃 발생 시점을 앞으로 당기는 것

5 연료 계통 Fuel system

(1) 연료 펌프 Fuel pump

컨트롤 릴레이甲의 전원에 의해서 DC 모터를 구동하여 연료를 인젝터 까지 공급하는 역할을 한다. 주로 연료 탱크 내에 설치된 내장형으로 연료를 이용해 모터의 냉각효과를 기대할 수 있다. 연료 펌프는 **기관의 회전**

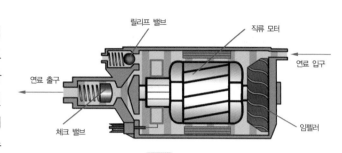

그림 전기식 연료 펌프

수가 15~50rpm 이상에서만 작동乙되고 기관이 정지되면 전원의 공급이 차단되므로 연료 펌프는 작동되지 않는다. 펌프 내부의 체크 밸브는 기관이 정지하면 닫혀 연료 라인에 **잔압을 유지시켜 베이퍼록**丙**을 방지**하고, **재시동성을 향상**시키며, 릴리프 밸브는 **연료 펌프 및 연료 내의 압력이 과도하게 상승하는 것을 방지**해 준다. 릴리프 밸브의 작동 압력은 4.5~6.0kg$_f$/㎠이다.

(2) 연료 압력 조정기 Fuel pressure regulator

연료 공급 파이프 한쪽 끝에 설치되며, 흡기 다기관의 압력(진공도)변화에 따라 인젝터에서 분사되는 연료의 분사 압력과 흡기 다기관의 압력 차이를 항상 2.55kg$_f$/㎠ 정도 유지되도록 하여 분사량의 변화를 방지한다. 만약 흡기 다기관의 진공이 커지면 연료 분사 압력은 낮아지고, 흡기 다기관의 진공이 작아지면 연료의 분사 압력은 높아진다.

연료 압력이 낮아지는 원인	연료 압력이 높아지는 원인	비 고
① 연료 공급 라인에 공기 침입 ② 연료 압력 조절기 작동 불량 ③ 연료펌프 체크 밸브 밀착 불량 ④ 연료량 부족 & 연료 필터의 막힘	① 인젝터의 막힘 ② 연료 리턴라인의 막힘 ③ 연료펌프의 릴리프 밸브 고착 ④ 연료 압력 조절기의 진공 누출	연료분배 파이프 압력 기준

(3) 연료여과기

연료 중에 포함된 먼지나 수분을 제거 분리해 주는 장치이며, 교환 시기는 2만km 정도이다.

(4) 연료 분배 파이프

연료의 저장기능을 가지고 있어 각 인젝터에 동일한 연료압력이 가해진다.

甲 배터리의 전원을 바로 공급하면 작동 스위치 접점이 스파크에 의해 소손될 수 있다. 이런 부분을 보완하기 위해 전기회로를 열거나 닫을 때 사용하는 안전장치이다.
乙 ECU에서의 제어
丙 연료 분사장치 또는 연료 배관 등에서 증기 및 공기가 모여 연료가 공급되는 것을 막는 현상으로, 연소의 조화를 깨뜨린다.

(5) 인젝터

ECU(ECM)에서 발생된 신호에 의해서 연료를 분사하며, 분사 압력은 펌프의 송출 압력으로 결정하며, 분사량은 컴퓨터의 분사 신호에 의한 솔레노이드 밸브 통전(니들 밸브의 열림) 시간으로 결정된다.

1) 최종 연료 분사는 다음과 같이 계산할 수 있다.

연료 분사시간

= (기본 분사시간[甲]×보정계수[乙]) + 무효 분사시간[丙]

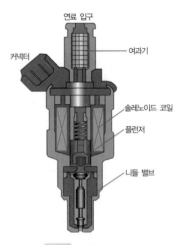

그림 인젝터의 구조

2) 인젝터의 분사 제어 방식(4기통 기준)

① **동시 분사(비동기 분사)**는 각 기통을 동시에 크랭크축 1회전에 1회 분사하는 방식을 말한다.

⇒ 1사이클 당 2회 분사 (1번 실린더 기준 : 흡입, 폭발행정 전 각 1회)

② **그룹 분사(정시 분사)**는 두 실린더씩 짝을 지어 분사시키는 방식을 말하며 1, 3과 2, 4번 실린더의 두 그룹으로 나누어 크랭크축 1회전에 1회씩 교대로 연료를 분사한다.

⇒ 흡입 행정 근처에서 분사하여 가속할 때 응답성 향상

③ **독립 분사(동기 분사, 순차 분사)**는 1사이클 당 4회 분사로 각 기통마다 엔진 흡입 행정 직전(배기 행정 끝)에 분사하는 방식을 말한다.

④ **연료공급 차단**fuel cut **제어** : 감속과 엔진이 고속 회전할 때 연료를 차단하여 연비의 향상 및 배출가스의 정화, 고속 회전으로 인한 시스템의 파손 등을 방지할 수 있다.

3) 전압·전류 제어 방식의 인젝터

① **전압 제어 방식**

인젝터에 직렬로 저항을 넣어 전압을 낮추어 제어하게 된다.

배터리 → 점화스위치 → 저항 → 인젝터 → ECU(NPN[丁]방식 TR제어)

② **전류 제어 방식**

저항을 사용하지 않고 인젝터에 직접 축전지 전압을 가해 응답성을 향상시켜 무효분사 시간을 줄일 수 있다. 플런저를 유지하는 상태에서는 전류를 감소시켜 코일의 발열을 방지함과 동시에 소비를 감소시킨다.

甲 크랭크각 센서의 출력 신호 및 에어 플로 센서(AFS)의 출력 등에 의해 결정된다.
乙 기본 분사시간의 보정계수로 기관온도, 가·감속, 학습제어, 부하, 공전 안정화 등의 요소가 반영된다.
丙 인젝터에 전기를 공급하면 인젝터의 솔레노이드 코일이 자화되어 인젝터 밸브(니들 밸브)가 개방되기까지는 약간의 시간이 경과되며, 이것은 전자석 코일을 이용하는 형식에서는 필연적으로 발생하는 현상인데, 이 현상을 무효 분사 시간이라고 한다.
丁 트랜지스터(TR)의 한 종류로 스위칭 작용을 위해 사용되며 베이스, 이미터, 컬렉터로 구성된다.

6 제어 계통 Controled system

(1) 컨트롤 릴레이 control relay

컨트롤 릴레이는 축전지 전원을 전자제어 연료 분사장치에 공급하는 메인 스위치로 ECU, 연료 펌프, 인젝터 등에 공급하는 역할을 한다.

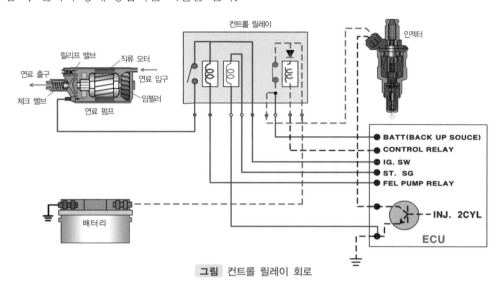

그림 컨트롤 릴레이 회로

(2) ECU의 제어

ECU는 각종 센서로 부터 정보를 받는데 그 중 기관에 흡입되는 공기량과 회전속도를 기준으로 연료의 기본 분사 시간을 연산하고 ATS, BTS, WTS등의 정보를 이용하여 작동상태에 따른 인젝터의 분사시간을 보정 제어하는 역할을 한다. 이런 연료장치 관련 액추에이터 제어에 필요한 전원을 공급하기 위해 ECU는 컨트롤 릴레이를 활용한다. (큰 전류로 작동되는 액추에이터를 릴레이 없이 전원 제어하게 되면 ECU는 손상을 입게 된다.)

7 신기술

(1) 전자제어 스로틀 밸브 : ETS Electric Throttle valve System

과거에 가속페달에 케이블을 연결해 스로틀 밸브를 기계적으로 작동시키는 것이 아니라 스로틀 밸브에 전자제어를 접목시킨 시스템이다.

1) 제어 : 가속페달 위치 센서(APS甲) → ECU → 전자제어 스로틀 밸브 전동기

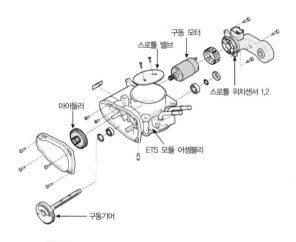

구동 모터

스로틀 밸브

스로틀 위치센서 1,2

아이들러

ETS 모듈 어셈블리

구동기어

그림 전자제어 스로틀 밸브 장치의 구성

2) 시스템의 장점

① 각종 센서의 정보를 활용하여 흡입 공기량을 정밀하게 제어할 수 있다.

② 흡입 공기와 연료의 양을 ECU가 모두 제어 할 수 있게 됨 → 연비 향상 및 배출가스 저감

③ 운전자의 가속의사를 APS 통해 빨리 인지가 가능 → 가속 응답성 향상

(2) 가변 흡기 시스템 : VICS Variable Induction Control System

흡입공기가 유입되는 관로의 길이 및 두께를 엔진의 회전속도나 부하에 맞춰 조절함으로서 저속 성능저하 방지 및 연비 향상을 도모할 수 있다.

1) 구성 : 흡입제어 밸브, 밸브위치 센서, 서보모터, ECU

2) 원리 : • 흡입제어 밸브 닫힘 (저속에서 사용 : 관로를 길게 함)

• 흡입제어 밸브 열림 (고속에서 사용 : 관로를 짧게 함)

甲 Accelerator Position Sensor 가속 페달을 밟은 양을 전압으로 변환시켜 컴퓨터에 입력함으로써 엔진의 출력을 제어하는 것인데, 미끄러지기 쉬운 노면에서 타이어의 슬립을 방지하고 선회 시의 조향 성능을 향상시킨다.

3) 제어

- **저속 영역** : 관로를 길고 가늘게 제어
  - → 공기의 유속을 빠르게 하여 관성 과급효과[甲]를 높임
- **고속 영역** : 관로를 짧고 굵게 제어
  - → 관성 효과를 줄여 빠른 회전수로 인해 흡입밸브에 부딪히게 되는 공기저항을 최대한 줄임

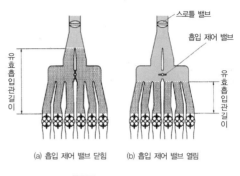

그림 가변 흡기 다기관

(3) 연소실 직접분사 장치(GDI)

압축행정 말에 연료를 분사하여 점화플러그 주위의 혼합비를 농후하게 하는 성층연소[乙]로 매우 희박한 공연비(25~40 : 1)에서도 쉽게 점화가 가능하도록 하였다.

1) 계통도

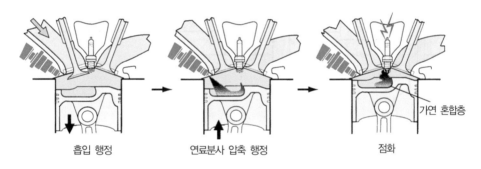

흡입 행정 → 연료분사 압축 행정 → 점화

가연 혼합층

그림 연소실 직접 분사장치

2) 와류 인젝터의 제어(인젝터 출구 쪽 스월 디스크를 활용)

① **부분부하** : 압축 행정 말에 분사(성층연소 활용으로 초희박 연소)

② **전부하** : 흡입 행정 중에 분사(일반연소)

③ **시동직후** : 촉매를 활성화시키기 위해 분할분사를 실시(흡입 약 70%, 압축 약 30%) 동시에 점화시기를 ATDC 10~15°로 늦추어 배기밸브가 열릴 때까지 화염을 전파하여 배기 온도를 상승한다.

3) 시스템의 장·단점

① **장점** : 엔진의 출력과 연비가 좋아진다.

② **단점** : 시스템이 고가이고 고장 시 수리비가 많이 든다.
   고압분사 시스템으로 인한 소음과 진동이 증대되고 엔진 내구성에 문제가 될 수 있다.

甲 흡기 관성에 의해 흡기의 충전 효율이 향상하는 것을 말한다.

乙 연소실 내에 혼합 가스의 농후한 부분과 희박한 부분을 만들어 착화하기 쉬운 농후한 부분에 점화하여 화염이 전파되도록 연소를 확산시키는 방법으로, 희박 연소의 가장 효과적인 수단으로 이용되고 있다.

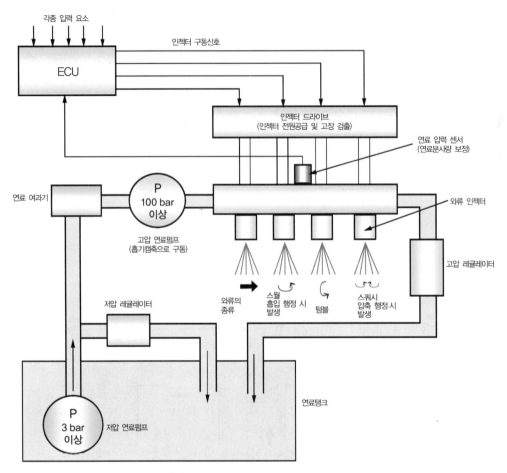

그림 연소실 직접 분사 연료 장치의 구성

01. 휘발유가 완전연소하기 위한 이론 공연비는 14.7 : 1 이다.
☐ ○ ☐ ✕

02. 옥탄가는 내폭성의 정도를 나타낸 값으로 이소옥탄과 노멀헵탄으로 구성된다.
☐ ○ ☐ ✕

03. 가솔린 엔진에서 인젝터를 연소실 내에 설치하여 고압으로 연료를 분사하는 방식으로 초 희박연소가 가능한 방식이 MPI(Multi Point Injection)이다.
☐ ○ ☐ ✕

04. 흡입공기량을 직접계측하는 방식으로 베인식, 칼만와류식, 열선·열막식 등이 있다.
☐ ○ ☐ ✕

05. 흡입공기량을 간접계측하는 방식으로 흡기다기관의 진공도를 측정하는 센서는 MAP(Manifold Absolute Pressure)센서이다.
☐ ○ ☐ ✕

06. 스로틀 보디의 구성요소로 스로틀 밸브, TPS, 공전조절장치 등이 부착되어 있다.
☐ ○ ☐ ✕

07. WTS(Water Temperature Sensor)는 냉각수의 온도를 검출하여 ECU에 신호를 보내주며 냉간 시에는 연료분사량을 줄여주는 제어를 할 수 있게 해준다.
☐ ○ ☐ ✕

08. 지르코니아 산소센서는 냉간 시에도 피드백 제어를 할 수 있어 다른 방식의 산소센서보다 효율이 좋은 편이다.
☐ ○ ☐ ✕

09. 배기가스 색이 흰색이면 엔진오일이 연소되었을 확률이 높다.
☐ ○ ☐ ✕

10. 전자제어 엔진에서 크랭크각 센서는 연료의 기본분사량을 결정하기 위해 AFS, TPS와 함께 ECU에 입력되는 중요한 신호 중 하나이다.
☐ ○ ☐ ✕

정답 및 해설

2. 엔진

03. 가솔린 엔진에서 인젝터를 연소실 내에 설치하여 고압으로 연료를 분사하는 방식으로 초 희박연소가 가능한 방식이 GDI (Gasoline Direct Injection)이다.

07. WTS(Water Temperature Sensor)는 냉각수의 온도를 검출하여 ECU에 신호를 보내주며 냉간 시에는 연료분사량을 늘려주는 제어를 할 수 있게 해준다.

08. 냉간 시 원활한 동력 발생을 위해 농후한 공연비가 필요하기 때문에 모든 산소센서는 피드백 제어를 하지 않는다.

정답

01.○ 02.○ 03.✕ 04.○
05.○ 06.○ 07.✕ 08.✕
09.○ 10.○

11. 노킹센서가 있는 가솔린 전자제어엔진에서 노킹이 발생되면 점화시점을 좀 더 빠르게 하여 회전수를 올리는 제어를 하게 된다.

☐ O ☐ X

12. 연료펌프 내에서 연료의 잔압유지 및 역류방지 재시동성 향상에 도움이 되는 것은 체크밸브이다.

☐ O ☐ X

13. 연료압력조정기의 진공호스가 파손되면 연료의 잔압은 높게 유지된다.

☐ O ☐ X

14. 연료의 분사량은 ECU에서 인젝터로 보내는 전류의 통전시간에 의해 제어된다.

☐ O ☐ X

15. 정시 분사에서 4실린더 엔진의 경우 1번과 2번, 3번과 4번 실린더가 동시에 연료를 분사하게 된다.

☐ O ☐ X

16. 컨트롤 릴레이에 의해 전원을 공급받는 구성품에는 인젝터, 연료펌프, ECU 등이 있다.

☐ O ☐ X

17. 스로틀 밸브에 전자제어를 적용하여 흡입공기량을 보다 정밀하게 제어하여 출력 및 연비향상, 배출가스 중 유해물질 저감 등에 도움이 되는 것이 가변 흡기 다기관이다.

☐ O ☐ X

18. 압축행정 말에 연료를 연소실에 분사하여 점화플러그 주변의 혼합비를 농후하게 하는 성층연소로 매우 희박한 공연비에서도 쉽게 점화가 가능하도록 한 가솔린 엔진을 연소실 직접분사 장치, 즉 GDI라고 한다.

☐ O ☐ X

19. 가솔린 직접분사 장치(GDI)는 별도의 고압펌프가 필요하지 않기 때문에 소음과 진동, 유지 보수 측면에서 MPI 방식보다 유리하다.

☐ O ☐ X

20. 연소실 안의 소용돌이 종류에는 피스톤 행정의 방향을 중심으로 회전하는 스월, 그 수직 방향을 기준으로 회전하는 텀블이 있다.

☐ O ☐ X

정답 및 해설

11. 노킹센서가 있는 가솔린 전자제어엔진에서 노킹이 발생되면 점화시점을 좀 더 느리게 하여 노킹을 줄이는 제어를 하게 된다.

15. 정시 분사에서 4실린더 엔진의 경우 1번과 3번, 2번과 4번 실린더가 동시에 연료를 분사하게 된다.

17. 스로틀 밸브에 전자제어를 적용하여 흡입공기량을 보다 정밀하게 제어하여 출력 및 연비향상, 배출가스 중 유해물질 저감 등에 도움이 되는 것이 전자 스로틀 밸브이다.

19. GDI는 높은 압력에 연료를 분사하기 위해 별도의 고압펌프가 필요하며 그로 인해 소음과 진동이 증가하고 엔진 내구성에 문제가 될 수 있다.

정답

11. X 12. O 13. O 14. O
15. X 16. O 17. X 18. O
19. X 20. O

01 전자제어 연료분사장치의 기본 목적에 해당되지 않는 것은?

① 유해 배출 가스 감소
② 가속 시 응답 속도 향상
③ 연료 소비량 증가
④ 엔진 토크 증대

02 전자제어 가솔린엔진의 공기흐름을 기술한 것이다. 빈칸에 들어갈 명칭들로 바르게 짝지어진 것은?
(단, AFS는 직접계측방식이다.)

> 공기여과기 → (　　) → 스로틀보디 →
> 흡기다기관 → (　　) → 배기다기관 →
> (　　) → 촉매변환기 → 소음기

① MAP 센서, 인젝터, 배기가스 후처리 장치
② 스로틀포지션센서, 인젝터, 과급기의 터빈
③ 인젝터, 공기유량계측기, EGR 환원 포트
④ 공기유량계측기, 연소실, 산소센서

03 가솔린 전자제어 연료분사장치의 연료 흐름 계통으로 가장 적당한 것은?

① 연료 탱크 → 연료 여과기 → 연료 펌프 → 분배 파이프 → 인젝터
② 연료 탱크 → 연료 펌프 → 연료 여과기 → 분배 파이프 → 인젝터
③ 연료 탱크 → 연료 펌프 → 분배 파이프 → 연료 여과기 → 인젝터
④ 연료 탱크 → 연료 펌프 → 연료 여과기 → 인젝터 → 분배파이프

04 흡기다기관의 흡기밸브 바로 앞에 각각 인젝터를 1개씩 설치하는 방식은?

① SPI 방식
② MPI 방식
③ 기계식 연료펌프
④ AFS 방식

05 전자제어 연료 분사장치에서 엔진 정지 시 연료라인 내의 잔압이 점차 낮아질 경우 그 고장 원인은 무엇인가?

① 연료 리턴 라인 막힘
② 체크 밸브 불량
③ 연료 탱크 불량
④ 연료압력 조절기 진공호스 불량

06 다음 중 연료 압력이 높아지는 원인이 아닌 것은?

① 인젝터가 막혔을 때
② 연료의 체크 밸브가 불량할 때
③ 연료의 리턴 파이프가 막혔을 때
④ 연료 펌프의 릴리프 밸브가 고착되었을 때

07 전자제어 연료장치에서 연료 펌프가 연속적으로 작동될 수 있는 조건이 아닌 것은?

① 크랭킹할 때
② 공회전 상태일 때
③ 급 가속할 때
④ 키 스위치가 ON에 위치할 때

08 다음 중 인젝터의 분사량을 결정하는 것은?

① 인젝터 솔레노이드 코일 통전 시간
② 인젝터 분구의 면적
③ 연료 분사 압력
④ 연료 펌프 내 체크 밸브의 신호

09 다음 중 인젝터의 분사 방법이 아닌 것은?

① 그룹분사
② 동시분사
③ 독립분사
④ 자동분사

10 전자제어 연료분사장치에서 연료 인젝터의 구조 설명 중 틀린 것은?

① 플런저 : 니들 밸브를 누르고 있다가 ECU신호에 의해 작동된다.
② 솔레노이드(코일) : ECU 신호에 의해 전자석이 된다.
③ 니들 밸브 : 솔레노이드의 자력에 직접 작동된다.
④ 배선 커넥터 : 솔레노이드에 ECU로부터 신호를 연결해 준다.

11 인젝터에 걸리는 연료압력을 흡기다기관의 압력보다 높게 조절하는 것은?

① 압력판
② 밸브스프링
③ 연료압력조절기
④ 유압조절 밸브

12 다음 중 흡기 계통의 핫 와이어 공기량 계측 방식은 무엇인가?

① 공기 체적 검출방식
② 공기 질량 검출방식
③ 간접 계량방식
④ 흡입 부압 감지방식

13 가솔린 전자제어 엔진에서 연료를 연소실에 직접분사하는 장치의 설명으로 거리가 먼 것은?

① 소음과 진동이 크고 내구성이 좋지 못하다.
② 엔진의 출력이 높고 연료소비율이 낮다.
③ 질소산화물 배출량이 MPI 방식보다 적다.
④ 와류 인젝터를 사용하여 공연비 25 ~ 40 : 1의 희박연소가 가능하다.

14 전자제어 연료 분사 차량에서 크랭크 각 센서(CAS)의 역할이 아닌 것은?

① 냉각수 온도 검출
② 연료의 분사시기 결정
③ 점화시기 결정
④ 피스톤의 위치 검출

15 흡입 매니폴드 압력변화를 피에조(Piezo)저항에 의해 감지하는 센서로 D-제트로닉에 사용하는 센서는?

① 차량속도 센서
② MAP 센서
③ 수온 센서
④ 크랭크 포지션 센서

16 스로틀 보디에 위치하며 운전자의 가속의사를 ECU에 전달하기 위해 사용하는 센서는?

① AFS ② ATS

③ BPS ④ TPS

17 연료의 기본 분사시간을 결정하기 위해 사용하는 센서로 알맞게 묶인 것은?

① AFS, CAS

② ATS, BPS

③ BPS, WTS

④ TPS, O₂ 센서

18 다음 중 공연비 피드백 장치에 사용되는 O₂ 센서의 기능은?

① 배기가스의 온도감지

② 흡입공기의 온도감지

③ 흡입공기 중 산소농도 감지

④ 배기가스 중 산소농도 감지

19 지르코니아 산소센서에 관한 설명으로 틀린 것은?

① 피드백의 기준신호로 사용된다.

② 저온상태에서도 작동이 잘 되므로 냉간 시동 시 별도로 가열 및 가열장치가 필요 없다.

③ 이론 공연비를 중심으로 하여 출력전압이 변화되는 것을 이용한다.

④ 혼합비가 희박할 때는 기전력이 적고 농후할 때는 기전력이 크다.

20 전자제어 가솔린 기관에서 티타니아 산소센서의 출력전압이 약 4.3~4.7V로 높으면 인젝터의 분사시간은?

① 길어진다.

② 짧아진다.

③ 짧아졌다 길어진다.

④ 길어졌다 짧아진다.

21 전자제어 가솔린 기관에서 메인 컨트롤 릴레이에 의해 전원을 공급받는 것이 아닌 것은?

① ECU ② 연료펌프

③ 인젝터 ④ 연료압력 조절기

22 휘발유의 내폭성을 나타내는 정도로 옥탄가를 사용한다. 옥탄가 90의 함유량을 바르게 설명한 것은?

① 노멀헵탄 10, 이소옥탄 90

② 세탄 90, α-메틸나프탈렌 10

③ 이소옥탄 90, α-메틸나프탈렌 10

④ 노멀헵탄 90, 세탄 10

23 가변흡기 다기관에 대한 설명으로 거리가 먼 것은?

① 흡입제어 밸브, 밸브위치 센서, 서보모터, ECU등으로 구성된다.

② 저속에서 흡기 통로를 굵게 제어한다.

③ 고속에서 흡기 통로를 짧게 제어한다.

④ 저속에서 성능저하를 방지하고 중속 영역에서 연비향상에 도움이 된다.

정답 및 해설

ANSWERS

01.③	02.④	03.②	04.②	05.②	06.②
07.④	08.①	09.④	10.③	11.③	12.②
13.③	14.①	15.②	16.④	17.①	18.④
19.②	20.①	21.④	22.①	23.②	

01. 전자제어 연료분사 장치는 공기가 유입된 정도에 따라 연료 분사량을 결정하기 때문에 연료 소비량이 감소 즉, 연료 소비율이 향상된다.
   여기서 "연료 소비율이 높아진다(부정)."와 "연료 소비율이 향상된다(긍정)."의 표현을 구분할 수 있어야 한다.

02. 공기의 유입 및 배출과정을 P.86의 그림과 함께 정리하여 암기해 두는 방법이 가장 효율적이다.

03. 연료의 공급 및 분사과정을 P.86의 그림과 함께 학습해 두는 것이 가장 효율적이다. 공기 및 연료의 흐름 과정을 같이 정리해 두자!

04. SPI, MPI, GDI의 시스템의 특징 및 특이사항 중요.

05. 연료압력 조절기 및 체크 밸브, 릴리프 밸브의 작동원리 및 구조, 역할 등을 이해하고 있어야야 해결할 수 있는 문제이다. 엔진이 정지하였을 때 연료의 잔압을 유지하는 것이 체크밸브이고 체크밸브가 불량할 경우 밸브를 통해 연료가 펌프로 회수가 되기 때문에 연료라인에 압력이 낮아지고 다음번 시동이 불량해 지는 것이다.

06. 체크 밸브는 엔진 및 연료펌프가 멈췄을 때 잔압을 유지하는 용도로 사용된다.

07. ① 크랭킹(시동작업)을 할 때의 엔진회전수는 200~300rpm으로 연료를 지속적으로 분사한다.
   ② 공전상태의 엔진회전수 700~800rpm을 유지하기 위해 연료를 지속적으로 분사한다.
   ③ 급 가속할 때 역시 농후한 공연비를 유지하기 위해 연료를 지속적으로 분사한다.
   ④ 키 스위치의 위치는 LOCK / ACC / ON / START 이렇게 4단계로 나눌 수 있으며 ON의 위치는 크게 2가지로 나눌 수 있다. 시동을 걸고 난 뒤의 ON과 시동을 걸지 않았을 때의 ON이다. 시동을 걸고 난 뒤의 ON은 차량을 운행할 수 있는 상태라 엔진의 회전수가 700rpm을 넘지만 시동이 걸리지 않았을 때의 ON은 엔진의 회전이 없는 상태이다. 앞에서 기술한 바와 같이 엔진의 회전수가 없을 때 즉, 50rpm이하에서는 연료를 분사하지 않기 때문에 ④ 선지가 답이 되는 것이다.

08. ECU가 AFS의 신호를 근거로 기본 분사량을 결정을 하여 트랜지스터의 베이스 전류를 제어하게 된다. 트랜지스터의 베이스 전류가 제어되는 시간만큼 **인젝터 솔레노이드 코일에 전**

류가 흘러가는 시간이 결정되고 솔레노이드의 자력에 의해 플런저가 이동하게 된다. 플런저가 이동하여 연료의 압력이 니들밸브를 작동시키고 니들밸브가 열린 시간만큼 연료가 분사된다.

09. 동시분사(비동기분사) : 동시에 분사
   그룹분사(정시분사) : 1, 3과 2, 4 묶어서
   동기분사(독립분사, 순차분사) : 효율적

10. ③ 니들밸브는 플런저의 작동에 의해 발생되는 유압으로 작동된다.

11. 기본적으로 연료의 압력을 높이는 역할은 연료펌프가 한다. 다만 문제에서 높게 조절하는 것이 무엇인지를 물었기 때문에 연료압력조절기가 답이 되는 것이다. 연료압력조절기의 작동원리는 P.86의 그림을 보며 이해해야 한다.

12. 핫 와이어(열선) 방식은 온도 및 압력에 따라 달라지는 질량까지 반영된다.

13. ③ 기존의 MPI 방식보다 고압분사 시스템으로 엔진온도가 높게 유지되므로 질소산화물의 배출량이 더 많아지는 단점을 가지고 있다.

14. 온도를 검출하기 위해서는 부 특성 서미스터를 사용해야 하고 WTS가 냉각수 온도를 검출하는 역할을 한다.

15. 공기 유량을 흡입 매니폴드(다기관)에서 반도체 피에조 저항을 이용하여 간접계측(D-제트로닉)하는 것은 MAP(Manifold Absolute Pressure)센서이다.

16. TPS(Throttle Position Sensor)등 센서의 원어와 함께 위치를 같이 정리해두면 관련문제를 해결하는데 많은 도움이 된다.

17. 연료의 기본 분사시간을 결정하기 위해 입력 받는 신호는 AFS이고 CAS의 정보를 받아 회전수 대비 필요한 연료량도 유추할 수 있다. 또한 AFS의 신호가 명확하지 않을 때 TPS로 대처하여 필요한 연료량을 연산하는 경우도 있다.

18. O_2 센서의 용도와 위치를 알고 있는지 확인하는 문제임

19. 지르코니아 산소센서의 특성에 대해 잘 알고 있는지를 확인하는 문제이다. 출제 비중이 높은 문제이다.

20. 티타니아 산소센서의 농후와 희박에서의 출력은 지르코니아 산소센서의 높고 낮음의 출력을 반대로 기억하고 있으면 된다. 즉, 5V 가까운 높은 출력을 나타낼 때는 배출가스 중의 산소농도가 높은 편이며 공연비로 희박한 상태이다. 희박한 공연비를 보정하기 위해서는 연료의 분사량을 늘리는 제어를 해야 한다.

21. P.99의 컨트롤 릴레이 회로의 그림의 구성요소 참조.

22. 옥탄가 = 90

$$= \frac{\text{이소옥탄}}{(\text{이소옥탄} + \text{노멀헵탄})} \times 100 = \frac{90}{(90 + 10)} \times 100$$

23. 흡기포트는 저속 회전의 경우에는 가늘고 긴 것이 토크에 유리하고 고속 회전에서는 굵고 짧은 것이 출력을 내는데 도움이 된다.

SECTION 06 배출가스 정화장치

자동차로부터 배출되는 유해가스의 3종류는 기관의 크랭크 케이스로부터 배출되는 **블로바이 가스**, 연료 탱크로부터 배출되는 **연료 증발가스**, 배기관으로부터 배출되는 **배기가스**이다. 인체에 유해한 $CO^{甲}$, HC, $NOx^{乙}$ 등을 정화시켜 CO_2, H_2O, N_2, O_2로 배출시키는 장치가 배출가스 정화장치이다.

크랭크케이스
블로바이 가스
약 20%

연료탱크
증발가스
약 20%

배기관
배출가스
약 60%

그림 자동차로부터 배출되는 유해가스

1 유해(有害)가스의 배출 특성

HC와 NOx가 대기 중에서 자외선을 받아 광화학 반응^{丙}이 반복되어 눈, 호흡기 계통에 자극을 주는 것을 광화학 스모그^{丁}라고 한다.

ⓐ 공전 시에는 CO, HC 증가, NOx 감소

ⓑ 가속 시에는 CO, HC, NOx 모두 증가

ⓒ 감속 시에는 CO, HC 증가, NOx 감소 (단, fuel cut 제어는 제외)

배출가스의 발생원인 및 인체에 미치는 영향		
CO	HC	NOx
· 공전 운전 시 · 공연비(혼합비) 농후 · 산소 부족으로 어지럼증, 구토, 심한 경우 사망	· 연소 시 소염 경계층^{戊} 및 실화 · 공연비 희박 및 농후 · 호흡기와 눈을 자극 · 심한 경우 암을 유발한다.	· 고온(2000℃)·고압 연소 시 · 광화학 스모그의 원인 · 호흡기 질환 유발 · 산성비의 원인이 됨

甲 무색·무취의 기체로서 산소가 부족한 상태에서 석탄이나 석유 등 연료가 탈 때 발생한다.

乙 공기 중에 있는 질소산화물 중 가장 주요한 형태는 일산화질소와 이산화질소이며, 이 둘을 합쳐서 NOx로 표현기도 한다. 두 개의 질소 원자는 아주 강하게 결합하고 있기 때문에 그것을 원자상태로 쪼개는 것은 쉽지 않다. 하지만 매우 높은 온도를 가하면 그 질소원자의 결합을 깰 수 있다. 자동차의 엔진 등의 내부에서는 매우 높은 온도가 형성되기 때문에 배기가스가 질소산화물로 방출된다.

丙 물질이 빛을 흡수하여 높은 에너지 상태로 들뜨게 되어 일어나는 화학반응

丁 도시의 매연을 비롯하여 대기 속의 오염물질이 안개 모양의 기체가 된 것

戊 불꽃이 꺼져있는 부분의 얇은 층

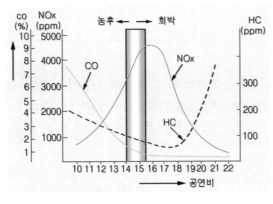

그림 공연비와 배기가스의 관계

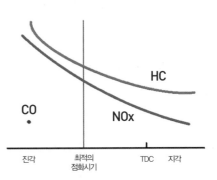

그림 점화시기와 배기가스의 관계

2 배출 가스 제어 장치

(1) 블로바이 가스 제어 Blow-by gas control

엔진 운전 중에 발생된 블로바이 가스(HC)를 대기 중으로 방출하지 않고, 흡기 다기관의 진공에 의해 서지 탱크로 재 유입시키는 역할을 하며, 작동 시기는 경·중 부하 시에는 PCV Positive Crankcase Ventilation 밸브로, 고 부하 시에는 브리드 호스로 제어한다.

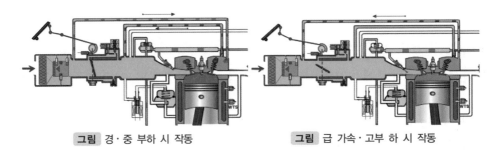

그림 경·중 부하 시 작동   그림 급 가속·고부하 시 작동

(2) 연료 증발 가스 제어 Fuel evaporation gas control

연료 탱크의 증발가스(HC)를 연결된 차콜 캐니스터 Charcoal canister의 활성탄 Activated Charcoal 입자 표면에 흡착시킨 후 연료 탱크 압력 센서(FTPS)의 신호를 바탕으로 ECU가 PCSV甲와 CCV Canister Close Valve를 제어하여 필요 시 흡기 다기관에 유입시켜 대기 중으로 방출되지 않고 연소과정을 거치게 한다.

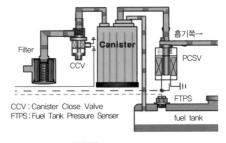

그림 증발가스 제어

甲 증발가스 제어밸브(Purge Control Solenoid Valve) : 재생밸브라고도 불리며 공전 및 워밍업 전(냉각수 온도가 65℃이하)에는 닫혀서 캐니스터의 증발가스를 흡기 쪽(서지탱크 or 흡기다기관)으로 유입시키지 않으며 작동 조건에서는 일반적으로 ECU가 높은 듀티(duty)로 제어하여 개방하는 순간 연료증발가스를 연소실로 유입시킨다.

1) 제어 장치 작동

① **엔진 정지 및 공회전** : 증발가스를 캐니스터에 저장(ECU제어-CCV 닫힘, PCSV 닫힘)

② **저속, 중속, 고속** : PCSV를 열어 증발가스를 흡기다기관에 공급(CCV 닫힘, PCSV 열림)

③ **캐니스터 포화상태** : 증발가스를 필터를 통해 대기로 방출(CCV 열림, PCSV 열림)

2) 누설 감지 조건

① **엔진 시동 중** : CCV열림, PCSV열림 - 연료탱크의 압력은 대기압과 같음

② **누설 감지 1단계** : CCV닫힘, PCSV닫힘 - FTPS(연료증발가스에 의해 미세하게 상승)
         → 압력이 내려가면 PCSV 열림 고착으로 판단

③ **누설 감지 2단계** : CCV닫힘, PCSV열림 - FTPS(서지탱크의 진공에 따른 부압 발생)
         → 압력이 내려가지 않으면 대량의 누설이 있다고 판단

④ **누설 감지 3단계** : CCV닫힘, PCSV닫힘 - 진공이 차단되어 연료탱크 내부의 압력발생
         → 압력 너무 많이 올라가면 소량의 누설이 있다고 판단

⑤ **누설 감지 4단계** : CCV열림, PCSV열림 - 연료탱크에 진공이 발생되지 않아 탱크 내부의 압력으로 복귀

▶ **증발가스 누설 감시 조건**
① 공회전 중에만 실시 ② 운행 중 1회만 실시 ③ 시동 시 냉각수온 4~50℃ ④ 시동 후 10분 뒤 ⑤ 연료량 15~85% 이내 ⑥ 시동 후 10분 뒤

▶ **증발가스 누설 감시 모드(Full Mode)**

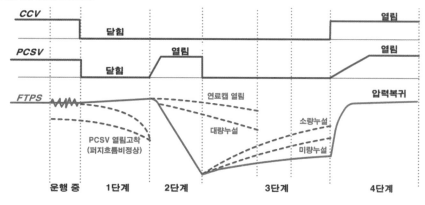

그림 증발가스 누설 감지 조건 및 모드

(3) 배기가스 제어 Exhaust gas control

1) 배기가스 재순환 장치 EGR Exhaust Gas Recirculation

① **구성**

ⓐ **EGR 밸브** : 배기가스의 일부를 연소실로 재순환하며 연소 온도를 낮춤으로서 NOx의 배출량을 감소시키는 장치이다.

ⓑ **EGR 솔레노이드 밸브** : 냉각수 온도가 65℃ 이상이고 중속 중부하시 EGR 솔레노이드 밸브를 활용하여 EGR 밸브를 간접 작동시킨다. 과거에는 온도밸브(서모밸브)로 역할을 대신했다.

ⓒ EGR 쿨러(디젤엔진 적용) : 부품의 내구성을 증대시키고 고열에 의해 발생되는 조기점화를 줄이기 위해 재순환시키는 배출가스의 열을 냉각시킨다.

② EGR률 $= \dfrac{EGR가스량}{(흡입공기량 + EGR가스량)} \times 100$

③ EGR 밸브 결함 시 발생 현상

ⓐ 밸브가 열린 상태로 고착 시 : CO, HC 배출량이 증가되고 시동성이 불량하거나 공전 또는 주행 시 엔진이 정지된다.

ⓑ 밸브가 닫힌 상태로 고착 시 : 질소산화물의 배출량이 증대된다.

④ 저압 EGR(디젤엔진 적용) : DPF 후단에서 PM을 감소시킨 배기가스를 재순환시킨다.

2) 2차 공기공급 장치 Secondary air supply system

배기관에 신선한 공기를 보내어 배기가스 중에 HC와 CO의 산화를 돕는 장치이다.

종류로 에어펌프를 사용해 강제적으로 2차 공기를 공급하는 공기분사 방식(에어 인젝션 시스템–오른쪽 그림)과 엔진 배기관 내의 배기 압력 맥동을 이용해 리드 밸브를 사용하여 2차 공기를 도입(에어 석션 시스템)하는 방식이 있다.

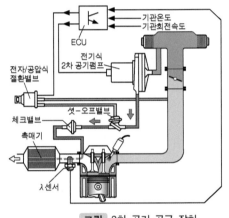

그림 2차 공기 공급 장치

(4) 촉매 변환기 Catalytic converter

1) 기 능

촉매변환기는 휘발유를 연료로 하는 기관의 배기가스에 포함된 유해물질(HC, NOx, CO)을 무해물질(CO_2, H_2O, N_2, O_2)로 변환시켜 유해배기 가스의 성분을 낮추는 역할을 한다.

2) 구 조

내부 알루미나(Al_2O_3)甲 뼈대에 반응 물질 백금(Pt)乙, 로듐(Rh)丙, 팔라듐(Pd)丁을 부착시켜 산화 및 환원 반응을 일으키도록 한다.

甲 산화알루미늄의 공업명으로 보크사이트라는 광석에서 정련하며, 알루미늄의 원료로 사용된다. 녹는점 2,050℃, 한 번 고열에 가공한 것은 산, 알칼리에 녹기 힘들고 고급품은 1,900℃ 이상의 내열성을 띠며 녹는점이 높고 경도가 크므로 내화물로서 연마재, 전지 절연체, 자기, 내화벽돌, 흡착재 등으로 사용된다.

乙 은백색의 전연성(展延性)이 있는 금속으로 공기나 물에 대해 매우 안정하다. 적열(赤熱)하면 수소를 흡수하여 투과한다. 특히 미분(微粉)백금은 그 부피의 100배 이상의 수소를 흡수한다. 흡수된 수소는 300~400℃로 가열하면 방출된다. 또 상당히 많은 양의 산소도 흡수한다. 흡수된 수소와 산소는 활성화되므로 백금은 산화·환원의 촉매로 적당하다. 이와 같이 백금은 산소를 흡수하지만 직접 산소와 화합하는 일은 거의 없다.

丙 스모그를 유발하는 질소산화물(NOx)을 질소와 산소 분자로 환원시키는 촉매로 사용된다.

丁 백금과 섞여 CO, HC를 CO_2, H_2O로 산화, NOx를 질소분자로 환원하는 촉매로 사용된다.

3) 정화율

촉매의 정화율은 320℃ 이상, 그리고 이론 혼합비 부근에서 높은 정화율을 나타낸다. 따라서 산소센서가 정상적으로 작동되는 폐회로Closed loop[甲]에서 촉매변환기의 정화율은 높아지게 된다.

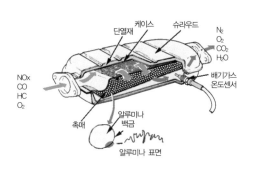

그림 촉매 컨버터의 구조

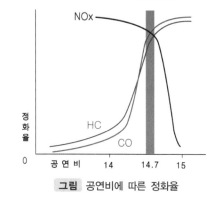

그림 공연비에 따른 정화율

4) 공기 과잉률(λ)에 따른 유해물질 발생 농도

공기 과잉률이 " 1 "에 가까울 때(이론적 공연비) 촉매변환기의 정화율이 가장 높게 나타난다. 산소센서의 중요성을 설명해준다.

$$\lambda = \frac{실제\ 공기량}{이론상\ 필요한\ 공기량}$$

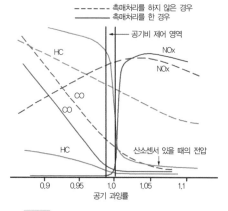

그림 공기 과잉률에 따른 배출가스 농도

5) 촉매 변환기 설치 자동차 운용 시 주의사항

① 연료는 무연 가솔린을 사용할 것
② 자동차를 밀거나 끌어서 시동을 걸지 말 것
③ 주행 중에는 절대로 점화 스위치를 끄지 말 것
④ 엔진 가동 중에 촉매나 배기가스 정화장치에 손대지 말 것
⑤ 촉매 변환기는 그 기능이 상실되면 교환할 것
⑥ 무부하 급가속을 하지 말 것

[甲] 전기 회로 내에 끊어진 곳 없이 전류가 계속 흐르는 회로로, 닫힌회로라고도 한다. ≠ 개회로(open circuit)

Section별 **OX** 문제

01. 자동차로부터 배출되는 유해가스는 블로바이 가스, 연료증발 가스, 배기가스 이렇게 3가지로 나눌 수 있다. ☐ O ☐ ×

02. 자동차에서 배출되는 유해가스의 성분 중 사람에게 가장 치명적인 요소는 질소산화물이며 산소 부족으로 인한 어지럼증, 구토, 심한 경우 사망에 이르게 한다. ☐ O ☐ ×

03. 이론공연비 부근에서 가장 많이 발생되는 유해물질은 질소산화물이다. ☐ O ☐ ×

04. 블로바이가스의 주 성분은 탄화수소이다. ☐ O ☐ ×

05. 연료증발 가스를 제어하기 위한 구성요소로 차콜 캐니스터, 삼방향 체크밸브, 퍼지 컨트롤솔레노이드 밸브 등이 활용된다. ☐ O ☐ ×

06. 배기가스 재순환 장치는 배기가스 중에 CO를 줄이기 위한 장치이다. ☐ O ☐ ×

07. 촉매변환기는 배기가스 중에 포함된 유해물질인 CO, HC, NOx 모두를 정화시켜 주는 기능을 한다. ☐ O ☐ ×

08. 촉매변환기는 냉간 시에도 우수한 정화율을 보이는 장점을 가지고 있으나 귀금속 재료를 사용하여 고가이다. ☐ O ☐ ×

09. 공기과잉률이 "1" 부근에서 촉매변환기의 정화율이 가장 높게 나타난다. ☐ O ☐ ×

10. 탄화수소가 차량 외부로 방출되는 것을 줄이기 위해 PCV밸브, 차콜 캐니스터, PCSV, 2차 공기 공급장치 등이 활용된다. ☐ O ☐ ×

11. 연소되지 않은 연료가 촉매 변환기에 누적되어 있다가 한꺼번에 폭발했을 때 고가의 촉매 변환기에 심각한 손상을 줄 수 있다. ☐ O ☐ ×

정답 및 해설

02. 자동차에서 배출되는 유해가스의 성분 중 사람에게 가장 치명적인 요소는 일산화탄소이며 산소 부족으로 인한 어지럼증, 구토, 심한 경우 사망에 이르게 한다.

06. 배기가스 재순환 장치는 배기가스 중에 NOx을 줄이기 위한 장치이다.

08. 촉매변환기는 320℃ 이상에서 우수한 정화율을 보이고 귀금속 재료를 사용하여 고가이다.

정답

01.O 02.× 03.O 04.O
05.O 06.× 07.O 08.×
09.O 10.O 11.O

단원평가문제

01 자동차의 배기가스 중 유해가스가 아닌 것은?

① 일산화탄소　② 이산화탄소
③ 탄화수소　　④ 질소산화물

02 피스톤과 실린더 사이에서 크랭크 케이스로 누출되는 가스를 블로바이 가스라고 한다. 이 가스의 주성분은 무엇인가?

① 일산화탄소
② 이산화탄소
③ 탄화수소
④ 질소산화물

03 MPI 연료 분사 방식 차량에서 촉매 변환 장치의 정화율이 가장 높은 공연비는?

① 8 : 1　　　② 10 : 1
③ 14.7 : 1　④ 18 : 1

04 연소 후 배출되는 유해가스 중 삼원촉매 장치에서 정화되는 것이 아닌 것은?

① CO　　　　② NOx
③ HC　　　　④ CO_2

05 삼원촉매 장치에 사용되는 반응 물질이 아닌 것은?

① Pt(백금)
② Rh(로듐)
③ Pd(팔라듐)
④ Al_2O_3(알루미나)

06 가솔린 기관의 조작불량으로 불완전 연소를 했을 때 배기가스 중 인체에 가장 해로운 것은?

① NOx 가스　② H_2 가스
③ SO_2 가스　④ CO 가스

07 배기가스 재순환 장치는 어느 가스의 발생을 억제하기 위한 장치인가?

① CO　　　　② HC
③ NOx　　　④ CO_2

08 차콜 캐니스터는 무엇을 제어하기 위해 설치하는가?

① CO　　　　② HC
③ NOx　　　④ CO_2

09 자동차의 배출가스 중 가장 많이 차지하는 가스는 무엇인가?

① 배기가스　　② 블로바이 가스
③ 블로다운 가스 ④ 연료증발가스

10 자동차 배출가스의 유해성에 대한 설명으로 맞는 것은?

① HC는 인체에 산소 부족으로 두통, 현기증, 구토 등의 중독증상을 일으킨다.
② NOx는 호흡기 장애, 광화학 스모그 및 산성비의 원인이 된다.
③ CO는 냄새가 자극적이며 염증을 일으켜 세균의 2차 감염에도 영향을 준다.
④ SO_2는 눈을 자극시키고 심한 경우 암을 유발한다.

11 연료탱크에서 발생한 증발 가스를 흡수 저장하는 증발가스 제어 장치를 무엇이라 하는가?

① 캐니스터
② 서지탱크
③ 카탈리틱 컨버터
④ 챔버

12 블로바이 가스는 어떤 밸브를 통해 흡기 다기관으로 유입되는가?

① EGR 밸브
② PCSV
③ 서모밸브
④ PCV 밸브

13 다음 중 NOx가 가장 많이 배출되는 시기는 언제인가?

① 농후한 혼합비일 때
② 감속할 때
③ 고온에서 연소할 때
④ 저온에서 연소할 때

14 이론 혼합비보다 농후할 때 배출되는 가스의 설명으로 맞는 것은?

① NOx, CO, HC 모두 증가한다.
② NOx는 증가하고 CO, HC는 감소한다.
③ NOx, CO, HC 모두 감소한다.
④ NOx는 감소하고 CO, HC는 증가한다.

15 다음은 배기가스 재순환(E.G.R)의 설명이다. 해당되지 않는 것은?

① E.G.R 밸브 작동 중에는 엔진의 출력이 증가한다.

② E.G.R 밸브의 작동은 진공에 의해 작동한다.
③ E.G.R 밸브가 작동되면 일부 배기가스는 흡기관으로 유입된다.
④ 공전상태에서는 작동되지 않는다.

16 다음 중 EGR률을 구하는 공식은?

① $EGR률 = \dfrac{EGR가스량}{(배기가스량+흡입공기량)} \times 100$

② $EGR률 = \dfrac{EGR가스량}{(EGR가스량+흡입공기량)} \times 100$

③ $EGR률 = \dfrac{EGR가스량}{(EGR가스량+배기가스량)} \times 100$

④ $EGR률 = \dfrac{배기가스량}{(배기가스량+흡입공기량)} \times 100$

17 블로바이 가스를 환원시키는데 PCV (Positive Crankcase Ventilation) 밸브가 완전히 열리는 시기는 언제인가?

① 공회전 시
② 경부하 시
③ 중부하 시
④ 급가속 시

18 다음 장치 중에서 배출가스 제어 시스템이 아닌 것은?

① 캐니스터
② EGR 제어
③ 서지 탱크
④ 3원 촉매장치

19 연료탱크에서 증발되는 증발가스를 제어하는 퍼지 컨트롤 솔레노이드 밸브는 어느 때에 가장 많이 작동되는가?

① 시동 시
② 가속 시
③ 공회전 시
④ 감속 시

20 배출가스의 발생조건을 설명한 것 중 틀린 것은?

① 기관의 압축비가 낮은 편이 NOx의 발생농도가 적다.

② 냉각수의 온도가 높으면 NOx의 발생농도는 높고 HC의 발생농도는 낮다.

③ 점화시기가 빠르면 CO의 발생농도는 낮고 HC와 NOx의 발생농도는 높다.

④ 혼합비가 농후할수록 NOx의 발생이 증가하고 CO의 발생은 감소한다.

정답 및 해설

ANSWERS

01.②	02.③	03.③	04.④	05.④	06.④
07.③	08.②	09.①	10.②	11.①	12.④
13.③	14.④	15.①	16.②	17.①	18.③
19.②	20.④				

01. 선지 중에 직접 유해가스가 아닌 것은 이산화탄소이다. 하지만 장기적으로 보면 이산화탄소도 많이 배출되었을 때 지구온난화의 원인이 될 수 있다.

02. 압축행정 시 주로 발생되며 연료와 공기의 혼합기가 누출되므로 대부분의 성분은 탄화수소이다.

03. 촉매 변환 장치는 이론적 공연비 부근에서 CO, HC, NOx 모두 정화율이 높게 나타난다.

04. 이산화탄소는 정화대상이 아니다.

05. 알루미나는 내부 뼈대를 구성하는 요소이다.

06. 단 기간에 사람에게 치명적인 문제를 발생시키는 것은 일산화탄소이다.

07. 배기가스 재순환 장치는 배기가스 중의 일부를 연소실 쪽으로 재순환하여 연소 온도를 낮추어 NOx의 배출량을 줄일 수 있다.

08. 연료증발가스 제어장치로 증발된 연료를 활성탄을 이용해 포집하는 장치이므로 HC를 제어하기 위해 설치된다.

09. 자동차의 배출가스는 배기관의 배기가스 약 60%, 크랭크케이스의 블로바이 가스 약 20%, 연료 증발가스 약 20%정도로 구성된다.

10. ① CO에 대한 설명이다.

③ SO₂에 대한 설명이다.

④ HC에 대한 설명이다.

11. 8번 문제와 연계하여 학습하면 된다.

12. PCV(Positive Crankcase Ventilation) 밸브는 크랭크케이스의 환기에 도움이 되는 밸브로 주로 실린더 헤드 커버에 설치된다.

13. NOx는 이론적 공연비 보다 약간 희박한 상태의 높은 온도에서 많이 발생된다. (P.110 공연비와 배기가스의 관계 그래프 참조)

14. 공연비와 배기가스의 관계 그래프에서 이론적 공연비 기준으로 농후 쪽으로 갈수록 각 유해물질의 증·감량을 확인하면 된다.

15. EGR 장치는 배기가스 중의 일부를 연소실로 유입시킨다. 이는 연소실 내 산소가 부족한 상황을 발생시키고 연비와 출력이 떨어지는 원인이 된다. 또한 배기가스 중의 카본 퇴적으로 인해 시스템의 성능저하를 발생시킨다.

16. 예) EGR률 20이란 흡입공기량 80에 EGR가스량 20을 의미한다.

17. 서지탱크의 진공도가 가장 높을 때(압력이 가장 낮을 때) 체크밸브 역할을 하는 PCV밸브 열림량이 최대가 된다.

18. 서지 탱크는 흡입 행정에 의한 흡기 간섭이 완화될 수 있도록 공기를 일시 저장하는 공간을 뜻한다.

19. PCSV는 엔진 워밍업 이후 연료의 공급량이 가장 많이 필요한 순간에 최대로 작동된다.

20.

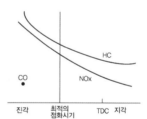

점화시기와 HC, NOx 배출 특성

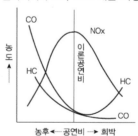

공연비와 유해가스 배출 특성

SECTION 07 **LPG**(Liquefied Petroleum Gas-액화석유가스) **연료장치**

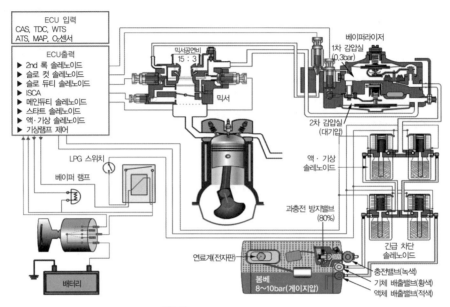

그림 LPG 연료 장치의 구성

1 연료공급순서

봄베甲 → 액·기상 송출 밸브 → 긴급차단 전자밸브 → 액·기상 전자밸브 → (프리히터-과거) → 감압 기화장치(베이퍼라이저) → 가스 혼합기(믹서) → 연소실

2 연료의 특성

① 상온에서 가스 상태의 석유계 또는 천연가스 계의 HC에 압력을 가해 액화한 연료.

② 냉각이나 가압에 의해 쉽게 액화되고 가열이나 감압하면 기화되는 성질을 이용하여 연료 공급

③ 액체 상태의 비중은 0.5정도이고 기체 상태에서의 비중은 1.5~2.0 정도 되어 공기보다 무겁다.

④ 부탄과 프로판이 주성분이며 부탄의 함유량이 높으면 연비가 좋아지고 프로판의 함유량이 높으면 겨울철 시동성이 좋아진다. → 기화 한계 온도 (프로판 : −42.1℃ / 부탄 : − 0.5℃)

⑤ 옥탄가가 높아 노킹 발생이 적다.(옥탄가 가솔린 91~94, LPG 100~120)

⑥ 높은 연소 온도 때문에 카본의 발생이 적고 연료가 저렴하여 경제적이다.

甲 압축가스를 속에 넣고 저장·운반 등에 사용하는 강제의 고압용기(연료펌프가 필요 없고 자체압력으로 연료 공급)

3 장치의 구성

① **봄베** : LPG 저장 탱크이며, 유지 압력은 8~10kg$_f$/㎠이다.

② **긴급차단 · 액기상 솔레노이드 밸브** : 시동 스위치 및 LPG 공급 스위치, ECU 제어의 영향을 받는다.

③ **과류 방지 밸브** : 연료 파이프가 손상되었을 때 작동하는 밸브로 액상 방출 밸브에만 존재한다.

④ **안전 밸브** : 봄베가 폭발 위험(24bar 이상 작동, 18bar 이하 닫힘)에 있을 때 강제로 LPG를 대기로 방출한다. 충전 밸브에 설치된다.

⑤ **베이퍼라이저** : LPG를 감압, 기화시키는 장치이다.

⑥ **가스 혼합기(믹서)** : 베이퍼라이저에서 기화된 LPG를 공기와 혼합하여 공급하는 장치다.

4 LPG 기관의 특징

① 배기가스 중에 CO 함유량이 적고, 장시간 정지 시 및 한랭 시 기동이 어렵다.

② 휘발유에 비해 쉽게 기화되어 연소가 균일하여 작동 소음이 적다.

③ 봄베로 인해 중량이 높아지고 트렁크 공간의 활용성이 떨어지며 가속성이 가솔린 차량보다 못하다.

5 피드백 믹서(전자제어 믹서) 방식

배전기 내의 옵티컬 방식의 크랭크각 센서, 1번 상사점 센서의 신호를 기초로 엔진의 회전속도를 검출하고 액 · 기상 전자(솔레노이드) 밸브도 ECU가 제어하게 된다.

(1) 입력신호

– 크랭크각 센서, MAP 센서, TPS, ATS, WTS, O$_2$센서

(2) 출력장치

① **액 · 기상 솔레노이드 밸브** : 15℃ 정도의 온도보다 낮을 때는 기체의 연료를, 높을 때는 액상의 연료를 공급하기 위해 ECU가 제어하는 솔레노이드 밸브이다.

② **메인 듀티 솔레노이드 밸브** : 연료의 메인 분사량을 제어하기 위해 ECU의 제어를 받는다.

③ **슬로 듀티 솔레노이드 밸브** : 믹서에 설치되어 베이퍼라이저 1차실 압력을 저속 라인으로 공급해 준다.

④ **슬로 컷 솔레노이드 밸브** : 베이퍼라이저에서 설치되어 1차실의 LPG를 저속 라인으로 공급해주는 밸브를 개폐한다.

⑤ **2차 록 솔레노이드 밸브** : 베이퍼라이저 2차실로 내려가는 연료를 잠그는 기능을 수행한다.

⑥ **스타트 솔레노이드 밸브** : 시동 시 농후한 공연비를 위해 추가로 연료를 공급한다.

⑦ **공전 속도 조절 액추에이터(ISCA)** : 공전 시 들어가는 공기량을 제어한다.

2. 엔진

119

6 LPI(Liquid Petroleum Injection, LPG 액상 연료분사 장치) 연료장치

봄베의 압력에 의존한 기계식 LPG 연료 방식과는 달리 연료 탱크 내에 연료 펌프를 설치하여, 연료 펌프(BLDC甲)에 의해 고압(5~15bar)으로 송출되는 액상 연료를 인젝터로 분사하여 엔진을 구동하는 구조로 되어 있다. 액상의 연료를 분사하므로, 믹서 형식 LPG 엔진의 구성품인 베이퍼라이저, 믹서 등의 구성 부품은 필요 없다. 새롭게 적용되는 구성품은 고압 인젝터, 봄베 내장형 연료 펌프, 특수 재질의 연료 공급 파이프, LPI 전용 ECU, 연료 압력을 조절해주는 레귤레이터 등이 있다.

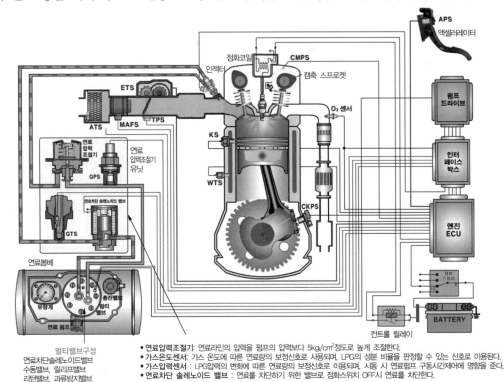

- **연료압력조절기**: 연료라인의 압력을 펌프의 압력보다 5kg/cm²정도로 높게 조절한다.
- **가스온도센서**: 가스 온도에 따른 연료량의 보정신호로 사용되며, LPG의 성분 비율을 판정할 수 있는 신호로 이용된다.
- **가스압력센서** : LPG압력의 변화에 따른 연료량의 보정신호로 이용되며, 시동 시 연료펌프 구동시간제어에 영향을 준다.
- **연료차단 솔레노이드 밸브** : 연료를 차단하기 위한 밸브로 점화스위치 OFF시 연료를 차단한다.

그림 LPI 연료 장치의 구성

(1) LPG 액상 연료분사 장치(LPI)의 특징

① 겨울철 시동성 향상 및 연비 개선
② 정밀한 연료 제어로 환경규제 대응에 유리하고 배출가스 저감
③ LPG 연료의 고압 액상 인젝터 분사 시스템으로 타르乙 생성 및 역화 발생 문제 개선
④ 가솔린 엔진과 동등 수준의 뛰어난 동력 성능 발휘

甲 Brush Less DC 모터 사용
乙 유기물의 열분해에 의해서 생기는 흑색 또는 갈색의 점조성 기름상 역청 물질의 총칭

01. LPG 연료장치에서 연료공급 순서는 봄베 → 전자밸브 → 혼합기 → 감압기화 장치 → 연소실 순이다.　　□ ○ □ ×

02. LPG는 액체 상태에서 비중은 1보다 크고 기체 상태에서 비중은 1보다 작다.　　□ ○ □ ×

03. 겨울철 LPG의 기화한계 온도를 낮추기 위해 부탄의 함유량을 늘린다.　　□ ○ □ ×

04. LPG는 휘발유보다 옥탄가가 높아 노킹 발생이 적다.　　□ ○ □ ×

05. 안전밸브는 봄베가 폭발 위험에 있을 때 LPG를 대기 중으로 방출하는 역할을 한다.　　□ ○ □ ×

06. LPG엔진은 배기가스 중에 CO 함유량이 적고 매연이 거의 없어 위생적이다.　　□ ○ □ ×

07. 가솔린에 비해 쉽게 기화하므로 연소가 균일하여 작동소음이 적다.　　□ ○ □ ×

08. LPI엔진은 대용량 봄베에 더 많은 가스를 충전할 수 있어 높은 압력 상태의 LPG를 액상의 상태로 인젝터에 공급할 수 있게 되었다.　　□ ○ □ ×

09. 액상연료분사장치인 LPI는 기존 LPG엔진보다 시동성, 연비, 출력 등이 대폭 개선되었다.　　□ ○ □ ×

10. 연료압력조절기 유닛의 구성요소로 연료차단솔레노이드 밸브, 수동 밸브, 릴리프 밸브, 리턴밸브, 과류방지밸브 등이 있다.　　□ ○ □ ×

정답 및 해설

01. LPG 연료장치에서 연료공급 순서는 봄베 → 전자밸브 → 감압기화 장치 → 혼합기 → 연소실 순이다.

02. LPG는 액체 상태에서 비중은 1보다 작고 기체 상태에서 비중은 1보다 크다.

03. 겨울철 LPG의 기화한계 온도를 낮추기 위해 프로판의 함유량을 늘린다.

08. LPI엔진은 고압펌프를 이용하여 높은 압력 상태의 LPG를 액상의 상태로 인젝터에 공급할 수 있게 되었다.

10. 멀티밸브의 구성요소로 연료차단솔레노이드 밸브, 수동 밸브, 릴리프 밸브, 리턴밸브, 과류방지밸브 등이 있다.

정답

01.× 02.× 03.× 04.○
05.○ 06.○ 07.○ 08.×
09.○ 10.×

2. 엔진

단원평가문제

01 LPG 연료의 특성으로 맞지 않는 것은?

① 무색, 무취, 무미이다.
② 기체일 때의 비중은 1.5~2 이다.
③ 옥탄가는 100~120 정도이다.
④ LPG 연료는 프로판 가스 100%로 구성
　되어 있다.

02 다음 중 LPG 기관의 장점이 아닌 것은?

① 혼합기가 가스 상태로 CO(일산화탄소)
　의 배출량이 적다.
② 블로바이에 의한 오일 희석이 적다.
③ 옥탄가가 높고 연소속도가 가솔린보다
　느려 노킹 발생이 적다.
④ 용적 효율이 증대되고 출력이 가솔린
　엔진보다 높다.

03 LPG 기관에서 액체를 기체로 변화시켜
　주는 장치로 가장 적당한 것은?

① 솔레노이드 스위치
② 베이퍼라이저
③ 봄베
④ 프리히터

04 LPG 차량에서 LPG를 충전하기 위한 고
　압 용기는?

① 봄베
② 슬로 컷 솔레노이드
③ 베이퍼라이저
④ 연료 유니온

05 LPI 엔진의 연료압력조절기 유닛의 구성
　요소로 틀린 것은?

① 가스온도센서
② 가스압력센서
③ 연료차단 솔레노이드밸브
④ 아이싱 팁

06 LPG 저장 용기에 설치되어 있지 않은 부
　품은?

① 연료 게이지
② 안전밸브
③ 연료 출구 밸브
④ 액체 및 기체 절환 솔레노이드

07 LPG 연료에 대한 설명으로 틀린 것은?

① 기체 상태는 공기보다 무겁다.
② 저장은 가스 상태로만 한다.
③ 연료 충전은 탱크 용량의 약 85% 정도
　로 한다.
④ 주변온도 변화에 따라 봄베의 압력변화
　가 나타난다.

08 LPG 기관에서 연료공급 경로로 맞는 것
　은?

① 봄베 → 액·기상 전자밸브 → 베이퍼라
　이저 → 믹서
② 봄베 → 베이퍼라이저 → 액·기상 전자
　밸브 → 믹서
③ 봄베 → 베이퍼라이저 → 믹서 → 액·기
　상 전자밸브
④ 봄베 → 믹서 → 액·기상 전자밸브 →
　베이퍼라이저

09 LPI 엔진에서 연료의 부탄과 프로판의 조성비를 판단하는 입력요소로 맞는 것은?

① 크랭크각 센서, 캠각 센서
② 연료온도 센서, 연료압력 센서
③ 공기유량 센서, 흡기온도 센서
④ 산소 센서, 냉각수온 센서

10 LPI 엔진의 특성과 거리가 먼 것은?

① 겨울철 시동성이 향상되고 연료소비율이 낮아진다.
② ECU에 의한 정밀한 연료제어로 출력이 향상되고 배출가스 중 유해물질이 줄어든다.
③ 고압펌프를 따로 설치하여 기체상태의 연료를 인젝터까지 바로 공급할 수 있다.
④ 멀티밸브의 구성 요소로 연료차단솔레노이드, 수동밸브, 리턴밸브 등이 있다.

11 LPG 자동차의 장점 중 맞지 않는 것은?

① 연료비가 경제적이다.
② 가솔린 차량에 비해 출력이 높다.
③ 연소실 내의 카본 생성이 낮다.
④ 점화플러그의 수명이 길다.

12 사전공기 혼합(믹서)방식 LPG기관의 장점으로 틀린 것은?

① 점화플러그의 수명이 연장된다.
② 연료펌프가 불필요하다.
③ 증기폐쇄 현상이 없다.
④ 가솔린에 비해 냉시동성이 좋다.

13 LPG기관에서 냉각수 온도 스위치의 신호에 의하여 기체 또는 액체 연료를 차단하거나 공급하는 역할을 하는 것은?

① 과류방지밸브
② 유동밸브
③ 안전밸브
④ 액·기상 솔레노이드 밸브

14 LPG기관 피드백 믹서 장치에서 ECU의 출력신호에 해당하는 것은?

① 산소센서
② 파워스티어링 스위치
③ 맵 센서
④ 메인 듀티 솔레노이드

15 LPI 기관에서 LPG 압력의 변화에 따른 연료량의 보정 신호로 이용되며 연료펌프 구동 시간제어에 영향을 주는 입력신호는?

① 연료압력조절기
② 가스온도센서
③ 릴리프밸브
④ 가스압력센서

16 LPG(Liquefied Petroleum Gas) 기관 중 피드백 믹서방식의 특징이 아닌 것은?

① 연료 분사펌프가 있다.
② 대기오염이 적다.
③ 연료 구매 시 경제성이 좋다.
④ 엔진오일의 수명이 길다.

17 LPG기관의 연료장치에서 냉각수의 온도가 낮을 때 시동을 좋게 하기 위해 작동되는 밸브는?

① 기상밸브 　　② 액상밸브

③ 안전밸브 　　④ 과류방지밸브

18 자동차용 LPG 연료의 특성을 잘못 설명한 것은?

① 옥탄가가 높아서 엔진의 운전이 정숙하다.

② 높은 압력에서 사용되는 연료로 액화상태에서 연소실에 공급하기 용이하다.

③ 대기오염이 적어 친환경적이고 연료비가 저렴하여 경제적이다.

④ 연소 시 질소산화물의 생성이 휘발유보다 다소 높다.

19 LP 가스 용기 내의 압력을 일정하게 유지시켜 폭발 등의 위험을 방지하는 역할을 하는 것은?

① 안전밸브

② 과류방지밸브

③ 긴급 차단 밸브

④ 과충전 방지 밸브

20 LPG 사용 차량의 점화 시기는 가솔린 사용 차량에 비해 어떻게 해야 되는가?

① 다소 늦게 한다.

② 빠르게 한다.

③ 시동 시 빠르게 하고 시동 후에는 늦춘다.

④ 점화 시기는 상관없다.

정답 및 해설

ANSWERS

01.④	02.④	03.②	04.①	05.④	06.④
07.②	08.①	09.②	10.③	11.②	12.④
13.④	14.④	15.④	16.①	17.①	18.②
19.①	20.②				

01. LPG는 부탄(뷰테인), 프로판(프로페인) 등으로 구성이 된다.

02. ④ 용적(체적)효율은 흡입 공기의 저항과 온도가 낮을 때 높아지게 된다. LPG 엔진은 믹서의 벤튜리 부분 때문에 공기 저항이 크고 베이퍼라이저에서 감압기화 된 상태의 연료가 연소실에 공급되므로 증발 잠열에 의한 온도 저감 효과도 적다.

03. 액체를 기체로 바꾸어주기 위해 압력을 낮춰주면 된다. LPG의 압력을 낮춰주기 위한 장치가 베이퍼라이저(감압·기화 장치)이다.

04. 봄베에는 8~10bar 정도의 압력으로 LPG가 저장되어 있으며 연료계, 충전밸브, 액·기체 배출밸브 등으로 구성된다.

05. 아이싱 팁은 연료가 얼어서 덩어리가 되는 것을 방지하기 위해 LPI인젝터에 설치된다.

06. 안전밸브는 충전밸브 내에 설치되고 연료출구 밸브는 액·기체 배출밸브를 뜻한다. 액·기체 절환 솔레노이드 밸브는 탱크 외부에 위치하게 된다.

07. 봄베에 LPG는 액체와 기체 상태로 저장된다.

08. LPG 시스템의 연료공급 순서는 봄베→(액·기체 배출밸브)→(여과기)→(긴급차단 전자밸브)→액·기상 전자밸브→(프리히터)→베이퍼라이저→믹서 순이다.

09. LPG 내 부탄과 프로판의 성분비는 온도와 압력에 따라 가늠할 수 있다.
21℃기준 증기 압력(kPa)
부탄(C_4H_{10}) : 215.1, 프로판(C_3H_8) : 858.7

10. LPI 연료 공급 장치에서 봄베에 고압펌프를 설치한 이유는 높은 압력으로 흡기 밸브 앞 인젝터까지 액체상태의 연료를 공급하기 위함이다.

11. LPG엔진은 휘발유 엔진에 비해 체적효율이 낮기 때문에 출력이 부족하다.

12. LPG 공급 라인의 증발 잠열로 인해 동결되기 쉬워 겨울철 시동이 곤란하게 된다.

13. 일반적으로 15℃ 부근의 온도보다 낮을 때는 기체의 연료(증발 잠열을 줄여 냉시동성 향상)를 높을 때는 액체의 연료(연료의 체적효율 증대)를 공급한다.

14. 출력신호에 해당되는 것은 경고등, 모터, 전자(솔레노이드)밸브 등이다.
참고로 입력신호되는 에 해당것은 센서, 스위치 등이다.

15. • **가스온도센서** : 분사시기 및 분사량을 계산하기 위한 신호로 사용된다.
    • **가스압력센서** : 분사량을 계산하기 위한 신호로 사용되며 연료펌프 구동시간 제어에 영향을 준다.

16. ① LPG 엔진은 봄베의 압력으로 연료를 공급한다.
    ④ 블로바이 가스의 양이 가솔린 기관에 비해 상대적으로 적고(연료의 체적효율 저하) 연소실 내 카본발생이 적어 엔진오일 오염도가 크지 않다.

17. 저온 시 기상밸브의 활성화로 증발 잠열로 인한 연료라인 동결을 막을 수 있다.

18. ② 액화상태의 연료를 연소실에 공급하기 위해서는 별도의 연료펌프가 필요하다.
    ④ 질소산화물은 엔진의 형식이나 차량의 배기량 및 차체 중량에 따라 가솔린 엔진이 높게 나오는 경우도 있으나 과거의 2002년 이전의 제작차량의 경우 LPG엔진에서 연소 시 질소산화물이 높게 나오는 경향을 가진다. 최근 국립환경과학원의 연구결과에 따르면 LPG 차량의 NOx 배출량이 가솔린 차량보다 적게 나오는 결과가 도출되었다. ④번 선지의 내용이 출제될 경우 해석에 따라 결과가 달라 질 수 있으므로 다른 선지의 내용부터 파악해 답을 선택해야 한다. 시험 내용의 이의 제기는 나중 문제이다.

19. 안전밸브는 충전 밸브 내에 설치되며 봄베의 압력이 과도하게 높아 졌을 때 작동되어 대기 중으로 LPG를 방출한다. 봄베를 폭발 시키는 것보다 대기로 LPG를 방출하는 것이 안전하다.

20. 희박연소로 인해 완전 연소하는데 보다 시간이 소요되므로 점화시기를 빠르게 가져간다.
    또한 옥탄가가 높은 관계로 점화시기를 다소 빠르게 하여도 조기점화에 의한 노킹발생이 덜하다.

SECTION 08 디젤 엔진의 연료장치

1 디젤 엔진 일반

(1) 특징

- **압축비** : 15~22 : 1 (자기착화^甲 방식)
- **압축 압력** : 30~45 kg_f/cm^2, **압축 온도** : 500~550℃

(2) 장 · 단점

장 점	단 점
· 가솔린 엔진보다 열효율이 높다. · 가솔린 엔진보다 연료 소비량이 적다. · 인화점이 높아 화재의 위험이 적다. · 배기가스에 CO, HC 양이 적다.	· 마력당 중량이 무겁다. · 평균유효압력^乙 및 회전속도가 낮다. · 운전 중 진동 소음이 크다. · 기동 전동기의 출력^丙이 커야 한다.

2 디젤 연료 Diesel fuel

(1) 디젤 연료인 경유가 갖추어야 할 구비조건

① 적당한 점도를 가지고 점도지수는 높아야 한다.
② 내폭성 및 내한성^丁이 클 것.
③ 고형미립물^戊이나 협잡물^ㄹ을 함유하지 않을 것.
④ 인화점이 높고 착화점(발화점)이 낮을 것.
⑤ 발열량이 클 것.

(2) 착화 지연을 방지하기 위한 촉진제

- 질산에틸, 과산화테드탈렌, 아질산아밀, 초산아밀 등이 있다.

연료의 착화성은 연소실 내의 분사된 연료가 착화할 때까지의 시간으로 표시하며
착화성을 나타내는 수치로 세탄가를 사용한다.

$$※ \text{세탄가} = \frac{\text{세탄}}{(\text{세탄}+\alpha \cdot \text{메틸나프탈렌})} \times 100$$

甲 디젤 기관과 같이 연료와 공기의 혼합기가 고온, 고압에서 자연스럽게 착화하는 현상
乙 폭발 행정에서 연소가스의 압력이 피스톤에 작용하여 피스톤에 행한 일(균일한 압력 기준)
　• **평균유효압력** = 일 / 행정체적 → 일에 비례, 배기량에 반비례. 즉, 배기량이 작으면서 많은 일을 하면 높다.
　• **제동평균유효압력**(4행정 승용 기준 : 단위 bar) → 오토기관 7~12, 디젤기관 5~7.5로 디젤기관이 낮다.
丙 시동 작업할 때 높은 압축압력이 요구되므로 기동전동기의 출력도 높아야 한다.
丁 추위를 잘 견디어내는 성질
戊 고체 상태의 매우 작은 알갱이
ㄹ 이물질이 혼입되어 있는 것. 오염물은 유해한 것이 들어 있는 데 반해, 협잡물의 경우는 유해하지 않은 경우가 많다.

3 디젤 연소 과정의 4단계

(1) 착화 지연기간(연소 준비기간)

연료가 실린더 내에서 분사시작에서부터 자연발화가 일어나기까지의 기간(A~B)으로 통상 $\frac{1}{1000} \sim \frac{4}{1000}$초를 두며 이 착화 지연기간이 길어지면 노크가 발생한다.

1) 착화 지연의 원인

① 연료의 착화성이 좋지 못할 때
   및 공기의 와류발생이 원활하지 못할 때
② 실린더 내의 압력·온도가 낮을 때
③ 연료의 미립 및 분사상태가 불량할 때

2) 착화 지연기간이 짧아지는 경우

① 압축비가 높은 경우
② 분사시기를 상사점 근방에 두는 경우
③ 연료의 무화甲가 잘되는 경우
④ 흡기 온도가 상승하는 경우
⑤ 와류가 커지는 경우

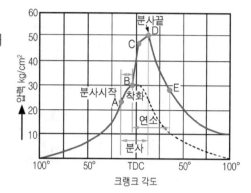

그림 디젤 연료의 연소 과정(수인선도)

(2) 화염 전파기간(폭발·정적·급격 연소기간)

연료가 착화되어 폭발적으로 연소하는 기간(B~C)으로 회전각(시간)대비 압력 상승비율이 가장 큰 연소 구간이다. 또한 실린더 내의 압력이 급상승하는 기간이다.

(3) 직접 연소기간(제어·정압 연소기간)

분사된 연료가 분사와 동시에 연소하는 기간(C~D)으로 실린더내의 연소 압력이 최대로 발생하는 구간이다.

(4) 후기 연소기간(무기 연소기간)

직접 연소기간 중에 미 연소된 연료가 연소되는 기간(D~E)이며, 팽창행정 중에 발생하는 것으로 후기 연소기간이 길어지면 연료소비율이 커지고 배기가스의 온도가 높아진다.
특히 연소과정의 4단계 중 가장 연소기간이 길다.

甲 액체를 미세화하여 안개 모양으로 분사하는 것.

4 디젤 연료장치 Diesel fuel system

연료장치는 압축된 공기 속에 기관의 부하 상태에 따라 알맞은 압력의 연료를 각 실린더에 분사시키는 장치를 말하며, 형식에는 연소실에 압축된 공기의 압력보다 높은 공기의 압력을 이용하여 연료를 분사시키는 유기 분사식(현재 사용 안함)과 연료에 압력을 가하여 자체 압력으로 연료가 분사되는 무기 분사식(현재 사용)으로 분류한다.

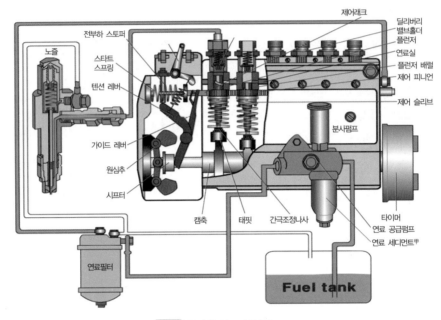

그림 독립식 연료 분사펌프

(1) 연료 공급 순서

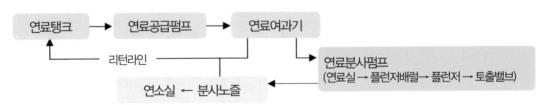

(2) 연료 공급 펌프 Fuel primer pump

디젤기관의 보쉬형 연료장치에서 연료 공급펌프는 캠축乙 회전에 의해 구동되어 분사 펌프까지 연료를 공급하는 역할을 하며 공기빼기 작업丙을 하기 위한 프라이밍 펌프丁를 둔다. 펌프 내부의 플런저 피스톤이 마모되면 공급펌프의 송출압력($2 \sim 3 \mathrm{kg_f/cm^2}$)이 저하된다.

甲 액체 속의 불순물을 비중의 차이에 의해 분리시키는 장치를 말한다.
乙 크랭크축과 타이밍 기어 형식으로 연결되어 동력을 전달 받게 된다.
　4행정 사이클 : 크랭크축 2회전 당 캠축 1회전, 2행정 사이클 : 크랭크축 1회전 당 캠축 1회전
丙 디젤엔진에서 연료라인에 공기가 유입되면 시동성이 불량해진다. 이를 정비하기 위해 연료 공급되는 순서에 맞춰 공기빼기작업을 한다.
丁 엔진정지 시 수동으로 공기빼기 작업을 하는 장치이다.

(3) 연료 여과기 Fuel filter

연료 여과기[甲]는 공급 펌프와 분사 펌프 사이에 설치되어 연료 속에 포함되어 있는 불순물을 여과하여 분사 펌프에 공급하는 역할을 한다(여과성능 0.01mm 이상). 내부의 오버플로 밸브는 연료 여과기 내의 압력이 규정보다 $1.5kg_f/cm^2$이상 높아지면 오버플로 밸브 스프링이 압착되어 과잉 연료가 리턴라인을 통해 연료 탱크로 돌아가게 해준다.

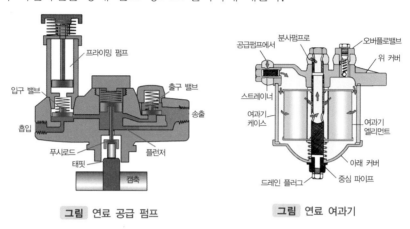

그림 연료 공급 펌프   **그림** 연료 여과기

공기빼기 순서 : 연료 공급 펌프 → 연료 여과기 → 분사 펌프
분사 펌프에서 공기를 제거하는 이유는 분사노즐에 많은 연료를 보내기 위함이다.

(4) 연료 분사 펌프 Fuel injection pump

공급 받은 연료를 고압으로 압축하여 분사 순서에 따라서 각 실린더의 분사 노즐로 압송하는 펌프이다. 연료 분사 펌프에는 각 실린더 수에 해당하는 <u>독립적인 펌프 엘리먼트[乙]</u>, 연료 공급 펌프, 조속기[丙], 타이머[丁]등이 설치되어 있다.

참고 디젤 기관의 3가지 연료 공급 방식 : 독립식(대형 엔진), 분배식, 공동식(커먼레일식).
이 교재에서는 여러 가지 구성요소를 학습할 수 있는 독립식 분사 펌프를 기준으로 설명한다.

1) 연료 분사 펌프 작동부

① 캠축

ⓐ 구성

· 연료 공급 펌프를 구동하기 위한 편심 캠
· 태핏을 통하여 플런저를 작동시키는 캠이
  분사 노즐의 수와 동일하게 설치

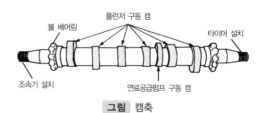

그림 캠축

甲 연료 여과장치 설치 개소 : 연료 탱크의 주입구, 연료 공급 펌프, 연료 여과기, 분사 펌프 입구, 노즐 홀더
乙 연소실의 수만큼 개별적인 펌프가 연료 분사 펌프의 기계요소로 구성되어진다.
丙 연료 분사량을 조절하는 장치
丁 연료 분사 시점을 조절하는 장치

· 양쪽에 볼베어링 또는 테이퍼 롤러 베어링에 의해서 지지
· 기관의 동력을 받는 쪽에는 연료 분사시기를 자동적으로 조절하는 타이머 설치 나사
· 연료 분사량을 자동적으로 조절하는 조속기를 설치하기 위한 나사

ⓑ 재질 : 탄소강, 니켈크롬강

② 태핏 Tappet

태핏은 캠축의 회전 운동을 직선 운동으로 바꾸어 플런저에 전달하는 것으로 연료의 분사 간격이 일정하지 않을 때 태핏 간극을 조정하기 위한 조정 스크루가 설치되어 있다.

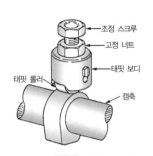

그림 캠축과 태핏

③ 펌프 엘리먼트 Pump element

분사노즐에 공급되는 높은 분사 압력을 만들기 위한 장치로 크랭크축의 동력에 의해 피동된 캠의 구동으로 작동된다. 분사 펌프 하우징에 고정(핀, 나사)되어 있는 플런저 배럴과 그 내부에서 상하 왕복 및 회전 운동으로 고압을 발생시키는 플런저로 구성된다. 플런저의 유효 행정을 크게 하면 연료 분사량(토출량)이 증가된다.

④ 플런저 리드의 종류와 분사시기와의 관계

ⓐ 정 리드형 Normal lead type : 분사개시 일정, 분사말기 변화되는 플런저이다.

ⓑ 역 리드형 Reverse lead type : 분사개시 변화, 분사말기 일정한 플런저이다.

ⓒ 양 리드형 Combination lead type : 분사개시, 분사말기 모두 변화되는 플런저이다.

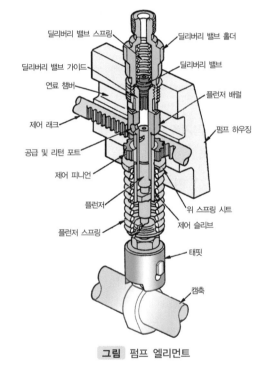

딜리버리 밸브 스프링
딜리버리 밸브 홀더
딜리버리 밸브 가이드
딜리버리 밸브
연료 챔버
플런저 배럴
제어 래크
펌프 하우징
공급 및 리턴 포트
제어 피니언
위 스프링 시트
플런저
제어 슬리브
플런저 스프링
태핏
캠축

그림 펌프 엘리먼트

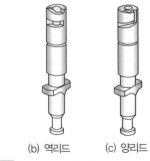

(a)정리드　　(b) 역리드　　(c) 양리드

그림 플런저 리드 형식

동영상

2) 분사량 조절기구(플런저 회전기구, 연료 제어기구)

가속 페달이나 조속기의 움직임을 플런저에 전달하는 기구.

- **작동 순서** : 제어 래크 → 제어 피니언 → 제어 슬리브 → 플런저 회전 순
- **분사량 조정** : 제어 피니언과 슬리브의 관계 위치를 바꿈

① 제어기구

ⓐ **제어 래크** : 가속페달이나 조속기에 의해 구동되며 제어 피니언을 좌우로 작동한다.

ⓑ **제어 피니언** : 제어 래크의 움직임을 제어 슬리브에 전달하는 역할을 한다.

ⓒ **제어 슬리브** : 피니언의 운동을 플런저에 전달하여 유효 행정甲을 변화시킨다.

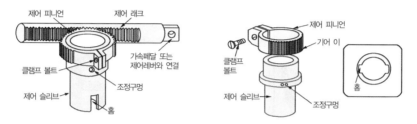

그림 연료분사량 조절기구

3) 토출 밸브 Delivery valve

고압의 연료를 분사 노즐로 송출시켜주며, 배럴 내의 압력이 낮아지면 닫혀 연료의 역류를 방지한다. 즉, 배럴 내의 압력이 일정 압력 이상이 되었을 때 분사관으로 연료를 송출하는 일종의 체크밸브이다. 밸브 내의 압력은 150kgf/㎠ 이상 올려야 하며, 작동 압력은 10kgf/㎠ 이상이다. 참고로 토출 밸브가 제대로 작동되지 않을 때 분사노즐에 후적乙이 발생된다.

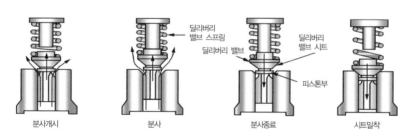

그림 토출 밸브의 작동 과정

甲 연료를 분사 노즐로 송출하는 행정으로서, 플런저 상단 면이 플런저 배럴의 연료 공급 구멍을 막은 다음부터 리드 홈이 연료 공급 구멍과 일치될 때까지의 행정이다.

乙 분사 노즐에서 연료 분사가 완료된 다음 노즐 팁에 연료 방울이 생겨 연소실에 떨어지는 것을 말한다. 후적이 생기면 배압이 발생되어 엔진의 출력이 저하되고 후기 연소 기간에 연소되는 관계로 엔진이 과열하는 원인이 된다.

(5) 조속기 Governor

엔진의 회전 속도나 부하 변동에 따라 자동적으로 제어 래크를 움직여 분사량을 가감하여 운전이 안정되게 한다. 최고 속도를 제어하기 위해 전속도 운전에서 연료량을 감소시키고 저속 운전을 안정화시키기 위해 부족한 연료량을 자동적으로 조절하여 제어 래크의 관성에 의한 부조 및 헌팅甲 현상을 막을 수 있다.

1) 조속기의 종류

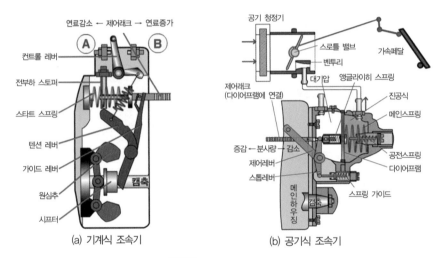

(a) 기계식 조속기   (b) 공기식 조속기

그림 조속기의 종류

2) 앵글라이히 장치 Angleichen device

제어 래크가 동일한 위치에 있어도 모든 범위에서 공기와 연료의 비율을 알맞게 유지하는 역할乙을 한다.

3) 디젤 엔진에서 분사량 부족 원인

① 분사 펌프의 플런저가 마모되었다.

② 토출(딜리버리)밸브 시트의 손상

③ 토출밸브 스프링의 약화

TIP

▶ 분사펌프 시험기
① 연료의 분사시기 측정 및 조정
② 연료 분사량 측정
③ 조속기 작동 시험과 조정

4) 분사량의 불균율 산출식 : ± 3% 이내

① (+) 불균율 $= \dfrac{\text{최대 분사량} - \text{평균 분사량}}{\text{평균 분사량}} \times 100$

② (−) 불균율 $= \dfrac{\text{평균 분사량} - \text{최소 분사량}}{\text{평균 분사량}} \times 100$

甲 Hunting : 엔진의 회전속도에 대한 변화에 대한 조속기의 작동이 부적절할 때 회전이 파상적으로 변동되는 현상으로 공회전이 불안정해지는 것을 뜻한다.

乙 "저속 세팅→고속에서 연료량多(매연) / 고속 세팅→공전 시 부조" 등의 단점을 보완하기 위해 사용

연습문제

디젤 기관의 분사량을 시험한 결과 아래와 같을 때 분사량을 조정해야 하는 실린더는?
(단, 불균율 ±3%)

실린더 번호	1	2	3	4
분 사 량	75	77	83	85

정답 **모두(1, 2, 3, 4)**

평균 분사량 $= \dfrac{75 + 77 + 83 + 85}{4} = 80$ $* \, 80 \times (\pm 0.03) = 77.6 \sim 82.4$

③ 속도 변동률[甲] $= \dfrac{\text{무부하 최고속도} - \text{전부하 최고속도}}{\text{전부하 최고속도}} \times 100$

(6) 분사시기 조정기(타이머 : Injection timer)

엔진의 부하, 회전 속도에 따라 연료 분사시기를 조절하고 보쉬형 연료 분사 펌프의 분사 시기는 펌프와 타이밍 기어의 커플링으로 조정하며, 보쉬형 연료장치의 분사 압력의 조정은 분사노즐 스프링 또는 노즐 홀더에서 한다.

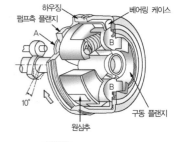

그림 분사시기 조정기

TIP

▶ **분사시기를 빠르게 하는 시기**
① 시동을 할 때
② 기관의 부하가 클 때
③ 기관의 회전수를 높일 때
④ 급격한 구배(언덕길)를 오를 때

(7) 분사 노즐 Injection nozzle

분사 노즐은 분사 펌프에서 보내준 고압의 연료를 미세한 안개 모양으로 연소실 내에 분사하는 장치이다.

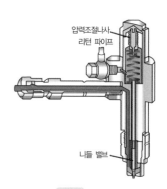

그림 분사 노즐

1) 연료 분무 형성의 3대 요건

① 관통력   ② 분산(분포)   ③ 무화[乙]

2) 분사 노즐의 구비 조건

① 분무가 연소실의 구석구석까지 뿌려지게 할 것
② 연료를 미세한 안개모양으로 하여 쉽게 착화되게 할 것
③ 연료의 분사 끝에서 완전히 차단하여 후적이 일어나지 않을 것

[甲] 높아지면 무 부하 회전수 상승, 낮을수록 조속기의 성능이 우수한 것임
[乙] 아주 작은 입자로 깨뜨리는 것을 말한다. 보통 연료의 무화(미세화)를 말하며, 안개 모양으로 분사되는 것을 일컫는다.

133

3) 분사 노즐의 과열 원인

① 과부하에서 연속적으로 운전할 때   ② 분사 시기가 틀릴 때

③ 분사량이 너무 과다할 때

4) 노즐 시험기에 의한 시험 과정

① 노즐시험 시 사용 경유는 그 비중이 0.82~0.84 정도가 좋다.

② 시험 시 경유의 온도는 20℃ 전후가 좋다.

③ 노즐의 시험 항목에는 분사개시압력, 분무상태, 후적 유무, 분사각도 등이 있다.

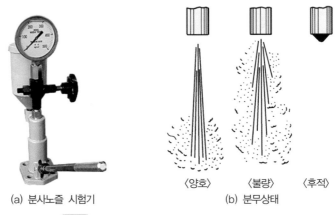

(a) 분사노즐 시험기   (b) 분무상태

그림 분사 노즐시험기 및 분무상태

④ 핀틀형, 구멍형 노즐은 노즐 시험기만으로 판단 가능하지만 스로틀형 노즐은 **스트로보스코프**[甲] Stroboscope를 병용하면 더욱 정확히 판단할 수 있다.

5) 노즐 안전에 관한 사항

① 시험 시 연료 분무기에 손이나 피부가 닿지 않도록 주의한다.

② 노즐에 붙은 카본은 나무 조각으로 털고 석유 또는 경유로 씻는다. 그리고 노즐니들 캡은 나일론 솔로 닦고, 노즐보디 바깥쪽은 가는 황동사 브러시로 닦아야 하며, 연마지, 연마 콤파운드 등으로 닦아서는 안 된다.

6) 분사 노즐의 분류와 특징

구 분	밀폐형(폐지형)				개방형 (사용안함)
	구 멍 형		핀틀형	스로틀형	
	단공식	다공식			
분사압력	150~300kgf/cm²		100~150kgf/cm²	100~140kgf/cm²	밸브 없이 항상 열려 있음.
분사각도	4~5도	90~120도	4~5도	45~65도	
분공직경	0.2~0.4mm		1mm	1mm	

[甲] 타이밍 라이트를 말하며, 주기적으로 섬광(閃光)이 발생하는 장치를 말한다.

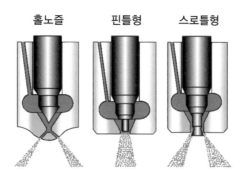

홀노즐　　　　핀틀형　　　　스로틀형

그림 분사 노즐의 종류

5 디젤 연소실 Diesel combustion chamber

디젤 기관은 가솔린 기관과 달리 압축된 공기와 분사된 연료가 균일하게 혼합되어 연소실 내에서 완전 연소시킬 수 있는 구조의 연소실을 갖추고 있어야 한다. 디젤 기관의 연소실은 다음과 같은 구비조건과 종류가 있다.

(1) 연소실의 구비조건

1) 고속회전 시 연소 상태가 좋을 것
2) 기동이 쉬우며 노킹을 일으키지 않는 형상일 것
3) 평균 유효 압력이 높으며, 연료소비량이 적을 것
4) 분사된 연료를 가능한 짧은 시간에 완전 연소시킬 것
5) 압축행정 끝에서 강한 와류를 일으키게 할 것

(2) 연소실의 종류

종 류	단 실 식	복 실 식		
연소실 종류	직접분사실식	예연소실식	와류실식	공기실식
폭발 압력(kgf/cm²)	80	55~60	55~65	45~50
예열 플러그	필요가 없다	필요로 하다	필요로 하다	필요가 없다
분사압력(kgf/cm²)	200~300	100~120	100~140	
연료소비율(g/ps · h)	170~200	200~250	190~220	210~230
압 축 비	13~16 : 1	16~20 : 1	15~17 : 1	13~17 : 1

1) 직접분사실식 Direct injection chamber type의 특징

① 실린더 헤드와 피스톤 헤드에 요철로 둔 것으로 피스톤의 강도가 약해진다.

② 구조가 간단하여 연소실 체적에 대한 표면적 비[甲]가 작아 냉각 손실이 적고 열효율이 높다.

③ 높은 분사 압력이 요구되어 다공식 분사 노즐을 사용하며 가격이 비싸고 수명이 짧다.

④ 사용 연료에 민감하고 **노크가 잘 발생**되며 대형 엔진에 주로 사용된다.

⑤ 하나의 연소실에 직접 압축압력을 가하므로 기동이 쉽다.

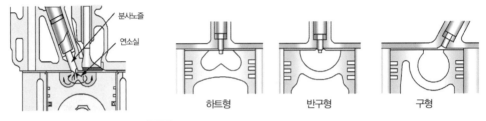

그림 직접분사실식 연소실

2) 예연소실식 Precombustion chamber type의 특징

① 연소실 구조가 복잡하여 연료 소비율 및 냉각 손실이 크다.

② 분사 압력이 낮아 연료장치의 고장이 적고, 수명이 길다.

③ 사용연료 변화에 둔감하므로 연료의 선택 범위가 넓다.

④ 운전이 정숙하고, 노크를 가장 일으키기 어려운 연소실이다.

⑤ 압축비가 높아 큰 출력의 기동 전동기가 필요하다.

그림 예연소실식 연소실

3) 와류실식 Turbulence chamber type의 특징

① 압축행정에서 발생하는 강한 와류를 이용하므로 연소가 빠르고 평균유효압력이 높다.

② 분사압력이 낮아도 되고, 연료소비율이 비교적 적다.

③ 분출구멍의 조임 작용, 연소실 표면적에 대한 체적비(단절비)가 커 열효율이 비교적 낮다.

④ 와류발생이 원활하지 못한 저속에서 노크발생이 쉽다.

⑤ 회전속도 범위가 넓고 고속회전이 가능하고 운전이 원활하다.

그림 와류실식 연소실

[甲] "표면적/연소실체적" 이므로 표면적이 작고 연소실 체적이 클수록 냉각 손실이 적고 열효율이 높다.

4) 공기실식 Air chamber type의 특징

① 폭발압력 및 압력상승이 낮고, 작동이 조용하다.

② 연료소비율이 비교적 크고, 분사시기가 엔진 작동에 영향을 준다.

③ 연료가 주연소실로 분사되므로 기동이 쉽다.

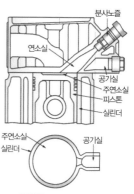

그림 공기실식 연소실

6 디젤 엔진의 시동 보조기구

(1) 감압장치(데콤프장치 : De-Compression Device)

디젤 엔진은 압축압력이 높기 때문에 한랭 시 기동을 할 때 원활한 시동이 어렵다. 이럴 경우 감압 캠을 이용하여 강제적으로 밸브를 미세하게 열어 압축압력을 감압시켜 기관의 시동 또는 조정을 돕는 역할을 하며 같은 원리로 밸브의 작동을 크게 하여 엔진을 정지시키는 용도로도 사용되기도 한다.

1) 디젤 엔진 시동 곤란 시 대비 사항

① 연소 촉진제를 공급한다.

② 감압장치를 사용한다.

③ 흡입 공기의 온도를 높여준다.

④ 예열 플러그로 연소실을 예열시킨다.

⑤ 실린더 내의 온도를 높여준다.

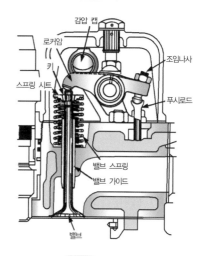

그림 감압 장치

2) 디젤 엔진 정지 방법

① 연료공급을 차단한다. 분사펌프 입구에 차단밸브 설치

② 압축행정에서 감압하여 시동을 정지시킨다. - 감압장치 사용

③ 흡입공기의 공급을 차단하여 시동을 정지시킨다.

    - **인테이크 셔터** Intake shutter 甲 **사용**

동영상

(2) 예열 장치

예열 장치는 실린더나 흡기다기관 내의 공기를 미리 가열하여 기동을 쉽게 해주는 장치이다.

  · 종류 : 예열 플러그식과 흡기 가열식이 있다.

1) 예열 플러그식

예연소실 및 와류실식에 사용되는 것으로서 연소실 내의 압축공기를 예열하여 착화를 도와준다.

甲 운전 중 디젤 엔진을 멈추는 장치의 하나로, 흡기 다기관 입구에 설치된 셔터를 닫아 공기를 차단하여 엔진을 멈추는 역할을 한다.

① **코일형** : 코일이 연소실에 직접 노출되어 적열시간이 짧지만 내구성 및 내식성이 낮다. 각 코일의 저항 값이 작아 회로에 직렬로 연결되기 때문에 예열플러그 저항기가 반드시 필요하다.

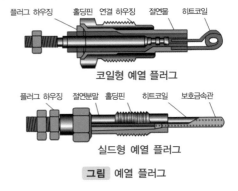
코일형 예열 플러그

실드형 예열 플러그

② **실드형** : 보호금속 전체가 가열되므로 적열까지의 시간이 조금 길지만 내구성이 좋고 1개당 발열량과 열용량이 크다. 예열 플러그가 병렬 결선이므로 일부 단선되어도 나머지는 정상적으로 사용할 수 있다.

그림 예열 플러그

구 분	코 일 형	실 드 형	예열 플러그가 단선되는 원인
발 열 량	30~40W	60~100W	· 예열시간이 너무 길 때
예열시간	40~60초	60~90초	· 규정 이상의 과대전류가 흐를 때
회로연결	직렬접속	병렬접속	· 엔진 작동 중에 예열시킬 때 · 엔진이 과열되었을 때
발열온도	950~1050℃		· 설치 시 조임이 불량할 때

※ 히트 릴레이(Heat relay)는 예열 플러그에 흐르는 전류가 크기 때문에 기동전동기 스위치의 소손을 방지하기 위하여 사용하는 것이다.
· 예열 플러그 파일럿(예열 지시등)을 사용하여 예열 플러그의 적열 상태를 나타낸다.

2) 흡기 가열식

흡기 가열식은 직접분사실식에서 흡기 다기관에 흡기 히터Intake heater나 히트 레인지Heat range 설치하여 흡입되는 공기를 가열시켜 실린더에 공급하는 형식이다. 특히, 히트 레인지는 흡기 다기관 내에 열선을 설치하여 축전지 전류를 공급하면 약 400~600W의 발열량에 의해 엔진 시동 시 흡입되는 공기가 열선을 통과할 때 가열되어 흡입된다.

7 가솔린 노킹과 디젤 노킹의 비교

(1) 가솔린의 노킹

실린더 내의 연소에서 점화플러그의 점화에 의한 정상 연소가 아닌 말단부분의 미연소 가스들이 자연 발화하는 현상으로 연소속도가 비정상적으로 빨라지게 된다.

1) 화염 전파 속도

① **정상 연소 시** : 20~30m/s

② **노크 발생 시** : 300~2500m/s

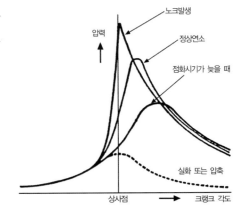

2) 노크 발생원인

① 엔진에 과부하가 걸렸을 때

② 엔진이 과열되었거나 열점이 있을 때

③ 점화시기가 너무 빠르거나 혼합비가 희박(조기점화 요건에 만족)할 때

④ 저 옥탄가 연료를 사용하거나 엔진 회전수가 낮아 정상 연소보다 화염 전파속도가 느릴 때(엔진 부조에 의한 노킹발생)

⑤ 흡기 온도, 압력, 제동평균 유효압력이 높을 때

3) 노크 방지 방법

① 혼합 가스에 와류를 발생시키고 농후한 공연비로 연료 입자간 거리를 짧게 하고 **화염 전파 속도**를 빠르게 한다.

② 압축비, 혼합 가스 및 냉각수 온도를 낮추고 열점이 생기지 않도록 카본을 제거한다.

③ 노킹이 발생되지 않을 정도로 점화시기를 늦추어 준다.(과도한 지각은 출력 부족으로 연결)

④ 고 옥탄가 연료를 사용하고 착화(발화)를 지연시킨다.

4) 노크가 엔진에 미치는 영향

① 연소실 벽면 온도는 상승(벽면 가스층의 파괴)하고 배기가스 온도는 낮아진다.

② 최고 압력은 상승하고 평균 유효압력은 낮아진다.

③ 엔진의 과열 및 출력이 저하된다.

④ 타격음이 발생하며, 엔진 각부의 응력이 증가한다.

⑤ 배기가스의 색이 황색 및 흑색으로 변한다.

⑥ 실린더와 피스톤의 손상 및 고착이 발생한다.

(2) 디젤의 노킹

착화지연이 길어져 화염전파 중에 많은 양의 연료가 급격하게 연소하여 발생하는 충격으로 엔진에 소음과 진동이 발생되는 현상이다.

1) 노크 발생원인

① 엔진의 저속 운전으로 인한 낮은 온도가 유지될 때 주로 발생한다.

② 착화성이 좋지 못한 연료를 사용하였을 때(세탄가가 낮을 때) 발생한다.

③ 연료의 분사시기가 빠르거나 초기 분사량이 많을 때 착화가 지연된다.

2) 노크 방지 방법

① 엔진의 회전속도를 높이고 압축비, 압축압력, 압축온도를 높인다.

② 세탄가가 높은 연료를 사용하고 촉진제를 사용하여 지연을 방지한다.

③ 분사시기를 알맞게 조정하고 연료의 초기 분사량을 감소시켜 착화지연을 방지한다.

④ 흡입 공기에 와류를 발생시켜 연소 효율을 높인다.

(3) 특징 및 기타 이상 연소

1) 가솔린 노킹은 연소의 말기(불꽃으로 단시간에 연소)에 발생하는데 반하여 디젤 노킹은 연소 초기(착화 지연된 연료가 단번에 연소)에 발생한다.

2) 이상 연소의 종류

① **터드** Thud : 혼합기의 급격한 연소가 원인으로 비교적 빠른 회전속도에서 발생하는 저주파 (600~1200Hz) 굉음으로 점화시기 지각으로 제어할 수 있다.

② **럼블 파운딩** Rumble & Pounding : 기관의 압축비가 9.5 이상으로 높은 경우에 노크 음과 다른 저주파의 둔한 뇌음을 내며 기관의 운전이 거칠어지는 현상으로 연소실의 이물질이 원인이 된다.

③ **와일드 핑** Wild ping : 노킹음이 정기적이지 않고 예리한 금속성 소음이 나는 경우로 점화지각 으로 제어할 수 없다.

④ **슬로우 록** Slow lock : 엔진 정지 후 재시동 시에 압축에 의해 노킹과 비슷한 금속음이 1~2회 발생하는 현상이며 화염속도는 노킹의 경우보다 훨씬 느리고 가스 진동은 발생하지 않는다.

⑤ **조기점화** Pre ignition **및 후기점화** Post ignition : 표면착화의 일종으로 점화플러그의 점화를 기준으로 앞·뒤 시점에 적열부에서 미연소가스의 자연 점화에 의해 발생되는 노킹을 뜻한 다.

8 과급기

과급기는 엔진의 출력을 향상시키기 위해 흡기 라인에 설치한 공기 펌프이다. 즉 강제적으로 많은 공기량을 실린더에 공급시켜 엔진의 출력 및 회전력의 증대, 연비를 향상시킨다.

과급기는 배기가스에 의해 작동되는 배기터빈(터보차저)식과 엔진의 동력을 이용하는 루트(슈 퍼차저)식이 있다. 과급기를 설치하면 엔진 중량이 10~15%정도 증가하는 반면 출력은 35~45%정 도 증가한다.

(1) 인터쿨러 Inter cooler

임펠러에 의해 과급된 공기는 온도가 상승함과 동시에 밀도가 떨어져 노킹이 발생되거나 충진 효율이 저하된다. 이런 부분을 보완하기 위해 임펠러와 흡기다기관 사이에 냉각장치의 라디에이터 와 비슷한 구조로 설계된 인터쿨러가 설치되어 과급된 공기의 온도를 떨어뜨리는 역할을 한다. 종류로는 공랭식과 수랭식이 있다.

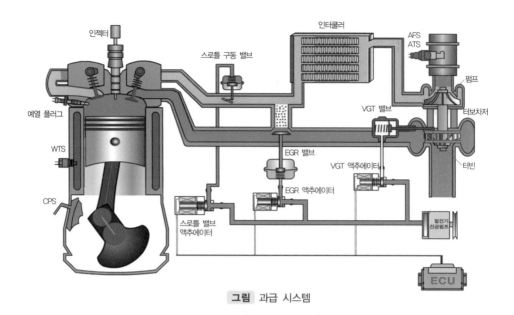

그림 과급 시스템

(2) 터보차저 Turbo charger

1개의 축 양 끝에 각도가 서로 다른 프로펠러를 설치하여 하우징의 한쪽은 흡기 다기관에 연결하고 다른 한쪽은 배기 다기관에 연결한다. 배기가스의 압력으로 배기 쪽의 터빈을 회전시키면 흡입 쪽의 펌프도 회전되기 때문에 펌프 중심 부근의 공기는 원심력을 받아 외주로 가속되어 디퓨저^甲에 들어간다. 배기 쪽 터빈의 저항을 줄이기 위한 WGT^乙를 사용하기도 한다.

(3) 부동 베어링 Floating bearing

고속 회전(10,000~15,000rpm)하는 터빈축을 지지하는 베어링으로 엔진 오일로 윤활

[고속 주행 직후에는 엔진을 공전(오일펌프 계속 구동)시켜 터보차저를 냉각시킨 후 시동 OFF ⇒ 장치의 열 변형을 막을 수 있음]

그림 부동 베어링

(4) 가변 용량 제어장치 Variable Geometry Turbocharger

일반 터보차저 : 저속 구간 → 배출 가스양이 적고 유속이 느려 터보의 효과 낮음

VGT : 저속 구간에서 배출가스의 통로를 좁힘 → 배출가스의 속도를 빠르게 함 → 터빈을 빠르고 힘 있게 구동 → 저속에서도 일반 터보차저보다 많은 공기를 흡입할 수 있음 → 저속구간의 출력 향상

동영상

甲 확산한다는 뜻으로 유체 또는 기체의 통로를 넓혀서 흐름의 속도를 느리게 압력을 높게 변환(베르누이 원리)하는 장치로 체적 효율이 향상된다.

乙 웨이스트 게이트 밸브(Waste gate valve) 터보의 압력조절밸브로 터보차저의 과급압이 일정압력 이상으로 상승 시 엔진의 기계적 부하가 증대되거나 배기압력의 과대로 인한 터보차저 내부의 손상 등을 방지하기 위해 배기가스를 바이패스 시키는 기능을 한다.

9 CRDI Common Rail Direct Injection 연료장치

(1) CRDI 연료 분사장치의 개요

전자제어 연료 시스템에서 새로이 개발된 "커먼레일"이라 불리는 어큐뮬레이터[甲]와 초고압 연료 공급 시스템 및 인젝터 그리고 복잡한 시스템을 정밀하게 제어하기 위한 전기적 입출력 요소와 엔진 컴퓨터(ECU) 등으로 구성되어 효율적인 공연비 제어를 실시한다. 분사펌프 디젤 엔진에 비해 출력 및 연비 향상(약 25%)이 가능해졌고 배기가스 중에 유해물질을 최소화하여 배기가스 규제를 만족하는 친환경 디젤 엔진이다.

(2) CRDI 연료 분사장치 전자제어

동영상

1) CRDI ECU 입력 요소

① AFS(열막식) ⇒ EGR 장치의 피드백 제어 용도로 활용

② ATS ⇒ 연료량 및 분사시기, 시동할 때 연료량 보정 신호

③ CAS ⇒ 연료 분사시기 결정 / CPS Cam Position Sensor ⇒ 분사순서를 결정

④ WTS ⇒ 연료량 증감 보정, 냉각 팬 제어 신호

⑤ APS ⇒ 센서 1 : 연료량과 분사시기 결정, 센서 2 : 센서 1을 검사

⑥ RPS Rail Pressure Sensor ⇒ 연료량과 분사시기 조정 신호

⑦ BPS Boost Pressure Sensor ⇒ EGR 작동량 보정, VGT 솔레노이드 밸브 작동량 결정

⑧ 람다(광대역) 센서 ⇒ EGR 제어 및 연료량 제어

2) CRDI ECU 출력 요소

① ACV Air Control Valve ⇒ 흡입 공기량을 조절하는 액추에이터

– 제어 조건 : EGR 제어 시[乙], DPF 재생 시[丙], 시동 OFF시[丁]

② PCV Pressure Contorl Valve ⇒ 커먼레일의 연료압력을 항상 일정하게 유지하도록 제어

– 출구(커먼레일)제어, 입구(저압·고압 펌프 사이)제어, 듀얼(펌프, 레일 동시 정밀)제어

③ EGR 액추에이터 ⇒ EGR 포지셔너를 두어 배기가스 재순환 유량을 파악 후 AFS 신호를 기반으로 ECU가 피드백 제어를 함

(3) CRDI 연료 분사장치의 구성 및 작동원리

커먼레일 연료 분사 시스템은 연료의 저압 라인 및 고압라인 그리고 제어부인 ECU로 구성된다.

1) 연료의 공급 순서

[甲] 축압기 : 맥동 압력이나 충격 압력을 흡수하여 유압 장치를 보호하거나 유압 펌프의 작동 없이 유압 장치에 순간적인 유압을 공급하기 위해 압력을 저장하는 장치.

[乙] EGR 가스량에 따른 흡입 공기량을 피드백제어하기 위해 ACV를 활용

[丙] DPF 재생 시 농후한 공연비를 만들기 위해 흡입공기량을 줄임

[丁] 시동을 껐는데도 엔진이 정지하지 않는 디젤링 현상을 줄이기 위해 공기를 차단(인테이크 셔터 기능)

① **전자식 저압 펌프 CRDI**

연료탱크 → 저압 펌프 → 연료 여과기 → 고압 펌프 → 커먼레일(압력조절밸브) → 인젝터

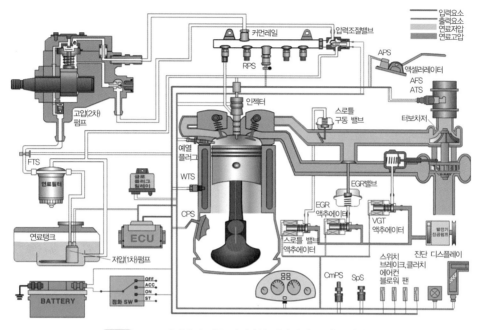

그림 CRDI 디젤엔진 계통도(전자식 저압펌프) – 출구제어방식

② **기계식 저압 펌프 CRDI**

연료탱크 → 연료 여과기 → 저압 펌프 → 압력조절밸브 → 고압 펌프 → 커먼레일 → 인젝터

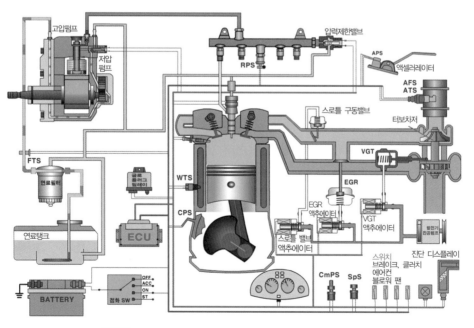

그림 CRDI 디젤엔진 계통도(기계식 저압펌프) – 입구제어방식

2) 저압·고압 연료 라인 구성

① 저압 라인

ⓐ **연료 탱크** : 스트레이너, 연료 센더[甲], 스월 포트[乙]로 구성된다.

ⓑ **저압 펌프**(1차 연료 공급펌프)

ⓒ **연료 필터** : 수분 감지 센서, 프라이밍 펌프, 온도 스위치, 가열장치[丙]로 구성된다.

② 고압 라인

ⓐ **고압 펌프** : 연료의 압력을 1350bar 정도로 높여 커먼레일로 공급한다.

ⓑ **커먼레일** : 레일 압력 센서, 압력 조절 밸브(1750bar이상 작동)로 구성된다.

ⓒ **고압 파이프**

ⓓ **인젝터** : 리턴라인이 포함되어 있어 분사 후 남은 연료는 탱크로 돌아간다.

　－ 피에조 인젝터(솔레노이드 코일 대신 피에조 소자로 대체) :

　　빠른 응답성 및 정숙성으로 정밀한 제어가 가능해 매연저감 효과가 가능

3) 디젤 전용 경고등의 종류

① 연료수분 감지 경고등

연료 필터 내에 규정량 이상의 물이 쌓이면 시동상태에서도 경고등이 계속 점등되게 된다.

② DPF 경고등

배기가스 후처리 장치로 배기가스 중 입자상 물질(PM)을 물리적으로 포집하고 연소시켜 제거하는 장치이다. 주로 시내 주행이 많은 경우 경고등이 켜지게 되며 고속도로에서 정속 주행을 20분 정도 하게 되면 경고등이 꺼지게 된다.

③ 예열 플러그 작동 지시등

키 스위치는 보통 'ACC-ON-START'의 3단계 과정을 거치게 되는데 키를 ON 상태에서 유지시킬 경우 돼지꼬리 모양의 경고등이 뜨게 된다. 이는 디젤엔진의 특성상 한랭 시 자기착화를 원활하게 하기 위해 연소실 내부 온도를 올려서 시동을 용이하게 하는 장치의 작동등이다.

[甲] 연료 탱크 내의 연료량을 검출하여 계기판의 연료 게이지에 보내 주는 장치로서, 플로트(float)의 수준에 따라 센더의 저항이 변하여 연료량을 검출할 수 있으며, 연료 수준 센서도 장착되어 있어 연료량이 적어 센서가 연료 밖으로 나올 때는 연료 잔량 경고등을 점등시키는 역할도 한다.

[乙] 소용돌이처럼 선회하여 흘러들어가도록 만든 구멍을 뜻함.

[丙] 연료필터 히터 : 경유는 온도가 낮아지는 정도에 따라 연료 성분의 일부에서 파라핀계 성분이 고체화되는 현상이 있으며, 이것은 연료 필터에서 연료의 흐름을 방해한다. 연료의 고체화로 인하여 발생될 수 있는 현상을 방지하기 위해 연료 필터 카트리지 상단부에 연료의 가열장치가 설치되어 있다.

4) 연료의 분사

① 예비(파일럿)분사

연료 분사를 증대시킬 때 미리 예비분사를 실시하여 부드러운 압력 상승곡선을 가지게 해준다. 그 결과 소음과 진동이 줄어들고 자연스런 증속이 가능하다.

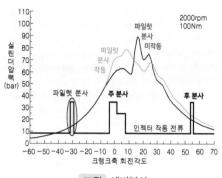

그림 예비분사

TIP

▶ 예비분사 제어를 하지 않는 경우는 다음과 같다.
- 예비분사가 주분사를 너무 앞지를 경우
- 엔진 회전수가 규정이상인 경우
- 연료 분사량이 너무 작은 경우
- 주분사 연료량이 충분하지 않는 경우
- 연료 압력이 최소압 100bar 이하인 경우

② 주(메인)분사 : 메인 분사로 출력을 발생하는 역할을 한다.

③ 후(포스트)분사

배기가스 후처리 장치인 DPF[甲]에 쌓인 입자상물질(PM)[乙]을 태워 없애기 위해 사용하는 분사를 말한다.

5) 친환경 디젤

① 유로 6 : NOx와 PM을 줄이기 위한 기준으로 유로 5까지는 EGR 장치로 충족하였으나 유로 6의 기준에는 대응하기 어렵게 되었다. 그래서 다음과 같은 저감장치가 장착되었다.

② NOx 저감장치

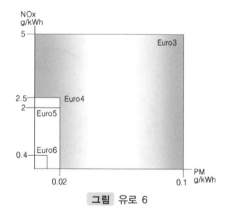

그림 유로 6

ⓐ SCR Selective Catalytic Reduction

선택적 촉매 환원장치 SCR은 '요소수'라 불리는 액체를 별도의 탱크에 보충한 뒤 열을 가하여 암모니아(NH_3)로 바꾼 후, 배기가스 중의 NOx와 화학반응을 일으켜 물과 질소로 바꾸게 한다. 하지만 고가여서 배기량이 큰 차량이나 고급차에 적용된다.

[甲] Diesel Particulate Filter : 디젤 미립자형 여과기로 CPF(Catalyzed Particulate Filter, 미립자형 촉매 여과기)라고도 한다.
[乙] Particulate Matter : 물질의 파쇄·선별 등의 기계적 처리나 연소·합성 등의 과정에서 생기는 고체 또는 액체 상태의 미세한 물질

ⓑ LNT Lean NOx Trap–희박 질소 촉매, NSC NOx Storage Catalyst

필터 안에 NOx를 포집한 후 연료를 태워 연소시키는 방식으로 연료 효율이 떨어지는
단점이 있으나 가격 경쟁력이 있어 EGR 장치와 같이 사용하여 유로 6에 대응이 가능하다.

③ PM 저감장치 : 배기가스 후처리 장치 DPF Diesel Particulate Filter

ⓐ **물리적으로 입자상물질(PM)을 포집하고** 일정거리를 주행 후 $550℃$이상으로 배기가스
온도를 높여 PM을 연소시키는 장치

ⓑ **DPF(CPF) 구성**

- 차압센서 : PM 포집량을 예측하기 위해 여과기 앞·뒤의 압력 차이를 검출.

- 배기가스 온도 센서 : VGT를 보호하기 위해 $850℃$ 넘지 않도록 제어.

④ **디젤 산화 촉매 장치 : DOC** Diesel Oxidation Catalyst

ⓐ **산화 촉매에 의해 CO, HC를 CO_2, H_2O로 변환**

ⓑ **PM의 구성성분인 HC를 감소시켜 PM을 10~20%정도 감소가능**

ⓒ **HC와 반응하여 배기온도를 상승시켜 DPF 재생이 원활하게 돕는다.**

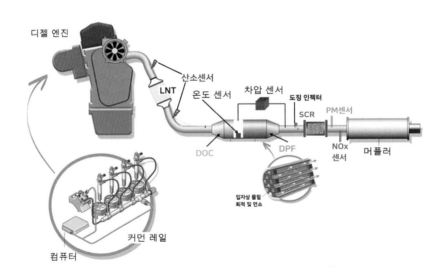

그림 디젤 배기가스 정화장치

01. 디젤 엔진은 가솔린 엔진에 비해 열효율이 높고 연료 소비량이 적다. 또한 배기가스에 CO, HC 양이 적다. ☐ O ☐ ×

02. 경유는 휘발유에 비해 착화점이 높아 화재의 위험성이 적다. ☐ O ☐ ×

03. 디젤 엔진은 가솔린 엔진에 비해 평균유효압력은 높으나 회전속도는 낮다. ☐ O ☐ ×

04. 경유는 점도지수 및 인화점은 높고 착화점이 낮아야 한다. ☐ O ☐ ×

05. 세탄가는 착화성을 나타내는 수치를 뜻한다. ☐ O ☐ ×

06. 디젤의 연소과정 4단계로 착화 지연기간, 화염 전파기간, 직접 연소기간, 후기 연소기간이 있다. ☐ O ☐ ×

07. 점화시점이 빨라지면 디젤엔진에서 노킹이 잘 발생하게 된다. ☐ O ☐ ×

08. 독립식 연료 분사펌프를 사용하는 디젤엔진의 연료공급순서는 연료탱크 → 연료공급펌프 → 연료여과기 → 연료분사펌프 → 분사노즐 순이다. ☐ O ☐ ×

09. 플런저 리드의 종류 중에 분사 개시는 일정하고 분사말기를 변화시키는 것이 역 리드형 이다. ☐ O ☐ ×

10. 분사량을 조절하는 기구의 작동순서는 제어래크 → 제어피니언 → 제어슬리브 → 플런저 회전 순이며 분사량 조정은 제어슬리브와 제어피니언의 관계위치를 바꾸면 된다. ☐ O ☐ ×

11. 분사 노즐에 후적이 발생된 경우에는 토출밸브 스프링의 장력이 약해지거나 시트에 밀착이 좋지 못할 때 그럴 수 있다. ☐ O ☐ ×

정답 및 해설

02. 경유는 휘발유에 비해 인화점이 높아 화재의 위험성이 적다.

03. 디젤 엔진은 가솔린 엔진에 비해 평균유효압력 및 회전속도가 낮다.

07. 착화지연기간이 길어지면 디젤엔진에서 노킹이 잘 발생하게 된다.

09. 플런저 리드의 종류 중에 분사 개시는 일정하고 분사말기를 변화시키는 것이 정 리드형 이다.

정답

01. O 02. × 03. × 04. O
05. O 06. O 07. × 08. O
09. × 10. O 11. O

2.
엔
진

12. 조속기로 분사시점을 제어하고 타이머로 분사량을 가감할 수 있다.
☐ ○ ☐ ×

13. 디젤 분사량의 불균율은 ±3% 범위 내에 있어야 한다.
☐ ○ ☐ ×

14. 관통력, 분산, 무화는 연료 분무 형성의 3대 요건이다.
☐ ○ ☐ ×

15. 높은 분사압력이 필요할 때에는 핀틀형 및 스로틀형 분사 노즐을 사용하면 된다.
☐ ○ ☐ ×

16. 디젤엔진의 연소실의 종류 중 직접분사실식이 사용 연료에 민감하여 노크가 가장 잘 발생되며 다음이 저속에서 노킹이 발생되는 와류실식이고 예연소실식이 연료의 선택범위가 넓고 노킹이 잘 일어나지 않는 구조이다.
☐ ○ ☐ ×

17. 디젤 엔진을 정지하는 방법에는 예열플러그 전원 차단, 감압장치활용, 흡입공기 차단 등이 있다.
☐ ○ ☐ ×

18. 실드형 예열플러그는 회로에 병렬로 접속되어 있어 코일형보다 예열기간이 길고 발열량이 높다.
☐ ○ ☐ ×

19. 가솔린 엔진에서 혼합비가 희박하거나 엔진의 회전수가 낮아 화염 전파 속도가 느릴 때 노크가 잘 발생된다.
☐ ○ ☐ ×

20. 가솔린 엔진에서 노크가 발생 시 불완전 연소에 의해 연소실 온도는 하강하고 미연소가스들이 배기 중에 연소하여 배기가스의 온도는 상승하게 된다.
☐ ○ ☐ ×

21. 디젤 엔진의 노킹은 연료의 분사시기가 빠르거나 초기 분사량이 많을 때 더 잘 발생된다.
☐ ○ ☐ ×

22. 디젤 엔진의 노킹을 줄이기 위해 압축비, 압축압력, 압축온도를 높이고 흡입 공기에 와류를 발생시킨다.
☐ ○ ☐ ×

정답 및 해설

12. 타이머로 분사시점을 제어하고 조속기로 분량을 가감할 수 있다.

15. 높은 분사압력이 필요할 때에는 구멍형 분사 노즐을 사용하면 된다.

17. 디젤 엔진을 정지하는 방법에는 연료공급 차단, 감압장치 활용, 흡입공기 차단 등이 있다.

20. 가솔린 엔진에서 노크가 발생 시 충격파가 실린더 벽면에 작용하여 연소실 벽면의 온도는 상승하고 배기가스의 온도는 하강하게 된다.

정답

12.× 13.○ 14.○ 15.×
16.○ 17.× 18.○ 19.○
20.× 21.○ 22.○

23. 과급장치는 배기가스에 의해 작동되는 슈퍼차저식과 엔진의 동력을 이용하는 터보차저식이 있다. ☐ O ☐ X

24. 과급장치의 구성으로 터빈과 펌프, 부동베어링, 인터쿨러 등이 있다. ☐ O ☐ X

25. 과급기에서 흡입되는 공기의 체적효율을 높이기 위해 속도에너지를 압력에너지로 바꿔주는 장치를 WGT라 한다. ☐ O ☐ X

26. 초고압 직접분사 디젤 엔진에서 고압 펌프로부터 발생된 연료를 일시 저장하는 장소를 리저버 탱크라 한다. ☐ O ☐ X

27. 기계식 저압펌프를 사용하는 전자제어 축압식 디젤엔진의 연료공급 순서는 연료여과기 → 저압 펌프 → 고압 펌프 → 커먼레일 → 인젝터이다. ☐ O ☐ X

28. 디젤 전용 경고등의 종류에는 연료수분 감지 경고등, DPF 경고등, 예열 플러그 작동 지시등이 있다. ☐ O ☐ X

29. CRDI 엔진의 다단분사 중 예비 분사는 주로 배기가스 후처리 장치를 활성화하기 위해 사용한다. ☐ O ☐ X

30. 선택적 촉매 환원장치는 디젤 차량의 입자상물질을 줄이기 위해 적용된 기술이다. ☐ O ☐ X

31. 배기가스 후처리 장치 DPF는 입자상 물질을 줄이기 위해 설치되며 구성요소로 차압센서와 배기가스 온도센서 등이 있다. ☐ O ☐ X

32. 디젤 산화 촉매 장치 DOC는 배기가스 중의 CO, HC의 산화를 도와 CO_2, H_2O로 변환하여 배출한다. 하지만 PM을 줄이는데 도움이 되지는 않는다. ☐ O ☐ X

정답 및 해설

23. 과급장치는 배기가스에 의해 작동되는 터보차저식과 엔진의 동력을 이용하는 슈퍼차저식이 있다.

25. 과급기에서 흡입되는 공기의 체적효율을 높이기 위해 속도에너지를 압력에너지로 바꿔주는 장치를 디퓨저라 한다.

26. 초고압 직접분사 디젤 엔진에서 고압 펌프로부터 발생된 연료를 일시 저장하는 장소를 축압기라 한다.

29. CRDI 엔진의 다단분사 중 후 분사는 주로 배기가스 후처리 장치를 활성화하기 위해 사용한다.

30. 선택적 촉매 환원장치는 디젤 차량의 질소산화물을 줄이기 위해 적용된 기술이다.

32. 디젤 산화 촉매 장치 DOC는 배기가스 중의 CO, HC의 산화를 도와 CO_2, H_2O로 변환하여 배출한다. 또한 PM의 구성성분인 HC를 감소시켜 PM을 줄이는데 도움이 된다.

정답

23.× 24.O 25.× 26.×
27.O 28.O 29.× 30.×
31.O 32.×

단원평가문제

01 디젤 엔진에서 연료 공급펌프 중 프라이밍 펌프의 기능은?

① 기관이 작동하고 있을 때 펌프에 연료를 공급한다.

② 기관이 정지되고 있을 때 수동으로 연료를 공급한다.

③ 기관이 고속운전을 하고 있을 때 분사펌프의 기능을 돕는다.

④ 기관이 가동하고 있을 때 분사펌프에 있는 연료를 빼는 데 사용한다.

02 디젤 기관의 연소실 중 피스톤 헤드부의 요철에 의해 생성되는 연소실 구조를 갖는 형식은?

① 예연소실식   ② 공기실식

③ 와류실식   ④ 직접분사실식

03 다음 중 디젤 기관에 사용되는 과급기의 역할은?

① 윤활성의 증대

② 출력의 증대

③ 냉각효율의 증대

④ 배기의 증대

04 디젤 엔진을 정지할 수 있는 방법이 아닌 것은?

① 연료를 차단

② 배기가스를 차단

③ 흡입 공기를 차단

④ 압축 압력 차단

05 디젤 기관의 노킹을 방지하는 대책으로 알맞은 것은?

① 실린더 벽의 온도를 낮춘다.

② 착화지연 기간을 길게 유도한다.

③ 압축비를 낮게 한다.

④ 흡기 온도를 높인다.

06 다음은 디젤 기관에 사용되는 연소실이다. 연소실이 복실로 구성되지 않은 것은?

① 예연소실식

② 직접분사식

③ 공기실식

④ 와류실식

07 가솔린 기관과 비교할 때 디젤 기관의 장점이 아닌 것은?

① 부분부하영역에서 연료소비율이 낮다.

② 넓은 회전속도 범위에 걸쳐 회전 토크가 크다.

③ 질소산화물과 매연이 조금 배출된다.

④ 열효율이 높다.

08 디젤 기관에서 연료분사의 3대 요인과 관계가 없는 것은?

① 무화   ② 분포

③ 디젤 지수   ④ 관통력

09 디젤 기관의 분사 노즐에 관한 설명으로 옳은 것은?

① 분사개시 압력이 낮으면 연소실 내에 카본 퇴적이 생기기 쉽다.
② 직접 분사실식의 분사개시 압력은 일반적으로 $100 \sim 120 kg_f/cm^2$이다.
③ 분사 노즐에서 분사 후 여분의 연료는 공급펌프로 회수된다.
④ 분사개시 압력이 높으면 노즐의 후적이 생기기 쉽다.

10 세탄가 80이란 무엇을 뜻하는가?

① 이소옥탄 20, 세탄 80
② 노멀헵탄 20, 경유 80
③ 질산에틸 20, 아질산아밀 80
④ 세탄 80, α · 메틸나프탈렌 20

11 디젤기관에 사용되는 경유의 구비조건은?

① 점도가 낮을 것
② 세탄가가 낮을 것
③ 유황분이 많을 것
④ 착화성이 좋을 것

12 커먼레일 디젤 엔진 차량의 계기판에서 경고등 및 지시등의 종류가 아닌 것은?

① 예열플러그 작동지시등
② DPF 경고등
③ 연료수분 감지 경고등
④ 연료 차단지시등

13 직접고압 분사방식(CRDI) 디젤 엔진에서 예비분사를 실시하지 않는 경우로 틀린 것은?

① 엔진 회전수가 고속인 경우

② 분사량의 보정제어 중인 경우
③ 연료 압력이 너무 낮은 경우
④ 예비분사가 주 분사를 너무 앞지르는 경우

14 디젤 기관에서 과급기의 사용 목적으로 틀린 것은?

① 엔진의 출력이 증대된다.
② 체적효율이 작아진다.
③ 평균유효압력이 향상된다.
④ 회전력이 증가한다.

15 디젤의 연소실 중 사용 연료에 민감하여 노크가 가장 발생되기 쉬운 연소실 구조는?

① 직접분사실식 ② 예연소실식
③ 와류실식   ④ 공기실식

16 CRDI 디젤 엔진에서 기계식 저압 펌프의 연료 공급 경로가 맞는 것은?

① 연료탱크 – 저압펌프 – 연료필터 – 고압펌프 – 커먼레일 – 인젝터
② 연료탱크 – 연료필터 – 저압펌프 – 고압펌프 – 커먼레일 – 인젝터
③ 연료탱크 – 저압펌프 – 연료필터 – 커먼레일 – 고압펌프 – 인젝터
④ 연료탱크 – 연료필터 – 저압펌프 – 커먼레일 – 고압펌프 – 인젝터

17 디젤 연료의 발화 촉진제로 적당치 않는 것은?

① 아황산에틸($C_2H_5SO_3$)
② 아질산아밀($C_5H_{11}NO_2$)
③ 질산에틸($C_2H_5NO_3$)
④ 질산아밀($C_5H_{11}NO_3$)

18 디젤 기관의 연료 여과장치 설치 개소로 적절치 않은 것은?

① 연료공급펌프 입구
② 연료탱크와 연료공급펌프 사이
③ 연료분사펌프 입구
④ 흡입다기관 입구

19 디젤 기관에서 실린더 내의 연소 압력이 최대가 되는 기간은?

① 직접 연소기간
② 화염 전파기간
③ 착화 지연기간
④ 후기 연소기간

20 디젤 기관에서 전자제어식 고압 펌프의 특징이 아닌 것은? (단, 기존 디젤 엔진의 분사펌프 대비)

① 동력 성능의 향상
② 연비의 향상
③ 낮은 압력제어로 내구성 향상
④ 가속 시 스모크 저감

21 질소산화물을 정화하기 위한 장치로 가장 거리가 먼 것은?

① DPF (Diesel Particulate Filter)
② SCR (Selective Catalytic Reduction)
③ LNT (Lean NOx Trap)
④ EGR (Exhaust Gas Recirculation)

22 터보과급장치에서 흡입공기를 냉각시켜 충진 효율을 향상시켜 주는 장치는?

① 터보차저　② 인터쿨러
③ 슈퍼차저　④ 웨이스트 게이트 밸브

23 디젤에 주로 사용되는 커먼레일 엔진 (common rail direct injection engine)에 대한 설명으로 옳은 것은?

① 다단분사 중 파일럿 분사의 주목적은 배기가스를 줄이기 위한 목적으로 사용된다.
② 전자제어를 활용한 장치로 과거에 기계식 연료펌프에 비해 고압펌프의 분사압력을 낮추어 내구성에 도움이 된다.
③ 연료의 입자를 크게 분사하여 농후한 공연비를 구현하기 좋아 단시간에 출력을 높이기에 적합하다.
④ 커먼레일의 고압펌프는 스프라켓을 이용해 타이밍 벨트나 체인을 통해 동력을 전달 받아 피동 된다.

24 최대분사량 57, 최소분사량 45, 평균분사량 50일 때 "+"불균율과 "-"불균율의 차는 몇 %인가?

① 2%　　　② 4%
③ 8%　　　④ 12%

정답 및 해설

ANSWERS

01.②	02.④	03.②	04.②	05.④	06.②
07.③	08.④	09.①	10.④	11.④	12.④
13.②	14.②	15.①	16.②	17.①	18.④
19.①	20.③	21.①	22.②	23.④	24.②

01. 프라이밍 펌프 : 수동용 펌프로 엔진이 정지되었을 때 연료 분사 펌프까지 연료를 공급하거나 연료 라인 내의 공기 빼기 작업 등에 사용된다.

02. 직접분사실의 주연소실을 구성하는 피스톤 헤드부의 형상에 따라 하트형, 반구형, 구형으로 구분된다.

03. 과급기는 엔진의 출력을 향상시키기 위해 흡기 다기관에 설치한 공기 펌프이다.

04. 배기가스 차단은 엔진 브레이크의 효과를 높이는 일종의 감속기로 활용된다.

05. 디젤 엔진에서 노킹의 주된 원인 착화지연이다. 착화가 지연되지 않게 하는 조건을 선택하면 노킹을 방지하는 대책이 될 수 있다.

06. 직접분사식은 주연소실 하나로 구성되어 기동이 쉽지만 사용 연료에 민감하고 노킹이 잘 발생되는 단점이 있다.

07. 최고 연소 온도에 영향을 많이 받는 질소산화물은 자기착화방식을 택하는 디젤엔진에서 가장 많이 발생된다.

08. 분사노즐에서 연료는 잘 뚫고 나가야 하고(관통력) 잘 퍼지며 (분포) 입자는 작을수록(무화) 좋다.

09. 분사개시 압력이 낮으면 분사 초에 많은 양의 연료가 분사된다. 뭉쳐진 연료는 착화를 지연시키고 불완전 연소를 일으켜 카본이 발생하게 된다.

10. 세탄가 $= \dfrac{\text{세탄}}{(\text{세탄}+\alpha\text{메틸나프탈렌})}\times 100$

$80 = \dfrac{80}{(80+20)}\times 100$

11. 점도는 적당해야하고 세탄가는 높아야 한다. 유황분이 적으며 착화성은 좋아야 한다.

12. 계기판 경고등의 종류에 관련된 내용은 기출문제로 한 번씩 출제되는 문제 중 하나이다. 디젤 엔진 전용 경고등 이외의 내용에 대해서는 전기 파트에서 다루기로 한다.

13. 분사량을 보정한다는 뜻은 연료가 필요한 만큼 정밀하게 가감해준다는 뜻이고 예비분사 제어를 통해 부드러운 압력 상승의 효과를 기대할 수 있다.

14. 과급기를 사용하여 행정체적 당 공기질량(밀도)을 높일 수 있으므로 체적효율이 좋아진다.

15. 디젤의 연소실의 장·단점을 비교하여 학습하면 오래 기억하는데 도움이 된다.
예를 들어 노킹이 잘 일어나는 순서
직접분사식 → 와류실식 → 예연소실식

16. P.143 기계식 저압펌프 계통도 그림을 보며 순서를 정리해 두자.

17. 착화(발화) 지연을 방지하기 위해 사용하는 촉진제로 황의 성분이 들어간 것은 사용하지 않는다.

18. 흡입다기관(흡기매니폴드)은 공기가 유입되는 라인이다.

19. P.127 디젤 연료의 연소과정 그래프 중 "C~D" 구간에 해당되며 제어 및 정압 연소기간이라고도 한다.

20. 전자제어식 고압펌프는 연료의 압력을 1350bar 정도로 높여 커먼레일로 공급한다. 기계식 분사펌프의 토출밸브 내의 압력은 150bar 정도로 낮다.

21. ① DPF는 입자상물질(PM)을 줄이기 위한 장치이다.

22. ① 터보차저 : 배기가스에 의해 터빈작동
③ 슈퍼차저 : 엔진의 동력을 이용하여 터빈작동
④ 웨이스트 게이트 밸브 : 터보차저에서 배출가스의 양이 순간 증가될 때 터빈의 저항으로 기계적 부하증가 및 배기압력이 높아지는 것을 방지하기 위해 둔 바이패스 밸브

23. ① 파일럿 분사는 연소 초반 부드럽게 압력을 상승시키는 역할을 한다.
② 기계식 펌프에 비해 더 높은 압력의 고압 펌프를 사용하게 되면서 제어압력이 높아지게 되었다. 이로 인해 내구성에 문제가 될 수 있고 고장 시 고가의 수리비가 들어가게 된다.
③ 연료의 입자를 작게 분사하여 착화지연을 방지하고 부드럽게 압력을 증대시킬 수 있게 된다.

24.

• (+) 불균율 $= \dfrac{\text{최대분사량} - \text{평균분사량}}{\text{평균분사량}}\times 100$

$= \dfrac{57-50}{50}\times 100 = 14\%$

• (−) 불균율 $= \dfrac{\text{평균분사량} - \text{최소분사량}}{\text{평균분사량}}\times 100$

$= \dfrac{50-45}{50}\times 100 = 10\%$

∴ 14% − 10% = 4%

CHAPTER

03 전 기

학습목표

- 엔진의 개요 • 엔진의 주요부 • 냉각장치 • 윤활장치
- 가솔린 전자제어 연료장치 • 배출가스 정화장치 • LPG연료장치
- 디젤엔진의 연료장치 • CRDI 연료장치

SECTION 01 전기의 기초

1 전류乙의 3대작용

① **발열작용** : 전구, 예열플러그
② **화학작용** : 전기도금丙, 축전지
③ **자기작용** : 전동기, 발전기, 솔레노이드

2 전기의 중요 공식

전기 Electric란? 전자丁의 이동으로 생기는 에너지를 말한다.
그리고 전자의 이동을 방해하는 것을 저항 Resistance 이라고 한다.

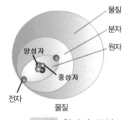

보 충

▶ **전압(전위차) vs 기전력甲**
· 선풍기의 작동 전압은 12V이다.
· 배터리의 기전력은 12V이다.

그림 원자의 구성

甲 양쪽 전위차를 계속 유지할 수 있는 능력
乙 Electric Current : 전하(전하는 전기 현상을 일으키는 물질의 물리적 성질이다. 종류 : 양전하, 음전하)의 흐름으로, 정량적으로는
　단면을 통하여 단위 시간 당 흐르는 전하의 양이다. 단위는 A(Ampere)를 사용한다.
丙 전기분해의 원리를 이용하여 물체의 표면을 다른 금속의 얇은 막으로 덮어씌우는 방법
丁 음전하를 가진 소립자로 원자의 구성요소이다. 원자(양성자, 중성자, 전자로 구성)는 물질을 구성하는 최소 단위이다.

(1) 도체의 저항(R)

$$R_{\text{도체의 저항}(\Omega)} = \rho_{\text{단면 고유저항}^{甲}(\mu\Omega\,\text{cm})} \times \frac{\ell_{\text{도체의 길이}(\text{cm})}}{A_{\text{단면적}(\text{cm}^2)}}$$

(2) 옴의 법칙 Ohm's low

$$① \; E_{\text{전압}} = I_{\text{전류}} \cdot R_{\text{저항}} \;\Rightarrow\; ② \; I = \frac{E}{R} \quad ③ \; R = \frac{E}{I}$$

> **TIP**
>
> ▶ 저항의 접속방법
> - 직렬접속 시 계산법 $(R) = R_1 + R_2 + R_3 + R_4 + R_5 + \cdots\cdots + R_n$
> - 병렬접속 시 계산법 $\left(\dfrac{1}{R}\right) = \dfrac{1}{R_1} + \dfrac{1}{R_2} + \dfrac{1}{R_3} + \dfrac{1}{R_4} + \cdots\cdots + \dfrac{1}{R_n}$, $\; R = \dfrac{R_1 R_2}{R_1 + R_2}$

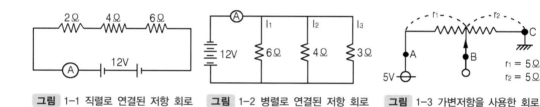

그림 1-1 직렬로 연결된 저항 회로   **그림** 1-2 병렬로 연결된 저항 회로   **그림** 1-3 가변저항을 사용한 회로

연습문제 1

그림(1-1)에서 저항이 직렬로 접속되어 있는 전류계乙에 나타난 값은 얼마인가?

[정답] **1A**

연습문제 2

그림(1-2)의 전류계에 나타난 값은 얼마인가? 또한 각 I_1, I_2, I_3 의 값은 얼마인가?

[정답] **전류계=9A** $I_1 = $ **2A**, $I_2 = $ **3A**, $I_3 = $ **4A**

연습문제 3

그림(1-3)의 B와 C사이에 전압계丙를 설치하였다면 그 선간전압丁은 얼마인가?

[정답] **2.5V** → 저항이 같으면 저항에 의한 전압 강하량도 같다 각각 **2.5V**씩이 된다.

甲 단위길이(m)와 단위면적(㎟)을 가진 도체의 전기저항을 그 물체의 고유저항이라고 한다.
   예) 은(Ag) : 1.62, 구리 : 1.69, 경동 : 1.77, 금 : 2.40, 알루미늄 : 2.62 {단면의 고유저항(20℃ 에서)×$10^{-2}[\Omega\cdot\text{mm}^2/m]$}
乙 전류계는 회로에 직렬로 접속하여 측정한다.(저항과의 연결을 고려하면 된다.)
丙 B 지점에는 전압계의 "+" 탐침봉(적색)을, C지점에는 전압계의 - 탐침봉(흑색)을 접촉한다. / 전압계는 회로에 병렬연결.
丁 전기 회로에서 인접하는 선로간의 전위차.

(3) 키르히호프의 법칙 Kirchhoff's Low

1) 제 1법칙(전하 보존 법칙)

회로내의 어떠한 점에 유입한 전류의 총합과 유출한 전류의 총합은 같다.

2) 제 2법칙(에너지 보존 법칙)

폐회로에 있어서 저항에 의한 전압강하甲의 총합은 기전력의 총합과 같다.

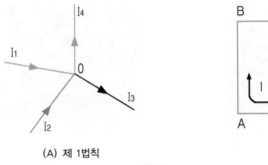

(A) 제 1법칙   (B) 제 2법칙

그림 키르히호프의 법칙

(4) 전력 electric Power 과 전력량

1) 전력 – 기호 P [단위 : 와트(Watt : W)]

전기회로에 의해 단위 시간당 전달되는 전기 에너지로 단위는 J乙/sec → W를 사용한다.

$$» \ P = I \cdot E \qquad » \ P = \dfrac{E^2}{R} \qquad » \ P = I^2 \cdot R \qquad ※ \ 1PS = 736W$$

연습문제 1

전동기에 걸리는 전압이 20V이고, 흐르는 전류가 300A일 때 발생하는 출력은 몇 PS인가?

정답 $\mathbf{P = I \cdot E} = 300 \times 20 = 6000W \Rightarrow \dfrac{6000W}{736} ≒ 8.15PS$

연습문제 2

전압이 100V일 때 500W인 전열기가 있다. 전압을 하강시켜 80V로 되었을 때 이 전열기의 실제전력은 몇 W인가?

정답 $P = \dfrac{E^2}{R} \Rightarrow R = \dfrac{E^2}{P} = \dfrac{100^2}{500} = 20\Omega \qquad \therefore P = \dfrac{E^2}{R} = \dfrac{80^2}{20} = 320W$

甲 전기회로 내의 저항이나 그 밖의 회로 소자에 전류가 흐를 때 양단에 생기는 전압차
乙 줄(Joule) = 에너지, 일, 열량의 단위로 1J = 1N의 힘을 가해 힘의 방향으로 1m 이동했을 때의 일이다.

연습문제 3

다음 그림(1-1)과 같이 30W 전구 6개를 병렬로 연결하면 흐르는 전류는?

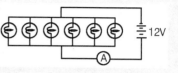

그림(1-1)

정답 병렬로 연결된 전구의 총 전력은 각 전구의 전력을 모두 더하면 된다.
P=180W, E=12V 이므로 180=I×12 가 되므로 I=15A 가 된다.

연습문제 4

12V 배터리에 12V 전구 2개를 그림(1-2)과 같이 배선을 하고 ① (1)번 스위치만 넣을 때 전류 값, ② (2)번 스위치만 넣을 때 전류 값, ③ (1), (2)의 스위치를 동시에 넣었을 때 전류 값을 각각 구하시오.

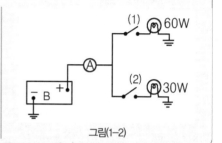

그림(1-2)

정답 ① 5A ② 2.5A ③ 7.5A

연습문제 5

그림(1-3)과 같은 전조등 회로에서 전구는 몇 와트의 것을 사용해야 하겠는가?

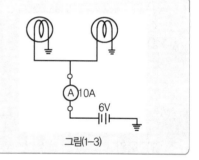

그림(1-3)

정답 30W

※ 전조등을 포함 자동차에 사용하는 대부분의 전구의 결선은 병렬이다. 이유는 한쪽 전구의 필라멘트가 끊어지더라도 다른 한쪽의 전구를 정상적으로 사용하기 위해서이다.

2) 전력량 – 기호 W [단위 : 와트시(Wh)]

전류가 일정 시간 동안에 한 일의 총량이다. $W = P_{전력} \times H_{시간}$

연습문제 6

저항 2.4Ω에 전류 5A를 40분 동안 흐르게 하였다. 소비된 전력량은 얼마인가?

정답 $W = P \cdot H = I^2 \cdot R \cdot H = 5^2 \times 2.4 \times \frac{2}{3}h = 40[Wh] = 0.04[kWh]$

보 충

▶ 줄의 법칙 : 도체에 전류가 흘렀을 때 발생하는 열량에 관한 법칙

  $Q[J] = I^2 \cdot R \cdot t$ ※ 도체에 전류가 흐르면 전류의 2승에 비례하는 줄열이 발생한다.

▶ 줄열 : 저항이 큰 도선에 전류가 흘렀을 때 발생하는 열

  $H[cal] ≒ 0.24 \times I^2 \times R \times t$ ※ 1Cal = 4.2J → 1J = 0.24Cal

157

3 자동차 회로

릴레이를 사용하지 않은 회로에서는 스위치를 닫을 때 배터리의 큰 전류를 직접 제어하기 때문에 스파크가 발생되어 스위치접점이 빨리 소손된다.

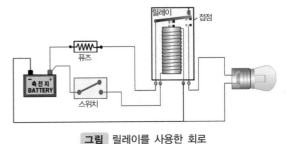

그림 릴레이가 없는 전기 회로

(1) 릴레이

1) 릴레이 활용

① 큰 전류로 작동되는 스위치를 릴레이 내부에 설치한다.

② 제어 스위치는 ①에서 언급한 릴레이 스위치와 병렬로 전자석과 같이 연결하여 설치

그림 릴레이를 사용한 회로

③ 소 전류에서 작동되는 제어 스위치의 전원을 넣으면 릴레이의 코일이 자화(전자석)되어 큰 전류의 스위치를 간접 제어할 수 있게 된다. → 제어 스위치 소손을 막을 수 있다.

2) 단점

① 릴레이 자화로 인한 전력 소모량이 많다.

② 릴레이의 전자서이 작동되어 스위치를 닫는데 소요되는 시간이 길다.

③ 작동 시 소음과 진동이 크다.

3) 보완

현재는 트랜지스터를 활용하여 간접 스위칭 역할을 대신한다.

트랜지스터에 대해서는 뒤에 언급하기로 한다.

(2) 퓨즈

1) 용도 : 규정 이상의 과도한 전류가 흐르면 녹아서 끊어짐.(폐회로 → 개회로)

⇒ 회로에 직렬로 접속되어 다른 제품을 보호할 수 있음.

2) 재료 : 주로 녹는점이 낮은 납과 주석 또는 아연과 주석의 합금을 재료로 사용한다.

3) 전격용량 : 단위는 전류(A)를 사용하고 회로에 실 사용하는 전류의 1.5~1.7배 정도로 설정하여 사용한다.

(3) 키 스위치(점화 스위치)

시동을 걸기 위해 자동차 키를 돌려 작동하는 스위치로 4개의 단계로 구성되어 진다.

1) 스위치 4단계

① **LOCK(OFF)** : 자동차의 전원을 완전히 차단하기 위한 단계이며 이 때 조향핸들을 조작하면 핸들이 잠기게 된다.

② **ACC** Accessory : 자동차의 액세서리 부품의 전원을 공급하는 단계로 카오디오, 시가라이터, 내비게이션 등의 전원을 사용할 수 있다.

③ **ON** : 시동 걸기 전의 단계와 걸고 난 이후의 단계로 나눌 수 있다.

    ⓐ **시동 OFF 상태** : 계기판, 연료 펌프, ABS·모듈레이터[甲], 시동을 돕기 위한 예열장치 등에 전원을 공급하는 단계이다.

    ⓑ **시동 ON 상태** : START 단계 이후에 시동이 걸린 상태에서는 엔진의 회전수가 50rpm 이상 입력되므로 시스템을 정상적으로 작동시키기 위한 모든 장치에 전원이 공급된다.

④ **START** : 기동 전동기에 전원을 공급하여 엔진을 구동하는 단계로 다음의 ⓐ 또는 ⓑ 조건이 각각 만족해야 시동이 가능하다.

    ⓐ **자동변속기** : 변속레버 "P or N"(현재는 "P"만)위치에서 시동 가능 ⇒ 인히비터 스위치[乙] 제어

    ⓑ **수동변속기** : 클러치 페달 작동

    ⓒ **크랭킹[丙]** 될 때의 전원은 IG_1 과 ST 둘로 나뉘어 공급된다.

    ⓓ **IG_1 전원** : ECU, 연료 펌프, 점화 코일, 인젝터 등
       ST 전원 : 기동 전동기에 전원을 공급.

2) 전원의 종류

① **상시전원** : 점화스위치 LOCK 단계에서 공급되는 전원으로 도난경보장치, 블랙박스 등에 전원을 상시 공급한다.

② **ACC** : 점화스위치 ACC단계에서 공급되는 전원이다.

③ **IG_2** : 일반적인 전장부품에 사용되는 전원(계기판, 전조등, 에어컨, 와이퍼 등)으로 점화 스위치 ON 단계에서 공급되는 전원이다.

④ **IG_1** : 시동을 걸기 위한 최소한의 전원으로 점화 스위치 START 단계에서 공급되는 전원이다.

⑤ **ST** : **START 단계에서 기동전동기에 전원을 공급한다.**

[甲] Anti-lock Brake System(자동차가 급제동할 때 바퀴가 잠기는 현상을 방지하기 위해 개발된 특수 브레이크)의 전자제어를 위한 액추에이터로 섀시 챕터에서 언급하기로 한다.
[乙] 자동변속기에서 운전자가 변속레버를 움직일 때 연동되어 작동되는 스위치로 시동 시 전원을 공급하는 역할을 한다.
[丙] 시동을 걸기 위하여 기동전동기를 구동하여 플라이휠에 동력을 공급하는 상태.

4 반도체 Semi conductors

도체와 절연체 사이에 있으면서 어느 것에도 속하지 않는 것을 반도체(4가甲)라고 하며 게르마늄(Ge)과 실리콘(Si)이 대표적이다. Si(4가)에 3가의 원소인 인듐(In), 알루미늄(Al)을 섞으면 P형 반도체(전공[+] 과잉乙)가 되며 비소(As), 인(P), 안티몬(Sb) 등의 5가인 불순물을 섞으면 N형 반도체(전자[-] 과잉丙)가 된다. 그리고 금속은 온도가 높아지면 저항이 증가하지만, 반도체는 온도가 높아지면 저항이 감소하는 부 온도 계수의 물질이다.

(1) 다이오드 Diode

P형 반도체와 N형 반도체를 마주대고 접합한 것이며, 한쪽 방향에 대해서는 전류가 흐르지만 반대 방향으로는 전류의 흐름을 저지하는 정류(교류 → 직류) 작용을 한다.

(2) 제너 다이오드 Zener diode

실리콘 다이오드의 일종이며, 어떤 전압에 달하면 역방향으로도 전류가 통할 수 있도록 제작한 것이다.

▶ **브레이크 다운전압** : 전류가 역방향으로 급격히 흐르기 시작하는 전압을 말한다.

(3) 발광 다이오드 Led-light Emission Diode

순방향으로 전류를 흐르게 하였을 때 빛이 발생한다. 보통 전자회로의 표시등이나 문자 표시기로 사용되며, 발광 시에는 순방향으로 10mA 정도의 전류가 소요된다.

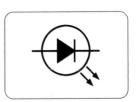

크랭크각 센서, 1번 실린더 TDC센서, 차고 센서, 조향 휠 각도 센서 등에서 이용된다.

(4) 수광 다이오드 Photo diode

P형과 N형으로 접합된 게르마늄판 위에 입사광선을 쬐면 빛에 의해 전자가 궤도를 이탈하여 역방향으로 전류를 흐르게 하는 것(변화를 크게 측정하기 위해 역방향으로 전압을 가함). 즉 빛을 받으면 전기를 흐를 수 있게 하며 일반적으로 발광 다이오드와 함께 스위칭 회로에 많이 사용된다.

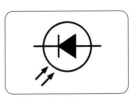

甲 최외각 전자가 4개인 경우로 8개의 전자로 구성될 때 전자의 이동이 어려워진다.
乙 4+3=7가가 되므로 8개를 기준으로 1개의 전자가 부족하게 된다. 따라서 양(Positive)성자의 에너지가 크게 된다.
丙 4+5=9가 되므로 8개의 주기를 채우고 1개의 전자(음-Negative)가 남게 된다.

(5) 트랜지스터 Transistor

불순물 반도체 3개를 접합한 것으로 PNP형과 NPN형의 2가지가 있으며 트랜지스터는 각각 3개의 단자가 있는데 한쪽을 이미터(Emitter=E), 중앙을 베이스(Base=B), 다른 한쪽을 컬렉터 (Collector-C)라 부른다.

TR의 3대 작용에는 적은 베이스 전류로 큰 컬렉터 전류를 만드는 증폭 작용과 베이스 전류를 단속하여 이미터와 컬렉터 전류를 단속하는 스위칭 작용이 있으며 외부에서 입력 신호가 없어도 출력 신호가 나오는 발진 작용甲 등이 있다.

① 트랜지스터의 장점

ⓐ 진동에 잘 견디고, 극히 소형이고 가볍다.

ⓑ 내부에서의 전압 강하와 전력 손실이 적다.

ⓒ 기계적으로 강하고 수명이 길며, 예열하지 않아도 곧바로 작동된다.

② 트랜지스터의 단점

ⓐ 역 내압乙이 낮기 때문에 과대 전류 및 과대 전압에 파손되기 쉽다.

ⓑ 정격값丙(Ge=85℃, Si=150℃) 이상으로 사용되면 파손되기 쉽다.

ⓒ 온도가 상승하면 파손되므로 온도 특성이 나쁘다.

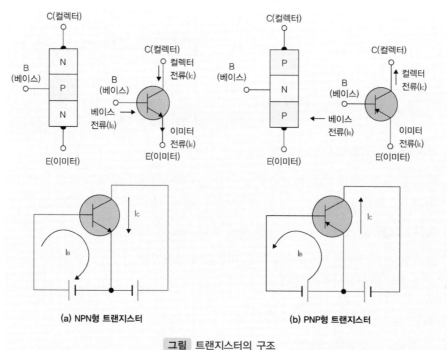

(a) NPN형 트랜지스터　　　**(b) PNP형 트랜지스터**

그림 트랜지스터의 구조

甲 증폭 회로에서 출력의 일부를 입력측에 되돌리는 것으로 발진이 발생한다.
乙 역 방향으로 전압을 가했을 때의 허용 한계
丙 전기 기기나 기구, 장치 등을 설계하거나 제작할 당시, 제조 회사에서 규정한 정격 전류, 정격 전압, 정격 출력 등을 말한다.

1) 수광 트랜지스터 Photo transistor

포토다이오드의 PN접합을 베이스-이미터 접합에 이용한 트랜지스터로, 포토다이오드와 마찬가지로 빛에너지를 전기에너지로 변환한다. 수광 다이오드에 비해 빛에 더 민감하게 반응(트랜지스터의 증폭작용)하지만 반응 속도는 더 느리다.

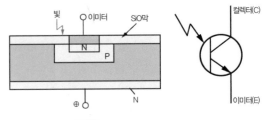

그림 포토 트랜지스터의 구조

2) 다링톤 트랜지스터 Darlington transistor

트랜지스터 내부가 2개의 트랜지스터로 구성되어 있는 경우이며 1개로 2개분의 증폭효과를 낼 수 있어 아주 작은 베이스 전류로 큰 전류를 제어할 수 있다.

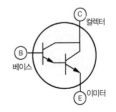

그림 다링톤 트랜지스터 구조

(6) 서미스터 Thermistor

서미스터(부 특성 or 정 특성)는 다른 금속과 다르게 온도변화에 따라 저항값이 변화되는 반도체 소자이다.

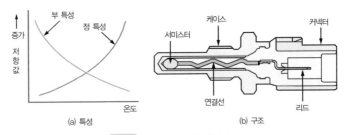

그림 서미스터의 특성과 구조

1) 부(-)특성 서미스터 Negative Temperature Coefficient thermistor

부 특성 서미스터란 온도가 상승하면 저항 값이 감소하여 전류가 잘 흐르게 하는 특성이 있으며 수온 센서, 흡기 온도 센서, 연료 잔량 센서, 온도 보상장치 등에 사용한다.

2) 정(+)특성 서미스터 Positive Temperature Coefficient thermistor

정 특성 서미스터란 온도가 상승하면 저항 값이 증가하여 전류가 잘 흐르지 않는 특성이 있으며 도어 액추에이터 등에 사용한다.

(7) 압전 소자(반도체 피에조 저항)

다이어프램 상하의 압력차에 비례하는 다이어프램 신호를 전압 변화로 만들어 압력을 측정할 수 있는 센서이며 힘을 받으면 전기가 발생하는 압전소자로서 MAP센서, 대기압센서, 노킹센서 등이 압전 소자를 활용한다.

(8) 광전도 셀(광전도 소자)

카드뮴과 황을 결합한 후 가열 소결 시키거나 단결정으로 하여 만든 것이다. 빛을 비추면 빛에너지를 흡수해서 전하를 운반하는 하전체(荷電體)의 양이 증가하는데, 이때 전기전도율이 증가하는 성질을 가지는 소자이다. 즉, 빛이 강할 때 전류가 증가하고 빛이 약할 때 전류가 감소하는 특성이 있다. 오토라이트 시스템의 조도(광량) 센서로 활용된다.

(9) 홀 효과 Hall Effect

홀 소자는 작고 얇게 편평한 판으로 만든 것이며 전류가 외부 회로를 통하여 이 판에 흐를 때 전압이 자속과 전류의 방향에 각각 직각 부분으로 발생한다. 이 전압은 판 사이를 흐르는 전류밀도와 자속 밀도에 비례하며, 이 자장에 따라 전압이 발생하는 것을 홀 효과라 한다. 주로 변속기의 입출력 회전수나 휠의 회전수를 측정하는 센서로 사용된다.

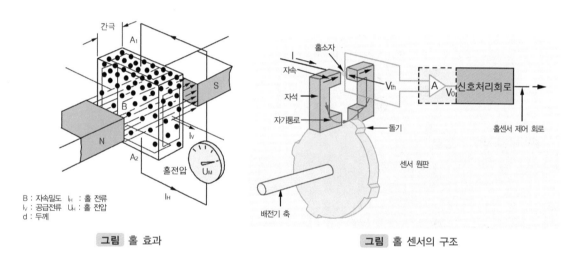

B : 자속밀도 I_H : 홀 전류
I_V : 공급전류 U_H : 홀 전압
d : 두께

그림 홀 효과   **그림** 홀 센서의 구조

(10) 컴퓨터의 논리 회로

입 력		출 력 (Q)			
A	B	AND	NAND	OR	NOR
1	1	1	0	1	0
1	0	0	1	1	0
0	1	0	1	1	0
0	0	0	1	0	1

※ 1(High)이란 전원이 인가된 상태, 0(Low)은 전원이 인가되지 않은 상태를 말한다.

1) 논리적(AND) 회로

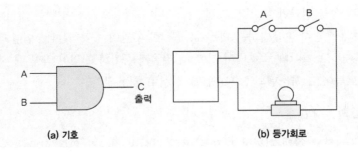

(a) 기호   (b) 등가회로

2) 논리화(OR) 회로

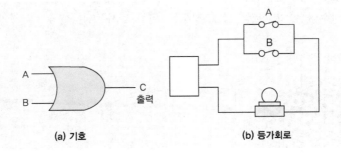

(a) 기호   (b) 등가회로

3) 부정(NOT) 회로

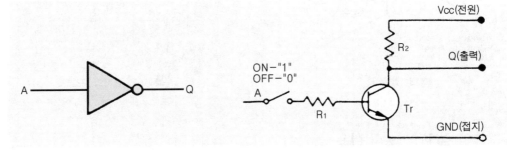

4) 부정 논리적(NAND) 회로

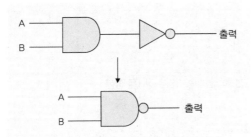

5) 부정 논리화(NOR) 회로

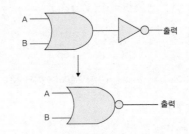

(11) 집적회로 : IC Integrated Circuit

회로소자(저항, 축전기, 다이오드, 트랜지스터 등)가 1개의 실리콘 기판 또는 기판 내에 분리할 수 없는 상태로 결합된 것으로 초소형화가 가능하다.

1) 장점

① 소형·경량이며 대량생산이 가능하므로 가격이 저렴하다.

② 납땜 부위가 적어 고장이 적으며 진동에 강하고 소비전력이 매우 적다.

2) 단점

① 큰 전력을 사용하는 경우에는 방열기를 부착하거나 장치 전체에 송풍장치가 필요하다.

② 대용량의 축전기는 IC화가 어렵다.

Section별 OX 문제

01. 도체의 저항은 도체의 단면고유저항에 비례하고 도체의 길이에는 반비례한다. ☐ ○ ☐ ×

02. 전류계는 회로에 직렬로 접속하여 측정하고 전압계는 회로에 병렬로 접속하여 측정한다. ☐ ○ ☐ ×

03. 병렬로 접속된 2개의 저항 값이 각각 2Ω과 3Ω일 때 합성저항은 5Ω이다. ☐ ○ ☐ ×

04. 폐회로에 1개의 저항이 존재한다. 12V의 전압이 걸렸을 때 4Ω의 저항에 흐르는 전류의 값은 3A이다. ☐ ○ ☐ ×

05. 자동차 배터리의 전압은 12V이다. 이 때 2개의 전조등에 사용되는 전구의 전력은 각각 30W이다. 이 회로에 사용할 수 있는 적당한 퓨즈의 용량은 8A 정도이다. ☐ ○ ☐ ×

06. 상시전원이란 키 스위치가 LOCK 단계에서 공급되는 전원으로 도난경보장치, 비상등, 경음기 등에 전원을 공급한다. ☐ ○ ☐ ×

07. 트랜지스터는 진동에 잘 견디고 극히 소형이고 가볍다. 또한 내열성이 좋아 수명이 길다. ☐ ○ ☐ ×

08. 다이오드는 한쪽 방향에 대해서만 전류가 인가되는 특성이 있어 교류를 직류로 정류하는 용도로 많이 사용된다. ☐ ○ ☐ ×

09. 트랜지스터를 이용하여 만든 회로에는 스위칭, 발진, 증폭회로 등이 있다. ☐ ○ ☐ ×

10. 수온센서, 흡기 온도센서, 연료 잔량센서 등 온도를 측정하는 용도로 사용하는 반도체 소자는 정 특성 서미스터이다. ☐ ○ ☐ ×

정답 및 해설

01. 도체의 저항은 도체의 단면고유저항에 비례하고 도체의 단면적에는 반비례한다.

03. 직렬로 접속된 2개의 저항 값이 각각 2Ω과 3Ω일 때 합성저항은 5Ω이다.

05. [해설] P=I·E로 사용전류 I=5A이고 퓨즈의 전격용량은 실 사용전류의 1.5~1.7배 정도 설정하여 사용하기 때문에 8A 정도가 적당하다.

07. 트랜지스터는 진동에 잘 견디고 극히 소형이고 가볍다. 하지만 온도 특성이 나빠 고온에 잘 파손된다.

10. 수온센서, 흡기 온도센서, 연료 잔량센서 등 온도를 측정하는 용도로 사용하는 반도체 소자는 부 특성 서미스터이다.

정답

01.× 02.○ 03.× 04.○
05.○ 06.○ 07.× 08.○
09.○ 10.×

11. 홀 효과는 다이어프램 상하의 압력차에 비례하는 다이어프램 신호를 전압 변화로 만들어 압력을 측정할 수 있는 센서로 MAP센서, 대기압센서, 노킹센서 등에 사용된다. ☐ O ☐ ✕

12. 오토라이트 시스템의 조도 센서로 광전도 셀을 활용한다. ☐ O ☐ ✕

13. 논리회로의 입력신호 A, B가 모두 1인 경우 논리화 회로의 출력신호는 1이 된다. ☐ O ☐ ✕

14. 집적회로의 장점으로 대용량 축전기에 적용 시 대량생산이 가능하고 소비전력을 크게 낮출 수 있다. ☐ O ☐ ✕

11. 압전소자는 다이어프램 상하의 압력차에 비례하는 다이어프램 신호를 전압 변화로 만들어 압력을 측정할 수 있는 센서로 MAP센서, 대기압센서, 노킹센서 등에 사용된다.

14. 대용량의 축전기는 집적회로화가 어렵다.

3.
전
기

정답
11.✕ 12.O 13.O 14.✕

단원평가문제

01 다음 그림의 기호는 어떤 부품을 나타내는 기호인가?

① 실리콘 다이오드
② 발광 다이오드
③ 트랜지스터
④ 제너 다이오드

02 저항이 4Ω인 전구를 12V의 축전지에 의하여 점등했을 때 접속이 올바른 상태에서 전류(A)는 얼마인가?

① 4.8A
② 2.4A
③ 3.0A
④ 6.0A

03 자동차 전기 회로에 사용하는 퓨즈의 용량은 회로 내 전류의 어느 정도가 적당한가?

① 1배
② 1.5 ~ 1.7배
③ 2.0 ~ 2.5배
④ 3배 이상

04 자동차 전기 회로에 사용하는 퓨즈의 재료로 사용하기 부적합한 것을 고르시오.

① 납   ② 주석
③ 아연   ④ 크롬

05 반도체 피에조 저항, 즉 압전 소자를 활용한 센서로 거리가 먼 것은?

① MAP 센서
② 대기압 센서
③ 노크 센서
④ 가속페달 위치 센서

06 부 특성 서미스터(Thermistor)에 해당되는 것으로 나열된 것은?

① 냉각수온 센서, 흡기 온도 센서
② 냉각수온 센서, 산소 센서
③ 산소 센서, 스로틀 포지션 센서
④ 스로틀 포지션 센서, 크랭크 앵글 센서

07 발광다이오드의 특징을 설명한 것이 아닌 것은?

① 배전기의 크랭크 각 센서 등에서 사용된다.
② 발광할 때는 10mA 정도의 전류가 필요하다.
③ 가시광선으로부터 적외선까지 다양한 빛을 발생한다.
④ 역방향으로 전류를 흐르게 하면 빛이 발생된다.

08 점화장치의 트랜지스터에 대한 특징으로 틀린 것은?

① 극히 소형이며 가볍다.
② 예열시간이 불필요하다.
③ 내부 전력손실이 크다.
④ 정격 값 이상이 되면 파괴된다.

09 그림과 같이 측정했을 때 저항 값은?

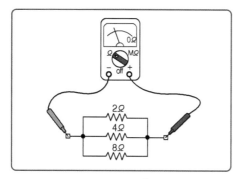

① 14 Ω   ② $\frac{1}{14}$ Ω

③ $\frac{8}{7}$ Ω   ④ $\frac{7}{8}$ Ω

10 PNP형 트랜지스터의 순방향 전류는 어떤 방향으로 흐르는가?

① 컬렉터에서 베이스로
② 이미터에서 베이스로
③ 베이스에서 이미터로
④ 베이스에서 컬렉터로

11 트랜지스터(TR)의 설명으로 틀린 것은?

① 증폭 작용을 한다.
② 스위칭 작용을 한다.
③ 아날로그 신호를 디지털 신호로 변환한다.
④ 이미터, 베이스, 컬렉터의 리드로 구성되어져 있다.

12 저항이 병렬로 연결된 회로의 설명으로 맞는 것은?

① 총 저항은 각 저항의 합과 같다.
② 각 회로의 저항에 상관없이 동일한 전류가 흐른다.

③ 각 회로의 저항에 동일한 전압이 가해지므로 입력 전압은 일정하다.
④ 저항의 수가 많아지면 배터리 +단자의 배선에서 많은 전류가 흐르지 못 한다.

13 옴의 법칙으로 맞는 것은? (단, I = 전류, E = 전압, R = 저항)

① I = RE   ② E = IR
③ I = R/E   ④ E = 2R/ I

14 어떤 기준 전압 이상이 되면 역방향으로 큰 전류가 흐를 수 있는 반도체는?

① PNP형 트랜지스터
② NPN형 트랜지스터
③ 포토 다이오드
④ 제너 다이오드

15 회로에서 12V 배터리에 저항 3개를 직렬로 연결하였을 때 전류계 "A"에 흐르는 전류는?

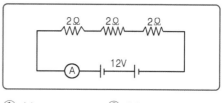

① 1A   ② 2A
③ 3A   ④ 4A

16 P형 반도체와 N형 반도체를 마주대고 결합한 것은?

① 캐리어   ② 홀
③ 다이오드   ④ 스위칭

17 브레이크등 회로에서 12V 축전지에 24W
의 전구 2개가 연결되어 점등된 상태라면
합성저항은?

① 2Ω   ② 3Ω

③ 4Ω   ④ 6Ω

18 "회로내의 임의의 한 점을 기준으로 들
어간 전류의 합과 나간 전류의 총합은 같
다."라는 법칙에 해당되는 것은?

① 키르히호프   ② 옴

③ 파스칼   ④ 렌츠

정답 및 해설

ANSWERS

01.④	02.③	03.②	04.④	05.④	06.①
07.④	08.③	09.③	10.②	11.③	12.③
13.②	14.④	15.②	16.③	17.②	18.①

01. 각각의 다이오드 별로 기호를 익혀두자.

02. 옴의 법칙 : $I = \dfrac{E}{R} = \dfrac{12}{4} = 3A$

03. 예를 들어 2번 문제의 전류 3A에 사용되는 퓨즈는 3×1.5배
=4.5의 용량을 가진 퓨즈가 적당하다. 하지만 기성품은 5A
단위로 생산되므로 5A의 퓨즈(3×1.66배)가 적당하다.

04. 과전류의 열에 잘 녹는 재료를 사용해야 한다.

05. 가속페달 위치 센서는 포텐셔미터를 사용하여 위치변화에 따
라 저항이 바뀌는 원리를 이용한다.

06. 온도를 측정하는 센서에 부 특성 서미스터를 사용한다.

07. 발광 시 순방향으로 10mA 정도의 전류가 소모된다.

08. 반도체로 구성된 트랜지스터는 반도체가 가지는 특성을 그대
로 가진다.

09. 병렬의 합성저항

$$\frac{1}{R} = \frac{1}{R_1} + \frac{1}{R_2} + \frac{1}{R_3} = \frac{1}{2} + \frac{1}{4} + \frac{1}{8} = \frac{4}{8} + \frac{2}{8} + \frac{1}{8}$$
$$= \frac{7}{8}$$
$$\therefore R = \frac{8}{7}\Omega$$

10. PNP형 트랜지스터에서 베이스 및 컬렉터 전류의 언급은 없기
때문에 해당사항 모두 고려해야 한다. 즉, 베이스 전류는 이미
터에 베이스로 컬렉터 전류는 이미터에서 컬렉터기 순방향
전류이다. 따라서 해당사항이 있는 선지는 ②번이다.

11. TR의 3대 작용은 스위칭, 증폭, 발진이다. 또한 단자(리드)는
이미터, 베이스, 컬렉터로 구성된다.

12. 병렬회로에서 저항이 다르더라도 전압은 일정하고 전류는 저
항에 반비례하게 된다.
병렬회로에서 저항의 수가 많아지게 되면 본선에서 흐르는
전류의 양은 많아지게 된다.
이유는 총 저항 값은 각 저항의 역수를 더 해서 나온 결과에
다시 역수를 취하기 때문에 저항의 수가 많아질수록 총 저항
은 작아지기 때문이다.

13. 식을 여러 가지 모습으로 변형시킬 수 있기 때문에 아래 삼각
형 그림을 암기해서 활용하는 것이 좋다.

14. 제너 다이오드에서 브레이크 다운전압 이상에서 역방향으로
전류가 흐를 수 있고 교류발전기의 전압 조정기에서 과 충전
을 방지하는 용도로 사용된다.

15. 직류로 연결된 합성저항은 모두 더하면 된다. R=6Ω 이고
$I = \dfrac{12}{6} = 2A$ 가 된다. 여기서 전류계는 회로에 직렬로 연결
하고 전압계는 회로에 병렬로 연결하여 측정한다는 것도 알
아두자.

16. 다이오드는 교류를 직류로 정류하는 용도로 많이 사용된다.

17. 전구 2개 병렬연결이므로
$$P = 24W \times 2 = 48W$$
$$P = IE, \; E = IR \; 이므로$$
$$P = \frac{E^2}{R}, \; R = \frac{E^2}{P} = \frac{12^2}{48} = 3\Omega$$

18. 키르히호프 제 1법칙은 전류와 관련된 것으로 전하 보전 법칙
을 설명하고 키르히호프 제 2법칙은 전압과 관련된 것으
로 에너지 보전 법칙을 설명한다. 렌츠의 법칙은 유도기
전력과 유도전류는 자기장의 변화를 상쇄하려는 방향으
로 발생한다는 전자기법칙이다.

1 납산 축전지의 개요 및 구성

화학적 에너지를 전기적 에너지로 바꿀 수 있도록 만든 2차 전지(충·방전이 가능)이며 기동장치의 전기적 부하를 담당한다. 극판 수는 화학적 평형을 고려하여 음극판을 양극판보다 1장 더 두고 단자 기둥은 ⊕ 굵고, ⊖ 가늘며, 완전 충전 시 셀 당 기전력은 2.1V이다. 공칭전압 12V 축전지의 경우 6개의 셀(극판 1세트)이 직렬로 연결되어 있다.

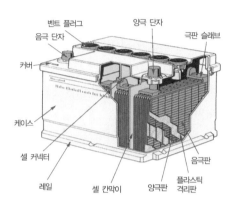

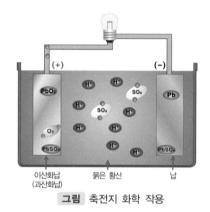

그림 축전지 화학 작용

※ 납산 축전지 화학식은 다음과 같다.

(양극판)	(전해액)	(음극판)	(방전)	(양극판)	(전해액)	(음극판)
PbO_2	$+ 2H_2SO_4$	$+ Pb$	$\rightleftarrows$	$PbSO_4$	$+ 2H_2O$	$+ PbSO_4$
(이산화납)	(묽은황산)	(해면상납)	(충전)	(황산납)	(물)	(황산납)

– 충전이 완료되고 난 후 물이 전기 분해 되어 양극에서는 산소가 음극에서는 수소가 발생된다.

(1) 극판 Plate

극판에는 양극판과 음극판이 있으며, 납-안티몬甲 합금의 격자grid에 산화납이나 납 가루를 묽은 황산으로 개어서 반죽paste하여 바른 후 건조한다.

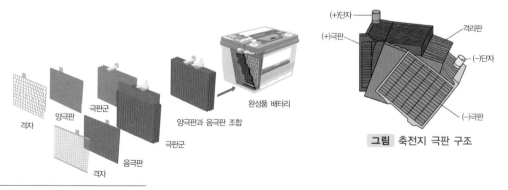

그림 축전지 극판 구조

甲 안티몬(Sb) : 기계적 강도를 높이고 주조를 용이하게 해주지만 극판의 표면을 서서히 석출하여 국부전지현상을 발생시키고 전해액을 증발시키는 성질이 있어 현재는 칼슘합금으로 대체한다.

171

(2) 격리판 Separator

격리판은 양극판과 음극판 사이에 끼워져 양쪽 극판이 단락[甲]되는 것을 방지하며 홈이 있는 면이 양극판 쪽으로 끼워져 있는데 이는 과산화납에 의한 산화 부식을 방지하고 전해액의 확산이 잘 되도록 하기 위함이다. 축전지 격리판의 요구조건은 다음과 같다.

① 비전도성[乙]이고, 전해액의 확산이 잘 될 것
② 극판에 좋지 않은 물질을 내뿜지 않을 것
③ 전해액에 부식되지 않고, 기계적 강도가 있을 것

(3) 전해액

축전지용 전해액은 묽은황산($2H_2SO_4$)이며, 그 조성은 20℃에서 비중이 1.260~1.280으로 완전 충전된 축전지의 경우 전해액의 중량 비는 황산(비중 : 1.84) 35~39%, 증류수 61~65%이다. 비중 측정은 비중계(흡입식과 광학식)로 측정하며, 전해액의 온도 1℃ 변화에 비중은 0.00074가 변화한다. 비중은 온도와 반비례하고 방전량은 온도와 비례한다.

◆ 전해액 비중 환산 공식 $S_{20} = St + 0.0007(t-20)$

S_{20} : 표준온도 20℃에서의 비중 S_t : t℃에서의 실측한 비중 t : 전해액의 온도

(4) 축전지 설페이션 Sulfation 원인

축전지를 과 방전 상태로 오래 두면 못쓰게 된다. 이유는 극판이 영구 황산납(유화, 설페이션)이 되기 때문이며 이를 방지하기 위해 비중이 1.200(20℃) 정도가 되면 보충전을 하고, 보관 시에는 15일에 1번씩 보충전을 해야 한다. 그리고 설페이션 원인은 다음과 같다.

① 장기간 방전 상태로 방치 시 or 과방전인 경우
② 전해액 비중이 너무 높거나 낮을 때 or 전해액에 불순물 포함 시
③ 불충분한 충전의 반복 시 or 극판 노출 시(전해액량 부족 시)

2 납산 축전지의 특성

(1) 축전지 용량

축전지 용량이란 완전 충전된 축전지를 일정한 전류로 방전시켜 방전종지전압[丙](셀당 1.7~1.8V)이 될 때까지의 시간을 말하며, 단위는 AH(전류×시간)이다.

※ 용량은 극판의 크기(면적), 극판의 수, 전해액의 양에 따라 정해진다.

[甲] 전선이 서로 붙어버린 현상
[乙] 전기의 전도가 잘되지 않는 성질을 뜻함
[丙] 축전지를 사용하는 경우단자 전압이 '0'으로 되기까지 방전시키지 않고, 어느 한도의 전압까지 강하하면 방전을 멈추게 한다. 이때의 전압을 방전종지 전압이라 한다.

1) 축전지의 방전율과 저온 시동성

① **20H율**[甲] : 방전종지전압이 될 때까지 20시간 사용할 수 있는 전류의 양

② **25A율**[乙] : 26.67℃에서 25A로 방전하여 방전종지전압이 될 때까지 시간(분)

③ **냉간율** : −17.7℃에서 300A로 방전하여 셀당 1V 강하 될 때까지 소요시간(분)

④ **저온시동전류**(CCA – Cold Cranking Ampere) : −17.7℃ 환경에서 30초 동안 최소 7.2V를 유지하면서 전달하는 전류(A)량을 숫자로 변환한 등급

2) 온도와 용량

온도가 낮으면 황산의 분자 또는 이온 등의 이동이 둔화된다. 이는 황산의 비저항[丙] 증가로 전압강하에 의해 용량이 저하되게 된다. 다시 말해 온도와 용량은 비례관계에 있다. 이러한 이유로 '온도가 낮으면 비중은 증가하고 비중의 증가는 완충된 상태라 용량이 커진다.' 라고 결론 내리면 안 된다. 즉, 비중이 높더라도 낮은 온도에서는 화학작용이 원활하지 못하기 때문에 용량이 저하되어 시동작업이 원활하지 못하다는 뜻이다.

3) 축전지 연결에 따른 용량과 전압의 변화상태

직렬연결 시 전압은 연결한 개수만큼 증가되나 용량은 변하지 않고, 병렬연결 시 용량은 연결한 개수만큼 증가되나 전압은 변하지 않는다.

(2) 자기 방전

충전된 축전지를 사용하지 않고 방치해 두면 조금씩 자기방전을 하여 용량이 감소되는 현상을 말하며, 1일 자기 방전율은 0.3~1.5%이고, 기타 사항은 다음과 같다.

전해액 온도	1일 방전율	1일 비중 저하	※ 자기 방전 원인
30℃	1.0%	0.002	· 단락에 의한 경우
20℃	0.5%	0.001	· 구조상 부득이 한 경우 · 불순물 혼입에 의한 경우
5℃	0.25%	0.0005	· 축전지 표면에 전기회로가 생겼을 때

(3) 축전지의 수명

축전지는 오래 될수록 자기 방전양이 늘어나고 용량이 줄어들어 결국 수명을 다하게 된다. 용량이 줄어드는 이유는 다음과 같다.

① (+)극판의 팽창 · 수축으로 인해 과산화납이 극판에서 떨어진다.

② (−)극판은 수축에 의해 다공성[丁]을 잃게 된다.

[甲] 유럽차에 사용되는 DIN/EN규격은 20시간율 용량으로 맞추고 있다.
[乙] 25A는 자동차 운행에 필요한 최소한의 전류로 배터리 보유용량(RC-Reserve Capacity)의 측정방법(분-min)으로 사용한다.
[丙] 어떤 물질이 전류의 흐름에 얼마나 거스르는지를 나타내는 물리량이다. 비저항이 크다는 말은 물질이 전류를 잘 통하지 않는다는 뜻이다.
[丁] 고체가 내부 또는 표면에 작은 빈틈을 많이 가진 상태.

(4) 납산축전지의 충전

1) **초충전** Initial charge : **극판의 활성화를 위하여 최초로 충전하는 것(약 30분~1시간)**

2) **보충전** Recharge

자기방전에 의하거나 사용 중에 소비된 용량을 보충하기 위하여 하는 충전을 말한다.

① **정전압 충전** Constant voltage charge : 일정한 전압을 설정하여 충전하는 것

② **정전류 충전** Constant current charge : 일정한 전류로 설정하여 충전하는 것

ⓐ 최대 충전 전류 : 축전지 용량의 20%

ⓑ 표준 충전 전류 : 축전지 용량의 10%

ⓒ 최소 충전 전류 : 축전지 용량의 5%

3) **단별전류충전** Stepped current charge : **충전 중의 전류를 단계적으로 감소시켜 충전하는 것**

4) **급속 충전** Quick charge

급속 충전기를 사용하여 방전 상태의 축전지를 짧은 시간에 방전량을 보충하기 위하여 축전지 용량의 50%의 충전 전류로 충전시키는 방법이다.

급속 충전은 과대전류로 충전하기 때문에 다음 사항에 주의한다.

① 통풍이 잘되는 곳에 보관 및 충전하여야 한다.

② 전해액의 온도가 45℃를 넘지 않도록 해야 한다.

③ 각 셀의 필러 플러그甲(벤트 플러그)를 열고 충전한다.

④ 자동차에서 급속 충진 시에는 반드시 축전지와 기동전동기 집속 케이블을 분리한다. (과전류에 의한 발전기 다이오드 및 각 전장품의 소손을 방지하기 위해서)

3 축전지의 점검 및 취급

① 증류수를 극판 위 10~13㎜ 정도 되게 보충한다.

② 전압계에 의한 점검은 시동 시 9.6V 이상이면 양호하다.

③ 각 셀의 비중차가 0.05 이상일 때에는 축전지를 교환한다.

④ 축전지의 경부하乙 시험 시에는 셀당 전압이 1.95V 이상이고, 셀당 전압차가 0.05V 미만이면 양호하고, 0.05V 이상이면 축전지를 교환한다.

⑤ 축전지 테스터에 의한 점검은 축전지 용량의 3배 전류로 15초간 방전시켰을 때 9.6V 이상이면 양호하다.

⑥ 기동전동기는 10~15초 이상 연속 사용하지 말 것

⑦ 축전지 케이스 청소는 암모니아수나 탄산수소나트륨으로 중화한 후 물로 세척한다.

甲 전해액을 주입하거나 물을 주입하는 구멍을 막는 마개로 중앙에는 구멍이 뚫려 축전지 내부의 수소·산소 가스를 방출한다.
乙 전조등을 점등한 상태에서 측정

4 기타 축전지

(1) MF Maintenance free 배터리 - 무보수·무정비 축전지

① 묽은 황산 대신 젤 상태의 물질을 사용하는 밀폐형 축전지로 자기 방전율이 낮다.

② (+)극판은 납과 저안티몬 합금으로 (−)극판은 납, 칼슘 합금으로 구성된다.

③ 내부 전극의 합성 성분에 칼슘을 첨가해 배터리액이 증발하지 않는다.

④ 축전지 점검창indicator을 확인하여 녹색이면 정상, 검은색이면 충전 부족, 투명하면 배터리 수명이 다한 상태이므로 사용이 불가능하다.

⑤ 촉매마개를 사용하여 충전 시 발생되는 산소와 수소가스를 다시 증류수로 환원시킨다.

⑥ 증류수를 점검하거나 보충하지 않아도 되며 장기간 보관이 가능하다.

(2) EF Enhanced Flooded 배터리 - 강화침수전지

① 폴리에스터 스크린甲이 코팅 되어 있어 차량의 전기장치가 작동 중에도 믿을 수 있는 시동 성능을 보장한다.

② 활성물질이 연판에 추가로 고착되도록 하여 심방전 저항乙이 기존 배터리 보다 크다.

③ 충·방전 수명이 길고 시동 능력이 일반 배터리와 비교했을 때 15% 정도 높다.

④ 상시전원을 많이 사용(블랙박스 등)하거나 운행이 많지 않은 차량에 적합하다.

(3) AGM Absorbent Glass Mat 배터리 - 흡수성 유리섬유 축전지

① 유리섬유丙에 전해액을 흡수시켜 사용하므로 전해액의 유동이 없다.

② 충전시간이 짧고 출력이 높으며 수명이 길다.

③ 연비개선에 도움이 된다.

④ ISG Idle Stop & Go丁 기능이 있는 차량과 하이브리드 차량에 주로 사용된다.

⑤ 다른 배터리에 비해 고가이다.

(단위 : %)

	MF	EF	AGM
CCA	100	150	150
내구성	100	200	300
연료절감	0	2~5	5~10
적용	일반 차량	중소형 ISG	고급형 및 디젤 ISG
가격	100	135	200

※ 상대적 비교를 위한 수치임. 각 제조사마다 일부 차이가 있음.

甲 흡수성이 없는 고분자 화합물

乙 높은 부하에서 발생되는 큰 방전에 대한 내구성

丙 용융한 유리를 섬유 모양으로 한 광물섬유

丁 공회전을 제한하기 위한 시스템으로 공전 시 엔진을 일시 정지 시켜 배출가스로 인한 환경오염을 줄이는데 도움이 된다.

Section별 **OX** 문제

정답 및 해설

01. 자동차용 납산 축전지는 2차 전지로 사용되며 화학적 안정을 고려하여 음극판의 수를 1장 더 두고 있다. ☐ O ☐ ✕

02. 양극의 단자기둥이 음극의 단자기둥에 비해 굵고 많은 전기배선이 터미널에 묶여 있으며 사용 후 부식물이 많이 부착된다. ☐ O ☐ ✕

03. 차량에서 배터리 탈거 시 음극단자의 터미널을 먼저 분리하고 장착 시는 나중에 설치한다. ☐ O ☐ ✕

04. 납산 축전지를 방전하면 양극판은 과산화납이 된다. ☐ O ☐ ✕

04. 납산 축전지를 방전하면 양극판은 황산납이 된다.

05. 납산 축전지 충전 시 음극판은 황산납이 된다. ☐ O ☐ ✕

05. 납산 축전지 충전 시 음극판은 해면상납이 된다.

06. 격리판은 비전도성이면서 전해액의 확산이 잘 되게 해주어야 하며 부식되지 않고 기계적 강도도 우수해야 한다. ☐ O ☐ ✕

07. 축전지를 과방전 상태로 오래 두면 못쓰게 되는 현상을 유화라고 표현한다. ☐ O ☐ ✕

08. 축전지의 셀당 방전종지 전압은 1.75V정도이고 용량의 단위는 AH를 사용한다. ☐ O ☐ ✕

09. 축전지를 -17.7℃에서 300A로 방전하여 셀당 1V 강하 될 때까지 소요시간으로 나타내는 저온 시동 능력을 CCA라 한다. ☐ O ☐ ✕

09. 축전지를 -17.7℃에서 300A로 방전하여 셀당 1V 강하 될 때까지 소요시간으로 나타내는 방전율을 냉간율이라 한다.

10. 축전지의 용량은 온도에 비례하고 비중은 온도에 반비례, 방전양은 온도에 비례한다.

10. 축전지의 용량은 온도에 반비례하고 비중은 온도에 비례, 방전양은 온도에 반비례한다. ☐ O ☐ ✕

정답

01.O 02.O 03.O 04.✕
05.✕ 06.O 07.O 08.O
09.✕ 10.✕

176

11. MF 배터리의 격자는 저안티몬 합금으로 구성되어 배터리 사용 중에 발생되는 극판 표면의 탈락을 더디게 만든다. 따라서 납산축전지에 비해 국부전지(브릿지) 현상을 줄일 수 있다.　☐ ○ ☐ ✕

12. MF 배터리는 전기 분해될 때 발생하는 산소와 수소가스를 다시 증류수로 환원시키는 촉매 마개를 사용한다.　☐ ○ ☐ ✕

13. MF 배터리의 점검 창에 검은색이 표시 될 경우 사용이 불가하다.　☐ ○ ☐ ✕

14. 공전 시 엔진을 정지하는 기능이 있는 차량에는 EF배터리나 AGM배터리를 사용하는 것이 효율적이다.　☐ ○ ☐ ✕

13. MF배터리의 점검창에 검은 색이 표시될 경우 충전 부족 이다.

3.
전
기

단원평가문제

01 2개 이상의 배터리를 연결하는 방식에 따른 용량과 전압관계의 설명으로 맞는 것은?

① 직렬연결 시 1개 배터리 전압과 같으며 용량은 배터리 수만큼 증가한다.

② 병렬연결 시 용량은 배터리 수만큼 증가하지만 전압은 1개 배터리 전압과 같다.

③ 병렬연결이란 전압과 용량이 동일한 배터리 2개 이상을 (+)단자와 연결대상 배터리 (−)단자에, (−)단자는 (+)단자로 연결하는 방식이다.

④ 직렬연결이란 전압과 용량이 동일한 배터리 2개 이상을 (+)단자와 연결대상 배터리의 (+)단자에 서로 연결하는 방식이다.

02 자동차용 납산 축전지에 관한 설명으로 맞는 것은?

① 일반적으로 축전지의 음극 단자는 양극 단자보다 크다.

② 전기를 안정적으로 공급하기 위해 양극판의 수가 1장 더 많다.

③ 일반적으로 충전시킬 때는 (+)단자는 수소가, (−)단자는 산소가 발생한다.

④ 전해액의 황산 비율이 증가하면 비중은 높아진다.

03 자동차의 납산 축전지에 대한 설명으로 거리가 먼 것은?

① 축전지의 용량은 온도에 비례한다.

② 전해액의 비중은 온도에 반비례한다.

③ 축전지의 자기 방전율은 온도에 비례한다.

④ 축전지의 용량과 자기 방전율은 반비례한다.

04 납산 축전지의 구성요소 설명 중 틀린 것은?

① 납-안티몬 합금의 격자에 산화납 가루를 화학 가공한 것을 (+)극판으로 사용한다.

② 납-안티몬 합금의 격자에 납 가루를 화학 가공한 것을 (−)극판으로 사용한다.

③ 격리판으로 사용되는 재료로는 구멍이 미세한 고무, 강화섬유, 합성수지등이 사용된다.

④ 축전지의 화학반응을 높이기 위해서 전해액으로 황산원액을 사용하기도 한다.

05 축전지의 단자를 구별하는 방법으로 거리가 먼 것은?

① 적갈색을 (+), 회색을 (−)단자로 구분한다.

② 굵은 것을 (+), 얇은 것을 (−)단자로 구분한다.

③ 단자에 연결된 전기 배선수가 적은 것을 (+), 많은 것을 (−)단자로 구분한다.

④ 부식물이 많은 것은 (+), 상대적으로 깔끔한 것을 (−)단자로 구분한다.

06 자동차용 배터리의 충전 · 방전에 관한 화학반응으로 틀린 것은?

① 배터리 방전 시 (+)극판의 과산화납은 점점 황산납으로 변한다.

② 배터리 충전 시 (+)극판의 황산납은 점점 과산화납으로 변한다.

③ 배터리 충전 시 묽은 황산은 물로 변한다.

④ 배터리 충전 시 (+)극판에는 산소가, (−)극판에는 수소를 발생시킨다.

07 자동차용 배터리에 과 · 충전을 반복하면 배터리에 미치는 영향은?

① 극판이 황산화된다.

② 용량이 크게 된다.

③ 양극판 격자가 산화된다.

④ 단자가 산화된다.

08 자동차의 배터리 충전 시 안전한 작업이 아닌 것은?

① 자동차에서 배터리 분리 시 (+)단자 먼저 분리한다.

② 배터리 온도가 약 45℃ 이상 오르지 않게 한다.

③ 충전은 환기가 잘되는 넓은 곳에서 한다.

④ 충전전류, 전압을 확인 시 전류계는 직렬접속 전압계는 병렬접속해서 확인한다.

09 자동차에서 배터리의 역할이 아닌 것은?

① 기동장치의 전기적 부하를 담당한다.

② 캐니스터를 작동시키는 전원을 공급한다.

③ 컴퓨터(ECU)를 작동시킬 수 있는 전원을 공급한다.

④ 주행상태에 따른 발전기의 출력과 부하와의 불균형을 조정한다.

10 자동차용 축전지의 비중이 30℃에서 1.276이었다. 기준 온도 20℃에서의 비중은?

① 1.269   ② 1.275

③ 1.283   ④ 1.290

11 MF 배터리에 대한 설명으로 거리가 먼 것은?

① 묽은 황산 대신 젤 상태의 물질을 사용하므로 사고 시 황산이 밖으로 흘러나올 염려가 없다.

② 촉매마개가 있어 폭발의 위험성이 있는 산소와 수소를 대기 중에 안전하게 방출할 수 있다.

③ (+)극판은 납과 저안티몬 합금으로 (−)극판은 납과 칼슘 합금으로 구성된다.

④ 일반적으로 점검창이 있어 배터리 충전 상태를 육안으로 확인할 수 있다.

12 자동차용 납산축전지에서 격리판의 구비 조건에 해당하지 않는 것은?

① 다공성일 것

② 전도성일 것

③ 내산성이 있을 것

④ 전해액의 확산이 잘될 것

13 신호대기 등의 공전 시 엔진을 정지하는 기능이 있는 차량에 주로 사용되는 대용량 축전지는?

① 연축전지

② 무 보수·정비 축전지

③ 흡수성 유리섬유 축전지

④ 연료전지

14 납산 축전지의 온도가 낮아졌을 때 발생되는 현상이 아닌 것은?

① 전압이 떨어진다.
② 용량이 적어진다.
③ 전해액의 비중이 내려간다.
④ 동결하기 쉽다.

15 60AH의 용량을 가진 배터리를 5시간 사용하여 방전종지전압에 이르렀을 때 시간당 사용한 전류의 양은 얼마인가?

① 12A   ② 30A
③ 60A   ④ 300A

16 축전지의 극판이 영구 황산납으로 변하는 원인으로 틀린 것은?

① 전해액이 모두 증발되었다.
② 방전된 상태로 장기간 방치하였다
③ 극판이 전해액에 담겨있다.
④ 전해액의 비중이 너무 높은 상태로 관리하였다.

17 −17.7℃에서 300A로 방전하여 셀당 1V 강하 될 때까지 소요시간을 분으로 나타내는 방전율은?

① 20시간율   ② 냉간율
③ 25A율   ④ 온간율

정답 및 해설

ANSWERS

01.② 02.④ 03.④ 04.④ 05.③ 06.③
07.③ 08.① 09.② 10.③ 11.② 12.②
13.③ 14.③ 15.① 16.③ 17.②

01. 같은 용량과 전압을 가진 2개의 배터리를 직렬연결 할 경우 전압은 2배, 용량은 그대로이다. 병렬로 연결 시 전압은 그대로이고 용량은 2배가 된다.

02. ① 굵은 단자가 "+"극 이다.
② 일반적으로 음극판의 수가 1장 더 많다.
③ 배터리가 충전될 때 (+)극판에서는 산소가 (−)극판에서는 수소가 발생된다.

03. 축전지의 용량이 큰 경우 자기 방전율은 높아지게 된다. 따라서 용량과 방전율은 비례관계에 있다.

04. 묽은 황산을 사용하며 20℃기준으로 1.260 ∼1.280정도로 조성한다. 단 물에 묽은 황산을 조금씩 섞어서 비중을 맞추어 나가야 한다.

05. (+)단자에는 기동전동기 전원 공급선 및 발전기 충전선등 복선 이상으로 구성되어 진다.
(−)단자의 경우 접지선만 사용하게 된다.

06. 납산 축전지에서 충·방전 화학식에 관해서는 암기하고 있어야 한다.

07. 배터리를 과·충전하면 물(H_2O)이 전기 분해되어 양극에서는 산소가 발생된다.

08. 자동차에서 배터리를 분리 할 때 (−)단자부터 분리를 해야 한다. 만약 (+)단자를 먼저 분리하다가 차체에 공구가 닿으면 스파크가 발생될 염려가 있기 때문이다.

09. 연료증발가스를 포집하는 캐니스터에는 별도의 전원을 공급하지 않는다.

10. $S_{20} = St + 0.0007(t - 20)$
$\qquad = 1.276 + 0.0007(30-20)$
$\qquad = 1.276 + 0.007 = 1.283$

11. MF 배터리는 촉매 마개를 사용하여 충전 시 발생되는 산소와 수소가스를 다시 증류수로 환원시킬 수 있다.

12. 격리판은 양극과 음극, 두 종류의 판에 전기가 흐르지 않도록 절연성을 가지고 있어야 한다.

13. 시동작업이 빈번하게 발생되는 자동차에는 내구성이 높은 AGM 배터리가 주로 사용된다.

14. 비중은 온도와 반비례하고 방전량은 온도와 비례한다.

15. 60AH에서 전류인 A를 구하기 위해서는 H인 시간을 나누어 주면 된다.
$$I = \frac{60AH}{5H} = 12A$$

16. 극판 위로 전해액이 1cm정도로 잠겨 있으면 정상이다.

17. 냉간율의 −17.7℃가 0℉라는 것도 알아 두어야 한다.

1 기동 전동기

엔진을 시동하기 위한 전동기로서 점화스위치에 의해 작동된다. 엔진과 변속기 사이[甲]에 설치되고 플레밍의 왼손법칙[乙]에 의해 전기자의 회전방향을 알 수 있다.

동영상

자기력선 방향과 전류의 방향이 같을 때 힘 자기력선이 강화되고 반대일 때 자기력선이 약화되는 것을 전자기력이라 하며 이 힘에 전기자가 초기 회전한다.

플레밍의 왼손법칙

동영상

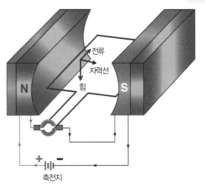

그림 기동 전동기의 작동 원리

(1) 직류 전동기의 종류

직류 전동기의 종류	전기자코일[丙]과 계자코일[丁]	사용되는 곳
직권 전동기	직렬 연결	기동 전동기
분권 전동기	병렬 연결	DC·AC 발전기
복권 전동기	직병렬 연결	와이퍼 모터

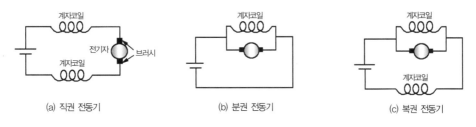

(a) 직권 전동기 (b) 분권 전동기 (c) 복권 전동기

그림 전동기의 종류

甲 플라이-휠의 링기어 근처에 설치되어 시동 시 기동전동기의 피니언 기어를 링기어에 맞물린다.
乙 도선에 대하여 자기장이 미치는 힘의 작용 방향을 정하는 법칙으로 전압계와 전류계가 같은 원리로 작동된다.
丙 전기자 슬롯에 매입되는 전기자 권선(전자장치에 감는 피복 절연전선)의 구성단위로 연동선의 구리를 사용한다.
丁 계자 철심에 감겨져 전류가 흐르면 자력을 일으켜 계자 철심을 자화시키는 역할을 하는 도선.

181

3. 전기

(2) 기동 전동기의 구조

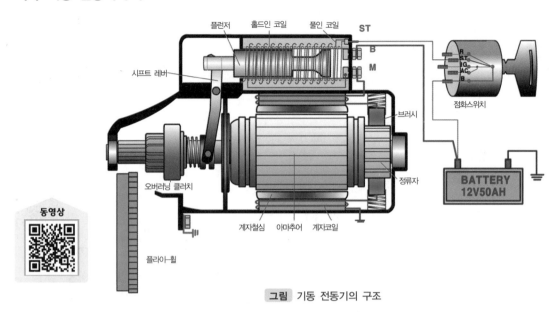

그림 기동 전동기의 구조

① 전기자	② 정류자	③ 계자코일	④ 계철	⑤ 계자철심	⑥ 브러시[甲]
내부 코일에 전류가 흘러 자력을 형성. 계철의 자력에 의해 회전을 함.	전기자와 연결되어 전기자 코일에 전류를 한방향으로 흐르게 함.	내부 코일에 전류를 공급받아 자력선을 형성함.	자력선의 통로 전동기의 틀이 되는 부분	전류가 흐르면 전자석이 됨	회전하는 정류자에 전원을 공급하는 역할을 함.

※ 기동전동기 전원공급 순서

▶ 배터리 → 점화스위치 → ST단자 → 풀인코일, 홀드인코일 → 플런저 이동
   (B, M 단자 스위치 ON 과 동시에 시프트 레버를 통해 **피니언 기어를 플라이휠의 링기어에 물림**)

▶ 배터리 → B단자 → 플런저 → M단자 → 계자코일 → 브러시 → 정류자 → 전기자코일 → 정류자 → 브러시 → 계자코일 → 접지 ⇒ 전기자 구동

▶ 전기자 구동 → 오버러닝 클러치 → 피니언 기어 구동 → 플라이휠 링기어 피동으로 시동

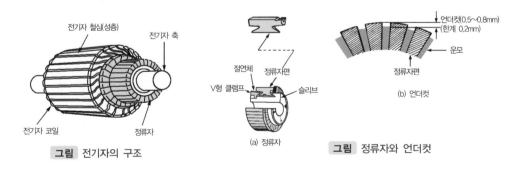

그림 전기자의 구조   **그림** 정류자와 언더컷

甲 브러시를 압착하는 스프링의 압력은 0.5~2.0kgf/㎠이고 스프링 장력은 400~600g정도이다.

2 동력전달 기구

기동 전동기에서 발생하는 회전력을 엔진의 플라이-휠의 링기어에 전달하여 회전시키는 것이며, 피니언기어가 플라이휠의 링기어에 동력을 전달하며 발생되는 감속비는 10~15 : 1이다.

(1) 구동 방식

1) 벤딕스식(관성 섭동 방식) : 피니언의 관성과 전동기 무 부하 상태에서 고속 회전하는 성질을 이용하는 것으로 오버러닝 클러치가 필요 없다.

동영상

※ **특징** : 구조가 간단하고 고장이 적으나 대용량 기관에 부적합

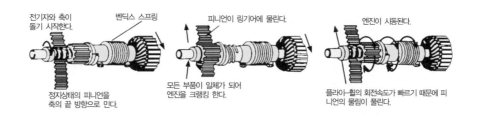

전기자와 축이 돌기 시작한다. 벤딕스 스프링

정지상태의 피니언을 축의 끝 방향으로 민다.

피니언이 링기어에 물린다.

모든 부품이 일체가 되어 엔진을 크랭킹 한다.

엔진이 시동된다.

플라이-휠의 회전속도가 빠르기 때문에 피니언의 물림이 풀린다.

그림 피니언 기어와 링 기어의 물림

2) 피니언 섭동식

① **수동식** : 운전자가 손이나 발로 피니언을 링기어에 접촉
② **자동식(전자식)** : 전자석 스위치를 이용하여 피니언을 링기어에 접촉(현재 사용)

3) 전기자 섭동식

자력선이 가까운 거리를 통과하려는 성질을 이용하여 전기자 전체가 이동하여 피니언을 링기어에 접촉한다. 기관이 시동되면 오버러닝 클러치에 의해 동력이 차단된다.

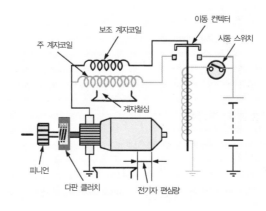

보조 계자코일   이동 컨텍터

주 계자코일   시동 스위치

계자철심

피니언

다판 클러치   전기자 편심량

그림 전기자 섭동식 회로

(2) 전자석 스위치

전자석을 이용하여 모터에 전원을 공급하는 스위치며 2개의 코일로 구성되어 있다.

1) 풀인 코일(흡입력 코일) : ST단자와 M단자 사이에 연결(직렬접속)되어 있으며 플런저를 잡아 당기는 역할

2) 홀딩 코일(유지력 코일) : ST단자와 몸체에 연결(병렬접속)되어 있으며 당겨진 플런저를 유지 하는 역할

(3) 기동 전동기의 여러 가지 사항

1) 기동 전동기에 필요한 회전력

$$※ \ 기동전동기 \ 요구 \ 회전력(T) = \frac{피니언의 \ 잇수 \times 크랭크축의 \ 회전 \ 저항}{링기어의 \ 잇수}$$

2) 기동 전동기의 시동 성능

① 축전지의 용량이나 온도 차이에 따라 크게 변화한다.

② 축전지의 용량이 작으면 기관을 시동할 때 단자 전압의 저하가 심하고 회전속도도 낮아지기 때문에 출력이 감소한다.

③ 온도가 저하되면 윤활유 점도가 상승하기 때문에 기관의 회전저항이 증가한다.

3) 기동전동기의 3주요부

① 구동피니언을 플라이-휠의 링 기어에 물리게 하는 부분

② 회전력을 발생하는 부분

③ 회전력을 기관 플라이-휠의 링 기어로 전달하는 부분

4) 기동전동기의 시험

① **단선시험** : 회로의 단선 유무 검사

② **단락시험** : 절연 피복 코일과 코일사이의 불량 접촉상태 검사

③ **접지시험** : 코일과 케이스와의 접촉상태 검사

5) 기동전동기 시험항목 3가지

① **회전력 시험** : 정지 회전력을 측정한다.

② **저항 시험** : 전류의 크기로 판정한다.

③ **무부하 시험** : 부하를 걸지 않고 기계 내부 마찰의 손실, 부속 기기의 소요 동력을 조사한다.

※ 무부하 시험에는 전류계, 전압계, 가변저항, 회전계 등이 필요하다.

6) 기타

① 전기자는 시간적으로 변화되는 자력에 의한 전력 손실을 감소시키기 위해 규소강판의 성층 철심(成層鐵心)^甲을 활용한다.

② 오버러닝 클러치^乙(롤러, 다판클러치, 스프래그형)는 기관에 의해 고속으로 회전하는 것을 방지하는 것이다.

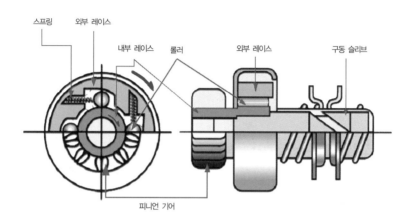

스프링 외부 레이스 내부 레이스 롤러 외부 레이스 구동 슬리브 피니언 기어

그림 롤러형 오버러닝 클러치의 구조

③ 일반적으로 크랭킹 시 엔진의 회전속도는 200~300rpm 정도 된다.

④ 최근 고출력 경량화를 위해 전기자축과 피니언 기어 사이에 감속기어를 사용하는 방식도 있다.

ex) 유성기어 방식 : 선기어-전기자 입력축, 링기어-고정, 캐리어-피니언기어 ⇒ 감속

(4) 기동 전동기가 회전하지 않는 원인

1) 브러시가 정류자(commutator)에 밀착 불량 시

2) 기동 전동기의 소손 및 계자 코일의 소손이 되었을 때

3) 스위치의 접촉 불량 및 배선의 불량과 축전지의 전압이 낮을 때

甲 쇠 또는 강철의 절연된 얇은 판을 쌓아서 만든 철심으로 층의 방향을 자력선에 평행이 되게 하여 철심에 있어서의 와전류손(와전류에 의한 줄 열 때문에 생기는 에너지의 손실)을 적게 하기 위하여 사용된다.

乙 한쪽으로만 동력 전달이 가능한 클러치 구조. 시동 전동기의 회전력은 엔진의 링 기어에 전달되지만 엔진의 회전력은 시동 전동기에 전달되지 않는다.

Section별 OX 문제

01. 기동 전동기는 플레밍의 오른손법칙을 활용하였으며 이 법칙을 이용한 장치에는 전압계, 전류계 등이 있다. ☐ O ☐ X

02. 직류 전동기의 종류에는 직권, 분권, 복권이 있으며 기동 전동기가 주로 사용하는 방식은 분권전동기이다. ☐ O ☐ X

03. 기동 전동기에서 M단자 이후의 전원 전달 순서는 계자코일 → 브러시 → 정류자 → 전기자코일 → 정류자 → 브러시 → 계자코일 순이다. ☐ O ☐ X

04. 정류자의 정류자편과 운모의 높이차를 언더컷이라 한다. ☐ O ☐ X

05. 크랭킹 시 계자코일과 정류자, 전기자는 회전한다. ☐ O ☐ X

06. 오버러닝 클러치가 필요 없는 방식은 벤딕스식이다. ☐ O ☐ X

07. 기동전동기의 전자석 스위치 내부의 풀인 코일은 회로에 직렬접속, 홀딩 코일은 회로에 병렬접속 된다. ☐ O ☐ X

08. 기동 전동기에 필요한 회전력은 링기어의 잇수에 비례하고 피니언의 잇수에는 반비례한다. ☐ O ☐ X

09. 기동 전동기는 축전지의 용량이나 온도 차이에 따라 시동 성능이 크게 변화한다. ☐ O ☐ X

10. 온도가 낮을 경우 엔진오일의 점도가 낮아지기 때문에 기관의 회전저항이 증가하게 된다. ☐ O ☐ X

11. 전기자는 회전에 의해 변화되는 자력에 의한 손실을 감소시키기 위해 규소강판의 성층철심을 사용한다. ☐ O ☐ X

12. 브러시의 마모나 스프링의 장력 부족, 정류자의 언더컷이 작아졌을 때 밀착 불량으로 인해 과전류가 흘러 정류자가 열화 될 수 있다. ☐ O ☐ X

정답 및 해설

01. 기동 전동기는 플레밍의 왼손법칙을 활용하였으며 이 법칙을 이용한 장치에는 전압계, 전류계 등이 있다.

02. 직류 전동기의 종류에는 직권, 분권, 복권이 있으며 기동 전동기가 주로 사용하는 방식은 직권전동기이다.

05. 크랭킹 시 계자코일은 회전하지 않고 정류자, 전기자는 회전한다.

08. 기동 전동기에 필요한 회전력은 링기어의 잇수에 반비례하고 피니언의 잇수에는 비례한다.

10. 온도가 낮을 경우 엔진오일의 점도가 높아지기 때문에 기관의 회전저항이 증가하게 된다.

12. 브러시의 마모나 스프링의 장력 부족, 정류자의 언더컷이 작아졌을 때 밀착 불량으로 인해 저항이 커져 전류가 잘 흐르지 못하게 된다.

정답

01.× 02.× 03.O 04.O
05.× 06.O 07.O 08.×
09.O 10.× 11.O 12.×

01 기동 전동기의 작동 원리는 무엇인가?
① 렌츠 법칙
② 앙페르 법칙
③ 플레밍 왼손법칙
④ 플레밍 오른손 법칙

02 링 기어 이의 수가 120, 피니언 이의 수가 120이고, 1500cc 급 엔진의 회전저항이 6m · kg$_f$일 때, 기동 전동기의 필요한 최소 회전력은?
① 0.6m·kg$_f$ ② 2m·kg$_f$
③ 20m·kg$_f$ ④ 6m·kg$_f$

03 오버러닝 클러치의 종류가 아닌 것은?
① 롤러형   ② 솔레노이드형
③ 다판클러치형   ④ 스프래그형

04 오버러닝 클러치 형식의 기동 전동기에서 기관이 시동 된 후에도 계속해서 키 스위치를 작동시키면?
① 기동전동기의 전기자가 타기 시작하여 소손된다.
② 기동 전동기의 전기자는 무 부하 상태로 공회전한다.
③ 기동전동기의 전기자가 정지된다.
④ 기동 전동기의 전기자가 기관회전보다 고속 회전한다.

05 기동 전동기의 시동 성능을 떨어뜨리는 요인이 아닌 것은?
① 겨울철 낮은 온도
② 엔진오일의 낮은 점성
③ 전기자 코일의 단락

④ 언더컷에 의한 규정이상의 브러시 마모

06 다음 기동 전동기의 부품 중에서 회전하는 부품으로만 구성된 것은?
① 정류자편, 운모, 시프트 레버
② 풀인 코일, 홀딩 코일, 전자석
③ 계자 코일, 계자 철심, 계철
④ 전기자, 정류자, 오버러닝클러치

07 기동 전동기를 주요 부분으로 구분한 것이 아닌 것은?
① 회전력을 발생하는 부분
② 무부하 전력을 측정하는 부분
③ 회전력을 기관에 전달하는 부분
④ 피니언을 링 기어에 물리게 하는 부분

08 기동 전동기 내에서 전류가 흐르는 순서별로 부품을 제대로 나열한 것은?
① M 단자 → 계자코일 → 브러시 → 정류자 → 전기자 → 정류자 → 브러시 → 계자코일 → 접지
② ST 단자 → 전기자 → 브러시 → 계자코일 → 브러시 → 정류자 → 전기자 → 접지
③ M 단자 → 브러시 → 전기자 → 정류자 → 계자코일 → 정류자 → 전기자 → 접지
④ ST 단자 → 플런저 → B 단자 → 전기자 → 계자철심 → 정류자 → 브러시 → 접지

09 ST단자와 M단자까지 직렬로 접속되어 플런저를 ST단자 쪽으로 당기는 것은?

① 풀인 코일　② 홀딩 코일
③ 계자 코일　④ 전기자 코일

10 직류 전동기의 형식을 맞게 나열한 것은?

① 직렬형, 병렬형, 복합형
② 직렬형, 복렬형, 병렬형
③ 직권형, 복권형, 복합형
④ 직권형, 분권형, 복권형

11 기동 전동기의 시동(크랭킹)회로에 대한 내용으로 틀린 것은?

① B단자까지의 배선은 굵은 것을 사용해야 한다.
② B단자와 ST단자를 연결해 주는 것은 점화 스위치이다.
③ B단자와 M단자를 연결해 주는 것은 마그네트 스위치다.
④ 축전지 접지가 좋지 않더라도 (+) 선의 접촉이 좋으면 작동에는 지장이 없다.

12 기동 전동기의 구동 피니언 기어가 링 기어에 물리는 순서를 바르게 나열한 것은?

① B단자 전원공급 → 풀인 코일, 홀딩 코일 → 시프트 레버 작동
② M단자 전원공급 → 홀딩 코일 → 시프트 레버 작동 → 풀인 코일
③ ST단자 전원공급 → 풀인 코일, 홀딩 코일 → 플런저 이동
④ F단자 전원공급 → 플런저 전원공급 → 풀인 코일, 홀딩 코일 → 시프트 레버 작동

13 규소 강판을 여러 겹 덧대어 전기자의 자력에 의한 전력 손실을 감소시키기 위해 만든 구조를 무엇이라 하는가?

① 성층 철심　② 계자 철심
③ 운모　　　④ 정류자 편

14 정류자에서 정류자 편과 운모의 높이 차이를 무엇이라 하는가?

① 스프래그　② 롤러 편심
③ 언더컷　　④ 절연차

15 기동 회전력이 커서 현재 자동차에 사용되는 기동 전동기는?

① 직권식 전동기 ② 분권식 전동기
③ 복권식 전동기 ④ 교류 전동기

16 기동전동기의 구비조건으로 거리가 먼 것은?

① 크랭킹 시 소모전류는 커야 한다.
② 소형 경량이며 내구성이 좋아야 한다.
③ 방진, 방수 성능을 가져야 한다.
④ 시동 작업 시 회전력이 커야한다.

17 기동 전동기의 구조에 해당되지 않는 것은?

① 계철　　　② 로터
③ 정류자　　④ 전기자

18 기동 전동기에서 정류자가 하는 역할은?

① 교류를 직류로 정류한다.
② 전류를 양방향으로 흐르도록 한다.
③ 전류를 역방향으로 흐르도록 한다.
④ 전류를 일정한 방향으로 흐르도록 한다.

19 기동 전동기에서 자계를 형성하는 역할을 하는 것은?

① 요크
② 전기자
③ 브러시
④ 계자 철심

20 자동차 시동장치와 축전지의 본선과 연결되는 곳은?

① B 단자
② M 단자
③ F 단자
④ ST 단자

정답 및 해설

ANSWERS

01.③	02.①	03.②	04.②	05.②	06.④
07.②	08.①	09.①	10.④	11.④	12.③
13.①	14.③	15.①	16.①	17.②	18.④
19.④	20.①				

01. ① **렌츠 법칙** : 유도기전력과 유도전류는 자기장의 변화를 상쇄하려는 방향으로 발생한다는 전자기법칙.
② **앙페르 법칙** : 전류가 흐르는 도선 주위에 자기장이 오른 나사 방향으로 생기는 법칙.
④ **플레밍 오른손 법칙** : DC, AC 발전기의 원리로 도선의 운동방향과 자기장의 방향을 알 때 유도전류의 방향을 결정할 수 있는 법칙

02. 기동전동기에 필요한 회전력
$$= \frac{피니언의\ 잇수 \times 회전\ 저항}{링기어의\ 잇수}$$
$$= \frac{12 \times 6}{120} = 0.6 \text{m} \cdot \text{kg}_f$$

03. 롤러형과 스프래그형의 원리는 거의 같다. 다판클러치형은 전기자 섭동식에 주로 사용되며 헬리컬 스플라인 주변의 다판 클러치가 동력원의 주체에 따라 좌·우로 움직이게 되어 동력 전달 및 차단을 할 수 있다.

04. 시동이 걸리고 난 뒤 키스위치를 작동시킬 때 전기자 축의 회전보다 피니언 기어의 회전수가 더 많기 때문에 전기자가 무 부하 상태에서 공전할 수 있게 된다.

05. 겨울철 낮아진 온도는 엔진오일의 점도를 높이게 된다. 이는 크랭크축이 회전하는데 저항으로 작용하여 기동전동기의 시동 성능을 떨어뜨리는 요인이 된다.

06. ·회전하는 부품 : 정류자, 전기자(아마추어), 전기자코일, 전기자 철심, 오버러닝클러치,
·회전하지 않는 부품 : 계자코일, 계자철심, 계철, 브러시, 전자석 스위치 등.

07. 3가지 주요 부분으로 기억하는 방법
1. 피니언 기어를 링 기어에 물린다.
2. 회전력을 발생시킨다.
3. 회전력을 엔진에 전달한다.

08. P.182 기동 전동기의 구조 그림을 보고 스토리를 만들어 이해하며 암기하여야 한다.

09. 전자석 스위치 내 직렬로 접속된 풀인 코일(플런저를 당긴다.)과 병렬로 접속된 홀딩 코일(플런저를 유지시킨다.)로 나뉜다.

10. 직류전동기에서 계자코일과 전기자코일이 직렬, 병렬, 직·병렬로 연결된 상황에 따라 직권, 분권, 복권 전동기로 나눌 수 있다.

11. 회로의 접지가 좋지 못할 경우 저항이 증가하게 되어 실 사용 전류가 부족하게 된다.

12. P.182 기동전동기의 구조 그림을 보고 스토리를 만들어 이해하며 암기하여야 한다.

13. 하나의 철심으로 제작된 경우 맴돌이 전류에 의한 손실이 커지게 되므로 얇은 층으로 여러 겹 덧대어(성층철심) 와류손을 감소시킬 수 있다.

14. P.182 그림 정류자와 언더컷 참조

15. 일부 상용차와 버스, 특수자동차에 복권식 전동기가 사용되기도 하지만 대부분의 자동차에서는 직권식 전동기를 사용한다.

16. 크랭킹 시 기동전동기의 소모전류는 축전지 용량의 3배 이하여야 한다.

17. 로터는 교류발전기 및 배전기의 구성요소이다.

18. 정류자는 회전하는 전기자코일에 전류를 일정한 방향으로 흐르도록 도와준다.

19. 자계(자석의 부근에 자력이 활동하는 공간)를 형성하는 것은 계자 철심이다.

20. • B 단자 : Battery와 연결
• M 단자 : Motor와 연결
• ST 단자 : Start key switch와 연결

SECTION 04 점화장치

1 점화장치 Ignition system의 개요

점화장치는 불꽃 점화방식(가솔린, LPG) 엔진의 연소실 내에 압축된 혼합기에 고압의 전기적 불꽃으로 점화하여 연소를 일으키는 장치를 말한다.

2 축전지식 점화장치

자동차용 가솔린 엔진에서는 주로 축전지 점화식을 사용하며, 그 구성은 축전지를 비롯하여 점화 스위치, 점화 1차 저항, 배전기 어셈블리(단속기와 축전기 포함), 점화플러그 케이블, 점화플러그 등으로 구성되어 있다.

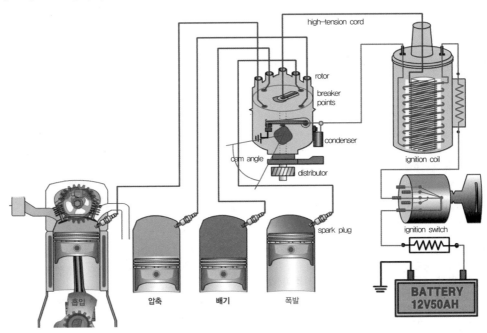

그림 축전지식 점화 장치의 구성

(1) 점화 1차 저항의 역할

1차 점화 코일에 장시간에 걸쳐서 큰 전류가 흘러 점화 코일이 과열하는 것을 방지하는 장치이며, 1차 회로에 직렬로 연결시키는 방식과 점화 코일 내에 봉입하는 방식이 있다. 이후 밸러스트 저항[甲] Ballast resistance을 설치하여, 엔진의 회전속도가 낮을 때에 비교적 긴 시간에 많은 전류가 흘러 저항에 열이 발생하면 저항이 커져 점화 코일에 흐르는 전류가 작게 되고, 엔진이 고속회전 할 때에는 많은 양의 전류가 흐르게 하는 가변저항을 두고 있다.

[甲] 코일의 온도에 정비례해서 전압을 감소시키려는 저항이다.

(2) 점화 코일

　높은 전압의 전류를 발생시키는 승압 변압기로 **1차 코일에서의 자기유도 작용**과 **2차 코일에서의 상호유도 작용**을 이용하며, 점화 코일의 성능 상 중요한 특성에는 속도, 온도, 절연 등이 있다. 코일에 흐르는 전류를 단속하면 코일에 유도 전압이 발생하는데 이것을 자기유도 작용이라고 하고, 하나의 전기회로에 자력선의 변화가 생겼을 때 그 변화를 방해하려고 다른 전기회로에 유도 기전력이 발생되는 현상을 상호유도 작용이라고 한다.

1) 점화 코일에서 고전압을 얻도록 유도하는 공식

$$E_2 = \frac{N_2}{N_1} E_1 \qquad \left(\frac{N_2}{N_1} = 권선비 \right)$$

　　・E_1 : 1차 코일에 유도된 전압　　　・E_2 : 2차 코일에 유도된 전압
　　・N_1 : 1차 코일의 유효권수　　　　・N_2 : 2차 코일의 유효권수

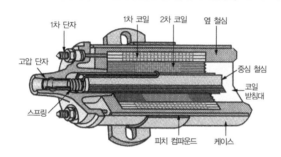

그림 개자로 철심형

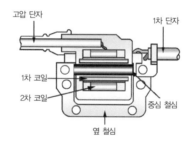

그림 폐자로 철심형(몰드형)

2) 점화 코일의 여러 가지 사항

구 분	1 차 코 일	2 차 코 일
코 일 굵 기	0.6~1mm	0.06~0.1mm
저 항 값	3~5Ω	7.5~10kΩ
권 선 비	60~100 : 1	
감 은 횟 수	200~300회	20,000~25,000회
유 기 전 압	200~300V	20,000~25,000V

3) 기타

① 1차 코일의 라인에서 2차 코일의 한쪽 코일이 접하여 감긴다.

② 고전압 발생은 단속기 접점이 열릴 때 발생한다.

③ 점화 2차 코일에서 발생된 전기는 직류이다.

④ 개자로 철심형 점화 코일에서는 방열을 위해 1차 코일이 밖에 감기고 폐자로 철심형은 중심 철심을 통한 방열을 위해 1차 코일이 안에 위치한다.

(3) 배전기 Distributor

점화 코일에서 유도된 고전압을 점화 순서에 맞게 각 실린더 점화플러그로 분배한다. 내부에는 단속기 접점, 축전기, 점화 진각장치 등이 있으며 캠축에 의해 구동하며 크랭크축의 1/2 회전한다. 접점 간극은 0.45~0.55mm이고, 규정 장력은 450~500g이다. 접점 간극을 두는 이유는 자동차에 사용하는 전원이 직류이기 때문에 1차 전류를 단속하여 자력선의 변화를 주어야 2차 코일에 고전압이 유기되기 때문이다.

1) 캠각 Cam angle (드웰각 Dwell angle)

캠각은 접점이 닫혀 있는 동안 캠이 회전한 각이며, 한 실린더에 주어지는 캠각은 360°에서 실린더의 수로 나눈 값의 60%정도이다.

$$※ 캠각 = \frac{360°}{실린더의 수} \times 0.6$$

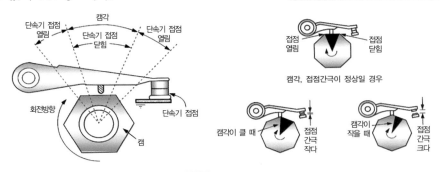

그림 캠각

2) 접점 및 캠각과 점화시기의 관계

비교 항목	캠각이 작을 때의 영향	캠각이 클 때의 영향
점화시기	빠르다	늦다
접점간극	크다	작다
1차 전류	작다	크다
1차 전류의 흐름 시간	짧아 2차 전압이 낮다	길어 접점 차단이 불량
미치는 영향	고속에서 실화	점화코일이 발열

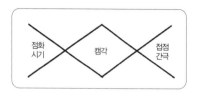

3) 점화 1, 2차 회로

① 1차 점화 회로(저압 회로)

배터리(+)단자 → 점화 스위치 → 점화 코일 ┬ 단속기 접점
                                                       └ 축전기(병렬연결)

② 2차 점화 회로(고압 회로)

점화 코일 2차 단자(중심 단자) → 배전기 → 고압 케이블 → 점화플러그

③ 오실로스코프로 측정해야 하는 부품

ⓐ 점화플러그 불꽃전압

ⓑ 코일 최대출력

ⓒ 배전기 캡 균열시험

ⓓ 콘덴서 기능

ⓔ 교류발전기 다이오드 시험

ⓕ 2차회로 절연시험 및 2차회로 저항시험

※ 엔진 스코프 스크린의 수평선은 시간이고, 수직선은 전압이다.

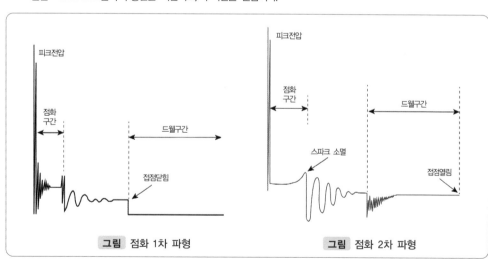

그림 점화 1차 파형   그림 점화 2차 파형

4) 점화 진각기구 Ignition advance mechanism

엔진의 회전속도나 부하에 따라서 점화플러그의 불꽃 발생 시기를 자동적으로 조정하는 기구이다. 점화시기를 조정하는 이유는 모든 엔진의 회전속도에서 엔진의 효율이 가장 높게 되는 최고 폭발을 상사점(TDC) 후 10~13°에서 얻기 위함이다.

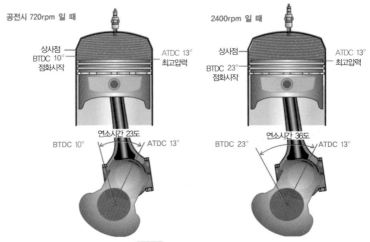

그림 점화시기와 연소시간

공전 시 회전수를 720rpm이라 가정하면 720rpm ÷ 60 = 12rps ⟹ 1회전 = 360° 이므로 12 × 360° = 4,320°가 된다. 즉, 공전 시 1초에 크랭크축이 4,320°가 회전되는 것이다.

연소기간 동안 크랭크축이 23° 회전하였다면 연소시간은 1 : 4320 = x : 23 로 구할 수 있다. 즉 연소시간은 0.0053sec = 5.3msec가 된다.

> **참고** 단위 수의 명칭 : 1M(메가)=10^6, 1k(킬로)=10^3, 1m(밀리)=10^{-3}, 1μ(마이크로)=10^{-6}

연습문제

2400rpm의 회전수에서 연소시간이 2.5ms 일 경우 연소기간 동안 크랭크축은 몇 도 회전하게 되는가?
해설) 2400rpm × 360 = 864,000°/min ÷ 60 = 14,400°/sec, 14,400° : 1sec = X° : 0.0025sec
정답 이전 페이지 [점화시기와 연소시간]의 오른쪽 그림 참조 = 36°

---

① **원심식 진각 기구** Centrifugal advance mechanism

기관의 회전속도에 따라서 점화시기를 변화시켜주는 기구이다.

② **진공식 진각 기구** Vacuum advance mechanism

기관의 부하에 따라 점화시기를 변화시켜주는 기구이다.

③ **점화지연의 3대 원인**

ⓐ 기계적 지연   ⓑ 전기적 지연   ⓒ 연소(화염전파)적 지연

④ **TVRS 케이블** TeleVision Radio Suppression cable

고주파 억제 장치용 TVRS 케이블의 내부 저항은 10kΩ 정도이다.

5) 축전기 Condenser

정전유도 작용을 이용하여 많은 전기량을 저장하기 위해 만든 장치로서 단속기 접점과 병렬로
접촉되어 있다.

① **축전기의 역할**

ⓐ 접점 사이의 불꽃을 방지하여 접점의 소손을 방지한다.

ⓑ 1차 전류를 신속하게 차단하여 2차 전압을 높인다.

ⓒ 접점이 닫혔을 때 1차 전류의 회복을 빠르게 한다.

ⓓ 배전기 및 모터나 릴레이의 고주파 잡음을 줄이는 역할을 한다.

② **축전기의 정전 용량의 관계**

ⓐ 가해지는 전압에 비례한다.

ⓑ 금속판의 면적에 정비례한다.

ⓒ 금속판의 절연체의 절연도에 정비례한다.

ⓓ 금속판 사이의 거리에 **반비례**한다.

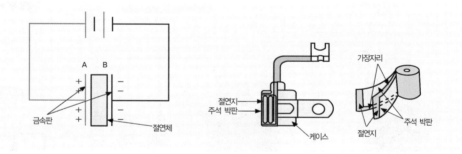

그림 축전 원리 및 축전기 구조

③ **축전기에 저장되는 전하량**

$$Q = CE, \quad C = \frac{Q}{E}, \quad E = \frac{Q}{C}$$

Q : 전하량, E : 전압, C : 비례상수

④ **축전기 용량 계산법**

ⓐ 축전기 직렬 합성 용량 : $\dfrac{1}{C} = \dfrac{1}{C_1} + \dfrac{1}{C_2} + \dfrac{1}{C_3} + \cdots \dfrac{1}{C_n}$

ⓑ 축전기 병렬 합성 용량 : $C = C_1 + C_2 + C_3 + \cdots + C_n$

3 고에너지 점화방식(HEI : High Energy Ignition)

이 점화방식은 엔진의 상태(엔진의 회전수, 부하 정도, 엔진의 온도 등)를 검출하여 ECU에 입력시키면 ECU에서는 점화시기를 연산하여 1차 전류를 차단하는 신호를 파워 트랜지스터Power transistor 로 보내어 2차 고전압이 유기되도록 하는 점화 장치이다. 종래의 배전기에 설치되었던 원심 진각장치와 진공 진각장치를 제거하였으며, 점화시기의 진각은 ECU에 의하여 이루어진다. 점화 코일도 폐자로(몰드형)의 특수 코일을 사용한 점화장치로 되어 있다. 장점으로는 다음과 같다.

① 고출력의 점화 코일을 사용하므로 거의 완벽한 연소가 가능하다.

② 엔진 상태를 감지하여 최적의 점화시기를 자동적으로 조절한다.

③ 노킹 발생 시 점화시기를 자동적으로 조정하여 노킹 발생을 억제시킨다.

④ 단속기 접점이 없어 저속 및 고속에서 안정된 불꽃을 얻을 수 있다.

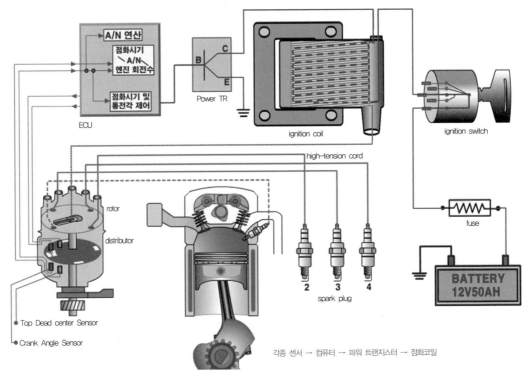

각종 센서 → 컴퓨터 → 파워 트랜지스터 → 점화코일

그림 고에너지 점화 방식

(1) 파워 트랜지스터 Power TR

파워 트랜지스터(NPN)는 컴퓨터에서 신호를 받아 점화 코일의 1차 전류를 단속하는 장치이다. 파워 트랜지스터의 베이스는 ECU, 컬렉터는 점화 코일(−)단자와 연결되어 있고, 이미터는 접지되어 있다.

(2) 크랭크각 센서

1) 자기식의 부착위치는 플라이-휠 부근이다.

2) 광학식, 픽업식의 부착위치는 배전기 안이다.

3) 엔진 회전수와 크랭크축의 위치를 검출한다.

4 전자 배전 점화방식(DLI or DIS)

(DLI : Distributor Less Ignition system, DIS : Direct Ignition System)

코일 분배 동시점화식의 경우 2개의 실린더를 1개조로 하는 점화 코일이 설치되어 있기 때문에 점화 코일에서 발생된 2차 고전압을 압축 행정의 끝과 배기행정의 끝에 위치한 실린더의 점화플러그에 분배시키는 복식 점화 장치이다. 또한 배전기가 없기 때문에 캠축에 설치되어 있는 CPS(캠포지션 센서) 센서가 점화 신호를 검출한다. CPS는 페이즈Phase 센서로도 불린다.

(1) 배전기 없는 점화방식의 특징

1) 배전기의 로터와 접지 전극 사이의 고압 에너지 손실이 없다.

2) 배전기에 의한 배전 누전이 없다.

3) 배전기 캡에서 발생하는 전파 잡음이 없다.

4) 진각 폭의 제한이 없고, 고압에너지 손실이 적다.

5) 전파 방해가 없어 다른 전자제어 장치에도 유리하다.

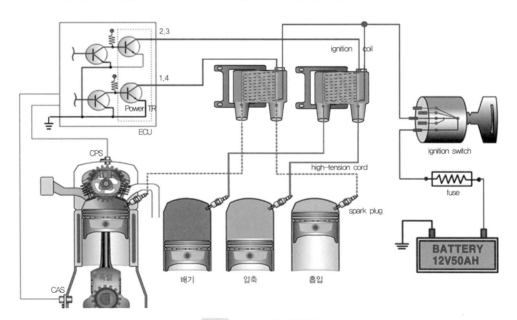

그림 전자 배전 점화방식

(2) 전자 배전 점화방식의 종류

1) 다이렉트 점화장치의 종류

① **코일 분배 동시점화식** : 1개의 점화코일에 의해서 동시에 2개의 실린더에 고전압을 공급하여 점화시키는 방식이다.(압축압력이 높은 실린더에 요구전압이 높아 고전압 불꽃 발생)

② **독립점화식(싱글 스파크)** : 1개의 실린더에 1개의 점화코일을 설치하여 고전압을 분배 시키는 방식이다.

③ **다이오드 분배 동시점화식** : 1개의 점화코일에 의해서 동시에 2개의 실린더에 고전압이 공급될 때 다이오드에 의해서 1개의 실린더에만 점화 출력을 보내는 방식이다.
(점화요구전압이 낮은 실린더는 콘덴서 역할을 하게 된다.)

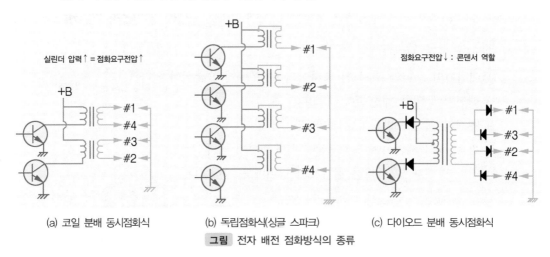

(a) 코일 분배 동시점화식　　(b) 독립점화식(싱글 스파크)　　(c) 다이오드 분배 동시점화식

그림 전자 배전 점화방식의 종류

2) 점화코일

다이렉트 점화장치에 사용되는 점화 코일은 2차 전압을 기관의 회전속도에 관계없이 안정시키는 폐자로형 점화 코일이 사용되며 점화 코일은 실린더 별로 코일을 분류하여 1개의 케이스에 일체화시킨 일체형 점화 코일과 각 실린더에 설치되어 있는 점화플러그 위에 점화 코일이 설치되어 있는 독립형 점화코일로 분류된다.

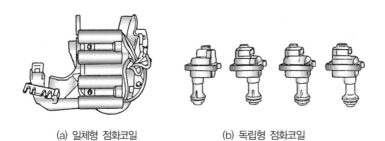

(a) 일체형 점화코일　　　　　　(b) 독립형 점화코일

그림 일체형과 독립형 점화 코일

5 점화플러그 Spark plug

점화 코일의 2차 고전압을 받아 불꽃 방전을 일으켜 혼합기에 점화시키는 장치이다.

(1) 구조 및 구비조건

1) 3주요부 : 전극부분, 절연체(애자), 셸

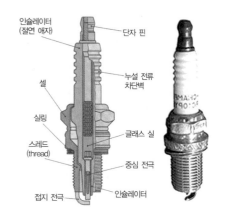

그림 점화플러그의 구조

① **전극부분** : 중심전극과 접지전극으로 구성(틈새 : 0.7~1.1mm정도) 틈새가 크면 불꽃을 만들기 위한 요구 전압이 높아진다.

② **절연체** : 높은 전압의 누전을 방지하는 기능으로 윗부분에 리브甲를 두어 기능을 강화했다.

③ **셸** : 절연체를 싸고 있는 금속부분. 실린더 헤드에 조립하기 위한 나사가 있고 나사 끝부분에 접지전극이 용접되어 있다.

2) **구비조건**

① 내열성·내부식성 및 기계강도가 클 것.

② 기밀유지 성능이 양호하고 전기적 절연성능이 양호할 것.

③ 열전도성이 크고 자기청정 온도를 유지할 것.

④ 점화성능이 좋아 강력한 불꽃을 발생할 것.

(2) 자기청정온도와 열가 Heat range

1) **자기청정온도 : 400~600℃**

① **400℃ 이하** : 카본부착, 실화원인이 된다.

② **600℃ 이상** : 조기점화의 원인이 발생한다.

2) **열가**

점화플러그의 열 방산정도를 수치로 나타내는 값이며, 절연체의 아랫부분의 끝에서 아래실까지의 길이로 나타낸다.

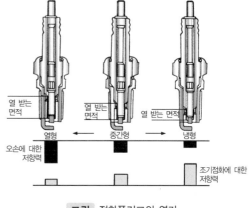

그림 점화플러그의 열가

① **열형 플러그** : 열을 받는 면적이 크고, 방열 경로가 길어 저속, 저압축비 기관에 사용된다.

甲 부재(部材)를 보강하기 위하여 부착한 가늘고 긴 판 모양의 것. 또는 개개로 독립되어 있는 아치 링(arch ring)의 의미로도 이용된다.

② **냉형 플러그** : 열을 받는 면적이 작고, 방열 경로가 짧아 고속, 고압축비 기관에서 사용된다.

(3) 점화플러그 표시방법

(NGK 제조업체 기준)

B	P	6	E	S
나사의 지름	자기 돌출형	열가	나사 길이	신제품
A=18mm B=14mm C=10mm D=12mm	Projected core nose plug	크 면 : 냉형 적으면 : 열형	E=19mm H=12.7mm	중심축에 동을 사용 한 플러그

(4) 특수 점화플러그

1) 자기 돌출형 플러그 Projected core nose plug

고속 주행 시에 방열 효과를 향상시키기 위하여 중심 전극을 절연시킨 절연체를 셀의 끝 부분보다 더 노출된 점화플러그이다.

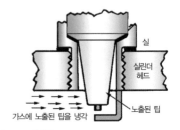

그림 자기 돌출형 점화플러그

2) 저항 플러그 Resistor plug

라디오나 무선 통신기에 고주파 소음을 방지하기 위하여 중심 전극에 10kΩ정도의 저항이 들어 있는 점화플러그이다.

3) 보조간극 플러그 Auxiliary gap plug

점화플러그 단자와 중심 전극 사이에 간극을 두어 배전기에서 전달되는 고전압을 일시적으로 축적시켜 고전압을 유지시키는 점화플러그로 오손된 점화플러그에서도 실화되지 않도록 한다.

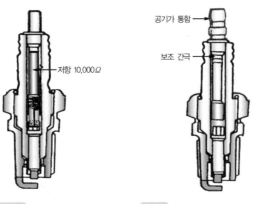

그림 저항 점화플러그   **그림** 보조 간극 점화플러그

Section별 OX 문제

01. 점화장치는 디젤 엔진에 사용되며 압축된 혼합기에 고압의 전기적 불꽃으로 점화하여 연소를 일으키는 장치를 말한다.

   ☐ O ☐ ×

02. 축전지식 점화장치의 구성으로 점화 스위치, 점화 1차 저항, 배전기 어셈블리, 점화플러그 등으로 구성되어 있다. ☐ O ☐ ×

03. 점화 1차 저항은 점화 1차 코일에 흐르는 전류의 차단 및 회복을 원활하게 하는 역할을 한다. ☐ O ☐ ×

04. 하나의 코일에 흐르는 전류를 단속하면 그 코일에 유도 전압이 발생하는데 이것을 상호유도 작용이라 한다. ☐ O ☐ ×

05. 점화장치의 2차 고전압은 1차 코일의 유효권수에는 비례하고 2차 코일의 유효권수에는 반비례한다. ☐ O ☐ ×

06. 점화 2차 코일이 점화 1차 코일에 비해 가늘고 길어 저항이 더 크다.

   ☐ O ☐ ×

07. 점화 1차 코일과 점화 2차 코일은 서로 연결되지 않은 채 절연체로 분리되어 있다. ☐ O ☐ ×

08. 점화장치의 고전압은 단속기의 접점이 붙는 순간 발생한다.

   ☐ O ☐ ×

09. 폐자로 철심형 점화코일은 1차 코일이 2차 코일 안쪽에 위치한다.

   ☐ O ☐ ×

10. 점화장치의 고전압 단속기 접점이 닫혀 있는 동안 캠이 회전한 각을 캠각이라 하고 캠각의 비중은 전체의 60%정도 된다.

   ☐ O ☐ ×

정답 및 해설

01. 점화장치는 가솔린 엔진에 사용되며 압축된 혼합기에 고압의 전기적 불꽃으로 점화하여 연소를 일으키는 장치를 말한다.

03. 점화 1차 저항은 점화 1차 코일에 흐르는 전류에 의한 과열을 방지하는 역할을 한다.

04. 하나의 코일에 흐르는 전류를 단속하면 그 코일에 유도 전압이 발생하는데 이것을 자기유도 작용이라 한다.

05. 점화장치의 2차 고전압은 1차 코일의 유효권수에는 반비례하고 2차 코일의 유효권수에는 비례한다.

07. 점화 1차 코일의 라인에서 점화 2차 코일의 한쪽이 접하여 절연체로 분리되어 감긴다.

08. 점화장치의 고전압은 단속기의 접점이 떨어지는 순간 발생한다.

정답

01.× 02.O 03.× 04.×
05.× 06.O 07.× 08.×
09.O 10.O

3. 전기

11. 축전지식 점화장치에서 캠각이 규정보다 클 때 점화시기는 빨라지고 접점간극은 작아진다. ☐ ㅇ ☐ ✕

12. 점화 1차 회로의 구성으로 배터리, 점화 스위치, 점화 1차 저항, 점화 1차 코일, 단속기 접점 등이 있다. ☐ ㅇ ☐ ✕

13. 점화시점은 폭발행정의 상사점 전에서 이루어지며 회전수가 높을수록 점점 빨라지게 된다. 이는 상사점 이 후 10~13°쯤에 최대 폭발압력을 얻기 위함이다. ☐ ㅇ ☐ ✕

14. 축전기는 정전유도 작용을 이용하여 많은 전기량을 저장하기 위해 만든 장치로서 단속기 접점과 직렬로 연결되어 있다. ☐ ㅇ ☐ ✕

15. 파워 트랜지스터는 NPN형을 주로 사용하고 베이스는 ECU, 컬렉터는 점화 1차 코일 (-)단자와 이미터는 접지와 연결되어 있다. ☐ ㅇ ☐ ✕

16. 전자 배전(무배전) 점화장치는 고전압 에너지의 손실을 최소화하여 누전이 거의 없는 것이 특징이다. 또한 진각 폭의 제한이 없고 전파 방해가 없어 다른 전자제어 장치에도 유리하다. ☐ ㅇ ☐ ✕

17. 점화플러그는 내열성 및 내식성이 커야하며 열전도성이 크고 자기청정 온도를 유지할 수 있어야 한다. ☐ ㅇ ☐ ✕

18. 점화플러그의 자기청정 온도는 450~600℃정도이며 이 이상의 온도는 조기점화의 원인이 되기도 한다. ☐ ㅇ ☐ ✕

19. 냉형 점화플러그는 조기점화에 대한 저항력은 작지만 오손에 대한 저항력이 크다. ☐ ㅇ ☐ ✕

20. 라디오나 무선 통신기에 고주파 소음을 방지하기 위해 저항 플러그나 TVRS 케이블을 사용한다. ☐ ㅇ ☐ ✕

정답 및 해설

11. 축전지식 점화장치에서 캠 각이 규정보다 클 때 점화시기는 느려지고 접점간극은 작아진다.

14. 축전기는 정전유도 작용을 이용하여 많은 전기량을 저장하기 위해 만든 장치로서 단속기 접점과 병렬로 연결되어 있다.

19. 열형 점화플러그는 조기점화에 대한 저항력은 작지만 오손에 대한 저항력이 크다.

정답
11.✕ 12.ㅇ 13.ㅇ 14.✕
15.ㅇ 16.ㅇ 17.ㅇ 18.ㅇ
19.✕ 20.ㅇ

단원평가문제

01 점화코일은 무슨 원리를 이용한 것인가?

① 렌츠의 법칙
② 자기 유도 작용과 상호 유도 작용
③ 플레밍의 왼손법칙과 오른손 법칙
④ 키르히호프의 제1법칙과 제2법칙

02 점화장치에서 2차 고전압의 크기는 권선비와 어떤 관계가 있는가?

① 비례 관계에 있다.
② 반비례 관계에 있다.
③ 권선비의 제곱에 기전력이 비례한다.
④ 권선비의 제곱에 기전력이 반비례한다.

03 모터나 릴레이 작동 시 라디오에 유기되는 일반적인 고주파 잡음을 억제하는 부품으로 맞는 것은?

① 트랜지스터　②　볼륨
③ 콘덴서　　　④　동소기

04 전자제어 점화장치에서 점화시기를 제어하는 순서는?

① 각종센서 → ECU → 파워 트랜지스터 → 점화코일
② 각종센서 → ECU → 점화코일 → 파워 트랜지스터
③ 파워 트랜지스터 → 점화코일 → ECU → 각종센서
④ 파워 트랜지스터 → ECU → 각종센서 → 점화코일

05 HEI코일(폐자로형 코일)에 대한 설명 중 틀린 것은?

① 유도작용에 의해 생성되는 자속이 외부 축의 방출이 방지된다.
② 1차 코일의 굵기를 크게 하여 큰 전류가 통과할 수 있다.
③ 1차 코일과 2차 코일은 연결되어 있다.
④ 코일 방열을 위해 내부에 절연유가 들어있다.

06 점화 1차 코일에 밸러스트 저항을 두는 이유로 맞는 것은?

① 높은 전압이 생기는 것을 방지하기 위해서
② 2차 코일로 가는 전압을 안정시키기 위해서
③ 점화코일에 흐르는 1차 전류를 단속하기 위해서
④ 점화코일의 온도상승에 의한 성능 저하를 방지하기 위해서

07 축전지식 점화장치의 1차 코일과 2차 코일의 권선비는 얼마인가?

① 10~50　　　② 60~100
③ 100~150　　④ 160~200

08 축전지의 전압이 12V이고 권선비가 1 : 80인 경우 1차 유도전압이 250V이면, 2차 유도전압은 얼마인가?

① 14,000V　　② 16,000V
③ 20,000V　　④ 24,000V

09 다음 중 2차 고압 전류가 흐르지 않는 것은?

① 로터
② 단속기 접점
③ 고압 케이블
④ 점화플러그

10 단속기 접점의 간극이 작아지면 일어나는 현상으로 맞는 것은?

① 캠각이 작아진다.
② 점화 시기가 늦어진다.
③ 점화 시기가 빨라진다.
④ 점화 시기하고는 상관없다.

11 점화플러그의 구비조건으로 거리가 먼 것은?

① 보온효과가 좋고 내열성이 좋을 것
② 기밀유지 성능이 양호 할 것
③ 자기청정 온도를 잘 유지할 것
④ 전기적 절연성이 양호하고 점화성능이 좋을 것

12 축전기에 대한 설명으로 틀린 것은?

① 단속기 접점과 직렬로 연결되어 있다.
② 단속기 접점 사이의 불꽃을 흡수하여 접점의 소손을 방지한다.
③ 1차 전류의 차단시간을 단축하여 2차 전압을 높여준다.
④ 단속기 접점이 닫혔을 때 축전한 전하를 방출하여 1차 전류의 회복을 신속하게 한다.

13 단속기 접점식 점화방식에서 캠각이 작을 때 일어나는 설명으로 틀린 것은?

① 고속에서 실화가 일어나기 쉽다.
② 접점간극이 크고, 점화시기가 빨라진다.
③ 1차 전류 기간이 짧아 2차 전압이 낮다.
④ 점화코일이 발열되고, 단속기 접점이 소손된다.

14 진공진각장치 배전기의 단속기 판이 움직이면 일어나는 현상은?

① 압력이 커진다.
② 압력이 작아진다.
③ 점화시기가 변화한다.
④ 접점 접촉이 양호해진다.

15 점화 지연의 3가지 이유가 아닌 것은?

① 기계적 지연　② 착화적 지연
③ 연소적 지연　④ 전기적 지연

16 고압케이블은 전파 방해 방지를 위해 TVRS 케이블을 사용하는데 이 케이블의 내부 저항은 얼마인가?

① 10Ω　　　② $10K\Omega$
③ $100K\Omega$　　④ $10M\Omega$

17 고속, 고압축비 기관에서 사용하는 점화플러그는?

① 냉형　　　② 열형
③ 고속형　　④ 중간형

18 점화플러그의 자기 청정 온도로 맞는 것은?

① 400℃ 이하　② 450~600℃
③ 650~800℃　④ 800~1000℃

19 점화플러그가 자기 청정 온도 이상이 되면 어떠한 현상이 일어나는가?

① 역화   ② 실화

③ 조기 점화   ④ 점화불능

20 NPN형 파워 트랜지스터를 구성하고 있는 단자 중 점화코일과 접속된 단자는?

① 베이스   ② 컬렉터

③ 이미터   ④ 게이트

정답 및 해설

ANSWERS

01.②	02.①	03.③	04.①	05.④	06.④
07.②	08.③	09.②	10.②	11.①	12.①
13.④	14.③	15.②	16.②	17.①	18.②
19.③	20.②				

01. 키르히호프의 제 1법칙 : 회로 내 하나의 점을 기준으로 들어온 전류의 값과 나간 전류의 값은 같다.
키르히호프의 제 2법칙 : 폐회로에서 저항에 의한 전압강하의 총합은 기전력의 총합과 같다.

02. $E_2 = \dfrac{N_2}{N_1} E_1$

여기서, $\left(\dfrac{N_2}{N_1}\right)$ = 권선비 이므로

E_2와 권선비는 비례관계에 있다.

03. Condenser : 응축한다는 뜻으로 고주파 진동의 흡수, 접촉자의 불꽃 방지, 직류 고압 발생장치, 충격전압 발생장치 등에 활용된다.

04. P.197 본문의 고에너지 점화방식 그림을 참조하여 스토리를 만들어 이해하고 암기하여야 한다.

05. 고전압의 손실을 방지하기 위하여 내부에 절연유나 피치 컴파운드를 충전한 방식은 개자로형 코일이다.

06. 엔진의 회전수가 낮을 때 접점이 붙어 있는 시간이 길어지게 된다. 접점이 붙어 있는 기간 동안 1차 코일에 전류가 흘러가게 되므로 많은 열이 발생하게 되는데 이를 이용하여 밸

러스트 저항이 커지게 만든다. 이는 1차 코일에 큰 전류가 흐르는 것을 막아준다. 고속에서는 반대로 저항이 작아져 짧은 시간 충분한 양의 전류가 흐를 수 있도록 도와준다.

07. P.192 본문 내용 중 점화 코일의 여러 가지 사항 표를 확인하여 관련 내용을 정리해두자.

08. $E_2 = \dfrac{N_2}{N_1} E_1$, 여기서, $\left(\dfrac{N_2}{N_1}\right)$ = 권선비
$E_2 = 80 \times 250\,V = 20{,}000\,V$

09. 단속기 접점은 1차 코일과 연결되어 있으며 배터리 기전력을 단속하는 역할을 한다.

10. 아래 그림을 참조하여 접점의 간극이 작을 때 점화시기가 늦어진다는 것을 알 수 있다.

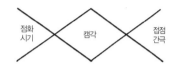

11. 점화플러그는 적당한 열가를 가지며 자기청정 온도 (450~600℃)를 잘 유지할 수 있어야 한다.

12. 축전기(콘덴서)는 정전유도 작용을 이용하여 많은 전기량을 저장하기 위해 만든 장치로서 단속기 접점과 병렬로 연결되어 있다.

13. 캠각이 작을 때 점화시점이 빨라지고 접점간극은 커지게 된다. 캠각이 작기 때문에 1차코일의 전류가 인가되는 기간이 짧아져 고속에서 실화가 일어나고 2차 전압까지 낮아지게 된다.

14. 단속기 판이 움직이면 접점을 제어하는 시점이 변하게 되고 이는 점화시기에 변화를 주게 된다. (저속에서는 느리게 고속에서는 점점 빠르게)

15. 착화적 지연=스스로 불붙는 점의 지연으로 가솔린 엔진에서는 노킹을 줄일 수 있는 이유가 되며 점화(불꽃을 이용하여 폭발)의 지연과는 개념이 다르다.

16. TVRS 케이블 및 저항플러그 역시 같은 용도로 10KΩ 정도의 저항을 사용한다.

17. 고속 고압축비 기관에서는 많은 열에 노출되므로 열을 받는 면적이 작고, 방열 경로가 짧은 냉형 점화플러그를 사용한다.

18. 자기청정 온도 이하에서는 오손이 발생하여 실화의 원인이 되고 이상에서는 조기점화의 원인이 되어 노킹이 발생되기도 한다.

19. 조기 점화가 발생이 되고 이는 노킹의 원인이 되기도 한다.

20. 베이스는 ECU, 컬렉터는 점화코일, 이미터는 접지와 각각 연결된다.

자동차에 부착된 모든 전장 부품은 발전기나 축전지로부터 전력을 공급받아 작동한다. 그러나 축전지는 방전량에 제한이 있고 엔진 기동 시에 충분한 전류를 공급해야 하므로 항상 완전 충전된 상태를 유지해야 한다. 이를 위해서 필요로 한 것이 발전기를 중심으로 한 충전장치이다.

1 직류(DC) 충전장치

구성 요소는 기동 전동기와 비슷하며 자계를 만드는 계자 코일 Field coil 및 계자 철심, 자속에서 회전하여 그 자속을 잘라서 전압을 유기하는 전기자 코일 Armature coil, 유기된 교류 전압을 직류 전압으로 정류하여 외부로 보내는 정류자와 브러시 등으로 구성된다.

① **전기자** : 계자 내에서 회전되어 교류전류를 발생한다.

② **정류자** : 전기자에서 발생된 교류전류를 직류전류로 정류한다.

③ **계철** : 계철은 자력선의 통로가 된다.

④ **계자철심** : 계자코일에 전류가 흐르면 전자석이 되어 N극과 S극을 형성한다.

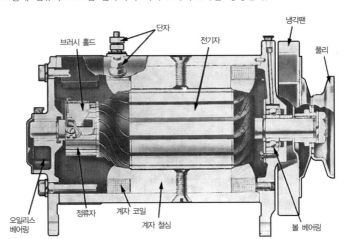

그림 직류 발전기의 구조

(1) 직류발전기의 특징

1) 계자철심은 영구자석을 사용하며 최초 스스로의 자력에 의해 자화되는 자 여자식이다.

2) 발생전압은 전기자의 회전수에 비례해서 높다.

3) 발생전압은 계자권선에 흐르는 여자 전류에도 비례한다.

4) 발생전압은 기관의 회전수가 크게 되는데 따라 급격히 상승하여 과대 전압이 된다.

(2) DC발전기 조정기

1) 컷 아웃 릴레이 Cut-out relay

발전기가 정지되어 있거나 발생전압이 낮을 때 축전지에서 발전기로 전류가 역류하는 것을 방지한다. 그리고 컷 아웃 릴레이에서 축전지로 전류가 흐를 때 접점이 닫히게 되며, 이것을 컷인 Cut-in 이라고 하며, 이때의 전압을 컷인 전압이라고 한다. 컷인 전압은 12V의 경우 13.8~14.8V 정도이다.

2) 전압 조정기

과전압을 방지하고 발생전압을 일정하게 유지하기 위한 것으로서 발생전압이 규정보다 커지면 계자코일에 직렬로 저항을 넣어 여자전류를 감소시켜 발생전압을 저하시키고, 발생전압이 낮으면 저항을 빼내어 규정전압으로 회복시킨다.

3) 전류 조정기

과전류를 방지하고 발전기에 규정출력 이상의 전기적 부하가 걸리지 않도록 하여 발전기 소손을 방지한다.

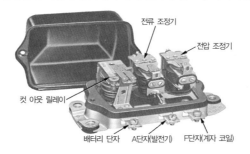

> **TIP**
> ▶ **직류(DC : Direct Current)와 교류(AC : Alternate Current)**
> ● DC : 자동차의 축전지가 대표적인 예로 양극과 음극이 정해져 있어 전류가 한쪽 방향으로 흐르는 것
> ● AC : 자력에 의한 발전에 의해 만들어지는 예로 시간의 경과에 따라서 전류의 흐름방향이 계속 바뀌는 것
> DC ⇒ AC : 인버터가 이 기능을 수행한다.
> AC ⇒ DC : 다이오드와 컨버터가 이 기능을 수행한다.

2 교류(AC) 충전장치

교류 발전기는 고정부분인 스테이터, 회전하는 부분인 로터, 로터의 양끝을 지지하는 엔드 프레임 그리고 스테이터 코일에서 유기된 교류(AC)를 정류하는 반도체 정류기(실리콘 다이오드)로 구성된다.

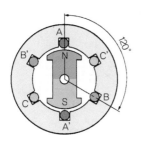

그림 3상 코일의 배치

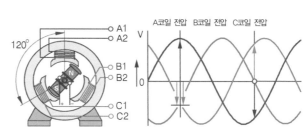

그림 3상 교류 전압

(1) 교류 발전기의 특징

1) 전압 조정기(레귤레이터)만이 필요하고 슬립링을 사용하여 브러시 수명이 길다.

2) 저속 시에서도 발전 성능이 좋고 공회전에서도 충전이 가능하다.(스테이터-Y결선)

3) 소형, 경량, 잡음이 적고, 고속회전이 가능하다.

4) 충전 역방향으로 과전류를 주지 않는다.(다이오드를 보호하기 위해서)

(2) 교류 발전기의 구성

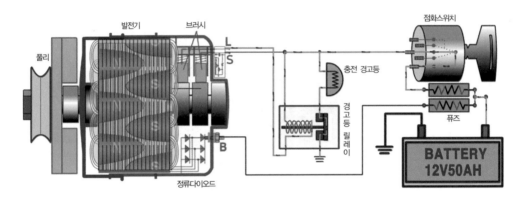

그림 교류 발전기의 구조

1) 스테이터 Stator

스테이터에서 발생한 교류는 실리콘 다이오드에 의해 직류로 정류한 후 외부로 보내며, 전류를 발생하고 AC 발전기의 스테이터와 로터 등은 헝겊으로 닦는다.

① **Y(스타)결선** : 선간 전압[甲]은 상전압의 $\sqrt{3}$ 배이고 저속에서 높은 전압을 얻을 수 있어 현재 많이 사용된다.

② **삼각(델타)결선** : 선전류[乙]는 상전류의 $\sqrt{3}$ 배이고 큰 출력을 요하는 곳에 사용된다.

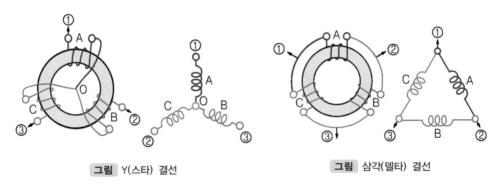

그림 Y(스타) 결선 　　　　　　　　**그림** 삼각(델타) 결선

[甲] Y결선 : ①~②간의, ②~③간의, ③~①간의 전압의 차이를 뜻하며 A, B, C 각 코일에 발생되는 전압을 "상전압"이라 한다.
[乙] 삼각결선 : 각 ①, ②, ③에서 흘러나오는 전류를 뜻하며 A, B, C 각 코일에 발생되는 전류를 "상전류"라 한다.

2) 로터 Rotor

초기 발전 시 축전지의 전원을 이용(타여자)하여 로터 코일에 여자전류를 공급한다. 이후 자화된 로터가 회전하여 자속을 만들고 주변에 위치한 스테이터에서 교류 전기가 발생되게 한다.

3) 정류기

실리콘 다이오드를 정류기에 사용하고 외부에는 히트싱크를 설치한다.

① **구성** : (+)다이오드 3개, (−)다이오드 3개, 여자다이오드 3개, 히트싱크, 축전기(콘덴서)

② **히트싱크** : 다이오드의 열을 식히기 위해 공랭식 핀이 설치된 구조

(3) 전압 조정기

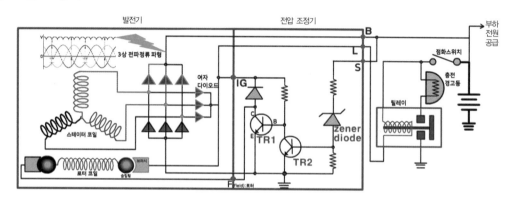

그림 교류 발전 조정기(신형)

① **충전 경고등 점등 및 소등** : 점화 스위치 ON → 릴레이 코일 → L단자 → TR1 베이스 소전류 통해 접지 → 릴레이 코일 자화 → 릴레이 스위치 ON → 충전 경고등 점등 / 스테이터 발전 시 여자다이오드 활성화 → 발전기 릴레이 코일 전위차 상쇄 → 소등

② **로터의 타 여자** : 점화 스위치 ON → L단자 → 브러시 → 슬립링 → 로터코일 → 슬립링 → 브러시 → TR1 컬렉터 전류로 접지 → 로터 자화

③ **스테이터 전류 발생** : 로터회전 → 스테이터 3상 전파 교류 발생

 → ① 다이오드로 정류 → B 단자 → 축전지 충전 및 부하 전원 공급

 → ② 여자 다이오드로 정류 → 로터에 전류 공급

④ **과충전 방지** : S단자로 과전압 공급 → 제너 다이오드 역방향 전류 인가(브레이크 다운전압 이상) → TR2 베이스 전류 활성화 → 자 여자전류 TR1 베이스 전류에서 TR2 컬렉터 전류로 인가(TR1의 베이스와 이미터 사이 전위차가 낮아짐→TR1 베이스 전류 차단→TR1컬렉터 전류 차단) → 로터 코일 전류 차단(자력 차단) → 스테이터 코일에서 발전되지 않음.

(4) DC & AC 발전기 비교

직류(DC)발전기와 교류(AC)발전기의 비교		
역 할	직류 발전기(DC)	교류 발전기(AC)
① 여자 방식	자 여자식	타 여자식
② 여자(자속) 형성	계자 코일과 계자철심	로터(Rotor)
③ 전류 발생	전기자	스테이터
④ 브러시 접촉부	정류자	슬립링
⑤ AC를 DC로 정류	브러시와 정류자	실리콘 다이오드
⑥ 역류 방지	컷 아웃릴레이	다이오드 (+)3개, (−)3개
⑦ 컷인 전압	13.8~14.8V	13.8~14.8V
⑧ 조정기	전압, 전류 조정기와 역류 방지기	전압 조정기
⑨ 작동 원리	플레밍의 오른손 법칙	플레밍의 오른손 법칙

(5) 발전기 점검 및 정비

① AC발전기에서 다이오드가 개회로 되거나 단락되면 라디오에 잡음이 난다.

② 발전기 극성 검사 시 메가와 같은 고압시험기로 시험하지 않는 이유는 발전기 속에 있는 다이오드가 파손되기 때문이다.

(6) 최근 발전기

1) 브러시 리스 교류발전기

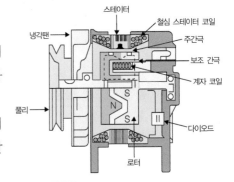

그림 브러시 리스 교류 발전기

① 구조 : 교류 발전기의 보디에 고정되어 있는 스테이터 코일과 계자 코일 사이에 "ㄷ"자 모양의 로터가 위치하며 로터는 베어링만으로 지지되어 있다.

② 작동 : 계자 코일에 여자 전류가 공급 → 자속이 로터에 영향(보조 간극) → 스테이터 코일에 자속이 전달(주 간극)되어 기전력이 유기

③ 장점 : 브러시를 사용하지 않으므로 내구성이 높고 밀폐형 발전기로 제작하여 먼지나 습기 등의 침입을 방지할 수 있으며 소형화가 가능하다.

④ 단점 : 보조 간극으로 인한 저항의 증가로 계자 코일을 많이 감아야 한다.

2) 배터리 센서 IBS Intelligent Battery Sensor

① 배터리 ⊖단자에 설치되어 전압, 전류, 온도 등에 대한 정보를 ECU에 전송한다.

② ECU는 이 정보를 바탕으로 SOC[甲]를 파악할 수 있다. → ECU는 C단자를 통해 발전기에 충전량을 전송(PWM제어)하고 FR단자를 통해 피드백 받음.

③ 배터리 교환 시 IBS 활성화가 필요하다. - 비활성화 시 ISG 제한 및 경고등이 점등될 수 있음.

[甲] State Of Charge : 배터리의 잔존용량으로 충전상태를 파악할 수 있으며 이 값을 기준으로 충·방전을 결정한다.

Section별 OX 문제

01. 직류 충전장치의 조정기로 컷 아웃 릴레이, 전압조정기, 전류조정기 등이 있다. ☐ O ☐ ×

02. 직류를 교류로 전환하기 위하여 컨버터를 사용하고 교류를 직류로 전환하기 위하여 인버터를 사용한다. ☐ O ☐ ×

03. 교류 충전장치는 전압조정기만 있으면 되고 슬립링을 사용하여 브러시의 수명이 길다. ☐ O ☐ ×

04. 교류 충전장치는 실리콘 다이오드를 활용하여 정류 및 역류를 방지한다. ☐ O ☐ ×

05. 스테이터는 일반적으로 저속에서도 안정적인 전원을 생성하기 위해 상전류 보다 선전류가 약 1.7배 높은 Y결선을 많이 사용한다. ☐ O ☐ ×

06. 정류기의 구성요소로 실리콘다이오드 및 히트싱크 등이 있다. ☐ O ☐ ×

07. 충전장치는 플레밍의 오른손 법칙에 따라 발전된 전류의 방향이 결정된다. ☐ O ☐ ×

08. 교류 충전장치에서 전류가 생성되는 곳은 로터이다. ☐ O ☐ ×

09. 교류 충전장치에서 발전기 풀리, 로터, 브러시가 회전하는 구성요소이다. ☐ O ☐ ×

10. 브러시 리스 교류 충전장치는 브러시를 사용하지 않으므로 내구성을 높일 수 있고 소형화가 가능하다. ☐ O ☐ ×

02. 직류를 교류로 전환하기 위하여 인버터를 사용하고 교류를 직류로 전환하기 위하여 컨버터를 사용한다.

05. 스테이터는 일반적으로 저속에서도 안정적인 전원을 생성하기 위해 상전압 보다 선간전압이 약 1.7배 높은 Y결선을 많이 사용한다.

08. 교류 충전장치에서 전류가 생성되는 곳은 스테이터이다.

09. 교류 충전장치에서 발전기 풀리, 로터, 슬립링이 회전하는 구성요소이다.

정답

01. O 02. × 03. O 04. O
05. × 06. O 07. O 08. ×
09. × 10. O

01 직류 발전기의 구성이 아닌 것은?

① 로터　　　　② 계자 코일

③ 계자 철심　　④ 전기자 코일

02 직류 발전기가 처음 회전할 때는 무엇에 의해서 발진되는가?

① 아마추어 전류

② 계자 전류

③ 축전지 전류

④ 잔류 자기

03 다음 중 축전지에서 발전기로 역류하는 것을 방지하는 것은?

① 컷 인 릴레이

② 컷 아웃 릴레이

③ 전압 조정기

④ 전류 조정기

04 발전기 종류에는 타 여자식과 자 여자식이 있는데, 설명으로 틀린 것은?

① 타 여자식 발전기는 AC 발전기에 사용한다.

② 자 여자식 발전기는 DC 발전기에 사용한다.

③ 타 여자식 발전기는 저속에서 충전이 잘 안 된다.

④ 자 여자식 발전기는 계자 철심에 남아 있는 잔류 자기에 초기 발전한다.

05 12V용 직류 발전기의 컷인 전압으로 알맞은 것은?

① 9~10V　　　② 11~12V

③ 13~14V　　④ 15~16V

06 교류 발전기의 설명으로 틀린 것은?

① 저속에서도 충전이 가능하다.

② 전압, 전류 조정기 모두 필요하다.

③ 반도체(실리콘 다이오드)로 정류한다.

④ 소형, 경량이며, 브러시의 수명이 길다.

07 교류 발전기에서 유도 기전력이 유기되는 곳으로 직류 발전기의 전기자에 해당하는 것은?

① 로터　　　　② 브러시

③ 정류기　　　④ 스테이터

08 교류 발전기의 스테이터 결선법이 아닌 것은?

① Y결선　　　② 델타 결선

③ Z결선　　　④ 스타 결선

09 교류 발전기의 스테이터 결선법 중 Y 결선의 선간 전압은 얼마인가?

① 각 상전압의 $\sqrt{3}$ 배이다.

② 각 상전압의 $\sqrt{4}$ 배이다.

③ 각 상전압의 $\sqrt{5}$ 배이다.

④ 각 상전압의 $\sqrt{6}$ 배이다.

10 교류 발전기의 스테이터 결선법 중 델타 결선의 선전류는 얼마인가?

① 각 상전류의 $\sqrt{3}$ 배이다.
② 각 상전류의 $\sqrt{4}$ 배이다.
③ 각 상전류의 $\sqrt{5}$ 배이다.
④ 각 상전류의 $\sqrt{6}$ 배이다.

11 자동차 AC 발전기의 정류 작용은 어디에서 하는가?

① 아마추어   ② 계자 코일
③ 다이오드   ④ 배터리

12 자동차 발전기 B단자에서 발생되는 전기는?

① 3상 전파 정류된 직류 전압
② 3상 반파 정류된 교류 전압
③ 단상 전파 정류된 직류 전압
④ 단상 반파 전류된 교류 전압

13 자동차 AC 발전기에 사용되는 다이오드 종류가 아닌 것은?

① + 다이오드
② − 다이오드
③ 여자 다이오드
④ 중성자 다이오드

14 교류 발전기에서 직류 발전기의 컷 아웃 릴레이와 같은 일을 하는 것은?

① 로터
② 전압 조정기
③ 전류 조정기
④ 실리콘 다이오드

15 발전기의 3상 교류에 대한 설명으로 틀린 것은?

① 3조의 코일에서 생기는 교류 파형이다.
② Y결선을 스타 결선, △결선을 델타 결선이라 한다.
③ 각 코일에 발생하는 전압을 선간 전압이라고 하며, 스테이터 발생전류는 직류 전류가 발생된다.
④ △결선은 코일의 각 끝과 시작점을 서로 묶어서 각각의 접속점을 외부 단자로 한 결선 방식이다.

16 교류 발전기에서 로터가 타 여자 되는 순서를 바르게 설명한 것은?

① L단자 → 브러시 → 정류자 → 로터 코일 → 정류자 → 브러시 → 접지 → 로터 자화
② IG단자 → 브러시 → 정류자 → 로터 코일 → 정류자 → 브러시 → 접지 → 로터 자화
③ L단자 → 브러시 → 슬립링 → 로터 코일 → 슬립링 → 브러시 → 접지 → 로터 자화
④ IG단자 → 브러시 → 슬립링 → 로터 코일 → 슬립링 → 브러시 → 접지 → 로터 자화

17 정류기의 구성요소로 거리가 먼 것은?

① 경고등 릴레이
② 히트 싱크
③ 실리콘 다이오드
④ 축전기

18 자동차 충전장치에서 전압 조정기의 제너 다이오드는 어떤 상태에서 전류가 흐르게 되는가?

① 브레이크다운 전압에서
② 배터리 전압보다 낮은 전압에서
③ 로터코일에 전압이 인가되는 시점에서
④ 브레이크다운 전류에서

19 교류 발전기의 특징에 관한 설명으로 틀린 것은?

① 전압 '조정기만 있으면 되고 브러시의 수명이 길다.
② 저속 시에도 발전 성능이 좋고, 공회전에도 충전이 가능하다.
③ 로터 코일을 통해 흐르는 여자 전류가 크면 스테이터의 기전력은 커진다.
④ 주행 중 충전 경고등이 들어오면 바로 시동이 꺼진다.

20 교류 발전기 발전 원리에 응용되는 법칙은?

① 플레밍의 왼손법칙
② 플레밍의 오른손 법칙
③ 옴의 법칙
④ 자기포화의 법칙

정답 및 해설

ANSWERS

01.①	02.④	03.②	04.③	05.③	06.②
07.④	08.③	09.①	10.①	11.③	12.①
13.④	14.④	15.③	16.④	17.①	18.①
19.④	20.②				

01. 직류 발전기의 구성요소는 기동전동기의 구성요소와 거의 비슷하다.

02. 직류발전기는 자 여자 방식으로 계자의 잔류 자기로 발전한다.

03. 직류발전기는 역류방지를 위해 컷 아웃 릴레이를 사용하고 교류발전기는 다이오드를 사용한다.

04. 타 여자 발전기는 외부의 전원을 활용하여 로터를 자화시키므로 충분한 자력을 얻을 수 있다. 이는 로터가 저속회전에서도 발전이 잘되는 원인이 된다.

05. 컷인 전압 : 컷 아웃 릴레이의 작동을 복원 시키는 전압으로 다시 발전기에서 축전지로 전류가 흘러갈 수 있는 전압을 뜻한다.

06. 교류 발전기에서는 전압조정기만 필요로 한다.

07. 전기가 만들어지는 주체가 어디인지를 묻는 문제이다. 교류 발전기에서는 스테이터에서 전기가 만들어지게 된다.

08. Y결선(스타결선) : 3상 교류회로에서의 각 상(相) 접속법의 일종으로, 각 상의 종단을 한 곳에 묶은 결선 방법. 각 상의 전류는 선전류와 같고, 각 상의 전압은 선간 전압의 $\frac{1}{\sqrt{3}}$ 과 같다. 즉, 선간 전압은 각 상의 전압보다 $\sqrt{3}$ 배 높다.

09. 선간 전압이 1.7배($\sqrt{3}$ 배) 정도 높다는 것이 핵심이다.

10. 선전류가 1.7배 정도 높다는 것이 핵심이다.

11. 교류(AC) 발전기의 정류작용은 +, − 다이오드를 활용해서 한다.

12. 스테이터 : 3상 전파 교류 전압 → 실리콘 다이오드 → 3상 전파 정류된 직류 전압 (B단자)

13. • +, − 다이오드 : 역류방지용 및 교류를 직류로 정류하는 용도로 사용한다.
 • 여자 다이오드 : 스테이터에서 발생되는 기전력으로 로터를 자화시키기 위한 용도로 사용.

14. 전압 조정기의 +, − 다이오드로 역류방지 역할을 수행할 수 있다.

15. 각 코일에 발생되는 기전력을 상 전압이라 하고 스테이터에서 발생되는 전기는 교류이다.

16. P.209 교류 발전 조정기 그림을 보면서 부품별 순서에 맞게 암기할 수 있도록 한다.

17.

여자 다이오드
히트싱크
축전기 정류용 다이오드
전압조정기

정류기의 구조

18. 전기의 기초에서 제너다이오드에 대해 학습한 이유에 대한 문제이다. 제너다이오드의 브레이크 다운전압에 대해 암기해 두자.

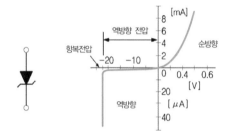

19. 충전 경고등이 들어 왔을 때 발전기의 스테이터에서 만들어내는 기전력이 부족하다는 뜻으로 축전지가 방전되기 전까지는 전원을 유지할 수 있다.

20. 발전기는 모두 플레밍의 오른손 법칙에 해당이 된다.

등화 장치는 조명, 지시, 신호, 경고 및 장식 등의 각종 전기적 회로로 되어 있으며 각 회로는 그 목적에 따른 등lamp, 배선, 퓨즈, 스위치 등의 주요 부품으로 구성된다. 이중에는 자동차 안전기준에 의해 규제되는 등화도 있다.

1 등화의 종류

(1) 조명용 : 전조등, 안개등, 후퇴등, 실내등, 계기등

(2) 신호용 : 방향지시등, 제동등, 비상등

(3) 경고용 : 유압등, 충전등, 연료등, 브레이크 오일등

(4) 표시용 : 후미등, 주차등, 번호등, 차폭등, 차고등

2 전조등 Head light

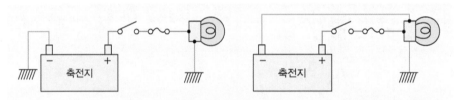

그림 단선식과 복선식

전조등은 성능을 유지하기 위해 복선식을 사용하고, 회로는 좌우 병렬로 되어 있다. 전구 안에는 2개의 필라멘트가 있으며 1개는 먼 곳을 비추는 상향등, 1개는 교행 차량에 빛의 방해가 되지 않도록 광도를 낮춘 하향등이 있다. 전조등의 3요소는 렌즈, 반사경, 필라멘트이다.

TIP

▶ 조명의 용어
- 광도 : 빛의 진행방향에 수직한 면을 통과하는 빛의 양으로 단위는 칸델라(cd)이다.
- 광속 : 1cd의 빛이 1sr甲으로 조사되는 빛의 총량(다발)로 단위는 루멘(lm)이다.

  광속(lm) = cd · sr
- 조도 : 빛을 받는 면의 밝기이며 단위는 룩스(lx)이다.

$$조도(lx) = \frac{광도(cd)}{거리^2(m)}$$

※ $조도(lx) = \frac{광속(lm)}{피조면단면적(m^2)}$

TIP

▶ 전기 배선의 식별 방법
저항 측정은 멀티미터로 하며, 크기, 용도, 색깔 등으로 나타낸다.

  예) 1.25GB 1.25 : 전선의 굵기(mm²), G : 바탕색(녹색), B : 줄무늬 색(흑색)

〈전선의 색깔 표시〉

Br : 갈색	Gr : 회색	L : 파랑색	O : 오렌지색	P : 핑크색
Pp : 보라색	R : 빨간색	T : 황갈색	W : 흰색	Y : 노란색

甲 입체각의 단위로 스테라디안이라 표기한다. sr=구 표면적(m²)/r²(m²) 이므로 약분되어 차원이 없음.

(1) 실드 빔 형식 Sealed beam type

① 반사경, 렌즈, 필라멘트가 일체로 되어 있고, 가격이 비싸다.

② 수명이 길고 렌즈가 흐려지지 않는다.

③ 필라멘트가 단선되면 등 전체를 교환해야 한다.

(2) 세미 실드 빔 형식 Semi sealed beam type

① 반사경과 렌즈는 일체로 되었고, 필라멘트는 별개로 되어 있다.

② 전구 설치부로 약간의 공기 유통이 있어 반사경이 흐려지기 쉽다.

③ 필라멘트가 단선되면 전구만 교환한다.

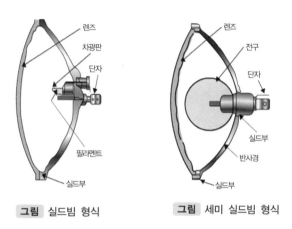

그림 실드빔 형식   그림 세미 실드빔 형식

(3) 할로겐 램프

① **할로겐 사이클**[甲]로 인하여 흑화 현상이 없어 시간이 지나도 밝기의 변화가 적다.

② 색의 온도가 높아 밝은 배광색을 얻을 수 있다.

③ 교행용(하향등) 필라멘트 아래에 차광판이 있어 자동차 쪽 방향으로 반사하는 빛을 없애는 구조로 되어 있어 눈부심이 적다.

④ 전구의 효율이 높아 밝다.

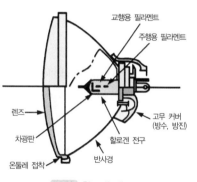

그림 할로겐 램프

[甲] 할로겐 전구에서 텅스텐 필라멘트의 증발을 막아 수명을 늘려주는 순환 과정으로 유리구 안의 할로겐 원소는 필라멘트에서 증발된 텅스텐 원자와 반응 결합하여 할로겐화 텅스텐 화합물을 만든다. 이 화합물도 일정 온도(요오드 250℃, 브롬 170℃) 이상이 되면 증기가 된다. 이것이 필라멘트 가까이로 이동하여 부딪히면 필라멘트 열에 의하여 텅스텐 원자는 필라멘트와 결합하여 원래의 자리에 돌아가고, 분리된 할로겐 원소는 다시 텅스텐 증발 원자와 결합한다. 이 과정을 계속 반복하면서 필라멘트가 재생되어 전구의 수명이 연장된다.

(4) HID High Intensity Discharge 라이트- 고 휘도 방전 전조등

① 소비 전력이 적고 점등이 빠르다.

② 전구의 수명이 길고 광도 및 조사거리가 향상된다.

③ 방전관 내에 크세논(제논)·수은가스, 금속 할로겐 성분 등이 들어 있다.

④ 관 양쪽 끝에 위치한 몰리브덴 전극에 플라즈마 방전이 발생하면서 에너지화 되어 햇빛의 색 온도에 가까운 흰색 빛을 방출한다.

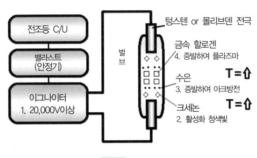

그림 HID 라이트

(5) LED Light Emitting Diode 전조등

① 햇빛과 비슷한 색온도(K켈빈 : 광원의 빛을 수치로 표시, 천체의 온도를 나타냄)를 가진다.
   (할로겐: 약 3000K, HID: 약 4000K, LED: 약 5500K, 햇빛: 6000K)

② 에너지 소비가 할로겐램프 시스템에 비해 적다.

③ 마모가 없으며 시스템이 차지하는 공간체적이 적기 때문에 디자인 자유도가 크다.

④ 다수의 LED 유닛의 복합체로 냉각체를 포함한 LED-칩 등으로 구성된다.

(6) 전자제어 시스템

1) 오토라이트

전조등 장치에 전자제어가 더해진 형식으로 조도 센서를 이용하여 차량 주변의 밝기가 어두워지면 자동으로 미등 및 전조등을 ON시켜주는 전자제어 장치이다.

(스위치 : 자동모드-AUTO mode)

입 력	제 어	출 력
오토라이트 스위치 점화스위치(system 전원) 조도센서 – 외부 조도검출용 – 비교 조도검출용(ECU내부)	오토라이트 ECU TR₁ 작동 – 전조등용 TR₂ 작동 – 미등용	미등 릴레이 작동 – 미등 점등 전조등 릴레이 작동 – 전조등 점등

그림 입출력 다이어그램

2) 전조등 조사각 제어 장치

승차인원과 화물의 적재량에 따라 차체의 기울기를 측정하여(피칭) 전조등의 조사 각도를 바르게 조절해 주는 장치를 말한다.

3) 차속 감응형 오토라이트

기존의 오토라이트 시스템에 차속의 입력을 추가하여 일정의 속도가 넘으면 낮은 조명의 변화에서도 미등과 전조등이 점등되도록 하는 시스템을 말한다.

4) 감광식 거울 – ECM Electronic chromic mirror 룸 미러

주로 야간 주행 시 룸미러에 들어오는 뒤쪽 차량의 밝은 빛을 광센서를 통해 자동으로 감지해 거울의 반사율을 낮추어 운전자의 눈부심 현상을 줄여주는 장치를 말한다.

구성 요소로는 거울 양쪽 끝에 전극을 심어 전류의 세기에 따라 어두워지는 후면경, 반사량을 조절하는 제어장치, 작동 또는 비 작동을 선택할 수 있는 스위치 등으로 이루어져 있다.

3 방향지시등

플래셔 유닛을 사용하여 전구에 흐르는 전류를 일정한 주기(60~120회/분)로 단속하여 점멸시킨다. 종류에는 전자 열선식, 바이메탈식, 축전기식, 수은식, 스냅 열선식 등이 있다.

(1) 좌우 점멸 횟수가 다르거나 한쪽만 작동되는 원인

① 규정 용량의 전구를 사용하지 않을 때(제품군이 같을 때 전력이 높을수록 밝다.)
② 한쪽 전구의 접지가 불량할 때
③ 전구 하나가 단선되어 있을 때
④ 플래셔 스위치에서 한쪽 지시등 사이에 단선되었을 때

(2) 점멸이 느릴 때의 원인

① 전구의 용량이 규정보다 작을 때 → $P=\dfrac{E^2}{R}$ $P\downarrow, R\uparrow$ ∴점멸이 느려짐.

② 전구의 접지가 불량할 때
③ 축전지 용량이 저하되었을 때
④ 플래셔 유닛의 결함이 있을 때

4 윈드 실드 와이퍼(창닦기)

비 또는 눈이 내릴 때 운전자의 시계가 방해 받는 것을 방지하기 위함이다.

(1) 3가지 주요부

와이퍼 전동기, 링크기구, 블레이드

(2) 차속 감응형 간헐 와이퍼

차속의 증감에 의해 간헐적으로 와이퍼를 작동시키는 기능으로 속도가 높을수록 간헐 작동이 빨라진다.

(3) 우적 감지 와이퍼

레인 센서(발광·포토다이오드로 구성되어 적외선 이용)를 이용하여 비의 양을 검출하여 간헐적으로 와이퍼를 작동시키는 기능이다.

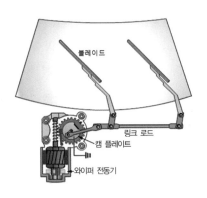

(4) 와셔액

세척의 역할을 하는 계면 활성제와 부패되거나 어는 것을 방지하기 위한 알코올로 구성된다. 과거에는 빙점이 낮은 메탄올을 재료로 사용해 왔지만 유해성의 문제가 있어 현재는 에탄올 와셔액을 사용한다.

5 계기장치

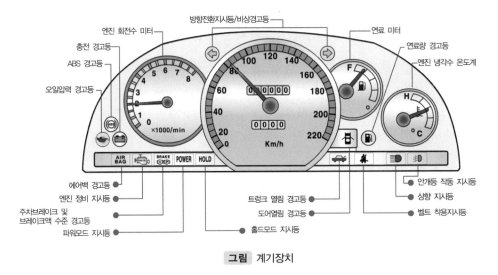

그림 계기장치

(1) 계기의 구성

1) 차량 속도계

① 주행거리를 표시하는 속도계의 구동 케이블은 변속기 출력축에 의해 구동된다.
② 속도계는 맴돌이 전류와 영구자석의 상호 작용에 의해 바늘이 움직인다.
③ 현재는 계기판 ECU가 ABS ECU의 휠 스피드센서 신호를 다중통신을 통해 입력 받는다.
④ 휠 스피드센서를 이용하여 차축의 회전수를 측정할 경우 오차의 범위가 줄어들게 된다.

2) 유압 경고등(오일 압력 경고등)

엔진이 구동하여 오일펌프가 작동되면 오일압력 스위치의 접점을 오일의 압력으로 밀어 올려 떨어지게 하여 경고등이 소등된다.

3) 연료계

① **연료잔량 표시계(연료미터)** : 연료면 상부의 뜨개를 활용하여 바뀌는 위치에너지를 활용한 것으로 평형코일, 서모스탯 바이메탈, 바이메탈 저항방식 등이 사용된다.

② **연료량 경고등** : 연료의 잔량이 일정 이하가 되면 스위치의 접점을 붙여 바이메탈 열선에 전류를 흘려 경고등을 점등시킨다.

4) 수온계(냉각수 온도계)

서미스터를 활용하여 냉각수 온도 변화에 따른 저항의 변화를 활용한 장치로 부든튜브, 평형코일, 서모스탯 바이메탈, 바이메탈 저항방식 등이 있다.

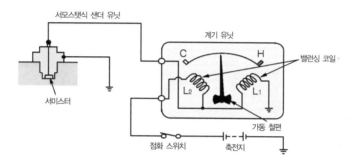

그림 밸런싱 코일식

(2) 트립 컴퓨터 Trip computer

평균 연비, 순간 연비, 주유 후 주행가능거리, 주행 시간, 차량 정비까지 남은 거리 등 주행과 관련된 다양한 정보를 LCD 표시 창을 통해 운전자에게 알려 주는 차량정보 시스템으로 운전자가 인지할 수 있는 언어를 사용하므로 빠르고 정확하게 차량에 대한 정보를 운전자에게 알려 줄 수 있다.

동영상

01. 방향지시등, 브레이크등은 신호용 등화로 사용된다.
    ☐ ○ ☐ ✕

02. 광속은 광원에서 발생된 빛이 1칸델라로 되는 단위 입체각에 포함된 빛의 다발로 단위는 루멘을 사용한다.
    ☐ ○ ☐ ✕

03. 조도의 단위는 룩스로 단위 입체각의 광도에 비례하고 거리에 제곱에 반비례한다.
    ☐ ○ ☐ ✕

04. 세미 실드 빔은 반사경, 렌즈, 필라멘트가 일체로 되어 있고 가격이 비싸다.
    ☐ ○ ☐ ✕

05. LED 전조등은 색온도가 높아 주간 주행등의 용도로 많이 사용된다.
    ☐ ○ ☐ ✕

06. 오토라이트 시스템의 입력신호로는 오토라이트 스위치, 조도 센서, 점화스위치 신호등이 있다.
    ☐ ○ ☐ ✕

07. 방향지시등 및 비상등은 플래셔 유닛을 이용하여 분당 80~150회로 점멸시킬 수 있다.
    ☐ ○ ☐ ✕

08. 창닦기 장치의 3가지 주요부로 전동기, 링크기구, 블레이드가 있다.
    ☐ ○ ☐ ✕

09. 와셔액은 빙점이 낮고 가격 경쟁력이 우수한 메탄올을 주로 사용하면 된다.
    ☐ ○ ☐ ✕

10. 차량 속도계는 과거에 변속기 출력축의 회전수를 측정하여 사용하였으나 현재는 ABS 시스템의 휠 스피드센서를 활용하여 표시한다.
    ☐ ○ ☐ ✕

11. 계기판의 수온계는 엔진 예열이 끝난 경우 게이지가 중간정도에 위치하면 정상이다.
    ☐ ○ ☐ ✕

04. 실드 빔은 반사경, 렌즈, 필라멘트가 일체로 되어 있고 가격이 비싸다.

07. 방향지시등 및 비상등은 플래셔 유닛을 이용하여 분당 60~120회로 점멸시킬 수 있다.

09. 와셔액은 빙점이 낮고 가격 경쟁력이 우수한 메탄올을 주로 사용해 왔으나 인체에 유해한 성분을 포함하고 있어 현재 사용이 제한된다.

정답

01.○ 02.○ 03.○ 04.✕
05.○ 06.○ 07.✕ 08.○
09.✕ 10.○ 11.○

단원평가문제

01 자동차 트립 컴퓨터 화면에 표시되지 않는 것은?

① 평균연비
② 주행 가능 거리
③ 주행 시간
④ 배터리 충전 전류

02 야간에 주행하는 차의 전조등에서 한쪽 필라멘트가 떨어졌는데도 다른 쪽 전등이 점등하는 이유는?

① 회로가 직렬로 연결되었기 때문
② 회로가 병렬로 연결되었기 때문
③ 회로가 직·병렬로 연결되었기 때문
④ 회로가 어스 되었기 때문

03 등화장치의 종류 중 표시용등이 아닌 것은?

① 후미등
② 주차등
③ 브레이크등
④ 번호등

04 광원으로부터 단위 입체각에 방사되는 빛의 에너지로 빛의 다발을 말하며 단위로 lm을 사용하는 용어는?

① 광도
② 광속
③ 조도
④ 휘도

05 자동차용 전조등에 사용되는 조도에 관한 설명 중 맞는 것은?

① 조도는 전조등의 밝기를 나타내는 척도이다.
② 조도의 단위는 암페어이다.

③ 조도는 광도에 반비례하고 광원과 피조면 사이의 거리에 비례한다.
④ 조도(lx) $= \dfrac{\text{피조면 단면적}(m^2)}{\text{피조면에 입사되는 광속}(m)}$ 로 나타낸다.

06 앞 유리의 창 닦기 주요부에 속하는 와이퍼 전동기에는 어떤 방식의 직류전동기를 사용하는가?

① 복권식
② 직권식
③ 분권식
④ 삼권식

07 전조등의 광도가 광원에서 25,000cd의 밝기일 경우 전방 50m지점에서의 조도는 얼마인가?

① 25 lx
② 12.5 lx
③ 10 lx
④ 2.5 lx

08 다음 중 전조등의 3요소로 맞게 묶인 것은?

① 필라멘트, 반사판, 축전지
② 렌즈, 반사경, 축전지
③ 필라멘트, 반사판, 렌즈
④ 필라멘트, 반사경, 렌즈

09 전조등에서 세미 실드 빔 형식의 설명으로 맞는 것은?

① 전조등 전체를 교환해야 한다.
② 전구는 별도로 설치된 형식이다.
③ 렌즈와 필라멘트가 일체로 되어 있다.
④ 현재 자동차에 많이 사용되고 있지 않다.

3. 전기

10 할로겐 전조등은 무슨 가스에 할로겐을 미량 혼합시킨 전조등인가?

① 산소   ② 질소
③ 붕소   ④ 나트륨

11 2개의 코일이 병렬로 접속되어 가변 저항 값에 따라 작동되며 유압계, 수온계, 연료계에서 사용되는 장치의 종류는?

① 밸런싱 코일식 ② 바이메탈식
③ 타코미터식   ④ 영구 자석식

12 백열전구와 비교한 할로겐전구의 특징으로 거리가 먼 것은?

① 주행용 필라멘트에 차광판이 설치되어 대향 자동차의 눈부심이 적다.
② 할로겐 사이클로 흑화현상이 없어 수명이 다할 때 까지 밝기가 일정하다.
③ 색 온도가 높아 밝은 백색 빛을 얻을 수 있다.
④ 최고 광도 부근의 빛이 점으로 되지 않기 때문에 도로면의 조도가 균일하다.

13 와셔액의 성분으로 사용하지 않는 것은?

① 부식방지제   ② 계면활성제
③ 알코올(에탄올) ④ 우레아

14 자동차의 방향 지시등 회로의 점멸이 느릴 때의 이유로 틀린 것은?

① 전구의 접지가 불량하다.
② 플래셔 유닛이 불량하다.
③ 퓨즈 또는 배선이 불량하다.

④ 전구의 용량이 규정보다 크다.

15 윈드 실드 와이퍼 장치의 관리요령에 대한 설명으로 틀린 것은?

① 와이퍼 블레이드는 수시 점검 및 교환해 주어야 한다.
② 와셔액이 부족한 경우 와셔액 경고등이 점등된다.
③ 와셔액은 메탄올을 원료로 한 것을 사용한다.
④ 전면 유리는 기름 수건 등으로 닦지 말아야한다.

16 주행계기판의 온도계가 작동하지 않을 경우 점검을 해야 할 곳은?

① 공기유량 센서
② 냉각수온 센서
③ 에어컨 압력 센서
④ 크랭크 포지션 센서

17 계기판의 엔진 회전계가 작동하지 않는 결함의 원인에 해당 되는 것은?

① VSS(Vehicle Speed Sensor) 결함
② CPS(Crankshaft Position Sensor) 결함
③ MAP(Manifold Absolute Pressure sensor)결함
④ CTS(Coolant Temperature Sensor) 결함

18 전조등 회로의 구성부품이 아닌 것은?

① 라이트 스위치 ② 전조등 릴레이
③ 스테이터   ④ 디머 스위치

19 오토라이트 구성 부품이 아닌 것은?

① 플래셔 유닛　② 조도센서
③ 전조등 릴레이　④ 작동 스위치

20 크세논(Xenon) 가스방전등에 관한 설명이다. 틀린 것은?

① 전구의 가스 방전 실에는 크세논 가스가 봉입되어 있다.
② 전원은 12~24V를 사용한다.
③ 크세논 가스등의 발광 색은 황색이다.
④ 크세논 가스등은 기존의 전구에 비해 광도가 약 2배 정도이다.

정답 및 해설

ANSWERS

01.④	02.②	03.③	04.②	05.①	06.①
07.③	08.④	09.②	10.④	11.①	12.①
13.④	14.④	15.③	16.②	17.②	18.③
19.①	20.③				

01. P.221 트립 컴퓨터 QR코드 동영상 확인

02. 병렬로 연결되어 있는 회로로는 자동차에 쌍으로 되어 있는 등화장치, 전압계 회로 연결, 직류전동기의 분권식, 접점스위치와 콘덴서, 예열플러그 실드형 등이 있다. 한 단원에 국한되어 문제를 출제하는 것에서 여러 개의 단원을 복합적으로 묶어서 출제하는 경향으로 바뀌고 있다.

03. 브레이크등은 신호용으로 사용된다.

04. 휘도(nt−니트) $= \dfrac{cd}{m^2}$

· **휘도** : 어떤 표면에 방사되거나 반사된 빛이 밝기이다.

05. 조도$(lx) = \dfrac{광도(cd)}{거리^2(m^2)} = \dfrac{광속(lm)}{피조면의\ 단면적\ (m^2)}$

06. P.181 직류 전동기의 종류 표 참조

07. 조도(Lx) $= \dfrac{Cd}{r^2} = \dfrac{25,000}{50^2} = 10(Lx)$

08. 전조등의 기본이 되는 3요소는 렌즈, 필라멘트, 반사경이다. P.217 그림을 보면서 순서를 기억해 두면 기억이 오래 간다.

09. 반사경과 렌즈가 일체로 되어 있고 필라멘트는 전구 안에 별개로 설치되어 따로 교환이 가능한 세미 실드 빔이 현재 가장 많이 사용되고 있는 방식이다.

10. 질소는 자연에 주로 기체로 존재하는 비금속 원소로 지구 대기 부피의 약 78%정도를 차지한다. 질소는 생성과정에서 대부분의 수분이 제거되기 때문에 온도차에 의한 수분발생, 산화작용 즉, 녹의 발생 등을 방지할 수 있다. 또한 다른 물질과 화학반응을 일으키지 않기 때문에 온도의 변화에 따른 부피의 변화가 거의 없고 소리 전달력이 낮기 때문에 발생되는 소음도 줄여주는 역할을 한다.

11. P.221 밸런싱 코일식 그림 참조하여 작동되는 원리에 대해 연구해 본다.

12. 백열전구

※ 할로겐램프의 그림과 비교해서 이해한다.

13. NOx를 줄이기 위한 SCR 장치에 사용되는 것을 요소수(Urea−우레아)라고 한다.

14. $P = \dfrac{E^2}{R}$　　$P \Uparrow, R \Downarrow$

※ 점멸이 빨라짐.

15. 에탄올은 주류나 손소독재의 원료로 사용되지만 메탄올은 소량만 섭취하더라도 실명을 초래할 수 있는 매우 위험한 알코올이다. 와셔액은 사용 시 외기를 통해 실내로 유입될 수 있는 만큼 인체에 무해한 에탄올을 사용해야 한다.

16. 주행계기판의 온도계는 냉각수온 센서의 작동과 연동되어 있다.

17. 엔진의 회전수는 크랭크축의 회전수를 측정하는 센서와 연관되어 있다.

18. 스테이터는 발전기의 구성요소이다.
· **디머 스위치**(dimmer switch) : 헤드램프의 상향등 및 하향등을 전환하기 위한 스위치로 방향 지시등 스위치와 일체로 되어 있는 것이 많다.

19. **플래셔 유닛** : 방향 지시등 및 비상등에 흐르는 전류를 일정한 주기로 단속하여 점멸 시키는 장치이다.

20. **크세논램프** : 고압의 크세논 가스를 봉입한 방전관으로 발광효율은 1W당 20~40 (lm)에 달하며 백열전구의 효율 1W당 10~20 (lm)의 약 2배 정도에 해당된다. 가시광선에서 자외선까지의 스펙트럼이 자연 주광(흰색)에 아주 가깝다.

주위 변화에 따른 온도 및 습도 등을 적절히 유지하여 쾌적한 환경을 제공해주는 장치이다.
열 부하 항목에는 복사부하, 승원부하, 관류부하, 환기부하 등이 있다.

1 온수식 난방장치

1) 엔진의 냉각수의 열을 이용한 것이며, 송풍기 팬용 전동기의 출력은 15~18W이다.

2) 디프로스터(앞 창유리에 습기가 끼는 것을 방지하는 것)에도 사용되고, 히터 유닛은 일종의
온수 방열기이다.

3) 히터 모터와 히터 저항기는 직렬로 연결되어 모터의 회전속도를 조절한다.

4) 자동차 오토 에어컨 시스템에서 컴퓨터에 의해 제어되는 것은 송풍기 속도, 컴프레서 클러치,
엔진 회전수 등이다.

5) 자동차 오토 에어컨 시스템은 차실 내 · 외부에 설치된 각종의 온도 센서와 컨트롤 스위치에서의
신호에 의해 차 실내 온도를 최적화로 유지하도록 하는 장치이다.

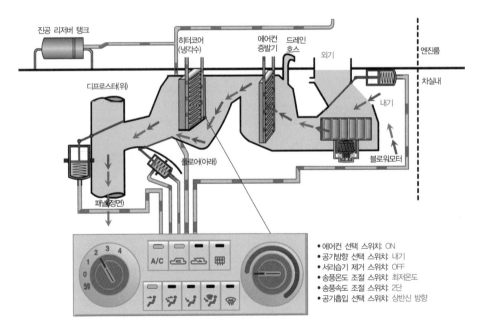

그림 히터 에어컨 유닛

2 냉방 사이클 구성도

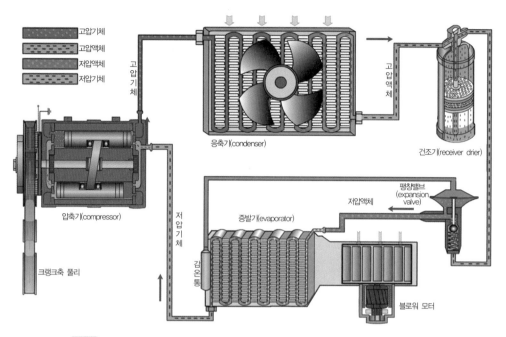

그림 냉방 사이클의 구성 TXV or TEV(Thermostatic Expansion Valve)

(1) 자동차 에어컨 냉매의 순환경로

1) 팽창 밸브형(위 그림) : 압축기 → 응축기 → 건조기 → 팽창밸브 → 증발기

① **건조기의 기능** : 냉매 저장, 수분 흡수, 기포분리, 냉매 순환 관찰

② **압력스위치** : 건조기 위에 설치되며 압축기 및 냉각팬에 전원을 제어하여 저압과 고압을 보호하는 기능을 한다.

> **TIP**
> ▶ **듀얼 압력 스위치**
> • 건조기의 압력이 높을 경우 듀얼 압력 S/W를 OFF(평상시 ON)시켜 에어컨 릴레이의 전원을 차단한다.
> • 핀 서모 S/W가 작동되어 증발기를 보호할 때 에어컨 릴레이의 전원을 차단하여 압축기 및 시스템을 보호한다.
>
> ▶ **트리플 압력 스위치**
> • 듀얼 압력 스위치에 응축기의 냉각팬을 작동시켜 주기 위해 냉매의 고압을 감지하는 기능을 추가한 것이다.

2) 오리피스 튜브형 : 압축기 → 응축기 → 오리피스 → 증발기 → 축압기(어큐뮬레이터)

① **축압기의 기능** : 냉매 저장, 수분 흡수, 오일순환, 2차 증발, 증발기 빙결방지

② **압력스위치** : 축압기 위에 설치된다.

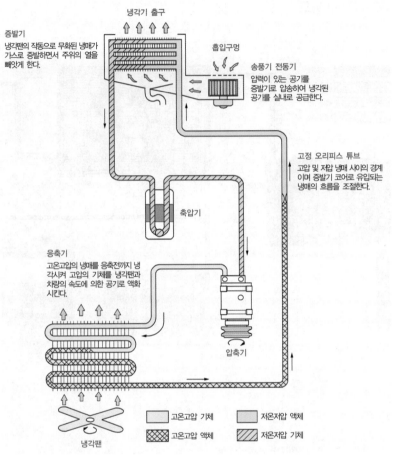

증발기
냉각팬의 작동으로 무화된 냉매가 가스로 증발하면서 주위의 열을 빼앗게 한다.

냉각기 출구

흡입구멍

송풍기 전동기
압력이 있는 공기를 증발기로 압송하여 냉각된 공기를 실내로 공급한다.

고정 오리피스 튜브
고압 및 저압 냉매 사이의 경계이며 증발기 코어로 유입되는 냉매의 흐름을 조절한다.

축압기

응축기
고온고압의 냉매를 응축전까지 냉각시켜 고압의 기체를 냉각팬과 차량의 속도에 의한 공기로 액화시킨다.

압축기

냉각팬

| 고온고압 기체 | 저온저압 액체 |
| 고온고압 액체 | 저온저압 기체 |

그림 오리피스 튜브형 CCOT(Clutch Cycling Orifice Tube)

(2) 에어컨 냉매

1) 에어컨 냉매의 변환

① **R-12(프레온가스)** : 오존층 파괴, 지구온난화(지구온난화지수 8100)의 원인

② **R-134a** : 오존층을 파괴하는 염소(Cl)가 없다. 지구온난화지수 1300

  ※ 2011년 이후 유럽에서 생산된 차량의 지구온난화지수 150이하로 규제

③ **R-1234yf** : 지구온난화지수 4, 냉방능력이 R-134a에 비해 떨어져(7%) 내부 열교환기가 필요함. 가격 경쟁력이 떨어짐.

2) 구비조건

① 화학적으로 안정되고 변질되지 않으며 부식성이 없을 것

② 불활성(다른 물질과 화학 반응을 일으키기 어려운 성질)일 것

③ 인화성 및 폭발성이 없을 것

④ 전열작용이 양호 할 것

⑤ 냉매의 비체적(차지하는 공간)이 작을 것

⑥ 밀도가 작아서 응축 압력은 가급적 낮을 것

⑦ 증발 잠열이 크고 액체의 비열(온도를 올리는데 필요한 열량)이 작을 것

⑧ 기화점(비등점)이 낮을 것

⑨ 응고점이 낮을 것

(3) 전자동 에어컨 Full Auto Temperature Control 장치

1) 입력 센서

① **실내 온도 센서** : 제어패널 상에 설치되어 현재 자동차 실내의 온도를 측정

② **외기 온도 센서** : 앞 범퍼 뒤쪽(응축기 앞쪽)에 설치되어 외부온도를 측정

③ **일사 센서** : 실내 크래시 패드 중앙에 설치되어 자동차 내 햇빛의 양을 측정

④ **핀 서모 센서** : 증발기 코어의 평균 온도가 검출되는 부위에 설치

⑤ **수온 센서** : 실내 히터유닛 부위에 설치, 히터코어를 순환하는 냉각수 온도 검출

⑥ **습도 센서** : 실내 뒤 선반 위쪽에 설치, 자동차 실내의 상대습도 검출

2) 출력 장치(액추에이터)

① **실내 송풍기** – 송풍용 전동기의 전류량을 파워 트랜지스터를 이용하여 가변 제어

   고속 송풍기 릴레이 : 송풍용 전동기 회전을 최대로 하였을 때 작동 전류를 제어

② **압축기 클러치** – 에어컨 스위치 ON, AUTO 모드 작동조건에서 클러치 작동 제어

③ **에어 믹스 도어 액추에이터** – 온도 조절 및 풍향 조절

④ **내 · 외기 도어 액추에이터**

(4) AQS Air Quality System 유닛

배기가스를 비롯하여 대기 중에 함유되어 있는 유해 및 악취가스를 검출하여 이들 가스의 실내 유입을 차단하여 운전자와 탑승자의 건강을 고려한 공기 정화장치이다.

Section별 **OX** 문제

01. 자동차가 받는 열 부하 항목에는 복사부하, 승원부하, 관류부하, 환기부하 등이 있다. ☐ ○ ☐ ×

02. 히터 유닛은 엔진의 냉각수 열을 이용한 일종의 온수 방열기이다. ☐ ○ ☐ ×

03. 히터 모터와 히터 저항기는 병렬로 연결되어 모터의 회전속도를 조절한다. ☐ ○ ☐ ×

04. 팽창 밸브형 에어컨 냉매의 순환경로는 압축기 → 증발기 → 팽창밸브 → 응축기 순이다. ☐ ○ ☐ ×

05. 건조기는 냉매저장, 기포분리, 수분 흡수, 냉매 순환 관찰 등의 기능을 가진다. ☐ ○ ☐ ×

06. 과거에는 R-12의 에어컨 냉매를 사용하였으나 오존층을 파괴하여 지구온난화의 요인이 되어 신 냉매인 R-134a를 사용한다. ☐ ○ ☐ ×

07. 에어컨 냉매는 응고점이 낮아야 하며 증발 잠열이 크고 액체 상태에서 비열이 작아야 한다. ☐ ○ ☐ ×

08. 전자동 에어컨 장치의 입력신호로 실내 및 실외 온도, 일사량, 증발기 온도, 수온 센서, 습도 센서 등이 사용된다. ☐ ○ ☐ ×

09. 전자동 에어컨 장치의 출력장치로 실내 및 증발기 송풍 작동을 위한 트랜지스터, 압축기의 클러치 작동 제어, 온도 조절 및 풍향 조절장치 등이 있다. ☐ ○ ☐ ×

10. AQS(Air Quality System) 유닛은 실내 공기의 유해성을 판단하여 질이 좋지 못할 때 외기로 환기시켜 운전자와 탑승자의 건강을 고려한 공기 정화장치이다. ☐ ○ ☐ ×

정답 및 해설

03. 히터 모터와 히터 저항기는 직렬로 연결되어 모터의 회전속도를 조절한다.

04. 팽창 밸브형 에어컨 냉매의 순환경로는 압축기 → 응축기 → 팽창밸브 → 증발기 순이다.

10. AQS(Air Quality System) 유닛은 대기 중에 함유되어 있는 유해 및 악취가스를 검출한다. 이들 가스의 실내 유입을 차단하여 운전자와 탑승자의 건강을 고려한 공기 정화장치이다.

정답
01. ○ 02. ○ 03. × 04. ×
05. ○ 06. ○ 07. ○ 08. ○
09. ○ 10. ×

230

단원평가문제

01 R-12의 염소(CI)로 인한 오존층 파괴를 줄이고자 사용하고 있는 자동차용 대체 냉매는?

① R - 134a
② R - 22a
③ R - 16a
④ R - 12a

02 전자동 에어컨 장치의 입력 신호로 거리가 먼 것은?

① 외기 온도
② 내기 온도
③ 압축기 온도
④ 일사량

03 냉매가 갖추어야 할 조건으로 틀린 것은?

① 불활성일 것
② 비가연성일 것
③ 비체적이 클 것
④ 열전도율이 클 것

04 다음 중 신냉매(R-134a)의 특징을 잘못 설명한 것은?

① 무색, 무취, 무미 이다.
② 화학적으로 안정되고 내열성이 좋다.
③ 액화 및 증발이 되지 않아 오존층이 보호된다.
④ 오존 파괴계수가 0 이고, 온난화 계수가 구냉매(R-12)보다 낮다.

05 자동차 에어컨에서 액상 냉매가 주위의 열을 흡수하여 기체의 냉매로 변환시키는 역할을 하는 것은?

① 압축기
② 응축기
③ 증발기
④ 송풍기

06 자동차 에어컨에서 고압의 기체 냉매를 냉각시켜 액화시키는 작용을 하는 것은?

① 압축기
② 응축기
③ 증발기
④ 송풍기

07 자동차 에어컨에서 고압의 액상 냉매를 저압으로 감압시키고 냉매의 유량을 조절하는 것은?

① 압축기
② 응축기
③ 팽창밸브
④ 리시버 드라이어

08 자동차 에어컨의 순환 과정으로 맞는 것은?

① 응축기 → 압축기 → 건조기 → 팽창밸브 → 증발기
② 압축기 → 팽창밸브 → 건조기 → 응축기 → 증발기
③ 압축기 → 응축기 → 건조기 → 팽창밸브 → 증발기
④ 압축기 → 증발기 → 건조기 → 팽창밸브 → 증발기

09 자동차 에어컨 시스템에 사용되는 컴프레셔 중 가변용량 컴프레셔의 장점이 아닌 것은?

① 냉방성능 향상
② 소음진동 감소
③ 연비 향상
④ 냉매 충진 효율 향상

10 자동차 에어컨에서 액상 냉매 중의 수분 및 불순물을 여과하고 일시 저장하는 곳은?

① 압축기   ② 응축기
③ 팽창밸브   ④ 리시버 드라이어

11 오토 에어컨 시스템에서 컴퓨터에 의해 제어되지 않는 것은?

① 오리피스 튜브
② 송풍기 속도
③ 에어믹스 도어 액추에이터
④ 압축기 클러치

12 자동차 냉 · 난방장치 능력은 차실 내외 조건이 차량 열 부하에 의해 정해진다. 열 부하 항목에 속하지 않는 것은?

① 면적부하   ② 관류부하
③ 승원부하   ④ 복사부하

13 건조기의 기능으로 틀린 것은?

① 액체냉매 저장   ② 냉매압축 기능
③ 수분 제거 기능   ④ 기포분리 기능

14 냉매(R-134a)의 구비조건으로 옳은 것은?

① 비등점이 적당히 높을 것
② 냉매의 증발 잠열이 작을 것
③ 응축 압력이 적당히 높을 것
④ 임계 온도가 충분히 높을 것

15 자동차의 에어컨 시스템에서 팽창 밸브의 역할로 옳은 것은?

① 냉매의 압력을 저온, 저압으로 미립화하여 증발기 내에 공급해 주는 역할을 한다.

② 컴프레서와 콘덴서 사이에 위치, 고온-고압의 냉매를 팽창시켜 저온-저압으로 콘덴서에 공급한다.
③ 컴프레서의 흡입구에 위치하며 순환을 마친 냉매를 팽창시켜 액체 상태로 컴프레서에 공급한다.
④ 에어컨 회로 내의 공기 유입 시 유입된 공기를 팽창시켜 외부로 배출하는 역할을 한다.

16 냉방장치의 구조 중 다음의 설명에 해당되는 것은?

> 팽창 밸브에서 분사된 액체 냉매가 주변의 공기에서 열을 흡수하여 기체 냉매로 변환시키는 역할을 하고, 공기를 이용하여 실내를 쾌적한 온도로 유지시킨다.

① 리시버 드라이어
② 압축기
③ 증발기
④ 송풍기

17 오리피스 방식의 에어컨 시스템에서 어큐뮬레이터 드라이어의 기능이 아닌 것은?

① 수분 흡수 기능
② 사이트 글라스를 통한 냉매순환 관찰 기능
③ 이물질 제거 기능
④ 냉매와 오일의 분리 기능

18 전자제어 에어컨 장치의 제어 기능으로 볼 수 없는 것은?

① 인히비터 제어   ② 인테이크 제어
③ 풍량 제어   ④ 실내 온도 제어

19 자동 공조장치(Full auto air-conditioning system)에 대한 설명으로 틀린 것은?

① 파워 트랜지스터의 베이스 전류를 가변하여 송풍량을 제어한다.

② 온도 설정에 따라 믹스 액추에이터 도어의 개방 정도를 조절한다.

③ 실내/실외기 센서의 신호에 따라 에어컨 시스템의 제어를 최적화 한다.

④ 핀 서모 센서는 에어컨 라인의 빙결을 막기 위해 콘덴서에 장착되어 있다.

20 대기 중에 함유되어 있는 유해 및 악취 가스를 검출하여 실내로 유입되는 것을 차단하는 유닛을 무엇이라 하는가?

① AFS   ② AQS

③ ATS   ④ APS

정답 및 해설

ANSWERS

01.①	02.③	03.③	04.③	05.③	06.②
07.③	08.③	09.④	10.④	11.①	12.①
13.②	14.④	15.①	16.③	17.②	18.①
19.④	20.②				

01. 구냉매 R-12를 대체할 신냉매로 R-134a를 사용하였으며 2011년 유럽의 규제를 만족하기 위해 현재 사용되는 냉매로 R-1234yf가 있다.

02. 건조기나 축압기에 설치된 압력스위치를 이용하여 압축기의 작동여부를 결정하게 된다. 따라서 압축기의 온도를 직접 측정하는 센서는 필요하지 않다.

03. 냉매의 비체적(차지하는 공간)이 크면 냉방 시스템 설치 공간이 커질 수밖에 없다. 따라서 비체적은 작아야 한다.

04. 냉매가 압력의 변화에 따라 액화 및 증발되지 않으면 필요한 냉방효과를 얻을 수 없게 된다.

05. 저압의 액상 냉매가 기체로 변환하면서 증발잠열에 의해 증발기(에바포레이터) 주변의 온도를 낮추게 된다.

06. 고압의 기체 냉매를 차량 전방(F · F, F · R방식 기준)에 보내어 냉각시켜 고압의 액체로 바꾸어 주는 장치를 응축기(콘덴서)라 한다.

07. 고압의 액상 냉매를 저압의 액상(일부 기체로 변환) 냉매로 압력을 낮추는 동시에 증발기의 온도에 따라 냉매의 유량을 조절하는 장치를 팽창밸브라 한다.

08. 냉방장치에서 가장 시험에 자주 출제되는 중요한 문제이다.

09. **가변용량 컴프레서** : 사판의 각을 조절하여 용량을 변화시키는 압축기로 차량 내부 및 운행 조건에 따른 정확한 냉방성능 조절을 가능하게 한다. 내부제어 방식과 외부제어방식 두 가지로 나뉜다.
   용량에 가변을 주는 장치로 냉매의 질량비를 더 높이는 충진효율과는 거리가 멀다.

10. 건조기(리시버 드라이어)는 긴 원통 모양에 알루미늄으로 되어 있으며 통 가장 위에 사이트 글라스라고 하는 유리창이 있어 이곳으로 냉매의 순환을 확인할 수 있다. 건조기 내 건조제(데시컨트)로 오산화이인, 실리카겔, 무수 염화칼슘 등을 활용하여 수분을 제거한다.

11. 오리피스 튜브는 응축기와 증발기 사이에 위치하여 냉매의 흐름을 기계적으로 조절하여 주는 장치이다.

12. • **관류부하** : 차체 부근에서 대류에 의해 받는 열 부하로 주행 중 대류가 활발하게 일어나며 특히 엔진에서 발생된 열에 의해 많은 영향을 받는다.
   • **승원(승객) 부하** : 인체에 의해서 발생되는 열 부하로 승객 1인당 발생되는 열에너지가 80~100kcal/h 정도이다.
   • **복사부하** : 태양으로부터 복사되는 열 부하로 자동차 유리를 통하여 복사되는 열에너지는 180~200 kcal/h 정도이다.
   • **환기부하** : 환기하기 위하여 실외 공기와 실내 공기를 교체하는 과정에서 실내 공기를 배출하는 데 자연적으로나 강제적으로 환기할 때 받는 열 부하를 말한다.

13. 냉매의 압축은 압축기(컴프레서)에서 이루어진다.

14. **임계 온도** : 액체, 기체상의 변화를 가져올 수 있는 한계온도로 액화 가능한 최고의 온도를 말한다. 임계온도가 높아야 넓은 온도 범위에서 냉매를 활용할 수 있다.

15. **미립화(atomization)** : 액체를 분무시키는 행위 · 과정을 뜻함.

16. 액체 냉매를 기체 냉매로 변환시키는 역할을 하는 것은 증발기이다.

17. 사이트 글라스는 팽창 밸브 방식의 건조기에 적용된 창이다.

18. 인히비터는 섀시파트의 자동변속기에서 다룰 것이다.

19. 핀 서모 센서는 감온통을 대신하여 증발기의 온도를 측정한다. 에어컨 ECU는 이 신호로 냉매의 유량을 조절하여 증발기의 빙결을 방지한다.

20. AQS, AVS(Air Ventilation System)이라고도 하며 가장 이상적인 방향으로 공기를 환기시켜 주기도 하며 전자동으로 습기를 없애 주는 기능도 가지고 있다.

SECTION 08 안전장치

1 에어백 Air Bag

    자동차 사고 시에 설정 값 이상의 충격을 감지한 경우에 작동하며, 공기주머니가 팽창하여 탑승자의 신체적 충격을 완화하는 장치이다. SRS 에어백은 안전벨트의 보조 방어 시스템으로 주 방어 시스템인 안전벨트가 선행된 상태에서 그 효과를 충분히 발휘할 수 있는 시스템이다. 설치된 위치에 "AIR BAG"이란 글씨가 새겨져 있다. 최근에는 에어백 시스템의 진화로 운전석, 동승석을 기본으로 사이드, 커튼, 무릎 에어백 등 다양한 종류의 에어백 모듈이 설치되어 충돌 사고 시 승차 인원이 위험으로부터 더욱 안전하게 되었다.

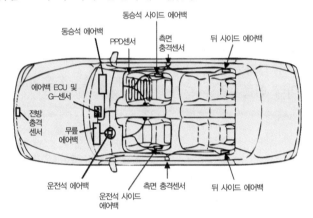

그림 에어백 설치 위치

(1) 에어백의 발전

① **1세대 에어백(SRS-Supplemental Restraint System)** : 에어백 내부에 기폭장치를 넣어 화학반응으로 팽창하며, 너무 크고 단단하게 부풀어 사고 피해를 더 키우는 2차 피해가 있었고, 특히 어린이 노약자에게는 치명적이었다.

② **2세대 에어백(디파워드-Depowered)** : 에어백의 팽창을 20~30% 감소시켜 에어백으로 인한 2차 피해를 줄이는 방식으로 중대형 사고 시 탑승자 보호 능력이 상대적으로 떨어진다.

③ **3세대 에어백(스마트)** : 차량 내 센서가 운전자의 위치와 안전벨트의 착용 여부를 센서로 감지해서 팽창정도를 조절하도록 설계된 스마트 에어백이다. 또한 차량 충돌 시 충격의 정도에 따라 팽창력 조절이 가능하여 어린아이와 노약자의 위험을 줄여준다.

④ **4세대 에어백(어드밴스드-Advanced)** : 업그레이드된 센서가 운전자 및 동승자의 앉은 자세, 체격, 체중 등을 계산하여 팽창정도를 조절한다. 충격이 약할 경우 작동되지 않거나 2회에 걸쳐 팽창되기 때문에 에어백으로 인한 피해는 줄이고 안전성은 높인 상태이다.

(2) 에어백의 구성

1) 에어백 모듈 Air bag module

에어백을 비롯하여 패트 커버, 인플레이터(Inflater : 팽창기)와 에어백 모듈 고정용 부품으로 이루어져 있으며, 운전석 에어백은 조향 핸들 중앙에 설치되고 동승석 에어백은 글로브 박스 위쪽에 설치된다.

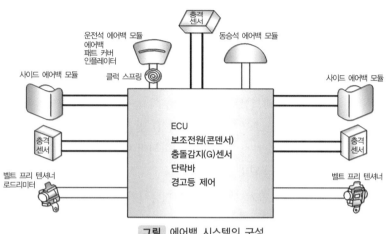

그림 에어백 시스템의 구성

① **에어백** : 에어백은 안쪽에 고무로 코팅한 나일론 제의 면으로 되어 있으며, 인플레이터와 함께 설치된다. 에어백은 점화 회로에서 발생한 질소가스에 의하여 팽창하고, 팽창 후 짧은 시간 후 백bag 배출 구멍으로 질소가스를 배출하여 충돌 후 운전자가 에어백에 눌려지는 것을 방지한다.

② **패트 커버**(Pat cover – 에어백 모듈 커버) : 패트 커버는 에어백이 펼쳐질 때 입구가 갈라져 고정 부분을 지점으로 전개하며, 에어백이 밖으로 팽창하는 구조로 되어 있다. 또한 패트 커버에는 그물망이 형성되어 있어 에어백이 펼쳐질 때의 파편이 승객에게 피해를 주는 것을 방지한다.

③ **인플레이터** : 인플레이터에는 화약 점화제, 가스 발생기, 디퓨저 스크린 등을 알루미늄 용기에 넣은 것으로 에어백 모듈 하우징에 설치된다. 인플레이터 내에는 점화 전류가 흐르는 전기 접속 부분이 있어 화약에 전류가 흐르면 화약이 연소하여 점화제가 연소하면 그 열에 의하여 가스 발생제가 연소한다.

그림 인플레이터의 구조

2) **클럭 스프링** Clock spring : 클럭 스프링은 조향 핸들과 조향 칼럼 사이에 설치되며, 에어백 컴퓨터와 에어백 모듈을 접속하는 것이다. 이 스프링은 좌우로 조향 핸들을 돌릴 때 배선이 꼬여 단선되는 것을 방지하기 위하여 종이 모양의 배선으로 설치하여 조향 핸들의 회전 각도에 대처할 수 있도록 하고 있다.

동영상

3) **에어백 컴퓨터(ACU)** : 에어백 컴퓨터는 에어백 장치를 중앙에서 제어하며, 고장이 나면 경고등을 점등시켜 운전자에게 고장 여부를 알려준다.

① **콘덴서** : 사고의 충격으로 에어백 전원이 차단된 경우 비상 전원으로 사용한다. 시스템 점검을 위해 전원을 차단할 경우 콘덴서의 전원이 방전될 때 까지 기다리고 난 뒤 작업해야 한다.

② **충돌 감지 센서** : 에어백 컨트롤 유닛 내부의 충돌 감지(G)센서가 설정값 이상의 충격을 전기 신호로서 검출하면 스티어링 휠(운전석) 및 인스트루먼트 패널(조수석)내의 인플레이터 단자에 통전되어 질소가스 발생제에 점화되어 에어백을 부풀린다. 최근에는 차량 전복을 측정하는 용도로도 사용된다.

③ **단락바** : 에어백 컴퓨터 탈거 시 경고등을 점등시키고 점화회로가 구성되지 않도록 단락시켜 에어백이 오작동하지 않도록 해준다.

4) **충격센서** Impact Sensor : 전방(FIS Front Impact sensor)과 측면(SIS Side Impact senor)에 충돌할 때 차량에 가해지는 물리적인 충격을 검출한다. 충돌 감지 센서와 충격센서 두 가지 충격값이 모두 만족될 때 에어백 ECU에서 최종적으로 점화를 결정한다.

5) **승객 유무 감지 센서 – PPD** Passenger Presence Detect : 압전 소자를 이용하여 조수석에 승객유무를 확인하여 조수석에 위치한 에어백의 작동유무를 결정한다.

PPD 센서
PPD배선
에어백 컴퓨터

그림 승객 유무 검출 센서의 구조

6) **작동 순서**

사고 충격 → 충격감지 센서 정보 → ACU(차속, G센서 신호를 분석) 전기신호 발생 → 에어백 모듈(점화장치에 전류인가 화약연소 → 점화제 연소 → 가스 발생제 연소 → 질소가스 발생 → 디퓨저 통화 확산 → 디퓨저 스크린을 통과 → 에어백 전개)

2 벨트 프리 텐셔너 Belt pre-tensioner

1) 역할

자동차가 충돌할 때 에어백이 작동하기 전에 프리 텐셔너를 작동시켜 안전벨트의 느슨한 부분을 되감아 충돌로 인하여 움직임이 심해질 승객을 확실하게 시트에 고정시켜 크러시 패드나 앞 창유리에 부딪히는 것을 방지하며, 에어백이 전개될 때 올바른 자세를 가질 수 있도록 한다. 또한 충격이 크지 않을 경우에는 에어백은 펼쳐지지 않고 프리 텐셔너만 작동하기도 한다.

스핀들

토션바

그림 벨트 프리 텐셔너의 구조

2) 작동

벨트 프리 텐셔너 내부에는 화약에 의한 점화 회로와 안전벨트를 되감을 피스톤이 들어 있기 때문에 컴퓨터에서 점화시키면 화약의 폭발력으로 피스톤을 밀어 벨트를 되감을 수 있다. 이 때 일정 이상의 하중이 가해지지 않도록 토션바 스프링의 일종인 로드리미터라는 것이 존재하여 충격을 줄 때 감기면서 완충의 역할을 해주고 난 뒤 다시 풀어주어 승객의 흉부 압박을 줄여주는 역할을 수행한다.

01. 에어백은 사고에 대비한 적극적 방어 시스템으로 안전벨트가 선행되지 않은 상황에서도 교통사고로 인한 치사율을 줄여준다.
□ O □ X

02. 에어백 시스템의 구성으로 에어백 모듈, 충격센서, 충돌 감지 센서, 경고등 등이 있다.
□ O □ X

03. 에어백 모듈의 구성으로 에어백, 패트 커버, 인플레이터, 충돌 감지 센서 등이 있다.
□ O □ X

04. 에어백 컴퓨터의 구성으로 콘덴서, 충돌 감지 센서, 단락바 등이 있다.
□ O □ X

05. 에어백 컴퓨터는 충돌 감지 센서와 충격센서 두 가지 모두 충격값이 만족 할 때 최종적으로 점화를 결정한다.
□ O □ X

06. 동승석에 승객 유무 감지 센서를 통해 동승석 승객이 없는 상태에서 사고 발생 시 동승석 에어백을 작동시키지 않는 기능도 할 수 있다.
□ O □ X

07. 벨트 프리 텐셔너는 사고 발생 시 에어백이 작동되고 난 이후 안전벨트를 느슨하지 않게 당기는 역할을 수행하여 탑승자의 2차 충격을 방지한다.
□ O □ X

08. 벨트 프리 텐셔너 내부의 토션바 스프링인 로드리미터가 존재하여 안전벨트가 과도하게 감기는 것을 방지하는 탄성을 주게 된다.
□ O □ X

238

01 일반적으로 에어백에 가장 많이 사용되는 가스는?

① 수소　　　　② 이산화탄소
③ 질소　　　　④ 산소

02 에어백 컴퓨터에 입력되는 신호로 거리가 먼 것은?

① G 센서　　　② PPD 센서
③ 충격센서　　④ 클럭 스프링

03 토션 스프링의 일종으로 프리 텐셔너에 내부에 장착되어 시트 벨트가 감기는 회전력을 제한하는 부품의 명칭으로 맞는 것은?

① 스태빌라이저　② 클럭 스프링
③ 로드 리미터　　④ 인플레이터

04 SRS 에어백과 연동하여 작동하며 에어백이 터지기 전 운전자의 벨트를 당겨 일시적으로 구속시켜 주는 역할을 하는 장치를 무엇이라 하는가?

① PPD 장치
② 벨트 프리 텐셔너
③ 클럭 스프링
④ 보조 방어 시스템

05 사고의 충격으로 에어백 시스템의 전원 공급이 차단된 경우 비상시 전원을 공급하는 것은?

① 프리 텐셔너　② 축전기
③ 클럭 스프링　④ 인플레이터

06 에어백 컨트롤 유닛의 기능에 속하지 않는 것은?

① 시스템 내의 구성부품 및 배선의 단선, 단락 점검
② 부품에 이상이 있을 때 경고등 점등
③ 전기 신호에 의한 에어백 팽창 여부확인
④ 사고 시 충격의 정도를 파악

07 에어백 인플레이터(inflater)의 역할에 대한 설명으로 옳은 것은?

① 에어백의 작동을 위한 전기적인 충전을 하여 배터리가 없을 때에도 작동시키는 역할을 한다.
② 점화장치, 질소가스 등이 내장되어 에어백이 작동할 수 있도록 점화 역할을 한다.
③ 충돌할 때 충격을 감지하는 역할을 한다.
④ 고장이 발생하였을 때 경고등을 점등한다.

08 에어백 모듈의 종류와 설치 위치로 적당하지 않는 것은?

① 사이드 에어백 – 좌우측 시트 바깥쪽
② 운전석 에어백 – 조향핸들 중앙
③ 사이드 커튼 에어백 – 좌우측 도어
④ 운전석 니(Knee) 에어백 – 조향칼럼 아래 쪽

09 에어백 시스템에 대한 설명으로 옳은 것은?

① 후방 충격에서만 작동한다.

② 전개된 에어백은 계속 그 상태를 유지한다.

③ 전방에 일정 이상의 강한 충격을 받았을 때 전개되고 수축된다.

④ 경고등이 점등되어도 강한 충격 발생 시 전개된다.

10 스마트 에어백 시스템에 대한 설명으로 틀린 것은?

① 안전벨트 프리 텐셔너는 충돌 시 에어백보다 먼저 동작된다.

② 동승석에 사람의 착석 유무와 상관없이 안전을 위해 모든 에어백이 전개된다.

③ 사고 충격이 크지 않다면 에어백은 미전개 되며 프리 텐셔너만 작동할 수도 있다.

④ 커넥터를 탈거 시 폭발이 일어나는 것을 방지하기 위해 단락 바가 설치되어 있다.

11 에어백 장치에서 승객의 안전벨트 착용 여부를 판단하는 것은?

① 승객 시트부하 센서

② 충돌 센서

③ 버클 센서

④ 안전 센서

12 조향핸들과 조향 칼럼 사이에 설치되어 운전석 에어백 모듈에 전원을 공급하는 장치는?

① 인플레이터

② 로드리미터

③ 밸트 프리 텐셔너

④ 클럭 스프링

정답 및 해설

ANSWERS

01.③	02.④	03.③	04.②	05.②	06.③
07.②	08.③	09.③	10.②	11.③	12.④

01. 에어백을 부풀게 하는 기체는 화학적으로 안전하고 불활성이어야 한다. 따라서 질소를 사용하여 소규모 폭발을 한다.

02. 클럭 스프링은 운전석 에어백에 전원을 공급하기 위해 태엽(스프링)식으로 감은 배선을 뜻한다. 센서나 스위치, 액추에이터, CU 등 어디에도 속하지 않는다.

03. 로드 리미터는 프리 텐셔너의 작동으로 벨트가 감길 때 반대방향으로 스프링의 힘이 작용하여 충격을 완화시켜주는 역할을 한다.

04. 프리 텐셔너 내부에는 화약에 의한 점화 회로와 안전벨트를 되감는 피스톤이 들어 있어 에어백 CU의 제어에 의해 벨트를 구속시키는 역할을 한다.

05. 에어백 CU 내부의 콘덴서(축전기)를 이용하여 비상 시 전원을 공급하게 된다. 이러한 이유로 에어백 전기장치 수리 시 배터리의 양단을 모두 탈거하고 3분 이상 대기 후 작업을 진행해야 한다.

06. 에어백은 1회용이므로 팽창 여부를 확인할 필요가 없다. 한번 작동 후 관련부품 전부를 교환하여야 한다.

07. ①은 에어백 ECU 내부의 콘덴서의 역할이다.
③은 충격센서의 역할이다.
④은 에어백 ECU의 역할이다.

08. 사이드 커튼 에어백 : A필러 윗부분에서 시작하여 루프라인을 거쳐 C필러 윗부분까지 위치한다.

09. ① 후방에는 충격센서를 설치하지 않는 것이 일반적이다.
② 에어백은 충돌 후 50ms 이내에 전개되고 충돌 후 200ms 이내에 수축하기 시작한다. 점화, 전개, 수축의 전 과정이 1초 이내에 이루어진다.
④ 에어백 경고등이 점등된 상태에서는 에어백은 작동되지 않는다.

10. 스마트 에어백의 경우 "조수석이 비어 있을 때 조수석의 에어백 전개 금지"가 기본이다.

11. 안전벨트를 착용하기 위해 고정시키는 클립 아래쪽에 버클 센서가 위치한다.

12. 클럭 스프링(스파이럴 케이블)에 대한 설명이다.

1 **에탁스(ETACS –** Electric Time & Alarm Control System**)**

자동차 전기장치의 전자제어화가 진행됨에 따라 시간과 경보음에 관련된 여러 개의 시스템을 하나의 컨트롤 유닛에 통합하여 간소화한 장치로 기능은 다음과 같다.

① **간헐 와이퍼, 와셔 연동 와이퍼**

② **뒤 유리 열선 타이머**

③ **안전띠 경고 타이머**

④ **감광식 룸램프** : 도어가 닫히면 실내등의 불빛을 약하게 한 후 서서히 소등시킴.

⑤ **점화 키 홀 조명, 키 회수 기능** : 키를 뽑기 전에 도어를 열고 도어 노브를 눌러 락을 시키면 0.5초 후 도어락을 해제 시키는 기능

⑥ **파워 윈도 타이머** : 키 OFF 후 30초간 윈도우에 전원을 공급하는 기능

그림 전자제어 시간경보 장치의 구성

입력요소	제어요소	출력요소
간헐 와이퍼 스위치		• 와이퍼 릴레이
간헐 와이퍼 볼륨 스위치		와셔연동 와이퍼 제어
와셔 스위치		간헐 와이퍼 제어
열선 스위치		차속 감응와이퍼 제어
안전벨트 스위치		• 열선 릴레이
도어 스위치	E	뒤 유리 열선 제어
후드 스위치	T	사이드미러 열선 제어
트렁크 스위치	A	• 파워윈도우 릴레이
도어 잠금 / 잠금 해제	C	파워윈도우 타이머
조향핸들 잠금 스위치	S	• 미등 릴레이
도어키 스위치		램프 AUTO CUT
미등 스위치		• 도어 잠금/잠금 해제 릴레이
발전기 "L" 출력		중앙집중잠금 제어
차속 센서		키리스엔트리 제어
충돌 검출 센서		자동 도어 잠금 제어
		키 리마인드 제어
		충돌 검출 잠금 해제 제어
		• 안전벨트 경고등
		• 실내등

그림 전자제어 시간경보 장치 입출력 다이어그램

3. 전기

241

2 스마트 정션 박스

일반 정션 박스(퓨즈 박스) 기능에 추가적으로 기판을 넣어 온도 변화 및 전기적 특성의 변화를 미리 예측하여 장비들을 보호 할 수 있는 장치이다.

① **차 실내 퓨즈 박스** : 전기장치에 전원공급 및 과전류에 의한 회로 보호를 위해 전원공급 차단

② **배터리 세이버** : 미등 점등상태에서 점화 스위치 키를 분리한 후 운전석 도어를 열고 닫으면 미등이 5초 후 자동으로 꺼짐

③ **도어 중앙 잠금장치** : 운전석 도어 노브스위치 또는 도난경보장치 C/U에 의한 4도어 잠김 및 풀림 작동

④ **점화 스위치 키 조명** : 야간에 점화 스위치 키 삽입을 용이하게 함

⑤ **와이퍼** : 간헐 작동 및 와셔 작동에 따른 와이퍼 연동작동

⑥ **파워 윈도 릴레이** : 키 OFF 후 30초 정도 전원을 공급

⑦ **뒤 유리 열선** : 스위치 신호 후 15분 정도 작동 후 자동으로 꺼짐

⑧ **슬립 모드** : 도어 잠김 상태에서 10분 동안 입출력 신호가 없으면 슬립 모드로 진입해 방전 전류를 최소화 한다.

3 자동차의 통신 LAN Local Area Network

자동차 전장부품 제어가 첨단화되어 다양한 장치들을 상호 연결해 주는 범용 네트워크가 필요하게 되었다. 이에 LAN 통신이 점차 개발되어 아래와 같은 특징을 갖는다.

① 전장부품 설치장소 확보가 쉽다.

② ECU간 통신이 가능해지면서 배선이 경량화가 되었다.

③ 고장요소가 줄어들어 장치의 신뢰성을 확보할 수 있게 되었다.

④ 설계변경의 대응이 용이하고 정비성능이 향상된다.

(1) 데이터 전송 방법 및 통신의 방식

1) 직·병렬 통신

① **직렬(시리얼) 통신** : 1bit 씩 순차적으로 전송 / 구현기술 단순 / 저 비용 / 적은 양의 데이터를 원거리로 전송에 유리 / 모듈과 모듈 간 또는 모듈과 주변 장치간의 비트 흐름을 전송하는데 사용 (예 : CAN, LIN 통신)

② **병렬(패러렐) 통신** : 여러 비트 전송 / 구현기술 복잡 / 고 비용 / 많은 양의 데이터를 근거리로 전송에 유리 / 컴퓨터 내부 장치 간 통신 (예 : CPU와 메모리 간 통신)

2) 단·양방향 통신

① **단방향 통신** : 모듈의 작동제어 신호로 피드백이 필요 없는 경우 사용

② **양방향 통신** : 수신에서 송신까지 정보의 교환이 가능한 방식에 사용

3) 비동기·동기 통신

① **비동기 통신** – 송·수신 양측에 시간을 맞추지 않음

데이터를 보낼 때 한 번에 한 문자 씩 전송(데이터 앞·뒤에 start, stop 비트 부가)해 효율적
이지만 휴지시간 발생으로 느리다. - CAN 통신, K-line 통신(진단장비 용)

② **동기 통신** – 송·수신 양측에 시간을 맞춤

동기문자 추가 전송이 필요하고 큰 크기의 데이터 프레임을 고속 전송할 때 사용된다.
비효율적이지만 단순하다. - 플렉스레이 통신

(2) 통신의 종류

1) K-line 통신

① 주로 진단장비와 제어기 간의 1:1 통신에 적용되며 속도가 아주 느리다.

② 이모빌라이저 적용 차량에서 엔진 ECU와 인증 통신에 일부 활용된다.

2) CAN Controller Area Network 통신

① 컴퓨터들 사이에 신속한 정보교환 및 전달을 목적으
로 High, Low 두 선을 이용해 일정한 흐름의 패턴
(프레임)을 가진 신호를 사용한다.

② 이런 프레임에 시작, 우선순위, 형식, 식별코드, 데
이터 정보, 고장유무, 완료 등의 신호로 구성된다.

③ ECU, TCU, TCS 사이에서 CAN 버스라인(CAN
High : 2.5~3.5V와 CAN Low : 1.5~2.5V)을 병렬
로 연결하여 데이터를 양방향 다중통신을 한다.

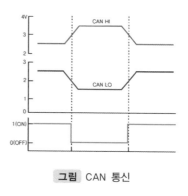

그림 CAN 통신

3) LIN Local Interconnect Network 통신

① CAN 통신과 함께 사용되며 하나의 마스터 시스템의 분산화를 위해 사용된다.

② 에탁스·후방 주차 보조 장치·와이퍼·리모컨 시동·도난방지 제어 등에 사용된다.

4) 플렉스레이 Flex-Ray 통신

CAN 보다 20배 정도 더 빠르고 신뢰성이 높지만 고가이다. 이 버스는 주로 데이터의 전송속도
가 높으면서도 안전도를 필요로 하는 브레이크, 현가장치, 조향장치 시스템에 사용되며 아래와
같은 특징이 있다.

① 데이터 전송은 2개의 채널 Channel 을 통해 이루어진다.

② 데이터 전송은 2개의 채널에서 각각 2개의 배선[버스-플러스(BP)와 버스 마이너스(BM)]을
이용한다.

③ 데이터를 2채널로 동시에 전송함으로써 데이터 안전도는 4배로 상승한다.

④ 데이터 전송은 동기방식이다.

⑤ 실시간 Real time 능력은 해당 구성 Configuration 에 따라 가능하다.

5) 통신간의 최대속도비교

K-line(4kb/s) 〈 LIN(20kb/s) 〈 CAN(1Mb/s) 〈 플렉스레이(20Mb/s)

4 도난방지장치

(1) 이모빌라이저 Immobilizer

무선통신으로 점화스위치의 기계적인 일치뿐만 아니라 점화스위치와 자동차가 무선으로 통신하여 암호코드가 일치하는 경우에만 엔진이 시동되도록 한 도난방지장치이다.

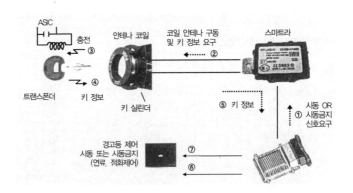

그림 이모빌라이저 장치의 구성 및 제어 원리

1) **기관 컴퓨터** : 점화 스위치를 ON 하였을 때 스마트라를 통하여 점화스위치 정보를 수신받아 이미 등록된 점화 스위치 정보와 비교하여 시동 여부를 판단한다.

2) **스마트라** : 기관 컴퓨터와 트랜스폰더가 통신을 할 때 중간에서 통신매체의 역할을 한다. 스마트라에는 정보를 저장하는 기능은 없다.

3) **트랜스폰더** : 스마트라로 부터 무선으로 점화 스위치 정보 요구 신호를 받으면 자신이 가지고 있는 신호를 무선으로 보내주는 역할을 한다. 점화키에 위치하며 키 등록 정보를 저장하고 있다.

(2) 스마트키 PIC Personal IC card

스마트키를 몸에 지닌 상태에서 도어 및 트렁크 개폐가 가능하고 시동까지 걸 수 있는 최첨단 시스템이다.

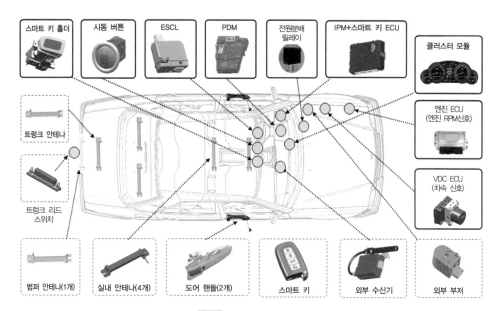

그림 스마트 키의 구성

1) 스마트키 ECU

① **입력신호** : 차속, 운전석 도어개폐, 시동버튼, 잠금버튼, 변속레버

② **제어** : 트랜스폰더 키 인증, 엔진 ECU와 통신, 핸들 잠금 전원(ESCL), BCM과 통신, 이모빌 라이저 시스템의 진단, 경보장치

2) 스마트키 : 배터리와 트랜스폰더가 내장되어 있다.

3) 안테나 : 스마트키를 인지하기 위한 장치로 실내 및 도어, 뒤 범퍼 및 트렁크에 각각 위치한다.

4) 전원 분배 모듈 PDM Power Distribution Module

PIC 제어와 관련된 전원을 공급하는 릴레이를 제어를 한다.

5) 키홀더 및 시동버튼 등

5 주행 편의 및 안전장치

(1) 초음파 센서를 이용한 편의장치

1) 후진 경고 장치

후진할 때 편의성 및 안정성을 확보하기 위해 운전자가 변속레버를 후진으로 선택하면 후진경고 장치가 작동하여 장애물이 있을 때 초음파 센서를 이용하여 경보음을 발생시킨다.

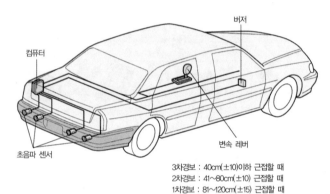

3차경보 : 40cm(±10)이하 근접할 때
2차경보 : 41~80cm(±10) 근접할 때
1차경보 : 81~120cm(±15) 근접할 때

그림 후진경고 장치의 구성 부품

2) 사각지대 경고 장치

사이드 미러나 룸미러로 확인하기 힘든 위치의 사물을 초음파나 레이저를 이용하여 운전자에게 경고음이나 경고등으로 알려주는 장치로 운전 중 사각지대를 원인으로 한 사고를 줄여준다.

3) 주차 보조 시스템

이 시스템은 주차공간의 길이를 측정하여 주차가 가능한지 여부를 알려주며 경우에 따라 주차과정을 지원하기도 한다. 범퍼에 4~6개의 초음파센서를 부착하여 공간을 감시한다.

> **TIP**
>
> ▶ 초음파 센서를 이용한 거리 측정 방법
>
> L = (T × V) (m)
> 즉, 상온에서 V = 331.5 + 0.6t(m/s), 대상 물체까지의 거리 : L(m)
> 측정된 시간 : T(s), 음속 : V(m/s), 기온 : t(℃)

(2) 첨단 운전자 지원 시스템 ADAS Advanced Driver Assistance Systems

운전 중 발생할 수 있는 수많은 상황 가운데 일부를 차량 스스로 인지하고 상황을 판단, 기계장치를 제어하는 기술이다. 복잡한 차량 제어 프로세스에서 운전자를 돕고 보완하며, 궁극적으로 자율주행 기술을 완성하기 위해 개발되었고 다음과 같은 기능을 포함한다.

1) 정속 주행 장치

① 발전 과정

ⓐ 크루즈 컨트롤 Cruise Control : 정속주행 – 설정 속도로 가속 페달 작동 없이 주행

ⓑ 스마트 크루즈 컨트롤 Smart Cruise Control : CC + 앞 차량과 일정거리 유지

ⓒ SCC w/S&G SCC with Stop & Go : SCC + 앞차 정차·출발 연동 제어

ⓓ NSCC Navigation-based Smart Cruise Control : SCC w/S&G + 속도제한 제어(내비 기반)

② 제어 구성

ⓐ 입력신호 : 전방 레이더 모듈, 멀티 펑션 카메라, 작동 S/W, 차속, 내비게이션

ⓑ 제어 : PCM Power-train Control Module : 가·감속 토크 결정, 변속단 위치 설정

　　　　 HECU Hydraulic Electronic Control Unit : 제동력 발생 및 제동등 점등

2) 전방 충돌 방지 보조 장치 FCA Forward Collision-avoidance Assist (AEB)

거리 감지 센서(레이더+카메라)로 전방에 차량과 사람을 감지하여 충돌 위험 단계에 따라 경고 표시, 경고음을 통해 위험을 상황을 알리고 위험 경고에도 운전자가 반응하지 않으면 브레이크가 작동(ESC제어)해 자동으로 주행을 멈추게 한다.

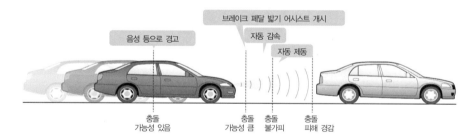

3) 전진 주행 보조 장치

졸음운전이나 운전 미숙을 미연에 방지해 주는 시스템이다. 운전자가 방향지시등의 조작 없이 차로를 이탈하면 자동으로 핸들을 조향해 차로를 유지할 수 있도록 제어한다.

① 종류

ⓐ 차로 이탈 경고 LDW Lane Departure Warning : 차선 이탈 검출 시 경고

ⓑ 차로 이탈 방지 보조장치 LKA Lane Keeping Assist : 차선 이탈 감지 + 차선 유지

ⓒ 후측방 충돌 경고 BCW Blind-spot Collision Warning : 사각지대 접근차량 경고

ⓓ 후측방 충돌 방지 보조 BCA Blind-spot avoidance Assist : BCW + 차선 유지

② **제어 구성**

ⓐ 입력신호 : 차량 전방 영상, 작동 S/W, 방향지시등 S/W, 요레이트·G 센서, MDPS 토크센서(차선 유지기능), 비상등·와이퍼 S/W(악천후 시 작동 불가)

ⓑ 제어 : 차선 이탈 경고 및 MDPS 조향 제어

4) 후진 주행 보조 장치

레이더 센서를 이용해 후방 사각지역에 근접하는 이동 물체를 감지하여 경보 및 제동해 주는 장치로 후진 시 추돌 사고를 예방한다.

① **종 류**

ⓐ 후방교차충돌 경고 RCCW Rear Cross traffic Collision Warning : 후진 시 접근차량 경고

ⓑ 후방교차충돌 방지 보조 RCCA Rear Cross traffic Collision-avoidance Assist : 후진 시 접근차량 경고 + 자동 제동

5) 어라운드 뷰 모니터링 시스템 AVM Around View Monitor

차량 주변 상황을 시각적으로 보여주는 장치

6 통합 운전석 기억장치 IMS Integrated Memory System

각자 다른 운전자의 체형이나 습관에 따라 핸들(틸트 & 텔레스코핑), 사이드 미러, 룸미러 등 운전자가 설정한 위치를 저장하였다가 주행 전 복귀시키는 기능이다.

(1) 운전석 시트 위치를 자동으로 복귀시킨다.

(2) 아웃사이드 미러 각도를 자동으로 복귀시킨다.

(3) 조향 핸들 위치를 자동으로 복귀시킨다.

(4) 승·하차 시 시트위치 및 조향 핸들의 각도를 자동으로 제어한다.

운전자가 시동키를 OFF하면 편한 승·하차를 위하여 시트를 뒤로 이동시키고 조향 핸들을 최대로 올려준다.

01. 시간과 경보음에 관련된 여러 개의 시스템을 하나의 컨트롤 유닛에 통합하여 간소화한 장치를 에탁스라고 한다. ☐ O ☐ ✕

02. 에탁스의 기능으로 간헐 와이퍼, 와셔 연동 와이퍼, 뒤 유리 열선 타이머, 안전띠 경고 타이머, 감광식 룸램프, 점화 키 홀 조명, 키 회수 기능, 파워 윈도 타이머 등이 있다. ☐ O ☐ ✕

03. 스마트 정션 박스는 일반 퓨즈 박스에 추가적으로 기판을 넣어 온도 변화 및 전기적 특성의 변화를 미리 예측하여 장비들을 보호 할 수 있는 장치이다. ☐ O ☐ ✕

04. LAN 통신을 사용함으로 전기배선의 경량화가 가능해졌고 전장부품 설치장소 확보도 용이 해 졌지만 설계변경 대응이 어렵고 정비능력이 떨어지게 되는 단점을 가지게 되었다. ☐ O ☐ ✕

05. LAN 통신의 종류인 CAN 통신은 모듈간 하이, 로우 두 선을 이용해 양방향 다중통신이 가능해 전기배선의 수를 혁신적으로 줄일 수 있고 외부의 노이즈에도 강한 편이다. ☐ O ☐ ✕

06. 이모빌라이저는 물리적인 키의 일치뿐만 아니라 키에 내장된 암호와 ECU의 정보가 일치해야지만 시동이 가능하도록 한 도난방지장치이다. ☐ O ☐ ✕

07. 스마트 키는 이모빌라이저에서 진일보된 기술로 키를 몸에 지닌 상태에서 도어 및 트렁크 개폐가 가능하고 시동까지 걸 수 있는 편리한 시스템이다. ☐ O ☐ ✕

08. 초음파 센서를 사용하여 후진 경고 장치, 사각지대 경고 장치, 주차 보조 시스템을 활용할 수 있다. ☐ O ☐ ✕

09. 주행 중 높은 속도에서 운전자가 앞 차와의 거리를 제대로 유지하지 못할 경우 물체와의 거리를 자동으로 인식해 능동적으로 브레이크를 작동하는 시스템을 전방 충돌 방지 보조 장치라 한다. ☐ O ☐ ✕

10. 통합 운전석 기억장치는 운전자의 시트 위치, 아웃사이드 미러의 각도, 조향 핸들의 위치 등을 자동으로 복귀시킨다. ☐ O ☐ ✕

정답 및 해설

04. LAN 통신을 사용함으로 전기배선의 경량화가 가능해졌고 전장부품 설치장소 확보도 용이 해져 정비능력이 향상되고 설계변경 대응도 쉽게 되었다.

3. 전기

정답

01. O 02. O 03. O 04. ✕
05. O 06. O 07. O 08. O
09. O 10. O

01 편의장치 중 중앙집중식 제어장치 (ETACS 또는 ISU)의 기능 항목이라고 할 수 없는 것은?

① 도어 열림 경고
② 디포거 타이머
③ 엔진체크 경고등
④ 점화키 홀 조명

02 편의장치 중 중앙집중식 제어장치 (ETACS 또는 ISU) 입·출력 요소의 역할에 대한 설명으로 틀린 것은?

① INT 스위치 : 운전자의 의지인 와이퍼 볼륨의 위치 검출
② 오픈 도어 스위치 : 각 도어 잠김 여부 감지
③ 핸들 록 스위치 : 키 삽입 여부 감지
④ 와셔 스위치 : 열선 작동 여부 감지

03 백워닝(후진경보) 시스템의 기능과 가장 거리가 먼 것은?

① 차량 후방의 장애물을 감지하여 운전자에게 알려주는 장치이다.
② 차량 후방의 장애물은 초음파 센서를 이용하여 감지한다.
③ 차량 후방의 장애물 감지 시 브레이크가 작동하여 차속을 감속시킨다.
④ 차량 후방의 장애물 형상에 따라 감지되지 않을 수도 있다.

04 자동차 CAN통신 시스템의 특징이 아닌 것은?

① 양방향 통신이다.
② 모듈간의 통신이 가능하다.
③ 싱글 마스터(Single master) 방식이다.
④ 데이터를 2개의 배선(CAN-HIGH, CAN-LOW)을 이용하여 전송한다.

05 보기는 후방 주차보조 시스템의 후방 감지 센서와 관련된 초음파 전송 속도 공식이다. 이 공식의 'A'에 해당하는 것은?

$$V = 331.5 + 0.6A$$

① 대기습도　　② 대기온도
③ 대기밀도　　④ 대기 건조도

06 플렉스레이(Flex-Ray) 데이터 버스의 특징으로 거리가 먼 것은?

① 데이터 전송은 2개의 채널을 통해 이루어진다.
② 실시간 능력은 해당 구성에 따라 가능하다.
③ 데이터를 2채널로 동시에 전송한다.
④ 데이터 전송은 비동기방식이다.

07 주차 보조 장치에서 차량과 장애물의 거리 신호를 컨트롤 유닛으로 보내 주는 센서는?

① 초음파 센서
② 적외선 센서
③ 마그네틱 센서
④ 적분 센서

08 이모빌라이저의 구성품으로 틀린 것은?

① 트랜스폰더   ② 코일 안테나
③ 엔진 ECU   ④ 스마트 키

09 자동차에 적용된 다중 통신장치인 LAN 통신(Local Area Network)의 특징으로 틀린 것은?

① 다양한 통신장치와 연결이 가능하고 확장 및 재배치가 가능하다.
② LAN통신을 함으로써 자동차용 배선이 무거워진다.
③ 사용 커넥터 및 접속점을 감소시킬 수 있어 통신장치의 신뢰성을 확보할 수 있다.
④ 기능 업그레이드를 소프트웨어로 처리함으로 설계 변경의 대응이 쉽다.

10 도난방지장치에서 리모컨을 이용하여 경계상태로 돌입하려고 하는데 잘 안 되는 경우의 점검부위가 아닌 것은?

① 리모컨 자체 점검
② 글로브 박스 스위치 점검
③ 트렁크 스위치 점검
④ 수신기 점검

11 스마트 키 시스템에서 전원 분배 모듈 (Power Distribution Module)의 기능이 아닌 것은?

① 스마트 키 시스템 트랜스폰더 통신
② 버튼 시동 관련 전원 공급 릴레이 제어
③ 발전기 부하 응답 제어
④ 엔진 시동 버튼 LED 및 조명 제어

12 스마트 정션 박스(Smart Junction Box)의 기능에 대한 설명으로 틀린 것은?

① Fail Safe Lamp 제어
② 에어컨 압축기 릴레이 제어
③ 램프 소손 방지를 위한 PWM 제어
④ 배터리 세이버 제어

13 감광식 룸 램프 제어에 대한 설명 중 틀린 것은?

① 도어를 연 후 닫을 때 실내등이 즉시 소등되지 않고 서서히 소등될 수 있도록 한다.
② 시동 및 출발 준비를 할 수 있도록 편의를 제공하는 기능이다.
③ 모든 신호는 엔진 컴퓨터로 입력된다.
④ 입력 요소는 모든 도어 스위치이다.

14 통합 운전석 기억장치(IMS : Integrated Memory System)의 기능이 아닌 것은?

① 뒤 유리 열선 자동 제어기능
② 운전석 시트 위치 자동 복귀기능
③ 아웃사이드 미러 각도 자동 복귀기능
④ 조향 휠 틸트 각도 자동 제어기능

15 미등 자동 소등(Auto lamp cut)기능에 대한 설명으로 틀린 것은?

① 키 오프(key off)시 미등을 자동으로 소등하기 위해서 이다.

② 키 오프(key off) 상황에서 미등 점등을 원할 시에는 스위치를 on하면 미등은 재 점등된다.

③ 키 오프(key off)시에도 미등 작동을 쉽고 빠르게 점등하기 위해서이다.

④ 키 오프(key off)상태에서 미등 점등으로 인한 배터리 방전을 방지하기 위해서이다.

기능이 추가된 진일보된 장치이다.

09. LAN 통신을 사용하여 하나의 센서 정보를 여러 ECU가 공유할 수 있게 되어 전기 배선의 수가 줄어든다.

10. 도난방지장치에서 글로브박스 스위치 신호는 받지 않는다. 즉, 도난방지 대상이 아니다.

11. **PDM의 기능**
   · ESCL(Electronic Steering Column Lock) 유닛의 전원 공급 제어
   · 시동 전원 공급을 위한 외부릴레이 제어
   · 지능형 전력모듈 이상 시 림홈 모드로 전환하기 위한 시스템 모니터링
   · 버튼식 시동 스위치의 조명과 시스템 상태 표시등의 제어

12. 에어컨 스위치의 신호를 ECU가 받게 되고 ECU는 ISC서보를 작동시켜 공회전수를 제어하게 된다. 또한 ECU는 에어컨 릴레이를 작동시켜 압축기에 전원을 제어하는 역할을 한다.

13. 감광식 룸 램프는 ETACS의 제어 항목이므로 관련 신호는 엔진 컴퓨터로 입력되지 않는다.

14. 뒷유리 열선 시간제어기능은 ETACS의 제어 항목이다.

15. 미등 자동 소등(Auto lamp cut)시스템의 차량에서 키 오프 시 미등을 작동시켜도 점등되지 않는다.

정답 및 해설

ANSWERS

01.③	02.④	03.③	04.③	05.②	06.④
07.①	08.④	09.②	10.②	11.③	12.②
13.③	14.①	15.③			

01. 시간과 경고에 관련된 전자제어와 거리가 먼 것을 선택하면 된다. 참고로 디포거 타이머는 뒷유리나 아웃사이드 미러에 김서림을 방지하기 위한 장치로 열선에 일정시간 전원을 공급한다.

02. 디포거 스위치를 통해 열선을 일정시간 작동시킬 수 있다.

03. 후방경보 시스템은 후방에 장애물이 감지되더라도 적극적으로 브레이크를 작동시키지 않는다.

04. CAN 통신은 다중 마스터(ECU, TCU, VDC 등)가 병렬로 연결되어 있는 구조이다.

05. 초음파 전송 속도는 대기의 온도에 영향을 받는다.

06. 플렉스레이 데이터 전송은 동기(대응신호가 있을 때만)방식이다.

07. 초음파는 물체와의 거리를 측정하는 용도로 사용되며 좁은 공간에서 주차나 출차 시 안전하게 이동할 수 있도록 도와주는 기능을 한다.

08. 스마트 키는 이모빌라이저의 기능에 무선으로 키를 인지하는

대기오염물질 배출이 없거나 일반 자동차보다 오염물질을 적게 배출하는 자동차를 말한다.

1 구분

1) 오염물질 배출 정도

① **제3종** : 고효율 디젤차, LPG, CNG 차량 중 기준 적합차량

② **제2종** : 하이브리드 전기자동차(HEV Hybrid Electric Vehicle)

③ **제1종** : 전기자동차(EV), 연료전지 하이브리드 전기자동차(FC Fuel Cell HEV)

2 시스템별 구성 및 특징

(1) CNG(Compressed Natural Gas : 압축 천연가스) 자동차

가정 및 공장 등에 사용되는 도시가스를 자동차 연료로 사용하기 위하여 200기압(202bar) 정도로 압축한 가스를 연료로 사용한다.

1) 장·단점

① 공기보다 가볍고 누출이 되어도 쉽게 확산되며 기타 연료에 비해 안정성이 뛰어나다.

② 연료가격이 저렴하고 다른 연료를 사용하는 내연기관을 활용하여 개조하기 용이하다.

③ 매연이 없고 CO, HC, NOx의 배출량이 감소하며 친환경적이다.

④ 옥탄가가 130으로 높아 기관 작동소음을 낮출 수 있다.

⑤ 충전소가 많지 않고 1회 충전으로 운행 가능한 거리가 짧고 기체상태 발열량[甲]이 낮다.

2) 계략도 및 구성 부품

① **CNG 연료탱크**

ⓐ 최대허용 충전 압력 207bar, 재충전 압력 30bar 이하, 10bar 이하 출력부족 발생

ⓑ 구성 : 각종 밸브[가스 충전, 체크, 용기, PRD[乙], 수동차단]

ⓒ 압력 센서 : 탱크 위쪽에 설치되어 연료 탱크의 밀도를 예측하기 위한 신호이며 계기판의 연료 수준 게이지를 작동하는 기준이 된다.

② **고압 차단 밸브** : 시동 OFF시 고압라인을 차단한다.

③ **압력 조절기** : 200bar의 고압을 6.2bar로 감압 조절한다.

④ **열교환기** : 가스의 감압 시 발생한 증발잠열을 보상하기 위해 냉각수를 순환시킨다.

[甲] 기체상태 연료의 발열량은 일반적으로 화학식의 탄소와 수소의 원자 낮을수록 낮다.

천연가스-메탄(CH_4), LPG-[부탄(C_4H_{10}), 프로판(C_3H_8)]

[乙] Pressure Relief Device 밸브 : 주변 화재로 용기 파열의 우려가 있을 때 녹으면서 가스 방출

⑤ **연료량 조절 밸브** : ECU의 제어를 받아 엔진 흡입관에 연료를 분사해 준다.

　　연료 온도·압력 센서(NGT, NGP)가 설치되어 연료의 밀도 및 농도의 정보를 ECU가 예측할 수 있게 해 주고 저압 차단밸브로 연료를 차단할 수도 있다.

⑥ **스로틀 전단압 센서(PTP)** : 스로틀 밸브 앞쪽의 압력을 측정하여 MAP센서와 비교하여 과급의 정도를 파악한 후 웨이스트 게이트 밸브를 제어하는 신호로 사용한다.

⑦ **흡기 다기관 온도 센서(MAT), 흡기 다기관 압력 센서(MAP)** : 연료 분사량을 조정하기 위한 신호로 사용한다.

⑧ **공기 조절기** : 공기의 압력을 9bar에서 2bar로 감압시켜 웨이스트 게이트 밸브를 제어하기 위한 압력을 공급한다.

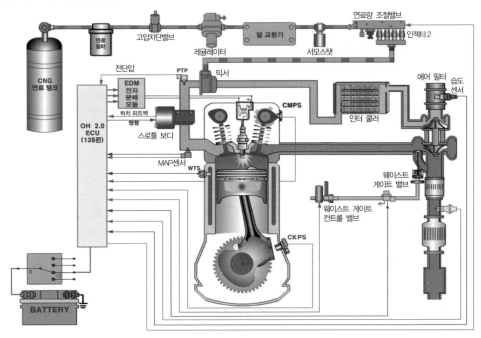

그림 CNG 연료 장치의 구성

3) 연료 흐름 순서 및 제어

　　CNG 연료 탱크 → 연료 필터 → 고압 차단 밸브(운전석 차단 포함) → 압력 조절기 → 열교환기 → 연료량 조절 밸브 → 인젝터 → 믹서 → PTP → TPS → MAT, MAP → 연소실 → 웨이스트 게이트밸브 or 터보차저 → 광대역 산소 센서(넓은 범위의 선형 출력)

> **TIP**
> ▶ **천연가스 자동차의 종류**
> ・ CNG : 대형 버스
> ・ PNG (Pipeline Natural Gas) : 대형 가스관을 통해 운송되는 천연가스, 경제성이 높다.
> ・ LNG (Liquefied Natural Gas) : 천연가스를 정제하여 얻은 메탄을 냉각해 액화시킨 것. 도시가스
> ・ ANG (Absorbed Natural Gas) : 흡착천연가스로 활성탄을 이용해 흡착 저장하는 방식. 소형버스

(2) 하이브리드 자동차

하이브리드의 어원은 성질이 다른 것들을 결합하여 새로운 것을 창조한다는 의미로 자동차에서는 2개의 동력원을 이용하여 구동되는 자동차를 말한다.

1) KS R 0121(도로차량-하이브리드 자동차 용어)에 따른 분류

① **동력원의 종류** : FCHEV, HHV[甲], PHEV[乙], HEV

② **동력전달 구조** : 직렬, 병렬, 복합(동력분할)형

③ **하이브리드 화 수준** : soft(mild), hard(strong), full

2) 하이브리드 전기자동차의 특징

① 장점

ⓐ 엔진 및 회생제동[丙]으로 고전압 배터리를 충전시키고 저속 구간에서 구동모터를 적극 활용하므로 연료 소비율이 낮다.

ⓑ 엔진의 부하를 줄일 수 있어 CO, HC, NOx등의 유해가스 배출량을 줄일 수 있고 이산화탄소 배출량도 감소된다.

ⓒ 오토 스톱(auto stop)기능을 적극 활용할 수 있어 환경과 연비에 도움이 된다.

② 단점

ⓐ 2개의 동력원을 사용하는 구조이므로 동력전달 계통이 복잡하고 무겁다.

ⓑ 고전압 배터리 및 모터를 사용하므로 안전에 유의해야 하고 제작 및 수리비용이 높다.

3) 동력전달 구조에 따른 분류

① **직렬형 - SHEV** Series Hybrid Electronic Vehicle

엔진은 고전압 배터리를 충전하기 위해 사용되며 모터의 동력만으로 바퀴를 구동시킨다.

ⓐ 엔진 효율이 더욱 향상[丁]되어 배출가스 저감에 유리하다.

ⓑ 구조 및 제어가 병렬형에 비해 간단하며 엔진이 차량 구동에 직접 관여하지 않는 관계로 특별한 변속장치를 필요로 하지 않는다.

ⓒ 전동기로만 차량을 구동해야 하는 관계로 큰 출력의 전동기와 고용량의 배터리가 필요하다.

ⓓ 모터와 배터리의 무게 증가로 가속성능이 감소하고 엔진에서 모터로의 에너지 변환 손실이 크다.

[甲] Hydraulic Hybrid Vehicle 유압식 하이브리드 자동차로 가스 쇽업소버와 비슷한 구조를 가진 저압과 고압의 두 개의 유압장치 사이에 자동차의 추진 장치를 설치하여 구동되는 방식으로 엔진을 작동시켜 고압을 다시 높이고 자동차를 구동할 수도 있다.

[乙] Plug-in Hybrid Electric Vehicle 하이브리드 자동차와 전기 자동차의 중간 단계로 가정용 전기 등 외부 전원을 이용하여 축전지를 충전시킬 수 있다. 기존 HEV 대비 고전압 배터리 용량을 높여 EV 주행구간을 연장한 방식이다.

[丙] 회생 제동(回生制動) 또는 전력 회생 브레이크는 차량 주행 중 가속페달에서 발을 떼면 차체의 관성력을 이용해 바퀴와 연동되어 있는 전동기의 회전자를 구동하여 발전하는 기능으로 배터리를 충전할 수 있다.(운동에너지 → 전기에너지) 또한 발전 시의 회전저항을 제동력으로 이용해 불필요한 브레이크 조작을 줄일 수 있어 시가지 주행 시 큰 연비 향상효과를 기대할 수 있다.

[丁] 엔진의 작동 영역을 전동기 주행과는 별개로 분리 운영이 가능하기 때문에 최적의 조건에서 엔진구동이 가능하다.

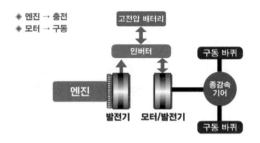

◈ 엔진 → 충전
◈ 모터 → 구동

② **병렬형** - **PHEV** Parallel Hybrid Electronic Vehicle

ⓐ 엔진과 구동축이 기계적으로 연결되어 변속기가 필요하다.

ⓑ 직렬형에 비해 구동모터와 배터리 용량을 작게 할 수 있다.

ⓒ 모터의 장착 위치에 따라 소프트형과 하드형으로 구분된다.

– **소프트형**(FMED – Flywheel Mounted Electric Device) : 모터가 엔진(플라이휠)에 장착

ⅰ. 주동력은 엔진이고 모터는 보조하는 기능만 한다.(모든 주행에 엔진구동)

출발 : 엔진+모터 / 저부하 : 엔진 / 고부하 : 엔진+모터 (모터단독 주행 불가)

ⅱ. 비교적 작은 용량의 모터가 탑재되어 마일드 또는 소프트 방식이라고도 한다.

ⅲ. 고전압으로 엔진 시동이 불가능할 때 12V전원의 기동전동기를 활용한다.

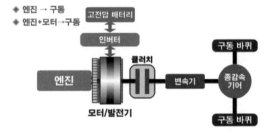

◈ 엔진 → 구동
◈ 엔진+모터→구동

– **하드형**(TMED – Transmission Mounted Electric Device) : 모터가 변속기에 장착

ⅰ. 클러치로 엔진을 분리할 수 있어 변속기에 직결되어 있는 모터를 활용해 단독 주행이 가능하다. 단, 모터와 엔진이 떨어져 있어 엔진을 구동시키기 위한 별도의 스타터 (HSG甲)가 필요하다.

ⅱ. 출발 및 저부하 : 모터 / 중·고속 정속 : 엔진 / 급가속·등판 : 모터+엔진

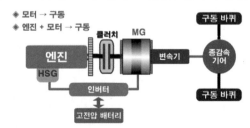

◈ 모터 → 구동
◈ 엔진 + 모터 → 구동

甲 Hybrid Starter Generator : 크랭크축 풀리와 구동 벨트로 연결되어 엔진 시동 및 발전 기능을 수행한다.

③ **복합형 - PST** Power Split Type

ⓐ 엔진과 2개의 모터를 유성기어(파워 스프릿 디바이스)로 연결하는 방식이다.

ⓑ 변속기 대신 유성기어와 모터 제어를 통해 차속을 제어하는 방식이다.

ⓒ 변속기의 감속기능이 없어 고용량 모터가 필요하나 효율 및 운전성이 우수하다.

ⓓ MG1[甲] : 엔진시동 및 엔진을 통한 발전용 / MG2 : 자동차 구동용, 회생제동

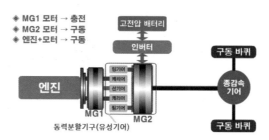

TIP

▶ 오토 스톱 : 주행 후 자동차가 정차할 경우 연료 소비를 줄이고 유해 배기가스를 저감시키기 위하여 엔진을 자동으로 정지시키고 작동램프 점등(공조 시스템은 일정시간 유지 후 정지) / 재시동 시 하이브리드 모터를 사용
초기 시동 시 오토 스톱은 무조건 ON(지속적으로 작동 OFF 시켜 사용할 수 없음)

• 오토 스톱 조건
① 자동차를 9km/h 이상의 속도로 2초 이상 운행한 후 브레이크 페달을 밟은 상태로 차속이 4km/h 이하가
   되면 엔진을 자동으로 정지
② 정차 상태에서 3회까지 재진입이 가능
③ 외기의 온도가 일정 온도 이상일 경우 재진입이 금지

• 오토 스톱 금지 조건
① 오토 스톱 스위치가 OFF 상태 및 가속 페달을 밟은 경우
② 엔진 냉각수 온도 : 45℃ 이하, CVT 오일 온도 : -5℃ 이하, 고전압 배터리의 온도 : 50℃ 이상인 경우
③ 고전압 배터리의 충전율이 28% 이하인 경우와 시스템이 고장인 경우
④ 브레이크 부스터 압력이 250 mmHg 이하인 경우와 ABS 작동 시
⑤ 변속 레버가 P, R 레인지 또는 L 레인지에 있는 경우
⑥ 급 감속 시(기어비 추정 로직으로 계산)

• 오토 스톱 해제 조건
① 금지 조건이 발생된 경우
② D, N 레인지에서 브레이크 페달을 뗀 경우(N 레인지 경우에는 오토 스톱 유지)
③ 차속이 발생한 경우

4) 소프트 타입 구성(아반떼 HD)

동영상

① **고전압 배터리 모듈**

ⓐ **고전압 배터리 팩** Pack[乙] : 셀(3.75V) × 8 → 모듈 × 6 → 팩(DC 180V)

ⓑ **BMS** Battery Management System : 고전압 배터리의 충전 상태, 출력, 고장 진단, 축전지의 균형 및 냉각, 전원 공급 및 차단의 역할을 한다. 구성은 메인 릴레이, 예비충전 저항기, 전류 센서, 온도 센서, 메인 퓨즈 및 안전 스위치 등이 있다.

甲 MG1 : 선기어와 연결 / MG2 : 링기어와 연결 / 엔진 : 유성기어 캐리어와 연결
乙 배터리의 기본 구조 : 셀(Cell) → 모듈(Module) → 팩(Pack)

ⓒ **인버터** MCU-Motor Control Unit : 고전압 배터리의 직류를 교류로 변환하여 구동 모터에 동력을 공급하는 역할을 하며 출력은 U,V,W 삼상의 전원으로 이루어진다.

ⓓ **LDC** Low Dc-dc Converter : 저전압 직류 변환 장치로 180V를 12V로 변환하여 12V용 배터리를 충전(기존 차량의 발전기 역할)하는 역할을 한다.

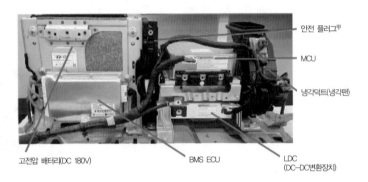

안전 플러그甲
MCU
냉각덕트(냉각팬)
고전압 배터리(DC 180V)
BMS ECU
LDC
(DC-DC변환장치)

② **HEV 모터**(15kw) : 자력이 강한 네오디뮴neodymium 영구자석을 회전자에 설치. 고정자에 스테이터 코일이 설치된 교류 영구자석 동기모터乙이다. (공랭식) 스테이터 코일에 온도 센서가 설치되어 있고 회전자 뒷면에 레졸 버(모터위치)센서가 설치되어 있다.

동영상

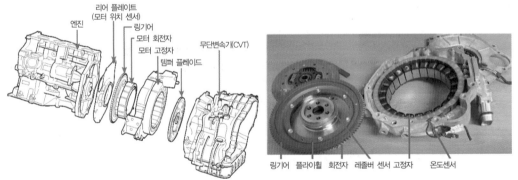

엔진
리어 플레이트
(모터 위치 센서)
링기어
모터 회전자
모터 고정자
뎀퍼 플레이드
무단변속기(CVT)

링기어   플라이휠   회전자   레졸버 센서 고정자   온도센서

ⓐ 가속할 때 동력을 보조하고 감속할 때 배터리 충전을 할 수 있으며 공회전 상태에서 내연기관을 정지시키고 다시 기관을 시동할 때 그 역할을 대신한다.

ⓑ **온도 센서** : 모터 성능은 온도의 영향을 많이 받게 된다. 이러한 이유로 모터에 온도 센서를 설치하여 온도에 따른 제어를 한다.

甲 (safety plug) 고전압 부품을 점검하기 전에 제거하는 플러그로 인버터 내의 컨덴서에 충전되어 있는 고전압을 방전시키기 위해 안전 플러 그를 제거하고 난 뒤 5~10분정도 대기 시간을 갖고 정비해야 한다.

乙 (PMSM Permanent Magnet Synchronous Motor) 구성 : 회전자(영구자석), 스테이터(전자석) / 브러시 없이 스테이터의 주파수를 제 어하여 효율이 높고, 출력밀도가 우수해 전기차 구동모터에 가장 널리 채택되어 사용된다. 모터의 회전속도는 공급 전류 주파수와 모터의 극수(pole number)에 의해 결정된다.

ⓒ 레졸버(회전자) 센서: 구동 모터를 가장 큰 회전력으로 제어하기 위해 회전자와 고정자의 위치를 정확하게 검출할 필요성이 있다.

5) 하드 타입 구성(K5)

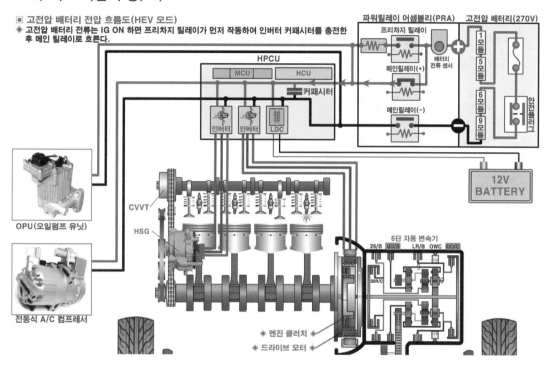

■ 고전압 배터리 전압 흐름도(HEV 모드)
◈ 고전압 배터리 전류는 IG ON 하면 프리차지 릴레이가 먼저 작동하여 인버터 커패시터를 충전한 후 메인 릴레이로 흐른다.

① 고전압 배터리 모듈

ⓐ 고전압 배터리 팩 : 셀(3.75V) × 8개 → 모듈(30V) × 9개 → 팩(DC 270V)

ⓑ 안전플러그甲, 메인퓨즈乙, 배터리 온도센서丙

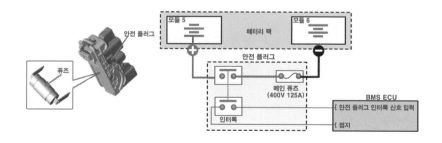

甲 고전압 배터리 뒤쪽에 위치하고 있으며 고전압 회로 점검 시 기계적으로 전원을 차단하는 역할을 한다.
乙 안전플러그 내부에 위치하며 플러그가 조립된 상태에서 과전류가 흐를 때 끊어져서 회로를 보호하는 역할을 한다.
丙 고전압 배터리 팩에 장착되어 있으며 배터리 모듈 5, 9의 들어가는 공기의 온도를 측정한다.

ⓒ BMS : 전압, 전류, 배터리 온도 감지, SOC^甲판단, 냉각제어, 파워 릴레이 제어, 셀 밸런싱^乙, Power cut, 고장진단 등의 기능을 한다.

ⓓ PRA Power Relay Assembly : BMS 신호에 따라 인버터 고전압 전원을 제어

－ 구성 : ⊕,⊖ 메인 릴레이^丙, 프리차지 릴레이^丁, 프리차지 저항, 고전압 배터리 전류 센서

■ PRA 작동 순서

◆ IG START : ① 메인 릴레이(-) ON ⇒ ② 프리 차지 릴레이 ON ⇒ ③ 커패시터 충전 ⇒ ④ 메인 릴레이(+) ON ⇒ ⑤ 프리차지 릴레이 OFF

◆ IG OFF : ① 메인 릴레이 (+) OFF ② 메인 릴레이(-) OFF

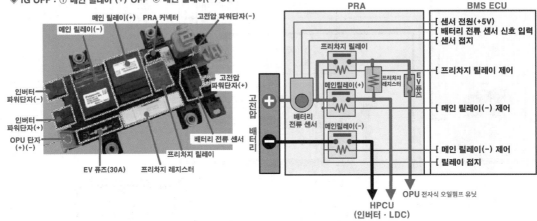

② HPCU Hybrid Power Control Unit

ⓐ HCU Hybrid Control Unit : 차량상태, 운전자의 요구, 엔진정보, 고전압 배터리 정보 등을 기초로 하여 엔진과 모터의 파워 및 토크 배분, 회생제동과 페일 세이프^戊 등을 제어하는 역할을 한다.

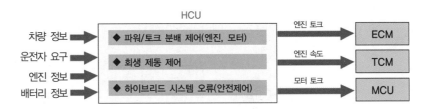

ⓑ LDC : 직류 고전압을 직류 저전압으로 변환한다.(저전압 배터리 충전 역할)

甲 State Of Charge : 배터리 사용 가능한 에너지(고전압 배터리 충전상태, 잔존용량), 일반적으로 20~80%로 충전영역을 제한

　 ≠ DOD Depth Of Discharge : 방전 깊이, 방전 수준을 백분율로 표시, 예) DOD 100% → 완전방전

　 참고) SOP State Of Power : 출력 상태로 일정 시간동안 배터리의 최대 출력을 뜻한다.

乙 직렬로 연결된 셀 간 전압 차를 낮춰 전체적으로 균일한 전압을 갖도록 하는 과정이다.(충전 중에만 적용) 만약 셀 밸런싱이 제대로 되지 않은 경우 낮은 특정 셀에 과부하가 커지게 되고 이로 인해 배터리 출력에 손해를 보고 심한 경우 화재의 위험도 커지게 된다.

丙 시동 시 고전압을 인버터로 공급

丁 메인 릴레이가 구동되기 전에 작동되며 순간 돌입전류에 의해 인버터가 손상되지 않도록 저항을 거치게 하는 릴레이이다.

戊 HCU 고장 시 TCU가 클러치를 제어하며 TCU 및 클러치 솔레노이드 밸브 고장 시 클러치 해제 → 엔진주행 불가, 이 때 MCU가 구동모터 제어(HSG를 통해 고전압 배터리를 충전)

ⓒ **MCU** Motor Control Unit **(인버터)**: HCU의 제어를 받아 고전압 직류전원을 이용하여 HEV모터, HSG에 교류 전력을 공급하고 감속 시 회생제동 기능을 한다. 또한 모터의 온도관리 및 보정, 역회전 방지 기능도 수행한다. 대용량 커패시터(축전기)를 장착하여 배터리 전압이 불안정 할 때 출력을 보조하는 역할도 한다.

③ **HEV 모터**(30kw) : 하이브리드 모터는 변속기에 장착되어 있으며 엔진 보조, 회생 제동, EV(전기차 전용)모드 등을 지원한다. 영구자석 동기모터를 사용하여 응답성이 좋고 출력밀도 및 역률[甲]이 좋다.(레졸버 센서, 온도센서 내장–자동변속기 오일로 냉각)

> **TIP**
> HEV 모터 시동금지 조건 : 고전압 배터리 온도가 약 45℃이상, −10℃이하 / 냉각 수온이 −10℃ 이하 /
> 인버터(MCU) 94℃ 이상 / 고전압 배터리 충전량이 18% 이하 / ECU · MCU · BMS · HCU 고장일 때

④ **HSG** Hybrid Starter Generator(8.5kw/AC 270V) : 크랭크축 풀리와 구동 벨트로 연결되어 엔진 시동 및 발전 기능을 수행하고 냉각수에 의해 냉각된다.(레졸버 센서[乙], 온도센서[丙] 내장)

　ⓐ **시동제어** : EV모드에서 HEV모드 전환 시 엔진을 시동한다.

　　(HSG 고장 시 HEV모터로 엔진을 시동 – 12V 기동전동기 없음)

　ⓑ **엔진 속도 제어** : 구동 모터 주행 중 엔진과 부드러운 연결을 위해 엔진 회전속도를 올려 모터와 동기화한 후 엔진 클러치를 연결하여 충격과 진동을 줄여준다.

　ⓒ **소프트 랜딩 제어** : 시동 OFF시 엔진 부조를 줄이기 위해 서서히 속도를 줄여준다.

　ⓓ **발전 제어** : SOC가 기준치 이하로 떨어질 때 엔진을 강제 시동하여 충전한다.

⑤ **주행 모드별 제어**

　ⓐ **EV 주행** :　12V배터리 → HPCU → 고전압 배터리 →(인버터) → 구동모터
　　　　　　　　　↑——(LDC)←————┘

　ⓑ **엔진 주행** :

　　12V배터리 → HPCU → 고전압 배터리　　　　　　　　　　변속기
　　　↑——(LDC)←————┘ ↑(인버터)↔HSG↔엔진→클러치┘
　　　└————점화장치————————↑

　ⓒ **HEV 주행** :

　　12V배터리 → HPCU → 고전압 배터리 →(인버터) → 구동모터/변속기
　　　↑——(LDC)←————┘ ↑(인버터)↔HSG↔엔진→클러치┘
　　　└————점화장치————————↑

　※ 고전압(주황색 배선) 구성품 : 고전압 배터리, HEV모터, HPCU, HSG, 인버터,
　　　　　　　　　　　　　　　LDC, BMS ECU, 파워릴레이 어셈블리, 전동식 A/C 압축기

[甲] 유효전력을 피상전력(교류회로에 인가된 전압과 전류의 곱)으로 나눈 값 → 기계효율과 비슷한 개념

[乙] 레졸버 센서의 보정 : 엔진·인버터(MCU)·HEV모터·HSG를 교체, 제거, 재장착할 때 마다 진단 장비를 통해 공차 및 오차를 보정해서 인버터에 저장을 하는 과정. (HEV모터, HSG 모두 적용)

[丙] 온도 센서 : 모터의 과열에 의해 발생되는 영구자석 및 스테이터 코일의 변형이 모터의 성능저하에 큰 영향을 끼치게 되므로 측정되는 온도에 따라 모터의 토크 및 속도를 제어한다.

⑥ **효율성을 높인 HEV 엔진**(2.0 MPI) : 앳킨슨 사이클을 기반으로 하는 밀러 사이클 적용.

   ⓐ **앳킨슨** Atkinson **사이클** : 기구학적으로 흡입과 압축을 짧게, 폭발과 배기는 길게 작동하는 엔진으로 작은 흡기와 낮은 압축 손실, 긴 폭발(동력)과정이 장점이다.

   ⓑ **밀러** Miller **사이클** : 부피가 큰 앳킨슨 사이클의 구조적 단점을 보완하기 위해 기존 오토사이클에 밸브 개폐 타이밍을 조절하여 압축비보다 팽창비를 높일 수 있다.

   ⓒ **HEV 엔진** : 밀러 사이클의 부족한 흡기와 연료량으로 인해 발생되는 낮은 토크의 단점은 HEV모터로 보완할 수 있으므로 동력원 전체의 효율을 높이는데 도움이 된다.

⑦ **HEV 순환 장치**

   ⓐ **HPCU 및 HSG 모터 냉각 장치** : MCU에 의해 CAN 통신으로 전자식 워터펌프(EWP Electronic Water Pump)를 제어(12V전원)하여 냉각수를 순환시킨다.

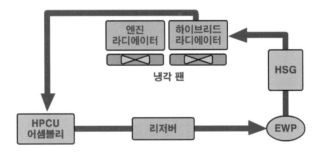

   ⓑ **고전압 배터리 쿨링 시스템** : 메인 커넥터, 쿨링팬 릴레이, BLDC 모터[甲]로 구성되어지며 BMS의 PWM[乙]신호에 의해 BLDC 모터를 9단으로 속도 제어한다.

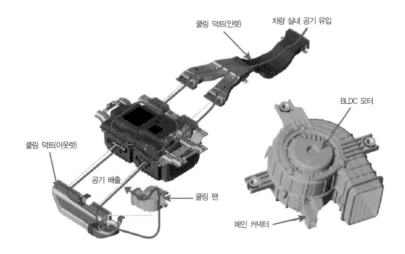

[甲] Brush-Less Direct Current Motor : 회전자(영구자석)가 브러시로부터 전원을 받지 않고 회전하도록 영구자석의 위치에 따라 스테이터(고정자)의 권선에 흐르는 전류를 제어하여 자속을 주기적으로 바꾸어 회전자가 구동될 수 있도록 한 모터.

[乙] Pulse Width Modulation : 펄스 폭 변조라는 뜻으로 펄스파의 듀티비를 조절하여 펄스폭을 변화시킴으로써 평균 전압을 가변 할 수 있는 신호이다. 초핑제어라고 표현하기도 한다.

ⓒ **OPU** Oil Pump Unit : 엔진 정지 시 작동해 자동변속기 오일을 순환한다.

ⓓ **전동식 A/C 압축기** : 엔진 정지 시에도 A/C 작동을 할 수 있도록 한다.

⑧ **공기 유동 제어기 AAF** Active Air Flap

라디에이터 그릴 안쪽에 개폐 가능한 플립을 설치하여 엔진룸 내부 유입 공기량을 제어 → 공기저항 감소, 연비향상, 엔진 워밍업 성능 향상을 기대할 수 있다.

⑨ **능동 유압 부스터 AHB** Active Hydraulic Booster

운전자의 요구 제동량을 BPS Brake Pedal Sensor 로부터 입력받아 유압 제동량과 회생 제동량으로 분배[甲]하는 역할을 한다. EV모드 주행 시 내연기관의 진공배력을 기대할 수 없으므로 브레이크 모터 펌프[乙]를 이용하여 필요한 만큼 압력을 증대시킨다. 브레이크 부스터 압력센서를 통해 필요한 압력을 연산할 수 있다.

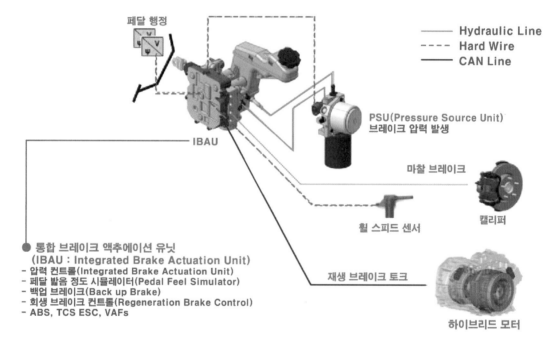

6) HEV 전기장치 정비 시 주의사항

① 취급 기술자는 고전압 시스템에 대한 검사와 서비스 교육이 선행되어야 한다.

② 고전압 케이블은 주황색 색이며 관련 고전압 부품들 취급 시 주의해야한다.

③ 정비 시 쇼트를 발생시킬 수 있는 금속이나 철 등을 몸에 소지 하지 않는다.

④ 안전 플러그 탈거 시 절연 장갑을 착용해야하고 장갑의 파손여부를 사전에 확인한다.

⑤ 고전압 시스템 측정 시 쇼트에 의한 안전사고에 특별히 주의를 기울여야 한다.

⑥ 점검 및 정비 전, 주변에 고전압 작업 중인 경고판을 설치하고 사전 안내한다.

甲 총 제동량 = 유압 브레이크량 + 회생제동량
乙 PSU(HPU-Hydraulic Power Unit)에서 브레이크 압력을 발생시키며 PSU 내부에 브레이크 부스터 압력센서가 포함되어 있다.

– 고전압을 점검하기 전 사전 작업순서

① 이그니션 스위치 : OFF

② 트렁크를 열고 절연장갑 착용상태에서 12V 배터리 접지 케이블을 탈거 한다.

③ 안전 플러그 제거 후, 고전압 부품을 취급하기 전에 5~10분 이상 대기 후 테스터기로 DC-link 전압을 측정하여 0V임을 확인하고 작업한다.

※ 대기 시간은 인버터내의 커패시터에 충전되어 있는 고전압을 방전시키기 위함.

(3) 전기자동차

내연기관자동차 : 엔진 + 변속기 Vs **전기자동차** : 고전압 모터 + 감속기로 단순화

1) 장 점

① 운행비용이 저렴하고 주행 시 유해물질을 배출하지 않는다.

② 부품수가 적으므로 시스템이 단순하여 고장 범위가 줄어든다.

③ 주행 시 소음과 진동이 작다. 저속에서 보행자 안전을 위해 가상 엔진 사운드 시스템 적용(VESS甲)

④ 주행 중 기어 변속할 일이 없어 운전 조작이 편하다.

⑤ 출발과 동시에 최대 토크를 사용할 수 있어 저속에서 가속성이 좋고 순간 가속도 뛰어나다.

⑥ 차체 바닥에 배터리를 넓게 설치해 무게 중심이 낮아 주행과 선회안정성이 좋다.

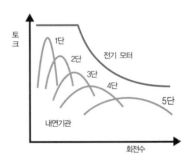

그림 토크·회전수 비교

2) 단 점

① 고가의 축전지가 필요하고 차체 내구성보다 수명이 짧아 영구적이지 못하다.

② 한 번의 충전으로 갈수 있는 거리가 비교적 짧다.

③ 충전 시간이 오래 걸리고 차량의 보급에 비해 충전 인프라가 부족하다.

④ 고속 주행 시 전기소비가 급격히 증가한다.

⑤ 내연기관의 냉각수가 없는 관계로 PTC히터乙 난방 시 전기소비가 크다. (최근 히트펌프丙를 사용하여 단점을 보완할 수 있게 되었다.)

⑥ 부품이 모듈화 되어 있어 사고 발생 시 수리비가 많이 든다.

甲 Virtual Engine Sound System : 차량 전면 부 그릴 커버를 스피커 진동판으로 사용(30km/h이하로 주행 시 75dB 이하의 경고음)

乙 Positive Temperature Coefficient heater : PTC 서미스터를 이용한 전기발열체 소자의 총칭으로 코일에 전류를 인가하여 온도가 적정 이상으로 올라가면 자체적으로 전류의 양을 줄여 적정 온도를 유지시킨다.

丙 저전도 전용 냉각수를 활용해 외부 공기, 전기모터, 통합전력제어장치, 고전압 배터리 등에서 발생되는 열을 회수하여 열교환기를 통해 난 방장치에 활용하여 겨울철 1회 충전 항속(恒速)거리를 늘릴 수 있다.

3) 구조 및 구성 (니로 기본형, 공칭전압 : 356V)

방전 과정 : [고전압 배터리 → PRA] → 고전압 정션 박스 → [EPCU(VCU,LDC,MCU,인버터)] → 구동모터 → 감속기 → 구동륜

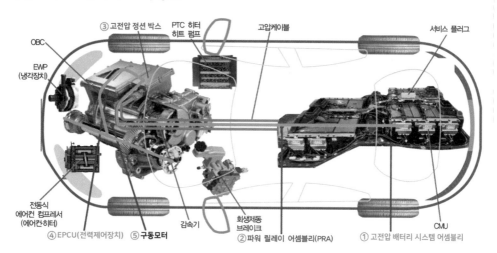

그림 전기자동차의 구성

① 고전압 배터리 시스템 어셈블리

전기 모터에 고전압 전기 에너지를 공급하고 회생제동, 급속충전, 완속 충전 시 발생된 전기에너지를 저장하는 기능을 한다.

ⓐ **서비스 플러그(안전 플러그)** : 기계적인 분리를 통해 고전압 배터리 내부 회로의 연결을 차단하는 장치이다. 연결 부품으로 고전압 배터리 팩, 파워 릴레이 어셈블리, 급속 충전 릴레이, BMS ECU, 모터, EPCU, 완속 충전기, 고전압 정션 박스, 파워 케이블, 전기 모터식 에어컨 컴프레셔 등이 해당된다.

ⓑ **셀 모니터링 유닛(CMU)** : 각 고전압 배터리 모듈의 온도, 전압, VPD甲를 측정하여 BMS ECU에게 전달하는 기능을 한다.
  • 배터리 온도 센서 : 각 배터리 모듈의 온도를 측정하여 CMU에 전달한다.

ⓒ **고전압 배터리 히터 시스템** : 고전압 배터리 팩 어셈블리 내부 온도가 급격히 감소하게 되면 배터리 동결 및 전압의 감소로 이어질 수 있으므로 이를 보호하기 위해 배터리 내부 온도를 조건에 따라 자동 제어하게 된다. BMS ECU의 제어를 받는다.
  • 인렛 온도 센서 : 내부 공구 온도를 감지(쿨링팬 작동 유무 결정하는 신호)

甲 Voltage Protection Device : 배터리 모듈이 부풀어 올랐을 때 스위치를 상승시켜 고전압이 흐르지 않게 하고 경고등이 점등됨.

ⓓ 고전압 배터리 팩 어셈블리 : 리튬 폴리머 배터리로 구성된다.

- 리튬 폴리머 전지 / 양극, 음극, 분리(격리)막, 전해질로 구성

  • 양극甲재 – 리튬이 포함된 금속 화합물乙 / 음극재 – 탄소 재료

    → (+)금속 산화물과 (–)흑연은 반응에 직접 참여하는 활물질이고

    리튬이온과 전자가 양쪽을 이동하면서 충·방전을 반복한다.

  • 전해질 – 젤 타입의 고분자(폴리머) 전해질로 양극과 음극, 분리막 사이에 스며들어 있다.

    리튬 소금계열($LiPF6$ – 육불화인산리튬이 가장 많이 사용)

    양극에서 리튬의 이온 반응을 돕고 음극에서 리튬이온에 막을 형성해 음이온 접촉을 방지한다.

  • 집전체 – 활물질 사이에서 전자가 이동할 때 양극재와 음극재 보다 전자의 흐름을 더 원활하게

    해준다.

  • 분리막 – 합성수지를 주로 사용하여 양극과 음극을 서로 분리시켜 단락을 방지 / 이온전도성이

    높아 리튬이온은 통과시키지만 전기전도성 낮아 전자는 이동하지 못하게 한다.

  • 충전 : 양극에 리튬이 전해질에 의해 이온丙이 되면서 전자를 음극으로 이동

  • 방전 : 음극(탄소)의 리튬이온이 양극(금속 화합물) 쪽으로 전자가 이동

    금속의 물성이 변하는 납산 배터리와 달리 리튬이 이온반응에 의해 양극과 음극으로

    이동하는 것으로 충·방전이 일어나기 때문에 열화가 적은 것이 특징이다.

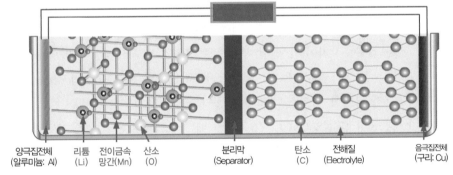

● 음극 : $Li_xC_6 \rightleftharpoons C_6 + xLi^+ + xe^-$
● 양극 : $Li_{1-x}MnO_2 + xLi^+ + xe^- \rightleftharpoons LiMnO_2$
● 전체 : $Li_xC_6 + Li_{1-x}MnO_2 \rightleftharpoons C_6 + LiMnO_2$

• 1개 셀의 이온작용(3.75V)

| 양극집전체 (알루미늄: Al) | 리튬 (Li) | 전이금속 망간(Mn) | 산소 (O) | 분리막 (Separator) | 탄소 (C) | 전해질 (Electrolyte) | 음극집전체 (구리: Cu) |

  • 장점 – 높은 에너지 밀도(전체 무게 대비), 셀 당 전압 : 3.75V

    젤 형태의 전해질로 리튬이온(액체 전해질)보다 안전성이 높다.

    내부 저항과 자기 방전율이 낮다.

甲 사용 원소 : Co : 안정성, 밀도 ↑ / Ni : 용량↑, 안정↓ / Mn : 안정↑, 용량↓ / Al : 출력↑ (전기전도성이 좋음)

乙 종류 : 리튬코발트산화물($LiCoO_2$) : 층상구조 / 초기 Co(비쌈)를 사용, 제조가 쉽고 안정성·수명↑. 실제 사용용량↓, 사용 줄어듦.

　　리튬니켈코발트망간산화물($Li[Ni,Co,Mn]O_2$) : NCM계열 / 층상구조 / 안정적으로 니켈의 함유량을 높이는데 주력

　　리튬니켈코발트알루미늄산화물($Li[Ni,Co,Al]O_2$) : NCA계열 / 층상구조 / 출력↑, Ni의 비중이 높아 수명이 짧음

　　리튬망간산화물($LiMn_2O_4$) : LMO계열 / 스피넬구조(견고) / Mn ; 저렴, 쉬운 제조, 열 안정성↑, 에너지 밀도↓, 전압↑

　　리튬인산철($LiFePO_4$)→LFP계열 / 올리빈구조 / Fe:저렴, 환경오염↓, 전압↓, 인과 산소의 결합력이 높아 화재의 위험↓,

　　　　전압↓, 전지의 성능↑, 용량이 낮은 단점을 보완하며 점유율을 높이고 있음.

丙 원자가 전자를 잃거나 얻어서 전하를 띠는 입자를 이온이라 한다. 예) Li 원자가 전자를 잃으면 Li 이온이 양전하를 띠게 된다.

- 단점 – 생산가격이 높고 젤 형태의 전해질 특성상 이온 전도율이 낮고 저온에서 출력이 떨어진다.

참고 리튬이온 전지

- 장점 – 내장재의 높은 에너지 밀도 셀 당 전압 : 3.7V
  고용량·고효율이며 메모리 현상[甲] 없고 낮은 자기 방전율을 가진다.
- 단점 – 완전 방전 시 배터리의 셀 노화현상 발생
  높은 온도에서 안정성이 떨어져 과부하 및 충·방전 특성에 민감하다.
  위와 같은 이유로 열관리 및 전압관리가 중요하다.
  전해질이 액체이므로 누설 및 폭발 위험성이 높아 케이스 설계가 중요해 중량이 증가된다.

리튬인산철 전지(LFP)

- 납산 축전지에 비해 에너지 밀도가 높고 내구성이 좋아 효율이 높다.
  (최근 친환경 자동차의 보조배터리와 저가형 고전압 배터리로 많이 활용)
- 사고의 충격이나 화재 발생 시 폭발이나 가스 누설이 없어 안정성이 높다.

② **파워 릴레이 어셈블리** Power Relay Assembly – **작동 순서는 하이브리드와 동일**

ⓐ 메인 릴레이 : 고전압(+)와 고전압(–)라인을 제어해 주는 2개의 메인 릴레이로 구성되며 BMS ECU제어 신호에 의해 고전압 정션 박스와 고전압 배터리팩 간의 전원 및 접지라인을 연결 시켜주는 역할을 한다. 단, 고전압 배터리 셀 과충전에 의해 부풀어 오르는 상황이 되면 고전압 릴레이 차단장치(VPD)에 의해 (+), (–)메인 릴레이, 프리차지 릴레이 라인을 차단해서 작동을 금지시킨다.

ⓑ 프리차지 릴레이 : 인버터의 커패시터(축전기)를 초기 충전할 때 고전압 배터리와 고전압 회로를 연결하는 기능을 한다.

ⓒ 프리차지 레지스터 : 인버터의 커패시터 초기 충전 전류를 제한하여 고전압 회로를 보호하는 기능을 한다.

ⓓ 배터리 전류센서 : 고전압 배터리 충·방전 시 전류를 측정하는 센서이다.

ⓔ 급속충전 릴레이 어셈블리 : 고속충전 시 고전압을 배터리팩에 공급 및 차단, 과·충전 방지

ⓕ BMS(BMU) : 고전압 배터리의 SOC(State Of Charge), 출력, 고장 진단, 배터리 셀 밸런싱(Cell Balancing), 시스템 냉각, 전원 공급 및 차단을 제어한다.

③ **고전압 정션 박스** : 고전압 배터리의 에너지를 고전압 장치로 분배해주고 급속 및 완속 충전기를 통한 입력전원을 고전압배터리로 보내주는 역할을 한다. 내부에 충전용 200A 릴레이 모듈과 고용량 퓨즈 모듈이 있다.

[甲] 완전충전하지 않고 사용할 경우 충전된 만큼의 용량으로 줄어드는 현상. SOC 80%로 반복충전하면 전체 용량이 20%줄어들게 된다. 니켈-카드뮴(셀당 1.25V) 배터리에서 주로 발생되는 현상이다.

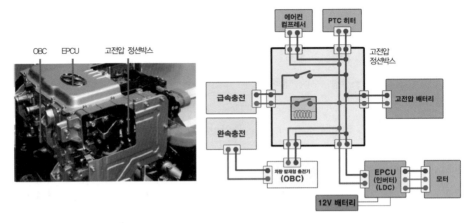

ⓐ **OBC** On Board Charger **완속 충전** : 외부로부터 AC전원(110~220V)을 이용하여 DC로 변환한 후 배터리를 완속 충전하는 부품으로 컨버터의 일종이다.

• 충전 순서 : 외부 완속 충전기 → 완속 충전 포트 → OBC(AC를 DC로 변환) → 고전압 정션박스 → PRA → 고전압 배터리 / 최근 : ICCU(OBC+LDC)활용으로 V2L(전력방출) 기능 제공

ⓑ **급속 충전** Quick Charge : 전용 충전기의 전원(380V)을 이용하여 고전압 배터리를 직접 충전하는 방식(고전압 정션 박스로 직접 공급)으로 80%까지만 급속으로 충전된다.

• 충전 순서 : 외부 급속 충전기(AC를 DC로 변환) → 급속 충전 포트 → QRA甲 → 고전압 정션박스 → PRA → 고전압 배터리

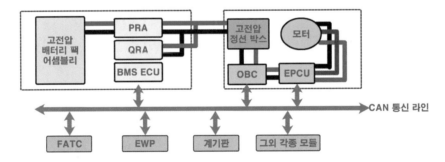

④ EPCU Electric Power Control Unit **전력제어장치**

전력 변화 시스템으로 차량 제어 유닛(VCU), LDC, MCU, 인버터가 통합되었다.

ⓐ VCU Vehicle Control Unit 모터구동 · FATC(공조부하) · AHB(회생제동) · EWP(고전압냉각장치) · CLU(클러스터-계기판 표시 및 진단)제어 등 차량 전반적인 제어에 관여한다.

> **TIP**
> SBW Shift By Wire : 기존 케이블 방식이 아닌 변속 스위치 조작으로 CAN 통신을 통해 VCU로 전달하는 방식으로 P 버튼 작동 시 어떤 위치에서도 파킹이 가능하다. 최근 Steer-By-Wire 등 여러 가지 형태로 개발되고 있다.

甲 QRA Quack charging Relay Assembly 급속 충전 릴레이 어셈블리 : PRA 내부에 장착되어 ⊕, ⊖ 급속충전 릴레이로 구성된다. BMS 제어 신호에 따라 고전압 배터리 팩과 고전압 조인트 박스 사이에서 전원을 제어한다. QRA 작동 시 PRA도 작동된다.
급속 충전 실시 : 메인릴레이(-) ON → 메인릴레이(+) ON → 배터리 팩 고전압 충전 → 충전 완료 → 메인릴레이(-),(+) OFF

• 모터 구동제어

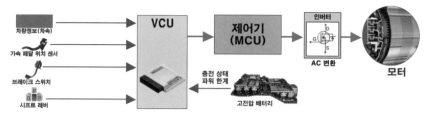

• 공조부하 제어

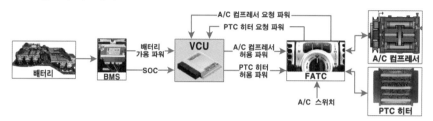

• 회생 제동 제어

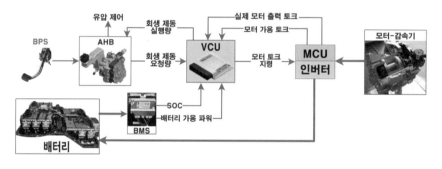

ⓑ LDC : 12V 전원 공급 흐름도 [BMS ECU → VCU → LDC]

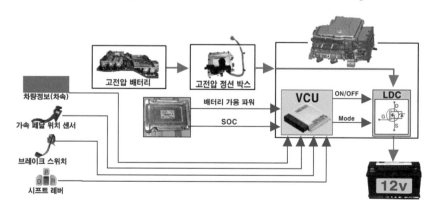

ⓒ **커패시터** Capacitor : EPCU 내부에 위치하여 고전압 배터리의 전원을 연결하기 전에 거치게
하여 안정적인 전원을 공급하는 역할을 한다.

⑤ **구동모터**(150kw) : 전기차의 동력 발생장치로 소음이 거의 없고 감속 시에는 발전기로 전환되어 고전압 배터리를 충전하기 때문에 에너지 효율을 높일 수 있는 장점이 있다.

    ⓐ **모터 위치 센서** : 정확한 회전자 절대 위치를 검출하기 위하여 필요하며 MCU는 이 신호를 바탕으로 최적의 상태에서 모터를 제어할 수 있게 된다.

    ⓑ **모터 온도 센서** : 모터의 온도는 출력에 큰 영향을 끼친다. 특히 가열 될 경우 회전자의 영구자석, 스테이터 코일 등에 영향을 줄 수 있어 온도에 따라 모터 토크를 제어하기 위해 내장된다.

    ⓒ **모터 및 전장 장치 냉각** : 수랭식 냉각 시스템(공랭식인 경우도 있다.)

       – 모터 및 고전압 배터리의 온도를 일정하게 유지하기 위한 저전도 전용 냉각수를 사용하기도 한다.(3Way 밸브甲, 칠러乙 활용)

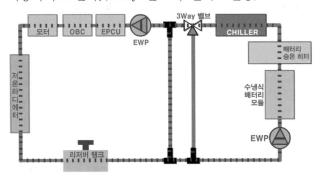

⑥ **감속기** : 토크 증대, 차동 기능, 파킹 기능

    ⓐ **토크 증대** : 변속기이 역할을 대신하여 정해진 감속비로 모터의 높은 회전속도를 낮추어 차량의 구동력을 높여주는 장치

    ⓑ **차동 기능** : 차동장치가 포함되어 있어 선회 시 구동바퀴의 회전수 차이를 보상

    ⓒ **파킹 기능** : 차량 정지 상태에서 기계적으로 구동계 동력 전달을 단속하는 기능

    ⓓ **사용 오일** : 수동변속기의 높은 점도의 오일(무 교환)

⑦ **냉·난방 시스템**

    ⓐ **PTC** Positive Temperature Coefficient Heater **히터** : 내연기관의 냉각수를 활용할 수 없는 관계로 고체 세라믹질의 반도체 소자(티탄산바륨 BaTiO$_3$)를 이용하여 가볍고 응답성이 빠른 난방에 활용되지만 전력소모가 커서 전기자동차의 주행거리가 줄어드는 단점이 있다.

甲 저온에서 배터리 온도를 높이기 위한 상황과 냉각이 필요한 상황에 맞춰 냉각수의 유로를 결정한다.
乙 Chiller 쪽으로 에어컨 냉매를 순환하여 냉각수의 온도를 낮추어 결과적으로 고전압 배터리 온도를 낮출 수 있다.

ⓑ 냉방 순서 : 컴프레셔 → 실외 콘덴서 → 팽창밸브 → 증발기 → 어큐뮬레이터

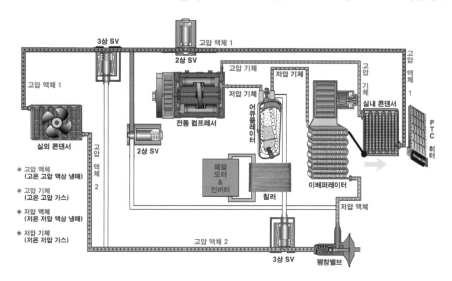

ⓒ 난방 순서 : 컴프레셔 → 실내 콘덴서 → 2way S/V or 오리피스 튜브 → 실외 콘덴서
　　　　　→ 칠러 → 어큐뮬레이터

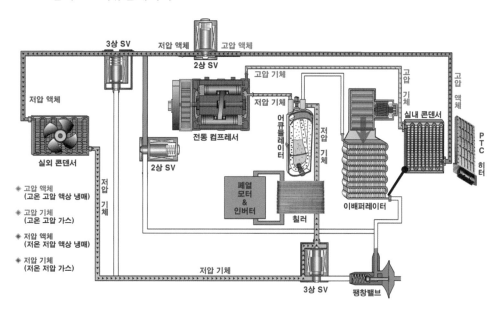

(4) 연료 전지 전기자동차 FCEV Fuel Cell Electric Vehicle

수소를 연료로 사용하므로 물 이외에 배기가스가 없는 친환경적인 자동차이다.

충전된 수소를 연료 전지 스택에서 공기 중의 산소와 결합시키는 화학반응으로 전기를 직접 생산하여 고전압 배터리(240V) 충전 및 모터 구동을 가능하게 한다.

1) 장 점

① 수소는 물의 전기 분해로 만드는 재생 가능한 에너지원이기 때문에 자원이 풍부하다.

② 단위 질량당 에너지가 매우 큰 특성을 지니고 있어 연료로서 우수한 성질을 지니고 있다.

  – 내연기관에 비해 발전효율이 높고 리튬이온 배터리에 비해 에너지 밀도[甲]가 높다.

③ 전기자동차에 비해 충전 시간이 짧고 한번 충전으로 갈 수 있는 주행거리가 길다.

④ 공기필터와 막 가습기 표면 등을 거치는 과정에서 공기정화 시스템을 갖추고 있어 초미세먼지의 여과율도 우수하다. 이렇게 정화된 공기는 다시 외부로 배출하기 때문에 대기 환경에도 도움이 된다.

2) 단 점

① 수소생산을 할 수 있는 방법 중 대표적인 것이 전기분해와 천연가스 **개질법**[乙]등이 있는데 대량생산에 적합한 천연가스 개질법은 결국 화석연료가 주된 수단이 될 수밖에 없어 온실가스의 배출이 불가피하다.

② 수소 충전소 건설비용이 높아 충전소가 많지 않고 연료 전지 자동차의 생산가격도 다른 차량에 비해 높다.

③ 연료전지 스택의 수명이 차체에 비해 길지 않고 교체비용이 비싸다.

④ 동일 출력대비 차량이 무겁고 설치공간을 많이 차지한다.

⑤ 화석연료에 비해 출력밀도[丙]가 낮다.

⑥ 작동 온도에 민감하고 충전 및 보관 시 폭발에 주의해야 한다.

TIP 친환경 자동차 고전압배터리 및 구동 모터 용량 비교

		고전압 배터리			구동모터용량(kW)
		용량(kWh)	전압(V)		
HEV	soft	1.32	180		15
	hard	1.76	270	30	HSG 8.5
PHEV		4~16	270	50	
EV		16~100	350~900		150
FCEV		40~60	240	스택 250~450	113

甲 단위 부피당 에너지의 양으로 얼마나 많은 에너지를 많이 저장할 수 있는지의 척도

乙 열이나 촉매를 이용하여 탄화수소의 구조를 바꾸는 일

丙 단위 시간당 전기 에너지를 전지 단위 중량 또는 체적으로 나눈 값으로 같은 무게 일 때 순간 큰 에너지를 쓸 수 있는지의 척도

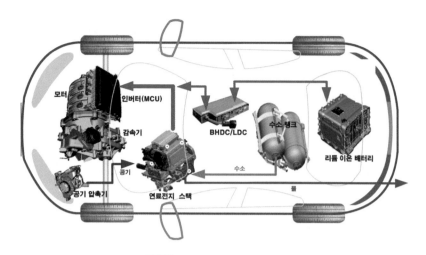

그림 FCEV 주요 구성요소 계략도

3) 주행 상태에 따른 동력원

① **정속 및 저부하** : 연료전지에서 생성된 전기에너지를 모터에 전달하여 구동

방전 : 연료전지 스택(250~450V) → 고전압 정션박스 → 인버터(DC→AC) → 구동 모터

충전 : 연료전지 스택 → 고전압 정션박스 → BHDC甲(240V로 감압) → 고전압 배터리 충전 → LDC(12V로 감압) → 보조 배터리 충전 및 전장 전원 부하에 공급

② **출발 및 급가속** : 더 많은 전력이 필요할 경우 고전압 배터리 전력도 활용

연료전지 스택 → 고전압 정션박스 → 인버터 → 구동 모터

고전압 배터리 → BHDC(승압) ⏌

③ **감속 및 제동** : 회생제동(모터를 발전기로 활용), 운동에너지를 전기에너지로 변환(컨버터 활용)

4) FCEV 연료전지 제어시스템 및 주요 구성

① **차량 및 시스템 컨트롤러**

ⓐ **FCU** Fuel cell Control Unit : 최상위 컨트롤러로 각 컨트롤러의 최종 제어신호를 송신

ⓑ **SVM** Stack Voltage Monitor : 스택의 전압을 측정하여 FCU에 전송(셀당 전압:1V 이하)

ⓒ **BPCU** Blower Power CU : 공기 압축기를 구동하는 인버터 및 컨트롤러

ⓓ **고전압 정션 박스 HV J/Box** : 연료전지스택 상부에 위치하여 고전압을 분배하는 역할

② **BOP** Balance of Plant : 주변 운전 장치로 스택에서 전기를 생산하기 위해 조합된 각종 집합체이고 다음과 같이 분류된다.

ⓐ 수소 공급계 FPS Fuel Processing System

ⓑ 공기 공급계 APS Air Processing System

ⓒ 열 및 물 관리계 TMS Thermal Management System

甲 Bi-directional High voltage Dc-dc Converter : 고전압 양방향 직류변환장치로 연료전지 스택에서 생성된 고전압을 강하시켜 고전압 배터리로 보내 충전하는 역할을 한다.

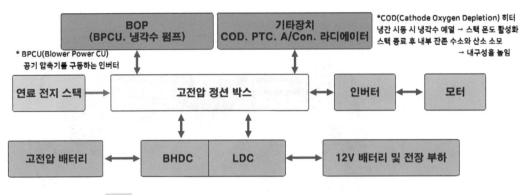

그림 FCEV 연료전지 전원공급 요약

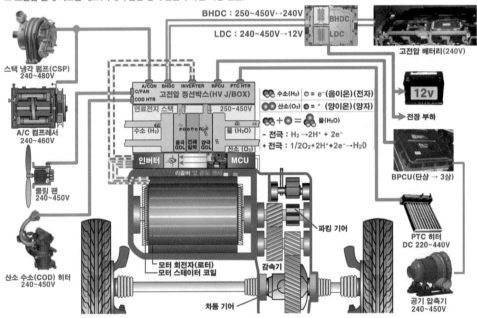

그림 FCEV 연료전지 스택 화학반응 및 고전압 정션 박스

③ **수소 저장 용기** : 수소는 부피가 작아 작은 틈을 통해 누출될 확률이 높다. 또한 수소만을 가스로 저장할 경우 고압압축 상태 또는 액체 형태로 저장해야 한다. 이러한 이유로 875bar로 가압된 수소를 안전하게 저장할 수 있도록 설계되어야 한다. 만약 수소가 누출될 경우 확산 속도가 매우 빨라서 주변 공기에 급속도로 확산되어 폭발의 위험성이 높기 때문에 외부는 내구성이 높은 탄소 섬유로 제작하고 내부는 금속 라이너나 플라스틱 라이너를 사용함으로써 기존의 금속 탱크에 비해 70%까지 중량이 감소되었으며 내식성 또한 높였다.

ⓐ **수소 공급 순서(저장용기에서 외부까지)** : 수소탱크 → 수소탱크 S/V(온도센서, 과류차단 밸브) → 체크밸브, 고압센서 → 고압 레귤레이터(HPR) : 감압(18.5bar)장치 → 중압센서(압력측정⇒HMU) → 연료전지 스택

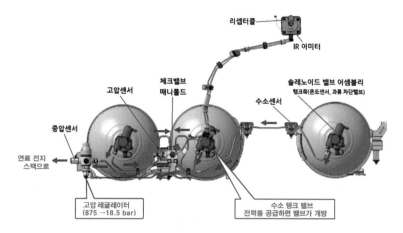

리셉터클

IR 이미터

체크밸브
매니폴드

고압센서

솔레노이드 밸브 어셈블리
탱크쪽(온도센서, 과류 차단밸브)

수소센서

중압센서

연료 전지
스택으로

고압 레귤레이터
(875 →18.5 bar)

수소 탱크 밸브
전력을 공급하면 밸브가 개방

ⓑ **수소 저장 시스템 제어기** : HMU Hydrogen Module Unit

각종 센서의 신호로 탱크에 남은 연료를 연산하고 충전되는 동안 연료 전지가 가동되는
것을 방지하기도 한다.

④ **연료 전지 스택** : 수소와 공기를 수소극 (−)와 산소극 (+)에 공급하여 연속적인 이온반응을
통해 전기(250~450V)로 변환시키는 전기화학장치이다.

ⓐ **전기의 흐름** : • 연료 전지 스택 → MCU 내의 인버터 → 모터

• 연료 전지 스택 → BHDC(LDC포함) → 고전압 배터리(240V 리튬이온 폴리머)

ⓑ **구성** : 여러 개의 단위 셀(분리판, 기체 확산층, 막전극접합체^甲로 구성)

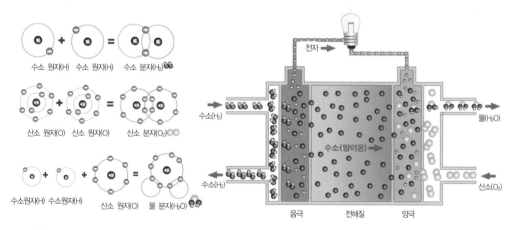

수소 원자(H) 수소 원자(H) 수소 분자(H₂)

산소 원자(O) 산소 원자(O) 산소 분자(O₂)

수소원자(H) 수소원자(H) 산소 원자(O) 물 분자(H₂O)

전자

수소(H₂) 물(H₂O)

수소(양이온)

수소(H₂) 산소(O₂)

음극 전해질 양극

ⓒ 모든 셀을 통과하여 사용되지 않은 수소는 재순환되고 산소와 반응한 수소는 공기 배출
구를 통해 수분으로 배출된다.

ⓓ 연료전지 스택에서 발생된 열은 전용 냉각수를 통해 라디에이터로 순환되어 냉각한다.

甲 (Membrane-Electrode Assembly, MEA) 전해질막과 두개의 전극(산화전극, 환원전극)으로 구성된다. 산화전극(Anode)에 투입된 수소기
체는 촉매제(Catalysts)와 반응하여 수소이온(H⁺)과 전자(e⁻)로 분해된다. 분해된 수소이온(H⁺)은 전해질막(Membrane)을 통과하여 환원전
극인 Cathode로 이동하여 산소와 결합하고, 전해질막을 통과하지 못하는 전자(e⁻)는 전기에너지로 사용된다. 전자(e⁻)와 수소이온(H⁺)은
환원전극(Cathode)에서 산소기체와 함께 만나 물로 변환된다.

5) 공기와 수소의 공급

① **공기의 흐름** : 에어클리너 → AFS → 공기 압축기^甲 → 에어쿨러, 가습기^乙 → 공기차단기→ 연료전지 스택 → 출구 온도센서 → 에어쿨러 → 운전 압력 조절 장치^丙 → 소음기 및 배기 덕트

② **수소의 흐름** : 수소탱크 → 수소차단 및 공급 밸브 → 이젝터 ejector^丁 → 수소압력센서 → 연료전지 스택 → 수소압력센서 → 퍼지밸브^戊, 워터트랩^己, 이젝터로 순환

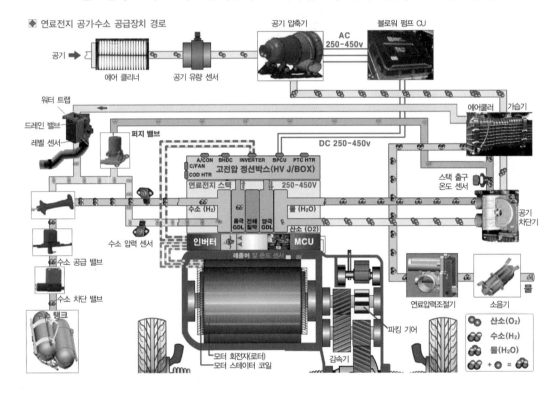

◆ 연료전지 공기수소 공급장치 경로

甲 연료 전지 스택 반응에 필요한 공기를 모터의 회전수에 따라 유량을 제어하며 수랭식으로 냉각된다.
乙 스택 배출 공기의 열 및 수분을 스택 공급 공기에 전달하여 스택에 공급되는 공기 온도 및 수분을 요구 조건에 적합하도록 조절하는 기능을 한다.
丙 연료전지 시스템의 운전 압력을 뒤에서 조절하는 장치로 내연기관의 ETC와 유사한 행태를 취한다.
丁 수소 이젝터는 노즐을 통해 공급되는 수소가 스택 출구의 혼합 기체를 흡입하여 미 반응 수소를 재순환시키는 역할을 한다.
戊 수소가 계속 소비될 경우 스택 내부에 미량의 질소가 발생되는데 이 때 스택 내부의 수소 순도를 높이기 위해 약 0.5초 정도 개방시킨다.
己 수소극에 유입된 수분을 저장하여 일정수준에 도달하면 드레인 밸브가 개방되어 물을 배출한다.

6) 열관리 시스템

예열 및 냉각을 위해 냉각수를 이용한 열관리 시스템을 적용하였다.

① 온도 제어

ⓐ **예열** : COD를 활용하여 냉각수를 예열함으로써 스택의 냉간 시동 능력을 높인다.

ⓑ **냉각** : 스택에서 발생되는 전기 화학반응에 의해 발생되는 발열과 스택의 저항 요소 때문에 발생되는 열을 아래와 같은 냉각수 회로 경로로 순환한다.

◈ 냉각수 순환 경로

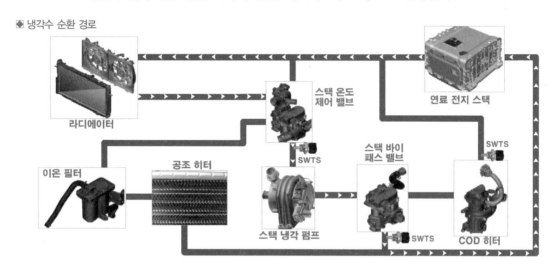

② 구성 요소

ⓐ **SWTS Stack WTS** : 스택 냉각수 온도 센서는 스택 온도 제어 밸브, 스택 바이패스 밸브, COD 히터에 위치하여 스택에 유입되는 냉각수의 온도를 측정한다.(부특성 서미스터)

ⓑ **스택 온도 제어 밸브** : 4Way 밸브로 차량의 운행 상태에 따라 스택에 공급되는 냉각수의 온도를 실시간으로 특정 온도 or 승온·급냉각이 가능하도록 제어한다. 고장 시 라디에이터가 있는 쪽으로 냉각수를 순환한다.

ⓒ **스택 바이패스 밸브** : 3Way 밸브로 냉각 펌프에서 유입된 냉각수를 스택 or COD 히터 쪽으로 제어하는 전자식 액추에이터로 FCU의 제어를 받고 고장 시 스택 방향으로 100% 순환시켜 스택의 과열을 방지할 수 있다.

ⓓ **이온 필터** : 스택 냉각수로부터 이온을 필터링하여 특정 수준으로 전기 전도도를 유지하여 감전을 방지하고 절연 저항을 유지시키는 역할을 한다.

01. 전기자동차, 연료전지자동차, 태양광자동차는 저공해 자동차의 구분으로 나눴을 때 제 2종에 해당된다. ☐ O ☐ X

02. 압축 천연가스 자동차는 매연이 없고 CO, HC의 배출량이 적어 친환경적이다. ☐ O ☐ X

03. 압축 천연가스 자동차의 구성요소로 CNG 연료탱크, 고압 차단 밸브, 압력 조절기, 열교환기, 연료량 조절 밸브 등이 있다. ☐ O ☐ X

04. 하이브리드 자동차의 직렬형은 모터와 내연기관의 동력을 같이 사용하여 바퀴를 효율적으로 구동할 수 있다. ☐ O ☐ X

05. HEV 모터는 자동차가 감속 시 얻어지는 운동에너지를 활용하여 전기에너지로 전환하여 배터리를 충전하는 회생 제동기능을 수행한다. ☐ O ☐ X

06. 고전압 배터리의 전원을 이용하여 저전압 직류 배터리를 충전하기 위해 만들어진 장치를 LDC라고 한다. ☐ O ☐ X

07. 전기자동차의 구성으로 축전지, 전동기, 제어기, 감속기, 충전 포트 등이 있다. ☐ O ☐ X

08. 전기차는 주행 시 유해물질을 배출하지 않고 부품의 수가 적으며 운행 비용이 저렴하고 주행 시 소음과 진동이 작다. ☐ O ☐ X

09. 전기차는 축전지를 이용하여 전동기를 구동하게 되므로 차량에 높은 속도를 내기는 유리하나 토크가 부족한 것이 단점이다. ☐ O ☐ X

10. 연료 전지 자동차의 구성으로 수소 저장 용기, 전력 제어 장치, 연료전지 스택, 배터리, 전기 모터 등이 있다. ☐ O ☐ X

11. 연료 전지 자동차는 전기차에 비해 충전시간이 짧고 한번 충전으로 갈 수 있는 주행거리도 길다. ☐ O ☐ X

12. 연료 전지 자동차에 사용되는 수소는 물로부터 얻어지기 때문에 자원이 풍부하고 충전인프라 구축하기도 편리하다. ☐ O ☐ X

01 압축 천연가스(CNG)의 특징으로 거리가 먼 것은?

① 전 세계적으로 매장량이 풍부하다.
② 옥탄가가 매우 낮아 압축비를 높일 수 없다.
③ 분진 유황이 거의 없다.
④ 기체 연료이므로 엔진 체적효율이 낮다.

02 압축 천연가스(CNG)를 연료로 사용하는 엔진의 장점에 속하지 않는 것은?

① 매연이 감소된다.
② 엔진 작동 소음을 낮출 수 있다.
③ 탄화수소와 일산화탄소 배출량이 감소한다.
④ 낮은 온도에서의 시동성능이 좋지 못하다.

03 압축 천연가스 엔진의 설명으로 거리가 먼 것은?

① CNG 연료 탱크에 가스 충전 밸브, 체크 밸브, PRD 밸브 등이 설치되어 있다.
② 압력 조절기는 약 6.2bar로 연료의 압력을 낮추는 역할을 한다.
③ 열교환기는 압력 조절기에서 발생한 증발 잠열을 보상하는 역할을 한다.
④ 고압 펌프를 이용해 연료의 압력을 높여 인젝터로 공급한다.

04 CNG(Compressed Natural Gas) 자동차에서 연료량 조절밸브 어셈블리 구성품이 아닌 것은?

① 연료 온도 조절기
② 저압 가스 차단밸브
③ 가스 압력센서
④ 가스 온도센서

05 KS R 0121에 의한 하이브리드의 동력 전달 구조에 따른 분류가 아닌 것은?

① 동력 집중형 HV
② 동력 분기형 HV
③ 병렬형 HV
④ 복합형 HV

06 하이브리드 자동차의 시스템에 대한 설명 중 틀린 것은?

① 직렬형 하이브리드는 소프트 타입과 하드 타입이 있다.
② 소프트 타입은 순수 EV(전기차) 주행 모드가 없다.
③ 하드 타입은 소프트 타입에 비해 연비가 향상된다.
④ 플러그-인 타입은 외부 전원을 이용하여 배터리를 충전 할 수 있다.

07 하이브리드 자동차의 특징이 아닌 것은?

① 회생 제동
② 2개의 동력원으로 주행
③ 저전압 배터리와 고전압 배터리 사용
④ 고전압 배터리 충전을 위해 LDC 사용

08 하이브리드 자동차의 컨버터(Converter)와 인버터(Inverter)의 전기 특성 표현으로 옳은 것은?

① 컨버터(Converter): AC에서 DC로 변환, 인버터(Inverter): DC에서 AC로 변환

② 컨버터(Converter): DC에서 AC로 변환, 인버터(Inverter): AC에서 DC로 변환

③ 컨버터(Converter): AC에서 AC로 승압, 인버터(Inverter): DC에서 DC로 승압

④ 컨버터(Converter): DC에서 DC로 승압, 인버터(Inverter): AC에서 AC로 승압

09 FMED(Flywheel Mounted Electric Device)와 비교한 TMED (Transmission Mounted Electric Device)방식의 하이브리드 자동차에 대한 설명으로 틀린 것은?

① 모터가 변속기에 직결되어 있다.

② 모터 단독 구동이 가능하다.

③ 구동용 모터의 용량이 작아도 된다.

④ EV주행 중 엔진 시동을 위한 HSG가 있다.

10 하이브리드에 적용되는 오토스톱 기능에 대한 설명으로 옳은 것은?

① 모터 주행을 위해 엔진을 정지

② 위험물 감지 시 엔진을 정지시켜 위험을 방지

③ 엔진에 이상이 발생 시 안전을 위해 엔진을 정지

④ 정차 시 엔진을 정지시켜 연료소비 및 배출가스 저감

11 하이브리드 전기 자동차에서 언덕길을 내려갈 때 배터리를 충전시키는 모드는?

① 가속 모드

② 공회전 모드

③ 회생 제동 모드

④ 정속주행 모드

12 하이브리드 자동차의 고전압 배터리 시스템 제어 특성에서 모터 구동을 위하여 고전압 배터리가 전기 에너지를 방출하는 동작 모드로 맞는 것은?

① 제동 모드   ② 방전 모드

③ 정지 모드   ④ 충전 모드

13 하이브리드 전기자동차의 AC 구동 모터 작동을 위한 전기 에너지를 공급 또는 저장하는 기능을 하는 것은?

① 보조 배터리

② 변속기 제어기

③ 고 전압 배터리

④ 엔진 제어기

14 하드 방식의 하이브리드 전기 자동차의 작동에서 구동 모터에 대한 설명으로 틀린 것은?

① 구동 모터로 단독 주행이 가능하다.

② 고 에너지의 영구 자석을 사용하며 교환 시 레졸버 보정을 해야 한다.

③ 구동 모터는 제동 및 감속 시 회생 제동을 통해 고전압배터리를 충전한다.

④ 구동 모터는 발전기능이 없다.

15 고전압 배터리의 충·방전 과정에서 전압 편차가 생긴 셀을 동일한 전압으로 매칭하여 배터리 수명과 에너지 용량 및 효율 증대를 갖게 하는 것은?

① SOC(State Of Charge)
② 파워 제한
③ 셀 밸런싱
④ 배터리 냉각제어

16 하이브리드 자동차에서 고전압 배터리 제어기(Battery Management System)의 역할 설명으로 틀린 것은?

① 충전상태 제어
② 파워 제한
③ 냉각 제어
④ 저전압 릴레이 제어

17 하이브리드 자동차 고전압 배터리 충전상태(SOC)의 일반적인 제한 영역은?

① 20~80%   ② 55~86%
③ 86~110%   ④ 110~140%

18 하드형 하이브리드 자동차의 주행 모드에 대한 설명으로 맞는 것은?

① 출발 시에 많은 회전력이 필요하므로 엔진의 동력으로 출발한다.
② 중·고속 정속 주행할 때 높은 회전수가 필요하므로 EV모드로 주행한다.
③ 급가속 또는 등판 주행 시에 엔진과 모터를 동시에 작동하여 주행을 한다.
④ EV 주행 중 내연기관을 동시에 작동시킬 때 모터의 회전수를 줄여 충격을 완화한다.

19 HSG(Hybrid Starter Generator)의 설명에 대한 내용으로 거리가 먼 것은?

① 크랭크축 풀리와 구동 벨트로 연결되어 엔진의 시동기능을 수행한다.
② 하드형 하이브리드 자동차에서 사용된다.
③ 가속 시 엔진의 회전수를 올리기 위해 소프트 랜딩 제어를 지원한다.
④ SOC의 배터리 잔량이 기준치 이하로 떨어지면 고전압 배터리를 충전하는 기능을 한다.

20 하이브리드 전기 자동차에서 자동차의 전구 및 각종 전기 장치의 구동전기 에너지를 공급하는 기능을 하는 것은?

① 보조 배터리
② 변속기 제어기
③ 모터 제어기
④ 엔진 제어기

21 하이브리드 엔진에 사용되는 사이클을 설명한 것으로 옳지 않은 것은?

① 앳킨슨(Atkinson) 사이클은 팽창행정이 압축행정보다 더 긴 사이클이다.
② 밀러(Miller) 사이클은 팽창비가 압축비 보다 크다.
③ 앳킨슨(Atkinson) 사이클은 기계적인 구조가 아닌 밸브 개폐 타이밍으로 조절한다.
④ 밀러(Miller) 사이클은 앳킨슨(Atkinson) 사이클을 개선한 사이클이다.

22 하이브리드 자동차의 보조 배터리가 방전으로 시동 불량일 때 고장원인 또는 조치 방법에 대한 설명으로 틀린 것은?

① 단시간에 방전이 되었다면 암전류 과다 발생이 원인이 될 수도 있다.
② 장시간 주행 후 바로 재시동이 불량하면 LDC 불량일 가능성이 있다.
③ 보조 배터리가 방전이 되었어도 고전압 배터리로 바로 시동이 가능하다.
④ 보조 배터리를 점프 시동하여 주행 가능하다.

23 고전압 배터리의 전기 에너지로부터 구동 에너지를 얻는 전기자동차의 특징을 설명한 것으로 거리가 먼 것은?

① 대용량 고전압 배터리를 탑재한다.
② 변속기를 이용하여 토크를 증대시킨다.
③ 전기 모터를 사용하여 구동력을 얻는다.
④ 전기를 농력원으로 사용하기 때문에 주행 시 배출가스가 없다.

24 전기 자동차에 사용되는 축전지에 대한 설명으로 거리가 먼 것은?

① 니켈수소 전지는 니켈카드뮴 전지보다 무겁지만 에너지 밀도가 높다.
② 리튬이온 전지는 메모리 현상이 없지만 셀 노화현상이 있다.
③ 리튬폴리머 전지는 리튬이온 전지보다 무겁지만 에너지 밀도가 더 높다.
④ 현재 리튬이온 전지와 리튬폴리머 전지가 주로 사용되고 있다.

25 다음 내용 중 전기 자동차의 급속충전에 대한 설명으로 알맞은 것은?

① AC 100~220V의 전압을 이용하여 고전압 배터리를 충전하는 방법이다.
② 충전 효율이 높아 배터리 용량의 90%이상 충전할 수 있다.
③ 외부에 별도로 설치된 급속 충전기에서 교류를 직류로 변환하여 고전압 배터리를 충전하는 방법이다.
④ 컨버터의 일종인 OBC-On Board Charge를 활용하여 충전한다.

26 전기 자동차의 충전 방법 중 급속 충전 시 충전 경로 맞는 것은?

① 급속충전기 → 고전압 정션박스 → PRA → 고전압 배터리
② 급속충전기 → OBC → PRA → 고전압 배터리
③ 급속충전기 → 고전압 정션박스 → OBC → 고전압 배터리
④ 급속충전기 → PRA → 고전압 정션박스 → 고전압 배터리

27 다음 중 파워 릴레이 어셈블리에 설치되며 인버터의 커패시터를 초기 충전할 때 충전전류에 의한 고전압회로를 보호하는 것은?

① 메인 릴레이
② 안전 스위치
③ PTC 릴레이
④ 프리차지 레지스터

28 전기 자동차의 고전압 배터리 컨트롤러 모듈인 BMU의 제어 기능에 해당하지 않는 것은?

① 고전압 배터리의 SOC 제어
② 배터리 셀 밸런싱 제어
③ 배터리 출력 제어
④ 안전 플러그 제어

29 전기 자동차의 고전압회로 구성품 중 파워 릴레이 어셈블리(PRA) 장치에 포함되지 않는 것은?

① 메인 릴레이(+, −)
② 배터리 전류 센서
③ 승온 히터 온도센서
④ 프리차지 릴레이

30 전기자동차의 고전압 배터리 냉각시스템에 대한 설명 중 틀린 것은?

① EWP는 고전압 부품과 고전압 배터리를 냉각시킨다.
② 냉각시스템은 배터리 셀의 온도를 30℃ 이하로 유지시킨다.
③ 3-WAY 밸브는 BMS에 의해 제어되며 냉각수의 흐름을 제어한다.
④ 냉각시스템 제어기는 냉각 대상 부품의 온도에 따라 EWP rpm을 제어한다.

31 전기 자동차의 모든 제어기를 종합적으로 제어하는 최상위 마스터 컴퓨터로서 운전자의 요구사항에 적합하도록 최적인 상태로 차량의 속도, 배터리 및 각종 제어기를 제어하는 것은?

① LDC : Low voltage Dc-dc Converter
② VCU : Vehicle Control Unit
③ CMU : Cell Monitoring Unit
④ MCU : Motor Control Unit

32 연료전지의 장점에 해당하지 않는 것은?

① 자동차용 연료전지의 생산량이 많지 않은 관계로 고가이다.
② 수소의 에너지 밀도가 매우 크다.
③ 수소와 산소의 화학반응을 통해 전기를 생산하고 부산물로 물만 나오기 때문에 친환경적이다.
④ 연료를 공급하여 연속적으로 전력을 얻을 수 있으므로 긴 시간 외부 충전이 필요 없다.

33 수소 내부에서 발생되는 질소에 의해 수소의 순도가 나빠지는 것을 방지하기 위한 장치로 가장 적당한 것은?

① 연료전지 냉각 펌프
② COD 히터
③ 퍼지밸브
④ 이온필터

ANSWERS

01.②	02.④	03.④	04.①	05.①	06.①
07.④	08.①	09.③	10.④	11.③	12.②
13.③	14.④	15.③	16.④	17.①	18.③
19.③	20.①	21.③	22.③	23.②	24.③
25.③	26.①	27.③	28.④	29.③	30.②
31.②	32.①	33.③			

01. 옥탄가가 130정도로 높아 기관 작동소음을 줄일 수 있다.

02. ④ 낮은 온도에서의 시동성능이 좋지 못한 것은 장점이 아닌 단점에 해당된다.

03. 200bar 정도의 높은 탱크 압력을 이용하여 연료를 공급하므로 별도의 펌프가 필요하지 않다.

04. 그 외 구성요소로 연료를 분사하는 인젝터도 포함된다.

05. KS R 0121(도로차량-하이브리드 자동차 용어)에 따른 분류 – 동력전달 구조 : 직렬, 병렬, 복합(동력분기)형

06. 국내에서 소프트와 하드 타입으로 나누는 기준은 병렬형 하이브리드 시스템에 속한다.

07. 저전압 배터리를 충전하기 위해 LDC(고전압 → 저전압)를 사용한다.

08. 직교인, AD컨버터로 암기하면 편하다.

09. TMED 방식은 모터 단독 주행이 가능해야 하므로 구동용 모터의 용량이 커야한다.

10. ISG(Idle Stop & Go), 오토 스톱, 아이들 스톱 등 제조사별로 여러 가지 이름이 사용된다.(내연기관 차량에도 적용) 오토스톱의 기능을 활성화시키지 않는 버튼이 따로 있지만 초기 시동 시 다시 작동 시켜야 한다.

11. 하이브리드 자동차 외에도 고전압 배터리와 모터를 사용하는 전기자동차, 연료전지자동차 등도 회생 제동이 가능하다.

12. 배터리가 전기에너지를 방출하는 것을 방전이라 하고 그 반대의 상황을 충전이라 한다.

13. 교류 구동 모터를 작동하기 위해서 DC 고전압 배터리(하이브리드 : 180~270V, 전기차 : 350~900V)를 사용한다.

14. 구동 모터는 구동 및 발전 기능을 수행한다.

15. 배터리는 여러 개의 셀로 구성이 된다. 셀 당 내부저항의 편차 등의 문제로 공칭전압이 조금씩 차이가 나게 되는데 이를 효율적으로 관리하기 위해 필요한 것이 셀 밸런싱이다.

16. BMS의 기능
· **배터리 셀 관리** : 셀 밸런싱,
충·방전 전류 및 온도 제어
· **충전상태(SOC : State Of Charge) 예측** : 충전 여부 판단, 진량 확인, 상하한 기준 지정
· **파워 제한** : 과충전 및 과방전 방지 기능
· **냉각 제어** : 냉각팬의 단계적 작동 제어
· **PRA(Power Relay Assembly) 제어** : 고전압 배터리의 전력을 모터로 공급 및 차단
· **진단** : BMS관련 DTC(고장코드) 송출기능

17. 지정된 SOC 영역을 벗어나게 되면 BMS에서 충전 방지 및 파워 제한을 두게 된다.

18. ① 차량 출발 시나 저속 주행구간에는 모터로 단독 주행한다.(EV 주행)
② 중·고속 정속 주행할 때 엔진 클러치를 연결하여 변속기에 동력을 전달한다.(엔진 단독 주행)
④ EV 주행 중 HEV로 변경할 때 엔진속도 제어를 하게 된다.

19. 소프트 랜딩 제어 : 시동 OFF시 엔진 부조를 줄이기 위해 HSG를 이용하여 서서히 속도를 줄여주는 역할을 한다.

20. 기존 내연기관 자동차의 전장 제품과의 호환을 위해 저전압(보조) 배터리로 전원을 공급한다.

21. ③ 밀러 사이클은 기계적인 구조가 아닌 밸브 개폐타이밍으로 조절한다.

22. 점화장치의 활성화 등 시동은 저전압(12V) 배터리의 전원을 이용한다. 최근 12V 배터리 리셋 버튼작동으로 저전압배터리를 순간 충전할 수 있다.

23. 전기자동차는 감속기를 이용하여 토크를 증대시킨다. 내연기관의 동력을 이용하여 자동차를 구동 할 때 변속기가 필요하다.

24.

전지 종류		리튬이온	리튬폴리머
전해질		액체	젤(Gel)
에너지밀도 내장재 기준		300~350	250~300
		(단위 : mAh/L)	
무게	내장	가볍다.	무겁다.
	외장	무겁다.	월등히 가볍다.
	전체	무겁다.	가볍다.
저온특성		매우 좋음	좋음
안정성		좋지 않음	중간

25. 급속충전은 외부에 별도로 설치된 급속충전기에서 AC380V의 전원을 DC380V 변환하여 고전압 배터리 용량의 80%까지 충전할 수 있게 한다. OBC는 완속 충전기를 사용할 때 AC110V~220V의 전원을 받아 DC로 변환하는 일종의 컨버터로 배터리 용량의 90%까지 충전가능하다.

26. 급속 충전 포트 → QRA → 고전압 정션박스 → PRA → 고전압 배터리

27. ① 메인 릴레이는 파워 릴레이 어셈블리에 설치되어 있으며, 고전압 배터리의 (+, -) 출력라인과 연결되어 배터리 시스템과 고전압회로를 연결하는 역할을 한다. 고전압 시스템을 분리시켜 감전 및 2차 사고를 예방하고 고전압 배터리를 전기적으로 분리하여 암 전류를 차단한다.

② 안전 스위치는 파워 릴레이 어셈블리에 설치되어 있으며, 기계적인 분리를 통하여 고전압 배터리 내부 회로를 연결 또는 차단하는 역할을 한다.

④ 프리차지 릴레이 및 프리차지 레지스터는 파워 릴레이 어셈블리(PRA)에 설치되어 있으며, MCU는 IG ON시 메인릴레이 (+)를 작동시키기 이전에 프리차지 릴레이를 먼저 동작시켜 프리 차저 레지스터를 통해 270V 고전압이 인버터 측으로 공급되기 때문에 돌입 전류에 의한 인버터의 손상을 방지한다.

28. 고전압 배터리 컨트롤러 모듈(BMU ; Battery Management Unit) 고전압 배터리의 SOC(State Of Charge), 출력, 고장 진단, 배터리 셀 밸런싱(Cell Balancing), 시스템 냉각, 전원 공급 및 차단을 제어한다.

29. ③ 승온 히터 온도센서는 고전압 배터리 시스템 어셈블리의 구성요소이다.

30. 냉각시스템은 배터리 셀의 온도를 45℃ 이하로 유지시킨다.

31. ① LDC: 고전압배터리를 이용해 저전압 배터리를 충전하는 변환기이다.

③ CMU: 각 고전압 배터리 모듈의 온도, 전압, VPD를 측정하여 BMS ECU에게 전달하는 기능을 한다.

32. ① 연료전지의 단점에 해당된다.

33. ③ 공기극과 수소극의 화학반응 중 일부 질소가 수소극으로 조금씩 유입하게 되는데 이 때 스택내부의 수소 순도를 높이기 위해 퍼지밸브를 작동시키게 된다.

CHAPTER 04 새 시

학습목표

- 섀시 기초 이론 ● 동력전달장치 ● 클러치 ● 변속기 ● 드라이브 라인 ● 휠 및 타이어
- 현가장치 ● 뒤 차축 구동방식 ● 전자제어 현가장치(ECS) ● 조향장치
- 4륜 조향장치 ● 동력조향장치 & MDPS ● 앞바퀴 정렬 ● 제동장치

SECTION 01 섀시 기초 이론

1 섀시의 개요

섀시는 자동차의 뼈대 골격 부분인 프레임, 기관 등 주행에 필요한 장치 일체를 설치하는 부위로도 해석이 가능하다.

2 섀시의 구성

(1) 동력 전달장치 Power-transmission system

기관의 출력을 구동바퀴에 전달하는 장치이다.

> **TIP**
>
> ▶ 동력 전달방식의 종류
> ① F · F 방식(Front engine Front drive)   ② F · R 방식(Front engine Rear drive)
> ③ R · R 방식(Rear engine Rear drive)   ④ 4WD 방식(4 Wheel Drive)
>
> ▶ F·R방식의 동력 전달 순서
> 기관→ 플라이 휠→ 클러치→ 변속기→ 추진축→ 차동장치→ 액슬 축→ 바퀴

(2) 현가장치 Suspension system

노면으로부터의 진동 및 충격을 흡수하여 완화시키는 장치이며, 프레임 또는 차체와 차축을 연결하는 스프링, 스태빌라이저, 쇽업소버 등이 있다.

(3) 조향장치 Steering system

차량의 주행 방향 및 작업시의 방향을 임의로 바꾸기 위한 장치이며, 보통 앞바퀴로 조향을 한다.

(4) 제동장치 Brake system

차량의 주행속도를 감속·정지시키거나 정지 상태를 유지시키기 위한 장치이다.

(5) 휠 Wheel 및 타이어 Tire

감속, 제동, 주행 시 차축의 회전력을 노면에 전달하는 동시에 충격을 흡수하는 장치이다.

(6) 프레임 Frame

엔진 및 섀시의 모든 부품을 장착할 수 있는 차의 뼈대로 강성과 경량화가 요구된다.

1) 구분

① **보통 프레임** : H, X형
② **특수 프레임** : 백본형, 플랫폼형, 트러스형
③ **일체구조 보디** Monocoque body

2) 특성

① H형 : 2개의 세로 부재(member)와 여러 개의 가로 부재를 사다리 모양으로 조립한 것으로 굽음에 강하다.

세로 멤버 / 가로 멤버

② X형 : H형 프레임에 비해 비틀림 강도^甲가 높지만 제작이 어렵다.

앞 가로멤버 / 뒤 가로멤버 / 튜브로 된 중심부 / 차체 브래킷 / 차체 브래킷 / 세로멤버

③ **백본형** Back bone type : 하나의 두터운 강관을 뼈대로 하고 차체를 설치하기 위한 가로 멤버에 브래킷을 고정한 것으로 강관 중앙부에 추진축, 배기관, 소음기 등을 배치하여 좌석 위치를 낮게 할 수 있다. 프레임 강성은 크지만 생산성이 좋지 않아 대량생산에는 적합하지 않고 스포츠카에 주로 활용된다.

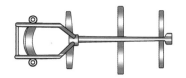

甲 앞과 뒤를 잡고 빨래 짜듯이 비틀어졌을 때의 강한 정도

④ **플랫폼형** Platform type : 프레임과 보디 바닥면을 일체화한 구조로 프레임의 중량을 줄일
수 있고 보디를 포함한 전체가 상자형으로 강성이 높은 편이다. 차체 아랫면의 공기 흐름이
매끈해져 통기성이 좋아지는 장점도 있다.

⑤ **트러스형** Truss type : 2~3cm의 강관을 트러스甲 구조로 만들어 가볍고 강성이 크지만 대량
생산에 적합하지 않다.

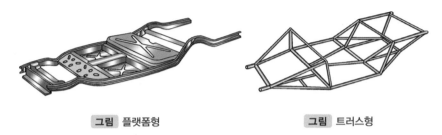

| 그림 | 플랫폼형 | | 그림 | 트러스형 |

⑥ **일체구조 보디** Monocoque body **or 셀프 서포팅·프레임리스·유니 보디**

ⓐ 프레임과 차체를 일체로 제작한다.(냉간 압연 강판乙, 고장력 강판으로 구성)

ⓑ 바닥을 낮게 설계 할 수 있어 주로 승용차에 사용된다.

ⓒ 핸들링 및 연비, 가속성, 승차감이 향상된다.

ⓓ 외력을 받았을 때 차체 전체에 분산시켜 힘을 받도록 제작(곡면 활용도 증가)하여 충격흡
수가 뛰어나다.

ⓔ 외력이 집중되는 부분(엔진설치 및 현가장치)에 작은 프레임을 두어 차체 힘을 분산
시키도록 함.

ⓕ 철에 아연도금을 하여 내식성을 높이고 알루미늄 합금, 카본파이버, 두랄루민 등의
경량화 재료를 사용한다.

ⓖ 충격위험이 큰 곳에서 주행용으로 사용하기에는 부적합하다.

 – 충격으로 왜곡이 발생했을 때 차량 전체에 영향을 끼치기 때문

甲 부재가 휘지 않게 접합점을 핀으로 연결한 골조구조
乙 냉간 압연기(2개의 롤러 사이에 물질을 넣고 통과시킴)로 제조된 강판으로 두께가 얇고, 두께 정도(精度)가 우수하며, 표면이 미려하고, 평
활하며, 가공성이 우수하다.

3) 모노코크 보디를 구성하는 주요 부품

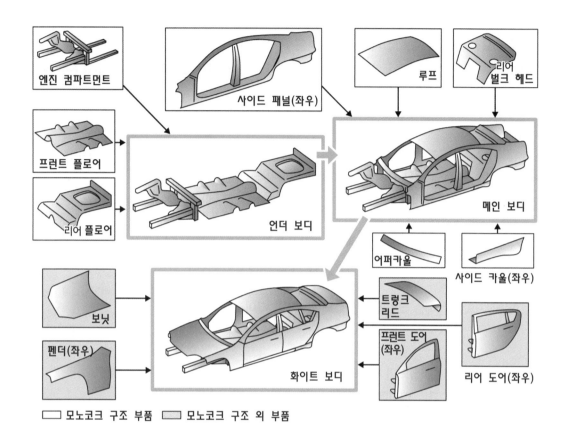

엔진 컴파트먼트

사이드 패널(좌우)

루프

리어 벌크 헤드

프런트 플로어

리어 플로어

언더 보디

메인 보디

어퍼카울

사이드 카울(좌우)

보닛

펜더(좌우)

화이트 보디

트렁크 리드

프런트 도어 (좌우)

리어 도어(좌우)

▭ 모노코크 구조 부품　▭ 모노코크 구조 외 부품

4.
섀
시

289

01. 섀시는 넓은 의미로 엔진도 포함하지만 자동차의 프레임, 기관 등 주행에 필요한 장치 일체를 설치하는 부위로도 해석가능하다. ☐ O ☐ ×

02. 섀시는 크게 동력 전달장치, 현가장치, 조향장치, 제동장치 등으로 나눌 수 있다. ☐ O ☐ ×

03. F·R 방식의 동력 전달 순서는 클러치 → 변속기 → 추진축 → 액슬축 → 차동장치 순이다. ☐ O ☐ ×

04. 자동차의 진행 방향을 운전자 임의대로 바꾸기 위한 장치를 조향장치라 한다. ☐ O ☐ ×

05. 현가장치의 구성에는 코일스프링, 스태빌라이저, 타이로드 등이 있다. ☐ O ☐ ×

06. 주로 스포츠카에 사용되며 하나의 두터운 강관을 뼈대로 하고 차체를 지지하기 위한 가로 멤버에 브래킷을 고정한 것이 백본형이다. ☐ O ☐ ×

07. 2~3cm의 강관을 트러스 구조로 만들어 가볍고 강성이 크지만 대량 생산에 적합하지 않는 것이 백본형이다. ☐ O ☐ ×

08. 일체구조형 보다는 프레임과 차체를 일체로 제작하여 외력을 받았을 때 차체 전체에 분산시켜 힘을 받도록 제작(곡면 활용도 증가)하여 충격 흡수가 뛰어난 구조를 가지고 있다. ☐ O ☐ ×

03. F·R 방식의 동력 전달 순서는 클러치 → 변속기 → 추진축 → 차동장치 → 액슬축 순이다.

05. 현가장치의 구성에는 코일스프링, 스태빌라이저, 판스프링 등이 있다.

07. 2~3cm의 강관을 트러스 구조로 만들어 가볍고 강성이 크지만 대량 생산에 적합하지 않는 것이 트러스형이다.

01. O 02. O 03. × 04. O
05. × 06. O 07. × 08. O

단원평가문제

01 노면으로부터의 진동 및 충격을 흡수하여 완화시키는 장치로 스프링, 스태빌라이저, 쇽업소버 등이 구성요소인 장치를 무엇이라 하는가?

① 제동장치　　② 현가장치
③ 조향장치　　④ 동력장치

02 차량 주행방향 및 작업시의 방향을 임의로 바꾸기 위한 장치를 무엇이라 하는가?

① 제동장치　　② 현가장치
③ 조향장치　　④ 동력장치

03 자동차의 주행 관성 에너지를 흡수하는 장치는?

① 현가장치　　② 조향장치
③ 제동장치　　④ 프레임

04 자동차의 프레임에 대한 설명으로 틀린 것은?

① 프레임이란 기관 및 섀시의 부품을 장착할 수 있는 차체의 뼈대이다.
② 2개의 세로 부재와 몇 개의 가로 부재를 사다리 모양으로 조립한 것으로 굽음에 강한 것은 H형 프레임이다.
③ 프레임과 차체를 일체로 제작, 하중과 충격에 견딜 수 있는 구조로 하여 차의 무게를 가볍게 하고 또한 차실 바닥을 낮게 한 것은 트러스트형이다.
④ 프레임과 차체의 바닥을 일체로 만든 것은 플랫폼형이다.

05 승용차에 많이 사용되는 구조로 차체와 프레임을 일체로 제작하여 차량의 무게를 줄일 수 있고 바닥의 높이를 낮게 설계할 수 있는 구조는?

① 플랫폼형
② 모노코크 보디
③ 트러스트형
④ 백본형

06 모노코크 보디에서 프런트 보디 부분에 속하는 패널은?

① 라디에이터 서포트 패널
② 센터 플로어 패널
③ 사이드 실 아웃 패널
④ 쿼터 아웃 패널

07 모노코크 보디의 각부 구조 중 리어보디에 속하지 않는 것은?

① 트렁크 리드
② 휀더 에이프런
③ 테일 게이트
④ 백 패널

정답 및 해설

ANSWERS

> 01.② 02.③ 03.③ 04.③ 05.② 06.①
> 07. ②

01. 차체와 차축 사이에 설치되고 노면의 요철이나 단차 외에 선회 시나 급제동시의 차체의 상하나 좌우로 움직임을 가능하게 하고 충격완화의 역할을 하는 장치를 뜻 한다.

02. **조향장치** : 조향 핸들을 회전시켜 주행 방향을 임의로 바꾸는 장치로 조향 핸들, 조향 축, 조향 기어, 조향 링키지 등으로 구성되어 있다.

03. **제동장치** : 자동차를 감속 또는 정지시키거나 주차 상태를 유지하기 위하여 사용되는 장치이다.

04 ③번 선지는 일체구조 보디(모노코크 보디)에 대한 설명이다.

05. 차체에서 일체구조 보디(특징 및 장단점)에 대한 기출문제가 주로 출제된다.

06. ① 방열기를 지지하는 금속판으로 헤드램프 및 라디에이터 그릴 등이 장착된다.
　② 가운데 바닥 금속판으로 시트 등이 장착된다.
　③ 일체구조 보디 형식의 앞뒤 도어 하단부에 위치한 금속판을 뜻한다.
　④ C 필러와 트렁크의 사이드 부분의 외부 금속판을 뜻한다. (리어 휀더)

07. ① 트렁크 덮개
　② 프런트 휀더를 지지하는 내부 패널
　③ RV 차량의 뒷문
　④ 리어 콤비네이션 램프가 설치되어 있는 패널

1 클러치 Clutch

동영상

▲위치 및 단품설명

클러치는 플라이휠과 변속기 사이에 설치되어 있으며 변속기에 전달하는 엔진의 동력을 필요에 따라 차단 및 연결하는 장치이다.

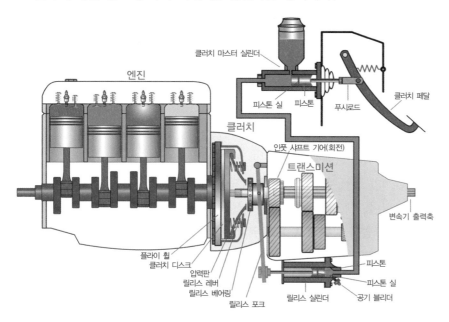

그림 클러치 설치 위치

동영상

(1) 클러치의 동력 차단 순서 및 구비조건

1) 클러치 페달을 밟아 동력을 차단

클러치 페달 → 푸시로드甲 → 클러치 마스터 실린더乙 → 클러치 릴리스 실린더丙 → 릴리스 포크丁 → 릴리스 베어링 → 릴리스 레버戊 → 클러치 스프링 장력을 이기고 압력판을 들어 올림 → 클러치 디스크 중공에 떠서 동력 차단己

甲 페달이나 리프트에 의해 유압 피스톤, 밸브 등을 작동시키는 막대로 길이조절이 가능하다.

乙 클러치 페달을 밟는 힘. 즉, 답력(踏力)을 유압으로 전환하는 장치이다. 내부에는 클러치액과 피스톤이 들어 있어 발생된 유압을 파이프를 통하여 릴리스 실린더에 전달한다.

丙 오퍼레이팅 실린더라고도 불리며 클러치 마스터 실린더에서 보낸 유압으로 피스톤과 푸시로드에 작동시켜 릴리스 포크를 미는 작용을 하며, 피스톤, 피스톤 컵 및 오일 속에 포함된 공기를 빼내기 위한 공기 블리더 스크루로 구성되어 있다.

丁 릴리스 베어링 칼라에 끼워져 릴리스 베어링에 페달의 조작력을 전달하는 작동을 한다. 구조를 보면 요크(york)와 핀 고정부가 있으며, 끝 부분에는 리턴 스프링을 두어 페달을 놓았을 때 신속하게 원위치로 복귀된다.

戊 릴리스 베어링에 의해 한쪽 끝 부분이 눌리면 반대쪽 클러치판을 누르고 있는 압력판을 지렛대의 원리로 분리시키는 레버로, 굽히는 힘이 반복되어 작용하기 때문에 충분한 강도와 강성이 있어야 한다.

己 동력차단 시 플라이휠과 같이 회전하는 부품 : 클러치 커버, 압력판, 클러치 스프링, 릴리스 레버.

2) 클러치의 구비조건

① 회전 관성이 작고 회전 부분의 평형이 좋아야 한다.

② 방열이 잘 되어 과열되지 않아야 한다.

③ 동력을 차단할 경우에는 신속하고 확실해야 한다.

④ 동력을 전달할 때는 미끄러지면서 맞물려 충격을 최소화해야 한다.

⑤ 구조가 간단하고 다루기 쉬우며 고장이 적어야 한다.

3) 클러치의 종류 : 마찰클러치, 전자클러치[甲], 유체클러치(토크컨버터)

(2) 클러치의 구성과 기능

1) 클러치판

① **클러치판이 마모되면**

ⓐ 릴리스 레버의 높이가 높아져 클러치의 유격[乙]은 작아진다.

ⓑ 클러치판의 두께가 얇아져서 동력전달이 되지 않고 슬립(Slip)한다.

ⓒ 페이싱이 마모되어 리벳[丙] 홈의 깊이가 낮아진다.

② **쿠션 스프링의 작용 : 양쪽 마찰재 사이에 위치하여 완충역할을 한다.**

ⓐ 클러치판의 편 마모 및 파손 등의 변형을 방지한다.

ⓑ 클러치판을 평행하게 회전시킨다.

③ **비틀림 코일스프링[丁](댐퍼 스프링 or 토션 스프링)**

클리치를 접속할 때 압축 또는 수축되면서 회전충격을 흡수해 준다.

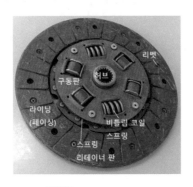

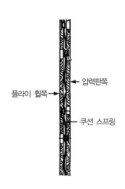

그림 클러치판의 구조

[甲] 전자력을 사용하는 클러치의 총칭으로 극히 작은 간극에 쇳가루 등을 넣어, 자동차에서 사용하는 적은 전류로도 단속(斷續)을 정확히 할 수 있다.

[乙] 릴리스 베어링에서 릴리스 레버 사이의 간극을 뜻한다. 릴리스 레버의 높이가 높아질 경우 유격은 작아진다.

[丙] 2개의 마찰면을 영구적으로 결합하기 위해 사용되는 기계요소로 체결 후 양쪽 끝의 마감 높이를 낮게 할 수 있다.

[丁] 클러치축(변속기 입력축)과 클러치판의 마찰재 사이에 위치하여 동력전달 시 회전충격을 흡수한다.

2) 릴리스 베어링

① 릴리스 포크에 의해 회전 중인 릴리스 레버를 눌러 클러치를 차단하는 일을 한다.

② 종류에는 앵귤러甲 접촉형, 볼 베어링형, 카본乙형 등이 있다.

③ 영구 주유 식이므로 솔벤트(용매) 등의 세척제 속에서 닦으면 안 된다.

릴리스 베어링

베어링 칼럼

앵귤러 접촉형

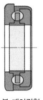

볼 베어링형

카본형

3) 다이어프램丙 스프링

① 코일스프링 방식의 릴리스 레버의 역할을 스프링 핑거丁가 대신한다.

② 압력판에 작용하는 힘이 일정하고 원형판으로 되어 있어 평형이 좋다.

③ 클러치 페달 조작력이 작아도 된다. (작동 초 저항력 大, 작동 말 저항력 小)

④ 고속운전에서 원심력을 받지 않아 스프링 장력이 감소하는 경향이 없다.

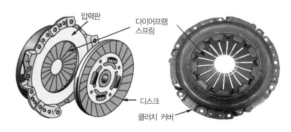

압력판

다이어프램 스프링

디스크

클러치 커버

4) 그 밖의 클러치 구성 부품

변속기 입력축(클러치 축), 압력판, 릴리스 포크, 클러치 커버 등이 있다.

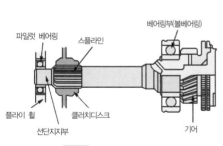

파일럿 베어링

스플라인

베어링부(볼베어링)

플라이 휠

클러치디스크

선단지지부

기어

그림 변속기 입력축의 지지

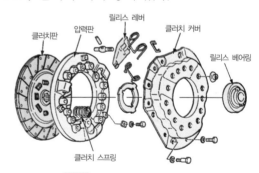

클러치판

압력판

릴리스 레버

클러치 커버

릴리스 베어링

클러치 스프링

그림 코일 스프링 형식의 구조

甲 각이 진, 모가 난

乙 탄소섬유 소재를 접착제로 고압성형하여 제작한다. 무게가 가볍고 내식성이 뛰어난 것이 특징이다.

丙 원판 스프링 또는 접시 스프링을 말하는 것으로, 원판의 중심에서 많은 방사 형태의 리벳을 부착한 것이다.

丁 아래 다이어프램 스프링의 한 가닥

(3) 클러치 페달의 자유간극

클러치 페달을 밟았을 때 릴리스 베어링이 릴리스 레버에 닿을 때까지 클러치 페달이 움직인 거리이며, 유격은 20~30mm 정도이다.

– 유격이 작으면 클러치가 미끄러지고 동력전달이 확실하지 않음

– 유격이 크면 클러치 차단이 원활하지 못해 기어 변속 시 소음과 충격이 발생

1) 클러치가 미끄러지는 원인

① 클러치 압력 스프링의 쇠약 및 파손되었다.

② 플라이 휠 또는 압력판이 손상 및 변형되었다.

③ 클러치 페달의 유격이 작거나 클러치판에 오일이 묻었다.

2) 클러치가 미끄러지면 발생하는 현상

① 연료 소비량이 증대되고 기관이 과열된다.

② 주행 중 가속 페달을 밟아도 차가 가속되지 않는다.

③ 등판능력이 저하되며, 등판할 때 클러치 디스크의 타는 냄새가 난다.

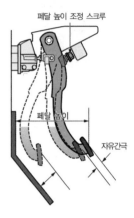

그림 클러치 페달의

TIP

◆ **클러치의 전달 토크** : $T = \mu \cdot F \cdot r \cdot D$

    μ : 클러치판과 압력판 사이의 마찰계수(보통 0.3~0.5) F : 클러치 스프링의 힘
    r : 클러치판의 평균유효반경(중심에서 마찰재 절반까지의 길이) D : 마찰면의 수

▶ **클러치가 미끄러지지 않는 조건**($F\mu r \geq C$)

    $F \times \mu \times r \geq C$ C : 엔진의 회전력

연습문제 1

클러치 마찰판의 외경이 18㎝, **내경**이 10㎝이고 압력판에 작용하는 스프링의 힘이 22kg$_f$인 전진 단판 (양쪽 마찰면이 2개) 클러치의 동력전달 토크를 구하시오.(단, 마찰면의 마찰계수는 0.3임)

정답 $T = 0.3 \times 22 \times \left(\dfrac{18+10}{4} \right) \times 2 = 92.4 \mathrm{kg_f \cdot cm} = 0.924 \mathrm{kg_f \cdot m}$

연습문제 2

클러치 디스크 마찰면의 외측 반경이 20㎝, 내측 반경이 14㎝이고 클러치 압력판에 작용하는 힘이 70 kg$_f$인 클러치의 전달토크를 구하시오.(마찰면의 수 4, 마찰계수가 0.3임)

정답 $T = 0.3 \times 70 \times \left(\dfrac{20+14}{2} \right) \times 4 = 1428 \mathrm{kg_f \cdot cm} = 14.28 \mathrm{kg_f \cdot m}$

3) 클러치 정비 및 점검

① 클러치 페달의 자유간극은 푸시로드나 조정 스크루를 이용해 조정한다.

② 일반적으로 클러치에서 소음이 나는 경우는 동력을 차단했을 때이고 릴리스 베어링이 압력판을 작동시킬 때 많이 발생된다.

③ 클러치의 슬립은 동력을 전달할 때와 가속 시에 현저하게 나타난다.

4) 전달 효율(η)

$$\eta = \frac{클러치에서 \ 나온 \ 동력}{클러치로 \ 들어간 \ 동력} \times 100$$

$$\eta = \frac{클러치의 \ 출력 \ 회전수(rpm)N_2 \times 클러치의 \ 출력 \ 회전력(m \cdot kg_f)T_2}{엔진의 \ 회전수(rpm)N_1 \times 엔진의 \ 발생 \ 회전력(m \cdot kg_f)T_1} \times 100$$

연습문제 3

엔진의 가속력이 3000rpm에서 40kg_f·m의 회전력이 발생되었을 때 클러치의 회전수는 2500rpm이다. 이 때 클러치에서 전달되는 토크는?(단, 클러치의 전달효율은 80%이다.)

정답 $\dfrac{2500 \times x}{3000 \times 40} = 0.8$　$x = 38.4kg_f \cdot m$

01. 클러치의 설치 위치는 엔진과 변속기 사이이며 엔진에서 발생된 동력을 변속기로 전달 및 차단하는 역할을 수행한다. ☐ O ☐ ×

02. 클러치의 작동 순서는 클러치 페달 → 푸시로드 → 클러치 마스터 실린더 → 클러치 릴리스 실린더 → 릴리스 포크 → 릴리스 베어링 → 릴리스 레버 → 클러치 스프링 장력을 이기고 압력판을 들어 올림 → 클러치 디스크 중공에 떠서 동력 차단 순서이다. ☐ O ☐ ×

03. 클러치는 동력을 차단할 경우에는 신속 확실하게 작동하여야 하며 동력을 전달할 경우에는 미끄러지면서 서서히 동력전달을 시작하여야 한다. ☐ O ☐ ×

04. 클러치판의 쿠션 스프링은 클러치가 접촉할 때 회전충격을 흡수해 준다. ☐ O ☐ ×

05. 릴리스 베어링의 종류에는 볼 베어링형, 앵귤러 접촉형, 카본형 등이 있다. ☐ O ☐ ×

06. 다이어프램 스프링 방식은 압력판에 작용하는 힘이 일정하고 평형이 좋으나 클러치 페달의 조작력은 커야한다. ☐ O ☐ ×

07. 클러치판이 많이 마모되면 동력 차단이 잘 되지 않아 변속 시 충격이 발생될 확률이 높아지게 된다. ☐ O ☐ ×

08. 클러치에서 동력전달이 불량할 경우 차량 가속이 잘 되지 않고 엔진이 가열되며 연료소비량이 증가한다. ☐ O ☐ ×

09. 클러치 스프링의 장력이 클수록, 마찰계수가 높을수록, 클러치판의 평균반경이 클수록 전달토크가 커져 클러치가 잘 미끄러지지 않게 된다. ☐ O ☐ ×

10. 일반적으로 클러치에서 소음이 발생되는 경우는 클러치 페달을 놓아 동력이 전달될 때이다. ☐ O ☐ ×

11. 클러치의 동력전달 효율은 클러치로 들어간 동력에 반비례하고 나온 동력에는 비례한다. ☐ O ☐ ×

04. 클러치판의 비틀림 코일 스프링은 클러치가 접촉할 때 회전충격을 흡수해 준다.

06. 다이어프램 스프링 방식은 압력판에 작용하는 힘이 일정하고 평형이 좋다. 또한 클러치 페달의 조작력이 작아도 된다.

07. 클러치판이 많이 마모되면 동력 전달이 잘 되지 않아 가속 시 차량의 증속이 되지 않고 엔진의 회전수가 부하 없이 올라가며 타는 냄새가 날 수 있다.

10. 일반적으로 클러치에서 소음이 발생되는 경우는 동력을 차단했을 때이고 릴리스 베어링이 압력판을 작동시킬 때 많이 발생된다.

정답

01. O 02. O 03. O 04. ×
05. O 06. × 07. × 08. O
09. O 10. × 11. O

단원평가문제

01 클러치의 필요성을 설명한 것으로 틀린 것은?

① 관성 운전을 위해서
② 기관 동력을 역회전하기 위해서
③ 기관 시동 시 무부하 상태를 유지하기 위해서
④ 기어 변속 시 기관 동력을 일시 차단하기 위해서

02 클러치의 구비조건으로 맞지 않는 것은?

① 회전 부분의 평형이 좋을 것
② 동력 단속이 확실하며 쉬울 것
③ 회전 관성이 되도록 커야 할 것
④ 발진 시 방열작용 및 과열 방지

03 클러치의 종류가 아닌 것은?

① 단일 클러치   ② 마찰 클러치
③ 유체 클러치   ④ 전자 클러치

04 클러치판의 이상 변형 시 시스템에 영향을 끼칠 수 있는 항목이 아닌 것은?

① 페이싱의 리벳 깊이
② 판의 비틀림
③ 토션 스프링의 장력
④ 정면 페이싱 폭

05 클러치의 런 아웃이 크면 일어나는 현상으로 맞는 것은?

① 클러치의 단속이 불량해진다.
② 클러치 페달의 유격에 변화가 생긴다.
③ 주행 중 소리가 난다.
④ 클러치 스프링이 파손된다.

06 클러치의 구성 부품으로 관련이 없는 것은?

① 릴리스 포크
② 압력판
③ 댐퍼 클러치
④ 클러치 마스터 실린더

07 클러치의 릴리스 베어링의 종류가 아닌 것은?

① 앵귤러 접촉형   ② 볼 베어링형
③ 롤러 베어링형   ④ 카본형

08 다이어프램 스프링 방식의 클러치에 대한 설명으로 거리가 먼 것은?

① 클러치 페달을 밟을 때 지속적이고 일정한 힘이 필요하다.
② 릴리스레버의 역할을 스프링 핑거가 대신한다.
③ 부품의 밸런스가 좋아 런 아웃 발생 확률이 적다.
④ 클러치 작동 시 릴리스 베어링 닿는 부분의 면적이 고르며 일정하다.

09 클러치판은 어느 축의 스플라인에 조립되는가?

① 추진축 부
② 변속기 입력축 부
③ 변속기 출력축 부
④ 차동 기어축 부

10 클러치판이 마모되었을 때 일어나는 현상으로 틀린 것은?

① 클러치가 미끄러진다.
② 클러치 페달의 유격이 커진다.
③ 클러치 페달의 유격이 작아진다.
④ 클러치 릴리스 레버의 높이가 높아진다.

11 클러치판의 비틀림 코일 스프링의 역할로 가장 알맞은 것은?

① 클러치판의 변형방지
② 클러치 접속 시 회전충격 흡수
③ 클러치판의 편마모 방지
④ 클러치판의 밀착 강화

12 클러치 스프링의 장력이 작아지면 일어나는 현상은?

① 페달의 유격이 커진다.
② 페달의 유격이 작아진다.
③ 클러치 용량이 커진다.
④ 클러치 용량이 작아진다.

13 클러치판에서 압력판을 분리시키는 역할을 하는 것은?

① 릴리스 레버
② 릴리스 베어링
③ 릴리스 포크
④ 클러치 스프링

14 클러치에 대한 설명 중 부적당한 것은?

① 페달의 유격은 클러치 미끄럼을 방지하기 위하여 필요하다.
② 페달의 리턴 스프링이 약하게 되면 클러치 차단이 불량하게 된다.
③ 건식 클러치에 있어서 디스크에 오일을 바르면 안 된다.
④ 페달과 상판과의 간격이 과소하면 클러치 끊임이 나빠진다.

15 클러치 축 앞 끝을 지지하는 베어링은 무엇인가?

① 파일럿 베어링
② 앵귤러 베어링
③ 카본 베어링
④ 스러스트 베어링

16 클러치 허브와 축의 스플라인이 마모되어 일어나는 현상은?

① 디스크의 페이싱에서 슬립이 발생된다.
② 소음이 난다.
③ 페달의 유격이 크게 된다.
④ 클러치가 급격히 접속된다.

17 주행 중 급가속을 하였을 때, 엔진의 회전은 상승하여도 차속은 증속되지 않았다. 그 원인으로 알맞은 것은?

① 릴리스 베어링이 마모되었다.
② 릴리스 포크가 마모되었다.
③ 클러치 스프링의 자유고가 감소되었다.
④ 클러치 디스크의 스플라인부에 유격이 발생되었다.

18 클러치 마찰면의 전압력이 250kg$_f$, 마찰계수가 0.4, 클러치판의 유효반지름이 70cm일 때 클러치의 용량은 얼마인가?

① 40kg$_f$·m ② 55kg$_f$·m
③ 70kg$_f$·m ④ 85kg$_f$·m

19 클러치 마찰면의 작용력을 F, 마찰계수를 μ, 클러치판의 유효반지름이 r, 엔진의 회전력을 C라고 할 때, 클러치가 미끄러지지 않을 조건은?

① $C \le \mu Fr$ ② $C \ge \mu Fr$

③ $C \le \dfrac{F\mu}{r}$ ④ $C \ge \dfrac{F\mu}{r}$

20 클러치의 조작방법을 알맞게 설명한 것은?

① 빠르게 전달시키고 서서히 차단한다.
② 느리게 차단시키고 빠르게 전달한다.
③ 빠르게 차단시키고 서서히 전달시킨다.
④ 느리게 차단시키고 서서히 전달시킨다.

정답 및 해설

ANSWERS

01.②	02.③	03.①	04.④	05.①	06.③
07.③	08.①	09.②	10.②	11.②	12.④
13.①	14.②	15.①	16.②	17.③	18.③
19.①	20.③				

01. 기관에서 만들어진 회전의 방향을 바꾸기 위해 즉, 후진하기 위해 필요한 장치는 변속기이다.

02. 클러치의 회전 관성이 클 경우 동력 전달 시 슬립에 의한 마모가 커지게 된다.

03. 수동변속기는 마찰 클러치를 사용한다. 유체클러치는 개량하여 토크컨버터라는 장치로 자동변속기에 주로 활용된다. 전자클러치는 용량이 작은 자동변속기나 에어컨 압축기 LSD(Limited Slip Differential) 등의 장치에 활용되고 있다.

04. 클러치판을 정면에서 보았을 때 페이싱(라이닝)의 폭은 디스크를 점검하는데 필요 없는 항목이다.

05. 클러치가 설치되어 있는 변속기 입력(클러치)축의 수직방향에서 디스크를 봤을 때 판이 좌·우로 흔들리는 것을 런 아웃이라 한다. 동력을 차단하기 위해 압력판이 클러치 디스크에서 떨어졌을 때 디스크의 런 아웃은 동력차단을 불량하게 만드는 원인이 될 수 있다.

06. 댐퍼클러치는 자동변속기에서 동력을 기계적으로 직결시키기 위한 장치이다.

07. • 앵귤러 접촉형 : 베어링의 한쪽 끝이 각이 져 있다.
  • 카본형 : 무게가 매우 가볍고 강도가 뛰어난 카본을 소재로 사용한다.

08. 코일스프링 방식과 비교하여 내용을 정리하여야 한다.

09. 스플라인은 연결된 허브가 축 방향으로 이동이 가능하면서 회전력 전달이 가능한 기계적 요소이다. 변속기 입력축을 클러치축이라고도 한다.

스플라인

10. 클러치판이 마모되면 마찰면이 미끄러져서 동력전달이 되지 않고 릴리스 레버의 높이가 릴리스 베어링에 가까워져(높아져)서 유격은 작아지게 된다.

11. 비틀림 코일 스프링은 클러치 축과 클러치 디스크의 회전 충격을 흡수하는 역할을 한다.

12. 클러치 스프링은 압력판을 눌러 클러치 디스크를 압착하는 역할을 한다. 만약 장력(누르는 힘)이 작아지면 클러치 디스크를 제대로 압착하지 못해 슬립이 발생될 확률이 높아지게 된다. 이는 클러치 용량이 작아지는 원인이 된다.

13. 압력판을 직접 작동시키는 기구는 릴리스 레버이다.

14. ② 페달의 리턴 스프링이 작동을 제대로 하지 못하면 동력전달이 잘 되지 않는다.
  ④ 클러치 페달 아래 판넬을 상판이라 한다.

15. 본문의 그림 변속기 입력축의 지지 참조

16. 동력이 전달되는 순간 스플라인 부의 유격 때문에 소음과 진동이 발생된다.

17. 스프링의 자유고는 스프링에 외력을 가하지 않았을 때의 높이로 클러치 스프링의 자유고가 낮아졌을 경우 압력판이 디스크를 제대로 압착하지 못해 슬립이 발생된다.

18. T=μ ·F·r·D=0.4×250kgf×0.7m×1(마찰면의 수 언급이 없었으므로)=70kgf·m

19. 클러치의 회전력이 엔진의 회전력보다 커야만 클러치가 미끄러지지 않게 된다.

20. 클러치는 빠르게 차단하고 서서히 전달시키는 것이 좋으나 전체 작동시간은 적게 해야 한다.

2 수동 변속기 Transmission

변속기는 엔진과 추진축 사이에 설치되어 엔진의 동력을 자동차의 주행상태에 알맞도록 그 회전력과 속도를 바꾸어서 구동 바퀴로 전달하는 장치이다. 구동 바퀴가 자동차를 미는 힘을 구동력이라고 하며 이때 구동력의 단위는 kgf이다. 변속비는 직결을 제외하고 정수값甲을 선택하지 않는다.

$$※ \quad T = F \times R, \quad F = \frac{T}{R} \qquad \text{T=회전력(kg}_f \cdot \text{m), F=구동력(kg}_f\text{), R=구동바퀴의 반경(m)}$$

$$※ \quad 변속비 = \frac{변속기\ 출력축\ 기어\ 잇수}{변속기\ 입력축\ 기어\ 잇수} = \frac{부축}{주축} \times \frac{주축}{부축} = \frac{엔진의\ 회전수(rpm)}{추진축의\ 회전수(rpm)}$$

여기서 주축은 입력축과 출력축을 포함

변속기의 필요성	변속기의 구비조건
① 출력축 및 차축의 회전력을 증대시키기 위해서 ② 엔진의 무부하 상태 운전을 위해서 ③ 자동차의 후진을 위해서	① 전달 효율이 좋고 다루기 쉬울 것 ② 소형 경량이고 고장이 없을 것 ③ 단계가 없이 연속적으로 변속될 것

(1) 변속기의 종류 및 세부사항

1) 일정 기어 변속기

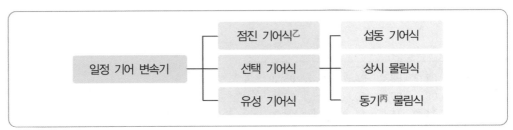

2) 무한 기어 변속기

甲 기어 한 부분의 잦은 치합(기어의 물림)으로 인한 편마모 방지하기 위해 되도록 변속비를 나누어 떨어지지 않는 값으로 설정
乙 순차적으로 단계를 거쳐야만 상·하향 변속이 가능
丙 (同期) synchronization 주기적인 운동을 하는 개체들이 서로 영향을 주고받거나 받게 됨으로써, 동일한 주기를 갖게 되는 것

3) 선택 기어식

① 섭동 기어식 : 변속할 때 기어 자체가 축선을 따라 섭동하여 치합. 현재 후진기어 사용.

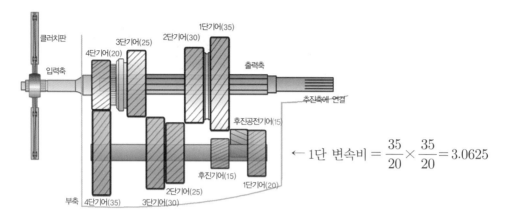

$$\leftarrow \text{1단 변속비} = \frac{35}{20} \times \frac{35}{20} = 3.0625$$

② 상시 물림식 : 변속기어는 항시 치합 해 공전시키고 도그 클러치를 활용하여 동력을 전달.

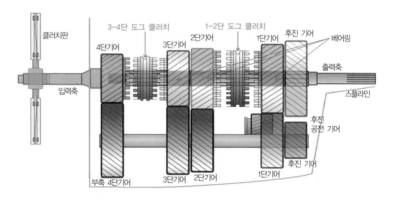

③ 동기 물림식 : 싱크로매시 기구를 활용하여 회전수를 맞추어 변속함. 변속충격⇓

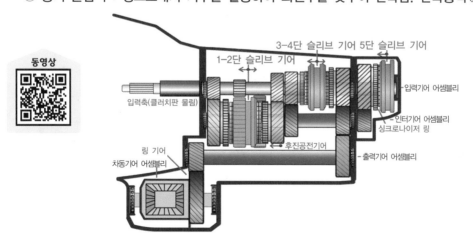

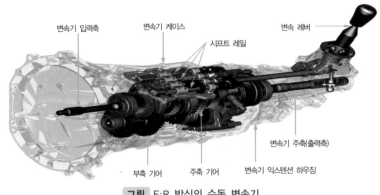

변속기 입력축　　변속기 케이스　　　　　변속 레버

시프트 레일

변속기 주축(출력축)

변속기 익스텐션 하우징

부축 기어　　　주축 기어

그림 F·R 방식의 수동 변속기

※ 동기 물림식 변속기에서 싱크로매시 기구가 작용하는 시기는 변속 기어가 물릴 때이다.
고속으로 기어 바꿈을 할 때 충돌음의 발생 원인은 싱크로나이저의 고장이 있는 경우이다.

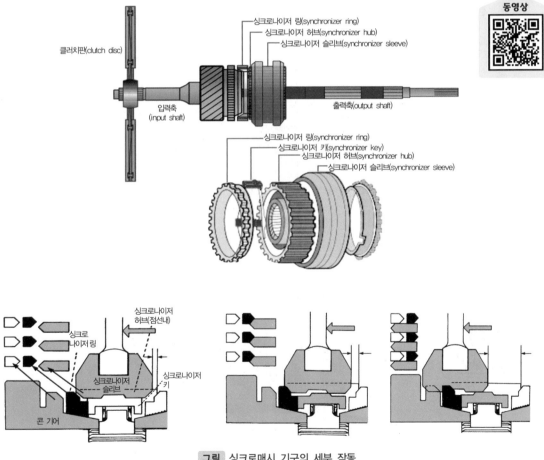

싱크로나이저 링(synchronizer ring)
싱크로나이저 허브(synchronizer hub)
싱크로나이저 슬리브(synchronizer sleeve)

클러치판(clutch disc)

입력축
(input shaft)

출력축(output shaft)

동영상

싱크로나이저 링(synchronizer ring)
싱크로나이저 키(synchronizer key)
싱크로나이저 허브(synchronizer hub)
싱크로나이저 슬리브(synchronizer sleeve)

싱크로나이저
허브(점선내)

싱크로
나이저링

싱크로나이저
슬리브

싱크로나이저
키

콘 기어

그림 싱크로매시 기구의 세부 작동

(2) 이상 증상의 원인 및 조작기구

① 기어가 빠지는 원인	② 기어가 잘 물리지 않는 원인
ⓐ 싱크로나이저 키 스프링의 장력 감소 ⓑ 변속 기어의 백래시[甲]가 클 때 ⓒ 록킹 볼의 마모 또는 스프링의 　쇠약 및 절손되었을 때	ⓐ 시프트 레일이 휘었을 때 ⓑ 페달의 유격이 커서 클러치의 차단이 불량할 때 ⓒ 변속레버 선단과 스플라인 마모 및 　싱크로나이저 링의 접촉 불량
③ 록킹 볼 Locking ball	④ 인터록 장치(2중 물림 방지 장치)
시프트 레일에 몇 개의 홈을 두고 여기에 록킹 볼과 스 프링을 설치하여 시프트 레일을 고정함으로서 기어가 빠 지는 것을 방지하는 장치이다.	어느 하나의 기어가 물림하고 있을 때 다른 기어는 중립위 치로부터 움직이지 않도록 하는 장치이다.

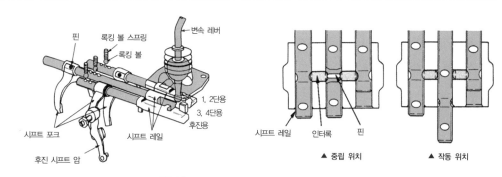

그림 록킹 볼과 인터록 장치

(3) 트랜스 액슬

　FF방식에서 변속기와 종감속기어, 차동기어를 일체로 제
작한 것으로 다음과 같은 특징을 갖는다.

　　① 승객 룸 실내 유효 공간을 넓게 할 수 있다.

　　② 자동차의 경량화로 인해 연료 소비율이 감소한다.

　　③ 험한 도로 주행 시 조향 안정성이 뛰어나다.

　　④ 양쪽 등속 자재이음의 길이가 달라 구동 시 혹은 제동
　　　시 무게 중심이 틀어질 수 있다.

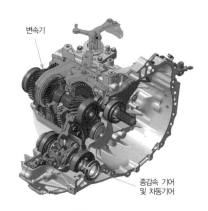

그림 트랜스 액슬

4.
섀
시

[甲] 서로 물리는 기계 부분 사이의 상대적인 움직임으로 양자 사이의 결합이 단단하지 않을 때 생기는 현상(두 톱니 사이의 유격)

01. 변속기는 구동바퀴의 회전력을 증대시키거나 회전속도를 높이기 위해 사용한다. ☐ O ☐ ×

02. 변속기는 소형 경량이고 단계를 거쳐서 연속적으로 변속되는 것이 좋다. ☐ O ☐ ×

03. 수동변속기는 크게 섭동 기어식, 상시 물림식, 동기 물림식 이렇게 3가지로 나눌 수 있고 현재 동기 물림식이 가장 많이 사용되고 있다. ☐ O ☐ ×

04. 변속비는 입력기어 잇수에 대한 출력기어 잇수의 비로 구할 수 있고 직결을 제외하고 나누어서 정수로 떨어지지 않는 값을 선택한다. ☐ O ☐ ×

05. 섭동 기어식에 변속을 위해 사용하는 장치를 도그 클러치라 한다. ☐ O ☐ ×

06. 동기 물림식에 변속을 위해 사용하는 장치를 싱크로매시기구라 한다. ☐ O ☐ ×

07. 싱크로매시 기구의 구성요소로 싱크로나이저 허브, 싱크로나이저 링, 싱크로나이저 키, 싱크로나이저 슬리브 등이 있다. ☐ O ☐ ×

08. 고속에서 기어를 바꿀 때 충돌음이 발생하는 대부분의 원인은 싱크로나이저 장치의 고장이 있는 경우이다. ☐ O ☐ ×

09. 기어가 잘 빠지는 원인으로 싱크로나이저 키 스프링의 장력 감소, 변속기어의 백래시 과대, 록킹 볼의 마모 또는 스프링의 쇠약 등이 될 수 있다. ☐ O ☐ ×

10. 기어가 빠지는 것을 방지하는 장치가 인터록이고 이중 물림을 방지하는 장치가 록킹 볼이다. ☐ O ☐ ×

정답 및 해설

02. 변속기는 소형 경량이고 단계가 없이 연속적으로 변속되어야 한다.

05. 상시 물림식에서 변속을 위해 사용하는 장치를 도그 클러치라 한다.

10. 기어가 빠지는 것을 방지하는 장치가 록킹 볼이고 이중 물림을 방지하는 장치가 인터록이다.

정답
01.O 02.× 03.O 04.O
05.× 06.O 07.O 08.O
09.O 10.×

단원평가문제

01 변속기의 필요성이 아닌 것은?

① 자동차의 회전력을 증대시키기 위해서
② 기관의 회전속도를 증대시키기 위해서
③ 자동차의 후진을 위해서
④ 기동 시 엔진을 무 부하 상태로 두기
위해서

02 변속기가 갖추어야 할 조건으로 틀린 것은?

① 전달 효율이 클 것
② 소형이고 경량일 것
③ 각 단계를 꼭 거쳐야만 변속될 것
④ 조작이 신속하고 정확하게 이루어질 것

03 변속기의 감속비를 구하는 공식은?

① $\dfrac{부축}{주축} \times \dfrac{주축}{부축}$

② $\dfrac{부축}{주축} \times \dfrac{부축}{부축}$

③ $\dfrac{부축}{부축} \times \dfrac{주축}{주축}$

④ $\dfrac{주축}{부축} \times \dfrac{주축}{부축}$

04 다음 중 선택 기어식 변속기가 아닌 것은?

① 선택 섭동식 변속기
② 점진 기어식 변속기
③ 상시 물림식 변속기
④ 동기 물림식 변속기

05 수동 변속기에서 기어의 이중 물림을 방지하는 장치는?

① 록킹 볼
② 인터록
③ 시프트 포크
④ 시프트 핀

06 변속기 부축의 축 방향 유격을 보정해 줄 수 있는 장치는 무엇인가?

① 심
② 스러스트 와셔
③ 플레이트
④ 키

07 FF방식의 차량에서 변속기와 차동기어 장치를 일체로 제작한 것을 무엇이라 하는가?

① 트랜스퍼 케이스
② 트랜스 액슬
③ 트랜스퍼 앵귤러
④ 트랜스 카본

08 수동변속기의 이상음 발생 원인이 아닌 것은?

① 인히비터 스위치 고장
② 베어링이 마모되었을 때
③ 주축의 휨이 한계치를 넘었을 때
④ 윤활유가 적을 때

09 변속기에서 고속 주행 시 기어를 변속할 때 충돌 음이 발생하는 원인으로 가장 적당한 것은?

① 바르지 못한 엔진과의 정렬
② 드라이브 기어의 마모
③ 싱크로 나이저 링의 고장
④ 기어 변속 링키지의 헐거움

10 변속기에서 아이들 기어가 하는 역할은 무엇인가?

① 방향 전환   ② 간극 조절
③ 무 부하 공회전   ④ 회전력 증대

11 수동 변속기 차량에서 변속 기어가 잘 물리지 않는다. 그 원인이 되는 것은?

① 클러치가 미끄러진다.
② 클러치의 끊어짐이 나쁘다.
③ 클러치 압력판 스프링 장력이 약하다.
④ 카운터 기어의 축방향 놀음이 크다.

12 주행거리 미터기의 구동 케이블은 어디에 의하여 작동되는가?

① 변속기의 입력축에 의해 구동된다.
② 변속기의 출력축에 의해 구동된다.
③ 추진축에 의해 구동된다.
④ 구동축에 의해 구동된다.

13 다음 선지 중 변속기 출력축의 회전력이 가장 큰 경우는?(단, 같은 엔진과 변속기이다.)

① 변속기 입력축의 회전력 = 25kg$_f$·m, 변속기 입력축의 회전수 = 3000rpm, 변속비 = 2

② 변속기 입력축의 회전력 = 20kg$_f$·m, 변속기 입력축의 회전수 = 2000rpm, 변속비 = 3

③ 변속기 입력축의 회전력 = 30kg$_f$·m, 변속기 입력축의 회전수 = 4000rpm, 변속비 = 1

④ 변속기 입력축의 회전력 = 10kg$_f$·m, 변속기 입력축의 회전수 = 1000rpm, 변속비 = 0.8

14 13번 문제의 선지 중 변속기 출력축의 회전수가 가장 높은 경우는?(13번 문제의 선지 중에서 답을 고르세요.)

15 변속기의 변속비에 관한 설명 중 거리가 먼 것은?

① 변속단수와 변속비는 반비례 관계에 있다.
② 변속기 출력축의 토크와 회전수와는 반비례 관계에 있다.
③ 변속비와 토크는 반비례 관계에 있다.
④ 변속단수와 출력축의 회전수는 비례 관계이다.

16 싱크로매시 기구는 어떤 작용을 하는가?

① 가속 작용   ② 동기 작용
③ 감속 작용   ④ 배력 작용

17 싱크로매시 기구의 구성 요소가 아닌 것은?

① 허브 기어   ② 슬리브
③ 링   ④ 아이들 기어

18 상시 치합식 변속기란 어떤 것인가?

① 기어가 항상 물려 있으며, 도그 클러치로 변속하는 형식이다.
② 전진 및 후진 기어는 항상 물려 있고 자동적으로 속도를 조절한다.
③ 선택식 변속기와 같이 변속레버의 조작에 따라 입력축의 속도 변화가 있다.
④ 싱크로매시 기구가 있어 고속의 기어 물림이 원활하다.

19 수동변속기에서 다음 중 들어가 있는 기어를 잘 빠지지 않게 하는 장치는?

① 파킹 폴 장치
② 인터 록 장치
③ 오버드라이브 장치
④ 록킹 볼 장치

20 변속기에서 싱크로매시 기구가 작용하는 시기는?

① 변속 기어가 풀릴 때
② 클러치 페달을 놓을 때
③ 변속 기어가 물릴 때
④ 클러치 페달을 밟을 때

정답 및 해설

ANSWERS

01.② 02.③ 03.① 04.② 05.② 06.②
07.② 08.① 09.③ 10.① 11.② 12.②
13.② 14.③ 15.③ 16.② 17.④ 18.①
19.④ 20.③

01. 변속기가 바퀴의 회전수(속도)는 증대 가능하지만 기관의 회전속도를 증대시키지는 못한다.

02. 단계가 없이 연속적으로 변속이 될 것

03. 주축은 메인이 되는 축으로 입력축과 출력축이 포함된다. P.303 그림 섭동 기어식 변속기 참조.

04. 점진 기어식 : 주행 중 제 1속에서 톱 기어로, 톱 기어에서 제 1속으로 변속할 수 없는 형식을 뜻한다.

05. 인터록은 시프트레일이 동시에 움직이는 것을 방지해 주는 원리이다.

06. 축 방향 유격을 줄여주는 장치(베어링, 와셔)에 스러스트라는 명칭을 사용한다.

07. 대부분의 중·소형 승용차에 사용된다.

08. 인히비터 스위치는 자동변속기의 구성요소이다.

09. 싱크로 나이저 링의 마모가 심해 변속 시 콘 기어와 싱크로나이저 슬리브의 회전수를 잘 맞추지 못할 경우 충돌 음이 발생될 수 있다.

10. 수동 변속기의 (후진)아이들 기어는 방향전환을 목적으로 사용된다.

11. 동력차단이 불량할 때 기어변속이 잘 되지 않는다.

12. ABS의 휠 스피드 센서를 활용하기 전에는 변속기 출력축의 회전수를 이용하여 차속계와 거리 미터기를 작동시켰다.

13. 출력축의 회전력
① 25×2=50kg$_f$·m ② 20×3=60kg$_f$·m
③ 30×1=30kg$_f$·m ④ 10×0.8=8kg$_f$·m

14. 출력축의 회전수
① 3000/2=1500rpm
② 2000/3=666.6rpm
③ 4000/1=4000rpm
④ 1000/0.8=1250rpm

15. If) 토크=10kgf·m, 회전수=1000rpm

변속단수	1	2	3	4	5
변속비(가정)	3	2	1.5	1	0.8
토크(kg·m)	30	20	15	10	8
회전수(rpm)	333	500	666	1000	1250

16. 싱크(sync)는 작업들 사이의 수행 시기를 맞추는 것을 뜻하고 이를 동기 작용이라 한다.

17. 아이들 기어는 후진을 위한 장치이다.

18. P.303 그림 상시 물림식 변속기 참조

19. 시프트 레일을 고정시키기 위한 강구 = 록킹 볼

20. 변속이 될 때 즉, 변속 기어가 물릴 때이다.

3 자동변속기 Automatic Transmission

동영상

　자동변속기가 설치된 차량은 수동 변속의 역할을 자동으로 기어를 변속하는 장치이며, 토크 컨버터[甲], 유성기어 장치, 유압 제어장치로 구성되어 각 요소에 의해서 변속의 시기 및 변속의 조작이 자동적으로 이루어진다.

장 점	단 점
• 출발·감속 및 가속이 원활하다. • 운전이 편리하고 피로가 경감된다. • 유체가 기계각부에 충격을 완화시켜 승차감이 향상된다. • 그로 인해 엔진 수명이 길어진다.	• 시스템이 복잡해 값이 비싸다. • 오일 사용량이 많아 중량이 올라간다. • 유압장치 구동으로 엔진동력이 소모된다. • 연료소비가 많다. • 정비가 어렵고 수리비가 많이 든다.

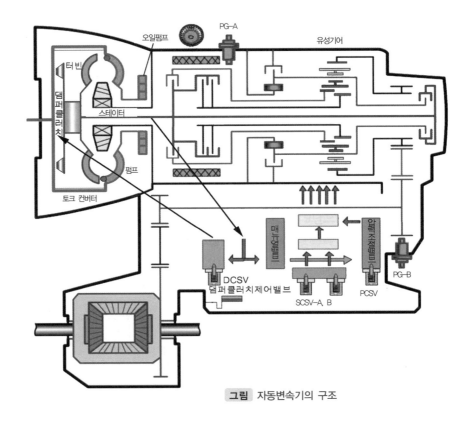

그림 자동변속기의 구조

[甲] 유체를 활용해 동력을 전달하기 위한 장치로 부하의 변동에 따라 자동으로 변속작용을 하는 기능과 토크를 증대시키는 기능이 있다.

(1) 유체 클러치 및 토크 변환기 비교

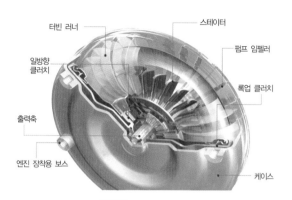

그림 토크 컨버터의 구조

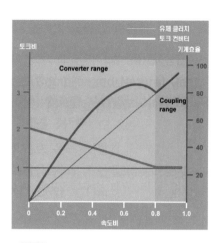

그림 유체 클러치와 토크 컨버터의 비교

구 분	유체 클러치(유체 커플링)	토크 변환기(토크 컨버터)
원 리	• 선풍기 2대의 원리를 이용한 것	• 유체클러치의 개량형이다.

부 품	• 펌프(임펠러) : 크랭크축에 연결
	• 터빈(러너) : 변속기 입력축에 연결
	• 가이드링 : 유체의 흐름을 좋게 하고
	  와류를 감소시켜 전달효율을 증가시킴
		• 펌프(임펠러) : 크랭크축에 연결
		• 터빈(러너) : 변속기 입력축에 연결
		• 스테이터 : 오일 흐름 방향을 바꾸어
		  토크를 증가시킴

토 크	• 변화율 1 : 1	• 변화율 2~3 : 1
동 력 형 태	• 전달효율 : 97~98%(슬립량 : 2~3%) • 날개형태 : 직선 방사형	• 전달효율 : 98~99%(슬립량 : 1~2%) • 날개형태 : 곡선 방사형

특 징	• 전달 토크가 크게 되는 경우에는
	  슬립률이 작을 때이다.
	• 크랭크축의 비틀림 진동을 완화하는
	  장점이 있다.
		• 스톨점(포인트)이란 속도비가 "0" 일
		  때로 펌프만 회전한다.
		• 클러치점이란 스테이터가 회전하는 시점을 말하
		  며 전달매체는 유체이다.

※ 1. 유체 클러치에서 구동축(펌프)과 피동축(터빈)에 속도에 따라 현저하게 달라지는 것은 클러치 효율이다.
  2. 토크컨버터는 3요소 2상 1단의 형식이다.
    3요소 : 펌프, 터빈, 스테이터   2상 : 스테이터 역할 2가지[甲]   1단 : 펌프와 터빈이 1조로 이루어짐

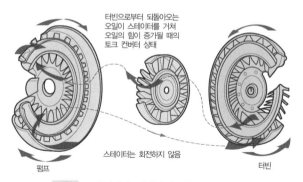

터빈으로부터 되돌아오는
오일이 스테이터를 거쳐
오일의 힘이 증가될 때의
토크 컨버터 상태

스테이터는 회전하지 않음

펌프

터빈

그림 스테이터가 정지되어 있을 때의 오일 흐름

동영상

▲실물 설명

동영상

▲교보재 설명

甲 클러치점을 기준으로 토크증대 영역과 커플링 영역으로 구분

311

4.
섀
시

(2) 유체 클러치에 사용되는 오일의 구비 조건

① 점도는 비교적 낮고 유성, 윤활성이 좋을 것
② 비점, 인화점, 착화점이 높고 응고점은 낮을 것
③ 비중, 내산성이 클 것

(3) 댐퍼 클러치 Damper clutch -록업 클러치

자동차의 주행속도가 일정한 값에 도달하면 토크 컨버터의 펌프와 터빈을 기계적으로 직결시켜 미끄러짐에 의한 손실을 최소화하여 정숙성을 도모하며, 클러치점 이후에 작동을 시작한다.

※ 댐퍼 클러치 작동을 자동적으로 제어하는데 직접 관계되는 센서는 엔진 회전수, TPS, WTS, 에어컨 릴레이, 펄스 제너레이터-B, 가속페달 킥다운 스위치 등이다.

1) 댐퍼 클러치의 작동 조건

① 3단 기어 작동 시 및 차량속도가 70km/h 이상일 때
② 브레이크 페달이 작동되지 않을 때
③ 냉각수 온도가 75℃ 이상일 때

2) 댐퍼 클러치의 해제 조건

① 엔진의 회전수가 800rpm 이하 시(냉각수 온도 50℃이하)
② 엔진 브레이크 시
③ 발진 및 후진에서
④ 3속에서 2속으로 시프트다운 시
⑤ 엔진의 회전수가 2000rpm이하에서 스로틀 밸브의 열림이 클 때

(4) 자동변속기 컨트롤 유닛(TCU)의 제어 계통

입력 신호 계통	입력 → TCU → 출력	출력 신호 계통
· TPS 센서 · 차속 센서 · 펄스 제너레이터 A, B · 냉각수 온도 센서 · 인히비터 스위치 · Power S/W, Snow S/W		· 압력제어 솔레노이드 밸브 · 댐퍼 클러치 제어 솔레노이드 밸브 · 변속(시프트) 제어 솔레노이드 밸브

(5) 유성기어 장치

선 기어, 유성기어, 유성기어 캐리어, 링 기어로 구성되어 있으며, 선 기어는 유성기어와 물리고 있다.

유성기어를 활용해 다음과 같은 효과를 가질 수 있다.

▲ 교보재 설명

1) 선 기어를 고정하고 유성기어 캐리어를 구동하면 링 기어는 증속한다.

2) 링 기어를 고정하고 선 기어를 구동하면 캐리어는 감속한다.

3) 3요소 중 2요소 고정해서 입력하면 출력은 직결이 된다.

4) 3요소가 모두 자유로이 회전을 하면 중립이 된다.

5) 캐리어를 고정하여 입력하면 회전 방향이 역전된다.

　※ 선 기어 잇수 + 링 기어 잇수　= 유성기어 캐리어 상당 잇수

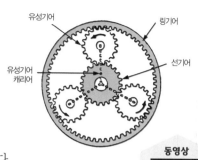

▲실물 설명

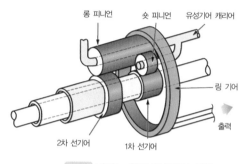

그림 라비뇨 형식 유성기어 장치

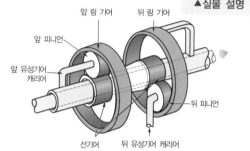

그림 심프슨 형식 유성기어 장치

(6) 자동변속기 유압 제어 회로

1) 오일 펌프

오일에 압력을 발생시켜 토크 컨버터에 오일을 공급하고 유성기어 유닛의 윤활, 유압제어계통에 작용 유압을 공급하는 역할을 한다.

2) 매뉴얼 밸브

운전자가 운전석에서 자동변속기의 변속레버를 조작했을 때 연동되어 작동하는 밸브이며, 변속레버의 움직임에 따라 P, R, N, D 등의 각 레인지로 변환하여 유로를 변경시킨다.

3) 시프트 밸브

유성기어를 자동차의 주행속도나 기관의 부하에 따라 자동적으로 변환시키는 밸브이다. 현재는 변속 제어 솔레노이드 밸브의 유압제어에 의해 작동되는 밸브이다.

4) 압력 제어 밸브

유압 펌프의 유압을 제어하여 각 부로 보내는 유압을 그 때의 차속과 기관의 부하에 적합한 압력으로 조정하며, 기관이 정지 되었을 때 토크 변환기에서의 오일의 역류도 방지하고, 변속 시에 충격 발생을 방지하는 역할을 한다.

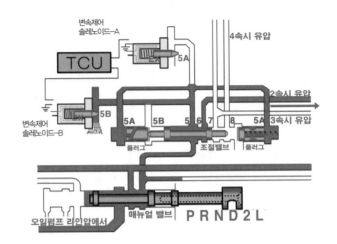

5) 스로틀 밸브 (과거 시스템)

라인 압력을 가속 페달을 밟는(스로틀 밸브의 열림)정도에는 비례하게, 흡기 부압과는 반비례 하도록 유압을 변환시키는 밸브로 현재는 TPS의 신호를 TCU가 받아 운전자의 가속 의사를 반영하여 변속 제어 솔레노이드 밸브 제어의 기준 신호로 삼는다.

6) 거버너 밸브 (과거 시스템)

유성기어의 변속이 그 때의 주행속도(출력축의 회전속도)에 적응하도록 보디와 밸브의 오일 배출구가 열리는 정도를 결정하는 밸브

현재는 차속(출력 회전수)의 신호를 TCU가 받아 변속 제어 솔레노이드 밸브 제어의 기준 신호로 삼는다.

7) 킥 다운 Kick down / 반대의 개념 ⇒ 리프트 풋업 Lift foot-up

가속페달을 80%이상 갑자기 밟았을 때 강제적으로 다운 시프트 되는 현상을 말한다.   킥 다운 이후 계속 가속페달을 밟고 있으면 속도가 올라가면서 업 시프트 되는 킥업이 일어난다.

8) 펄스 제너레이터 A·B

펄스 제너레이터-A는 킥 다운 드럼의 엔진 회전속도를, 펄스 제너레이터-B는 변속기 피동 기어의 회전속도를 검출하여 TCU로 입력시킨다.

(7) 자동변속기 구조와 성능

1) 히스테리시스 Hysteresis (이력현상)

스로틀 밸브의 열림 정도가 똑같아도 업 시프트와 다운 시프트의 변속점에는 7~15km/h 정도의 차이가 있는데 이것을 히스테리시스라고 한다. 이것은 주행 중 변속점 부근에서 빈번한 변속으로 주행이 불안정하게 되는 것을 방지한다.

※ 변속시점에 영향을 주는 요소에는 TPS, 출력축 회전속도, 점화펄스(엔진회전수), Power·Hold·O/D OFF 전환스위치, 인히비터 S/W 등이 있다.

※ 변속을 위한 가장 기본적인 정보는 스로틀 밸브 개도, 차량속도(출력회전수) 등이 있다.

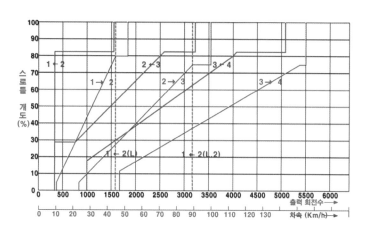

그림 자동변속기의 변속 선도

2) 인히비터 스위치 Inhibitor S/W

시프트 레버를 P 또는 N에 위치하였을 때만 기관 시동이 가능하게 하고 TCU에 각 레인지 위치를 알려주고 R 레인지에서는 백 램프(후진등)가 점등되게 한다.

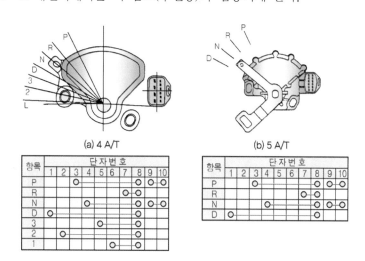

그림 인히비터 스위치

(8) 자동변속기의 성능 점검

1) 자동변속기 오일량 점검

자동차를 평탄 지면에 주차시킨 다음, 오일 레벨 게이지를 빼내기 전에 게이지 주위를 깨끗이 청소하고 변속레버를 P 레인지로 선택한 후 주차 브레이크를 걸고 엔진을 기동시킨 후 변속기

내의 유온(油溫)이 70~80℃에 이를 때까지 엔진을 공전 상태로 한다. 선택 레버를 차례로 각
레인지로 이동시켜 토크 컨버터와 유압회로에 오일을 채운 후 시프트 레버를 N위치에 놓고 측정
한다. 그리고 레벨 게이지를 빼내어 오일량이 "HOT" 범위에 있는가를 확인하고, 오일이 부족하
면 "HOT" 범위까지 채운다.

※ 오일량이 부족하면 기포 발생, 클러치나 밴드의 슬립이나 마모를 촉진한다.

※ 오일량이 많으면 오일의 마찰이 증대되어 오일 분해현상 발생으로 인해 유압회로 내에
   기포가 발생된다.

※ 오일 색으로 판정 : **정상** – 맑은 적포도주 색(일반적으로)

　　　　　　　　　　　오염 – 검붉은 색

　　　　　　　　　　　심한 오염 – 검정색 및 이물질이 만져짐

최근 자동변속기는 운전자가 직접 오일을 점검할 수 있는 레벨게이지가 없음(오일 온도 고장코드 반영)

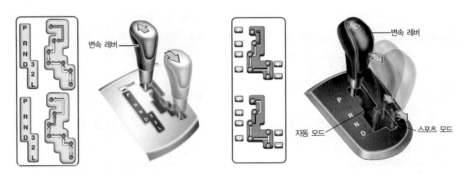

(a) 노멀형 7위치 변속레버　　　　　　(b) 스포츠 모드 4위치 변속레버

그림 변속레버의 종류

2) 스톨 테스트 Stall test

변속 레버를 D와 R 위치에서 왼발로 브레이크를 밟고 오른발로 가속페달을 최대로 밟아 기관의
최대 회전수를 측정하여 자동 변속기와 기관의 종합적인 성능을 점검하는데 그 목적이 있다.
단, 스톨 시험시간은 5초 이내로 해야 한다.(자동변속기 오일의 열화, 클러치 및 브레이크 손상방지)

① **스톨시험 결과 기관의 회전수가 규정보다 높으면**

　ⓐ 변속기의 문제(수동변속기에서 클러치 마모되었을 때 회전수 올라가는 것과 같은 이치)

　ⓑ 라인의 압력 저하

　ⓒ 유성기어를 작동 시키는 클러치와 브레이크의 슬립

② **스톨시험 결과 기관의 회전수가 규정보다 낮으면**

　ⓐ 기관 조정 불량으로 출력 부족

　ⓑ 토크 컨버터의 일방향 클러치의 작동불량

　ⓒ 정상값보다 600rpm이상 낮아지면 토크 컨버터의 결함일 수도 있다.

(9) 오버 드라이브 장치 Over drive system – (과거 시스템 : 현재는 변속기 최고단의 변속비를 활용)

엔진의 여유 출력과 유성기어 장치를 이용하여 추진축의 속도를 증가시켜준다.

① **기계식** : 종감속 기어부에 설치하고 레버로 운전석에서 조작한다.

② **자동식** : 오버 드라이브 장치는 변속기와 추진축 사이에 설치하고, 차속이 40km/h면 자동으로 작동한다.

③ **오버 드라이브 장치의 부착 시 장점**으로는 다음과 같다.

   ⓐ 연료 소비량을 20% 절약 시킨다.

   ⓑ 엔진의 수명이 연장되고, 운전이 정숙하다.

   ⓒ 엔진 동일 회전속도에서 차속을 30% 빠르게 한다.

   ⓓ 크랭크축의 회전속도보다 추진축의 회전속도를 크게 할 수 있다.

(10) 프리 휠링 Free wheeling **주행**

오버 드라이브 기구의 링 기어와 오버 드라이브 출력축 사이에 설치되는 일방향 클러치를 이용하여 관성 주행하는 것을 말한다.

(11) 무단변속기 Continuously Variable Transmission

연속적으로 가변시키는 변속기란 뜻으로 단의 구분 없이 최고에서 최저 변속비까지 선형적인 변속이 가능한 장치로서 변속 충격이 없고 연료 소비율과 가속 성능 등을 향상시킬 수 있다.

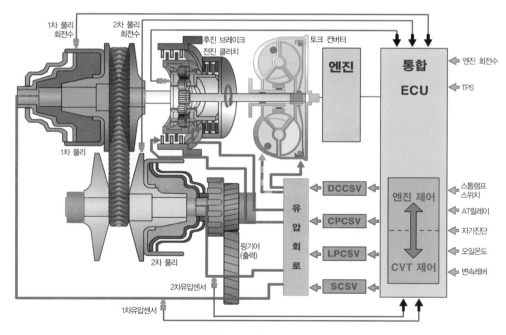

그림 무단변속기의 구조

① 엔진의 동력을 변속기 입력축으로 전달시키기 위한 장치로 토크 컨버터 방식과 전자 분말 클러치 방식이 있다.

② 1차 풀리와 2차 풀리의 동력을 전달하는 방식으로 고무벨트, 금속벨트, 체인방식 등이 있다.

③ 토크 컨버터와 1차 풀리 사이에 위치한 유성기어는 전·후진 용도로 사용된다.

④ 큰 구동력을 요하는 곳에는 익스트로이드 방식이 사용된다.

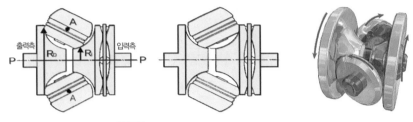

그림 익스트로이드 방식의 구조

(12) DCT Dual Clutch Transmission

자동화 수동변속기로 클러치에서 입력되는 축을 두 개로 하여 홀수단과 짝수(후진포함)단을 구분지어 동력을 전달하는 방식이다.

① 건식 클러치와 습식 클러치로 구분되며 건식은 연비가 좋고 습식은 최대 허용 토크 범위가 높다.

② 수동변속기와 비슷한 구조이며 모터의 제어를 통해 클러치 작동 및 변속이 이루어지므로 연비가 좋다.

③ 변속 시 발생되는 충격은 유성기어를 사용하는 자동변속기 보다 크다.

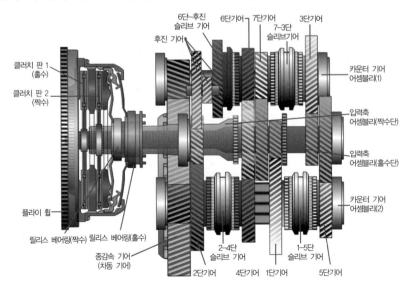

그림 듀얼 클러치 변속기(DCT)

Section별 OX 문제

01. 자동변속기를 사용하면 출발 및 감속이 원활하여 운전이 편리하고 피로가 경감된다. 또한 유체가 기계각부에 충격을 완화시켜 승차감이 향상되고 엔진의 수명이 길어진다. ☐ O ☐ ×

02. 자동변속기는 오일을 활용하여 효과적으로 제어하므로 연비가 좋고 엔진의 출력에도 도움이 된다. ☐ O ☐ ×

03. 토크컨버터는 3요소 2상 1단의 형식을 취하고 있으며 3요소란 플라이휠과 연결된 펌프, 변속기 입력축과 연결된 터빈, 회전력을 증대시키는 스테이터를 뜻한다. ☐ O ☐ ×

04. 유체 클러치의 토크 변환율은 1 : 1인 반면 토크컨버터의 토크 변환율은 2~3 : 1 이다. ☐ O ☐ ×

05. 속도비가 0일 때를 클러치 포인트, 스테이터가 펌프와 터빈이 회전하는 방향으로 움직이기 시작할 때를 스톨 포인트라 한다. ☐ O ☐ ×

06. 토크컨버터 내에서 유체의 흐름 순서는 펌프 → 스테이터 → 터빈 순이다. ☐ O ☐ ×

07. 유체클러치에 사용되는 오일의 점도는 비교적 낮고 응고점은 낮아야 하며 비점, 인화점, 착화점은 높아야 한다. 또한 비중 및 내산성은 커야 하며 유성 및 윤활성이 좋아야 한다. ☐ O ☐ ×

08. 댐퍼(락업)클러치는 클러치점 이후에 유체에 의한 손실을 최소화하기 위해 기계적으로 플라이휠과 터빈의 동력을 직결시킨다. 이로 인해 연비를 향상시킬 수 있다. ☐ O ☐ ×

09. TCU에 입력되는 신호로 압력제어 전자밸브(솔레노이드 밸브), 댐퍼클러치 제어 전자밸브, 변속제어 전자밸브 등이 있다. ☐ O ☐ ×

정답 및 해설

02. 자동변속기는 오일을 활용하여 효과적으로 제어하므로 출발 및 가감속이 원활하나 유압장치 구동으로 엔진 동력이 소모되고 연료소비율이 높아지게 된다.

05. 속도비가 0일 때를 스톨 포인트, 스테이터가 펌프와 터빈이 회전하는 방향으로 움직이기 시작할 때를 클러치 포인트라 한다.

06. 토크컨버터 내에서 유체의 흐름 순서는 펌프 → 터빈 → 스테이터 순이다.

09. TCU가 제어(출력)하는 것으로 압력제어 전자밸브(솔레노이드 밸브), 댐퍼클러치 제어 전자밸브, 변속제어 전자밸브 등이 있다.

정답

01.O 02.× 03.O 04.O
05.× 06.× 07.O 08.O
09.×

4.
섀
시

10. 단순 유성기어 장치의 구성 3요소는 선기어, 링기어, 유성기어 캐리어 이고 이 중 가장 잇수(상당 잇수 포함)가 많은 기어가 링기어이다.
☐ O ☐ X

11. 유성기어를 활용하여 감속, 직결, 증속, 역전, 중립의 기능을 수행할 수 있다.
☐ O ☐ X

12. 매뉴얼 밸브는 운전자가 변속레버를 조작했을 때 작동하는 밸브로 P, R, N, D 등의 각 영역으로 유로를 변경해주는 역할을 한다.
☐ O ☐ X

13. 가속페달을 급하게 80%이상 작동시켜 저단으로 낮추는 것을 킥다운, 그 상태를 유지하여 증속되어 상향 변속되는 것을 킥업, 킥다운의 반대 상황의 구현을 리프트 풋업이라 표현한다.
☐ O ☐ X

14. 인히비터 스위치를 이용하여 "D" 영역에서 고단으로 변속할 수 있으며 "R" 영역에서 발진 시 충격을 흡수할 수 있는 역할을 수행한다.
☐ O ☐ X

15. 무단자동변속기는 주행 변속 시 충격이 발생하지 않으며 변속순간 지연 으로 인한 엔진의 회전수가 올라가는 증상이 없어 부드러운 가속이 가능하다.
☐ O ☐ X

16. 이중클러치변속기는 홀수와 짝수단 기어로 나누어 각각의 클러치를 통해 동력을 전달하는 변속기로 모터의 제어를 통해 변속이 이루어진 다.
☐ O ☐ X

정답 및 해설

10. 단순 유성기어 장치의 구성 3요소는 선기어, 링기어, 유 성기어 캐리어이고 이 중 가 장 잇수(상당 잇수 포함)가 많은 기어가 유성기어 캐리 어이다.

14. 인히비터 스위치를 이용하 여 시프트 레버 위치를 TCU 에 알려주고 P 또는 N에 위 치할 때 시동가능, R에서 후 진등 점등회로를 ON시킨 다.

정답
10.× 11.O 12.O 13.O
14.× 15.O 16.O

단원평가문제

01 자동변속기의 구성요소가 아닌 것은?

① 싱크로 매시
② 밸브 보디
③ 댐퍼 클러치
④ 펄스 제너레이터

02 자동변속기에 대한 설명으로 틀린 것은?

① 클러치 페달이 없고, 주행 중 변속조작을 하지 않으므로 편리하나 연료 소비율이 높다.
② 기관 회전력의 전달을 유체를 매개로 하기 때문에 출발, 가속 및 감속이 원활하다.
③ 유체가 댐퍼의 역할을 하기 때문에 기관에서 동력 전달장치나 바퀴, 기타 부분으로 전달되는 진동이나 충격을 흡수할 수 있다.
④ 과부하가 걸리면 직접 기관에 가해지므로 기관을 보호하기 위해 터빈 러너가 변속기의 입력축에 연결되어 있다.

03 자동변속기의 유성기어장치 구성부품이 아닌 것은?

① 선 기어　② 허브 기어
③ 피니언　④ 캐리어

04 자동변속기 유성기어 유닛에 사용되고 있는 것은?

① 건식 다판 클러치
② 건식 단판 클러치
③ 습식 다판 클러치
④ 습식 단판 클러치

05 토크 컨버터의 토크 변환율은 얼마인가?

① 1~2 : 1　② 2~3 : 1
③ 3~4 : 1　④ 4~5 : 1

06 자동변속기 토크 컨버터에서 한쪽 방향은 회전하고 반대 방향으로 고정 또는 회전을 저지하는 작용을 하는 것은?

① 댐퍼 클러치
② 다판 클러치
③ 단판 클러치
④ 일방향 클러치

07 자동변속기 토크 컨버터에서 슬립에 의한 손실을 최소화 시켜주는 것은?

① 댐퍼 클러치
② 다판 클러치
③ 밴드 브레이크
④ 일방향 클러치

08 변속기용 컴퓨터(TCU)로부터 출력 신호를 받는 것은?

① 유온 센서
② 펄스 제너레이터
③ 차속 센서
④ 변속제어 솔레노이드

09 자동변속기에 관계되는 일반적인 사항을 나열하였다. 틀린 것은?

① P위치에서 주차 기능이 있어야 한다.
② 처음 시동 시 선택레버 위치가 "N" 또는 "P" 위치에서만 시동되어야 한다.
③ "D" 위치에서 주행 후 시동을 끄고 재차 시동했을 때에는 시동이 걸려야 한다.
④ "R" 위치에서는 백업등이 점등되어야 한다.

10 자동변속기 오일의 구비조건이 아닌 것은?

① 기포가 발생하지 않을 것
② 점도지수가 낮을 것
③ 침전물 발생이 적을 것
④ 저온 유동성이 좋을 것

11 2세트의 단순 유성기어 장치를 연이어 접속시키되 선 기어를 공동으로 사용하는 기어 형식은?

① 라비뇨식
② 심프슨식
③ 벤딕스식
④ 평행축 기어 방식

12 자동변속기의 토크 컨버터에 있어서 터빈에서 나온 오일은 어디로 바로 가는가?

① 스테이터
② 터빈
③ 오일 펌프
④ 유성기어

13 자동변속기에서 킥 다운은 어느 때 작동되는가?

① 가속 페달을 완전히 밟았을 때
② 가속 페달을 완전히 놓았을 때
③ 브레이크를 완전히 밟았을 때
④ 가속 페달을 서서히 밟았을 때

14 단순 유성기어 장치에서 입력과 출력의 회전방향이 반대로 바뀌기 위해 고정되는 요소는 무엇인가?

① 선 기어   ② 링 기어
③ 캐리어   ④ 위성 기어

15 자동변속기의 변속제어 시스템에서 주요 변수와 가장 거리가 먼 것은?

① 스로틀 밸브의 개도량
② 축압기 용량
③ 자동차 주행속도
④ 선택레버의 위치

16 가속페달의 밟은 정도, 즉 기관의 부하에 대응하는 유압을 얻기 위한 밸브는?

① 스로틀 밸브
② 레귤레이터 밸브
③ 거버너 밸브
④ 수동 밸브

17 출력축의 회전속도에 대응하는 유압을 얻기 위한 밸브는?

① 스로틀 밸브
② 레귤레이터 밸브
③ 거버너 밸브
④ 수동 밸브

18 자동변속기의 오일펌프에서 발생한 압력, 즉 라인압을 일정하게 조정하는 밸브는 어느 것인가?

① 스로틀 밸브
② 레귤레이터 밸브
③ 거버너 밸브
④ 수동 밸브

19 자동변속기 장착 차량에서 스톨 테스트를 할 때 틀린 것은?

① 변속레버를 "N"위치에 놓고 한다.
② 변속레버를 "D"위치에 놓고 한다.
③ 변속레버를 "R"위치에 놓고 한다.
④ 가속페달을 밟은 후 기관 RPM을 읽는다.

20 자동변속기의 스톨 테스트로 알 수 없는 것은?

① 기관의 출력부족
② 클러치나 브레이크 밴드의 슬립
③ 거버너의 압력
④ 토크 컨버터의 성능

21 무단 자동변속기(CVT)에 대한 설명 중 가장 거리가 먼 것은?

① 벨트를 이용해 변속이 이루어진다.
② 큰 동력을 전달할 수 없다.
③ 변속 충격이 크다.
④ 운전 중 용이하게 감속비를 변화시킬 수 있다.

22 댐퍼 클러치가 작동하지 않는 범위로 틀린 것은?

① 제 1속 및 후진일 때
② 엔진 브레이크가 작동될 때
③ 엔진 냉각수 온도가 50도 이하일 때
④ 오버 드라이브 구간일 때

23 자동변속기의 전자제어 장치 중 TCU에 입력되는 신호가 아닌 것은?

① 스로틀 센서 신호
② 엔진 회전 신호
③ 액셀러레이터 신호
④ 흡입 공기 온도의 신호

24 전자제어 자동변속기의 특징이 아닌 것은?

① 차속과 스로틀 밸브 개도의 정보만으로 변속 패턴을 결정한다.
② 마이컴 도입에 의해 복잡화한 변속 패턴을 간단히 제어할 수 있다.
③ 록업 제어 기구 설치로 연료 소비율 증가를 방지할 수 있다.
④ 솔레노이드 밸브를 사용하여 유압회로를 개폐한다.

25 전자제어 자동변속기에서 주행 중 가속 페달에서 발을 떼면 나타날 수 있는 현상은?

① 스쿼트(squat)
② 킥 다운(kick down)
③ 노즈 다운(nose down)
④ 리프트 풋 업(lift foot up)

26 전자제어 자동변속기에 사용되는 센서가 아닌 것은?

① 차속 센서

② 스로틀 포지션 센서

③ 차고 센서

④ 펄스 제너레이터 A&B

27 전자제어 자동변속기에서 변속시점의 결정은 무엇을 기준으로 하는가?

① 스로틀 밸브의 위치와 차속

② 스로틀 밸브의 위치와 연료량

③ 차속과 유압

④ 차속과 점화시기

28 오버 드라이브 장치의 장점이 아닌 것은?

① 연료가 약 20% 저감된다.

② 기관 작동이 정숙하다.

③ 자동차의 속도가 30% 정도 빨라진다.

④ 기관의 내구성이 떨어진다.

29 오버 드라이브 장치의 설치 위치는 어디인가?

① 기관과 클러치 사이

② 클러치와 변속기 사이

③ 변속기와 추진축 사이

④ 추진축과 종감속 기어 사이

30 오버 드라이브 장치의 설명으로 맞는 것은?(단, 클러치에 의한 슬립은 없다.)

① 추진축의 회전 속도를 기관 회전 속도보다 적게 한다.

② 기관의 회전 속도와 추진축의 회전 속도와 같게 한다.

③ 추진축의 회전 속도를 기관 회전 속도보다 크게 한다.

④ 변속기 입력축의 회전 속도를 기관의 회전 속도보다 크게 한다.

정답 및 해설

ANSWERS

01.①	02.④	03.②	04.③	05.②	06.④
07.①	08.④	09.③	10.②	11.②	12.①
13.①	14.③	15.②	16.①	17.③	18.②
19.①	20.③	21.③	22.④	23.④	24.①
25.④	26.③	27.①	28.④	29.③	30.③

01. • 밸브 보디 : TCU가 유압을 이용하여 자동변속기를 제어하기 위해 사용하는 유로, 전자밸브, 제어밸브, 체크밸브 등의 집합체
  • 댐퍼 클러치 : 토크컨버터 내에 위치하며 유압이 아닌 기계적으로 동력을 전달시키기 위한 장치
  • 펄스 제너레이터 : 자동변속기의 입력축과 출력축의 회전수를 검출하기 위한 센서

02. 과부하가 걸리더라도 유체를 이용하여 직접 기관에 가해지는 충격을 줄일 수 있으며 터빈(러너)이 변속기의 입력축에 연결되어 있다.

03. 허브 기어는 수동변속기의 싱크로매시기구 중 하나의 구성요소이다.

04. 습식 다판 클러치는 오일에 노출되어 작동되며 여러 개의 클러치의 판으로 구성되어 진다.

05. 토크 컨버터의 토크 최대 변환율은 스톨포인트에서 구현되며 2~3 : 1 정도이다.

06. 토크 컨버터의 스테이터 내부에 위치한 원웨이(일방향) 클러치는 클러치 포인트를 기준으로 속도비가 낮을 때는 멈춰 있다가 높을 때는 펌프와 터빈의 방향으로 회전하기 시작한다.

07. 유체에 의한 손실을 줄이기 위해 기계적 클러치를 활용한다.

08. 센서, 스위치는 TCU의 입력신호이다. 펄스 제너레이터는 회전수를 감지 센서이다.

09. 자동변속기의 인히비터 스위치에 관련된 내용이다. 시동은 P, N 위치에서만 가능하다.

10. 점도지수는 높아야 한다. 즉, 온도의 변화에 따라 점도가 잘 바뀌지 않아야 한다.

11. P.313 그림 심프슨 형식 유성기어 장치 참조

12. 토크컨버터 내에서 오일의 순환 순서는 펌프 → 터빈 → 스테이터 순이다.

13. 80%이상 급격하게 가속페달을 밟았을 때 킥 다운이 발생되고 그 반대의 경우를 리프트 풋업이라 한다.

14. 단순 유성기어에서 캐리어가 고정되었을 때 입력과 출력의 회전방향이 반대로 바뀌게 된다. 단, 선기어가 입력일 때 링기어는 역전 감속이 되고 링기어가 입력일 때에는 역전 증속이 된다.

15. 축압기는 변속 시 발생되는 유압의 완충역할을 하며 부드러운 변속을 가능하게 한다.

16. 엔진에 흡입되는 공기유량을 제어하기 위한 스로틀 밸브와 별개로 자동변속기에 유압을 제어하기 위한 밸브이다. 동명이인의 개념이다.

17. 거버너는 조속기(調速機)의 뜻을 가지고 있다. 거버너 밸브는 자동차의 속도에 알맞은 오일의 압력을 형성하기 위한 밸브로 자동변속기 출력축에 설치되어 있다.

18. **레귤레이터** : 조정(調整) 기기의 총칭으로서, 압력 조정기, 속도 조정기, 전압 조정기, 유량 조정기 등에 사용되는 용어이다. 주의할 것은 자동변속기에서는 차속과 기관의 부하에 적합한 압력으로 조정하는 압력 제어 밸브가 따로 존재한다.

19. 차량이 구동될 수 있는 위치에 변속레버를 놓고 테스트를 해야 한다.

20. 라인자체의 압력은 스톨 테스트로 알 수 없고 별도의 압력 값을 측정할 수 있는 라인압 테스트가 있다.

21. 무단 자동변속기는 변속비가 일정한 기어비 형식으로 구성된 것이 아니기 때문에 변속 충격이 거의 없다.

22. 오버 드라이브는 부하가 많지 않은 고속 주행 시 작동하기 때문에 댐퍼 클러치 작동 범위에 대부분 포함된다.

23. 흡입 공기 온도의 신호는 엔진 ECU로 입력되어야 한다.

24. 차속, 스로틀 밸브 개도 외에도 엔진 회전수, 출력축 회전수, Power · Hold · O/D OFF 전환스위치, 인히비터 스위치 등 여러 가지 정보를 바탕으로 변속 패턴을 결정한다.

25. 킥 다운의 반대 개념이 리프트 풋 업이다.

26. 차고 센서는 전자제어현가장치의 입력요소이다.

27. P.315 그림 자동변속기의 변속 선도 X축과 Y축 인자 참조

28. 오버 드라이브 장치를 사용하면 차량이 고속 주행 시 엔진의 회전을 높게 사용하지 않아도 되기 때문에 엔진 내구성에 도움이 된다.

29. 과거에 추가 구성되는 오버 드라이브 장치는 변속기의 출력축과 추진축 사이에 설치되었고 현재는 최고 높은 변속 단을 오버 드라이브로 사용하고 있다.

30. 오버 드라이브 장치를 사용하면 변속비가 1보다 적기 때문에 입력회전수 보다 출력의 회전수가 높게 된다.

4 드라이브 라인 Drive line

변속기의 출력을 구동축에 전달하는 부분으로 자재이음, 슬립이음, 추진축등으로 구성된다.

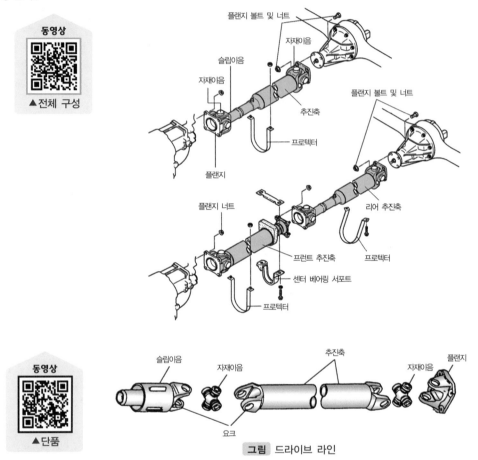

동영상

▲전체 구성

동영상

▲단품

그림 드라이브 라인

(1) 자재이음 Universal joint

두 축이 어떤 각도를 가지고 회전하는 경우에 사용되는 축 이음을 뜻한다.

1) 십자형 자재이음 Hooke's universal joint

① 십자축, 두 개의 요크를 이용한다.

② 추진축의 양쪽 요크는 동일 평면상에 위치해야 한다.

③ 변속기 출력축이 등속도 회전을 하여도 추진축은 90°마다 속도가 변하여 진동을 일으킨다.(부등속 자재이음)

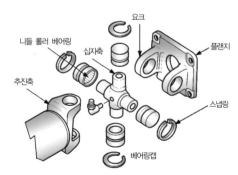

그림 자재이음의 구조

④ 따라서 진동을 최소화하기 위해 설치 각은 12~18° 이하로 한다.

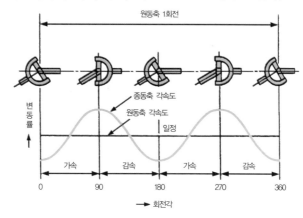

2) 볼 앤드 트러니언 자재이음 Ball & trunnion universal joint

① 실린더형 보디에 볼을 이용하므로 슬립조인트가 필요 없다.

② 마찰이 많고 전달 효율이 낮다.

3) 플렉시블 이음 Flexible joint

① **설치각** : 3~5°가 적당하고 최대 8°(다각형 러버 조인트)까지 가능하다.

② 3상의 요크와 경질 고무를 이용, 슬립 가능, 주유가 필요 없고, 회전이 정숙하다.

4) 등속(CV) 이음 Constant velocity joint

① **설치각** : 29~30°가 적당하고 최대 47°(이중십자형, 버필드)까지 가능하다.

② 구동축과 피동축의 속도 변화가 없고, F·F방식에서 구동축으로 사용된다.

③ **종류** : 트랙터형, 벤딕스 와이어형, 제파형, 파르빌레형, 이중십자형, **버필드(볼형)자재이음.**

　　　• 슬립이음 가능 : **트리포드(26°, 55mm), 더블 옵셋(22°, 45mm) 자재이음.**

④ 동력 전달 각도가 커도 동력 전달 효율이 우수하다.

⑤ 현재 차동기어 장치 쪽에 더블 옵셋, 바퀴 쪽에 버필드형 자재이음을 주로 사용된다.

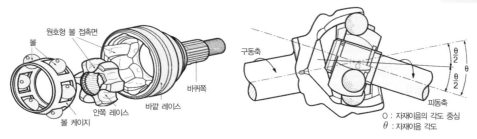

그림 버필드 자재이음의 구조

327

(2) 슬립이음 Slip joint

축의 길이 변화를 가능하게 스플라인을 통하여 연결한다. 구조물 간의 위치 변화에 따른 상하 운동 시 동력전달과 동시에 길이 변화를 가능하게 해 준다.

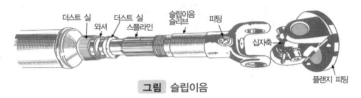

그림 슬립이음

(3) 추진축 Propeller shaft

변속기의 회전력을 종 감속기어의 구동 피니언으로 전달해주는 장치로 다음과 같은 특징을 가진다.

① 속이 빈 강관으로 만들고 요크의 방향은 동일 평면상에 둔다.

② 기하학적 중심과 질량 중심이 서로 틀릴 때 굽음 진동을 일으키는 것을 휠링이라 한다.

③ 휠링을 줄이기 위해 평형추(밸런스 웨이트)를 용접으로 붙인다.

④ 축거가 긴 차량에 설치할 때는 2~3개로 분할하여 설치하고 각 축의 뒷부분을 센터 베어링으로 프레임에 지지한다.

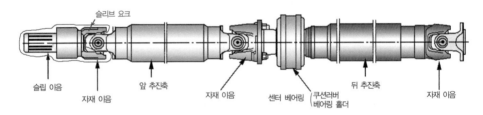

그림 추진축

(4) 추진축의 소음 및 진동 발생원인

① 밸런스 웨이트가 떨어졌을 때   ② 체결부가 헐거울 때

③ 니들 롤러 베어링甲의 마모   ④ 추진축이 휘었을 때

⑤ 스플라인부가 마모되었을 때   ⑥ 요크의 방향이 틀릴 때

5 종감속 기어와 차동기어 장치

차량 중량을 지지하고, 회전력을 구동 바퀴에 전달한다.

• **종감속 기어** : 감속을 통해 회전력을 증대 시킨다.

• **차동기어 장치** : 선회 시 좌·우 바퀴의 회전수 차이를 보상해 준다.

그 밖에 액슬 축 및 하우징으로 구성되어 있다.

甲 십자축과 베어링 캡 사이에 마찰을 줄여주기 위해 원주로 설치된 여러 개의 작은 롤러를 말함.

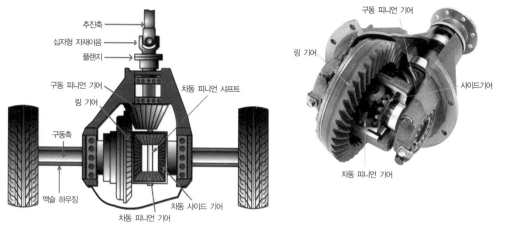

그림 종감속 기어 & 차동기어 장치

(1) 종감속 기어의 종류

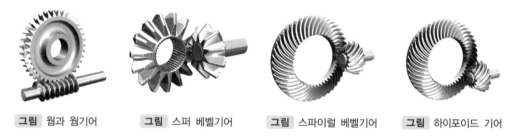

그림 웜과 웜기어 　　그림 스퍼 베벨기어 　　그림 스파이럴 베벨기어 　　그림 하이포이드 기어

1) 하이포이드 기어의 장점

① 구동 피니언의 중심을 링 기어의 중심보다 낮추어 추진축의 높이를 낮게 설계할 수 있다.

② 차량전체의 무게 중심이 낮아져 주행 안정성이 증대된다.

③ 스파이럴 베벨기어에 비해 구동 피니언을 크게 제작할 수 있어 강도 및 물림률이 증대되고 동력전달 시 회전이 정숙하다.

2) 하이포이드 기어의 단점

① 기어 이의 폭 방향으로 미끄럼 접촉하게 되므로 압력을 많이 받게 된다.

② 극압 윤활유를 사용해야 하고 제작이 어렵다.

(2) 종감속비와 총감속비

① **종감속비** $= \dfrac{\text{링기어의 잇수}}{\text{구동피니언기어의 잇수}}$

　　※ 승용 = 4~6 : 1　　　※ 버스, 트럭 = 5~8 : 1

② 종감속비는 나누어 떨어지지 않는 정수 값으로 한다.

③ 총감속비 = 변속비(감속비) × 종감속비

④ 차량의 중량 및 최고속도, 엔진의 성능 등을 고려해 총감속비를 결정한다.

(3) 종 감속기어의 접촉상태 및 수정

그림 정상　　그림 힐　　그림 토우　　그림 페이스　　그림 플랭크

동영상

① **정상** : 기어 중심부에 50~70% 이상 접촉

② **힐 접촉** : 구동 피니언 안쪽 부분의 접촉 상태이고, 수정은 구동 피니언을 안으로 링기어를 밖으로 수정한다.

③ **토우 접촉** : 구동 피니언의 끝부분 접촉 상태이고, 수정은 구동 피니언을 밖으로 링기어를 안으로 수정한다.

④ **페이스 접촉** : 백래시의 과대로 인한 접촉 상태이고, 수정은 구동 피니언을 안으로 링기어를 밖으로 수정한다.

⑤ **플랭크 접촉** : 백래시의 과소로 인한 접촉 상태이고, 수정은 구동 피니언을 밖으로 링기어를 안으로 수정한다.

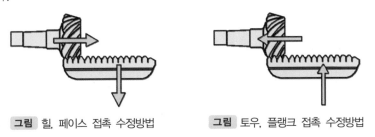

그림 힐, 페이스 접촉 수정방법　　그림 토우, 플랭크 접촉 수정방법

(4) 차동 기어 장치 Differential gear system

1) 개 요

래크와 피니언의 원리를 이용하여, 자동차가 선회할 때 바깥쪽 바퀴의 회전 속도를 안쪽 바퀴보다 빠르게 해주는 장치이다. 구성은 사이드 기어, 피니언 기어, 피니언 축, 케이스 등으로 되어 있다.

※ **동력 전달 순서** : 구동 피니언 축→구동 피니언→링 기어→차동 케이스(차동 피니언 기어→사이드 기어)→뒤 차축

2) 차동기어 장치의 작용

차동기어 장치의 작용은 좌우 구동바퀴의 회전저항 차이에 의하여 일어나는 것이며, 바퀴를 통과하는 노면의 길이에 따라서 바퀴가 회전하므로 커브를 돌 때 안쪽 바퀴는 바깥쪽 바퀴보다 저항이 증가하여 회전수가 감소되며, 그 분량만큼 바깥쪽 바퀴를 가속시키게 된다.

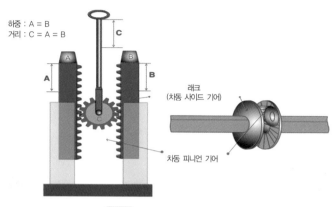

그림 차동기어 장치의 원리

(5) 자동제한 차동기어 장치(LSD : Limited Slip Differential)

이 장치는 한쪽 바퀴가 공회전할 때 차동 기능을 자동적으로 고정시키며, 다른 쪽 바퀴에도 구동을 전달하는 장치이다. 그리고 자동제한 차동기어 장치를 장착한 차량에서는 한쪽 바퀴를 잭(jack)으로 들고 엔진의 동력을 전달시켜서는 절대로 안 된다. 이유는 차량이 진행되기 때문이다. 장점으로는 미끄러운 노면에서 출발이 용이, 후부 흔들림 방지, 슬립이 감소되어 안정성 양호, 급속 직진 주행에 안정성이 양호하다. 종류에는 수동식, 롤러 케이스식, 다판 클러치식, 헤리컬 기어식, 파워 로크식, 크라이슬러 슈어 그립식, 넌스핀식, 비스커스 커플링식 등이 있다.

(6) 자동차의 주행공학

1) 자동차의 주행속도(km/h)

$$V(km/h) = \frac{\pi \cdot D \cdot N}{r_t \times r_f} \times \frac{60}{1000}$$

D : 바퀴의 직경(m)　　N : 엔진의 회전수(rpm)

r_t : 변속비　　　　　r_f : 종감속비

연습문제 1

기관 회전수 3000rpm, 제2속의 변속비 2.5이고 구동피니언의 잇수 7, 링기어의 잇수 42일 때 자동차의 주행속도는 얼마인가? (단, 타이어의 유효반경은 50cm이다)

정답 **37.68 km/h**

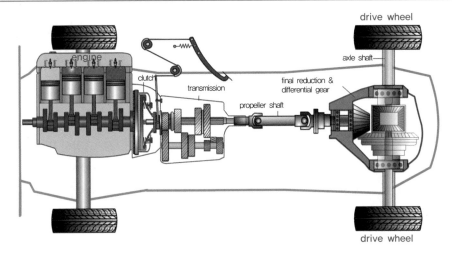

그림 동력전달 장치

2) 가속도

$$a = \frac{V_f - V_i}{t}$$

a : 가속도(m/sec^2)　　　t : 걸린 시간(sec)

V_i : 처음속도(m/sec)　　V_f : 나중속도(m/sec)

연습문제 2

40km/h로 주행하는 자동차가 5초 후 76km/h로 되었을 때 그 가속도는?

$$a = \frac{76km/h - 40km/h}{5sec} = \frac{36km/h}{5sec} = \frac{\frac{36000m}{3600sec}}{5sec} = 2m/sec^2$$

정답 **2m/sec²**

6 액슬 축 Axle shaft

종 감속기와 차동장치를 거쳐 전달된 동력을 구동바퀴에 전달하며 안쪽은 스플라인을 통해 차동 기어의 사이드 기어와 연결되고 바깥쪽은 구동바퀴와 연결된다.

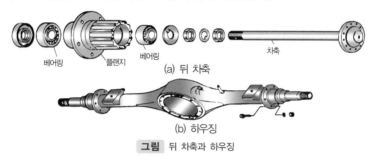

베어링　　플랜지　베어링

차축

(a) 뒤 차축

(b) 하우징

그림 뒤 차축과 하우징

(1) 뒤 바퀴 액슬 축의 지지방식

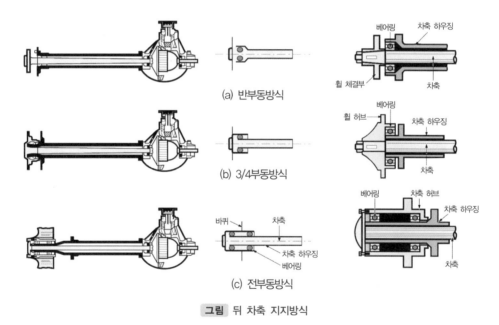

(a) 반부동방식

(b) 3/4부동방식

(c) 전부동방식

베어링　차축 하우징

휠 체결부　　차축

베어링

휠 허브　　차축 하우징

차축

베어링　　차축 허브

차축 하우징

차축

바퀴　　차축

차축 하우징

베어링

그림 뒤 차축 지지방식

1) 1/2 부동식(반부동식)

액슬 축이 윤하중의 1/2을 지지하고, 액슬 하우징이 1/2을 지지하는 형식으로 내부 고정 장치를 풀어야 액슬 축 분리가 가능하다. → **소형차**

2) 3/4 부동식

액슬 축이 윤하중의 1/4을 지지하고, 액슬 하우징이 3/4을 지지하는 형식으로 바퀴만 떼어내면 액슬 축 분리가 가능하다. → **중형차**

3) 전부동식

차량의 중량 전부를 액슬 하우징이 받고 액슬 축은 동력만 전달하는 방식이며, 바퀴를 떼어내지 않고도 액슬 축 분리가 가능하다. → **대형차**

(2) 액슬 하우징 Axle housing

액슬 축을 감싸고 있으며, 외관으로 차량 중량을 지지한다. 종류에는 벤조형, 분할형, 빌드업형 등의 3가지가 있다.

※ 벤조형은 대량생산에 적합한 구조이기 때문에 현재 가장 많이 사용되고 있다.

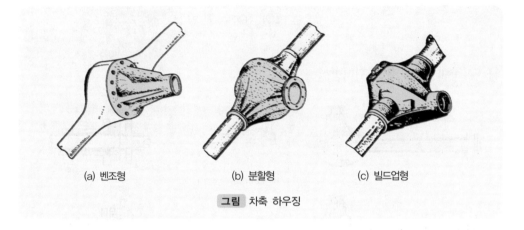

(a) 벤조형   (b) 분할형   (c) 빌드업형

그림 차축 하우징

Section별 OX 문제

01. 드라이브 라인은 변속기의 출력을 구동축에 전달하는 부분으로 자재이음, 슬립이음, 추진축등으로 구성된다. ☐ O ☐ ×

02. 자재이음은 드라이브 라인의 길이 변화를 주기 위한 장치이다. ☐ O ☐ ×

03. 등속도 자재이음은 설치각이 큰 F·F방식의 구동축에 주로 사용되며 현재 바퀴 쪽에는 버필드 자재이음을 사용한다. ☐ O ☐ ×

04. 추진축에서 기하학적 중심과 질량 중심이 같이 않아서 발생되는 굽음 진동을 휠링이라 하고 이를 줄이기 위해 평형추를 용접하여 사용한다. ☐ O ☐ ×

05. 하이포이드 기어는 링기어의 중심을 구동피니언 기어의 중심보다 낮게 설계하여 무게 중심을 낮추고 기어의 물림률도 높일 수 있다. ☐ O ☐ ×

06. 총감속비를 결정하기 위해 현가, 조향, 제동성능 등을 고려해야 한다. ☐ O ☐ ×

07. 차동기어 장치는 래크와 피니언 기어의 원리를 이용하여 제작되었으며 선회 시 안쪽 휠이 회전하지 못한 만큼 바깥쪽 휠이 더 회전하게 만들어 준다. ☐ O ☐ ×

08. 뒤 바퀴 액슬 축의 지지방식으로 고정식, 반부동식, 전부동식 이렇게 3가지 종류가 있다. ☐ O ☐ ×

02. 슬립이음은 드라이브 라인의 길이 변화를 주기 위한 장치이다.

05. 하이포이드 기어는 구동피니언 기어의 중심을 링기어의 중심보다 낮게 설계하여 무게 중심을 낮추고 기어의 물림률도 높일 수 있다.

06. 총감속비를 결정하기 위해 차량의 중량, 최고속도, 엔진의 성능 등을 고려해야 한다.

08. 뒤 바퀴 액슬 축의 지지방식으로 반부동식, 3/4 부동식, 전부동식 이렇게 3가지 종류가 있다.

4.
섀
시

01.O 02.× 03.O 04.O
05.× 06.× 07.O 08.×

01 3상의 요크와 경질의 고무를 이용하며 설치각이 3~5° 정도가 적당한 자재이음은?

① 트리포드　　② 버필드형
③ 십자형　　　④ 플렉시블

02 추진축에 진동이 생기는 원인 중 옳지 않는 것은?

① 요크 방향이 다르다.
② 밸런스 웨이트가 떨어졌다.
③ 중간 베어링이 마모되었다.
④ 플랜지 부를 너무 조였다.

03 추진축의 스플라인부가 마모되면?

① 차동기의 드라이브 피니언과 링 기어의 치합이 불량하게 된다.
② 차동기의 드라이브 피니언 베어링의 조임이 헐겁게 된다.
③ 동력을 전달할 때 충격 흡수가 잘 된다.
④ 주행 중 소음을 내고 추진축이 진동한다.

04 추진축의 구성 요소가 아닌 것은?

① 슬립 이음
② 십자형 자재 이음
③ 등속 자재이음
④ 밸런스 웨이트

05 드라이브 라인에 자재이음을 사용하는 이유는?

① 진동을 흡수하기 위하여
② 추진축의 길이방향에 변화를 가능하게 하기 위해

③ 출발을 원활하게 하기 위하여
④ 추진축의 각도 변화를 가능하게 하기 위해

06 자동차에 슬립이음이 있는 이유는?

① 회전력을 직각으로 전달하기 위해서
② 출발을 원활하게 하기 위해서
③ 추진축의 길이방향의 변화를 주기 위해서
④ 진동을 흡수하기 위해서

07 앞바퀴 구동차에서 종감속 장치에 연결된 구동 차축에 설치되어 바퀴에 동력전달용으로 사용되어지는 것은?

① 플렉시블 조인트
② 트러니언 조인트
③ 십자형 조인트
④ 등속 조인트

08 자재이음과 슬립이음을 겸한 것으로, 볼은 보디 안쪽 면의 홈에 들어가 동력을 전달함과 동시에 보디 내부에 들어 있는 코일 스프링은 추진축이 앞뒤로 움직이는 것을 방지하기 위한 것은?

① 플렉시블 조인트
② 볼 앤드 트러니언 조인트
③ 십자형 조인트
④ 등속 조인트

09 원동축과 피동축을 각각 Y형 요크와 십자축으로 연결하는 방식으로 구조가 간단하고 비교적 큰 각도의 동력 전달할 수 있는 것은?

① 플렉시블 조인트
② 트러니언 조인트
③ 유니버셜 조인트
④ 등속 조인트

10 추진축의 높이를 낮게 할 수 있는 종감속 기어는?

① 하이포이드 기어
② 베벨기어
③ 스파이럴 베벨기어
④ 스퍼기어

11 차동기어 장치는 다음에서 어떤 원리를 이용한 것인가?

① 후크의 법칙
② 파스칼의 원리
③ 래크와 피니언의 원리
④ 에너지 불변의 법칙

12 종감속비를 결정하는데 필요한 요소가 아닌 것은?

① 엔진의 출력 ② 차량중량
③ 가속성능 ④ 제동성능

13 최종감속 기어와 차동기어 장치의 설명이다. 틀린 것은?

① 최종감속 기어는 추진축으로부터 받은 동력을 마지막으로 감속시켜 회전력을 크게 하는 동시에 회전방향을 직각 또는 직각에 가까운 각도로 바꾸어 주는 역할을 한다.
② 최종 감속기어는 보통 하이포이드 기어로 되어 있다.
③ 하이포이드 기어는 링 기어의 중심을 구동 피니언의 중심보다 아래로 낮출 수 있어 차량의 무게중심을 낮게 할 수 있다.
④ 차동기어 장치는 자동차가 굽은 길을 돌 때에 안쪽 바퀴와 바깥쪽 바퀴의 회전수가 각각 다르도록 이를 조정하는 장치이다.

14 최종 감속기어와 차동기어를 변속기와 일체로 조립한 것으로 추진축이 없으며 변속기와 최종 감속기어가 직접 물려 있는 구조는?

① 토크 변환기
② 트랜스퍼 케이스
③ 가이드 핀
④ 트랜스 액슬

15 구동축의 설명이 잘못된 것은?

① 하중을 받으면서 자동차에 굴러가는 힘을 주는 장치이다.
② 차량의 중량을 전부 하우징이 감당하는 경우는 전부동식이다.
③ 반부동식은 차량무게의 절반을 구동축이 감당한다.
④ 전부동식은 대형트럭이나 버스에, 반부동식은 중형승용차에 쓰인다.

16 종 감속 기어의 종류에 해당하지 않는 것은?

① 하이포이드 기어
② 스파이럴 베벨기어
③ 웜과 웜기어
④ 릴리스 기어

17 최종 감속비와 총 감속비에 대한 설명이 잘못된 것은?

① 최종 감속비는 링 기어와 구동 피니언의 잇수의 비, 기관의 출력, 차량의 중량, 가속성능, 등판능력 등에 관계한다.
② 최종 감속비는 구동 피니언의 잇수/링 기어의 잇수이다.
③ 총 감속비는 변속기에서의 변속비와 최종 감속기어 장치에서의 감속비를 모두 고려한 것으로 자동차 전체의 감속비가 된다.
④ 총 감속비는 변속비×최종감속비로 구할 수 있다.

18 종 감속비가 4 : 1일 때 구동피니언 기어가 4회전하면 링기어 회전수는 얼마인가?

① 16회전   ② 8회전
③ 4회전   ④ 1회전

19 종 감속 기어의 구동 피니언의 잇수가 10, 링 기어의 잇수가 50인 자동차가 평탄한 도로를 직선으로 달려갈 때, 추진축의 회전수가 800rpm이면 뒤차축의 회전수는?

① 100rpm   ② 160rpm
③ 250rpm   ④ 4000rpm

20 총 감속비가 9인 자동차에서 추진축 회전수가 1,500rpm일 때 뒤차축의 회전수는? (단, 변속비는 1.5 : 1)

① 125rpm   ② 222rpm
③ 250rpm   ④ 500rpm

21 위 20번 문제에서 구동륜의 오른쪽 바퀴의 회전수가 200rpm 이면, 왼쪽 바퀴의 회전수는 얼마인가?

① 300rpm   ② 200rpm
③ 150rpm   ④ 500rpm

22 구동바퀴가 자동차를 미는 힘을 구동력이라고 하는데 구동력을 구하는 공식은? (단, F : 구동력, T : 축의 회전력, R : 바퀴의 반경)

① $F = \dfrac{R}{T}$ ② $F = \dfrac{T}{R}$

③ $R = \dfrac{F}{T}$ ④ $T = \dfrac{F}{2R}$

23 기관의 회전수가 4,800rpm이고, 최고출력 70ps, 총 감속비가 4.8, 뒤 액슬 축의 회전수가 1,000rpm, 바퀴의 반지름이 320mm일 때 차의 속도는?

① 약 60km/h
② 약 80km/h
③ 약 112km/h
④ 약 121km/h

ANSWERS

01.④	02.④	03.④	04.③	05.④	06.③
07.④	08.②	09.③	10.①	11.③	12.④
13.③	14.④	15.④	16.④	17.②	18.④
19.②	20.③	21.①	22.②	23.④	

01. 플렉시블 이음 (Flexible joint) : 3상의 요크와 경질 고무를 이용하며 주유가 필요 없고 회전이 정숙하다.

02. 요크, 밸런스 웨이트, 플랜지 부 등의 용어에 대해 알고 있어야 한다. 플랜지 부는 십자형 자재이음과 구동피니언 기어가 연결되는 부분으로 많이 조이더라도 진동의 원인이 되지 않는다.

03. 스플라인부의 마모에 의한 유격만큼 진동이 발생될 수 있고 그로 인해 소음이 수반된다.

04. 등속 자재이음은 F · F 방식의 액슬 축으로 사용된다.

05. 자재이음을 유니버설 조인트라고 표현하며 두 축이 어떤 각도를 가지고 회전하는 경우에 사용되는 축이음을 뜻한다.

06. 추진축의 길이 변화를 가능하게 스플라인을 통하여 연결한다. 그리고 비포장도로를 달릴 때 후차축의 상하 운동 시 길이 변화를 가능하게 한다.

07. 앞바퀴에 동력을 전달하는 동시에 조향의 역할도 같이 수행할 수 있어야 하는 이유로 설치각이 큰 등속 조인트가 적합하다.

08. 코일 스프링 대신 부트를 사용.

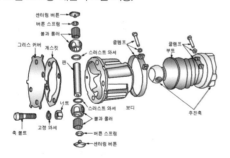

[그림] 볼 엔드 트러니언 자재이음

09. 십자형 자재이음의 정식 명칭은 Hooke's universal joint 이지만 줄여서 유니버설 조인트라고 표현하기도 한다. 하지만 자재이음을 유니버설 조인트라고 표현하기 때문에 십자형 자재이음으로 표현하는 것이 맞다.

10. 현재 종감속기어로 많이 사용되고 있는 하이포이드 기어의 장 · 단점에 대해서도 정리해 두어야 한다.

11. 래크와 피니언의 원리는 차량이 선회할 때 양쪽 바퀴의 회전이 원활하도록 회전수를 다르게 해준다.

12. 종감속비는 차량의 구동력과 최고속도를 결정하는데 필요한 요소이므로 제동성능과는 직접적인 관련이 없다.

13. 하이포이드 기어는 추진축을 낮게 설계하기 위해 추진축과 연결된 구동피니언의 중심을 링기어 중심보다 낮게 설치한다.

14. 트랜스 액슬 : P.305 그림 참조하여 특징에 대해서도 알아두어야 한다.

15. 반부동식은 소형자동차에 사용된다.

16. 종 감속 기어 : 추진축의 회전력을 구동 피니언이 받아 직각에 가까운 각도로 변환시키는 동시에 감속하여 차동 기어에 전달하는 장치이다.

17. 최종 감속비 = $\dfrac{출력기어\ 잇수}{입력기어\ 잇수}$

$\qquad\qquad = \dfrac{링기어\ 잇수}{구동피니언\ 잇수}$

18. 마지막에 감속이 되는 비율이 4배이니 출력(링기어)회전수가 4배 감속 된다.

19. 종 감속비 = $\dfrac{50}{10} = 5$ 이므로

출력의 회전수는 5배 만큼 감속된다.

출력(뒤차축) 회전수 = $\dfrac{800rpm}{5} = 160rpm$

20. 총 감속비 = 변속비 × 종 감속비

$9 = 1.5 \times X$, 종 감속비 = 6

출력의 회전수는 6배 만큼 감속된다.

출력(뒤차축) 회전수 = $\dfrac{1500rpm}{6} = 250rpm$

21. 차동기어장치의 랙과 피니언의 원리에서 링기어의 회전수를 기준으로 한쪽이 줄어든 만큼 반대쪽이 늘어나게 된다.
따라서 250rpm을 기준으로 오른쪽 바퀴가 200rpm으로 50rpm만큼 줄었기 때문에 반대쪽 바퀴가 250+50=300rpm이 되는 것이다.

22. T=F×R, $F = \dfrac{T}{R}$, $R = \dfrac{T}{F}$

23. 차속 = 바퀴의 속도
= 축의 회전수(바퀴회전수)×2π r(바퀴둘레)
= 1,000rpm × 2 × 3.14 × 320mm
= $\dfrac{1000 \times 6.28 \times 0.32m}{1min} \times \dfrac{60}{1000} = 120.57km/h$

8 휠 및 타이어

(1) 휠 Wheel의 종류 및 사이즈 표기

1) 휠의 종류

휠은 타이어를 지지하는 림甲과 림을 지지하며, 종류에는 디스크 휠, 경합금 휠(알루미늄, 마그네슘), 스포크 휠乙 등이 있다.

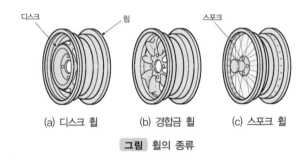

(a) 디스크 휠   (b) 경합금 휠   (c) 스포크 휠

그림 휠의 종류

2) 사이즈 표기

18	×	7.5	J	5	-	114.3	+	50
①		②	③	④		⑤		⑥

① **림 지름** : 림의 직경은 인치로 표기. 림 지름과 타이어 내경이 똑같은 타이어를 결합할 수 있음.

② **림 폭** : 림 폭은 인치로 표기. 소수점 이하가 1/2로 표시되어 있는 경우 0.5인치를 의미. 규정된 적용 폭의 타이어를 결합할 수 있음.

③ **플랜지丙 형상** : 림 끝의 형상을 J, JJ, B 등의 규격으로 나타냄. 림 폭이 몇 J로 표시되어 있는 것은, 몇 인치의 J플랜지 형상이라는 의미.

④ **구멍 수(Hole수)** : 볼트의 구멍 수.

⑤ **P.C.D** Pitch Circle Diameter : 볼트 구멍 피치원 직경(볼트 구멍 사이의 거리), mm로 표기.

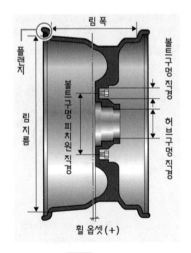

그림 휠 구조

⑥ **휠 옵셋** : 림의 중심선부터 허브 접촉면까지의 거리. mm로 표기. 중심선보다 바깥에서 접촉되면 '+', 안쪽에서 접촉(휠이 차체 외부로 돌출)되면 '–'가 된다.

甲 rim 자동차 바퀴의 외주(外周)로서 타이어를 끼우는 부분.
乙 림과 허브를 강선의 스포크로 연결한 휠로서, 경쾌하고 충격 흡수가 좋으며, 드럼의 냉각이 용이하다.
丙 차륜 외주 중 레일의 내측에 접하고 있는 돌출부 등. 돌연이라고도 함.

(2) 림의 종류

림은 타이어가 설치되는 부분으로, 일반적으로 디스크와 일체로 회전하는 휠의 일부분으로 된 경우가 많으며, 종류에는 2분 할 림甲, 드롭 센터 림乙, 인터 림丙 등이 있다.

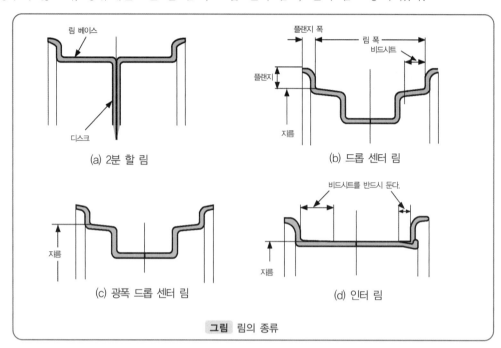

그림 림의 종류

(3) 타이어

1) 타이어의 호칭 치수

① **고압 타이어의 호칭 방법** : 외경(인치) × 폭(인치) × 플라이 수

사용되는 곳 : 버스, 트럭, 지게차, 크레인, 로더 등

② **저압 타이어의 호칭방법** : 폭(인치) × 내경(인치) × 플라이 수

※ **플라이 수** : 카커스를 구성하는 코드 층의 수로 주로 타이어 강도를 나타내는 지수로 사용 (2PR~24PR, 짝수로 이루어 짐 – 승용 : 4~6, 트럭, 버스 : 8~16)

2) 타이어의 표시기호 및 호칭

고속시의 주행 안정성을 향상시키기 위해서 편평비는 작을수록 양호하다.

$$ \text{※ 편평비(\%)} = \frac{\text{타이어 높이}}{\text{타이어 폭}} \times 100 $$

甲 기호는 DT로 표시. 강판을 프레스 가공하여 림과 디스크를 일체로 제작한 다음 두 장을 합쳐서 볼트와 너트로 고정한 것을 말한다. 경형 자동차나 산업용 자동차에 많이 사용한다.

乙 기호 DC로 표시되며, 림의 중앙 부분에 타이어의 탈착이 쉽도록 홈이 설치되어 있는 것을 이른다.

丙 기호 IR로 표시되며, 트럭과 버스용으로 사용된다. 한쪽 림 플랜지를 벗길 수 있도록 되어 있으며, 이 플랜지를 사이드 링이라고 한다.

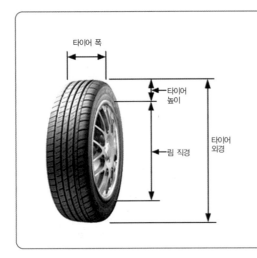

▶ 레이디얼 타이어 표시기호

P195 / 60R14 85 H

P : 승용차용   195 : 타이어 폭(mm)
60 : 편평비(%)   R : 레이디얼 타이어
14 : 림 직경 or 타이어 내경(inch)
85 : 하중지수   H : 속도기호

▶ 대형 레이디얼 타이어 표시기호

12   R   22.5

12 : 타이어 폭(inch)
R : 레이디얼 타이어
22.5 : 림 직경(inch)

(4) 튜브가 없는 타이어 Tub–less tire

1) 장 점

① 고속 주행 시 발열이 적다.

② 못 등이 박혀도 공기 누출이 적다.

③ 튜브가 없기 때문에 경량이고, 펑크 수리가 간단하다.

2) 단 점

① 유리 조각 등에 의해 손상되면 수리가 곤란하다.

② 림이 변형되어 타이어와의 밀착이 불량하면 공기가 누출되기 쉽다.

(5) 레이디얼 타이어 Radial tire

1) 장 점

① 접지 면적이 크고, 하중에 의한 트레드의 변형이 적다.

② 선회할 때에 옆방향의 힘을 받아도 변형이 적다.

③ 타이어 단면의 편평률甲을 크게 할 수 있다.

④ 로드 홀딩乙이 향상되며 스탠딩 웨이브 현상이 일어나지 않는다.

> **참 고**
> ▶ 트레드 웨어(TREAD WEAR)
> – 사용 마모 한계 허용 지수(이론상)
> (트레드 웨어 지수×220)–15,000로 구함
> 예 (540 · 220)–15,000 = 103,800km
>   (700 · 220)–15,000 = 139,000km

(a) 레이디얼 타이어

甲 편평률은 단면폭이 넓어지면 커지게 된다. 이에 반해 편평비는 단면폭이 증가할 때 낮아지게 된다. 편평률≠편평비
乙 타이어와 노면의 밀착 안정성을 말한다. 주행 중 울퉁불퉁한 곳에서 타이어와 노면이 떨어지지 않고 잘 달려 주면 로드 홀딩이 좋다고 표현한다.

2) 단 점

① 저속에서 조향 핸들이 다소 무거워진다.

② 브레이커가 튼튼하여 충격이 잘 흡수되지 않으므로 승차감이 나쁘다.

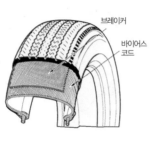

(b) 보통(바이어스) 타이어

(c) 스노 타이어

(d) 편평 타이어

그림 형상에 따른 타이어의 종류

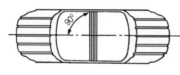

(a) 레이디얼 타이어

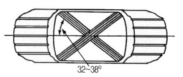

(b) 보통 타이어

그림 코드의 차이

※ **보통 타이어**(바이어스 타이어 : Bias tire) : 카커스의 코드를 사선 방향으로 하고, 브레이커를 카커스 바깥쪽에 원둘레로 넣어서 만든 타이어이다.

※ **편평 타이어** Low section height tire : 편평비(타이어 높이/타이어 폭)를 작게 한 타이어이며 단면을 편평하게 하면 접지면적이 넓어져 옆 방향 강도가 증가하기 때문에 제동, 출발, 가속 등에서 미끄럼이 잘 발생되지 않고 선회 안정성이 좋아진다.

※ **런 플랫 타이어** Run-flat tire : 주행 중 펑크가 발생 시 자동차가 균형을 잃는 것을 방지하기 위해 사이드 월에 강성을 더한 타이어.

(6) 스노 타이어 Snow tire

1) 장 점

제동성이 우수하고, 견인력이 크고 체인 탈·부착의 번거로움이 없다.

2) 주의할 점

① 급제동하지 말 것(바퀴가 고정되면 제동 거리가 길어진다.)

② 출발할 때에는 천천히 회전력을 전달한다.(미끄럼을 일으키면 견인력이 저하된다.)

③ 경사지는 서행하고, 트레드 홈이 50% 이상 마모되면 체인을 병용한다.

④ 구동바퀴에 걸리는 하중을 크게 한다.

(7) 타이어의 구조

1) 트레드 Tread

트레드는 노면과 직접 접촉되는 부분으로서 내부의 카커스와 브레이커를 보호해주는 부분으로 내마모성의 두꺼운 고무로 되어 있다. 트레드가 편마모 되는 원인은 캠버^甲의 부정확한 조정에 있다.

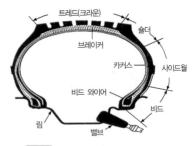

그림 바이어스 타이어의 구조

① 트레드 패턴의 필요성

ⓐ 타이어의 전진방향 및 옆 방향 미끄러짐을 방지한다.

ⓑ 타이어 내부에 생긴 열을 방출해 준다.

ⓒ 트레드부에 생긴 절상 등의 확산을 방지한다.

ⓓ 구동력과 선회성능을 향상시킨다.

② 트레드 패턴의 종류

ⓐ **리브 패턴** Rib pattern : 옆 방향 미끄러짐 방지와 조향성 우수 – 승용차

ⓑ **러그 패턴** Lug pattern : 구동력, 제동력우수 – 덤프트럭, 버스

ⓒ **리브 러그 패턴** Rib lug pattern : 모든 노면에 우수 – 고속버스, 소형 트럭

ⓓ **블록 패턴** Block pattern : 앞·뒤 또는 옆 방향 슬립 방지

(a) 리브 패턴　　　　(b) 러그 패턴　　　　(c) 리브 러그 패턴　　　　(d) 블록 패턴

그림 타이어 트레드 패턴

2) 비드 Bead

타이어의 공기가 빠져나오지 못하게 휠의 림 부분에 직접 접촉되어 타이어의 압력을 유지하는 부분으로 내부에 비드선(bead wire)이 원둘레 방향으로 몇 가닥 들어있다.

3) 카커스 Carcass

타이어의 뼈대가 되는 부분으로 공기압력을 견디면서 일정한 체적을 유지하고 하중이나 충격에 따라 변형하여 완충작용을 한다.

甲 자동차의 핸들 조작을 쉽게 앞바퀴의 위쪽을 접지면에 대해서 바깥쪽으로 기울인 상태

4) 브레이커 Breaker

트레드와 카커스 사이에 위치한 코드 벨트로서 타이어 둘레에 배치되어 내구성을 강화한다.

5) 사이드 월 Side wall

트레드와 비드 사이의 타이어 옆 부분으로 카커스를 보호하고 유연한 굴신 운동으로 승차감을 향상시킨다.

(8) 타이어 평형 Wheel balance

1) 정적·동적 평형

① **정적 평형** Static balance : 상하의 무게가 맞는 것(불평형 시 : 트램핑)

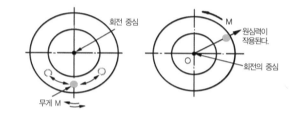

② **동적 평형** Dynamic balance : 좌·우 대각선의 무게가 맞는 것(불평형 시 : 시미)

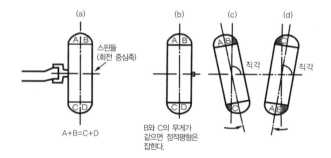

2) 타이어 취급 시 주의 사항

① 타이어 임계온도甲 120~130℃이다.

② 타이어 로테이션 시기는 8,000~10,000km이다.

③ 공기압력을 규정대로 주입하고 급출발, 급정지, 급선회 등은 피한다.

④ 앞바퀴 휠 얼라인먼트乙를 정확히 하며, 트레드 홈 깊이가 1.6mm 이하 시 교환한다.

    ↳ ▲ 트레드 웨어 인디케이터丙로 확인

甲 타이어가 견딜 수 있는 최고의 온도를 뜻함.

乙 부품끼리의 적절한 정렬 상태를 말하며, 휠 얼라인먼트는 차량 휠의 기하학적인 각도 또는 휠 사이의 거리를 말한다.

丙 마모 표시로 타이어 트레드가 규정 깊이로 얕게 마모되면 트레드 패턴의 일부분이 연결되어 보이는데, 타이어의 수명 한계를 알리도록 한

(9) 타이어에서 발생되는 이상 현상

1) 스탠딩 웨이브 Standing wave 현상

고속 주행에서 타이어에 발생하는 것으로 발열과 피로에 의해 타이어 트레드 부위가 찌그러지는 현상을 말하며, 방지책은 다음과 같다.

① 타이어 공기압을 10~15% 높이고, 강성이 큰 타이어를 사용한다.

② 전동 저항을 감소시키고, 저속으로 주행한다.

그림 스탠딩 웨이브 현상

2) 하이드로 플레이닝 Hydro planing 현상

비가 올 때 노면의 빗물에 의해 타이어가 노면에 직접 접촉되지 않고 수막만큼 공중에 떠있는 상태를 말하며, 방지책은 다음과 같다.

① 트레드 마모가 적은 타이어를 사용한다.

② 속도를 줄이고, 타이어 공기압을 10% 높인다.

③ 트레드 패턴은 카프 Calf 형甲으로 셰이빙 Shaving 가공乙한 것을 사용할 것

④ 리브형 패턴을 사용하고, 러그 패턴의 타이어는 하이드로 플레이닝을 일으키기 쉽다.

3) 규정 공기압 보다 낮을 때

① 노면의 접지 면적이 넓어지고 구름저항도 커져 연료 소비율이 높아진다.

② 타이어가 빨리 마모되며 특히 바깥부분의 편 마모가 심해진다.

 – 공기압이 높을 때에는 가운데 부분이 편 마모된다.

③ 고속 주행 시 타이어에 열이 많이 발생되고 심할 경우 진동이 커진다.

④ 승차감에는 다소 도움이 되나 각 타이어의 공기압이 다를 경우 현가, 제동, 구동 시에 좌·우 밸런스가 맞지 않아 차량 주행 시 한쪽으로 기울게 된다.

⑤ 장기간 주차 시 플랫 스폿丙Flat spot 현상이 심해진다.

(10) 타이어 공기압 경보장치(TPMS : Tire Pressure Monitoring System)

타이어 내부에 설치된 센서가 타이어의 공기압을 감지해 실시간으로 운전자에게 계기판의 경고등이나 경고 메시지 또는 경고음을 통해 모니터링 해주는 시스템이다.

것이다.

甲 발수 능력을 좋게 하기 위해 V자를 뒤집어 놓은 형상의 패턴으로 장화 바닥의 모양을 생각하면 된다.

乙 카프형으로 제조한 모양을 확실하게 다듬기 위해 전단면을 깨끗하게 하는 작업

丙 타이어 코드가 둥글지 않고 평평하게 꺾인 상태로 고정

1) TPMS의 효과

① 정상적인 공기압을 유지하여 주행 및 제동 안정성 확보
② 승차감 향상 및 소음 절감 그리고 편안한 조향 성능을 확보
③ 타이어의 수명 연장, 연비향상의 효과도 얻을 수 있다.
④ 규정 공기압의 80% 이하 시 경고등 및 경고음을 작동시킨다.

2) TPMS의 구성

① **타이어 압력 센서** : 공기 주입구 안쪽에 위치하며 원심력이 가해지면 전원이 들어오는 방식을 사용하여 내장재 배터리 수명을 길게 가져갈 수 있다.
② **수신기** Receiver : 휠에 장착된 압력센서로 부터 전송된 타이어 공기압 신호를 수신하여 TPMS C/U로 전송하는 역할을 한다.
③ **TPMS C/U** : 수신기로부터 입력된 타이어 공기 압력을 수신하여 타이어 공기압 부족 경고등 및 경고 메시지와 경고음의 작동을 제어하는 역할을 한다.
④ **경고등 및 경고음** : 계기판에 경고등을 통하여 운전자에게 타이어를 점검할 것을 알려주는 등으로 사용하며 경고음을 사용하기도 한다.
⑤ **이니시에이터** Initiator : 타이어 개별 위치를 파악해 이상이 발생한 타이어를 계기판에 선별적으로 표시할 수 있게 도와준다.

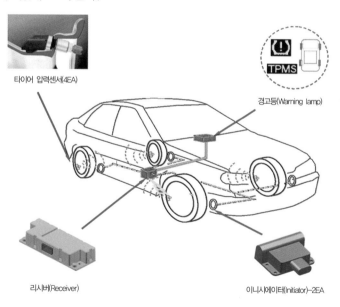

타이어 압력센서(4EA)

경고등(Warning lamp)

리시버(Receiver)

이니시에이터(Initiator)-2EA

4.
섀
시

01. 림의 중심선부터 허브 접촉면까지의 거리를 휠 옵셋이라 하고 중심선 기준으로 바깥에서 접촉하면 (+), 안쪽에서 접촉하면 (−)가 된다.

☐ O ☐ ×

02. 고압 타이어의 호칭 방법은 폭(인치) × 내경(인치) × 플라이 수로 나타낸다.

☐ O ☐ ×

03. 아래의 레이디얼 타이어 표시 중 14는 림의 직경을 cm로 나타낸 것이다.

☐ O ☐ ×

> P195 / 60R14 85 H

04. 튜브가 없는 타이어는 고속 주행 시 발열이 적고 못 등이 박혀도 공기 누출이 적으며 펑크 수리가 간단하다.

☐ O ☐ ×

05. 레이디얼 타이어는 접지 면적이 크고 하중에 의한 트레드 변형이 적으며 로드 홀딩이 향상되나 스탠딩 웨이브 현상이 잘 발생되는 단점이 있다.

☐ O ☐ ×

06. 스노 타이어는 급제동을 가급적 삼가고 출발할 때 천천히 구동력을 전달시켜 사용하여야 한다. 또한 트레드 홈이 50% 이상 마모 시 체인을 병용해서 사용해야 한다.

☐ O ☐ ×

07. 하이드로 플레이닝 현상을 줄이기 위해서는 트레드 패턴을 리브형으로 사용하는 것이 유리하다. 러그 패턴이 하이드로 플레이닝(수막현상)을 일으키기 쉽다.

☐ O ☐ ×

08. 타이어의 임계온도는 120~130℃ 정도이고 트레드 홈의 깊이가 1.6mm 이하 시 교환하여야 한다.

☐ O ☐ ×

09. 스탠딩 웨이브 현상을 줄이기 위해서는 마찰을 증대시키기 위하여 공기압을 10% 정도 낮춰주고 노면에 충격을 잘 흡수하는 바이어스 타이어를 사용하는 것이 좋다.

☐ O ☐ ×

10. TPMS는 운전자가 육안으로 확인하기 힘든 정도의 공기부족 상황을 파악하고 운전자에게 알려주기 위해 "압력센서 측정 → 수신기 → TPMS ECU → 경고등(계기판) 및 경고음 작동" 과정으로 제어하게 된다.

☐ O ☐ ×

정답 및 해설

02. 고압 타이어의 호칭 방법은 외경(인치) × 폭(인치) × 플라이 수로 나타낸다.

03. 아래의 레이디얼 타이어 표시 중 14는 림의 직경을 inch로 나타낸 것이다.

05. 레이디얼 타이어는 접지 면적이 크고 하중에 의한 트레드 변형이 적으며 로드 홀딩이 향상되고 스탠딩 웨이브 현상이 잘 발생되지 않는다.

09. 스탠딩 웨이브 현상을 줄이기 위해 공기압을 10% 정도 높여주고(마찰의 감소) 강성이 큰 레이디얼 타이어를 사용하는 것이 좋다.

정답

01. O 02. × 03. × 04. O
05. × 06. O 07. O 08. O
09. × 10. O

단원평가문제

01 타이어 공기압 경고장치 TPMS의 구성요소에 해당되지 않는 것은?

① 타이어 압력 센서
② 수신기(Receiver)
③ TPMS ECU
④ 로드리미터

02 캠버가 과도할 때의 타이어의 마모 상태는?

① 트레드의 중심부가 마모
② 트레드의 한쪽 모서리가 마모
③ 트레드의 전반에 걸쳐 마모
④ 트레드의 양쪽 모서리가 마모

03 타이어의 역할에 대한 설명이다. 틀린 것은?

① 자동차의 차체와 지면 사이에서 차체의 구동력을 전달한다.
② 지면으로부터 받은 충격을 흡수, 완화시킨다.
③ 차체 및 화물의 무게를 지탱해 준다.
④ 조향 핸들이 비정상적으로 조작되는 것을 제어한다.

04 타이어의 고무층의 구성이 아닌 것은?

① 트레드부　② 카커스부
③ 림 부　④ 비드부

05 타이어 P 205/60 R15 89H에서 틀린 설명은?

① R : 레이디얼 타이어
② 15 : 타이어의 외경
③ H : 속도기호
④ 60 : 타이어 편평비율

06 다음은 타이어 취급 시 주의할 점이다. 틀린 것은?

① 고속으로 주행할 때에는 트레드의 마모 30% 이하의 것을 사용한다.
② 고속 주행 시 타이어 공기압을 10 ~15% 높이는 것이 좋다.
③ 타이어의 공기 압력이 적으면 접지면적이 작아지기 때문에 마모가 감소된다.
④ 타이어는 그 크기가 플라이 수에 따라 정해진 표준하중의 1.5배 정도까지 견딜 수 있게 설계됐다.

07 타이어의 뼈대가 되는 부분은?

① 트레드　② 브레이커
③ 카커스　④ 비드부

08 자동차 바퀴에서 노면과 접촉을 하지 않지만 카커스를 보호하고 타이어 규격, 메이커 등 각종 정보가 표시되는 부분은?

① 림 라인　② 숄더
③ 사이드 월　④ 트레드

09 타이어 교환 후 일정 속도(고속)에서 조향 핸들의 떨림이 발생될 때 점검해야 되는 것은?

① 휠 밸런스
② 뒷바퀴 휠 얼라인먼트
③ 클러치 페달 유격
④ 종감속 기어의 백래시

10 고속도로에서 타이어 공기압을 추가하는 이유는?

① 베이퍼록 현상 방지
② 하이드로 플래닝 현상 방지
③ 브레이크 페이드 현상 방지
④ 스탠딩 웨이브 현상 방지

11 스탠딩 웨이브 현상에 대한 다음 설명 중 잘못된 것은?

① 고속주행 시 발생한다.
② 스탠딩 웨이브가 발생하면 구름저항이 감소한다.
③ 스탠딩 웨이브 상태에서는 트레드가 원심력을 견디지 못하고 떨어져 타이어가 파손된다.
④ 스탠딩 웨이브를 방지하기 위해서는 타이어의 공기압을 표준 공기압보다 10~30%정도 높여주어야 한다.

12 타이어의 트레드 패턴의 필요성으로 틀린 것은?

① 타이어 내부에서 발생한 열을 발산한다.
② 주행 중 옆 방향 슬립을 방지한다.
③ 구동력이나 선회성능을 향상시킨다.
④ 카커스와 접촉하여 외부로 부터의 충격으로 인한 손상을 방지한다.

13 레이디얼 타이어의 장점으로 틀린 것은?

① 타이어 단면의 편평률을 크게 할 수 있다.
② 접지 면적이 크다.
③ 하중에 의한 변형이 적다.
④ 스탠딩 웨이브 현상이 잘 일어난다.

14 조향성, 승차감이 우수하고 고속 주행에 적합하여 승용차에 많이 사용되는 트레드 패턴은 무엇인가?

① 리브 패턴
② 러그 패턴
③ 리브 러그 패턴
④ 블록 패턴

15 타이어의 높이가 180mm, 폭이 220mm인 타이어의 편평비 백분율은?

① 122%   ② 82%
③ 75%   ④ 62%

16 카커스를 구성하는 코드층의 수를 무엇이라 하는가?

① 카커스 수   ② 코드 수
③ 플라이 수   ④ 비드 수

17 타이어 형상에 의한 분류에 해당되지 않는 것은?

① 레이디얼 타이어
② 튜브리스 타이어
③ 스노 타이어
④ 편평 타이어

18 튜브리스 타이어의 장점으로 틀린 것은?

① 구조가 간단하고 가볍다.
② 고속 주행 시 발열이 적다.
③ 못 등에 찔려도 공기가 급격히 새지 않는다.
④ 유리 조각 등의 의해 타이어가 파손되어도 수리가 용이하다.

19 스노 타이어의 설명으로 틀린 것은?

① 구동 바퀴에 걸리는 하중을 크게 한다.
② 눈길에서 체인 없이 사용하는 타이어이다.
③ 30% 이상 마모 시 체인을 설치하여 사용한다.
④ 트레드 부의 폭을 넓히고, 홈을 깊게 하여 접지 면적을 크게 한다.

20 바퀴가 상하로 진동을 하는 현상을 무엇이라 하는가?

① 시미현상
② 트램핑 현상
③ 로드 홀딩 현상
④ 스탠딩 웨이브 현상

21 TPMS의 장점에 대한 설명으로 가장 거리가 먼 것은?

① 타이어의 조기 마모를 막을 수 있다.
② 연비에 긍정적인 영향을 준다.
③ 타이어의 교체가 수월하다.
④ 스탠딩 웨이브 현상을 줄일 수 있다.

정답 및 해설

ANSWERS

01.④	02.②	03.④	04.③	05.②	06.③
07.③	08.③	09.①	10.④	11.②	12.④
13.④	14.①	15.②	16.③	17.②	18.④
19.③	20.②	21.③			

01. 로드리미터(토션바)는 프리텐셔너 구성요소이다.

02. 타이어 한 개를 기준으로 질문한 것으로 정의캠버가 과도할 때에는 접지면 기준으로 바깥쪽 모서리가 부의캠버가 과도할 때에는 안쪽 모서리가 마모된다.

03. 휠 얼라이먼트를 잘 조정하였을 때 핸들의 복원성과 직진성을 기대할 수 있다.

04. 외주의 링 부분을 뜻하는 림rim은 휠의 구성요소이다.

05. 15 : 휠의 림 직경, 타이어 내경(inch)

06. 타이어 공기압이 부족하면 접지면적이 넓어지고 마찰이 증대되어 마모가 심해진다.

07. 카커스 : 타이어의 골격을 이루는 플라이와 비드 부분의 총칭으로 타이어에서 트레드와 사이드 월 그리고 벨트(브레이커)를 제외한 부분이다.

08. 사이드 월 : 트레드와 비드bead 사이의 타이어 옆 부분을 뜻하며 카커스를 보호하고 유연한 굴신 운동으로 승차감을 향상시키는 역할을 한다.

09. 휠 밸런스 : 휠과 타이어 무게의 균형 상태를 뜻한다. 타이어를 교환하고 난 뒤 이 휠 밸런스를 잘 맞춰야만 고속주행에서 타이어가 떨리지 않게 된다. 특히 전륜 타이어에서 증상이 크게 나타난다.

10. 공기압을 높여 방지할 수 있는 현상은 하이드로 플래닝, 스텐딩 웨이브 모두 해당되지만 문제의 전제조건이 고속도로이기 때문에 스탠딩 웨이브 현상 방지가 답이 된다.

11. 스탠딩 웨이브 현상은 구름저항을 증대시키는 원인이 된다.

12. 트레드는 벨트(브레이커)와 직접접촉 한다.

13. ① 편평률≠편평비
편평률⬆=광폭, 편평비⬇=광폭
④ 레이디얼 타이어는 강성이 높아 스탠딩 웨이브 현상이 잘 발생되지 않는다.

14. 러그 패턴은 주행 옆 방향으로 홈이 나있어 노면을 두들기듯 특유의 주파수로 소음을 발생하게 된다.

15. 편평비$=\dfrac{H}{W}=\dfrac{180mm}{220mm}\times100=81.81$

16. 플라이 수가 많을수록 큰 하중을 받는데 주로 승용 자동차용은 4~6, 트럭 버스용은 6~16PR로 되어 있다. (짝수만 선택)

17. 튜브리스 타이어 : 튜브의 유무에 따라 분류한 기준이다.

18. 튜브리스 타이어의 경우 유리조각 등에 의해 타이어가 길게 절상된 경우 수리가 어려워진다.

19. 50% 이상 마모 시 체인을 병용하여 사용한다.

20. 바퀴의 위아래 무게가 같지 않을 경우 서서히 속도를 줄이게 되면(차량의 하중이 가해지지 않은 경우) 무거운 쪽이 아래쪽에 위치하게 된다. 이를 정적평형이 맞지 않는 상태라고 표현하고 주행 시 상하로 바퀴가 진동하게 된다.

21. 타이어 교환 시 TPMS 압력 센서의 위치 때문에 탈부착이 까다롭고 센서 교체 시 재 설정을 해야 정상작동이 가능하다.

SECTION	03	현가장치 Suspension system

주행 중 노면에서 받은 충격 및 진동을 완화하거나 자동차의 승차감과 안정성 향상에 설치 목적이 있으며, 승차감이 가장 뛰어난 사이클은 60~120 cycle/min이다.

$$※ \ 후크의 \ 법칙 \rightarrow \ k(스프링 \ 상수) = \frac{W(스프링에 \ 작용한 \ 힘)}{a(변형량)}$$

1 스프링 Spring

스프링에는 판스프링, 코일 스프링, 토션 바 스프링 등의 금속제 스프링과 고무 스프링, 공기 스프링 등의 비금속제 스프링이 있다.

(1) 판스프링 Leaf spring

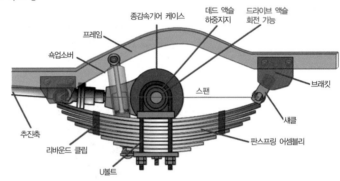

그림 판스프링의 구조

1) 장 점

① 큰 진동을 잘 흡수하며, 비틀림 진동에 강하다.
② 구조가 간단하며, 일체식 현가장치에 주로 사용된다.
③ 판간 마찰에 의한 진동억제 작용이 크다.

2) 단 점

① 작은 진동에 대한 흡수율이 낮다.
② 스프링의 큰 강성 때문에 승차감이 저하된다.

(2) 코일 스프링

동영상

1) 장 점

① 작은 진동 흡수율이 높아 독립식 현가장치에 많이 사용된다.
② 작은 진동 흡수율이 높아 승차감이 우수하다.
③ 스프링이 가벼운 편이어서 단위중량당 에너지 흡수율이 크다.

2) 단 점

① 스프링 상수가 낮아 큰 진동의 감쇠 작용이 적고 비틀림에 대해 약하다.

② 스프링을 지지와 진동억제 작용이 필요해 쇽업소버와 병용해야 하므로 구조가 복잡하다.

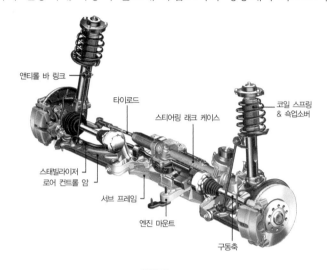

그림 코일 스프링

(3) 토션 바 스프링 Torsion bar spring

스프링 강이 막대로 되어 있으며 비틀림 탄성에 의해 제자리로 되돌아가려는 성질을 이용한 것이며 특징으로는 다음과 같다.

    1) 쇽업소버를 병용하고, 좌우의 것이 구분되어 있다.

    2) 단위중량당 에너지 흡수율이 가장 크기 때문에 가볍게 할 수 있다.

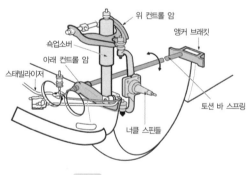

그림 토션 바 스프링

(4) 공기 스프링 Pneumatic spring or Air spring

압축공기의 탄성을 이용한 스프링이며, 유연한 탄성을 얻을 수 있고 노면으로부터의 아주 작은 진동도 흡수할 수 있어 승차감이 우수하다.

1) 장 점

① 하중에 관계없이 차체의 높이를 항상 일정하게 한다.

② 스프링의 세기(탄력)가 하중에 비례한다.

③ 매우 유연하여 진동 흡수율이 양호하다. 이로 인해 승차감이 좋다.

※ **레벨링 밸브** : 차체의 높이를 일정하게 유지하는 일을 한다.

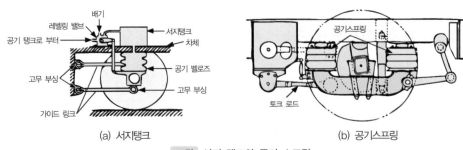

(a) 서지탱크

(b) 공기스프링

그림 서지 탱크와 공기 스프링

2) 단 점

① 구조가 복잡하며, 제작비가 비싸고, 기관 출력의 일부를 빼앗긴다.

② 공기 벨로즈의 앞뒤 좌우 방향의 힘을 지지할 능력이 없으므로 링크나 로드가 필요하다.

2 쇽업소버 Shock absorber

자동차가 주행 중 노면에 의해서 발생된 스프링의 고유 진동을 흡수하여 진동을 신속히 감쇠시켜 승차감의 향상, 스프링의 피로 감소, 로드홀딩을 향상시키며, 스프링의 상하 운동 에너지를 유체의 열에너지로 변환시킨다.

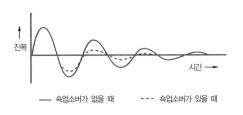

그림 쇽업소버의 작용

(1) 텔레스코핑 Telescoping형

1) **단동식** : 늘어날 때만 감쇠력을 발생시킨다.

2) **복동식** : 늘어날 때나 줄어들 때 모두 감쇠력을 발생시켜 노스 업 및 노스 다운을 방지한다.

　① **노스 업** : 자동차가 급출발할 때 앞이 들리는 현상

　② **노스 다운** : 자동차가 급제동할 때 앞이 내려가는 현상

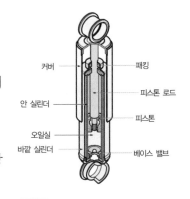

그림 텔레스코핑형 쇽업소버의 구조

> **TIP**
>
> ▶ **감쇠력**
> 쇽업소버를 늘일 때나 압축할 때 강한 힘을 가하면 그 힘에 저항하려는 힘이 더욱 강하게 작용되는 저항력을 말한다.
> ① 오버 댐핑(Over Damping) : 감쇠력이 너무 커서 승차감이 딱딱한 형태를 말한다.
> ② 언더 댐핑(Under Damping) : 감쇠력이 너무 작아 승차감이 저하되는 것이다.

(2) 드가르봉식· 모노 튜브식 mono tube type 쇽업소버

이 형식은 유압식의 일종이며, 텔레스코핑의 개량형으로 단통 가스식이다.

1) 구조가 간단하며, 실린더가 1개로 되어있어 방열효과가 좋다.

2) 내부에 질소가스가 30kg$_f$/㎠ 압력이 걸려있어 분해하는 것은 위험하다.

3) 오일에 기포가 쉽게 발생되지 않아 장시간 작동되어도 감쇠효과가 저하되지 않는다.

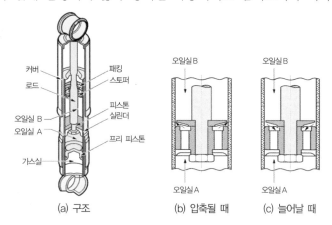

(a) 구조   (b) 압축될 때   (c) 늘어날 때

그림 드가르봉 형식의 구조와 작동

3 스태빌라이저 Stabilizer

독립식 현가장치에서 사용되는 일종의 토션 바이며, 선회할 때 차체의 기울기 및 좌우 진동rolling 을 방지하고 차의 평형을 유지하기 위해서 설치한 것이다.

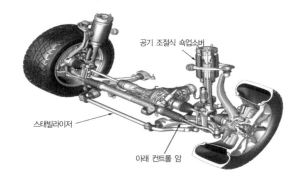

그림 스태빌라이저

4 현가장치의 종류

앞 차축 및 앞 현가장치는 차량의 앞부분에 가해지는 하중을 지지하고 뒤 차축 및 뒤 현가장치는 차량의 뒤 부분에 가해지는 하중을 지지하며, 바퀴에서 발생되는 진동을 흡수 완화하는 역할을 한다. 앞 차축 및 앞 현가장치에는 조향장치의 일부가 설치되어 있으며, 대형 차량에서는 일체차축 현가장치를 사용하고 승용차에서는 독립현가장치를 사용한다.

(1) 일체식 및 독립식 현가장치의 비교

1) 일체식 현가장치

① 구조가 간단하다.

② 선회 시 차체의 기울기가 적다.

③ 승차감이 좋지 않다.

④ 로드 홀딩이 좋지 못하다.

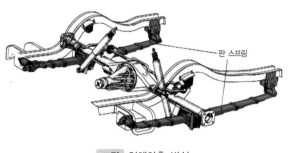

2) 독립식 현가장치

① 바퀴의 시미甲를 잘 일으키지 않는다.

② 스프링 밑 질량이 적어 승차감이 좋다.

③ 스프링 상수가 작은 스프링도 사용할 수 있다.

④ 로드 홀딩이 좋다.

그림 일체차축 방식

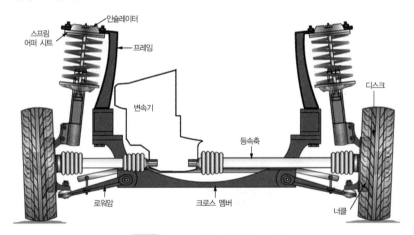

그림 맥퍼슨 형식의 독립현가 장치

> **TIP**
>
> ▶ **시미의 원인**
> ① 앞바퀴 정렬의 조정이 불량하고, 조향기어가 마모되었다.
> ② 바퀴가 변형 및 현가 스프링이 쇠약하고, 타이어의 공기압이 낮다.
> ③ 바퀴의 동적 불평형일 때 고속시미의 원인, 그 외는 저속시미의 원인이다.

甲 자동차 앞바퀴의 심한 진동을 이르는 말로, 고속 시미와 저속 시미 두 종류가 있다.
　고속 시미는 타이어의 언밸런스, 균일성 불량이 원인이고, 서스펜션, 스티어링 시스템이 공진하는 현상에 있다.
　저속 시미는 주행 시 앞바퀴가 킹핀 축 주위에서 자력 진동을 하고 스티어링 휠과 보디가 격렬하게 흔들리는 현상으로, 특히 굴을 통과할 때 발생하기 쉽다.

(2) 독립식 현가장치의 종류

1) 위시본 형식 Wishbone type

비 교	평행사변형	SLA(Short-Long Arm)
위아래컨트롤 암의 길이	같다.	위 < 아래
캠 버	변화 없다.	변한다.
윤 거	변한다.	변화 없다.
타이어 마모도	빠르다.	느리다.

※ SLA 형식은 독립현가장치의 스프링이 피로하거나 약해지면 바퀴의 위 부분이 안쪽으로 움직여 부의 캠버가 된다.

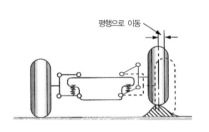
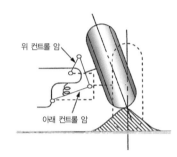

그림 평행사변형과 SLA 방식

2) 더블 위시본 형식

위시본 형식의 단점을 보완한 것으로 맥퍼슨 형식보다 상대적으로 강성이 크고 상하운동 시 캠버나 캐스터 등의 변화가 적으며 승차 감각이 부드럽고, 조향안정성이 큰 장점이 있다. 그러나 구조가 복잡하고 넓은 설치공간이 필요한 단점이 있다.

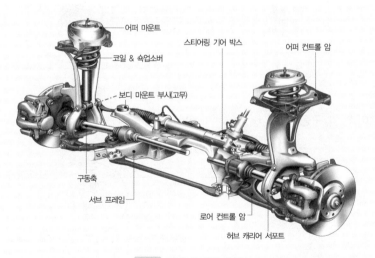

그림 더블 위시본 형식

3) 맥퍼슨 형식

스트럿과 조향 너클이 일체로 된 형식이며, 특징으로는 엔진실의 유효 체적을 넓게 할 수 있고, 스프링 밑 질량이 작아 로드 홀딩이 우수하다.

4) 기타 현가

① **트레일링 링크형식** : 1~2개의 링크 또는 암으로 연결, 타이어의 마모가 적지만 옆 방향에 저항이 약해 많이 사용하지는 않는다.

② **스윙차축 형식** : 좌우로 분리한 차축이 독립적으로 운동하는 방식으로 주로 소형차 후륜에 적용되며 타이어의 마모가 가장 크다.

5 뒤 차축 구동방식

차체는 구동 바퀴로부터 추력을 받아 전진 및 후진하며 구동 바퀴의 추력을 차체에 전달하는 방식이며, 종류에는 호치키스, 토크 튜브, 레디어스 암 구동 등이 있다.

1) 호치키스 구동 Hotchkiss drive : 리어엔드 토크[甲]는 판스프링이 흡수한다.

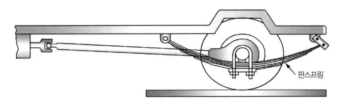

판스프링

그림 호치키스 구동

2) 토크 튜브 구동 Torque tube drive : 리어엔드 토크는 토크 튜브가 흡수한다.

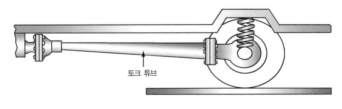

토크 튜브

그림 토크 튜브 구동

3) 레디어스 암 구동 Radius arm drive : 리어엔드 토크는 2개의 암이 흡수한다.

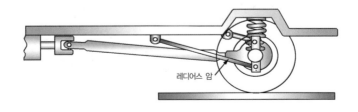

레디어스 암

그림 레디어스 암 구동

甲 바퀴의 회전 방향과 반대 방향으로 차축이 회전하려는 힘

6 자동차의 진동

스프링에 의해서 차체에 지지하는 스프링 위 질량과 바퀴와 현가장치 사이에 설치되어 있는 액슬 하우징을 지지하는 스프링 아래 질량으로 분류되며, 각각의 고유 진동은 다음과 같다.

(1) 스프링 위 질량의 진동

1) **롤링** Rolling : 차체가 X축을 중심으로 회전하는 좌우 진동

2) **피칭** Pitching : 차체가 Y축을 중심으로 회전하는 앞뒤 진동

3) **바운싱** Bouncing : 차체가 Z축 방향으로 움직이는 상하 진동

4) **요잉** Yawing : 차체가 Z축을 중심으로 회전하는 수평 진동

그림 스프링 위 질량 진동

(2) 스프링 아래 질량의 진동

1) **휠 트램프** Wheel tramp : 액슬 하우징이 X축을 중심으로 회전하는 좌우 진동

2) **와인드 업** Wind up : 액슬 하우징이 Y축을 중심으로 회전하는 앞 뒤 진동

3) **휠 홉** Wheel hop : 액슬 하우징이 Z축 방향으로 움직이는 상하 진동

4) **트위스팅** Twisting : 종합 진동이며, 모든 진동이 한꺼번에 일어나는 현상

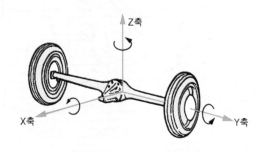

그림 스프링 아래 질량 진동

(3) 차량 전체 진동

1) **완더** : 자동차가 직진 주행 시 어느 순간 한쪽으로 쏠렸다가 반대 방향으로 쏠리는 현상을 말한다.

2) **로드 스웨이** : 자동차가 고속 주행 시 차의 앞부분이 상하, 좌우 제어할 수 없을 정도로 심한 진동이 일어나는 현상을 말한다.

3) **쉐이크** : 승객이 승하차 할 때 차체가 상하 진동을 한다. 이 때 감쇠력을 하드로 변환하여 차체의 진동 충격을 억제하는 것을 앤티 쉐이크 Anti-shake라 한다.

7 전자제어 현가장치(ECS) Electronic Controlled Suspension

(1) 개요

전자제어 현가장치는 자동차의 운행 상태를 검출하기 위한 각종 센서, 공기 압축기, 액추에이터, 공기 챔버 등으로 구성되어 있으며, ECU에 의해서 액추에이터가 제어되기 때문에 앞뒤의 스프링 상수와 감쇠력 및 차고가 주행 조건에 따라서 자동적으로 변환된다.

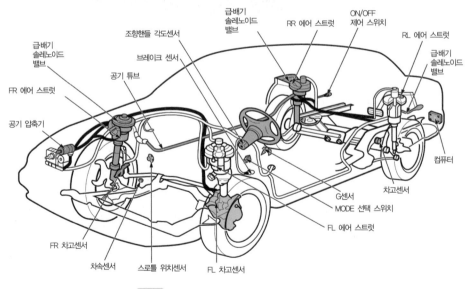

그림 공기식 전자제어 현가장치

- **스프링 상수 2단계** : 소프트 soft, 하드 hard
- **감쇠력 3단계** : 오토 auto, 소프트 soft, 하드 hard
- **차고 3단계** : 노멀 normal(중간 medium), 로우 low, 하이 high

(2) ECS 특징과 작용 및 기능

전자제어 현가장치는 유압식과 공압식이 있다. 유압식은 유로를 제어하여 감쇠력을 제어하고 공압식은 운전자의 선택 상태, 주행조건, 노면 상태에 따라 차량의 높이와 감쇠력을 자동적으로 조절하는 장치이며, 기능은 다음과 같다.

① 승차감이 우수하고, 충격 감소 효과가 뛰어나다.
② 급제동 시 노스다운 방지가 잘 되고 조향 시 차체의 쏠림이 현저히 적다.
③ 노면으로부터 차량의 높이 조정과 고속 주행 시 안정성이 있다.

(3) 구성 부품

1) 구성

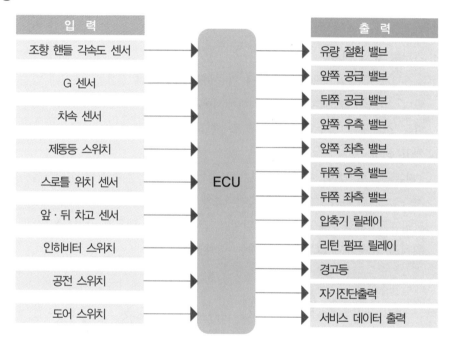

입 력		출 력
조향 핸들 각속도 센서		유량 절환 밸브
G 센서		앞쪽 공급 밸브
차속 센서		뒤쪽 공급 밸브
제동등 스위치		앞쪽 우측 밸브
스로틀 위치 센서	ECU	앞쪽 좌측 밸브
앞·뒤 차고 센서		뒤쪽 우측 밸브
인히비터 스위치		뒤쪽 좌측 밸브
공전 스위치		압축기 릴레이
도어 스위치		리턴 펌프 릴레이
		경고등
		자기진단출력
		서비스 데이터 출력

① 조향 휠 각속도 센서(스티어링 휠 각속도 센서)

조향 휠의 작동 속도를 감지하여 ECU로 전송하며, 조향 휠 각도 센서는 차량이 주행 중 급커브 상태를 감지하는 센서이다.

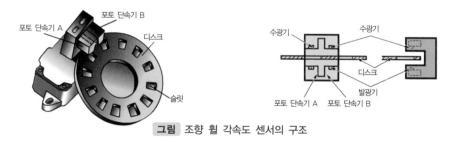

그림 조향 휠 각속도 센서의 구조

② G(중력) 센서

엔진룸 내의 차체에 설치되어 있고, 차체의 롤
roll 을 제어하기 위한 전용 센서이다.

③ **차속 센서**

차속을 ECU에 입력시켜 급출발 및 급제동 등을
파악하는 신호로 활용된다. 종류로 리드 스위치
식甲, 광전식乙(전자 미터 차량), 전자식丙센서가
있다.

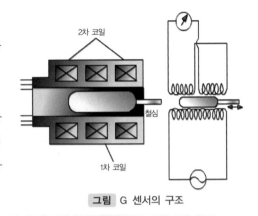

그림 G 센서의 구조

> **TIP**
> ※ ECU가 차량이 규정 속도 이하에서 급출발 여부를 판단하는 센서 : TPS와 차속센서이다.
>   급제동을 판단하는 센서 : 브레이크 스위치와 차속센서이다.

④ **스로틀 위치 센서**

스로틀 밸브의 작동 속도 등을 검출하여 전기적인 신호를 ECU에 입력시키는 역할을
한다. 따라서 ECU는 스로틀 위치 센서에서 입력된 신호를 연산하여 급가속 및 급감속에
따른 스프링의 상수와 감쇠력을 조절한다.

⑤ **차고 센서**

기본적으로 앞·뒤 차축에 각 1개씩 설치되어 있으며 제어의 정밀도를 높이기 위해 앞
차축 2개, 뒤 차축 1개 or 각 차축마다 2개씩 설치한 방식이 있다. 차고 센서의 구성 부품은
발광 다이오드와 수광 트랜지스터이다. 그리고 차고 센서가 감지하는 것은 차축과 차체의
위치를 감지하여 ECU로 보내주는 역할을 한다.

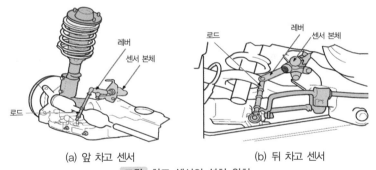

(a) 앞 차고 센서   (b) 뒤 차고 센서

그림 차고 센서의 설치 위치

甲 스피도미터(speedometer-속도계) 내의 회전자석 부근에 장착되거나 리드 스위치에 의해 차속에 비례한 회수의 ON, OFF 신호를 만들고
차속을 검출한다.

乙 스피도미터 내의 발광 다이오드와 포토트랜지스터를 대향시켜서 조합하는 포토커플러와 스피도미터 케이블로 구동되는 차광판(날개차)에 의
해 차속을 검출한다. 스피도미터 케이블의 회전에 의해 발광 다이오드 빛이 차단되며, 이로 인해 포토트랜지스터가 ON, OFF가 되어 신호
가 만들어진다.

丙 트랜스미션에 설치되어 있고, 차속 센서에는 마그넷과 IC가 내장되어 있다. 트랜스미션에 스피도미터나 미터 드블링 기어의 회전은 회전축
을 통하여 마그넷으로 전달되고, 마그넷의 회전은 자계(磁界)의 변화를 일으킨다. 이것을 IC로 감지하여 차속을 검출한다.

⑥ **ECU(컴퓨터** : Electronic Control Unit)

　　각종 감지기로부터 입력 신호를 받아서 이를 기초로 하여 차량의 상태를 파악하여 각종 액추에이터를 작동시킨다.

⑦ **공기 압축기**

　　공기 저장 탱크의 공기 압력이 규정 값보다 낮을 때에는 공기 압축기가 작동하여 공기 저장 탱크 내의 압력을 일정한 수준의 압력으로 높여주는 역할을 한다.

2) 전자제어 현가장치 쇽업소버의 제어

① **감쇠력 제어**

　ⓐ **액추에이터** : 스위칭 로드를 회전시키기 위한 장치

　ⓑ **스위칭 로드** : 쇽업소버의 오일 통로를 제어하여 감쇠력을 하드 또는 소프트로 변환시키는 장치

　ⓒ **오리피스** : 오일이 상하 실린더로 이동할 때 통과하는 구멍

② **높이 제어**

　ⓐ 공기 챔버의 체적과 쇽업소버 길이를 증가시키는 2요소로 구성

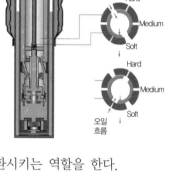

　ⓑ 노면의 상태에 따라 솔레노이드 및 액추에이터에 의해서 자동적으로 감쇠력 및 자동차의 높이를 변환시키는 역할을 한다.

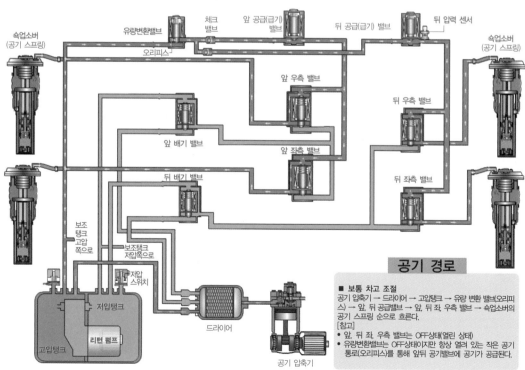

■ 보통 차고 조절
공기 압축기 → 드라이어 → 고압탱크 → 유량 변환 밸브(오리피스) → 앞, 뒤 공급밸브 → 앞, 뒤 좌, 우측 밸브 → 쇽업소버의 공기 스프링 순으로 흐른다.
[참고]
• 앞, 뒤 좌, 우측 밸브는 OFF상태(열린 상태)
• 유량변환밸브는 OFF상태이지만 항상 열려 있는 작은 공기 통로(오리피스)를 통해 앞뒤 공기밸브에 공기가 공급된다.

3) 동적 제어

① **앤티 롤링 제어** : 차체가 선회할 때 원심력에 의한 바깥쪽 바퀴의 스트럿의 압력을 높이고 안쪽은 낮추어 롤링하려고 하는 힘을 억제한다.

② **앤티 스쿼트 제어** : 급출발 및 급가속 시 발생되는 노스업 현상을 제어한다.

③ **앤티 다이브 제어** : 급제동 시 발생되는 노스다운 현상을 제어한다.

④ **앤티 피칭 제어** : 요철 도로면을 주행할 때 차체의 높이 변화와 주행속도를 고려하여 쇽업소버의 감쇠력을 증가시킨다.

⑤ **앤티 바운싱 제어** : G센서에서 검출된 신호로 바운싱 발생 시 감쇠력을 소프트에서 미디움이나 하드로 변환한다.

⑥ **차속 감응 제어** : 고속 주행 시 안정성을 높이기 위하여 쇽업소버의 감쇠력을 소프트에서 미디움이나 하드로 변환한다.

⑦ **앤티 쉐이크 제어** : 승하차 시 쇽업소버의 감쇠력을 하드로 변환시킨다.

4) 기타 제어

① **스카이훅 제어** Sky hook control

스프링 위 차체에 훅을 고정시켜 레일을 따라 이동하는 것처럼 차체의 움직임을 줄이는 제어로 상하방향의 가속도 크기와 주파수를 검출하여 상하 G의 크기에 대응하여 공기 스프링의 흡·배기 제어와 동시에 쇽업소버의 감쇠력을 딱딱하게 제어하여 차체가 가볍게 뜨는 것을 감소시킨다. 후륜은 주

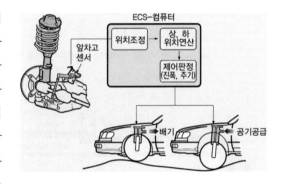

행 속도에 연동시켜 전륜에 의해 자동적으로 제어된다.

② **프리뷰 제어** Preview control

자동차 앞쪽에 있는 도로 면의 돌기나 단차를 초음파로 검출하여 바퀴가 단차 또는 돌기를 넘기 직전에 쇽업소버의 감쇠력을 최적으로 제어하여 승차 감각을 향상시킨다.

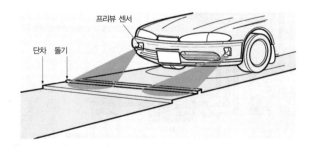

③ 퍼지 제어 fuzzy control − 모호 이론 : 주관적인 학습경험 치 활용 접목, 최적 제어 보증과 학습은 안 됨.

ⓐ 도로면 대응 제어

　상하 진동을 주파수로 분석하여 쇽업소버의 감쇠력을 퍼지제어 하여 상하진동이 반복되는 구간에서도 우수한 승차감각을 얻도록 한다.

ⓑ 롤링 제어

　도로면 경사각도 및 조향 핸들의 조작 횟수를 추정하여 운전 상황에 따른 조향 특성을 얻기 위해 앞·뒤 바퀴의 앤티롤(anti−roll) 제어시기를 조절한다.

(4) 모드 표시등

　전자제어 현가장치의 ECU는 운전자의 스위치 선택에 따른 현재 ECS의 작동 모드를 표시등에 점등시켜 주고, 고장이 발생했을　때 알람 표시등을 점등시켜 시스템의 점검이 필요함을 알려준다. 이 때 ECS는 정상적으로 작동되지 않는다.

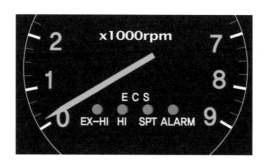

그림 　모드 표시등

01. 주행 중 노면에서 받은 충격 및 진동을 완화하거나 자동차의 승차감과 안정성 향상을 위한 것이 조향장치이며 가장 승차감이 뛰어난 진동은 60~120cycle/min이다. ☐ O ☐ X

02. 판스프링은 주행 중 큰 진동을 잘 흡수하며, 비틀림 진동에도 강하여 승차감이 우수하다. ☐ O ☐ X

03. 코일 스프링은 작은 진동 흡수율이 좋고 단위중량당 에너지 흡수율이 커서 중량이 많이 나가는 차량에 사용되기 적합하다. ☐ O ☐ X

04. 토션바 스프링은 단위중량당 에너지 흡수율이 가장 크고 좌·우의 것이 구분되어 있으며 스프링 자체 진동 상쇄작용이 우수하여 쇽업소버를 병용하여 사용하지 않아도 된다. ☐ O ☐ X

05. 공기 스프링은 하중에 상관없이 차체의 높이를 항상 일정하게 유지할 수 있고 매우 유연하여 진동 흡수율이 좋다. ☐ O ☐ X

06. 쇽업소버는 스프링의 고유진동을 흡수하여 승차감 향상 및 스프링 피로도 감소, 로드 홀딩을 향상시킬 수 있는 장치로 열에너지를 상하 운동에너지로 변환시킨다. ☐ O ☐ X

07. 드가르봉식 쇽업소버는 텔레스코핑의 개량형이며 구조가 간단하며 1개의 실린더로 구성되어 있어 방열효과가 우수하다. 또한 30bar의 높은 압력이 걸려 있어 장시간 작동되어도 오일에 기포가 발생되지 않아 감쇠효과의 저하도 거의 없다. ☐ O ☐ X

08. 선회할 때 차체의 기울기 및 좌우 진동인 롤링을 줄여주고 차의 평형을 유지하기 위해 설치한 것이 스태빌라이저다. ☐ O ☐ X

09. 일체식 현가장치에는 주로 판스프링을 사용하고 독립식 현가장치에는 코일 스프링을 많이 사용한다. ☐ O ☐ X

366

10. 독립 현가장치의 위시본 형식은 평행사변형과 SLA형으로 나뉘고 현가 시 캠버가 변하고 타이어의 마모도가 높은 것이 SLA형식이다.

　　　　　　　　□ ○ 　□ ×

11. 맥퍼슨 형식은 조향너클과 스트럿이 일체로 제작된 형식을 뜻하며, 엔진실의 유효 체적을 넓게 할 수 있고 스프링 밑 질량이 작아 로드 홀딩이 우수하다.

　　　　　　　　□ ○ 　□ ×

12. 뒤 차축 구동방식의 종류인 호치키스 구동은 리어엔드 토크를 2개의 암을 통해 흡수한다.

　　　　　　　　□ ○ 　□ ×

13. 스프링 위 질량진동의 종류로 롤링, 와인드업, 바운싱, 요잉이 있다.

　　　　　　　　□ ○ 　□ ×

14. 휠 트램프는 스프링 아래 질량 진동으로 액슬 하우징이 X축을 중심으로 회전하는 좌우 진동을 뜻한다.

　　　　　　　　□ ○ 　□ ×

15. 전자제어 현가장치 ECS의 입력신호로 조향 핸들 각속도센서, 중력센서, 압축기 릴레이, 리턴펌프 릴레이 등이 있다.

　　　　　　　　□ ○ 　□ ×

16. ECS의 앤티 스쿼트 제어는 급제동 시 발생되는 노스다운 현상을 제어한다.

　　　　　　　　□ ○ 　□ ×

17. 자동차 앞쪽에 있는 도로 면의 돌기나 단차를 초음파로 검출하여 쇽업쇼버의 감쇠력을 최적으로 제어하여 승차감을 향상시키는 것을 프리뷰 제어라 한다.

　　　　　　　　□ ○ 　□ ×

18. ECS 모드 표시등 중 알람이 점등되었을 때는 1시간 동안 ECS를 정상적으로 작동 시킬 수 있다.

　　　　　　　　□ ○ 　□ ×

4·
섀
시

정답 및 해설

10. 독립 현가장치의 위시본 형식은 평행사변형과 SLA형으로 나뉘고 현가 시 캠버가 변하고 타이어의 마모도가 낮은 것이 SLA형식이다.

12. 뒤 차축 구동방식의 종류인 호치키스 구동은 리어앤드 토크를 판스프링을 통해 흡수한다.

13. 스프링 위 질량진동의 종류로 롤링, 피칭, 바운싱, 요잉이 있다.

15. 전자제어 현가장치 ECS의 입력신호로 조향 핸들 각속도센서, 중력센서, 차속센서, 스로틀 위치 센서 등이 있다.

16. ECS의 앤티 다이브 제어는 급제동 시 발생되는 노스다운 현상을 제어한다.

18. ECS 모드 표시등 중 알람이 점등되었을 때는 ECS를 정상적으로 작동시킬 수 없다.

정답
10.× 　11.○ 　12.× 　13.×
14.○ 　15.× 　16.× 　17.○
18.×

01 현가장치의 기능을 잘못 설명한 것은?

① 차축과 차체 사이에 스프링을 두고 연결함으로써 앞 차축이나 뒤 차축을 지지한다.

② 주행 중 차체의 상하진동을 완화하여 승차감을 좋게 한다.

③ 전후·좌우로 흔들리는 것을 방지하여 안전성을 향상시킨다.

④ 승차감이 가장 뛰어난 진동은 60~120 cycle/sec 이다.

02 판스프링 현가장치의 장점이라고 볼 수 없는 것은?

① 큰 진동을 잘 흡수한다.

② 비틀림에 대해 강하다.

③ 구조가 간단하다.

④ 승차감이 좋다.

03 스프링 작용이 유연하기 때문에 쇽업소버와 결합하여 독립 현가장치에 많이 사용되고 있는 것은?

① 판스프링　　② 코일 스프링

③ 토션바 스프링　④ 공기 스프링

04 코일 스프링 현가장치의 특징으로 잘못 설명된 것은?

① 작은 진동의 흡수율이 크다.

② 마찰에 의한 진동감쇠 작용이 없다.

③ 비틀림에 대하여 약하다.

④ 쇽업소버나 링크기구가 불필요하다.

05 호치키스 드라이브에서 리어 엔드 토크는 어느 것에 의하여 흡수되는가?

① 판스프링　　② 트레일링 암

③ 추진축　　　④ 토크 튜브

06 공기 스프링 현가장치에서 공기 스프링의 심장부로 차의 높이를 일정하게 유지시켜 주는 구성품은?

① 공기 압축기　② 서지 탱크

③ 벨로즈 스프링　④ 레벨링 밸브

07 노면에 의해 발생된 스프링의 진동을 흡수하는 기능을 가진 현가장치는?

① 고무 스프링　② 쇽업소버

③ 현가 스프링　④ 스태빌라이저

08 쇽업소버의 기능의 설명이 잘못된 것은?

① 스프링의 피로를 적게 한다.

② 승차감을 향상시킨다.

③ 로드 홀딩을 향상시킨다.

④ 스프링의 열에너지를 상하운동 에너지로 변환시킨다.

09 차고제어가 가능한 전자제어 현가장치(ECS)의 구성부품이 아닌 것은?

① 타이로드 엔드

② 공기 압축기

③ 공기 저장 탱크

④ 차고 센서

10 독립 현가장치의 장점에 대한 설명으로 틀린 것은?

① 선회 시 차체 기울기가 적다.
② 스프링 아래 질량이 작아 승차감이 좋다.
③ 스프링 정수가 작을 것을 사용할 수 있다.
④ 바퀴가 시미를 잘 일으키지 않고 로드 홀딩이 우수하다.

11 전자제어 현가장치의 장점이 아닌 것은?

① 고속주행 시 안정성이 있다.
② 출발 시 발생하는 리어엔드 토크는 판 스프링이 흡수한다.
③ 노면상태에 따라 승차감을 조정한다.
④ 쇼크 및 롤링을 줄이고 최적의 진동수를 갖게 한다.

12 전자제어 현가장치에 사용되는 쇽업소버에서 오일이 상하 실린더로 이동할 때 통과하는 구멍을 무엇이라고 하는가?

① 밸브 하우징   ② 로터리 밸브
③ 오리피스   ④ 스텝 구멍

13 위시본형 현가장치의 평행사변형식의 설명으로 틀린 것은?

① SLA형식에 비하여 타이어 마모도가 적다.
② 바퀴가 상하 운동 시 윤거가 변화한다.
③ 캠버의 변화가 없어 커브 주행 시 안전성이 증가한다.
④ 위, 아래 컨트롤 암을 연결하는 4점이 평행사변형이다.

14 전자제어 현가장치의 제어를 위한 입력 센서와 관계없는 것은?

① 조향 휠 각속도 센서
② 차속 센서
③ 스로틀 포지션 센서
④ 앤티 다이브 센서

15 전자제어 현가장치(ECS)에서 차고 조정이 정지되는 조건이 아닌 것은?

① 커브길 급선회 시
② 급 가속 시
③ 고속 주행 시
④ 급 정지 시

16 전자제어 현가장치의 입력 센서가 아닌 것은?

① 차속 센서
② G 센서
③ 조향 휠 각속도 센서
④ 공기 스프링

17 SLA 현가장치에서 사용되는 코일 스프링은 어디 사이에 설치되는가?

① 위 컨트롤 암과 아래 컨트롤 암
② 아래 컨트롤 암과 프레임
③ 위 컨트롤 암과 프레임
④ 아래 컨트롤 암과 위 컨트롤 암 지지대

18 자동차의 선회 시 롤링 이상은 어느 장치와 관련 있는가?

① 쇽업소버   ② 댐퍼 스프링
③ 스태빌라이저   ④ 현가 스프링

19 다음에서 스프링의 진동 및 스프링 위 질량의 진동과 관계없는 것은?

① 바운싱   ② 피칭
③ 휠 트램프   ④ 롤링

20 다음에서 스프링의 진동 및 스프링 아래 질량의 진동과 관계없는 것은?

① 바운싱   ② 와인드 업
③ 휠 트램프   ④ 휠 홉

정답 및 해설

ANSWERS

01.④	02.④	03.②	04.④	05.①	06.④
07.②	08.④	09.①	10.①	11.②	12.③
13.①	14.④	15.③	16.④	17.②	18.③
19.③	20.①				

01. 사람이 편안하다고 느끼는 진동은 60~120cycle/min이다.

02. 판스프링은 주로 일체식 차축에 많이 사용되고 축의 중량이 많이 나가는 관계로 승차감이 좋지 않게 된다.

03. 코일 스프링은 마찰에 의한 진동감쇠 작용이 없고 하중의 측방향에 대한 저항력이 작기 때문에 쇽업소버와 병용하여 사용한다.

04. 코일 스프링은 감겨 있는 스프링강 재질이 겹치지 않게 설치된다. 이러한 구조는 스프링에 힘이 가해졌다가 해제 되었을 때 스프링에 남아있는 진동을 감쇠시켜 줄 수 있는 작용을 하지 못하게 된다. 따라서 코일스프링은 감쇠장치인 쇽업소버를 같이 사용해야 한다.

05. 호치키스 구동방식에서 판스프링이 바퀴의 회전방향과 반대로 차축이 회전하는 힘을 지지하게 된다.

06. 공기 현가장치의 공기 압축기에서 압송된 공기는 체크 밸브를 지나 메인 탱크로 보내지고 앞과 뒤쪽의 레벨링 밸브의 작동에 의해 압축된 공기는 자동차가 표준 높이에 이르기까지 서지 탱크(surge tank)와 벨로스(bellows)라 불리는 막판으로 보내지게 된다.

07. 액체가 작은 구멍(오리피스)을 통과할 때 발생하는 저항력이 감쇠력이다. 쇽업소버는 이 현상을 이용하여 스프링이 늘어나거나 줄어드는 속도를 제어할 수 있다.

08. • **로드 홀딩** : 타이어와 노면의 밀착 안정성을 뜻한다.
　　• **쇽업소버** : 스프링의 상하진동(운동에너지)을 유체의 저항에 의한 열에너지로 변환시키는 장치이다.

09. 차고를 조절하기 위해 공기 현가장치를 사용하고 ECS의 감쇠력을 제어하기 위해 액추에이터(스텝모터)를 구동하여 스위칭(컨트롤) 로드가 회전하면서 오일의 통로 크기를 변화시킨다.

10. 스프링 정수가 작기(무르기) 때문에 선회 시 차체의 기울기는 크다.

11. ②번의 내용은 대형차에서 적용될 수 있는 내용이지만 전자제어 현가장치만의 장점이 아니다.

12. 오리피스 튜브형 에어컨 방식에서 언급되었던 오리피스와 동일하다.

13. 평행사변형식은 타이어가 충격을 받았을 때 노면의 변화에 따라 기울어질 수 없는 구조이기 때문에 타이어 마모가 심하다.

14. 앤티 다이브는 센서가 아닌 제어로 ECS가 급제동 시 발생되는 노스다운 현상을 줄이는 것이다.

15. 고속 주행 시 차고를 낮춰 양력을 줄이고 타이어 구동 시 노면과 접지력을 유지시켜 준다.

16. 공기 스프링 내부에는 액추에이터가 존재한다.

17.

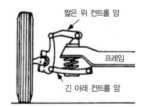

짧은 위 컨트롤 암
프레임
긴 아래 컨트롤 암

18. 차체가 기울어질 때 좌·우 로워암과 차체를 토션 바로 묶어 롤링을 제어하는 장치를 스태빌라이저라 한다.

19. 스프링 위 질량의 진동
　• **롤링** : X축 기준 회전하는 좌·우 진동
　• **피칭** : Y축 기준 회전하는 앞·뒤 진동
　• **요잉** : Z축 기준 회전하는 수평진동
　• **바운싱** : Z축 기준 상하진동

20. 스프링 아래 질량의 진동
　• **휠 트램프** : X축 기준 회전운동
　• **와인드 업** : Y축 기준 회전운동
　• **휠 홉** : Z축 기준 상하운동
　• **트위스팅** : 종합 진동으로 모든 진동이 한꺼번에 일어나는 현상

자동차의 주행 방향을 임의로 변환시키는 장치로 일반적으로 운전자가 조향 휠을 조작하면 앞바퀴가 진행하는 위치가 변화되는 구조이다. 독립차축의 조향장치는 타이로드 2개, 일체차축 조향장치는 타이로드 1개로 조향 너클을 밀거나 당긴다.

1 독립차축 조향장치

(1) F·F 방식의 독립차축 조향장치 동력전달 순서(랙과 피니언 방식)

조향 휠(핸들) → 조향 축 → 조향 조인트 → 조향 기어 박스(피니언 기어 → 래크 기어) → 타이로드 → 타이로드 엔드 → 너클 암(조향 너클 암) → 너클 → 휠 허브 베어링 → 디스크 → 휠 → 타이어

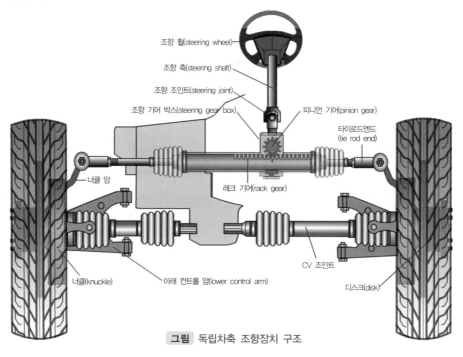

그림 독립차축 조향장치 구조

(2) 독립차축 조향장치 동력전달 순서(볼 너트 방식)

조향 휠(핸들) → 조향 축 → 조향 조인트 → 조향 기어 박스(볼 너트 → 섹터 축) → 피트먼 암 → 센터 링크(릴레이 로드) → 타이로드 → 타이로드 조정 칩 → 타이로드 엔드 → 너클 암 → 휠 → 타이어

참고 B쪽 센터 링크가 처지지 않도록 차체에 지지된 아이들 암을 활용하여 피트먼 암과 평형 유지

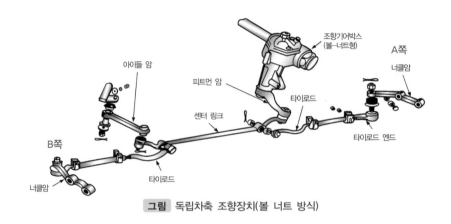

그림 독립차축 조향장치(볼 너트 방식)

2 일체차축 조향장치

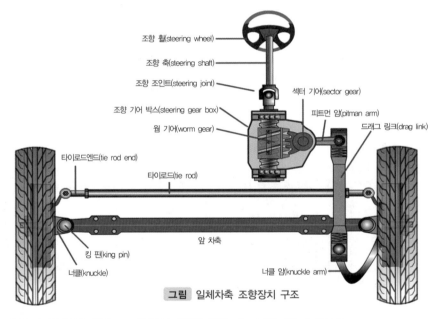

그림 일체차축 조향장치 구조

(1) F·R 방식의 일체식 차축 조향장치 동력전달 순서(웜 섹터 방식)

조향 휠(핸들) → 조향 축 → 조향 조인트 → 조향 기어 박스(웜기어 → 섹터 기어) → 피트먼 암 → 드래그 링크 → 너클 암(조향 너클 암) → 너클 → 타이로드 → 반대쪽 너클 → 휠 → 타이어

(2) 차축과 킹핀

앞 차축은 I 형의 단면으로 양끝에는 조향 너클 및 스핀들을 설치하기 위한 킹핀을 끼우는 홈이 있는데 설치하는 방법에 따라 엘리옷형, 역 엘리옷형, 마몬형, 르모앙형이 있다.
이중 역 엘리옷형이 가장 많이 사용되고 있다.

참고 엘리옷형-킹핀이 조향너클에 고정, 역 엘리옷형-킹핀이 앞 차축에 고정

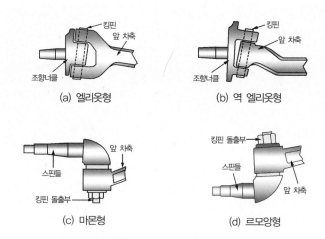

(a) 엘리옷형   (b) 역 엘리옷형

(c) 마몬형   (d) 르모앙형

그림 조향 너클 설치 방식

(3) 조향장치의 원리

1) 애커먼 장토식 Ackerman Jeantaud type

차축과 너클암, 타이로드가 사다리꼴 형상을 하고 있으며 너클의 연장선이 뒤 차축 중심에 일치한다. 이런 구조는 선회 시 바깥쪽 타이어가 안쪽 타이어 보다 작은 각으로 선회하게 만들어 사이드슬립을 방지한다.

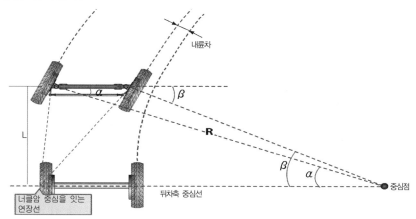

오른쪽으로 선회할 때 오른쪽 바퀴의 조향각 β가 왼쪽의 α 보다 크다.

2) 최소 회전 반경 Minimum radius of turning

조향 각도를 최대로 하고 선회할 때 동심원의 중심에서 가장 먼 바퀴의 중심까지의 반지름을 뜻한다.(보통 자동차의 최대 조향각은 40° 이하)

※ **실제 최소 회전 반경** : 소형 승용차(4.5~6m 이하), 대형 트럭(7~10m 이하),

법규상(12m 이하)

$$R = \frac{L}{\sin\alpha} + r \qquad\qquad \beta - \alpha = \text{애커먼각}$$

R = 최소회전반경　　　　　　　L = 축거

α = 바깥쪽 앞바퀴의 조향 각도

r = 킹핀 중심선에서 타이어 중심선까지의 거리

3 조향장치의 종류와 구비조건

(1) 구비조건

1) 선회 시 감각을 알 수 있고 반력[甲]을 이길 것

2) 선회 후 조향핸들의 복원 성능이 있을 것

3) 약간의 충격은 핸들에 전달되어 운전자가 감각을 느낄 수 있을 것

4) 조작력에 무리가 되지 않는 선에서 되도록 조향비를 작게하여 신속한 조작이 가능할 것

$$\text{조향(기어)비} = \frac{\text{조향 핸들이 회전한 각도}}{\text{피트먼 암이 회전한 각도}}$$

① **작으면** : 조향 핸들 조작이 빠르지만 큰 회전력이 필요하다.

② **크면** : 조향 핸들 조작은 가벼우나 바퀴의 작동 지연이 생긴다.

③ **소형차** 10~15 : 1, **중형차** 15~20 : 1, **대형차** 20~30 : 1

(2) 조향장치의 힘 전달

① **비가역식** : 바퀴의 힘이 조향 핸들에 전달되지 않는 형식(기어비가 클 때)

② **가역식** : 바퀴의 힘이 조향 핸들에 전달되는 형식(기어비가 작을 때)

③ **반가역식** : 바퀴의 힘이 조향 핸들에 어느 정도 전달되는 형식

(3) 조향기어의 종류

① 웜 섹터 형식　　② 웜 섹터 롤러 형식　　③ 볼 너트 형식

④ 웜 핀 형식　　　⑤ 래크와 피니언 형식　　⑥ 볼 너트 웜 핀 형식

(4) 조향장치의 고장원인

1) 조향 핸들에 충격을 느끼게 되는 원인

① 앞바퀴 정렬 부적당할 때

② 타이어의 공기압이 너무 높거나 쇽업소버의 작동 불량할 때

[甲] 선회 시 핸들을 돌리는 힘에 저항하여 되돌아가는 힘

2) 주행 중 조향 핸들이 한쪽으로 쏠리는 원인

① 좌·우의 캠버가 같지 않는 등의 앞바퀴 정렬이 맞지 않을 때

② 컨트롤 암이 휘어서 좌·우 무게 밸런스가 맞지 않을 때

③ 타이어 공기압이 좌·우 불균형을 이룰 때

④ 양쪽 브레이크 간극이 달라 제동력의 차이를 보일 때

⑤ 한쪽 쇽업소버의 작동 불량으로 차체가 기울어졌을 때

3) 조향핸들의 유격이 크게 되는 원인

① 조향기어의 조정 불량 및 마모가 되어 백래시가 커졌을 때

② 허브 베어링의 마모 및 헐거움이 있을 때

③ 조향 링키지의 이완 및 마모되어 유격이 생겼을 때

4 조향 이론

(1) 코너링 포스 C_f - Cornering force

타이어가 어떤 슬립각을 가지고 선회 할 때 접지면에 발생하는 힘 가운데, 타이어의 진행 방향에 대하여 안쪽 직각으로 작용하는 성분을 코너링 포스라 한다.

(2) 복원 토크

선회 시 타이어의 진행방향과 일치시키려는 토크나 모멘트가 회전면에 작용하는데 이를 복원 토크라 한다.

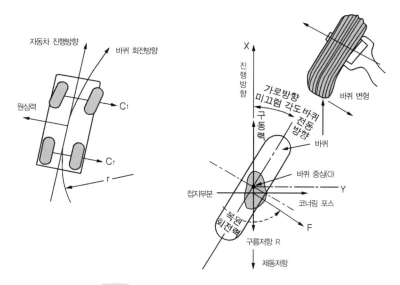

그림 코너링 포스와 복원 토크

(3) 언더 스티어링 현상 Under Steering, U.S.

뒷바퀴에 작용하는 코너링 포스가 커서, 선회 반경
이 커지는 현상이다. 전륜 C_f < 후륜 C_f

(4) 오버 스티어링 현상 Over Steering, O.S.

앞바퀴에 작용하는 코너링 포스가 커서, 선회 반경
이 작아지는 현상이다. 전륜 C_f > 후륜 C_f

(5) 뉴트럴 스티어링 Neutral Steering, N.S.

자동차가 일정한 반경으로 선회할 때 선회반경이 일
정하게 유지되는 현상이다.

그림 언더, 오버, 뉴트럴 스티어

5 4륜 조향 장치 4 Wheel Steering System

4WS란 앞바퀴의 조향에 따라 뒷바퀴의 3가지 변화 상태에 따라서 노면의 위치에 대응하여 조향이
이루어지도록 한다.

(1) 중립위치 조향

직진 도로의 주행 시나 일반도로의 보통 주행 시 사용된다.

(2) 동위상 조향

고속주행 시 커브길 선회나 차선 변경 시에 사용된다.

(3) 역위상 조향

조향핸들의 조작각도가 클 경우 주정차 등을 위하여 적은 회전반경을 요구할 경우에 사용된다.

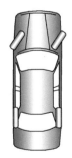 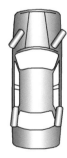 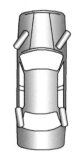

(a) 중립 위치 조향   (b) 동위상 조향   (c) 역위상 조향

그림 4륜 조향 장치

6 동력 조향장치 & MDPS Motor-Driven Power Steering

동영상

자동차가 대형화로 앞바퀴의 접지압과 면적이 증가되어 큰 조향조작력이 요구되기 때문에 신속하고 경쾌한 조향이 어렵게 된다. 따라서 가볍고 원활한 조향조작을 하기 위하여 엔진의 출력으로 구동되는 배력장치를 부착한 형식이다.

> **TIP**
> ▶ **파워스티어링 압력스위치**
>   조향핸들을 회전시켜 유압이 상승되는 순간에 스위치가 작동되어 엔진 ECU에 신호를 입력함으로서 공전속도제어장치를 작동시켜 엔진의 회전속도를 상승시킨다.

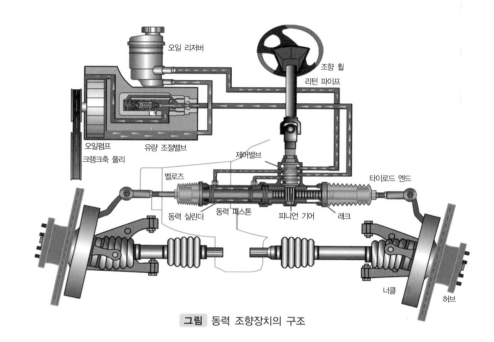

그림 동력 조향장치의 구조

(1) 장 점

    1) 유체를 이용하기 때문에 노면의 충격 및 진동을 흡수한다.

    2) 조향 조작력에 관계없이 조향 기어비를 선정할 수 있다.

    3) 조향 조작력이 작고, 조향 핸들의 시미 현상을 방지할 수 있다.

(2) 단 점

    1) 구조가 복잡하고 중량이 높아지며 초기 설치 및 유지비용이 비싸다.

    2) 엔진의 출력을 사용하기 때문에 연비에 도움이 되지 않는다.

    3) 오일펌프 벨트의 슬립 등 정비 개소가 늘어나고 고장 시 진단 및 정비가 어렵다.

(3) 동력 조향장치의 3대 주요부

1) 동력부 : 동력원이 되는 유압을 발생시키고 압력 및 유량
을 조절하는 부분
(베인 펌프를 주로 사용)

 – **압력 조절 밸브** : 최고 유압을 제어한다.

 – **유량 제어 밸브** : 최고 유량을 제어한다.

2) 제어부 : 동력 실린더로 가는 오일의 방향을 제어하는
부분(제어밸브)

 – **안전 체크 밸브** : 고장 시 수동조작을 쉽게 한다.
(제어밸브 내에 설치)

3) 작동부 : 제어 밸브에서 조절된 유압을 받아서 조향 링키지를 작동하는 부분

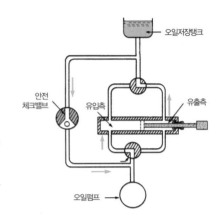

(4) 유압방식 전자제어 동력 조향장치

1) 유량 제어 방식 : 조향 기어 박스에서 흘러가는 유량을 조절하는 방식

 – 저속에서 펌프의 바이패스 라인을 차단 → 동력 피스톤 높은 유압 발생 → 가벼운 조향

 – 고속에서 펌프의 바이패스 라인을 확대 → 동력 피스톤 낮은 유압 발생 → 무거운 조향

2) 유압반력 방식 : 제어 밸브에 유압을 제어하는 방식

3) 실린더 바이패스 제어방식 : 동력 실린더 바이패스(리턴라인) 제어 방식

(5) 전동방식 동력 조향장치(MDPS)

1) MDPS의 특징

① 오일을 사용하지 않으므로 친환경적이다.

② 기관의 동력을 직접적으로 사용하지 않고 경량화가 가능해 연료 소비율이 향상 된다.

③ 높은 압력의 유압 장치를 운용하며 발생하는 고장이 없다.

④ 제작 단가가 비싸고 기존 시스템의 설계를 변경해야하는 어려움이 있다.

2) MDPS의 종류

① **칼럼 구동 방식** : 전동기를 조향 칼럼 축에 설치한 방식으로 큰 설계의 변경 없이 시스템
접목이 용이 하고 방진과 방수에 신경을 덜 써도 되나 힘의 작용점이 조향 핸들과 가까워
동력 조향 시 거북한 느낌을 받을 수 있다.

② **피니언 구동 방식** : 전동기를 조향 기어의 피니언 축에 설치하여 클러치, 감속기구 및 조향
조작력 센서 등을 통하여 조향 조작력 증대를 수행한다.

③ **래크 구동 방식** : 전동기를 래크기어에 설치하여 힘의 작용점이 조향 핸들과 가장 멀어 조작감이 우수하나 실외로 나가있는 모터의 방수, 방진에 신경을 써야하고 기존 래크 기어 부근 설계에 많은 수정을 해야만 공간 확보가 가능하다.

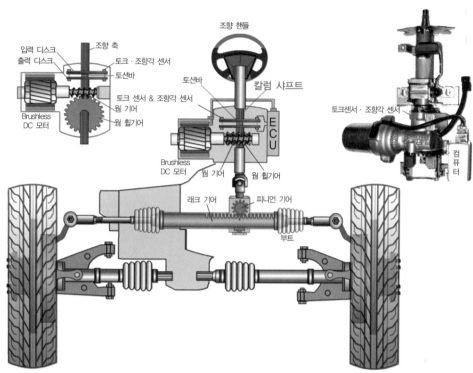

그림 전동식 동력 조향장치의 구조

7 앞바퀴 정렬 alignment of front wheel

(1) 개 요

자동차가 주행 중 바른 방향을 유지하고 핸들 조작이나 외부의 힘에 의해 주행 방향이 변하였을 때 직진 상태로 복원되도록 타이어 및 지지하는 축의 각을 설정 하는 것으로 캠버, 캐스터, 토인, 킹핀 경사각의 4가지의 요소로 이루어져 있다. 만약 앞바퀴 정렬이 맞지 않으면 타이어가 조기에 마모되며 주행 안정성이 떨어지 고 고속 주행 시 더 큰 영향을 받게 된다.

동영상

(2) 정의 및 필요성

	캠버 (Camber)	킹핀(조향축) 경사각 (King pin angle)	캐스터 (Carster)	토인 (Toe-in)
정의	바퀴를 앞에서 보면 타이어 중심선이 수선에 대하여 이루는 각	바퀴를 앞에서 보면 킹핀의 중심선과 수선에 대하여 이루는 각	바퀴를 옆에서 보면 킹핀의 중심선과 수선에 대하여 이루는 각	바퀴를 위에서 보면 앞쪽이 뒤쪽보다 좁게 되어 있는 것
각도	1° 30′	8° 53′	1° 45′ ±30′	2~6mm
필요성	· 핸들조작을 가볍게 · 앞차축의 휨 방지	· 핸들조작을 가볍게 · 시미현상 방지 · 복원성	· 방향성 · 직진성 or 주행성 · 복원성	· 타이어 사이드슬립 방지 · 타이어 편 마모 방지 · 선회 시 토아웃 방지
앞바퀴 정렬 그림				
	두 각을 합친 것 → 협각 Included angle		캐스터 각	토인 길이 A 〈 B

※ 사이드슬립의 정의는 앞차륜 정렬의 합성력을 측정하는 것을 말하고, 사이드슬립의 한계값은 1m 주행 시 IN, OUT 각각 5mm 이내(1km 주행 시 5m 이내)이며 조정은 타이로드 길이로 한다.

연습문제

사이드슬립 시험 결과 왼쪽 바퀴가 바깥쪽으로 6mm, 오른쪽 바퀴는 안쪽으로 10mm 움직였을 때 전체 미끄럼 량은?

정답 안쪽으로 2mm , in(+) 2mm

Section별 OX 문제

01. 독립차축 조향장치의 동력전달 순서(조향기어 형식 : 랙과 피니언)는 조향 휠 → 조향 축 → 조향 조인트 → 조향 기어 박스(피니언 기어 → 래크 기어) → 타이로드 → 타이로드 엔드 → 너클 암(조향 너클 암) → 너클 → 휠 허브 베어링 → 디스크 → 휠 → 타이어이다.
☐ O ☐ X

02. 볼 너트 방식의 조향기어 박스 동력 준달 순서는 조향 휠(핸들) → 조향 축 → 조향 조인트 → 조향 기어 박스(볼 너트 → 섹터 축) → 피트먼 암 → 릴레이 로드 → 타이로드 → 타이로드 조정 칩 → 타이로드 엔드 → 너클 암 → 휠 → 타이어 순이다. 특이점은 릴레이 로드의 처짐을 방지하기 위해 차체에 지지된 아이들 암을 활용한다.
☐ O ☐ X

03. 일체식 차축 조향장치의 동력전달 순서(웜 섹터)는 조향 휠(핸들) → 조향 축 → 조향 조인트 → 조향 기어 박스(웜기어 → 섹터 기어) → 드래그 링크 → 피트먼 암 → 너클 암 → 너클 → 타이로드 → 반대쪽 너클 → 휠 → 타이어 순이다.
☐ O ☐ X

04. 킹핀의 설치방식은 엘리옷, 역 엘리옷, 마몬, 르모앙형이 있고 역 엘리옷형의 킹핀은 조향너클에 고정된다.
☐ O ☐ X

05. 조향장치는 애커먼 장토의 원리를 활용하여 설계되었으며 선회할 때 내·외륜의 각의 차를 애커먼각이라 한다.
☐ O ☐ X

06. 조향장치는 선회 시 반력을 이길 수 있어야 하고 복원 성능이 있어야 한다. 또한 주행 중 노면의 충격이 일부 전달되어 노면의 감각을 알 수 있어야 한다.
☐ O ☐ X

07. 조향기어비가 적으면 조향 핸들의 조작은 빠르게 되지만 조작력은 커야 한다. 이럴 경우 가역식에 가까워 노면의 충격이 크게 전달된다.
☐ O ☐ X

08. 조향 핸들의 유격이 클 경우 주행 중 차량이 한쪽으로 지속적으로 힘을 받으며 쏠리게 된다.
☐ O ☐ X

03. 일체식 차축 조향장치의 동력전달 순서(웜 섹터)는 조향 휠(핸들) → 조향 축 → 조향 조인트 → 조향 기어 박스(웜기어 → 섹터 기어) → 피트먼 암 → 드래그 링크 → 너클 암 → 너클 → 타이로드 → 반대쪽 너클 → 휠 → 타이어 순이다.

04. 킹핀의 설치방식은 엘리옷, 역 엘리옷, 마몬, 르모앙형이 있고 역 엘리옷형의 킹핀은 고정볼트를 통해 차축에 고정된다.

08. 조향 핸들의 유격이 클 경우 조향 타이어의 작동이 지연되고 끝까지 조향 핸들을 돌렸을 때 언더 스티어링 현상이 발생된다.

정답
01. O 02. O 03. × 04. ×
05. O 06. O 07. O 08. ×

4.
섀
시

381

09. 타이어가 어떤 슬립각을 가지고 선회 할 때 접지면에 발생하는 힘 가운데, 타이어의 진행 방향에 대하여 바깥쪽 직각으로 작용하는 성분을 코너링 포스라 한다. □ O □ X

10. 자동차가 선회할 때 주행하려고 하는 진행방향보다 바깥쪽으로 진행되어 선회반경이 커지는 현상을 오버 스티어링 현상이라고 한다. □ O □ X

11. 4륜 조향장치에서 역위상으로 조향 시 회전반경은 커지게 된다. □ O □ X

12. 동력 조향장치는 유체를 사용하여 조향 조작력에 관계없이 조향 기어비를 선정할 수 있으며 노면의 충격 및 진동을 유체가 흡수해 주는 장점이 있다. □ O □ X

13. 동력 조향장치 고장 발생 시 파워스티어링 압력스위치가 작동하여 수동으로 조작이 가능하다. □ O □ X

14. 전자제어 동력 조향장치는 조향 기어 박스의 유량을 조절하는 유량 제어 방식, 동력 실린더에서 빠져나가는 유량을 제어하는 실린더 바이패스 제어방식, 제어 밸브에서 유압을 제어하는 유압반력 제어방식 등이 있다. □ O □ X

15. 전동방식 동력 조향장치는 오일을 사용하지 않으므로 친환경적이고 기관의 동력을 사용하지 않아서 연료 소비율이 향상된다. □ O □ X

16. 앞바퀴 정렬의 요소 중 캠버는 차량을 정면에서 보았을 때 지면의 수선과 타이어 중심선이 이루는 각으로 핸들의 조작력을 가볍게 하고 조향핸들의 복원성을 가지게 한다. □ O □ X

17. 토인은 타이어를 위에서 보았을 때 앞쪽이 뒤쪽보다 좁게 되어 있는 것을 뜻하며 타이로드의 길이를 조정하여 수정할 수 있다. □ O □ X

09. 타이어가 어떤 슬립각을 가지고 선회 할 때 접지면에 발생하는 힘 가운데, 타이어의 진행 방향에 대하여 안쪽 직각으로 작용하는 성분을 코너링 포스라 한다.

10. 자동차가 선회할 때 주행하려고 하는 진행방향보다 바깥쪽으로 진행되어 선회반경이 커지는 현상을 언더 스티어링 현상이라고 한다.

11. 4륜 조향장치에서 역위상으로 조향 시 회전반경은 작아지게 된다.

13. 동력 조향장치 고장 발생 시 안전 체크 밸브가 작동하여 수동으로 조작이 가능하다.

16. 앞바퀴 정렬의 요소 중 캠버는 차량을 정면에서 보았을 때 지면의 수선과 타이어 중심선이 이루는 각으로 핸들의 조작력을 가볍게 하고 차체의 하중에 의한 앞차축의 휨을 방지한다.

정답

09. X 10. X 11. X 12. O
13. X 14. O 15. O 16. X
17. O

단원평가문제

01 조향장치는 어느 원리에 따른 것인가?

① 베르누이의 원리
② 플레밍의 오른손 법칙
③ 애커먼 장토식 원리
④ 플레밍의 왼손법칙

02 조향장치의 기능이라고 볼 수 없는 것은?

① 차륜, 주로 앞바퀴를 원하는 방향으로 조향한다.
② 수동 조작력에 의한 조향 토크를 차륜을 조향하는데 충분한 수준의 조향 토크로 증강시킨다.
③ 노면에서의 충격을 흡수하여 조향 휠에 전달되지 않도록 완충작용을 한다.
④ 커브를 회전할 때 좌우 차륜의 조향 각을 서로 같게 한다.

03 조향장치의 필요조건의 설명으로 틀린 것은?

① 조향 핸들에서 손을 떼면, 조향 차륜들(주로 앞바퀴)은 직진 위치로 복귀해야 한다.
② 선회 시 반력이 더 커야한다.
③ 조향 기어비는 가능한 한 작게 해야 한다.
④ 노면으로부터의 충격을 감쇠시켜 조향 핸들에 가능한 한 적게 전달되게 한다.

04 조향장치의 링크기구의 구성부품이 아닌 것은?

① 조향 기어　　② 피트먼 암
③ 타이로드　　④ 너클 암

05 다음 중 최소 회전 반경을 구하는 공식을 바르게 나타낸 것은? (단, L : 축거, α : 바깥쪽 바퀴의 조향각, r : 바퀴 접지면 중심과 킹핀과의 거리)

① $R = \dfrac{r}{\sin\alpha} + L$

② $R = \dfrac{L}{\sin\alpha} + r$

③ $R = \dfrac{\sin\alpha}{r} + L$

④ $R = \dfrac{\sin\alpha}{L} + r$

06 다음 중 조향기어의 방식이 아닌 것은?

① 가역식
② 비가역식
③ 반가역식
④ 3/4 가역식

07 다음 중 동력 조향장치의 장점이라고 할 수 없는 것은?

① 조향 조작력이 작아도 된다.
② 조향 조작력에 관계없이 조향 기어비를 선정할 수 있다.
③ 조향 조작이 경쾌하고 신속하다.
④ 고속에서 조향이 가볍다.

08 자동차의 동력 조향장치가 고장 났을 때 수동으로 원활하게 조종할 수 있도록 하는 부품은?

① 시프트 레버　② 안전 체크 밸브
③ 조향 기어　　④ 동력부

09 조향 휠이 한쪽으로 쏠리는 원인 중 틀린 것은?

① 파워 스티어링 오일에 공기 유입
② 타이어 공기압의 불균형
③ 앞바퀴 정렬 조정 불량
④ 앞바퀴 허브 베어링의 파손

10 조향 기어비를 크게 하였을 때 현상으로 틀린 것은?

① 조향 핸들의 조작이 가벼워진다.
② 복원 성능이 좋지 않게 된다.
③ 좋지 않은 도로에서 조향 핸들을 놓치기 쉽다.
④ 조향장치가 마모되기 쉽다.

11 조향기어 백래시가 큰 경우는?

① 조향핸들 유격이 크게 된다.
② 조향기어비가 커진다.
③ 핸들에 충격이 느껴진다.
④ 주행 중 핸들이 흔들린다.

12 주행 중 조향 핸들이 무거워졌다. 원인 중 틀린 것은?

① 앞 타이어의 공기가 빠졌다.
② 조향 기어 박스의 오일이 부족하다.
③ 볼 조인트가 과도하게 마모되었다.
④ 타이어의 밸런스가 불량하다.

13 차량 속도와 기타 조향력에 필요한 정보에 의해 고속과 저속 모드에 필요한 유량으로 제어하는 조향방식에 해당하는 것은?

① 전동 펌프식　② 공기 제어식
③ 속도 감응식　④ 모터 구동식

14 앞바퀴 정렬과 관계없는 것은?

① 캠버　　　　② 킹핀 경사각
③ 드웰각　　　④ 캐스터

15 주행 중 조향 바퀴에 방향성과 복원성을 주는 전 차륜 정렬 요소는?

① 캠버　　　　② 캐스터
③ 토인　　　　④ 킹핀 경사각

16 타이로드로 조정할 수 있는 것은?

① 캠버　　　　② 캐스터
③ 킹핀　　　　④ 토인

17 조향장치에서 타이로드와 직접 연결된 부품은?

① 조향 너클　　② 섹터 축
③ 피트먼 암　　④ 아이들 암

18 조향 핸들의 회전각도와 조향 바퀴의 조향 각도와의 비율을 무엇이라 하는가?

① 조향 핸들의 유격
② 최소 회전반경
③ 조향 안전 경사각도
④ 조향 기어비

19 축거(축간거리) 3m, 바깥쪽 앞바퀴의 최대 회전각 30도, 안쪽 앞바퀴의 최대 회전각은 45도 일 때의 최소 회전 반경은? (단, 바퀴의 접지면과 킹핀 중심과의 거리는 무시)

① 15m   ② 12m
③ 10m   ④ 6m

20 동력조향장치의 구성품이 아닌 것은?

① 오일 펌프   ② 파워 실린더
③ 제어 밸브   ④ 서지 탱크

21 핸들이 1회전 하였을 때 피트먼 암이 40도 움직였다. 조향기어의 비는?

① 9 : 1   ② 0.9 : 1
③ 40 : 1   ④ 4 : 1

정답 및 해설

ANSWERS

01.③	02.④	03.②	04.①	05.②	06.④
07.④	08.②	09.①	10.③	11.①	12.④
13.③	14.③	15.②	16.④	17.①	18.④
19.④	20.④	21.①			

01. 자동차가 선회할 때 조향되는 양 바퀴의 꺾임 각을 다르게 하여 바퀴가 옆으로 미끄러지는 것을 방지한다.

02. 선회할 때 안쪽 차륜의 조향 각을 더 크게 한다.

03. 조향장치는 선회 시 반력을 이기는 구조여야 원활하게 조향할 수 있다.

04. 비교적 가늘고 긴 막대를 링크라 한다.

05. 수식을 변형시킬 수도 있다.

$$ex)\ R-r = \frac{L}{\sin\alpha}, \ \sin\alpha\,(R-r) = L$$

06. 뒤 바퀴 액슬 축의 지지방식에 3/4 부동식이 있다.

07. 고속에서 조향이 가벼운 건 동력 조향장치의 단점에 해당된다. 이 점을 보완하기 위해 고안된 것이 속도 감응식 파워 스티어링 장치이다.

08. 오일펌프의 압력을 제대로 활용할 수 없을 때 운전자가 조향하는 힘을 이용하여 안전 체크 밸브를 작동시킬 수 있다.

09. 오일에 공기가 유입되면 유압장치의 작동압력이 낮아져 일정한 동력조향을 할 수 없게 된다. 하지만 핸들이 한쪽으로 쏠리지는 않는다.

10. 조향 기어비가 클수록 비가역식에 가까워지게 되고 노면의 충격에 의해 핸들을 놓치는 일이 줄어들게 된다.

11. 한쌍의 기어를 맞물렸을 때 치면 사이에 생기는 유격을 "백래시"라 한다. 백래시는 조향핸들의 유격과 직접적인 관련이 있다.

12. 타이어 밸런스가 불량할 경우 주행 중 바퀴에 진동이 발생될 수 있다. 핸들이 무거워지는 원인과 직접적인 관련이 있는 것은 아니다.

13. 고속에서 조향핸들의 조작력을 크게 하는 것이 안전운전에 도움이 된다. 반대로 저속일 때 특히 주차할 때에는 조향핸들의 조작력을 작게 하는 것이 도움된다.

14. 드웰각은 배전기 접점이 붙어 있는 동안 캠이 회전한 각을 뜻한다.

15. 조향 바퀴의 복원성에 도움이 되는 것은 조향축(킹핀)과 관련된 킹핀 경사각(정면 기준 사야의 각)과 캐스터(측면 기준 사야의 각)이다. 둘 중 방향성과 직진성에 도움이 되는 것은 캐스터이다.

16. 타이로드는 차축의 뒤에 위치하는 관계로 길이를 줄이면 뒤가 짧아져 상대적으로 앞이 벌어지는 토 아웃이 된다. 반대로 타이로드를 늘이면 앞이 상대적으로 짧아져 토인으로 조정이 가능하다.

17. 타이로드와 볼 조인트로 연결된 것은 조향 너클이다. 정확히 조향 너클 암과 연결이 된다.

18. 조향 기어비$=\dfrac{\text{조향 핸들이 회전한 각도}}{\text{피트먼 암이 회전한 각도}}$

피트먼 암이 회전하면 바퀴가 따라 움직인다.

19. 최소 회전 반경

$$R = \frac{3m}{\sin 30°} = \frac{3m}{\frac{1}{2}} = 6m$$

여기서, 공학용 계산기 없이 구할 수 있는 값이 sin30°=1/2 이고 분모의 절반은 분자의 두 배이기 때문에 축거의 2배라고 암기하면 편리하다.

20. 서지 탱크는 공기를 일시 저장하는 기능을 가진 것으로 흡입 및 압축 공기가 일시 저장되는 장치를 뜻한다.

21. 조향 기어비$=\dfrac{360°}{40°}=9:1$

- **주 브레이크** : 디스크나 드럼을 사용
- **주차 브레이크** : 대부분 수동 레버나 T바를 이용, 일부는 페달을 사용
- **제 3브레이크(감속 브레이크)** : 엔진브레이크, 와전류 감속기[甲], 유압 감속기[乙], 배기(공기저항 감속기) 브레이크 등

동영상

1 유압식 제동장치의 개요

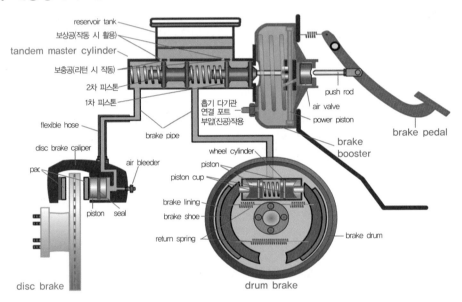

reservoir tank
보상공(작동 시 활용)
tandem master cylinder
보충공(리턴 시 작동)
2차 피스톤
1차 피스톤
flexible hose
disc brake caliper
pad
air bleeder
piston　seal
흡기 다기관 연결 포트 부압(진공)작용
push rod
air valve
power piston
brake pedal
brake pipe
wheel cylinder
piston
piston cup
brake lining
brake shoe
return spring
brake booster
brake drum
disc brake
drum brake

그림 유압 브레이크 장치의 구조

　유압식 브레이크는 파스칼의 원리를 이용하여 주행 중인 자동차의 속도를 감속 또는 정지시킴을 목적으로 한다. 구비조건으로는 작동이 확실하고, 안정성, 신뢰성, 내구성이 요구되고 조작이 용이 해야 한다. 그리고 드럼과 라이닝의 간극이 클 때 자동 조정 브레이크는 후진에서 브레이크 작동 시 자동으로 조정된다.

(1) 유압 브레이크의 작동 순서

　브레이크 페달 → 푸시로드 → 진공식 배력장치 → 브레이크 마스터 실린더 → 브레이크 라인 → 브레이크 캘리퍼 및 휠 실린더

甲 eddy current retarder 추진축에 로터 디스크를 설치하고 주변에 타여자 스테이터를 설치하여 전자 유도 작용을 응용하여 속도를 제어하는 것으로 배기 브레이크 보다 2~3배 정도 강하고, 마모·손상 및 소음이 없으며 조작이 간편하다.
乙 fluid type retarder 변속기의 입력이나 출력쪽에 유체 클러치와 비슷한 구조의 로터와 고정자를 마주 보게 설치한다. 감속을 위해 로터가 회전할 때 오일을 고정자로 보내면 로터에 회전 저항이 생겨 운동에너지가 열에너지로 변환되면서 제동력이 발생한다.

(2) 브레이크 페달의 유격

엔진을 정지시킨 상태에서 페달을 2~3번 밟아 부스터의 진공을 없앤 후 페달을 밟았을 때 브레이크 라이닝이 드럼에 닿을 때까지, 브레이크 페달의 움직인 거리를 유격이라 한다. 유격은 차종마다 다르나 일반적으로 10~15㎜이다.

(3) 브레이크의 구성

1) 브레이크 마스터 실린더

브레이크 페달의 힘을 받아 실린더에서 유압을 발생시켜 각 파이프에 송출하는 작용을 한다. 유압 계통에 브레이크액이 새는 등의 고장이 생기면 제동이 안 되는 결점을 보완하고 안전성을 높이기 위하여 2개의 마스터 실린더를 직렬로 배치하는 탠덤형도 있다. 사용 목적은 앞·뒤 또는 대각선으로 브레이크를 분리시켜서 제동 안전을 돕기 위함이고 구성요소는 다음과 같다.

※ 마스터 실린더의 푸시로드 길이를 길게 하면 라이닝이 팽창하여 브레이크가 해제되지 않는다.

① **피스톤 컵**

    ⓐ 1차 컵은 유압 발생실의 유밀 유지한다.

    ⓑ 2차 컵은 외부로 오일 누출을 방지한다.

② **체크밸브** : 리턴 스프링과 함께 오일 회로에 잔압을 둔다.

③ **리턴 스프링** : 피스톤을 신속하게 제자리에 복원토록 한다.

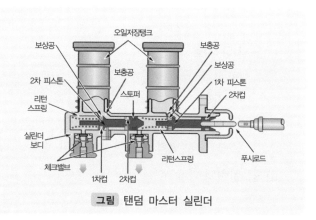

> **TIP**
> ▶ **잔압을 두는 목적**
> – 브레이크 작동을 신속하게 한다.
> – 휠 실린더의 오일 누출을 방지한다.
> – 공기 혼입을 방지한다.
> – 베이퍼 록을 방지한다.
> – 잔압은 0.6~0.8kg/㎠이다.

그림 탠덤 마스터 실린더

> **TIP**
> ▶ **페이드 현상**
>   주행 중에 브레이크 작동을 계속 반복하여 마찰열에 의하여 제동력이 감소되는 현상을 말하며, 페이드 현상이 발생하면 자동차를 세우고 열을 공기 중에 서서히 식혀야 한다.

▶ 베이퍼 록(Vapor lock)의 원인

브레이크액이 비등하여 송유 압력의 전달 작용이 불가능하게 되는 현상 즉, 열에 의하여 기포가 발생하는 현상을 말하며, 그 원인은 다음과 같다.
– 과도한 브레이크 사용 시
– 긴 비탈길에서 장시간 브레이크 사용 시
– 브레이크 라이닝의 끌림으로 인한 페이드 현상 시
– 오일의 변질로 인한 비점 저하, 불량 오일 사용 시
– 마스터 실린더, 브레이크슈 리턴 스프링 쇠손에 의한 잔압의 저하

그림 베이퍼 록

2) 브레이크 드럼

내부 확장식 마찰 발생장치로 주요 구성부품은 드럼 drum, 앵커 플레이트 anchor plate, 브레이크 슈 brake shoe, 휠 실린더 wheel cylinder, 간극조정 스크루 adjusting screw, 리턴 스프링 return spring, 그리고 주차 브레이크 스트럿 parking brake strut 등이다.

① **구비조건**

ⓐ 정적 및 동적 평형이 잡혀 있을 것
ⓑ 충분한 강성이 있을 것
ⓒ 마찰면의 내마모성이 우수할 것
ⓓ 방열이 잘 될 것(드럼의 핀 설치)
ⓔ 가벼울 것

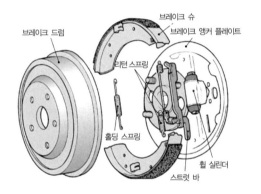

② **기타 사항**

ⓐ 표면온도 : 600~700℃
ⓑ 재질 : 특수주철 or 강판
ⓒ 드럼과 라이닝의 간극 : 0.3~0.4mm
ⓓ 드럼의 면적은 발생 마찰열의 열방산 능력에 따라 정해진다.

3) 휠 실린더

마스터 실린더에서 받은 유압을 이용하여 브레이크슈를 드럼에 압착시키는 역할을 한다. 조립은 피스톤과 컵에 브레이크액을 바른 후 실린더 양쪽 각 끝에서 컵을 밀어 넣는다.

※ **종류** : 단일 직경형(한쪽 피스톤 컵), 계단 직경형, 동일 직경형(양쪽 피스톤 컵) 등이 있다.

4) 브레이크 슈

브레이크 슈는 휠 실린더의 힘을 받아 브레이크 드럼에 압착하여 제동력을 발생한다. 슈의 리턴 스프링은 휠 실린더의 오일이 마스터 실린더로 되돌아오는 역할을 하며 리턴 스프링의 장력이 약하면 휠 실린더 내의 잔압은 낮아진다.

① **라이닝의 구비조건**

ⓐ 고열에 견디고 내마모성이 우수할 것

ⓑ 온도 변화 및 물에 의한 마찰계수 변화가 적을 것

ⓒ 기계적 강도가 클 것

ⓓ 마찰계수가 클 것(0.3~0.5μ)

ⓔ 페이드 현상이 잘 일어나지 않을 것

② **브레이크 공급과 원리**

ⓐ 브레이크 공급 라인은 강관의 파이프와 플렉시블 호스로 구성되어 있다.

ⓑ 브레이크 마스터 실린더의 직경과 휠 실린더의 직경이 같다면 마스터 실린더의 입력되는 힘과 휠 실린더에서 나오는 힘은 같다.(단, 휠 실린더를 1개로 가정)

5) 브레이크 액 Brake Fluid

브레이크액은 피마자기름에 알코올 등의 용제를 혼합한 식물성 기름이며, 마스터 실린더 및 휠 실린더의 세척액은 알코올로 하고, 브레이크액의 구비 조건 다음과 같다.

① 화학적으로 안정되고 침전물이 생기지 않을 것

② 점도가 알맞고 점도지수가 클 것

③ 윤활성이 있고, 비점이 높을 것

④ 빙점이 낮고, 인화점과 착화점이 높을 것

⑤ 고무, 금속 제품을 부식, 연화 팽창시키지 않을 것

6) 앤티 롤 장치 Anti roll system

앤티 롤 장치란 자동차를 언덕길에서 일시 정지하였다가 다시 출발할 때 자동차가 뒤로 밀리는 것을 방지해주는 장치이며, 휠 홀더 장치라고도 한다. 작동은 클러치 페달과 연동되는 링키지가 올라가는 언덕길에서 브레이크 페달을 밟은 다음 클러치 페달을 밟아 자동차를 정지시키면 볼 케이지 Ball cage 가 움직여 마스터 실린더와 휠 실린더와의 통로를 차단하여 클러치 페달만 밟고 있어도 브레이크가 풀리지 않도록 되어 있다.

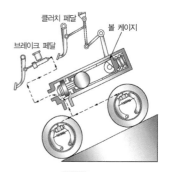

그림 앤티 롤 장치

(4) 브레이크 슈와 드럼의 조합(마찰기구)

1) 자기작동 작용

제동 시 마찰력이 더욱 증대되는 현상을 말한다.

① **리딩슈** : 자기작동이 일어나는 슈

※ 1차 슈 : 자기작동 먼저 일어나는 슈

※ 2차 슈 : 자기작동이 나중에 일어나는 슈

② **트레일링 슈** : 자기 작동이 일어나지 않아 제동력이 감소되는 슈

2) 작동 상태에 의한 분류

① **넌 서보 브레이크** : 제동 시 해당 슈에만 자기작동 작용이 일어나는 형식

② **서보 브레이크** : 제동 시 모든 슈가 자기작동 작용이 일어나는 형식

    ⓐ 유니서보 형식 : 전진 시 모두 자기작동 작용을 하여 큰 제동력을 내지만 후진 시에는 모두 트레일링 슈가 되어 제동력이 감소(단일 직경형)

    ⓑ 듀어서보 형식 : 전·후진 모두 자기작동 작용을 하여 큰 제동력 발생(동일 직경형)

(5) 브레이크 고장 원인

1) 제동 시 한쪽으로 쏠리는 원인

① 드럼의 편 마모 및 타이어 공기압 불 평형

② 한쪽 라이닝의 접촉이 불량할 때

③ 한쪽 쇽업소버의 작동이 불량할 때

④ 앞바퀴 얼라인먼트의 조정이 불량할 때

2) 브레이크가 풀리지 않는 원인

① 마스터 실린더 리턴 구멍이 막혔을 때

② 마스터 실린더 푸시로드 길이가 길 때

③ 브레이크 페달 리턴 스프링의 장력이 부족할 때

④ 마스터 실린더 피스톤 컵이 부풀었을 때

2 디스크 브레이크

마스터 실린더에서 발생한 유압을 이용하여 회전하는 디스크에 양쪽에서 마찰 패드를 디스크에 밀어 붙여 제동하는 브레이크이다.

(1) 디스크 브레이크의 장단점

1) 장 점

① 방열성이 양호하여 베이퍼 록이나 페이드 현상이 드럼 브레이크에 비해 적다.

② 제동 성능이 안정되고 한쪽만 제동되는 일이 적으며, 구조가 간단하다.

③ 디스크에 물이 묻어도 제동력의 회복이 빠르다.

④ 고속에서 반복 사용하여도 안정된 제동력을 얻을 수 있다.

2) 단 점

① 마찰 면적이 적어 패드의 압착력이 커야 한다.

② 자기 작동 작용이 없어 페달 조작력이 커야 한다.

③ 패드의 강도가 커야하며, 패드의 마모가 빠르다.

④ 디스크에 이물질이 쉽게 달라붙는다.

(2) 디스크 브레이크의 종류

아래 그림과 같이 디스크의 양쪽에 설치된 실린더가 패드를 접촉시켜 제동력을 발생하는 고정 캘리퍼형(대향 피스톤형) 실린더가 한쪽에 설치되어 캘리퍼가 유동하여 제동력을 발생하는 부동(떠서 움직이는) 캘리퍼형으로 분류한다. 열을 잘 식히기 위해 디스크 중앙에 통풍구를 둔 벤틸레이티드 디스크도 있다.

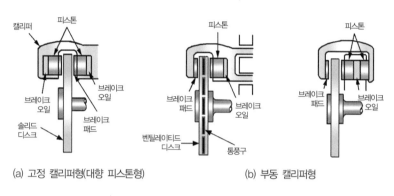

(a) 고정 캘리퍼형(대향 피스톤형) (b) 부동 캘리퍼형

그림 디스크 브레이크의 종류

3 배력식 브레이크 Servo brake

브레이크 페달을 적은 힘으로 밟아도 큰 제동력을 얻을 수 있기 때문에 유압식 브레이크의 브레이크 보조 장치로 사용된다. 또한 배력장치에 고장이 발생되어도 주 브레이크 작동은 가능하도록 설계되어 있다.

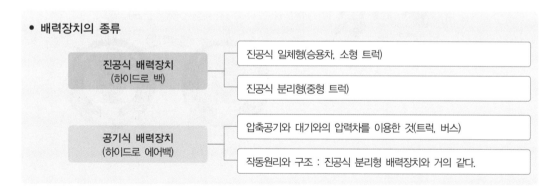

(1) 진공식 분리형 배력장치(하이드로 백)

엔진룸의 대기압과 흡기 다기관 내의 진공 압력차(약 $0.7\text{kg}_f/\text{cm}^2$)를 이용하여 제동력을 증대시킨다.

※ **하이드로 백의 공기빼기 순서** : 릴레이 밸브 부 → 하이드롤릭 실린더 → 휠 실린더 순이다.

1) 페달을 밟았을 때

마스터 실린더 유압에 의해 진공 밸브가 닫히고 공기 밸브가 열려 대기압이 동력피스톤 아래쪽에 작용하면 하이드롤릭 실린더 쪽으로 힘을 가한다. 하이드롤릭 실린더에서 발생된 큰 유압이 휠 실린더로 압송되어 큰 제동력을 얻는다.

2) 페달을 놓았을 때

유압의 저항 따라 공기 밸브가 닫히고 진공 밸브가 열려 동력 피스톤 아래쪽에 진공이 작용하면 양쪽의 진공도가 같아진다. 따라서 스프링의 힘으로 동력 피스톤이 아래로 내려오면 하이드롤릭 피스톤도 같이 움직여 유압이 저하됨과 동시에 제동이 풀리게 된다.

(2) 공기식(압축 공기식) 배력장치

기관에 의해서 구동되는 공기 압축기에 의해서 발생하는 압축 공기와 대기와 압력차를 이용하여 적은 힘으로 브레이크 페달을 조작하여도 큰 제동력을 얻을 수 있는 장치이다.

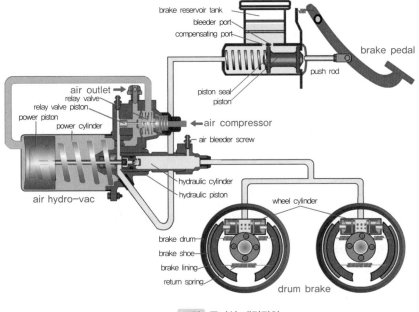

그림 공기식 배력장치

4 공기 브레이크 Air brake

유압 대신에 압축 공기의 압력($5\sim7\mathrm{kg_f/cm^2}$)을 이용하여 슈를 드럼에 압착시켜서 제동 작용을 하는 것이며, 브레이크 페달로 밸브를 개폐하여 공기량을 조절하여 제동력을 조절할 수 있다.

(1) 공기 브레이크의 장점

1) 트레일러 견인 시 사용이 가능하다.

2) 공기의 압축압력을 높이면 더 큰 제동력을 얻을 수 있다.

3) 베이퍼록 발생되지 않으며, 차량의 중량이 증가되어도 사용할 수 있다.

4) 공기가 조금 새어도 제동성능이 현저하게 저하 되지 않아 안전도가 높다.

5) 공기식은 페달을 밟는 양에, 유압식은 페달을 밟는 힘에 따라 제동력이 커진다.

(2) 공기 브레이크의 압축 공기 계통

1) **압력조절기** Pressure regulator : 공기탱크의 압력을 조정하는 기구

2) **언로더 밸브** : 공기 압축기가 필요 이상으로 작동되는 것을 방지

3) **퀵 릴리스 밸브** : 제동이 풀릴 때 챔버의 공기를 신속히 배출시키는 밸브(전륜)

4) **릴레이 밸브** : 제동 시 브레이크 챔버로 공기를 보내거나 배출시키는 밸브(후륜)

5) **브레이크 캠** : 공기 브레이크에서 브레이크슈를 직접 작동시키는 것

6) **브레이크 챔버** : 휠 실린더와 같은 작용을 하며 브레이크 캠을 작동.

   즉, 압축 공기 압력을 기계적 힘(제동압력)으로 바꾸어 주는 역할을 한다.

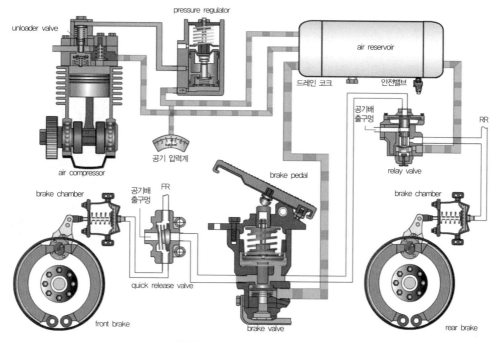

그림 공기 브레이크 장치의 구조

5 핸드 브레이크 Hand brake

주차용으로 사용되는 것으로 사이드 브레이크라고도 한다. 작동범위는 전 작동범위의 50~70%에서 완전히 작동되어야 한다.

(1) 센터 브레이크식

일반적으로 변속기 출력축 후단부에 브레이크 드럼을 설치하고 라이닝을 레버와 로드에 의하여 작용시킨다. 외부 수축식과 내부 확장식이 있다.

(2) 휠 브레이크식

뒷바퀴의 슈를 레버의 작동에 의해 와이어를 거쳐 작동시키는 형식이다.

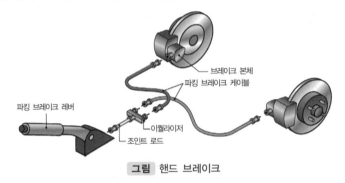

브레이크 본체
파킹 브레이크 케이블
파킹 브레이크 레버
이퀄라이저
조인트 로드

그림 핸드 브레이크

(3) 전자식 파킹브레이크 EPB Electronic Parking Brake 및 오토홀드

1) EPB

그림 EPB, AUTO Hold S/W

차량이 주차 시 EPB ECU가 주차 브레이크를 전자식으로 작동시키고 차량에 구동력이 가해질 때 자동으로 주차 브레이크를 해제한다. 운전석 도어나 테일 게이트가 열려있거나, 안전벨트가 풀리거나, 정차 후 5분이 지나는 등 차량이 움직이면 안 되는 상황을 감지해서 주차 브레이크를 작동시키기도 한다.

2) 오토홀드

오토홀드 기능의 활성화로 잠시 정차 시 브레이크에서 발을 떼더라도 차량이 움직이지 않도록 제어되는 브레이크 시스템으로 차량이 서 있을 때는 컴퓨터가 차량의 속도와 엔진의 회전, 브레이크의 동작 유무 등을 판단하여 제어한다. 이후 차량을 출발시킬 때는 가속 페달만 밟으면 자동으로 풀리기 때문에 항상 브레이크를 밟고 있는 번거로움이 없다. 비탈길에서 출발할 때, 교통체증이 심해 가다 서다가 빈번할 때 등의 경우에 유용하게 활용된다.

6 잠김 방지 브레이크 시스템 ABS Anti-lock Brake System

브레이크를 전자 제어하는 장치로 제동 시 휠 로크 현상이 발생하면 차량은 조향 및 제어 불능 상태에 빠지게 되며 제동거리 또한 길어지게 된다. ABS는 이러한 휠 로크 현상을 미연에 방지해 최적의 제동력을 유지하여 사고의 위험성을 줄이는 사전 예방 안전장치이다.

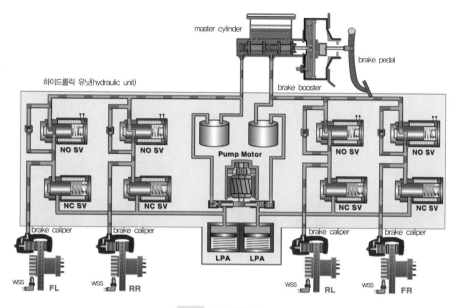

그림 ABS 작동도

(1) ABS 장치의 특징

1) 제동 시 차체의 안정성 확보
2) 운전자의 의지에 따라 조향능력 유지
3) 최소 제동거리 확보를 위한 안전장치
4) 반복 작동 횟수는 1초당 15~20회이며, 모든 작용을 피드백으로 한다.
5) ABS의 작동은 미끄럼률 10~ 20% 범위이며, 바퀴가 어느 정도 회전되면서 제동하는 것이 이상적인 제동 방법이다. 그러나 구조가 복잡하며 가격이 비싸다.

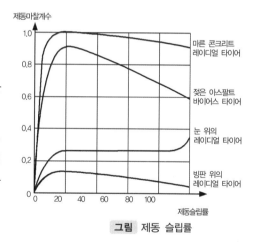

그림 제동 슬립률

※ 제동 슬립률

$$= \frac{자동차속도 - 바퀴의속도}{자동차속도} \times 100$$

395

(2) ABS의 작동 및 구성

1) 하이드롤릭 유닛(HCU) = 모듈레이터

① **구성** : 솔레노이드 밸브(S/V), 체크밸브, 축압기, 펌프, 리저버 탱크

② **4가지 조절 상태** : 정상, 감압, 유지, 증압

ⓐ **정상상태** : 모든 S/V 및 펌프 전원 OFF로 일반 브레이크 작동

ⓑ **감압상태** : 모든 S/V 및 펌프 전원 ON으로 브레이크 캘리퍼 유압 해제

ⓒ **유지상태** : NO S/V ON, NC S/V 및 펌프 OFF로 상태 유지

ⓓ **증압상태** : 모든 S/V OFF, 펌프 ON으로 브레이크 캘리퍼 유압 증대

③ **ABS 작동 시** : 감압, 유지, 증압 3단계를 반복하여 제어

④ **ABS 고장 시** : 모든 S/V 및 펌프 전원 OFF로 일반 브레이크 사용

> **TIP**
>
> ▶ **ABS 전자 제어 유닛(ECU)**
> ECU는 ABS를 조절하는 장치이며, 차속 감지기의 신호에 의하여 바퀴의 속도를 검출하고, 바퀴의 상황을 파악하여 소정의 이론에 의하여 바퀴의 상황을 예측하여 바퀴가 고정되지 않도록 모듈레이터 내의 솔레노이드 밸브, 모터 등에 신호를 보낸다. 또 ABS 고장 시 페일 세이프 기능을 작동시켜 경고등이 점등되어 운전자에게 알려주는 자기진단 기능을 갖추고 있다.

2) 솔레노이드 밸브 Solenoid valve

각 브레이크 라인별로 NO S/V, NC S/V 1개씩 설치됨.

① **NO S/V(노멀 오픈 솔레노이드 밸브)** : 전원을 주지 않았을 때 열리는 밸브

② **NC S/V(노멀 클로즈 솔레노이드 밸브)** : 전원을 주지 않았을 때 닫히는 밸브

③ **기능** : 브레이크 캘리퍼로 보내는 오일의 압력 조절 및 축압기와 리저버(오일 저장)탱크로 흘러가는 유로 조절

3) 체크 밸브 check valve

브레이크 페달을 놓았을 때, 휠 실린더의 브레이크액이 마스터 실린더의 오일 탱크로 복귀되도록 하며, 휠 실린더의 유압이 마스터 실린더의 유압보다 높아지는 것을 방지하는 일도 한다.

4) 축압기 Accumulator

오일을 일시 저장하는 장소로 저압과 고압 두 개로 나뉘며 축압기 내부는 고압의 질소 가스와 다이어프램이 들어있다. 감압 시 오일펌프에 의해 고압의 오일을 축적하였다가 증압 시 브레이크 캘리퍼 내의 유압이 낮아지게 되므로 다시 펌프를 작동시켜 브레이크 캘리퍼로 공급해준다.

5) 전동펌프

점화스위치 ON 시 ABS 구동테스트를 위해 작동되며 ABS 제어 시는 감압과 증압 과정에서 작동하여 브레이크 캘리퍼의 유압을 해제하거나 증가 시켜주는 동력을 제공한다.

6) 휠 속도 센서 Wheel speed sensor

차속 감지기는 폴 피스와 톤 휠의 돌기가 마주치는 것에 의해 바퀴의 회전속도를 감지하는 마그네트와 코일로 구성되어 있고 간극은 대략 0.3~0.9mm이다. 그리고 폴 피스에 이물질이 묻어 있으면 바퀴의 회전속도 감지능력이 저하된다. 앞바퀴는 너클 스핀들, 뒷바퀴는 허브 스핀들에 설치되어 있다. 앞 구동축과 뒤 브레이크 드럼에 부착된 감지기 로터의 회전을 차속 감지기가 각 바퀴의 속도를 검출하여 바퀴의 회전신호를 ABS ECU로 보낸다.

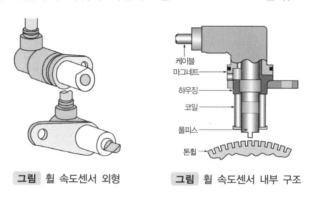

그림 휠 속도센서 외형 　　　 그림 휠 속도센서 내부 구조

(3) 전자 제동력 분배제어(EBD : Electronic Brake-force Distribution control)

1) EBD의 원리

기존 프로포셔닝(P)밸브甲 대신 ABS - ECU에 논리logic 를 추가하여 뒷바퀴가 먼저 제동압력에 고착되지 않도록 제어하는 시스템이다.

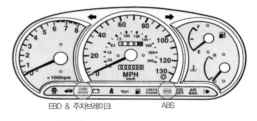

그림 전자 제동력 분배장치 경고등

甲 브레이크를 급하게 작동 시킬 경우 차량의 무게 중심은 앞쪽으로 기울게 된다. 이 때 하중의 차이에 의해 후륜이 먼저 잠길 경우 차체가 회전하거나 전복할 확률이 높아지게 된다. 이에 차량의 앞뒤 하중과 상관없이 기계적으로 후륜으로 가는 유압을 줄여 안정성을 높인 장치.
• 로드센싱 프로포셔닝 밸브 : 후륜 하중을 밸브가 감지하여 하중의 적재량에 따른 적절한 유압을 배분해 줌으로써 최적의 제동력을 발휘하여 제동 장치의 안정성을 높임
• 이너셔(G) 밸브 : 조정 밸브의 작동 개시점을 자동차의 감속도에 따라 출력 유압을 제어한다.
• 리미팅 밸브 : 일반적으로 밸브 상류에 설치되며 브레이크 액압에 응답하여 압력을 차단하고 출구 압력을 일정하게 유지한다.
• 미터링 밸브 : 앞바퀴에 디스크 브레이크, 뒷바퀴에 드럼 브레이크가 장치된 경우, 뒷바퀴에는 리턴 스프링이 있기 때문에 어느 정도의 유압까지는 작동하지 않는 데 반하여, 앞바퀴에는 거의 제로 유압에서 브레이크가 작동한다. 그렇기 때문에 아주 가볍게 브레이크를 밟아도 앞바퀴에만 브레이크가 작동하여 패드를 빨리 마모시키게 되는데 이를 방지하기 위하여 일정 유압까지는 앞바퀴에 유압이 작용하지 않도록 한 밸브이다.

2) EBD의 필요성

상황에 따른 차량의 앞·뒤의 무게 배분이 달라지는 여건에도 잘 대응 할 수 있으며 시스템 고장 시에 운전자가 경고등을 통해 상황을 인지할 수 있다.

> **참고** EBD 시스템 이상 발생 시 주차경고등과 ABS 경고등이 같이 점등된다.
>
> 휠 속도 센서 1개 고장 시에도 EBD는 작동된다. (2개 이상부터 작동 불가능)

7 동적 제어 시스템

(1) VDC Vehicle Dynamic Control

1) 개요

ESP Electric Stability Program라고도 부르며, 차량의 자세를 제어하는 장치를 말한다. VDC가 설치된 경우에는 ABS와 TCS제어를 포함한다. VDC는 요 모멘트 제어와 자동 감속기능을 포함하여 차량의 자세를 제어할 수 있다. VDC는 각각의 휠에 가해지는 제동압력을 다르게 하여 빠른 속도에서도 차체의 안정성을 유지시켜 주는 역할을 수행한다.

2) 구성 요소

① **조향 핸들 각속도 센서**

운전자의 핸들 조작방향 및 각속도를 검출하여 VDC ECU로 입력한다.

② **요레이트** Yaw-rate **& G(횡가속도) 센서**

차량의 회전과 기울기 값을 검출하여 VDC ECU로 입력한다.

그림 조향 핸들 각속도 센서

③ **휠 스피드 센서**

차량의 주행 속도를 검출하여 VDC ECU로 입력한다.

④ **하이드롤릭 유닛(H/U)**

기존에 설명했던 ABS의 H/U과 원리와 작동이 거의 비슷하다. 다른 점은 어큐뮬레이터에서 공급되는 고압라인이 하나 추가된 것이다.

그림 요레이트 & G센서

⑤ **VDC ECU**

ⓐ ①~③로부터 차량의 주행 상태 정보를 입력받아 언더 스티어 및 오버 스티어 상태를 파악하여 각각의 브레이크를 독립적으로 작동시킨다.

ⓑ 엔진ECU와 통신을 하여 점화시기 지각 및 흡입공기량 제한하여 엔진출력을 떨어뜨린다.

그림 하이드롤릭 유닛

⑥ 브레이크 스위치

브레이크 상태를 VDC ECU가 검출하여 신속히 제어하기 위한 참조 신호로 사용한다.

⑦ VDC OFF 스위치

VDC의 기능을 OFF하는 것이 아니라 TCS의 기능을 OFF하는 스위치이다. 출발을 하거나 선회를 할 때 TCS제어를 필요로 하지 않는 운전자를 위한 스위치이다.

그림 VDC OFF 스위치

(2) TCS Traction Control System

1) TCS의 개요

차량의 구동바퀴가 각각 마찰계수가 다른 노면에 정차했다가 출발할 때 차동기어 장치가 마찰계수가 떨어지는 바퀴의 회전수를 높이게 된다. 또한 선회할 때 가속을 하면 구동력이 커지면서 바퀴에 슬립이 발생하게 된다. 이러한 상황에서 TCS가 작동하면 슬립이 발생하는 바퀴에 구동력을 저하시켜 안전한 주행이 가능하게 된다.

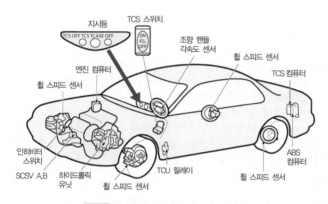

그림 구동력 제어장치의 구성 부품

2) TCS의 종류

① **ETCS** Engine intervention Traction Control System

국내에 처음 TCS가 도입되었을 당시 주로 사용된 것으로 브레이크의 제어와는 별개로 엔진의 구동력만 감소시키기 위해 점화시기 지각제어, 흡입공기량 제한 제어방식을 사용했다. 현재 사용하는 TCS는 브레이크 제어와 함께 엔진 점화시기 제어인 EM Engine Management제어를 실행한다.

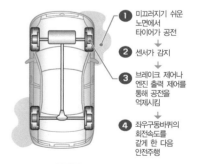

그림 TCS의 작동 원리

② **BTCS** Break Traction Control System

구동바퀴에서 미끄럼이 발생하는 바퀴에 제동유압을 가해 구동력을 저하시키는 것으로 TCS 효과가 EM방식에 비해 우수하다.

③ **FTCS** Full Traction Control System

브레이크 ECU가 슬립이 일어나는 바퀴에 제동압력을 가해주는 동시에 엔진 ECU에 회전력 감소 신호를 CAN통신으로 요청하여 연료 공급 차단 및 점화시기 지각 등을 통해 엔진 출력을 저하시킨다.

$$※ \text{ 구동 슬립률} = \frac{구동바퀴의\ 속도 - 차체(비\ 구동\ 바퀴)의\ 속도}{구동\ 바퀴의\ 속도} \times 100$$

※ 트레이스 Trace제어 : 운전자의 조향 핸들 조작량과 가속 페달 밟는 양 및 이때의 비 구동바퀴의 좌·우 속도 차이를 검출하여 구동력을 제어하여 안정된 선회가 가능하도록 한다.

8 제동 공학

(1) 제동거리

운전자가 브레이크를 밟아서 실제 브레이크가 작동하기 시작하여 정지할 때까지 이동한 거리

공식 **공주거리(S_1) 및 제동거리(S_2)** [단위=m]

$$S_1 = V \times t \qquad S_2 = \frac{V^2}{2\mu g}$$

V : 제동초속도(m/s) t : 공주시간(sec)
μ : 마찰계수 g : 중력가속도(9.8m/s²)

연습문제 1

제동초속도가 72km/h 이고, 공주시간이 0.5초 일 때 공주거리는 몇 m인가?

$$\frac{72000m}{3600sec} \times \frac{5}{10} sec = 10m$$

정답 **10m**

연습문제 2

마찰계수가 0.5인 도로에서 주행속도 72km/h로 달리는 자동차에 브레이크가 작동되었을 때 제동거리는 약 몇 m인가?

$$72km/h = \frac{72000m}{3600sec} = 20m/s \qquad \frac{(20m/s)^2}{2 \times 0.5 \times 9.8m/s^2} = \frac{400m^2/s^2}{9.8m/s^2} ≒ 40.8m$$

정답 **40.8m**

---

(2) 지렛대의 원리

공식 마스터 실린더 작용 힘 : F_2(kgf)

$$F_2 = \frac{b}{a} \times F_1 \qquad F_1 : \text{페달을 밟는 힘(kg}_f)$$

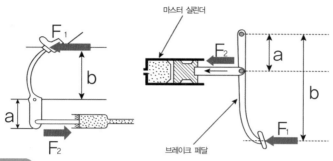

마스터 실린더

브레이크 페달

연습문제

브레이크 페달의 지렛대비가 28 : 7 이다. 브레이크 페달을 40kgf 의 힘으로 밟았을 때 푸시로드에 작용하는 힘은 얼마인가?

$$F_2 = \frac{28}{7} \times 40\text{kg}_f = 160\text{kg}_f$$

정답 160kgf

(3) 파스칼의 원리

공식 마스터 실린더 작용 힘 : F_2(kgf)

$$F_2 = \frac{B}{A} \times F_1 \qquad P = \frac{F_1}{A} = \frac{F_2}{B}$$

A,B = 각 피스톤의 면적(cm^2) P : 압력$(\text{kg}_f/\text{cm}^2)$

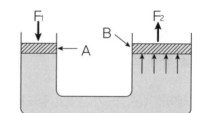

연습문제 1

피스톤 B에 작용하는 힘(F_2)과 유압파이프에 작동하는 압력은 얼마인가?

$$F_2 = \frac{50\text{cm}^2}{10\text{cm}^2} \times 100\text{kg}_f = 500\text{kg}_f$$

$$P = \frac{500\text{kg}_f}{50\text{cm}^2} = 10\text{kg}_f/\text{cm}^2$$

정답 500kgf, 10kgf/cm²

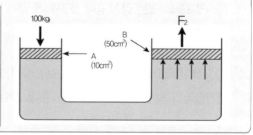

100kgf

B (50cm²)

A (10cm²)

F_2

연습문제 2

마스터실린더의 내경이 2cm 일 때 푸시로드에 31.4kgf의 힘이 작용한다면 브레이크 파이프에 작용하는 유압은 얼마인가?

원의 단면적 $= \pi r^2 = 3.14 \times (1\text{cm})^2 = 3.14\text{cm}^2$ $\qquad P = \frac{31.4\text{kg}_f}{3.14\text{cm}^2} = 10\text{kg}_f/\text{cm}^2$

정답 10kgf/cm²

Section별 OX 문제

01. 엔진 브레이크, 와전류 감속기, 유압 감속기, 배기 브레이크는 감속브레이크로 사용하고 제 3의 브레이크라 한다. ☐ ○ ☐ ✕

02. 유압식 브레이크는 베르누이 원리를 이용한 것이다. ☐ ○ ☐ ✕

03. 전자제어가 없는 소형차용 유압 브레이크의 작동 순서는 브레이크 페달 → 푸시로드 → 브레이크 마스터 실린더 → 진공식 배력장치 → 브레이크 파이프 및 호스 → 브레이크 캘리퍼 및 휠 실린더이다. ☐ ○ ☐ ✕

04. 브레이크 마스터 실린더는 피스톤 1차컵, 2차컵, 리턴스프링, 체크밸브 등으로 구성된다. ☐ ○ ☐ ✕

05. 브레이크 라인에 잔압을 유지하기 위해 체크밸브를 사용하며 체크밸브는 베이퍼록 방지, 신속한 작동, 휠 실린더의 오일 누출 방지, 공기 혼입을 방지하는 등의 기능을 한다. ☐ ○ ☐ ✕

06. 드럼브레이크는 자기작동 효과가 있어 디스크 브레이크에 비해 큰 제동력을 발휘 할 수 있다. ☐ ○ ☐ ✕

07. 브레이크액은 점도가 알맞고 점도지수가 작아야 하며 윤활성이 있고 비점이 높아야 한다. ☐ ○ ☐ ✕

08. 디스크 브레이크는 공기 중에 노출되어 있기 때문에 방열성이 우수하고 브레이크 패드의 내마모성이 뛰어나다. ☐ ○ ☐ ✕

09. 진공식 배력장치는 흡기 서지탱크나 발전기의 진공부압을 이용하며 대기압과의 압력차이로 제동력을 증대시키는 장치이다. ☐ ○ ☐ ✕

10. 공기식 배력장치는 공기압축기가 있는 대형차에서 주로 사용되며 공기의 압축압력과 대기압을 이용하여 제동력을 증대시킨다. ☐ ○ ☐ ✕

정답 및 해설

02. 유압식 브레이크는 파스칼의 원리를 이용한 것이다.

03. 전자제어가 없는 소형차용 유압 브레이크의 작동 순서는 브레이크 페달 → 푸시로드 → 진공식 배력장치 → 브레이크 마스터 실린더 → 브레이크 파이프 및 호스 → 브레이크 캘리퍼 및 휠 실린더이다.

07. 브레이크액은 점도가 알맞고 점도지수가 커야 하며 윤활성이 있고 비점이 높아야 한다.

08. 디스크 브레이크는 공기 중에 노출되어 있기 때문에 방열성이 우수하나 브레이크 패드의 면적이 좁고 작동 압력이 커서 마모가 빠르다.

정답

01.○ 02.✕ 03.✕ 04.○
05.○ 06.○ 07.✕ 08.✕
09.○ 10.○

11. 공기 브레이크는 작은 공기의 누출만으로도 제동성능에 크게 영향을 받는다. ☐ O ☐ ✕

12. 브레이크 챔버는 공기의 압축압력으로 브레이크 캠을 작동시키는 역할을 한다. 즉, 압축공기의 압력을 기계적인 힘으로 바꾸어 주는 역할을 한다. ☐ O ☐ ✕

13. ABS는 제동 시 휠의 잠김을 방지하여 미끄러지는 것을 막아 조향능력을 확보하고 제동마찰계수도 높여주는 역할을 한다. ☐ O ☐ ✕

14. 미끄럼률 20% 부근에서 큰 제동마찰계수가 발생되므로 바퀴의 속도를 차체 속도의 20% 정도로 유지하면 이상적인 제동이 가능하다. ☐ O ☐ ✕

15. ABS의 구성품으로 모듈레이터, 휠스피드센서, ECU 등이 있고 작동 시 감압, 유지, 증압을 반복하여 초당 15~20회 정도 작동하게 된다. ☐ O ☐ ✕

16. 프로포셔닝 밸브의 역할을 대신하기 위해 개발된 것이 전자 제동력 분배제어 장치 EBD이며 차량의 앞·뒤 무게 배분이 달라지는 것에 대해 대응이 용이하다. ☐ O ☐ ✕

17. 차량이 조향과 함께 급제동 시 차체의 회전력 및 속도, 조향핸들의 각속도 등을 연산하여 각 휠에 독립적으로 제동력을 가할 수도 있으며 필요에 따라 엔진의 출력도 줄일 수 있는 차량 자세 제어장치를 VDC 혹은 ESP라고 한다. ☐ O ☐ ✕

18. TCS는 제동 시 한 쪽 휠이 고착되어 반대 쪽 바퀴가 미끄러지는 것을 방지해 주는 전자제어 장치이다. ☐ O ☐ ✕

정답 및 해설

11. 공기 브레이크는 작은 공기가 누출되더라도 제동성능에 크게 영향을 받지 않는다.

14. 미끄럼률 20% 부근에서 큰 제동마찰계수가 발생되므로 바퀴의 속도를 차체 속도의 80% 정도로 유지하면 이상적인 제동이 가능하다.

18. TCS는 구동 시 한 쪽 휠이 고착되어 반대 쪽 바퀴가 미끄러지는 것을 방지해 주는 전자제어 장치이다.

정답

11.✕ 12.O 13.O 14.✕
15.O 16.O 17.O 18.✕

4.
섀
시

단원평가문제

01 제동장치가 갖추어야 할 구비 조건이 아닌 것은?

① 신뢰성이 높고, 내구력이 클 것
② 최고 속도에 대하여 충분한 제동 작용을 할 것
③ 제동 작용이 확실하고, 점검·조정이 용이할 것
④ 차량 총중량 이상에 대하여 충분한 제동 작용을 할 것

02 유압식 브레이크는 무슨 원리를 이용한 것인가?

① 베르누이 원리
② 파스칼의 원리
③ 애커먼 장토식의 원리
④ 렌츠의 원리

03 주 제동 브레이크에 해당되는 것은?

① 드럼 브레이크 ② 배기 브레이크
③ 엔진 브레이크 ④ 와전류 리타더

04 브레이크 장치의 파이프는 무엇으로 만들어졌는가?

① 동   ② 강
③ 플라스틱   ④ 주철

05 마스터 실린더 잔압을 두는 이유가 아닌 것은?

① 작동지연 방지
② 베이퍼록 방지
③ 오일누출 방지
④ 블로백 방지

06 다음 부품 중 표면이 경화되어 있지 않는 것은?

① 브레이크 드럼
② 베어링 저널
③ 기어 이
④ 밸브 스템 엔드

07 공기 브레이크에서 압축 공기압을 기계적인 힘으로 바꾸어 주는 구성품은?

① 브레이크 챔버
② 브레이크 밸브
③ 퀵릴리스 밸브
④ 브레이크 캠

08 다음 중 브레이크 페달 작용 후 오일이 마스터 실린더로 돌아오게 하는 것은?

① 브레이크 라이닝
② 브레이크 슈
③ 푸시로드
④ 리턴 스프링

09 브레이크 슈의 리턴 스프링이 약하면 휠 실린더 내의 잔압은 어떻게 되는가?

① 높아졌다 낮아졌다 한다.
② 낮아진다.
③ 일정하다.
④ 높아진다.

10 다음 중 제 3 브레이크에 해당되지 않는 것은?

① 배기 브레이크
② 와전류 브레이크
③ 핸드 브레이크
④ 하이드롤릭 리타더

11 듀오 서보식 브레이크는?

① 전진 시 브레이크를 작동하면 1차 및 2차 슈가 자기작동을 한다.
② 전진 시 브레이크를 작동하면 1차 슈만 자기작동을 한다.
③ 전·후진 시 브레이크를 작동하면 1차 및 2차 슈가 자기작동을 한다.
④ 후진 시에만 1차 및 2차 자기작동을 한다.

12 브레이크 마스터 실린더의 단면적이 12cm^2 일 때 작용되는 힘이 50kg$_f$이다. 이 때 단면적이 6cm^{2}의 휠 실린더 4개에 각각 얼마의 힘이 작용하는가?

① 25kg$_f$
② 50kg$_f$
③ 75kg$_f$
④ 100kg$_f$

13 드럼 브레이크에 대한 디스크 브레이크의 장점은?

① 자기작동 효과가 크다.
② 오염이 잘 되지 않는다.
③ 패드의 마모율이 낮다.
④ 패드의 교환이 용이하다.

14 전자제어식 ABS-EBD 제동 시스템의 구성품이 아닌 것은?

① 휠 스피드 센서

② 프로포셔닝 밸브
③ 하이드롤릭 유닛
④ 전자제어 유닛

15 브레이크 안전장치인 ABS의 작동상태와 관계가 없는 것은?

① 브레이크 유압의 감소 작용
② 브레이크 유압의 유지 작용
③ 브레이크 유압의 상승 작용
④ 브레이크 유압의 차단 작용

16 ABS 브레이크 장치에 대한 설명이다. 틀린 것은?

① 제한속도를 초과해서 코너를 주행할 때도 미끄러짐이 없다.
② 어떠한 주행 조건에도 차륜의 잠김이 발생되지 않도록 제어한다.
③ 항상 최대 마찰계수를 얻도록 하여 차륜의 미끄러짐을 방지한다.
④ 조정성, 안정성을 확보한다.

17 다음 중 ABS의 해제 조건이 아닌 것은?

① 브레이크 S/W OFF
② 바퀴의 슬립
③ 차량 속도 증가
④ 차량 속도 감소

18 ABS 시스템에서 사용되는 센서는?

① 스로틀 위치 센서
② 휠 스피드 센서
③ 공기 흡입 센서
④ 제어 센서

19 전자제어식 ABS는 제동 시 타이어의 슬립률이 항상 얼마가 되도록 제어하는가?

① 0~18%   ② 10~20%

③ 80~90%   ④ 90~100%

20 ABS 차량에서 ECU로부터 신호를 받아 각각의 휠 실린더의 유압을 조정하는 것은?

① 마스터 실린더

② 프로포셔닝 밸브

③ 하이드롤릭 유닛

④ 릴레이 밸브

정답 및 해설

ANSWERS

01.④	02.②	03.①	04.②	05.④	06.①
07.①	08.②	09.②	10.③	11.③	12.②
13.④	14.②	15.④	16.①	17.②	18.②
19.②	20.③				

01. 차량 총중량은 승차 정원 또는 최대 적재량의 화물을 균등하게 적재한 상태이기 때문에 이 이상의 하중에 대하여 충분한 제동력을 필요로 하지 않는다.

02. **파스칼의 원리** : 밀폐된 용기 속에 담겨 있는 액체의 한쪽 부분에 주어진 압력은 같은 크기로 액체의 각 부분에 고르게 전달된다.

03. ②, ③, ④는 제 3의 브레이크(=감속 브레이크)로 마찰부의 마멸 없이 감속이 가능하다.

04. 강철제 고압 파이프를 사용한다.

05. 연료장치에서처럼 잔압을 두게 되면 끓는점이 높아져 베이퍼 록을 방지할 수 있고 이로 인해 작동지연이 방지되고 휠 실린더의 피스톤 컵이 안쪽으로 누워버리는 것을 방지할 수 있어 오일이 누유되는 것을 막을 수 있다.

06. 표면의 경화가 필요한 이유는 내충격성 및 내마모성을 향상시키기 위해서이다. 브레이크 드럼은 마찰력이 중요한 장치이기 때문에 표면을 경화시키지 않는다.

07. 브레이크 챔버로 들어온 공기는 스프링 장력을 이기고 다이어프램을 작동시켜 푸시로드를 밀게 한다. 푸시로드는 챔버 밖 슬랙 어저스터를 회전시키고 이에 브레이크 캠이 회전하여 슈를 양쪽으로 작동 시킨다.

08. 요즘은 대부분 피스톤 실 또는 익스팬딩식 컵씰(cup seal)을 사용하므로 잔압을 따로 유지시킬 필요가 없다. 따라서 체크(잔압)밸브가 생략되고 스로틀(통로의 면적을 제한하는 판)을 사용하여 브레이크를 급속히 해제시킬 때 공기가 유입되는 것을 방지한다. 이러한 구조에서는 리턴 스프링의 작동에 의해 브레이크액이 마스터 실린더로 되돌아 올 수 있다.

09. 휠 실린더 내 피스톤 컵을 원위치로 복원시킬 수 없으므로 잔압은 낮아지게 된다.

10. 손으로 조작하여 케이블을 당겨서 마찰력을 발생시키는 핸드 브레이크는 주로 주차(사이드) 브레이크로 사용한다.

11. **듀오 서보식**(Duo-servo type) : 양 브레이크슈가 휠 실린더에 의해 양쪽으로 밀려나며 양쪽 슈 모두 앵커 핀으로 고정되어 있지 않고 어저스터로 연결되어 있어, 드럼의 회전 방향에 의해 슈의 고정된 쪽이 변화되도록 되어 있는 방식이다.

12. 마스터 실린더의 작동압력부터 구한다.

$$P = \frac{\text{마스터 실린더에 작용하는 힘}}{\text{마스터 실린더의 단면적}} = \frac{50\text{kg}_f}{12\text{cm}^2}$$

파스칼의 원리에 의하여 휠 실린더에 작용하는 압력도 동일하다.

$$\frac{50\text{kg}_f}{12\text{cm}^2} = \frac{25\text{kg}_f}{6\text{cm}^2}$$ 가 되므로 각 휠 실린더 6cm²의 면적에 작용하는 힘은 25kg_f가 된다. 참고로 휠 실린더 4개에 전체 작용하는 힘은 100kg_f가 된다.

13. 드럼 브레이크의 구성인 리턴 스프링을 해제 및 설치하지 않아도 되므로 패드 교환 작업이 용이하다.

14. 최근 차량은 전자 제동력 분배제어(EBD)가 프로포셔닝 밸브의 역할을 대신하게 된다.

15. ABS 작동 시 감압, 유지, 증압(상승) 작용을 고속으로 반복한다.

16. ABS가 **고속 주행 중** 조향이 들어간 상태에서 작동 될 때 차륜 및 차체의 슬립 없이 제어하기 어렵다.

17. 해제 조건이 아닌 것=작동 되는 조건

18. 휠 스피드 센서를 이용하여 차륜의 속도를 검출할 수 있다.

19. 제동 슬립률 10~20% 정도에서 대부분 높은 제동마찰계수를 얻을 수 있다. P.395 제동 슬립률 그래프 참조

20. ABS의 액추에이터는 하이드롤릭 유닛(모듈레이터)이다. 하이드롤릭의 구성요소도 같이 정리해 두어야 한다.

CHAPTER 05

자동차 및 자동차부품의 성능과 기준에 관한 규칙

학습목표

- 총칙
- 자동차 및 이륜자동차의 안전기준

[시행 2024. 1. 1]

SECTION 01 총 칙

제 2 조 정 의

- **1항 : 공차상태**

  자동차에 사람이 승차하지 아니하고, 물품을 적재하지 않는 상태로서 연료, 냉각수, 윤활유를 만재하고 예비타이어를 설치하여 운행할 수 있는 상태를 말한다.

  ※ **공차상태 제외 품목** : 예비부품, 공구, 휴대물 등

- **2~4항 : 적차상태**

  공차상태의 자동차에 승차정원이 승차 최대적재량이 적재된 상태를 말한다.

  ① **윤중** : 1개의 바퀴가 수직으로 지면을 누르는 중량

  ② **축중** : 수평상태에 1개의 축에 연결된 모든 바퀴의 윤중의 합

  ③ 승차정원 1인은 $65kg_f$, 13세 미만은 1.5인의 정원을 1인으로 함

SECTION 02 자동차 및 이륜자동차의 안전기준

제 4 조 길이, 너비, 높이

① **길이** : 13m 이하

  ※ **연결 자동차** : 16.7m 이하

② **너비** : 2.5m 이하

  ※ 외부 돌출부는 승용 25cm, 기타 30cm 이하, 피 견인차가 견인차보다 넓은 경우 피 견인차의 가장 바깥으로부터 10cm 이하

③ **높이** : 4m 이하

제5조 최저지상고

접지 부분 외의 부분은 지면과 10cm 이상일 것

제6조 차량 총중량 등

① 화물 및 특수 40톤
② 승합자동차 30톤
③ 차량 총중량 20톤 ⎫
④ 축중 10톤 ⎬ 을 초과할 수 없다.
⑤ 윤중 5톤 ⎭ = 이하

제8조 최대안전 경사각도-(전복 한계각도)

① 공차상태에서 좌우 각각 35도
② 차량총중량이 차량중량의 1.2배 이하인 경우 30도
③ **승차정원 11명 이상인 승합자동차** : 적차상태에서 28도

제9조 최소회전반경

① 자동차의 최소회전반경은 바깥쪽 앞바퀴자국의 중심선을 따라 측정할 때에 12미터를 초과하여서는 아니된다.

제10조 접지부분 접지압력

③ 무한궤도는 1cm^{2}당 3kg$_f$ 이하

제12조 주행장치

① <u>별표 1</u> : 타이어 트레드 부분에는 트레드 깊이가 1.6mm까지 마모된 것을 표시하는 트레드 마모지시기를 표기할 것
※ **사이드월에 표기되어야 할 사항**
제작사, 제작번호, 호칭(단면너비, 편평비, 내부구조, 림지름, 하중지수, 속도기호), 종류, 제품명, 제작시기, 제작국명
③ 자동차(승용자동차를 제외한다)의 바퀴 뒤쪽에는 흙받이를 부착하여야 한다.

제12조의2 타이어공기압 경고장치

① 승용자동차와 차량총중량이 3.5톤 이하인 승합·화물·특수자동차에는 설치하여야 한다. (복륜, 피견인자동차 및 초소형자동차 제외)
② 40km/h부터 최고속도까지의 범위에서 작동

제13조 조종장치등

② 가속제어장치의 복귀장치는 가속페달에서 작용력을 제거할 때에 원동기의 가속제어 장치를 가속위치에서 공회전위치로 복귀시킬 수 있는 장치가 최소한 2개 이상

제14조 조향장치

① 3. 다음 각 목의 자동차 구분에 따른 해당 속도로 반지름 50미터의 곡선에 접하여 주행할 때 자동차의 선회원(旋回圓)이 동일하거나 더 커지는 구조일 것

　가. **승용자동차** : 시속 50킬로미터

　나. **승용자동차 외의 자동차** : 시속 40킬로미터(최고속도가 시속 40킬로미터 미만인 경우에는 해당 자동차의 최고속도)

③ 조향핸들의 유격은 당해 자동차의 조향핸들 지름의 12.5% 이내

④ 조향바퀴의 옆으로 미끄러짐이 1m 주행에 좌우방향으로 각각 5mm 이내

제14조의2 차로이탈경고장치 **(LDWS)**

승합자동차 및 차량총중량 3.5톤을 초과하는 화물·특수자동차는 차로이탈경고장치를 설치하여야 한다. (제외 : 경형승합자동차, 피견인자동차, 덤프형 화물자동차, 자동차제원표에 입석정원이 기재된 자동차)

제15조의2 비상자동제동장치 **(AEB)**

자동차(경형승합자동차 및 초소형자동차는 제외한다)에는 비상자동제동장치를 설치해야 한다. (제외 : 경형승합자동차 및 초소형자동차, 피견인자동차, 덤프형 화물자동차, 자동차제원표에 입석정원이 기재된 자동차)

제15조 제동장치(측정상태 : 공차상태의 자동차에 운전자 1인이 승차한 상태)

① 10. **별표 3) 주 제동장치의 급제동정지거리 및 조작력 기준**

구 분	최고속도(km/h)		
	80km/h 이상	35km/h~80km/h 미만	35km/h 미만
제동초속도	50km/h	35km/h	당해 최고속도
급제동정지거리	22m 이하	14m 이하	5m 이하
측정조작력	발 조작식의 경우 : 90kg$_f$ 이하		
	손 조작식의 경우 : 30kg$_f$ 이하		

11. **별표 4) 주 제동장치의 제동능력 및 조작력기준**

최고속도	$\dfrac{\text{차량 총중량}}{\text{차량 중량}}$ 의 차		제동력의 판정기준
80km/h 이상	1.2배 이하일 때		$\dfrac{\text{제동력의 총합}}{\text{차량 총중량}} \geqq 0.5(50\%)$
80km/h 미만	1.5배 이하일 때		$\dfrac{\text{제동력의 총합}}{\text{차량 총중량}} \geqq 0.4(40\%)$
기타 자동차	각 축의 제동력의 합		차량중량의 50% 이상
	각 축의 제동력		전 축중의 50% 이상(뒷 축중의 20% 이상)
	좌우 제동력의 편차		당해 축중의 8% 이하

※ **제동력의 복원** : 브레이크 페달을 놓을 때에 제동력이 3초 이내에 당해 축중의 20% 이하로 감소될 것

12. **별표 4의2) 주차 제동장치의 제동능력 및 조작력 기준**

구 분		기 준
측정 시 조작력	승용 자동차	발 조작식의 경우 : 60kg $_f$ 이하
		손 조작식의 경우 : 40kg $_f$ 이하
	기타 자동차	발 조작식의 경우 : 70kg $_f$ 이하
		손 조작식의 경우 : 50kg $_f$ 이하
제동능력		경사각 11° 30′ 이상의 경사면에서 정지 상태를 유지할 수 있거나 제동 능력이 차량 중량의 20% 이상일 것

제 17 조 연료장치

① 2. 배기관의 끝으로부터 30cm 이상 떨어져 있을 것(연료탱크 제외)

　3. 노출된 전기단자 및 전기개폐기로부터 20cm 이상 떨어져 있을 것(탱크 제외)

제 19 조 차대 및 차체

① 3.

$$\text{경형·소형자동차} : \frac{C}{L} \leqq \frac{11}{20} \quad \text{승합·화물(차체밖 적재×)자동차} : \frac{C}{L} \leqq \frac{2}{3}$$

$$\text{기타자동차} : \frac{C}{L} \leqq \frac{1}{2} \qquad \text{※ L : 축거,}\quad \text{C : 뒤 오버행}$$

③ 측면 보호대 설치 차량

차량 총중량이 8톤 이상이거나 최대 적재량이 5톤 이상인 화물, 특수, 연결 자동차

‑ 설치 기준

1. 측면 보호대의 양쪽 끝과 앞·뒤 바퀴와의 간격은 각각 400mm 이내
2. 가장 아래 부분과 지상과의 간격은 550mm 이하
3. 가장 윗부분과 지상과의 간격은 950mm 이상

④ 후부 안전판 설치 차량

차량 총중량이 3.5톤 이상 화물차, 특수자동차

‑ 후부안전판의 설치 기준

1. 너비는 타이어 좌·우 최 외측 바깥부분 너비의 100mm 이내일 것
2. 가장 아래 부분과 지상과의 간격은 550mm 이내일 것
3. 차량 수직방향의 단면 최소 높이는 100mm 이상일 것
4. 좌, 우 측면의 곡률반경은 2.5mm 이상일 것

(⑧~⑩ 어린이운송용 승합자동차)

⑧ **색상 : 황색**

⑨ 탈부착이 가능한 어린이 보호 표지 앞뒤 장착(청색바탕의 노란색 글씨의 "어린이보호")

⑩ 좌측 옆면 앞부분에는 정지 표시장치를 설치하여야 한다.

제 20 조 견인 및 연결 장치

① **견인장치** : 견인할 때에 당해 자동차의 차량 중량의 1/2 이상의 힘에 견딜 수 있는 구조의 견인장치를 갖출 것

제 27 조 좌석 안전띠 장치 등

① 환자수송용·특수구조자동차의 좌석, 시내·마을버스를 제외한 자동차는 안전띠를 설치한다.
② 승용차는 3점식, 승용차 외의 중간좌석이 구조상 곤란한 경우 2점식으로 할 수 있다.

제35조 소음방지장치

「소음 · 진동관리법」 시행규칙 별표 13) **자동차의 소음허용기준**(제29조 및 제40조 관련)

• **운행자동차 중 : 2006년 1월 1일 이후에 제작되는 자동차**

소음 항목 자동차 종류		배기소음(dB)	경적소음(dB)
경자동차		100 이하	110 이하
승용자동차	소형	100 이하	110 이하
	중형	100 이하	110 이하
	중대형	100 이하	112 이하
	대형	105 이하	112 이하
화물자동차	소형	100 이하	110 이하
	중형	100 이하	110 이하
	대형	105 이하	112 이하
이륜자동차		105 이하	110 이하

제36조 배출가스 발산 방지장치

「대기환경보전법」 시행규칙 별표 21) 운행차배출허용기준(제78조 관련)

※ 무부하 (수시·정기)검사 기준

① 휘발유 및 가스사용 자동차

차 종		제작일자	일산화탄소	탄화수소
경자동차		2004년 1월 1일 이후	1.0% 이하	150ppm 이하
승용자동차		2006년 1월 1일 이후	1.0% 이하	120ppm 이하
승합 · 화물 · 특수자동차	소형	2004년 1월 1일 이후	1.2% 이하	220ppm 이하
	중형 · 대형		2.5% 이하	400ppm 이하
이륜자동차	소형·중형	2018년 1월 1일 이후	3.0% 이하	1,000ppm이하
	대형	2009년 1월 1일 이후	3.0% 이하	1,000ppm이하

② 경유사용 자동차

차 종		제 작 일 자	매 연
경·승용 자동차		2016년 9월 1일 이후	10% 이하
승합·화물· 특수 자동차	소형		
	중형		
	대형	2008년 1월 1일 이후	20% 이하

제 37 조 배기관

① 배기관의 열림 방향은 왼쪽 또는 오른쪽으로 45도를 초과해 열려 있어서는 안 되며, 배기관의 끝은 차체 외측으로 돌출되지 않도록 설치해야 한다.

제 38 조 전조등

① **주행빔 전조등** (상향등)

　1. 좌우 각 1개 또는 2개를 설치　　　2. 등광색은 백색

　3. **광도기준**

　　바. 1) 모든 주행빔 전조등의 최대 광도값의 총합은 430,000cd 이하일 것

② **변환빔 전조등** (하향등)

　1. 좌우 각 1개　　　2. 등광색은 백색

제 38 조의 2 안개등

① **안개등**

　1. 좌, 우 각 1개 설치　　　2. 등광색은 백색 또는 황색일 것

② **뒷면 안개등**

　1. 2개 이하로 설치　　　2. 등광색은 적색일 것

제 38 조의 4, 5 주간주행등 및 코너링조명등

① **주간주행등, 코너링조명등**

　1. 좌, 우 각 1개 설치　　　2. 등광색은 백색

제 39~44 조

	후퇴등	차폭등	번호등	후미등	제동등	방향지시등
등광색	백색	백색	백색	적색	적색	호박색
개수	1 or 2	좌·우 각 1		좌·우 각 1	좌·우 각 1	앞·뒤·옆–좌·우 각 1
비고			미등과 동시 작동 구조			점멸횟수 분당 60~120회

제 49 조 후부반사기

① 1. 좌·우 각각 1개 설치

　2. 반사광은 적색

제 53 조 경음기

　2. 자동차 전방 2m 떨어진 지점으로서 지상높이가 1.2±0.05m 인 지점에서 90dB 이상

제 53 조의 3 저소음자동차 경고음발생장치

하이브리드, 전기, 연료전지자동차등 동력발생장치가 전동기인 자동차에 설치

    1. 20km/h 이하에서 작동

    4. 전진주행 시 발생되는 전체음의 크기는 75dB 이하

제 54 조 속도계 및 주행거리계

③ 최고속도제한장치는 자동차의 최고속도가 다음 각호의 기준을 초과하지 아니하는 구조이어야 한다.

1. 승합자동차 : 110km/h

2. 차량총중량이 3.5톤을 초과하는 화물자동차·특수자동차 : 90km/h

3. 저속전기자동차 : 60km/h

제 56 조 운행기록장치 (기록내용 : 차속, 엔진회전수, 브레이크 신호, GPS)

  – 설치차량

1. 「여객자동차 운수사업법」에 따른 여객자동차 운송사업자

2. 「화물자동차 운수사업법」에 따른 화물자동차 운송사업자 및 화물자동차 운송가맹사업자

제 57 조 소화설비

① 승차정원 11인 이상의 승합자동차의 경우에는 운전석 또는 운전석과 옆으로 나란한 좌석 주위에 설치

    1. 승차정원이 7인 이상 승용자동차 및 경형승합자동차

    3. 중·대형 화물(피 견인차 제외) 및 특수자동차

    4. 고압가스, 위험물을 운송하는 자동차(피 견인차 포함)

② 승차정원 23인 초과 승합 중 너비 2.3m를 초과하는 경우 운전석 부근에 가로 60cm, 세로 20cm 이상의 공간을 확보하여야 한다.

※ 소화기 능력단위 : A(일반), B(유류), C(전기)

제 58 조 경광등 및 사이렌

① 1. 가. 1등당 광도 : 135~2,500cd 이하

      나. 등광색

        군경, 소방 (적색 or 청색)

        전신, 전화, 전기, 가스, 민방위, 도로관리 (황색)

        구급차 혈액 공급차량 (녹색)

   2. 사이렌음의 크기 : 전방 20m에서 90~120dB 이하

② 구난형 특수 자동차, 노면청소용자동차 : 경광등(황색)을 설치할 수 있다.

자동차 관리법 시행규칙 별표 15

18) 등화장치 검사기준

가) 변환빔(하향등)의 광도는 3,000cd 이상일 것

나) 변환빔의 진폭은 10m 위치에서

설치높이 1m 이하일 경우 : −0.5 ~ −2.5% (전조등 보다 낮은 상태의 5~25cm)

설치높이 1m 초과일 경우 : −1.0 ~ −3.0% (전조등 보다 낮은 10~30cm 범위)

다) 컷오프선이 있는 경우 꺽임점의 연장선은 우측 상향일 것 (교행차량 눈부심 방지)

※ 홈페이지 http://www.law.go.kr 에서 「자동차 및 자동차부품의 성능과 기준에 관한 규칙」을 검색하시면 최종법령 원본의 내용을 확인하실 수 있습니다.

Section별 OX 문제

01. 공차상태에 공구는 포함되지 않고 예비타이어는 포함이 된다.
　　☐ O 　☐ X

02. 윤중이란 축에 연결된 바퀴가 수직으로 지면을 누르는 중량을 뜻한다.
　　☐ O 　☐ X

03. 승차정원 1인을 65kgf, 13세 이하는 1.5인의 정원을 1인으로 한다.
　　☐ O 　☐ X

04. 자동차의 길이는 13m 이하, 너비는 2.5m 이하, 높이는 4m 이하여야한다.
　　☐ O 　☐ X

05. 자동차의 최저지상고는 공차상태의 자동차에 있어서 접지부분외의 부분은 지면과의 사이에 12cm 이상의 간격이 있어야 한다.
　　☐ O 　☐ X

06. 자동차의 차량총중량은 20톤(승합자동차의 경우에는 30톤, 화물자동차 및 특수자동차의 경우에는 40톤), 축중은 10톤, 윤중은 5톤을 초과하여서는 아니된다.
　　☐ O 　☐ X

07. 승용자동차는 시속 40km에서 반지름 50미터의 곡선에 접하여 주행할 때 자동차의 선회원이 동일하거나 더 커지는 구조여야 한다.
　　☐ O 　☐ X

08. 조향핸들의 유격(조향바퀴가 움직이기 직전까지 조향핸들이 움직인 거리를 말한다)은 당해 자동차의 조향핸들지름의 12.5퍼센트 이내이어야 한다.
　　☐ O 　☐ X

09. 조향바퀴의 옆으로 미끄러짐이 1미터 주행에 좌우방향으로 각각 5밀리미터 이내이어야 하며, 각 바퀴의 정렬상태가 안전운행에 지장이 없어야 한다.
　　☐ O 　☐ X

10. 최고속도가 80km/h 이상의 자동차가 제동초속도가 50km/h 일 때 급제동정지거리는 22m 이하여야 하며 발 조작식의 경우 90kgf 이하에서 조작되어야 한다.
　　☐ O 　☐ X

정답 및 해설

02. 윤중이란 1개의 바퀴가 수직으로 지면을 누르는 중량을 뜻한다.

03. 승차정원 1인을 65kgf, 13세 미만은 1.5인의 정원을 1인으로 한다.

05. 자동차의 최저지상고는 공차상태의 자동차에 있어서 접지부분외의 부분은 지면과의 사이에 10cm 이상의 간격이 있어야 한다.

07. 승용자동차는 시속 50km에서 반지름 50미터의 곡선에 접하여 주행할 때 자동차의 선회원이 동일하거나 더 커지는 구조여야 한다.

정답

01. O　02. X　03. X　04. O
05. X　06. O　07. X　08. O
09. O　10. O

11. 주 제동장치의 좌·우 제동력의 편차는 당해 축중의 8% 이하여야 하며 브레이크 페달을 놓았을 때 제동력이 3초 이내 당해 축중의 30% 이하로 감소되어야 한다. ☐ O ☐ ✕

12. 연료장치는 배기관의 끝으로부터 30cm 이상 떨어져 있어야 하며 노출된 전기단자 및 전기개폐기로부터 30cm 이상 떨어져 있어야 한다. 단, 연료탱크는 제외한다. ☐ O ☐ ✕

13. 기타 자동차에서 자동차의 가장 뒤의 차축 중심에서 차체의 뒷부분 끝(범퍼 및 견인용 장치를 제외한다)까지의 수평거리("뒤 오우버행"을 말한다)는 가장 앞의 차축중심에서 가장 뒤의 차축중심까지의 수평거리의 2분의 1 이하여야 한다. ☐ O ☐ ✕

14. 차량총중량이 8톤 이상이거나 최대적재량이 5톤 이상인 화물자동차·특수자동차 및 연결자동차는 측면보호대를 설치하여야 한다. ☐ O ☐ ✕

15. 차량총중량이 3.5톤 이상인 화물자동차 및 특수자동차는 후부안전판을 설치하여야 한다. ☐ O ☐ ✕

16. 어린이운송용 승합자동차의 앞과 뒤에는 청색바탕에 노란색 글씨의 "어린이보호"의 보호표지를 뗄 수 없는 구조로 장착 하여야 한다. ☐ O ☐ ✕

17. 자동차(피견인자동차를 제외한다)의 앞면 또는 뒷면에는 자동차의 길이방향으로 견인할 때에 해당 자동차 중량의 4분의 3 이상의 힘에 견딜 수 있고, 진동 및 충격 등에 의하여 분리되지 아니하는 구조의 견인장치를 갖추어야 한다. ☐ O ☐ ✕

18. 환자수송용·특수구조자동차의 좌석, 시내·마을버스 등(국토교통부장관이 지정 및 여객사자동차 운수사업법 시행령)을 제외한 자동차는 안전띠를 설치해야한다. ☐ O ☐ ✕

19. 후퇴등·차폭등·번호등은 백색, 후미등·제동등은 적색, 방향지시등은 호박색을 사용해야 한다. ☐ O ☐ ✕

20. 승합자동차는 110km/h를 초과하지 아니하게 최고속도 제한장치를 설치하여야 한다. ☐ O ☐ ✕

11. 주 제동장치의 좌·우 제동력의 편차는 당해 축중의 8% 이하여야 하며 브레이크 페달을 놓았을 때 제동력이 3초 이내 당해 축중의 20% 이하로 감소되어야 한다.

12. 연료장치는 배기관의 끝으로부터 30cm 이상 떨어져 있어야 하며 노출된 전기단자 및 전기개폐기로부터 20cm 이상 떨어져 있어야 한다. 단, 연료탱크는 제외한다.

16. 어린이운송용 승합자동차의 앞과 뒤에는 청색바탕에 노란색 글씨의 "어린이보호"의 보호표지를 탈부착이 가능한 구조로 장착 하여야 한다.

17. 자동차(피견인자동차를 제외한다)의 앞면 또는 뒷면에는 자동차의 길이방향으로 견인할 때에 해당 자동차 중량의 2분의 1 이상의 힘에 견딜 수 있고, 진동 및 충격 등에 의하여 분리되지 아니하는 구조의 견인장치를 갖추어야 한다.

정답
11.✕ 12.✕ 13.O 14.O
15.O 16.✕ 17.✕ 18.O
19.O 20.O

5. 자동차 규칙

단원평가문제

01 자동차 높이의 최대허용 기준으로 맞는 것은?

① 3.5m 이하

② 3.8m 이하

③ 4.0m 이하

④ 4.5m 이하

02 공차상태의 정의 및 품목에서 제외되는 것은?

① 예비타이어

② 예비공구

③ 윤활유 만재

④ 연료 만재

03 조향핸들의 유격은 당해 자동차의 조향핸들 지름의 몇 % 이내여야 하는가?

① 10.0%   ② 12.5%

③ 14%   ④ 15.5%

04 자동차가 반지름 50미터의 곡선에 접하여 주행할 때 자동차의 선회원이 동일하거나 더 커지는 구조여야 하는 자동차 구분에 따른 해당 속도로 맞는 것은?

① 승용자동차 : 시속 60킬로미터

② 승용자동차 외의 자동차 : 시속 50킬로미터

③ 승합자동차 : 40킬로미터 미만

④ 승용자동차 외의 자동차가 시속 40킬로미터 미만인 경우에는 해당 자동차의 최고 속도

05 자동차 안전기준 규칙상의 자동차 안전기준에 대한 내용으로 잘못된 것은?

① 자동차의 길이는 15m를 초과하여서는 안 된다.

② 자동차의 높이는 4m를 초과하여서는 안 된다.

③ 자동차의 윤중은 5톤을 초과하여서는 안 된다.

④ 자동차의 최소회전반경은 바깥쪽 앞바퀴자국의 중심선을 따라 측정할 때에 12m를 초과하여서는 안 된다.

06 공차상태에서 접지부분 외의 차체가 지면으로부터의 최소한의 높이는?

① 10cm   ② 12cm

③ 15cm   ④ 18cm

07 방향지시등의 등광색으로 맞는 것은?

① 적색   ② 백색

③ 호박색   ④ 청색

08 자동차의 차량총중량 · 윤중 · 축중의 설명이 잘못된 것은?

① 승용자동차의 차량총중량은 20톤을 초과해서는 안 된다.

② 승합자동차의 차량총중량은 25톤을 초과해서는 안 된다.

③ 자동차의 축중은 10톤을 초과해서는 안 된다.

④ 자동차의 윤중은 5톤을 초과해서는 안 된다.

09 공차 상태에서 좌, 우측 각각 몇 도까지 기울여도 자동차가 전복되지 않아야 하는가?

① 25도
② 30도
③ 35도
④ 40도

10 무한궤도를 장착한 자동차의 접지압력은 무한궤도 1cm² 당 몇 kg_f 이하여야 하는가?

① 1kg_f
② 3kg_f
③ 5kg_f
④ 7kg_f

11 차량이 직진 주행 중에 옆 방향으로 미끄러지는(사이드슬립) 양은 1m 주행 중 몇 mm 이내여야 하는가?

① 3㎜
② 4㎜
③ 5㎜
④ 10㎜

12 최고속도가 매시 80km 이상의 자동차의 급제동 정지거리는 얼마인가?

① 5m 이하
② 14m 이하
③ 22m 이하
④ 27m 이하

13 좌 · 우 바퀴의 제동력 차이는 당해 축중의 몇 % 이하인가?

① 8% 이하
② 12% 이하
③ 20% 이하
④ 50% 이하

14 브레이크 페달을 놓을 때에 제동력이 몇 초 이내에 당해 축중의 20% 이하로 감소되어야 하는가?

① 1초
② 3초
③ 5초
④ 7초

15 승용차의 발 조작식 주차 제동 조작력은 얼마인가?

① 40kg_f 이하
② 50kg_f 이하
③ 60kg_f 이하
④ 70kg_f 이하

16 휘발유 또는 경유를 사용하는 자동차의 연료 탱크 주입구 및 가스 배출구는 노출된 전기단자 및 전기개폐기로부터 몇 cm 이상 떨어져 있어야 하는가? (단, 연료탱크는 제외)

① 10cm 이상
② 20cm 이상
③ 30cm 이상
④ 40cm 이상

17 밴형, 승합 자동차의 축거와 뒤 오버행의 비는 얼마인가?

① $\frac{1}{2}$ 이하
② $\frac{2}{3}$ 이하
③ $\frac{3}{4}$ 이하
④ $\frac{11}{20}$ 이하

18 측면보호대의 가장 아랫부분과 지상과의 간격은 얼마인가?

① 40cm 이하
② 55cm 이하
③ 60cm 이하
④ 70cm 이하

19 후부안전판의 설치 위치로 가장 아랫부분과 지상과의 간격은 얼마인가?

① 35cm 이내
② 45cm 이내
③ 55cm 이내
④ 65cm 이내

20 어린이운송용 승합자동차의 색상으로 맞는 것은?

① 백색　　　　② 황색
③ 적색　　　　④ 청색

21 전좌석 안전띠를 설치해야하는 자동차는?

① 시내버스
② 마을버스
③ 환자수송용 자동차
④ 시외버스

22 이륜자동차의 배기소음허용기준으로 적합한 것은?

① 95dB 이하　　② 105dB 이하
③ 100dB 이하　　④ 110dB 이하

23 배기관의 열림 방향은 왼쪽 또는 오른쪽으로 몇 도를 초과해서 열려 있으면 안 되는가?

① 15도　　　　② 20도
③ 25도　　　　④ 45도

24 전조등의 등광색으로 맞는 것은?

① 황색　　　　② 백색
③ 적색　　　　④ 호박색

25 번호등에 대한 설명으로 틀린 것은?

① 등광색은 백색이여야 한다.
② 미등과 동시에 작동해야 한다.
③ 등록번호판의 모든 측정점에서 3.5cd/m² 이상의 휘도일 것.

④ 번호등은 등록번호판을 잘 비추는 구조일 것

26 방향지시등에 대한 설명으로 틀린 것은?

① 자동차 앞·뒷·옆면 좌·우 각각 1개를 설치할 것
② 등광색은 호박색일 것
③ 다른 등화장치와 독립적으로 작동될 것
④ 분당 60~100회 사이 점멸 할 것

27 운행기록 장치에 기록되는 내용으로 관련이 없는 것은?

① 차속 및 엔진회전수
② 조향핸들 조작신호
③ 브레이크 신호
④ GPS 신호

28 후부 반사기의 반사광 색깔은 무슨 색인가?

① 백색　　　　② 황색
③ 적색　　　　④ 청색

29 운전자가 교통상황을 확인할 수 있도록 거울이나 카메라모니터 시스템 등을 이용한 장치를 무엇이라 하는가?

① 간접시계장치
② 사고기록영상장치
③ 후사경
④ 감광식 거울

30 2006년 이후 제작하여 운행하는 자동차 중 대형 승용차의 경음기 음량 크기는 최대 얼마 이하인가?

① 110dB　　　② 112dB
③ 100dB　　　④ 105dB

31 2008년 1월 1일 이후 제작한 경유사용 대형 승합자동차의 매연 기준은 얼마 이하인가?

① 10%　　　② 15%
③ 20%　　　④ 40%

32 차량별 최고속도제한장치의 최고속도의 기준으로 틀린 것은?

① 승합자동차는 110km/h 초과하지 않아야 한다.
② 차량총중량이 3.5톤을 초과하는 화물자동차·특수자동차는 90km/h 초과하지 않아야 한다.
③ 저속전기자동차는 60km/h 초과하지 않아야 한다.
④ 어린이 운송용 승합자동차는 80km/h 초과하지 않아야 한다.

33 전파 감시 업무에 사용되는 자동차의 경광등 등광색은 무슨 색인가?

① 적색　　　② 청색
③ 황색　　　④ 녹색

정답 및 해설

ANSWERS

01.③	02.②	03.②	04.④	05.①	06.①
07.③	08.②	09.③	10.②	11.③	12.③
13.①	14.②	15.③	16.②	17.②	18.②
19.③	20.②	21.④	22.②	23.④	24.②
25.③	26.④	27.②	28.③	29.①	30.②
31.③	32.④	33.③			

01. • 길이 : 13m 이하(연결 자동차 : 16.7m),
　　• 너비 : 2.5m 이하, 높이 : 4m 이하

02. 공차상태 제외 품목 : 예비부품, 공구, 휴대물 등

03. 조향핸들의 지름이 커지면 유격도 커지게 된다.

04. • 승용자동차 : 시속 50킬로미터
　　• 승용자동차 외의 자동차 : 시속 40킬로미터
　　　승용자동차 외의 자동차가 시속 40킬로미터
　　　미만인 경우에는 해당 자동차의 최고 속도

05. 자동차의 길이는 13m를 초과하여서는 안 된다.

06. 최저 지상고가 12cm에서 10cm이상으로 개정되었다.

07. 한·미 FTA 체결 이후 국내에서도 적색 방향지시등이 합법화되어 그대로 들여오는 차량이 많아 졌지만 자동차 규칙의 제44조는 호박색만 가능하다.

08. 승합자동차의 차량총중량은 30톤을 초과해서는 안 된다.

09. 자동차 정면을 기준 : 한 쪽 옆으로 기울였을 때의 각도이다.

10. 기준 압력을 주지 않았을 때 도로의 노면이 파손될 수 있다.

11. 1m 기준으로 인, 아웃 5mm 이내이고
　　1km 기준으로 인, 아웃 5m 이내이다.

12. 제동 초속도(브레이크 지령이 주어졌을 때의 자동차의 속도)가 50km/h 일 때의 조건이다.

13. 좌·우 제동력의 차이가 심할 경우 급브레이크 작동 시 차체가 한쪽으로 기울게 된다.

14. 전(前)축중 제동력이 500kg이라 가정할 때 브레이크 페달을 놓으면 3초 이내 100kg이하로 감소되어야 한다.

15. 참고로 주 제동장치의 발 조작식의 경우는 90kg 이하이다.

16. 노출된 전기단자 및 전기개폐기에서 불꽃이 발생될 염려가 있기 때문이다.

17. 승합 · 화물 자동차 : $\dfrac{C}{L} \le \dfrac{2}{3}$

421

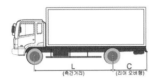

L=3m일 때 C는 2m보다 작아야 한다.

18. 측면보호대

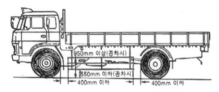

19. 후부 안전판

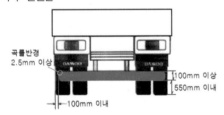

21. 환자수송용 · 특수구조자동차의 좌석, 시내 · 마을버스를 제외한 자동차는 안전띠를 설치한다.

22. 이륜자동차 배기소음은 105dB 이하이고 경적소음은 110dB 이하이다.

23. 보행자 및 맞은 편 차량에 직접 배기가스를 배출하면 안 된다.

25. 측정별 최소 휘도는 2.5cd/m² 이상일 것.

26. 분당 60~120회 사이 점멸 할 것.

27. 운행기록장치 기록내용 :

차속, 엔진회전수, 브레이크 신호, GPS

28. 후부 반사기 : 입사 각도와 관계없이, 입사 방향과 같은 방향으로 빛을 반사하도록 설계된 반사 장치.

29. 제50조(간접시계장치)

① 자동차에는 운전자가 교통상황을 확인할 수 있도록 간접시계장치를 설치하여야 한다.

1. 거울을 이용한 간접시계장치
2. 카메라모니터 시스템을 이용한 간접시계장치

② 어린이운송용 승합자동차에는 차체 바로 앞에 있는 장애물을 확인할 수 있는 간접시계장치를 추가로 설치하여야 한다.

30. 중 대형 승용차의 경적소음은 112dB 이하이고 배기소음은 100dB 이하이다.

31. 나머지 경유사용 자동차는 2016년 9월 1일 이후 10% 이하이다.

32. 어린이 운송용 승합자동차도 110km/h를 초과하지 않아야 한다.

33. 황색 경광등 : 전신, 전화, 전기, 가스, 민방위, 도로관리

PART

02

자동차 구조원리
기출문제

2023~2024년 시행

9급운전직 기출문제

2023년 시행

경기도[상반기]

01 내연기관의 가변밸브 타이밍 리프트(Variable Valve Timing Lift : VVTL) 기술 사용 시 나타나는 특성으로 옳지 않은 것은?

① 밸브 리프트, 위상이 연속적으로 변화한다.
② 흡입공기량을 흡기 밸브로 직접 제어한다.
③ 동력 성능이 향상된다.
④ 스로틀 밸브로 인한 펌핑 손실이 증가한다.

02 자동차를 앞에서 보는 경우에 앞바퀴의 중심선과 노면에 대한 수직선이 만드는 각도를 캠버라고 한다. 캠버를 설치하는 목적으로 옳지 않은 것은?

① 앞바퀴가 하중에 의해 아래로 벌어지는 것을 방지한다.
② 수직방향의 하중에 의해 차축이 휘는 것을 방지한다.
③ 주행 중에 바퀴가 이탈하는 것을 방지한다.
④ 킹핀 옵셋을 크게 하여 조향휠 조작력을 적게 한다.

03 무게가 1,000kg인 자동차가 등판각도 6°(0.1rad)인 경사면을 올라갈 때, 구배 저항이 다음 중 가장 가까운 것은?

① 100N   ② 490N
③ 980N   ④ 6,000N

04 다음과 같이 교류를 나타내는 방법으로 옳은 것은?

> 교류를 저항에 임의 시간 동안 흐르게 할 경우 발생되는 발열량과 같은 저항에 직류를 흘렸을 때 발생하는 발열량이 동일한 경우, 그 직류의 크기로 교류의 크기를 대신해서 나타내는 방법이다. 이 방법은 항상 변화하고 있는 교류의 크기를 실용적으로 나타낼 수 있는 방법이다.

① 순시값   ② 최대값
③ 실효값   ④ 평균값

05 영구자석 동기전동기(Permanent magnet synchronous motor : PMSM)는 하이브리드 및 전기자동차에 적용하기 적합한 전동기이다. 영구자석 동기전동기에 대한 설명으로 옳지 않은 것은?

① 전동기의 사용회전속도 범위(기본속도~최고속도)에 걸쳐 일정한 출력을 얻을 수 있다.
② 전자 스위칭 회로를 이용하여 자동차의 구동 특성에 적합하게 전동기를 제어할 수 있다.
③ 기본속도에 도달할 때까지는 최대토크가 발생한다.
④ 영구자석인 고정자와 권선형인 회전자로 구성되어 있으며 회전자에 공급되는 전원 주파수로 전동기의 속도를 조절한다.

06 운전자가 전방에서 발생한 위험을 인식하고 브레이크를 밟아 제동이 얼어나기 전까지의 거리를 공주거리라고 한다. 이 때 소요된 시간을 공주시간이라고 한다. 차량이 108km/h로 주행하고 있을 때 전방에 위험물을 발견하고 급제동을 하였을 때의 공주시간이 0.6초, 제동시간은 0.8초였다. 이때의 공주거리는 얼마인가?

① 9m ② 18m
③ 27m ④ 36m

07 조향장치의 애커먼-장토(Ackerman Jean-taud)방식에 대한 설명으로 옳은 것은?

① 좌우 바퀴가 평행하도록 같은 각도로 조향되는 방식이다.
② 조향과 함께 앞차축이 모두 돌아간다.
③ 선회 시 모든 바퀴가 동심원을 그리며 회전하므로 바퀴에 미끄러짐(slip)이 발생하지 않는다.
④ 선회 시 안쪽 바퀴가 그리는 원의 반지름을 최소회전반경이라고 한다.

08 최근 전기자동차에 적용되는 배터리 중에 리튬이온 2차 전지가 대표적이다. 이 리튬이온 2차 전지의 특성으로 옳지 않은 것은?

① 상대적으로 에너지 밀도가 높음
② 자기방전이 적음
③ 대전류 방전에 적합하다.
④ 뛰어난 사이클 특성으로 방전심도(DOD : Depth of discharge)가 우수하다.

09 자동차 유압시스템에서 유량제어밸브에 해당하는 것은?

① 시퀀스 밸브 ② 릴리프 밸브
③ 감압 밸브 ④ 교축밸브

10 엔진의 기본 사이클을 설명한 것으로 옳지 않은 것은?

① 앳킨슨(Atkinson) 사이클은 팽창행정이 압축행정보다 더 긴 사이클이다.
② 밀러(Miller) 사이클은 팽창비가 압축비보다 크다.
③ 앳킨슨(Atkinson) 사이클은 기계적인 구조가 아닌 밸브 개폐 타이밍으로 조절한다.
④ 밀러(Miller) 사이클은 앳킨슨(Atkinson) 사이클을 개선한 사이클이다.

전남

01 자동차 기관 크랭크축 베어링의 구비 조건으로 옳지 않은 것은?

① 마찰 계수가 크고, 추종 유동성이 있어야 한다.
② 하중 부담 능력이 있어야 한다.
③ 매입성이 좋아야 하며, 내피로성이 커야 한다.
④ 내부식성 및 내마멸성이 커야 한다.

02 자동차 기관 윤활 장치의 오일펌프를 구동하는 것으로 옳은 것은?

① 캠축
② 크랭크축
③ 타이밍 밸트
④ 오일 팬

03 자동차 변속기의 구비 조건으로 옳지 않은 것은?

① 가볍고 고장이 적을 것
② 조작이 쉽고 신속·확실할 것
③ 변속 단계의 구분이 확실할 것
④ 전달 효율이 좋을 것

04 자동차 발전기의 스테이터 코일에서 발생한 3상 교류를 직류로 바꾸어 주는 역할을 하며 실리콘 다이오드를 사용하는 것으로 옳은 것은?

① 정류기
② 브러시
③ 오버러닝 클러치
④ 계자코일

05 다음에서 설명하는 전기자동차의 구성요소로 옳은 것은?

> 전기자동차 2차 전지의 전류, 전압, 온도, 습도 등 여러 가지 요소를 측정하여 배터리의 충전, 방전 상태와 잔여량을 계산하는 것으로 전기자동차의 전지가 최적의 동작 환경을 조성하도록 2차 전지를 제어하는 시스템

① 배터리 관리 시스템(BMS)
② DC–DC 변환기(LDC)
③ 모터 제어기(MCU)
④ 완속 충전기(OBC)

06 다음 중 전자제어 점화장치의 제어 순서로 가장 적당한 것은?

① 각종 센서 → 점화코일 → ECU → 파워 트랜지스터
② 각종 센서 → ECU → 점화코일 → 파워 트랜지스터
③ 각종 센서 → ECU → 파워 트랜지스터 → 점화코일
④ 각종 센서 → 파워 트랜지스터 → ECU → 점화코일

07 자동차의 치수에 관한 설명으로 옳지 않은 것은?

① 전장 – 자동차의 길이를 자동차의 중심면과 접지면에서 평행하게 측정하였을 때 부속물을 포함한 최대 길이
② 축거 – 앞뒤 차축의 중심에서 중심까지의 수평거리
③ 윤거 – 앞뒤 타이어의 접촉면의 중심에서 중심사이의 거리
④ 뒤 오버행 – 맨 뒷바퀴의 중심을 지나는 수직면에서 자동차의 맨 뒷부분까지의 수평거리

08 일반적인 자동차용 축전지의 1셀당 방전 종지 전압으로 옳은 것은?

① 1.65V ② 1.75V
③ 1.95V ④ 2.05V

09 실린더의 안지름이 100mm이고, 행정이 80mm인 6개 실린더 기관의 총배기량으로 옳은 것은?

① 3,014cc ② 3,768cc
③ 3,840cc ④ 4,800cc

10 자동차 기관의 라디에이터 압력 시험을 실시하는 목적으로 옳은 것은?

① 기관 냉각 계통의 누설 여부 확인
② 기관 오일 누유 여부 확인
③ 기관 냉각수 상태 점검
④ 기관 오일 온도 이상 유무 확인

11 흡입한 공기를 대기압보다 높은 압력으로 실린더에 압송하여 흡입효율을 높일 수 있는 장치로 옳은 것은?

① 조속기 ② 토출 밸브
③ 가변제어 밸브 ④ 과급기

12 다음 중 자동차 기관의 부품으로 옳지 않은 것은?

① 크랭크 케이스
② 쇽업소버
③ 커넥팅 로드
④ 워터 펌프

13 전동식 동력 조향 장치의 장점으로 옳지 않은 것은?

① 약간의 연비 향상이 이루어진다.
② 오일펌프를 사용하지 않아 엔진에 부하가 없다.
③ 부품 수 감소 및 조향 성능이 우수하다.
④ 앞바퀴의 시미 현상을 방지할 수 있다.

14 유압식 브레이크와 비교하여 공기식 브레이크의 장점으로 옳지 않은 것은?

① 대형 차량에도 제한 없이 적용될 수 있다.
② 공기의 누설이 있어도 현저한 성능 저하가 없어 안정성이 높다.
③ 구조가 단순하고 가격이 저렴하다.
④ 제동력이 밟는 거리에 비례하여 발생하므로 운전자의 조작이 쉽다.

15 조향휠이 2회전을 할 때 파트먼 암이 30° 회전한 경우 조향기어비(감속비)는?

① 6:1 ② 12:1
③ 18:1 ④ 24:1

16 다음에서 설명하는 축전지의 부품으로 옳은 것은?

> 과산화납(PbO_2)을 도포한 것으로 암갈색을 띠고 있으며, 풍부한 다공성의 과산화납 미립자가 결합되어 있어 전해액이 입자 사이를 확산·침투하여 충분한 화학반응이 일어나도록 한다.

① 양극판(Positive Plate)
② 음극판(Negative Plate)
③ 격리판(Separators)
④ 셀 커넥터(Cell Connector)

전북

01 배기량이 같은 경우에 4행정 사이클 기관에 대비해서 2행정 사이클 기관의 장점으로 옳지 않은 것은?

① 체적효율이 높다.
② 회전력의 변동이 적다.
③ 흡배기 밸브가 없어 구조가 간단하다.
④ 출력이 크다.

02 현가장치는 주행 중에 노면을 통해 발생하는 충격을 흡수하여 승차감과 안전성을 향상시키는 장치이다. 다음 중 현가장치에 포함되지 않는 것은?

① 쇽업소버(shock absorber)
② 킹핀(king pin)
③ 스태빌라이저(stabilizer)
④ 새시 스프링(chassis spring)

03 자동차 동력 전달장치의 하나인 차동(differential) 기어의 기능 또는 원리를 설명한 것 중 옳지 않은 것은?

① 래크와 피니언의 원리를 활용한다.
② 자동차가 선회할 때 구동축 좌우바퀴의 미끄럼이 없다.
③ 자동차가 선회할 때 구동축 좌우바퀴의 회전수가 다르다.
④ 타이어 마모가 증가한다.

04 전자배전 점화장치(DLI: distributor less ignition)는 배전기(distributor)를 없애고 점화코일을 2개 이상 설치하여 불꽃방전을 일으키는 방식이다. 다음 중 전자배전 점화장치(DLI)의 특징으로 옳지 않은 것은?

① 배전기가 없으므로 전파장애의 발생이 없다.
② 점화시기가 정확하고 점화성능이 우수하다.
③ 진각의 범위에 제한이 없으나 내구성이 비교적 작다.
④ 고압배전부가 없기 때문에 누전의 염려가 적다.

05 이모빌라이저(immobilizer) 시스템은 키와 자동차가 무선으로 통신되는 암호코드가 일치하는 경우에만 시동이 걸리도록 한 도난방지 시스템이다. 이 시스템의 구성장치가 아닌 것은?

① 액추에이터(actuator)
② 트랜스폰더(transponder)
③ 스마트라(smartra)
④ 안테나 코일(antenna coil)

06 차량 점검 시 보기의 내용 중 엔진 해체정비 시기를 판단하는 것으로 옳지 않은 것은?

① 엔진 압축압력의 측정값이 규정값의 70% 이하일 때
② 평균 연료 소비율이 소비율이 규정값의 60% 이상일 때
③ 윤활유(엔진오일) 소비율이 규정값의 50% 이상일 때
④ 시동 시 전류소모가 배터리 용량의 3배 이하일 때

07 CNG기관에 대한 설명으로 옳지 않은 것은?

① 연료는 현재 가정용 연료인 도시가스를 200~250 기압으로 압축하여 사용된다.

② 디젤기관 대비 매연은 100%, 가솔린 대비 CO_2는 20~30% 감소된다.

③ 베이퍼라이저의 LPG차량과 같이 낮은 온도에서의 시동 성능이 좋지 못하다.

④ 연료를 감압할 때 냉각된 가스를 기관의 냉각수로 난기시키기 위해 열 교환 기구가 필요하다.

08 배기가스를 정화하기 위한 촉매 컨버터가 장착된 차량의 주의사항으로 옳지 않은 것은?

① 촉매작용이 충분히 발휘되기 위해 반드시 무연 가솔린을 사용해야 한다.

② 엔진진단을 위한 실린더의 파워 밸런스 테스터는 10초 이내로 한다.

③ 배터리의 방전으로 기동이 어려운 경우 밀거나 끌어서 시동을 걸 수 있다.

④ 화재를 예방하기 위해 가연 물질(잔디, 낙엽, 카펫 등) 위에 주차를 금지 한다.

01 엔진이 차량 앞쪽에 위치하고 앞바퀴가 구동되는 F·F방식의 특징에 대한 설명으로 가장 거리가 먼 것은?

① 차량 앞쪽이 무거워 고속주행 중 조향 시 피시테일 현상이 발생될 가능성이 높다.

② 구동바퀴와 조향하는 바퀴가 일치하여 빗길, 눈길에서 F·R방식 보다 구동 및 조향 안정성이 뛰어나다.

③ 추진축을 활용하여 동력을 전달하는 구조로 자동차의 무게 중심이 좀 높은 편이다.

④ 상대적으로 부품수가 적어 생산비용이 저렴하고 연비가 좋다.

02 3요소 2상 1단 형식의 토크컨버터 구성 3요소로 가장 거리가 먼 것은?

① 임펠러   ② 스테이터

③ 러너   ④ 댐퍼

03 납산 축전지에 대한 설명으로 가장 거리가 먼 것은?

① 전해액은 물보다 비등점이 낮아야 한다.

② 양극판, 음극판은 충전 시 각 극판에서 황산의 분자가 분리된다.

③ 잦은 방전은 설페이션 sulfation의 원인이 된다.

④ 충전이 완료되고 난 후 물이 전기 분해 되어 양극에서는 산소가 음극에서는 수소원소가 발생된다.

04 실린더의 행정체적이 960cc, 연소실체적이 80cc인 엔진의 압축비는 얼마인가?

① 10:1   ② 11:1

③ 12:1   ④ 13:1

05 점화플러그의 특징을 설명한 것으로 맞는 것은?

① 열방산 정도를 수치로 나타낸 것이 자기청정 온도이다.

② 열형 점화플러그는 오손에 대한 저항력이 작다.

③ 열가의 숫자가 높을수록 열형, 낮을수록 냉형 점화플러그이다.

④ 고속 고압축비 기관에는 냉형 점화플러그를 사용한다.

06 기동전동기의 구성과 세부 작동 대한 설명으로 가장 거리가 먼 것은?

① ST단자에 연결된 배선보다 B단자에 연결된 배선이 더 굵다.

② M단자는 계자철심에 감겨져 있는 계자코일과 연결된다.

③ B단자와 M단자가 스위칭 된 후에 풀인코일에 전류가 인가된다.

④ 일반적으로 계자코일과 전기자코일이 직렬 연결된 직권 직류 전동기를 사용한다.

07 4행정 사이클 엔진의 총배기량이 3000cc인 엔진의 평균유효압력이 10kg$_f$/cm^2 이다. 이 엔진이 1500rpm으로 회전하고 있을 때 지시마력(PS)은 얼마인가?

① 10   ② 20

③ 50   ④ 75

08 다음 중 기관 연소실의 구조와 기능에 대한 설명 중 틀린 것은?

① 밸브 면적을 최대한 크게 하여 흡·배기작용을 원활하게 한다.

② 연소실이 차지하는 표면적을 최소가 되게 한다.

③ 가열되기 쉬운 돌출부를 두어 실화를 방지할 수 있어야 한다.

④ 압축행정 시 혼합기 또는 공기에 와류를 일으켜 화염전파에 요하는 시간을 짧게 한다.

09 전기자동차에 전력을 변화시키기 위한 시스템으로 전력제어장치 EPCU electric power control unit가 사용된다. 이 EPCU의 직접적인 구성요소로 가장 거리가 먼 것은?

① LDC low DC-DC converter

② 인버터 inverter

③ VCU vehicle control unit

④ CMU cell monitoring unit

10 다음 친환경 자동차 중 고전압 배터리의 용량이 높은 순서부터 나열한 것은?

① 플러그인 하이브리드 〉 전기자동차 〉 병렬형 하이브리드

② 플러그인 하이브리드 〉 병렬형 하이브리드 〉 전기자동차

③ 전기자동차 〉 플러그인 하이브리드 〉 병렬형 하이브리드

④ 전기자동차 〉 병렬형 하이브리드 〉 플러그인 하이브리드

11 클러치 디스크에 사용되는 토션스프링에 대한 설명으로 가장 거리가 먼 것은?

① 클러치 라이닝과 구동판 사이에 설치된다.

② 비틀림 코일 스프링을 구동판 중간 중간 아코디언 형식으로 설치된다.

③ 클러치가 접속될 때 회전충격을 흡수하며 측면인 얇은 쪽에서 봤을 때 물결무늬 형상을 하고 있다.

④ 스프링 서징 현상을 줄이기 위해 2중 스프링을 사용하기도 한다.

12 전기자동차의 고전압 배터리 충전상태, 출력, 고장진단, 축전지의 균형 등을 제어하기 위해 사용되는 것으로 가장 적당한 것은?

① EDC   ② DCC

③ BMS   ④ ECS

01 하이브리드 전기 자동차의 시동 시 릴레이 작동 제어방법의 순서로 가장 적당한 것은?

① 메인 릴레이(−) → 프리차지 릴레이 → 메인 릴레이(+)

② 메인 릴레이(+) → 메인 릴레이(−) → 프리차지 릴레이

③ 메인 릴레이(+) → 프리차지 릴레이 → 메인 릴레이(−)

④ 프리차지 릴레이 → 메인 릴레이(+) → 메인 릴레이(−)

02 내연기관의 지시마력이 120PS, 제동마력이 60PS일 때 기계효율은 몇 %인가?

① 30%   ② 40%

③ 50%   ④ 60%

03 디젤엔진에 사용되는 신기술 중 배기가스 유해물질 저감 장치에 해당되지 않는 것은?

① SCR   ② LNT

③ DPF   ④ 촉매변환장치

04 ATS등에 사용되는 부특성 서미스터의 온도, 저항, 출력전압의 상관관계에 대해 바르게 설명한 것은?(단, 센서의 입력전압은 5V이다.)

① 온도가 낮을 시, 저항은 높아지고 전압이 낮아진다.

② 온도가 낮을 시, 저항은 낮아지고 전압이 높아진다.

③ 온도가 낮을 시, 저항은 높아지고 전압도 높아진다.

④ 온도가 낮을 시, 저항은 낮아지고 전압도 낮아진다.

05 토크컨버터의 특징을 설명한 것으로 가장 거리가 먼 것은?

① 스테이터를 활용하기 때문에 저속에서 동력전달 시 토크가 낮다.

② 유체를 사용하여 동력을 전달하기 때문에 완충효과를 기대할 수 있어 작동이 정숙하다.

③ 별도의 펌프와 제어장치가 필요한 관계로 무겁고 복잡하다.

④ 자동변속기에 사용되므로 시동이 꺼질 염려가 적고 발진이 쉽다.

06 엔진의 성능 곡선도에 대한 설명으로 가장 거리가 먼 것은?

① 엔진의 회전속도가 낮을 때 축출력이 높다.

② 엔진의 회전속도가 중저속 영역일 때 토크가 높은 편이다.

③ 엔진의 회전속도가 중속일 때 연료 소비율이 가장 낮다.

④ 과급장치를 활용하여 토크와 축출력을 더 높일 수 있다.

07 다음 설명의 (㉠)과 (㉡)에 들어갈 센서를 순서대로 나열한 것으로 맞는 것은?

> 차체 자세 제어장치(Vehicle Dynamic Control System)가 장착되는 자동차에서 중심점을 기준으로 이동되는 종방향 가속도 및 횡방향 가속도를 검출하기 위해 (㉠) 센서를 사용하고 각 차륜의 회전에 따른 속도를 검출하기 위해 (㉡) 센서를 사용한다.

① 브레이크, 휠 스피드

② 조향각, 상사점

③ 요 레이트, 차속

④ 자이로, 캠포지션

08 CRDI 엔진에서 폭발압력의 상승을 부드럽게 하여 연소가 원활하도록 돕는 다단분사로 맞는 것은?

① 파일럿 분사 ② 주분사

③ 사후분사 ④ 동기분사

09 냉각수로 사용되는 부동액의 구비조건으로 옳지 않은 것은?

① 비등점이 높아야 한다.

② 열팽창 계수가 커야 한다.

③ 내 부식성이 커야 한다.

④ 물과 혼합이 잘 되어야 한다.

10 4행정 사이클 엔진에서 1 사이클을 완료하기 위해 크랭크축은 몇 회전하는가?

① 1회전 ② 2회전

③ 3회전 ④ 4회전

01 다음 중 자동차의 치수 제원의 용어에 대해 잘못 설명한 것은?

① 앞 오버행 – 자동차 앞바퀴의 중심을 지나는 수직면에서 자동차의 맨 앞까지의 수평거리를 말한다.

② 전장 – 자동차를 옆에서 보았을 때 범퍼를 포함한 자동차의 제일 앞쪽 끝에서 뒤쪽 끝까지의 최대길이를 말한다.

③ 윤거 – 좌우타이어의 접촉면의 중심에서 중심까지의 거리를 말한다.

④ 전폭 – 사이드 미러의 개방한 상태를 포함한 자동차 중심선에서 좌우로 가장 바깥쪽의 최대너비를 말한다.

02 다음 제동공학과 관련된 설명으로 가장 거리가 먼 것은?

① 정지거리는 공주거리와 제동거리를 더한 것 인다.

② 공주시간이 길어지면 제동거리는 늘어난다.

③ 공주거리는 도로와 타이어의 마찰계수에 영향을 받지 않는다.

④ 제동거리는 제동초속도의 제곱에 비례한다.

03 다음 장치에 대한 설명 중 가장 거리가 먼 것은?

① 차동기어 장치 – 직진 주행 시 양 구동바퀴의 회전력을 다르게 한다.

② ABS(anti-lock brake system) – 자동차가 급제동할 때 바퀴가 잠기는 현상을 방지하기 위해 개발된 특수 브레이크

③ TCS(traction control system) – 타이어가 공회전하지 않도록 차량의 구동력을 제어하는 시스템

④ VDC(vehicle dynamic control) – 차량 스스로 미끄럼을 감지해 각각의 바퀴 브레이크 압력과 엔진 출력을 제어하는 장치

04 앞엔진 앞바퀴 구동방식(F·F)의 특징으로 가장 거리가 먼 것은?

① 험로에서 조향안정성이 뛰어나다.

② 제작 시 부품의 수를 줄일 수 있어 경제적이다.

③ 군용차량이나 험한 도로에서 사용되기 적합한 방식이다.

④ 실내공간이 넓어지고 무게가 가볍다.

05 조향핸들을 90° 회전했을 때, 피트먼 암이 15° 회전하였다면 조향기어비로 맞는 것은?

① 5 : 1   ② 6 : 1
③ 7 : 1   ④ 8 : 1

06 밸브기구와 관련된 설명으로 가장 적당한 것은?

① 밸브간극이 클 때 밸브가 늦게 열리고 일찍 닫힌다.

② 밸브간극이 작을 때 엔진의 정상 작동온도에서 밸브가 확실하게 열리지 못한다.

③ 밸브간극이 작을 때 밸브의 마모가 더 빠르다.

④ 밸브간극이 클 때 푸시로드가 휘어질 확률이 높다.

07 배기가스 중 유해물질을 줄이기 위한 장치에 대한 설명으로 거리가 먼 것은?

① SCR(Selective Catalytic Reduction)은 배기가스 중의 CO를 포집하여 일정 기간 주행 후 연소시키는 역할을 한다.

② LNT(Lean NOx Trap)는 필터 안에 NOx를 포집한 후 연료를 태워 연소시키는 방식으로 연료 효율이 떨어지는 단점있다.

③ DOC(Diesel Oxidation Catalyst)는 포집장치에 모여진 PM을 원활히 연소하기 위해 배기온도를 상승시키는 역할을 한다.

④ 배기가스 재순환 장치(EGR : Exhaust Gas Recirculation)는 배기가스의 일부를 연소실로 재순환하며 연소 온도를 낮춤으로서 NOx의 배출량을 감소시키는 장치이다.

08 가솔린엔진과 비교하여 디젤엔진이 가지는 특징에 대한 설명으로 가장 거리가 먼 것은?

① 디젤엔진의 연료특성상 인화성이 낮은 관계로 공기를 압축시킨 뒤 연료를 안개처럼 분사하여 자연스럽게 폭발하는 방식을 택한다.

② 자연흡기방식보다 과급방식을 주로 택하는 관계로 진공식 배력장치를 운용하기 위해 별도의 진공펌프가 필요로 한다.

③ 보조 연소실의 예열플러그를 활용하여 연료의 온도를 가열하여 착화를 원활하게 돕는다.

④ 겨울철 시동에 어려움이 있으며 매연과 입자상 물질을 줄이기 위한 별도의 부가장치를 필요로 한다.

09 조향장치의 기본원리에 대한 내용으로 가장 거리가 먼 것은?

① 조향 동력전달 순서는 조향 휠, 조향기어박스, 피트먼 암, 드래그 링크, 너클 암 순이다.

② 조향각을 고정시켜 선회 시 애커먼 각은 일정하다.

③ 애커먼 장토각은 선회 시 좌우 바퀴의 조향각이 다르다.

④ 최소회전 반경을 구할 때 조향 휠의 각은 최소로 한다.

10 제동장치와 관련된 설명으로 맞는 것은?

① 베이퍼록 현상을 줄이기 위해 긴 내리막 길에 엔진브레이크를 적극 사용한다.

② 페이드 현상이 일어나면 라이닝의 압착력이 감소하여 라이닝마모가 줄어든다.

③ 브레이크 슈의 리턴 스프링 장력이 낮을 때 페이퍼록 현상은 줄어든다.

④ 디스크 브레이크보다 드럼브레이크가 페이드 현상이 잘 발생되지 않는다.

11 다음 중 하이브리드 전기자동차의 특징으로 가장 거리가 먼 것은?

① 회생제동 기능을 활용할 수 있다.

② 직렬형은 엔진으로 자동차를 구동할 수 있고 모터의 효율을 높이는데 도움이 된다.

③ 고전압 배터리와 저전압 배터리를 이용하는 두 개의 전원 회로가 있다.

④ 복합형은 동력분배장치 앞뒤에 엔진 및 전동기를 병렬로 배치하여 주행상황에 따라 최적의 성능과 효율을 발휘할 수 있다.

12 다음 전기자동차에 대한 설명으로 가장 거리가 먼 것은?

① 최근 고가의 삼원계(NCM) 배터리 대신 가격 경쟁력과 안정성이 높은 리튬인산철(LFP) 배터리를 활용하는 경우가 많아지고 있다.

② 모터는 내연기관 자동차의 엔진역할을 대신하며 기계적 에너지를 전기에너지로 바꿔주는 원리를 이용하여 자동차를 구동한다.

③ 자동차 규칙에 고전압의 기준은 AC 30V, DC 60V를 초과한 전기장치를 말한다.

④ 상용전원인 220V의 교류전원을 이용하여 직류 고전압 배터리를 충전하기 위해 OBC(On Board Charger)를 활용한다.

01 자동차 에어컨 냉매의 순환 순서로 맞는 것은?

① 압축기(compressor) – 건조기(receiver drier) – 응축기(condenser) – 팽창밸브(expansion valve) – 증발기(evaporator)

② 압축기(compressor) – 응축기(condenser) – 팽창밸브(expansion valve) – 건조기(receiver drier) – 증발기(evaporator)

③ 압축기(compressor) – 응축기(condenser) – 건조기(receiver drier) – 팽창밸브(expansion valve) – 증발기(evaporator)

④ 압축기(compressor) – 증발기(evaporator) – 건조기(receiver drier) – 팽창밸브(expansion valve) – 응축기(condenser)

02 터보차저의 작동원리에 대한 설명으로 가장 거리가 먼 것은?

① 펌프를 이용하여 실린더에 공급되는 흡입공기를 더해준다.

② 인터쿨러 장치를 이용해 흡입되는 공기를 냉각시킨다.

③ 배출가스의 양이 증가되어 배기 압력이 높아지는 것을 방지하기 위해 웨이스트 게이트 밸브를 활용하기도 한다.

④ 엔진 회전 시 원심식 회전축으로 터빈을 회전시킨다.

03 운전자가 가속페달을 작동시켰을 때 자동차의 가·감속상태 및 자동변속기에서 변속선단을 결정하기 위해 입력되는 신호로 가장 적당한 것은?

① ATS
② MAP
③ TPS
④ CAS

04 병렬형(TMED) 하이브리드 자동차에 대한 설명으로 가장 거리가 먼 것은?

① 일정 속도 이상의 고속에서 엔진과 모터가 분리되며 모터는 고전압배터리만 충전한다.
② 모터는 감속이나 정지 시 회생제동 기능을 이용할 수 있어 일반 내연기관 자동차보다 연비가 개선된다.
③ 엔진의 시동과 속도를 제어하기 위해 HSG가 사용되고 HGS는 고전압 배터리를 충전하는 용도로도 활용된다.
④ 출발 시 모터로 구동되고 부하가 큰 주행 시 엔진이 모터를 보조하는 역할을 한다.

05 유성기어장치를 사용하는 자동변속기에서 엔진의 회전수가 시계방향으로 1500rpm으로 회전할 때, 선기어를 입력으로 하고 유성기어 캐리어 장치 고정, 링기어를 출력으로 할 경우의 결과 값으로 맞는 것은?(단, 토크컨버터에서의 슬립은 없다. 선기어 잇수는 20개, 링기어 잇수는 60개, 유성기어의 잇수는 10개이다.)

① 반시계 방향에 4500rpm
② 반시계 방향에 500rpm
③ 시계 방향에 4500rpm
④ 시계 방향에 500rpm

06 예열장치와 감압장치에 대한 설명으로 가장 적당한 것은?

① 예열 장치 - 점화플러그의 불꽃 생성이 원활할 수 있도록 연료를 가열한다.
② 예열 장치 - 주 연소실 내부에 위치하여 흡입되는 공기를 가열한다.
③ 감압 장치 - 시동 시 압축압력을 낮춰서 시동을 원활하게 해준다.
④ 감압 장치 - 배기 행정 시 배기가스의 원활한 배출을 위해 압력을 낮추는 역할을 한다.

07 앞엔진 앞바퀴 구동방식의 차량에서 사용되는 CV조인트가 선회 주행하면서 노면의 충격을 받을 경우의 작동으로 가장 적당한 것은?(단, 차동기어 장치쪽에 설치된 CV조인트를 기준으로 한다.)

① 양쪽 CV조인트가 같은 길이와 각도로 변화가능하다.
② 길이 변화만 가능하다.
③ 각도 변화만 가능하다.
④ 각도 및 길이 둘 모두 독립적으로 변화가능하다.

08 디스크 브레이크에 대한 내용으로 틀린 것은?

① 디스크가 공기 중에 노출되어 베이퍼록 현상이 잘 일어나지 않는다.
② 드럼 브레이크에 비에 구조가 간단하다.
③ 디스크에 물이 묻어도 제동력의 회복이 빠르다.
④ 마찰 면적이 작아 패드의 압착력이 작아야 한다.

09 전자제어현가장치(ECS : Electronic Controlled Suspension)에서 활용되는 동적제어에 대한 설명으로 틀린 것은?

① 차체가 선회할 때 - 앤티 요잉
② 급출발 및 급가속 시 - 앤티 스쿼트 제어
③ 요철을 지나 갈 때 - 앤티 피칭 제어
④ 승객 승하 차시 - 앤티 쉐이크

10 연소실의 구비조건에 대한 설명으로 가장 거리가 먼 것은?

① 공기의 흐름을 좋게 하여 화염전파시간을 줄이는 구조일 것
② 연소실 벽면의 열전도가 잘 될 것
③ 밸브 면적을 크게 하여 흡배기작용이 원활하게 하는 구조일 것
④ 압축 압력을 높게 하기 위해 연소실 표면적을 크게 하는 구조일 것

01 엔진 실린더 헤드 가스켓에 대한 설명으로 옳지 않은 것은?

① 기밀 유지 작용을 한다.
② 실린더와 오일팬 사이에 설치된다.
③ 냉각수의 누출을 방지한다.
④ 엔진오일의 누출을 방지한다.

02 연료펌프에 설치된 체크밸브의 기능으로 옳은 것은?

① 연료라인의 수분 및 이물질을 제거한다.
② 잔압에 의한 재시동성을 향상시킨다.
③ ECU의 신호에 의하여 연료를 분사한다.
④ 스로틀밸브의 열림양을 감지한다.

03 다음 글에서 설명하는 것으로 가장 옳은 것은?

• 엔진의 각 실린더에서 간헐적으로 발생하는 힘을 균일하게 하는 장치로 엔진에서 폭발행정이 없는 경우 이것의 관성력으로 엔진이 회전한다.
• 바깥 둘레에는 기관을 시동할 때 기동전동기의 피니언과 물려 회전력을 받는 링기어가 열 박음으로 고정되어 있다.

① 피스톤　　　② 커넥팅로드
③ 플라이휠　　④ 크랭크축

04 다음 글에서 설명하는 것으로 가장 옳은 것은?

> 브레이크의 작동을 계속 반복하면 드럼과 슈의 마찰열이 축적되어 라이닝 표면의 마찰계수가 감소하여 제동력이 감소한다.

① 브레이크 페이드
② 자기 배력 작용
③ 서징 현상
④ 바운싱 현상

05 디젤기관의 연소실 중에서 간접분사식 와류실식의 장점이 아닌 것은? (단, 직접분사식과 비교한다.)

① 공기와 연료의 혼합이 잘 된다.
② 비교적 고속회전에 적합하다.
③ 열효율이 높다.
④ 연료분사압력이 낮다.

06 독립식 현가장치의 장점에 대한 설명으로 옳지 않은 것은?

① 부품수가 적고 구조가 간단하다.
② 무게 중심이 낮아 안정적인 주행이 가능하다.
③ 타이어의 접지 성능이 좋은 편이다.
④ 바퀴의 시미 현상이 적다.

07 전기자동차의 주요 구성부품인(배터리, 모터, 인버터/컨버터)에 대한 설명으로 가장 옳지 않은 것은?

① 모터는 기계적 에너지를 전기적 에너지로 변화하는 장치이다.
② 인버터와 컨버터는 직류와 교류를 변환시키는 역할을 한다.
③ 모터는 배터리를 통해 구동력을 발생시킨다.
④ 일반적으로 배터리는 반복적인 충·방전으로 인해 성능이 저하된다.

08 엔진오일로 사용되는 윤활유의 6대 작용으로 가장 거리가 먼 것은?

① 밀봉작용
② 발열작용
③ 방청작용
④ 마멸방지 작용

09 디젤노크의 방지 대책이 아닌 것은?

① 엔진의 온도, 흡기온도, 압축압력을 낮게 한다.
② 압축비를 높인다.
③ 와류를 형성시켜 연소반응을 빠르게 한다.
④ 세탄가가 높은 연료를 사용하여 착화지연을 줄인다.

10 기관 연소실에서 배출되는 배기 중에서 매연, 입자상 물질을 저감시키는 주된 방법은 어떤 것인가?

① EGR
② DOC
③ DPF
④ SCR

01 이론공연비보다 약간 희박할 때 유해 배출 가스의 특성은?

① CO와 HC는 증가, NOx는 감소
② NOx는 증가, CO와 HC는 감소
③ CO와 NOx는 증가, HC는 감소
④ HC는 증가, CO와 NOx는 감소

02 4행정 기관에서 크랭크축 회전수가 2000rpm일 때, 캠축은 몇 rpm으로 회전하는가?

① 500 ② 1000
③ 1500 ④ 4000

03 변속기와 추진축 사이에 설치되어 있으며, 기관의 여유 출력을 이용하여 추진축의 회전속도를 크랭크축 회전속도보다 크게 하는 장치는?

① 정속 주행 장치
② 동력전달 장치
③ 차동기어 장치
④ 오버드라이브 장치

04 차량용 60AH의 축전지를 정전류 충전 방법으로 충전하고자 할 때, 표준 충전전류 (A)는?

① 3 ② 6
③ 20 ④ 30

05 엔진오일이 갖추어야 할 구비조건에 대한 설명으로 옳지 않은 것은?

① 높은 점도 지수를 가질 것
② 세척성이 뛰어 나고 응고점이 낮을 것
③ 양호한 유성을 갖출 것
④ 인화점 및 발화점이 낮을 것

06 승용차 타이어 호칭기호 210/70R 17에 대한 설명으로 옳지 않은 것은?

① 타이어의 폭이 210mm이다.
② 편평비가 70%이다.
③ 레이디얼 타이어이다.
④ 휠의 림 반경이 17인치이다.

07 전자제어 현가장치에서 자동차가 급출발 또는 급가속을 할 때 차체의 앞쪽은 들리고 뒤쪽이 낮아지는 노스 업(Nose up) 현상을 제어하는 것은?

① 앤티 다이브 제어(Anti-dive control)
② 앤티 롤링 제어(Anti-rolling control)
③ 앤티 바운싱 제어(Anti-bouncing control)
④ 앤티 스쿼트 제어(Anti-squat control)

08 점화플러그에 BP6ES라고 적혀있을 때, 6의 의미는?

① 열가
② 나사부분의 지름
③ 나사산의 길이
④ 개조형

09 자동차 타이어의 구조 중 공기압에 견디면서 일정한 체적을 유지하고, 하중이나 충격에 완충작용을 하는 타이어의 뼈대가 되는 부품은?

① 트레드(Tread)
② 카커스(Carcass)
③ 비드(Bead)
④ 브레이커(Breaker)

10 자동차의 섀시와 가장 관련이 없는 것은?

① 동력발생장치(기관)
② 조향장치
③ 모노코크 바디(monocoque body)
④ 타이어 및 휠

01 디젤엔진 중 CRDI 연료장치에서 예비분사를 하지 않는 경우로 가장 거리가 먼 것은?

① 주분사 연료량이 많은 경우
② 예비분사가 주분사를 너무 앞지르는 경우
③ 주분사 연료량이 충분하지 않은 경우
④ 연료압력이 100bar 이하인 경우

02 기관의 피스톤 링 플러터(piston ring flutter) 현상을 방지하는 방법으로 가장 옳지 않은 것은?

① 피스톤 링의 마모가 과도할 때 현상이 커지므로 새것으로 교체한다.
② 피스톤 링의 밀도 높이고 관성력을 크게 한다.
③ 링 이음부는 배압이 적으므로 링 이음부의 면압 분포를 높게 한다.
④ 주기적인 엔진오일 교환으로 피스톤 링의 주변에 카본등의 이물질이 끼지 않도록 한다.

03 제동장치의 유압회로 내에서 베이퍼록이 발생되는 원인으로 가장 거리가 먼 것은?

① 디스크 브레이크의 피스톤 씰(seal)의 고착으로 브레이크 유압이 해제되지 않을 때
② 브레이크액의 특성에 따른 전용 등급보다 높여서 사용한 경우
③ 긴 내리막길에서 드럼 브레이크의 자기 작동을 적극 활용한 경우
④ 디스크 브레이크에서 플렉시블 호스의 조립 불량으로 선회 시 타이어의 간섭이 장기간 발생되었을 때

04 엔진의 밸브 간극이 클 때 발생될 수 있는 현상으로 가장 적당한 것은?

① 압축행정 시 블로백(blowback) 현상이 발생될 수 있다.

② 배기밸브가 빨리 열리고 일찍 닫히게 된다.

③ 엔진의 정상 작동온도에서 흡입되는 공기량이 부족해진다.

④ 흡·배기 밸브의 양정이 커지게 된다.

05 기관의 윤활장치에서 유압이 낮아지는 원인으로 가장 적당한 것은?

① 릴리프 밸브가 고착되어 오일팬으로 엔진오일이 회수가 잘 되지 않을 때

② 오일의 교환 주기가 지나 오일에 연소생성물이 많이 포함되었을 때

③ 오일 경고등 스위치의 고장으로 경고등이 점등되지 않을 때

④ 실린더 헤드 가스켓의 파손으로 냉각계통에 오일이 유입되었을 때

06 장행정 엔진과 비교한 단행정 엔진의 특징으로 가장 적당한 것은?

① 같은 엔진 회전수 대비 피스톤의 속도를 느리게 할 수 있다.

② 언더스퀘어(under square) 엔진으로 측압이 작은 편이다.

③ 엔진 내부의 연소에 의한 토크변동이 커서 플라이휠의 관성이 커야한다.

④ 대형 화물차나 건설기계, 선박용 엔진으로 적합하다.

07 전 차륜 정렬의 요소인 캠버에 대한 설명으로 가장 적당한 것은?

① 선회 후 조향핸들의 복원력을 줄 수 있다.

② 차체의 하중에 의한 앞 차축의 휨을 줄여줄 수 있다.

③ 차량을 위에서 봤을 때 앞바퀴가 뒷바퀴보다 벌어진 것을 말한다.

④ 정의 캠버를 이용해 선회 주행 시 차체의 기울기를 줄일 수 있다.

08 친환경 자동차에서 감속 시 고전압배터리가 충전되는 기능을 무엇이라 하는가?

① 온보드 차저 – on board charger

② 리프트 풋업 – lift foot up

③ 킥백 기능 – kick back

④ 에너지 회생제동

09 MPI 엔진과 GDI 엔진의 특징 및 차이점을 설명한 것으로 가장 거리가 먼 것은?

① 두 엔진 모두 휘발유를 연료로 사용한다.

② 같은 배기량 대비 GDI 엔진이 출력과 연비가 좋다.

③ MPI 엔진이 상대적으로 희박한 공연비에서 연소가 된다.

④ GDI 시스템에 터보차저를 적극 활용하여 출력을 더 높일 수 있다.

10 클러치가 미끄러지는 원인으로 가장 거리가 먼 것은?

① 클러치 압력 스프링의 쇠약 및 파손되었다.

② 플라이 휠 또는 압력판이 손상 및 변형되었다.

③ 클러치 페달의 유격이 작거나 클러치판에 오일이 묻었다.

④ 릴리스 포크와 베어링의 유격이 커져 작동이 지연된다.

서울

01 자동차 기관에서 1사이클 중 수행된 일을 행정체적으로 나눈 값으로 가장 옳은 것은?

① 열효율　　　② 체적효율

③ 총배기량　　④ 평균유효압력

02 내연기관에서 윤활 작용뿐만 아니라 다양한 역할을 담당 하는 엔진오일의 작용으로 가장 옳지 않은 것은?

① 방청 작용　　② 완전연소 작용

③ 기밀 작용　　④ 냉각 작용

03 전기와 관련된 법칙에 대한 설명으로 가장 옳은 것은?

① 줄의 법칙이란 전류에 의해 발생한 열은 도체의 저항과 전류의 제곱 및 흐르는 시간에 반비례한다는 것을 말한다.

② 렌츠의 법칙이란 도체에 영향을 주는 자력선을 변화 시켰을 때 유도기전력은 코일 내의 자속이 변화하는 방향으로 생기는 것을 말한다.

③ 키르히호프의 제1법칙이란 에너지 보존의 법칙으로 회로 내의 어떤 한 점에 유입된 전압의 총합과 유출한 전압의 총합은 같다는 것을 말한다.

④ 플레밍의 왼손법칙이란 왼손의 엄지손가락, 인지 및 가운데 손가락을 서로 직각이 되게 펴고, 인지를 자력선의 방향에, 가운데 손가락을 전류의 방향에 일치시키면 도체에는 엄지손가락 방향으로 전자력이 작용한다는 것을 말한다.

04 일반적인 승용자동차의 제동장치인 디스크 브레이크의 구성요소로 가장 옳지 않은 것은?

① 디스크　　　② 드럼
③ 캘리퍼　　　④ 실린더

05 디젤엔진의 후처리장치로서 입자상물질(PM)을 포집하여 태우는 기술로 PM을 80% 이상 저감할 수 있는 매연 저감장치로 가장 옳은 것은?

① DOC　　　② DPF
③ EGR　　　④ NOx 촉매

06 가솔린기관의 윤활 경로로 가장 옳은 것은?

① 오일팬→오일펌프→오일필터→오일 스트레이너→오일통로→실린더 헤드
② 오일팬→오일필터→오일펌프→오일 스트레이너→오일통로→실린더 헤드
③ 오일팬→오일 스트레이너→오일펌프→오일필터→오일통로→실린더 헤드
④ 오일팬→오일통로→오일필터→오일펌프→오일 스트레이너→실린더 헤드

07 기관의 최고 회전속도를 측정하여 변속기와 기관의 종합적인 성능을 시험하는 스톨 테스트(stall test)의 방법 및 결과 분석으로 가장 옳지 않은 것은?

① 브레이크 페달을 밟고 가속페달을 완전히 밟은 후 기관 RPM을 읽는다.
② 변속레버를 'N' 위치에 두고 한다.
③ 기관회전수가 기준치보다 현저히 낮으면 엔진의 출력 부족이다.
④ 기관회전수가 기준치보다 현저히 높으면 자동변속기 이상이다.

08 <보기>에서 흡기장치의 구성 부품을 모두 고른 것은?

ㄱ. 디퍼렌셜 기어　ㄴ. 촉매변환기
ㄷ. 흡기 매니폴드　ㄹ. 스로틀 밸브
ㅁ. 크랭크축　　　ㅂ. 피스톤

① ㄱ, ㄴ　　　② ㄱ, ㄷ
③ ㄷ, ㄹ　　　④ ㄱ, ㅁ, ㅂ

09 냉방장치에 대한 설명으로 가장 옳지 않은 것은?

① 냉동사이클은 증발 → 압축 → 팽창→ 응축의 4가지 작용을 순환 반복한다.
② 자동차 에어컨의 주요 구성품목은 응축기, 압축기, 리시버드라이어, 팽창밸브 등이다.
③ 냉매는 압축기에서 압축되어 약 70℃에서 $15kg_f/cm^2$ 정도의 고온 · 고압 상태가 된다.
④ 냉매의 구비 조건으로는 비등점이 적당히 낮고 증발 잠열이 커야한다는 것이 있다.

10 전기자동차 배터리의 구성 단위의 크기가 큰 순서대로 가장 바르게 나열한 것은?

① 배터리 셀 〉 배터리 팩 〉 배터리 모듈
② 배터리 모듈 〉 배터리 셀 〉 배터리 팩
③ 배터리 셀 〉 배터리 모듈 〉 배터리 팩
④ 배터리 팩 〉 배터리 모듈 〉 배터리 셀

서울[보훈]

01 1마력(PS)에 대한 설명으로 가장 옳은 것은?

① 1초 동안 65kg$_f$ · m의 일을 할 수 있는 능률
② 1초 동안 75kg$_f$ · m의 일을 할 수 있는 능률
③ 10초 동안 65kg$_f$ · m의 일을 할 수 있는 능률
④ 10초 동안 75kg$_f$ · m의 일을 할 수 있는 능률

02 게르마늄, 규소 등의 반도체를 이용하여 증폭 작용이나 스위칭 작용을 하는 데 사용되는 반도체 소자로 가장 옳은 것은?

① 다이오드
② 콘덴서
③ 트랜지스터
④ 광전도 셀

03 크랭크축 비틀림 진동발생의 관계로 가장 옳지 않은 것은?

① 크랭크축의 길이가 길수록 크다.
② 크랭크축의 강성이 적을수록 크다.
③ 엔진의 회전력 변동이 클수록 크다.
④ 엔진의 회전속도가 빠를수록 크다.

04 커먼레일 디젤엔진의 연료 분사에서 엔진의 소음과 진동을 줄이기 위한 분사 단계로 가장 옳은 것은?

① 광역분사
② 예비분사
③ 주분사
④ 후분사

05 자동차의 앞바퀴를 옆에서 보았을 때 조향 너클과 앞 차축을 고정하는 조향축이 수직선과 어떤 각도를 두고 설치되는 휠 얼라이먼트 요소로 가장 옳은 것은?

① 캠버
② 토인
③ 캐스터
④ 셋백

01 축전지의 방전에 대한 설명으로 맞는 것은?

① 축전지 셀당 기전력이 2.75V일 경우 방전종지전압에 해당된다.
② 축전지의 방전은 전기에너지를 화학에너지로 바꾸는 것이다.
③ 온도가 낮으면 축전지의 자기 방전율이 높아져 용량이 작아진다.
④ 축전지 전해액이 적으면 방전량도 비례해서 적어진다.

02 실린더의 연소실 체적이 100cc, 행정체적이 800cc인 엔진의 압축비는 얼마인가?

① 8:1   ② 9:1
③ 10:1   ④ 11:1

03 아래에서 설명하는 디젤엔진의 장치로 가장 적합한 것은?

> 엔진의 회전 속도나 부하 변동에 따라 자동적으로 연료의 분사량을 조정한다. 또한 최고 회전 속도를 제어하고 저속 운전을 안정시키는 역할을 한다.

① 타이머
② 조속기
③ 딜리버리 밸브
④ 플라이밍 펌프

04 차체 하중에 대해 일정한 높이를 유지할 수 있도록 설계가 가능한 현가장치로 가장 적당한 것은?

① 공기스프링   ② 스태빌라이저
③ 코일스프링   ④ 판스프링

05 드럼 브레이크의 구비조건으로 가장 거리가 먼 것은?

① 정적 및 동적 평형이 잘 잡혀 있어야 한다.
② 마찰면의 내마모성이 우수해야 한다.
③ 방열성을 높이기 위해 드럼에 핀을 설치하기도 한다.
④ 가벼우며 강성이 낮아야 한다.

06 연료 라인에 압력이 과도하게 높아져 모터의 과부하를 억제하는 장치로 가장 적당한 것은?

① 릴리프 밸브
② 체크밸브
③ 딜리버리 밸브
④ 유압식 리프트

제주

01 현재 상용화되어 있는 첨단 운전자 지원 시스템 ADAS-advanced driver assistance systems의 기능에 대한 설명으로 가장 거리가 먼 것은?

① 첨단 운전자 지원 시스템은 센서나 카메라 등을 활용하는 능동형 안전장치로 자율주행 기술을 완성하기 위해 개발되었다.

② 자동 긴급 제동장치는 차량 전면부에 부착한 초음파 센서를 활용, 차간 거리를 측정하여 충돌의 위험을 감지하면 경고음을 알리거나 속도를 줄여주는 장치이다.

③ 주행 조향보조 시스템은 방향지시등 조작 없이 차로를 이탈하면 자동으로 핸들을 조작해 차로를 유지할 수 있도록 하는 장치이다.

④ 어댑티브 스마트 크루즈 컨트롤 기능은 자동차의 속도유지는 물론 앞차와의 간격을 스스로 유지할 수 있는 기능이다.

02 다음 용어에 대한 설명으로 가장 거리가 먼 것은?

① 오버스티어는 선회 시 전륜에 코너링포스가 크게 작용하여 나타나는 현상으로 주로 후륜구동 방식의 차량에서 잘 발생된다.

② 언더스티어는 선회 시 후륜에 코너링포스가 크게 작용하여 나타나는 현상으로 주로 전륜구동 방식의 차량에서 잘 발생된다.

③ 바운싱은 스프링 위 질량진동의 상하 운동으로 차체 자세 제어장치인 'VDC-vehicle dynamic control system'로 제어할 수 있다.

④ 요 모멘트는 선회 시 또는 주행 중 차체의 옆 방향 미끌림에 의해 발생될 수 있으며 내륜 또는 외륜에 제동을 가해 제어할 수 있다.

03 우천 시 사용하기 가장 부적당한 타이어로 맞는 것은?

① 튜브-리스 타이어

② 레이디얼 타이어

③ 바이어스 타이어

④ 슬릭 타이어

04 다음 중 자동차의 치수 제원의 용어에 대해 잘못 설명한 것은?

① 앞 오버행 – 자동차 앞바퀴의 중심을 지나는 수직면에서 자동차의 맨 앞까지의 수평거리를 말한다.

② 전장 – 자동차를 옆에서 보았을 때 범퍼를 포함한 자동차의 제일 앞쪽 끝에서 뒤쪽 끝까지의 최대길이를 말한다.

③ 윤거 – 좌우타이어의 접촉면의 중심에서 중심까지의 거리를 말한다.

④ 전폭 – 사이드 미러의 개방한 상태를 포함한 자동차 중심선에서 좌우로 가장 바깥쪽의 최대너비를 말한다.

05 배기량에 상관없이 대부분의 내연기관 차량에서 질소산화물을 줄일 목적으로 사용되는 장치로 가장 적당한 것은?

① DPF–Diesel Particulate Filter

② DOC–Diesel Oxidation Catalyst

③ EGR–Exhaust Gas Recirculation

④ SCR–Selective Catalytic Reduction

01 자동차 일체 차축방식의 조향기구에서 앞 차축과 조향너클의 설치방식으로 가장 옳지 않은 것은?

① 엘리옷형　② 역 엘리옷형
③ 마몬형　④ 역 마몬형

02 점화장치의 구비조건으로 가장 옳지 않은 것은?

① 내부식성이 적을 것
② 내열성이 클 것
③ 열 전도율이 클 것
④ 전기 절연성이 좋을 것

03 자동차 윤활유의 구비조건으로 가장 옳은 것은?

① 점도지수가 낮을 것
② 인화점 및 자연발화점이 낮을 것
③ 강한 유막을 형성할 것
④ 응고점이 높을 것

04 전기자동차 배터리 구성단위의 크기를 비교한 것 중 가장 옳은 것은?

① 배터리 팩 〉 배터리 셀 〉 배터리 모듈
② 배터리 모듈 〉 배터리 셀 〉 배터리 팩
③ 배터리 팩 〉 배터리 모듈 〉 배터리 셀
④ 배터리 모듈 〉 배터리 팩 〉 배터리 셀

05 승용자동차의 타이어 제원이 215/45 R17 91H 라면, 이에 대한 설명으로 가장 옳은 것은?

① 타이어의 폭은 215mm 이다.
② 타이어의 옆면의 높이는 45mm이다.
③ 레이디얼 타이어이며, 림 반지름은 17inch이다.
④ 최고속도는 91km/h임을 의미한다.

06 차륜정렬(휠 얼라이먼트)에 대한 설명으로 가장 옳지 않은 것은?

① 휠이 차체에 대하여 어떠한 위치, 각도, 방향으로 정렬되었는지를 나타낸다.
② 조향핸들의 조작력을 무겁게 한다.
③ 조향핸들에 복원력을 준다.
④ 타이어의 편마모를 방지한다.

07 자동차 ESC(Electronic Stability Control)에 대한 설명으로 옳지 않은 것은?

① 선회 시 자동차의 자세를 안정적으로 잡아주는 시스템이다.
② ABS와 관계없이 독립적으로 동작한다.
③ 오버스티어링과 언더스티어링을 방지한다.
④ 가속도 센서 등 관성 센서가 필요한다.

08 일반적인 자동차의 제원에 대한 설명으로 가장 옳지 않은 것은?

① 앞뒤 차축의 중심사이의 수평거리를 축거라고 한다.
② 자동차가 통과할 수 있는 턱의 최대 높이를 오버행이라고 한다.
③ 공차중량과 차량중량은 같은 의미이다.
④ 최소회전 반지름은 자동차의 제원 중 하나이다.

09 구동기어의 잇수가 8, 피동기어의 잇수가 24이고 구동축의 회전수가 900rpm, 토크가 30Nm일 때, 피동기어의 회전수와 토크로 가장 옳은 것은?

① 300rpm, 90Nm

② 300rpm, 10Nm

③ 2700rpm, 90Nm

④ 2700rpm, 10Nm

10. 자동차 배기계 중 소음기(머플러)에 대한 설명으로 가장 옳지 않은 것은?

① 내부구조는 몇 개의 방으로 구분되어 있다.

② 배기가스가 방들을 지나면서 음과 압력에 대한 변화를 일으켜 소리를 줄인다.

③ 소음기 저항이 커질수록 기관 폭발음 감소 효과가 떨어진다.

④ 소음기 저항과 기관의 출력은 서로 관계가 있다.

경기도[하반기]

01 자동차에 사용되는 터보차저(Turbo charger) 구성품으로 옳지 않은 것은?

① 플로팅 베어링(Floating bearing)

② 터보 래그(Turbo lag)

③ 터빈(Turbine)

④ 압축기(Compressor)

02 GDI 엔진의 특징으로 옳은 것은?

① 흡기 매니폴드에 위치한 인젝터에서 연료를 분사한다.

② 촉매 활성화 시간을 연장할 수 있어 유해 배기가스가 저감된다.

③ 연료량을 정밀하게 제어가 가능하여 운전 시 가속 응답성이 향상된다.

④ 실린더 직접분사를 통해 농후한 공연비로 작동시킬 수 있어 연비개선 효과가 크다.

03 엔진의 효율을 증가시킬 수 있는 방법으로 옳지 않은 것은?

① 터보 장치 사용

② 엔진 다운사이징

③ 가변흡기 액추에이터 사용

④ 브레이크 열손실 개선 기술사용

04 차량 중량 1,720kg$_f$ 인 자동차가 70kg$_f$ 인 사람 4명을 싣고 구름 저항계수가 0.01인 포장도로를 달릴 때 구름저항은 몇 N인가?

① 19.8 N   ② 20 N

③ 196.0 N   ④ 200.0 N

05 내연기관의 기동전동기에서 항상 일정한 방향으로 회전하도록 전기자(Armature) 코일에 일정한 방향으로 전류를 공급해주는 부품은?

① 슬립링 브러시 ② 브러시 정류자
③ 레귤레이터 ④ 계자코일

06 자동차에 응용되는 회전속도 센서로 옳지 않은 것은?

① 바이메탈 방식 ② 주파수 방식
③ 전압 방식 ④ 광전 방식

07 자동차의 구동력을 늘리기 위한 방법으로 옳지 않은 것은?

① 구동륜 유효 반경을 크게 한다.
② 엔진토크를 높게 한다.
③ 종 감속비를 높게 한다.
④ 엔진 배기량을 높인다.

08 승용차의 현가장치로 많이 사용되는 맥퍼슨 스트럿의 구성 부품이 아닌 것은?

① 위시본 암 ② 스트럿 바
③ 스트럿 댐퍼 ④ 코일 스프링

09 자동차의 축거가 2.5m이고 조향휠을 최대로 돌렸을 때 앞바퀴의 바깥쪽 바퀴의 조향각도가 30도라고 한다면, 이 자동차의 최소회전반경을 구하면?(단, 바퀴의 접지 중심면과 킹핀의 축 사이의 거리는 5cm 이다.)

① 2.25m ② 3.10m
③ 5.05m ④ 5.50m

10 차에 사용하는 토크 컨버터(Toque Converter)에 대한 설명으로 옳지 않은 것은?

① 펌프는 크랭크축에 연결되어 있다.
② 토크 변화율은 최대 2~3배로 얻을 수 있다.
③ 중요 구성품으로 펌프, 터빈, 스테이터가 있다.
④ 터빈은 변속기 케이스에 고정된 일방향 클러치(One way clutch)에 연결되어 있다.

01 다음 보기에서 엔진의 냉각수가 과열되는 원인을 모두 고른 것은?

> ㄱ. 라디에이터 코어 파손
> ㄴ. 물재킷부 퇴적물 과다로 인한 라디에이터 막힘
> ㄷ. 팬벨트 장력부족

① ㄱ, ㄴ, ㄷ   ② ㄱ, ㄴ
③ ㄴ, ㄷ   ④ ㄷ

02 엔진 오일의 유압이 낮아지는 이유로 가장 적당한 것은?

① 엔진 오일의 교환주기가 지나 연소 생성물이 많이 포함되어 있는 경우
② 냉각수의 순환이 좋지 못한 이유로 엔진이 과열되어 오일의 점도가 낮아진 경우
③ 실린더헤드 개스킷이 변형되어 엔진오일의 유로를 일부 막은 경우
④ 크랭크축 베어링의 윤활간극이 작은 경우

03 가솔린 엔진의 노킹에 대한 설명으로 가장 거리가 먼 것은?

① 고온, 고압에서 주로 발생되며 노멀헵탄의 함유량이 높을수록 노킹이 잘 발생된다.
② 노킹 발생 시 점화시점을 지각하여 줄일 수 있다.
③ 연료의 분사량이 많아 뭉쳐있는 조건에서 노킹이 더 많이 발생된다.
④ 혼합가스에 와류를 발생시키고 화염전파 속도를 빠르게 할 때 노킹을 줄일 수 있다.

04 자동차의 배출가스와 관련된 설명으로 가장 거리가 먼 것은?

① PCV(Positive Crankcase Ventilation) 밸브는 엔진이 경·부하 시 열려서 블로바이 가스를 제어한다.
② PCSV(Purge Control Solenoid Valve)는 캐니스터에 포집된 연료증발가스를 제어하기 위한 장치로 엔진 ECU에 의해 제어되는 액추에이터의 일종이다.
③ 차량이 가속 시에는 CO, HC, NOx 모두 증가된다.
④ 엔진의 온도가 올라 갈수록 EGR률을 감소시켜 NOx의 배출량을 줄일 수 있다.

05 전 차륜 얼라인먼트(alignment)에 관한 설명으로 가장 거리가 먼 것은?

① 정의 캠버는 자동차의 정면에서 봤을 때 앞바퀴의 아래쪽이 위쪽보다 더 벌어진 것을 말한다.
② 토인은 차량의 앞 타이어를 위에서 봤을 때 앞이 뒤보다 짧아 타이어가 전방으로 모인 것을 말한다.
③ 조향축경사각은 차량을 정면에서 봤을 때 지면의 수선과 조향축 중심의 연장선이 이루는 각을 말한다.
④ 캐스터는 차량을 측면에서 봤을 때 지면의 수선과 조향축이 이루는 각을 말한다.

06 자동차의 배기구에서 검은색 매연이 나오는 이유로 가장 적당한 것은?

① 희박한 공연비로 연소되어 배기가스 중에 산소의 배출량이 높을 때
② 밸브 가이드의 오일 실(oil seal) 불량으로 엔진오일이 연소될 때

③ 에어필터의 불량으로 농후한 공연비에서 연소되었을 때

④ 실린더 헤드 개스킷의 불량으로 냉각수의 부동액이 연소될 때

07 팽창밸브형에서 에어컨 냉매의 흐름순서로 가장 적당한 것은?

① 압축기 – 증발기 – 리저버 탱크 – 팽창밸브 – 응축기

② 압축기 – 응축기 – 팽창밸브 – 리저버 탱크 – 증발기

③ 압축기 – 팽창밸브 – 응축기 – 리저버 탱크 – 증발기

④ 압축기 – 응축기 – 리저버 탱크 – 팽창밸브 – 증발기

08 타이어의 트레드(Tread)에 관한 설명으로 가장 거리가 먼 것은?

① 트레드 패턴은 전진 · 방향 및 옆 · 방향 미끄럼을 원활하게 한다.

② 타이어 내부에 생긴 열을 방출해 준다.

③ 트레드부에 생긴 절상 등의 확산을 방지한다.

④ 구동력과 선회성능을 향상시킨다.

09 자동차 규칙에 대한 설명으로 가장 거리가 먼 것은?

① 자동차의 길이는 15m이하여야 한다. 단, 연결된 자동차는 16.7m 이하여야 한다.

② 자동차의 최소회전반경은 바깥쪽 앞바퀴자국의 중심선을 따라 측정할 때에 12미터를 이하여야 한다.

③ 자동차의 높이는 4m를 초과하여서는 안 된다.

④ 자동차의 너비는 2.5m 이하여야 하고 피 견인차가 견인차보다 너비가 초과하는 경우 피 견인차의 가장 바깥으로부터 10cm 이하여야 한다.

10 전기자동차의 특징과 관련된 설명으로 가장 거리가 먼 것은?

① 고속에서 토크가 좋아 고속주행 시 전기자동차의 전비(km/kWh)가 높게 나온다.

② 부품수가 내연기관 자동차에 비해 적어 시스템이 단순하고 고장 범위가 줄어든다.

③ 내연기관 자동차와 비교했을 때 주행 시 소음과 진동이 작다.

④ 주행 중 기어 변속할 일이 없어 운전과 조작이 편하다.

경남

01 수동변속기에 사용되는 클러치의 구성 요소에 대한 설명으로 가장 거리가 먼 것은?

① 클러치 베어링 – 변속기 입력축을 하우징으로부터 지지하는 역할을 하며 입력축이 원활히 동력을 전달할 수 있게 하는 부품이다.

② 클러치 스프링 – 스프링의 장력이 클 때에는 동력전달이 원활하고 스프링의 장력이 약할 때에는 슬립이 발생될 수 있다.

③ 클러치 디스크 – 마모되어 두께가 얇아질 경우 동력전달이 원활하지 못하게 되는데 이는 클러치 디스크가 플라이휠과 클러치 압력판 사이에서 미끄러지기 때문이다.

④ 릴리스 레버 – 클러치 디스크가 마모되어 릴리스 레버의 높이가 높아질수록 클러치 유격은 커지게 된다.

02 MF(Maintenance free) 배터리에서 설페이션(sulfation)의 원인으로 가장 거리가 먼 것은?

① 발전기의 전압조정기 이상으로 과 · 충전이 되었을 때

② 장기간 주차하여 축전지를 방전된 상태로 방치하였을 때

③ 단거리만 주행하여 불충분한 충전이 반복되었을 때

④ 점화장치 불량으로 시동이 걸리지 않은 상태에서 계속 크랭킹을 반복했을 때

03 자동차용 컴퓨터 통신방식 중 CAN (Controller area network) 통신에 대한 설명으로 가장 거리가 먼 것은?

① 일종의 자동차 전용 프로토콜로 모듈간 양방향 통신이 가능하다.

② 2개의 배선(HIGH, LOW)을 이용하여 데이터를 전송하기 때문에 노이즈에 강하고 확장성이 좋은 편이다.

③ 하나의 마스터 시스템의 분산화를 위해 사용되는 LIN(Local Interconnect Network) 통신보다 CAN 통신의 속도가 상대적으로 빠르다.

④ 데이터를 2채널로 동시에 전송함으로써 데이터 신뢰도를 높일 수 있다.

04 종 감속기어장치로 활용되는 하이포이드 기어의 특징에 대한 설명으로 가장 거리가 먼 것은?

① 차량의 무게 중심이 낮아져 주행 안정성이 증대된다.

② 구동피니언과 링기어의 중심이 동일 선상에 위치하여 동력전달 시 동적 평형이 좋다.

③ 스파이럴 베벨기어에 비해 구동 피니언을 크게 제작할 수 있어 강도 및 물림률이 증대되고 회전이 정숙하다.

④ 동력전달 시 기어면에 작용하는 미끄럼과 하중이 크기 때문에 극압성 윤활유를 활용한다.

05 다음 설명하는 하이브리드 엔진의 기반 사이클로 가장 적당한 것은?

> 내연기관의 효율을 높이기 위해 기구학적으로 흡입과 압축을 짧게 하고 폭발과 배기행정은 길게 작동시켜 상대적으로 흡입량이 작아 낮은 압축손실과 더불어 긴 폭발과정을 가지는 것이 장점이다.

① 오토 사이클 ② 앳킨슨 사이클
③ 사바테 사이클 ④ 랭킨 사이클

06 다음 중 전기자동차에 사용되는 OBC(On Board Charger)에 대한 설명으로 가장 거리가 먼 것은?

① 전기자동차에서 완속 충전을 위해 사용되는 컨버터 장치의 일종이다.
② 외부로부터 110~220V 정도의 교류전원을 입력받아 고전압 직류전원으로 변환한다.
③ 이 장치를 통해 고전압 배터리의 전원을 이용하여 저전압 배터리 충전이 가능하다.
④ 이 장치에서 변환된 직류전원은 고전압 정션박스와 PRA(Power Relay Assembly)를 거쳐 고전압 배터리를 충전한다.

07 다음 중 배기가스 재순환장치 EGR (Exhaust Gas Recirculation)과 관련된 설명으로 가장 거리가 먼 것은?

① 고온의 희박한 혼합기에서 다량 생성된 질소산화물을 줄이기 위한 장치로 연소실의 폭발 온도를 낮추는데 그 목적이 있다.
② 냉간 시나 급가속 시, 배기가스 후처리장치 DPF(Diesel Particulate Filter) 재생 시는 일반적으로 EGR 장치는 작동하지 않는다.
③ 가변 밸브 타이밍을 제어하는 시스템으로 별도의 EGR 장치 없이 EGR장치의 효과를 볼 수도 있다.
④ 가솔린 차량에 EGR 쿨러를 적용해 연소실의 냉각효과를 높이는 제어를 한다.

08 다음 「자동차 및 자동차부품의 성능과 기준에 관한 규칙」에 대한 내용으로 가장 거리가 먼 것은?

① 승차정원 1인은 65kg으로 하고 13세 이하는 1.5인의 정원을 1인으로 한다.
② 공차상태에 연료, 냉각수, 윤활유, 예비타이어의 무게는 포함이 되고 예비부품, 공구, 휴대물의 무게는 포함되지 않는다.
③ 적차상태를 차량총중량이라 표현하고 차량총중량은 20톤을 초과할 수 없다.
④ 윤중이란 바퀴 1개가 수직으로 지면을 누르는 중량을 뜻하고 윤중은 5톤 이하여야 한다.

09 하이브리드 전기자동차의 HCU(Hybrid Control Unit)는 여러 가지의 센서정보를 기초로 하여 여러 종류의 CU(Control Unit)를 통합제어 하는데 제어항목에 포함되지 않는 것은?

① ECU(Engine Control Unit)
② VCU(Vehicle Control Unit)
③ TCU(Transmission Control Unit)
④ MCU(Motor Control Unit)

**9급운전직
기출문제**

2024년 시행

경기도

01 다음 중 엔진 ECU(Engine Control Unit)가 하는 제어로 가장 거리가 먼 것은?

① 운전자가 급가속을 원할 때 다운 시프트 제어를 한다.

② 엔진을 구동하기 위한 연료펌프를 제어한다.

③ 엔진의 회전수를 기반으로 점화시기를 제어한다.

④ 엔진에 흡입되는 공기량을 기반으로 연료의 기본 분사량을 결정한다.

02 독립현가장치의 설명으로 가장 거리가 먼 것은?

① 스프링 아래의 질량을 감소시켜 차량 접지력이 좋아진다.

② 차고가 낮은 설계가 가능하여 주행 안정성이 향상된다.

③ 일체식 대비 구조가 단순해서 수리가 편하고 유지비가 적게 든다.

④ 차륜의 위치 결정과 현가스프링이 분리되어 승차감이 향상된다.

03 다음 조건의 자동차의 최소회전반경은 얼마인가?

- 좌회전을 하기 위해 조향핸들을 끝까지 돌린 상황
- 앞바퀴의 sig 값 : 왼쪽 4.2, 오른쪽 0.4
- 킹핀의 중심에서 타이어 중심까지의 거리 10cm
- 축거 3.5m
- 좌우측 킹핀의 중심에서 중심까지의 거리 2.0m

최소회전반경(R) $= \dfrac{L}{\sin\alpha} + r$

① 약 5.6m   ② 약 8.5m

③ 약 8.9m   ④ 약 10.2m

04 선택적 촉매 환원장치 SCR(Selective Catalytic Reduction)에 대한 설명으로 가장 적당한 것은?

① HC와 CO를 H_2O와 CO_2로 변환시켜 80%이상 감소시키고 PM도 20% 정도 저감하는 효과가 있다.

② 배기가스에 암모니아와 물을 분사하여 NOx을 줄이는 목적으로 사용한다.

③ 공연비가 농후할 때 많이 발생되는 PM을 포집해서 일정량이 누적되면 연소를 통해 없애는 장치이다.

④ 촉매에 NOx를 흡착하여 저장했다가 공연비가 농후할 때 촉매 반응을 통해 질소와 이산화탄소로 배출시킨다.

05 기동전동기의 관련 부품으로 거리가 먼 것은?

① 브러시   ② 교류모터
③ 계자코일   ④ 원웨이 클러치

06 엔진 출력의 단위인 마력은 일률의 단위로 사용되는데 이와 관련된 설명으로 가장 거리가 먼 것은?

① 구동력과 속도의 곱으로 표현할 수 있다.
② 단위로 PS를 쓰로 W로도 표현할 수 있다.
③ 엔진에서 만들어진 출력은 변속기를 통해 증대된다.
④ 일반적으로 엔진의 최고 높은 회전수 직전 영역에서 최대 출력이 발생된다.

07 압축비에 대한 설명으로 가장 거리가 먼 것은?

① 행정체적/연소실체적
② 실린더체적/연소실체적
③ 1+ (행정체적/연소실체적)
④ (행정체적+연소실체적)/연소실체적

08 하이브리드 전기자동차에서 세이프티 플러그를 제거하고 일정시간 기다린 뒤 작업하는 이유로 가장 적당한 것은?

① 자력이 강한 네오디뮴을 사용하는 로터가 EV모드 주행 후 열화가 되었을 때 갑자기 온도가 떨어지는 것을 방지한다.
② 구동모터의 스테이터를 감고 있는 코일에 자력을 없애는데 대기 시간이 필요하다.
③ 고전압 감전 경고 표기판의 설치와 안내하는 과정을 상기시키기 위한 시간이다.

④ 고전압 전원제어장치 내부의 콘덴서가 방전될 때까지 소요시간이 필요하기 때문이다.

09 2개의 트랜지스터를 하나로 결합시킨 것으로 전류증폭도가 높아 작은 전류로도 큰 전류의 제어가 가능한 것은?

① 서미스터(Thermistor)
② 포토 트랜지스터(Photo transistor)
③ 달링톤 트랜지스터(Darlington Transistor)
④ 제너 다이오드(Zener diode)

10 자동차 생애[LCA(life-cycle assessment)]에서 발생하는 온실가스(CO_2)를 평가하는 체제에 대한 설명으로 가장 거리가 먼 것은?

① LCA CO_2 : Life Cycle assessment CO_2 -원유생산, 자동차의 제조, 운용, 폐차, 재활용하는 동안 발생된 CO_2를 포함한다.
② WtW CO_2 : Well to Wheel CO_2 -연료를 생산하여 운반 및 자동차를 주행하면서 발생되는 CO_2를 포함한다.
③ TtW CO_2 : Tank to Wheel CO_2 -자동차를 주행하는 동안 발생된 CO_2를 포함한다.
④ WtT CO_2 : Well to Tank CO_2 -자동차를 정비 및 폐기하면서 발생되는 CO_2를 포함한다.

기
출
문
제

울산

01 다음 중 2행정 사이클 엔진에 대한 설명으로 가장 거리가 먼 것은?

① 밸브구조가 간단하고 소음이 작다.
② 가격이 비싸고 마력당 중량이 무겁다.
③ 회전력의 변동이 작다.
④ 저속이 어렵고 역화가 발생하기 쉽다.

02 수소연료전지자동차의 연료전지 스택의 구성요소로 거리가 먼 것은?

① 막전극 접합체(MEA)
② 분리판
③ 기체 확산층
④ 주변보조시스템(BOP)Balance of Plant

03 납산축전지에 대한 설명으로 거리가 먼 것은?

① 양극 극판은 수산화니켈, 음극 극판은 철로 구성되어진다.
② 가격이 저렴하여 경제적이다.
③ 묽은 황산을 전해액으로 사용한다.
④ 화학적 평형을 고려하여 양극판 보다 음극판을 한 장 더 둔다.

04 독립현가장치에 사용되는 스태빌라이저에 대한 설명으로 거리가 먼 것은?

① 토션바 스프링의 일종이다.
② 양쪽의 컨트롤암과 연결되어 있다.
③ 선회 시 자동차에 발생되는 피칭(Pitching)을 줄일 수 있다.
④ 자동차의 좌우 균형을 잡아주는 역할을 한다.

05 조향장치에 사용되는 조향기어박스의 종류로 가장 거리가 먼 것은?

① 하이포이드 기어   ② 웜섹터 기어
③ 볼엔 너트 기어   ④ 렉과 피니언 기어

06 슈퍼차저에 대한 설명으로 가장 거리가 먼 것은?

① 엔진의 동력으로 흡입공기를 과급하는 장치이다.
② 트윈 차저(twin charger) 방식은 변속기를 이용해 풀리의 작동을 제어하여 저속과 고속에서 원하는 압력을 제공한다.
③ 저속과 고속에서 안정적인 과급이 가능하다.
④ 고속에서 슬립으로 인한 효율저하가 불가피하여 과급압력이 부족한 경우가 있다.

07 직류전동기의 종류로 가장 거리가 먼 것은?

① 직권식   ② 분권식
③ 복권식   ④ 병권식

08 독립식 연료 분사펌프를 사용하는 디젤 연료장치의 연료공급 순서로 맞는 것은?

① 연료탱크 – 연료필터 – 연료공급펌프 – 연료분사펌프 – 연료분사파이프 – 노즐 – 연소실
② 연료탱크 – 연료공급펌프 – 연료필터 – 연료분사펌프 – 연료분사파이프 – 노즐 – 연소실
③ 연료탱크 – 연료필터 – 연료공급펌프 – 연료분사펌프 – 노즐 – 연료분사파이프 – 연소실
④ 연료탱크 – 연료공급펌프 – 연료분사펌프 – 연료필터 – 연료분사파이프 – 노즐 – 연소실

09 클러치에 입력되는 엔진의 회전수가 2,500rpm에서 회전력이 50kgf·m이고 클러치에서 출력되는 회전수가 2,000rpm에서 40kgf·m 일 때 클러치의 전달효율은 얼마인가?

① 10% ② 40%
③ 64% ④ 72%

10 전기자동차의 구성요소에 대한 설명으로 거리가 먼 것은?

① 배터리 : 리튬이온 배터리를 주로 사용하며 화재에 대한 안정성이 보장되어야 하며 메모리 현상이 낮고 자기방전율이 낮아야 한다.

② BMS : 배터리의 전압, 전류, 온도 감지 및 SOC판단, 냉각제어 및 고장진단 등의 기능을 하기 위해 각종 센서의 정보를 입력받는다.

③ 모터 : 엔진 내연기관의 역할을 대신하며 회생 제동의 기능을 통해 감속 시 배터리 충전이 가능하다.

④ OBC : 저전압 직류 변환 장치로 직류 고전압을 이용하여 저전압 배터리를 충전하는 역할을 한다.

---

01 내연기관의 입구제어방식 냉각장치에 대한 설명 중 가장 거리가 먼 것은?

① 제어 온도가 상대적으로 낮은 관계로 노킹이 잘 발생되지 않는다.

② 엔진이 정지했을 때 냉각수의 보온 성능이 좋다.

③ 수온조절기의 급격한 온도 변화가 적어 내구성이 좋다.

④ 한랭 시동 시 엔진 워밍업 시간이 짧다.

02 다음 그림에서 Y축을 기준으로 회전하는 스프링 위 질량진동의 요소로 맞는 것은?

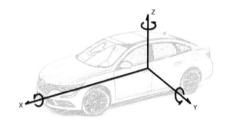

① 롤링(Rolling)
② 피칭(Pitching)
③ 요잉(Yowing)
④ 와인드 업(Wind up)

03 에어컨 냉매의 구비조건에 대한 설명 중 가장 거리가 먼 것은?

① 증발 잠열이 크고 액체 상태일 때 비열이 작을 것

② 응고점과 기화점이 낮을 것

③ 활성 물질로 냉매의 순환이 원활해야 한다.

④ 화학적으로 안정되고 변질되지 않으며 부식성이 없을 것

04 LPI(Liquid Petroleum Injection) 엔진의 특징에 대한 설명으로 가장 거리가 먼 것은?(단, 베이퍼라이저를 사용하는 LPG 엔진과 비교)

① 정밀한 연료 제어로 환경규제 대응에 유리하고 배출가스 저감된다.

② 가솔린 엔진과 동등 수준의 뛰어난 동력 성능 발휘가 가능하다.

③ 겨울철 시동성이 향상되고 연비도 개선된다.

④ 별도의 연료 펌프가 필요 없기 때문에 압력조절이 수월하다.

05 병렬형 하이브리드 전기자동차 방식에 대한 설명으로 가장 거리가 먼 것은?

① 엔진은 발전기를 구동하는 역할만 수행하기 때문에 배출가스 저감에 많이 유리하다.

② 국내에서는 구동모터의 설치위치에 따라 소프트 타입과 하드 타입으로 구분된다.

③ 직렬형에 비해 구동모터와 배터리 용량을 작게 설계할 수 있다.

④ 별도의 변속장치나 동력분배장치가 요구되므로 구조와 제어가 복잡하다.

06 앞바퀴 정렬의 요소인 킹핀경사각의 필요성에 대한 설명으로 가장 거리가 먼 것은?

① 캠버와 함께 핸들의 조작력을 가볍게 하는데 도움을 준다.

② 주행 중 앞바퀴의 동적 불평형을 줄여주는 역할을 한다.

③ 선회 후 조향 핸들이 직진 위치로 돌아오게 한다.

④ 주행 중 차체에 하중이 가해졌을 때 앞차축이 휘는 것을 방지한다.

07 CRDI(Common Rail Direct Injection) 엔진에 대한 설명으로 가장 거리가 먼 것은?

① 연료분사 압력을 엔진의 회전속도 및 부하 조건과 관계없이 고압으로 분사가 가능하기 때문에 저속의 큰 부하 조건에서도 출력과 회전력을 원활하게 사용할 수 있다.

② 연료를 착화시키기 위한 별도의 분사가 가능하기 때문에 소음과 진동을 감소시키는 효과를 기대할 수 있다.

③ 공기유량 센서는 핫필름 방식을 주로 사용하며 NOx 저감을 위한 EGR장치의 피드백 제어를 위해 사용된다.

④ SCR 장치에 포집된 입자상 물질을 제거하기 위해 포스트 분사를 활용하기도 한다.

08 이모빌라이저(immobilizer) 시스템에 대한 설명으로 가장 거리가 먼 것은?

① 물리적으로 복제된 키를 사용했을 때 엔진의 시동이 걸리지 않게 하여 차량의 도난을 방지하는 장치이다.

② 구성요소로 엔진 ECU, 스마트라, 트랜스 폰더, 안테나 코일이 있다.

③ 키를 분실 했을 때 제조사에서 제공하는 열쇠를 구매하여 별도의 등록절차 없이 바로 사용할 수 있다.

④ 엔진 시동이 꺼진 상태에서 라디오, 에어컨, 멀티미디어 장치 등의 작동을 가능하게 해준다.

01 다음 설명하는 자동차 제원에 대한 설명으로 맞는 것은?

> 자동차를 정면에서 봤을 때 타이어 접지된 부분의 가운데 사이의 거리를 뜻한다.

① 전고
② 축거
③ 윤거
④ 앞오버행

02 자동차용 발전기에 적용된 원리로 맞는 것은?

① 렌츠의 법칙
② 플레밍의 왼손법칙
③ 플레밍의 오른손법칙
④ 앙페르의 오른나사 법칙

03 다음 4행정 사이클 엔진의 행정에 대한 설명으로 맞는 것은?

> ㉠ 흡기밸브와 배기 밸브가 닫혀있다.
> ㉡ BDC에서 TDC로 이동하고 있는 상태이다.

① 흡입행정
② 압축행정
③ 폭발행정
④ 배기행정

04 점화플러그 주변에 오염물질이 많고 배기가스가 흰색일 때의 고장요소로 가장 적당한 것은?

① 밸브의 간극이 규정보다 작을 때
② 밸브 스프링의 서징현상이 심할 때
③ 커넥팅 로드가 휘어졌을 때
④ 밸브 스템 및 가이드 고무가 마모되었을 때

05 타이어의 구성 요소에 대한 설명으로 틀린 것은?

① 노면과 직접 접촉하는 부분을 트레드라 한다.
② 비드는 카커스와 트레드 사이에 위치한다.
③ 사이드월은 각종 제원과 치수에 대한 정표를 표기하는 곳이다.
④ 비드 와이어는 휠의 림에서 타이어의 이탈을 방지하고 비드가 느슨해지는 것을 막아준다.

06 다음 용어에 대한 설명으로 맞는 것을 고르시오.

> ㉠ 엔진 베어링의 바깥둘레가 하우징의 안 둘레 보다 긴 것으로 열전도성을 높이는 작용을 한다.
> ㉡ 엔진 베어링의 지름이 하우징의 지름보다 크게 하여 베어링을 조립하였을 때 잘 이탈되는 것을 방지한다.

① ㉠ : 러그   ㉡ : 스러스트
② ㉠ : 스러스트   ㉡ : 레이디얼
③ ㉠ : 크러시   ㉡ : 스프레드
④ ㉠ : 스프레드   ㉡ : 크러시

07 드럼브레이크와 비교한 디스크브레이크의 특징으로 가장 거리가 먼 것은?

① 공기 중에 디스크가 노출되어 열방산 효과가 뛰어나 페이드 현상이 적다.
② 고속에서 반복 사용하여도 안정된 제동력을 얻을 수 있다.
③ 자기작동으로 인한 배력 효과가 뛰어나 브레이크 조작력이 작아도 된다.
④ 정비성이 양호하고 한 쪽만 제동되는 일이 적으며 구조가 간단한다.

08 하이브리드 자동차에서 정확한 구동력을 제어하기 위해 회전자의 위치와 고정자의 위치 및 속도를 검출하는 것으로 맞는 것은?

① 레졸버
② 모터 온도센서
③ 컨버터
④ 모터컨트롤유닛 (MCU)

09 CRDI 자동차에서 배기가스 재순환장치를 제어하기 위해 입력받는 신호로 가장 적당한 것은?

① AFS   ② ATS
③ WTS   ④ CKS

10 납산 축전지의 화학식에서 아래 들어갈 내용으로 맞는 것은?

양극판 전해액 음극판→방전→양극판 전해액 음극판
　⊙　 2H₂SO₄　Pb ←충전← ⓛ　　ⓒ　 PbSO₄

	⊙	ⓛ	ⓒ
①	PbSO₄	PbO₂	2H₂O
②	PbO₂	PbSO₄	2H₂O
③	PbO₂	PbSO₄	H₂O
④	PbSO₄	PbO₂	H₂O

11 점화코일에서 1차 코일의 자기유도작용에서 250V, 2차 코일의 상호유도작용으로 유기된 기전력이 20,000V, 2차 코일의 감은 횟수가 20,000회 일 때 1차 코일의 감은 수는 얼마인가?

① 80   ② 250
③ 320   ④ 500

12 다음 단순 유성기어 장치에서 선기어의 잇수가 25개이고 링기어 잇수가 75개 일 때, A X B의 변속비로 적당한 것은?

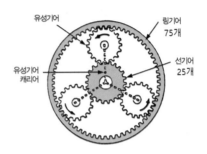

선기어	링기어	유성기어 캐리어	변속비
고정	출력	구동	A
고정	구동	출력	B

① 0.5   ② 0.8
③ 1   ④ 3

01 전기자동차에 사용되는 리튬이온 배터리 1셀의 평균적인 전압의 값[V]은?

① 1.5　　　　　② 3.7
③ 9.0　　　　　④ 12.0

02 기존 LPG 엔진에 비해 LPI 엔진이 가지는 특징에 대한 설명으로 가장 옳지 않은 것은?

① 겨울철 고질적인 냉간 시동 문제를 개선하였다.
② 가솔린 엔진과 비슷한 수준의 동력성능을 발휘한다.
③ 정밀한 연료제어로 유해 배기가스의 배출이 적다.
④ 인젝터를 이용하여 연료를 고압 기상 분사하여 연소 특성을 개선하였다.

03 디젤기관의 노크 방지 방법에 대한 설명으로 가장 옳지 않은 것은?

① 착화성이 좋은 연료를 사용한다.
② 연소실 내 공기와류를 일으키게 한다.
③ 연료 분사 초기에 연료 분사량을 많게 한다.
④ 압축비, 압축압력, 압축온도를 높인다.

04 2WD(2 wheel drive)에 비해 4WD(4 wheel drive)가 가지는 특징에 대한 설명으로 가장 옳지 않은 것은?

① 등판성능 및 견인력이 우수하다.
② 험한 도로나 미끄러운 도로면을 주행할 때 효과적이다.
③ 연비가 우수하다.
④ 조향성능과 안정성이 향상된다.

05 자동차의 주행저항 중 <보기>의 내용에 해당하는 것은?

> 차량의 주행 중 타이어의 접지면에서 발생하는 변형과 복원, 타이어와 도로면 사이의 마찰 손실에 의하여 발생 하며, 바퀴에 걸리는 하중에 비례하는 주행저항이다.

① 가속저항　　　② 등판저항
③ 공기저항　　　④ 구름저항

06 <보기>의 타이어 패턴에 해당하는 것은?

① 러그패턴　　　② 블록패턴
③ 리브패턴　　　④ 리브-러그 패턴

07 엔진 오일 분류에 대한 설명으로 가장 옳지 않은 것은?

① SAE 분류는 엔진오일을 점도에 따라 분류한 것으로 5W-30에서 W 앞의 숫자는 상온에서의 점도를, W가 붙지 않은 뒤의 숫자는 100℃에서의 점도를 나타낸다.
② API 분류는 가솔린 엔진용 엔진오일은 ML, MM, MS로, 디젤 엔진용 엔진오일은 DG, DM, DS로 구분한다.
③ 기온이 낮은 국가에서 또는 겨울철용 엔진오일에는 SAE 분류 기준 20W-40보다는 5W-30을 사용하는 것이 더 적합하다.
④ API 분류에서 경부하용 가솔린 엔진에 적합한 엔진 오일의 분류는 ML이다.

08 내연기관에 사용하는 납산축전지의 구조에 대한 설명으로 가장 옳은 것은?

① 12V 축전지 케이스 속에는 6개의 셀(cell)이 병렬로 연결되어 있다.

② 양극판은 과산화납으로, 음극판은 해면상납으로 되어 있다.

③ 양극판은 음극판과의 화학적 평형을 고려하여 1장 더 많다.

④ 납산축전지의 격리판은 전도성이어야 한다.

09 드럼 브레이크에 비해 디스크 브레이크가 가지는 특징에 대한 설명으로 가장 옳지 않은 것은?

① 냉각성능이 좋기 때문에 제동성능을 안정적으로 낼 수 있다.

② 구조가 간단하고 부품 수가 적어서 정비가 쉽다.

③ 마찰면적이 적어 상대적으로 큰 패드 압착력을 필요로 한다.

④ 자기작동작용이 있기 때문에 고속에서 반복적으로 사용해도 제동력의 변화가 적다.

10 자동차 윤활유의 구비조건에 대한 설명으로 가장 옳지 않은 것은?

① 응고점이 높을 것

② 카본 생성이 적을 것

③ 인화점과 발화점이 높을 것

④ 열과 산에 대해 안정성이 있을 것

서울[보훈]

01 전기플러그를 이용해서 외부로부터의 충전이 가능한 자동차는?

① 마이크로(micro) 하이브리드 자동차

② 마일드(mild) 하이브리드 자동차

③ 완전(full) 하이브리드 자동차

④ 플러그인(plug-in) 하이브리드 자동차

02 드럼 브레이크에 비해 디스크 브레이크가 가지는 특징에 대한 설명으로 가장 옳지 않은 것은?

① 고속에서 반복적으로 사용해도 제동력 변화가 적다.

② 디스크에 이물질이 쉽게 부착된다.

③ 마찰 면적이 커서 패드의 압착력이 작아도 된다.

④ 냉각 성능이 좋다.

03 2행정 사이클 엔진에 비해 4행정 사이클 엔진이 가지는 특징에 대한 설명으로 가장 옳지 않은 것은?

① 압축비가 높다.

② 피스톤의 소손이 빠르다.

③ 체적효율이 높다.

④ 충격이나 소음이 크다.

04 엔진 피스톤의 형상에 대한 설명으로 가장 옳지 않은 것은?

① 솔리드 피스톤은 스커트 부분에 홈이 없는 피스톤 이다.

② 인바 스트럿 피스톤은 온도 변화에 따른 변형이 적은 피스톤이다.

③ 스플릿 피스톤은 측압을 받지 않는 스커트 부분을 떼어낸 피스톤이다.
④ 캠 연마 피스톤은 보스부의 직경은 작게, 스러스트 부의 직경은 크게 제작된 피스톤이다.

05 납산축전지 격리판의 구비조건에 대한 설명으로 가장 옳지 않은 것은?

① 전도성일 것
② 전해액의 확산이 잘될 것
③ 전해액에 산화 부식되지 않을 것
④ 극판에 나쁜 물질을 내뿜지 않을 것

01 「자동차 및 자동차부품의 성능과 기준에 관한 규칙」상 자동차의 안전기준으로 옳지 않은 것은?

① 자동차의 길이는 13m, 너비는 2.5m, 높이는 4m 이하로 제한한다.
② 차량 총중량은 20톤, 축중은 10톤, 윤중은 5톤 이하로 제한한다.
③ 공차상태에서 자체의 가장 낮은 부분이 지상보다 10cm 이상 유지한다.
④ 자동차의 최소 회전반경은 바깥쪽 앞바퀴의 중심을 따라 15m 이하로 제한한다.

02 차량 화재사고의 대응방법으로 옳지 않은 것은?

① 자동차 엔진룸에서 연기가 나는 경우 엔진룸 내부에 소화기를 분사하거나 물을 사용하여 진압한다.
② 도로에서 차량화재가 발생한 경우 차량 후방에 안전삼각대를 설치하여 후속 차량들이 피해갈 수 있도록 한다.
③ 터널 내 화재로 차량 통행이 불가능할 경우 가장자리에 정차하고 시동을 끈 후에 열쇠를 차량에 두고 대피한다.
④ 터널 내 화재가 발생하면 터널 내부의 비상벨을 눌러 화재 발생 상황을 알리거나 비상전화로 구조요청을 한다.

03 다음에서 설명하는 얼라이먼트 용어에 대한 설명으로 맞는 것은?

> - 효과적인 주행을 위해서 주로 앞바퀴의 기하학적인 관계를 차륜정렬이라 한다.
> - 자동차 앞바퀴를 위에서 내려다 볼 때 바퀴 중심선 사이의 거리가 앞쪽이 뒤쪽보다 약간 작게 되어 있다.

① 토인(toe-in)
② 캐스터(caster)
③ 캠버(camber)
④ 조향축 경사각(king pin angle)

04 앞기관 뒷바퀴 구동(FR) 방식의 차량에서 동력전달장치의 요소들을 동력전달 순서대로 바르게 나열한 것은?

① 엔진 – 클러치 - 트랜스엑슬 - 등속축 – 구동바퀴
② 엔진 – 클러치 - 변속기 - 트랜스액슬 – 차축 - 구동바퀴
③ 엔진 – 클러치 - 변속기 - 종감속기어 – 차동기어 - 등속축 – 구동바퀴
④ 엔진 – 클러치 – 변속기 – 추진축 – 종감속기어 – 차동기어 – 차축 - 구동바퀴

05 전기장치의 배선방식에 대한 설명으로 옳은 것은?

① 단선식은 접지선에만 전선을 사용하여 차체에 연결하는 방식이다.
② 단선식은 전조등과 같이 비교적 큰 전류가 흐르는 회로에 사용된다.
③ 복선식은 전원 쪽과 접지 쪽 모두 전선을 사용하는 방식이다.
④ 복선식은 미등, 차폭등과 같이 작은 전류가 흐르는 회로에 사용한다.

06 엔진오일의 유압이 높아지는 원인으로 옳은 것은?

① 펌프가 마모 되었을 때
② 오일의 점도가 낮아 졌을 때
③ 유압조절 밸브 스프링 장력이 높을 때
④ 크랭크축 메인 베어링이 과다하가 마멸 되었을 때

07 배기행정 초기에 배기밸브가 열려 배기가스의 압력에 의해 자연히 배출되는 현상을 무엇이라 하는가?

① 디플렉터(Deflector)
② 블로다운(Blow down)
③ 밸브서징(Valve surging)
④ 밸브 오버랩(Valve overlap)

08 다음에서 설명하는 배기가스의 종류로 맞는 것은?

> - 엔진을 감속시키거나 연소실의 소염경계층에서 발생한다.
> - 공연비가 농후하거나 초 희박 시 발생한다.
> - 밸브 오버랩으로 인하여 혼합기가 새나갈 때 발생한다.
> - 연료 탱크 등에서 증발하여 발생한다.

① 탄화수소(HC)   ② 황산화물(SOx)
③ 일산화탄소(CO) ④ 질소산화물(NOx)

09 다음은 타이어 규격을 나타낸 것이다. 타이어의 편평비로 옳은 것은?

> P 205 / 60 R 18 85 V

① 18%   ② 60%
③ 85%   ④ 205%

10 독립식 현가장치의 장점으로 옳지 않은 것은?

① 차고가 낮은 설계가 가능하여 주행 안정성이 향상된다.
② 일체식 대비 구조가 단순해서 수리가 편하고 유지비가 적게 든다.
③ 스프링 아래의 질량을 감소시켜 차량 접지력이 상승된다.
④ 차륜의 위치 결정과 현가스프링이 분리되어 승차감이 향상된다.

11 유압브레이크의 작동 순서로 바르게 나열한 것은?

① 브레이크 페달 – 푸시로드 – 진공식 배력장치 – 브레이크 마스터 실린더– 브레이크 라인 – 브레이크 캘리퍼 및 휠 실린더
② 푸시로드 – 브레이크 페달 – 브레이크 마스터 실린더 – 진공식 배력장치 – 브레이크 라인 – 브레이크 캘리퍼 및 휠 실린더
③ 브레이크 라인 – 진공식 배력장치 – 브레이크 마스터 실린더 – 푸시로드 – 브레이크 페달 – 브레이크 캘리퍼 및 휠 실린더
④ 브레이크 페달 – 진공식 배력장치 – 푸시로드 – 브레이크 마스터 실린더 – 브레이크 라인 – 브레이크 캘리퍼 및 휠 실린더

12 ㉠~㉢에 들어갈 내용이 바르게 연결된 것은?

(㉠)은 자동변속기 차량에서 운전자가 변속 기어를 넣으면 위치를 측정하여 자동변속기 컴퓨터에 전달하는 장치이다. 또한 안전상의 문제로 인하여 (㉡)레인지나 (㉢)레인지에서만 시동이 걸릴 수 있도록 되어 있다.

	㉠	㉡	㉢
①	점화스위치	N	D
②	점화스위치	P	N
③	인히비터 스위치	P	N
④	인히비터 스위치	N	D

13 브레이크의 공기빼기 작업에 대한 설명으로 옳지 않은 것은?(단, 브레이크 배관이 X-분배된 경우이다.)

① 공기 빼기 작업이 완료되면 리저버 탱크에 표면에 표시된 MAX라인까지 브레이크액을 채운다.
② 브레이크액이 흐르는 것을 방지하기 위해 마스터 실린더 밑에 천이나 깔개를 바닥에 깔고 작업한다.
③ 공기빼기 작업은 리어 우측 → 프런트 좌측 → 리어 좌측 → 프런트 우측 순서로 실시한다.
④ 브레이크 부스터 내의 잔압을 제거하기 위해 시동을 끄지 않고 브레이크 페달을 수차례 반복하여 펌핑한 다음 페달을 밟은 상태를 유지한다.

14 냉방장치의 구성 중 고온, 고압으로 압축된 냉매 가스의 온도를 낮추어 액체 냉매로 변환하는 장치는?

① 응축기(condenser)
② 증발기(evaporator)
③ 건조기(receiver drier)
④ 팽창밸브(expansion valve)

정답 및 해설

ANSWERS / P.424

| 01. ④ | 02. ④ | 03. ③ | 04. ③ | 05. ④ |
| 06. ② | 07. ③ | 08. ③ | 09. ④ | 10. ③ |

01. VVTL(CVVL) 기술로 밸브오버랩을 상황에 맞게 제어할 수 있어 흡입공기의 흐름 유동을 최대한 좋게 할 수 있다. 따라서 스로틀 밸브의 작동으로 인한 손실을 줄일 수 있다.

02. 킹핀의 연장선이 지면에 닿는 포인트와 타이어 중심과의 거리를 킹핑 옵셋(스크러브 반경)이라고 한다. 킹핀 옵셋은 0에 가까울수록 조향휠의 조작력을 적게 만든다.

03. 무게 1,000kg = 1,000kg_f = 9,800N(1kg_f = 9.8N), 원에서 반지름과 호의 길이가 같을 때 = 1red이므로 0.1red = 반지름을 10으로 가정할 때 높이가 거의 1인 삼각형에 해당되므로 $\sin 6° ≒ \dfrac{1}{10}$ 이 된다.

등판 저항 $= W \cdot \sin(\theta) = 9,800N \times \dfrac{1}{10} = 980N$

04. 변별력을 위해 출제한 것으로 판단되는 문제이다. 다시 출제될 확률은 높지 않은 문제이다.

05. 회전자가 영구자석으로 구성되고 스테이터인 고정자에 코일이 감겨있으며 스테이터 주파수 제어를 통해 전동기의 토크와 속도를 조절한다.

06. 공주시간 0.6초 동안 이동한 거리를 구하면 되는 문제이므로 $108km/h = \dfrac{108,000m}{3,600\sec} = 30m/s$ 이므로

30m : 1sec = x m : 0.6sec, x =18m가 된다.

07. ① 안쪽 바퀴가 더 많이 조향된다.
② 조향과 함께 너클(스핀들)이 돌아간다.
④ 선회 시 바깥쪽 앞바퀴의 중심이 그리는 원의 반지름을 최소회전반경이라 한다.

08. 방전 전류가 클수록 전지 전압이 강하하는 경향이 높아 용량과 뽑아낼 수 있는 전력량이 작아지는 특징이 있다.

09. ① 시퀀스 밸브 : 여러 개의 액추에이터에서 하나의 액추에이터가 작동을 완료한 후 다음 작동이 이루어지도록 유압을 조절하는 밸브이다.

② 오일펌프의 릴리프 밸브를 연상하면 된다.
③ 감압 밸브 : 주로 유압회로의 2차측 압력을 주회로(1차측) 압력보다 낮은 압력으로 유지할 목적으로 사용된다.
④ 교축밸브 : 냉매 순환시스템의 팽창밸브를 연상하면 된다.

10. 기구학적으로 압축비 보다 팽창비를 크게 하여 효율을 높인 것이 앳킨슨 사이클이다. 앳킨슨 사이클은 구조가 복잡하고 설치공간을 많이 차지하므로 밸브 타이밍 조절 방식으로 앳킨슨 사이클의 장점을 살릴 수 있는 것이 밀러 사이클이고 하이브리드의 내연기관으로 많이 활용된다.

ANSWERS / P.426

01. ①	02. ②	03. ③	04. ①	05. ①
06. ③	07. ③	08. ②	09. ②	10. ①
11. ④	12. ②	13. ④	14. ③	15. ④
16. ①				

01. 마찰 계수가 작고 추종 유동성이 있어야 한다.

02. 크랭크축에 내접 기어형식으로 설치된다.

03. 단계가 없이 연속적으로 변속될 것

04. 정류기 : 실리콘 다이오드를 정류기에 사용하고 외부에는 히트싱크를 설치한다.
① 구성 : (+)다이오드 3개, (-)다이오드 3개, 여자다이오드 3개, 히트싱크, 축전기(콘덴서)
② 히트싱크 : 다이오드의 열을 식히기 위해 공랭식 핀이 설치된 구조

5. ② DC-DC 변환기(LDC) : 직류 고전압 배터리를 이용하여 직류 저전압 배터리를 충전하는 컨버터
③ 모터 제어기(MCU) : EPCU 내부에 위치하여 모터의 속도와 토크를 제어
④ 완속 충전기(OBC) : 100~220V 교류전원을 직류로 변환하여 고전압 배터리를 충전하는 일종에 컨버터

06. CAS, 1번 TDC 센서(CPS) 신호를 기반으로 ECU는 액추에이터인 파워 트랜지스터를 제어하여 점화코일에 유도전기를 발생시킨다.

07. 윤거 : 좌우 타이어의 접촉면의 중심에서 중심까지 거리

08. 납산 축전지의 셀당 기전력은 2.1V 정도이고 방전종지 전압은 1.75V 이다.

09. $\pi r^2 LN = 3.14 \times (5cm)^2 \times 8cm \times 6 = 3,768cc$

10. 라디에이터 압력 캡을 제거하고 압력 테스터를 설치하고 규정압력까지 펌핑하여 압력이 유지되는지 판단한다. 만약 압력이 떨어지면 냉각장치에 누수가 있는 것으로 판단한다.

11. 과급기 : 과급기는 엔진의 출력을 향상시키기 위해 흡기 라인에 설치한 공기 펌프이다. 즉 강제적으로 많은 공기량을 실린더에 공급시켜 엔진의 출력 및 회전력의 증대, 연비를 향상시킨다.

12. ② 쇽업소버는 현가장치이다.

13. MDPS는 유체를 사용하지 않는 관계로 조향기어의 백래시에 대한 유격을 보상하기 어렵다. 이러한 이유로 시미 현상을 줄이는데 도움이 되지 않는다.

14. 공기식 브레이크는 구조가 복잡하고 관련 부품이 많아 생산비용이 높다.

15. 조향기어비

$$= \frac{360° \times 2}{30°} = \frac{24}{1} = 24 : 1$$

16. 납산축전지 구성요소의 원소기호를 알고 있으면 쉽게 해결할 수 있는 문제이다.

01. ①	02. ②	03. ④	04. ③	05. ①
06. ④	07. ②	08. ③		

01. 2행정 사이클 엔진은 각 행정이 확실하게 구분되지 않는 관계로 체적효율이 높지 않다.

02. 킹핀은 일체식 차축의 조향장치에 포함되며 앞바퀴가 선회할 때 회전의 중심이 된다.

03. 선회할 때 양쪽 구동바퀴의 회전수 차이를 줄 수 있어 타이어의 마찰을 줄여준다.

04. 배전기 접점의 고주파의 사용으로 인한 내구성 문제가

없어 고장요소가 줄어든다.

05. 엔진 ECU가 시동을 인가하는 구조여서 이모빌라이저 시스템만의 별도 액추에이터를 구성요소로 두지 않는다.

06. 엔진 위쪽부터 70, 60, 50으로 암기하면 편하다. 70(점화장치 빼고 압력계 설치), 60(연소실에 연료), 50(크랭크케이스 내부에 엔진오일)

07. 가솔린 대비 일산화탄소 CO가 20~30% 감소된다.

08. 시동이 걸리지 않은 상태(변속기 기어 들어간 상태)에서 차량을 움직이면 크랭크축 회전수가 올라가 연료를 분사하게 된다. 이 때 연소하지 않은 연료가 촉매 컨버터에 유입되었다가 뒤에 배기 열에 의해 연소될 때 촉매 컨버터에 손상을 줄 수 있다.

01. ③	02. ④	03. ①	04. ④	05. ④
06. ③	07. ③	08. ③	09. ④	10. ④
11. ③	12. ③			

01. 별도의 추진축을 필요로 하지 않는 관계로 자동차의 무게 중심을 낮출 수 있다.

02. 3요소 : 펌프(임펠러), 터빈(러너), 스테이터
2상 : 클러치 포인트 기준으로 이전의 토크 증대영역과 이후의 커플링 영역으로 구분
1단 : 펌프와 터빈이 1조

03. 순수 황산(98%)은 비점이 338℃로 높다. 묽은 황산(전해액)의 비점이 높은 것이 정상이다. 이는 충전 시 발생되는 열에 수소와 산소가 잘 증발되지 않게 하는 요인으로 작용된다.

04. $\epsilon = \dfrac{V_\text{행}}{V_\text{연}} + 1 = \dfrac{960cc}{80cc} + 1 = 13 : 1$

05. ① 열방산 전도를 수치로 나타낸 것이 열가이다.
② 열형 점화플러그는 오손에 대한 저항력이 크다.
③ 열가의 숫자가 높을수록 냉형, 낮을수록 열형 점화플러그이다.

06. ST 단자에 전원이 인가되면 풀인 코일과 홀딩 코일에 전류가 인가된다.

07. 지시마력 $= \dfrac{10kg_f/cm^2 \times 3000cm^3 \times 1500rpm}{75 \times 2}$
$= \dfrac{10kg_f \times 3000m \times 1500/\sec}{75 \times 2 \times 100 \times 60} = 50PS$

08. 가열되기 쉬운 돌출부는 열점으로 작용하여 조기점화의 원인이 된다.

09. CMU은 고전압 배터리 시스템 어셈블리의 구성요소이다.

10. 하이브리드 전기자동차에서 배터리 용량을 높이고 외부 충전을 가능하게 한 것이 플러그 인 하이브리드 전기자동차이다. 전기자동차는 내연기관 없이 배터리와 구동모터로만 구성되어 있기 때문에 고전압 배터리 용량이 가장 커야한다.

11. ③ 클러치가 접속될 때 회전충격을 흡수하는 것은 맞는 설명이지만 측면에서 봤을 때 물결무늬 형상을 하고 있는 것은 쿠션스프링이다.

12. BMS(Battery Management System) : 고전압 배터리의 전압, 전류, 온도, SOC 값을 측정하여 고전압 배터리의 용량을 VCU에게 전달한다.

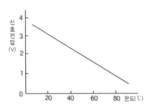

05. 스테이터를 활용하여 클러치 포인트 전에 토크를 증대시킬 수 있다.

06. 엔진의 회전속도가 높을 때 축출력(축마력)이 높다.

07. VDC 제어를 위한 입력 신호로 조향 휠 각속도센서, 요-레이트 센서, 차속(휠-스피드)센서 등이 있다.

08. 예비(파일럿)분사 : 연료 분사를 증대시킬 때 미리 예비 분사를 실시하여 부드러운 압력 상승곡선을 가지게 해준다. 그 결과 소음과 진동이 줄어들고 자연스런 증속이 가능하다.

09. 열팽창 계수가 크면 가열 시 냉각 순환 계통의 압력이 높아지고 부피가 커져서 시스템에 부담이 된다.

10. 각 행정마다 크랭크축이 반 바퀴 회전하게 되고 4행정 기준 총 2회전을 하게 된다.

2023년 울산

ANSWERS / P.431

01. ①	02. ③	03. ④	04. ③	05. ①
06. ①	07. ③	08. ①	09. ②	10. ②

01.

02. 기계효율 $= \dfrac{제동마력}{지시마력} \times 100 = \dfrac{60PS}{120PS} \times 100 = 50\%$

03. 디젤엔진에는 디젤산화촉매장치(DOC : Diesel Oxidation Catalyst)가 유해물질 저감장치로 활용된다.

04. 부특성 서미스터의 온도에 따른 저항과 전압의 변화 그래프 참조

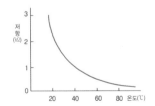

2023년 충남

ANSWERS / P.433

01. ④	02. ②	03. ①	04. ③	05. ②
06. ①	07. ①	08. ③	09. ④	10. ①
11. ②	12. ②			

01. 전폭 - 사이드 미러의 길이를 포함하지 않은 자동차 중심선에서 좌우로 가장 바깥쪽의 최대너비를 말한다.

02. 공주시간이 길어지면 공주거리가 길어지게 된다. 제동거리와는 상관이 없다. 다만 전체 정지거리는 공주거리가 길어 진만큼 영향을 받아 길어지게 된다.

03. 차동기어 장치 - 선회 주행 시 양 구동바퀴의 회전수를 다르게 한다.

04. 4륜 구동방식이 군용차량이나 험한 도로에서 가장 적합하다.

05. 조향기어비 $= \dfrac{조향핸들이 회전한 각}{피트먼 암이 회전한 각} = \dfrac{90°}{15°} = \dfrac{6}{1} = 6 : 1$

06. ② 밸브간극이 작을 때 엔진의 정상 작동온도에서 밸브가 확실하게 닫히지 못하게 된다.

③ 밸브간극이 클 때 밸브의 마모가 더 빠르다.

④ 밸브간극이 작을 때 푸시로드가 휘어질 확률이 높다.

07. ① SCR Selective Catalytic Reduction :선택적 촉매 환원장치 SCR은 '요소수'라 불리는 액체를 별도의 탱크에 보충한 뒤 열을 가하여 암모니아(NH_3)로 바꾼 후, 배기가스 중의 NOx와 화학반응을 일으켜 물과 질소로 바꾸게 한다.

08. 보조 연소실의 예열플러그를 활용하여 공기의 온도를 가열하여 착화를 원활하게 돕는다.

09. 최소회전 반경을 구할 때 조향 휠의 각은 최대로 한다.

10. ② 페이드 현상이 일어나면 라이닝의 마찰력이 감소하며 라이닝이 열화된다.

③ 브레이크 슈의 리턴 스프링 장력이 낮을 때 페이퍼록 현상이 더욱 잘 발생된다.

④ 디스크 브레이크보다 드럼브레이크가 페이드 현상이 잘 발생된다.

11. 직렬형은 엔진으로 자동차를 구동 없고 발전의 용도로만 활용되기 때문에 최적의 조건에서 엔진을 운영할 수 있다.

12. ② 모터는 내연기관 자동차의 엔진역할을 대신하며 전기 에너지를 기계적 에너지로 바꿔주는 원리를 이용하여 자동차를 구동한다.

---

01. 냉매 순환 순서와 관련되어 영문 명칭도 같이 기억해두자.

02. ④은 루트(슈퍼차저)식에 대한 설명이다.

03. TPS의 신호는 엔진ECU와 TCU 모두 입력이 필요한 신호로 둘 중 하나의 CU가 센서의 신호를 입력받아 CAN 통신으로 정보를 공유한다.

04. 고속으로 주행하는 상황에서도 가속이 필요할 경우 HEV 모드로 주행을 하게 된다.

05. 단순 유성기어 장치에서 유성기어 캐리어가 고정될 경우 입·출력 회전방향이 반대로 바뀌게 되므로 선기어가 시계방향일 경우 링기어는 반시계 방향이 된다. 변속비는 입력기어 잇수분의 출력기어 잇수이므로

$\dfrac{\text{링기어 잇수}}{\text{선기어 잇수}} = \dfrac{60}{20} = 3:1$ 이 된다. 즉 3배 만큼 감속하기 때문에 $\dfrac{1500rpm}{3} = 500rpm$ 이 된다.

06. ① 예열 장치 – 예열플러그를 통해 공기의 온도를 올려 연료의 착화를 돕는다.

② 예열 장치 – 보조 연소실 내부에 위치하여 흡입되는 공기를 가열한다.

④ 감압 장치 – 시동 시 압축압력을 낮추어 시동을 원활하게 하고 엔진 정지 시 압축압력이 발생되지 않게 감압하는 역할도 한다.

07. 일반적으로 차동기어장치 쪽 등속자재이음으로 트리포드와 더블옵셋 자재이음을 많이 사용하며 이 둘은 각도와 길이변화 둘 다 가능하게 한다.

08. 마찰면적이 작기 때문에 큰 제동력을 발휘하기 위해 패드의 압착력이 커야한다. 이러한 이유로 디스크의 패드가 빠르게 마모된다.

09. 앤티요잉 제어는 전자제어 현가장치(ECS)가 아닌 차량 자세제어 장치(VDC,ESP)에서 지원한다.

10. 연소실 표면적이 커지면 벽면을 통한 열 손실이 증대되어 표면에서 연소가 일어나지 않는 미연소가 발생하여 배출가스 중 탄화수소의 발생량을 높이는 원인이 된다.

---

01. 실린더 헤드와 실린더 블록 사이에 설치된다.

02. ① 연료필터의 역할이다.

③ 인젝터에 대한 설명이다.

④ TPS에 대한 설명이다.

03. 참고) 플라이휠의 무게는 고속용 엔진일수록 실린더가 다기통일수록 가볍다.

04. 페이드 현상은 대부분 풋 브레이크의 지나친 사용에 기인하는 경우가 많다. 페이드 현상을 방지하기 위해 드럼과 디스크는 열팽창에 의한 변형이 적고 방열성이 높은 재질과 형상을 사용하고 온도 상승에 의한 마찰 계수의 변화가 적은 라이닝과 패드를 사용하는 것이 좋다.

05. 직접 분사식에 비해 열효율이 높지 않다.

06. 기본적으로 코일스프링이 사용되며 코일스프링은 링크나 로드의 설치가 추가로 필요하기 때문에 구성요소가 많아지고 구조가 복잡하다.

07. 모터는 전기적 에너지를 기계적 에너지로 변환하는 장치이다.

08. 냉각작용이 필요하다.

09. 디젤의 착화지연을 방지하기 위해 엔진의 온도, 흡기온도, 압축압력을 높게 한다.

10. ①, ④- NOx 저감, ② CO, HC 산화저감, HC 저감으로 PM 간접저감, 배기온도 상승으로 DPF 재생이 원활하게 도움을 준다.

2023년 경북

ANSWERS / P.439

01. ②	02. ②	03. ④	04. ②	05. ④
06. ④	07. ④	08. ①	09. ②	10. ③

01.

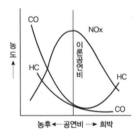

02. 크랭크축이 2회전하면서 1사이클이 완료될 동안 각 밸브는 1회전한다. 따라서 캠축이 1회전 하면서 밸브를 작동시키면 되기 때문에 캠축은 크랭크축의 절반만큼 회전한다.

03. 참고로 오버드라이브 장치의 선기어는 고정 유성기어 캐리어는 입력, 링기어는 출력으로 활용된다.

04. 표준 충전전류는 배터리 용량의 10%이다.

05. 인화점 및 발화점이 높아야 한다.

06. 휠의 림 직경이 17인치이다.

07. ① 앤티 다이브 제어(Anti-dive control) - 노스 다운 현상 방지
② 앤티 롤링 제어(Anti-rolling control) - 롤링 현상 방지
③ 앤티 바운싱 제어(Anti-bouncing control) - 바운싱 현상 방지

08.

B	P	6	E	S
나사의 지름	자기 돌출형	열가	나사 길이	신제품

09. ① 트레드(Tread) : 원어는 "밟는다."는 뜻으로 타이어가 노면에 접하는 면을 말하며 좌우 바퀴의 간격 치수를 의미하기도 한다.
③ 비드(Bead) : 는 타이어의 공기가 빠져나오지 못하게 휠의 림 부분에 타이어를 밀착함으로써 타이어의 압력을 유지하는 부분이다.
④ 브레이커(Breaker) : 트레드와 카커스 사이에 위치한 코드 벨트로써 타이어 둘레에 배치되어 내구성을 강화한다.

10. 모노코크 바디는 차체(body)에 해당된다.

2023년 인천

ANSWERS / P.440

01. ①	02. ②	03. ②	04. ③	05. ④
06. ①	07. ②	08. ④	09. ③	10. ④

01. 주분사 연료량이 충분하지 않은 경우 예비분사를 하지 않는다.

02. 피스톤 링의 무게를 줄이고 관성력을 작게 한다.

03. 브레이크액의 전용등급은 DOT로 나타내고 숫자가 높을수록 비점이 높기 때문에 고온에 대한 안전성이 높다.

04. ① 밸브 간극이 작을 때 압축행정 시 블로백(blowback) 현상이 발생될 수 있다.
② 배기밸브가 늦게 열리고 일찍 닫히게 된다.
④ 흡·배기 밸브의 양정이 작아진다.

05. ①, ②은 윤활압력이 높아지는 원인이고 ③은 압력과 상관없이 스위치의 고장에 대해 언급한 것이다.

06. 피스톤의 평균속도 $V=\dfrac{2RL}{60}$ 에서 회전수가 일정하다는 가정하에 R을 C로 바꾸면 변수 L이 짧아지면 비례관계인 V도 느려진다.

07. ① 킹핀 경사각, 캐스터에 대한 설명이다.
④ 부의 캠버를 이용해 선회 주행 시 차체의 기울기를 줄일 수 있다.

08. 회생제동은 고전압 배터리와 전동모터를 사용하는 하이

브리드 전기자동차, 전기자동차, 연료전지전기자동차 모두 구현가능하다.

09. 주요 공연비 → MPI-14.7:1 / GDI-25~40:1 (희박)

10. ④은 클러치의 유격이 커지는 이유로 동력 차단이 잘 되지 않는 원인이다.

ANSWERS / P.442

01. ④	02. ②	03. ④	04. ②	05. ②
06. ③	07. ②	08. ③	09. ①	10. ④

해설은 QR 코드 동영상 참조

ANSWERS / P.444

01. ②	02. ③	03. ④	04. ②	05. ③

해설은 QR 코드 동영상 참조

ANSWERS / P.445

01. ④	02. ②	03. ②	04. ①	05. ④
06. ①				

01. ① 축전지 셀당 기전력이 1.75V일 경우 방전종지전압에 해당된다.
　② 축전지의 방전은 화학에너지를 전기에너지로 바꾸는 것이다.
　③ 온도가 낮으면 축전지의 자기 방전율이 낮아진다.

02. 압축비 $= \dfrac{100cc}{800cc} + 1 = 9:1$

03. ① 타이머 : 분사시점을 조정한다.
　③ 딜리버리 밸브 : 연료분사펌프의 출구에서 체크밸브의 역할을 한다.
　④ 플라이밍 펌프 : 수동펌프로 시동 불량 시 공기빼기 작업에 활용된다.

04. 공기스프링에서 차체의 높이를 일정하게 유지하기 위해 레벨링 밸브를 활용한다.

05. 가벼우며 강성이 높아야 한다.

06. 오일펌프나 연료펌프에 설치되어 공급라인의 압력이 과도하게 높아지는 것을 방지한다.

ANSWERS / P.446

01. ②	02. ③	03. ④	04. ④	05. ③

01. 자동 긴급 제동장치는 차량 전면부에 부착한 레이더 및 카메라를 활용, 차간 거리를 측정하여 충돌의 위험을 감지하면 경고음을 알리거나 속도를 줄여주는 장치이다.

02. 요잉은 스프링 위 질량진동의 회전 운동으로 차체 자세 제어장치인 'VDC-vehicle dynamic control system'로 제어할 수 있다.

03. 슬릭 타이어 : 슬릭은 매끈하다는 뜻으로 트레드 패턴이 없어 대부분 경주용으로 많이 사용되는데 곳곳에 작은 구멍이 있어 마모의 한계는 알 수 있도록 했다. 건조하고 평평한 도로에서는 마찰력이 증대되어 효율적일 수 있으

나 비오는 날엔 수막현상이 발생될 확률이 높은 구조이다.

04. 전폭 - 사이드 미러의 길이를 포함하지 않은 자동차 중심선에서 좌우로 가장 바깥쪽의 최대너비를 말한다.

05. EGR장치는 질소산화물을 줄이기 위해 연료에 상관없이 대부분의 차종에 적용된다.
①, ②, ④은 주로 디젤 차량에서만 사용되고 일부 배기량이 큰 CNG 엔진에 SCR장치가 활용되기도 한다.

2023년 대구

ANSWERS / P.447

01. ④	02. ①	03. ③	04. ③	05. ①
06. ②	07. ②	08. ②	09. ①	10. ③

01. P.372 참조

02. ① 내부식성이 커야 한다. 즉, 부식되는 성질에 대한 내성이 커야 한다.

03. ① 점도지수는 높아야 한다. ② 인화점 및 발화점은 높아야 한다. ④ 응고점은 낮아야 한다.

04. 예) 소프트 방식의 고전압 배터리 :
3.75V의 셀이 8개 모여 → 30V의 모듈
30V의 모듈이 6개 모여 → 180V의 팩이 된다.

05. ② 편평비가 45이다.
③ 림의 지름이 17inch이다.
④ 하중지수가 91(615kg$_f$)이다.

06. ② 조향핸들의 조작력을 가볍게 해준다.

07. ② ABS에 사용하는 휠 스피드 센서를 이용하여 보다 정밀한 제어를 하는 것이 ECS이다.

08. ② 자동차의 최저 지상고는 10cm 이상이어야 한다.

09. 종 감속비 $= \dfrac{\text{링기어 잇수}}{\text{구동피니언 잇수}} = \dfrac{24}{8} = 3 : 1$이므로 회전수는 3배 줄어들고 토크는 3배 늘어나게 된다.

10. ③ 소음기 저항이 커질수록 기관 폭발음 감소 효과(소음기의 역할)가 커진다.

2023년 경기도[하반기]

ANSWERS / P.448

01. ②	02. ③	03. ④	04. ③	05. ②
06. ①	07. ①	08. ①	09. ③	10. ④

01. 터보 래그 : 터보차저에서 가속 페달을 밟는 순간부터 엔진 출력이 운전자가 기대하는 목표에 도달할 때까지의 시간 어긋남을 뜻하는 용어로 터보차저의 구성품에 해당되지 않는다.

02. ① MPI 방식에 대한 설명이다.
② 촉매 활성화가 늦어지면 냉간 시 유해 가스 배출되는 시간이 길어진다.
④ GDI 엔진은 희박한 공연비 제어를 통해 연비를 개선할 수 있다.

03. 터보 장치를 활용하여 엔진의 출력을 높일 수 있다. 터보 장치를 활용한 엔진은 배기량을 줄 일 수 있어 다운사이징 엔진 적용이 가능하다. 또한 엔진의 회전수 및 부하에 따라 흡기관의 길이와 굵기를 조절하여 효율을 높일 수 있다.

04. **자동차의 총중량**
$= 1,720\text{kg}_f + (70\text{kg}_f \times 4) = 2,000\text{kg}_f$
$= 2,000\text{kg} \times 9.8\text{m/sec}^2 = 19,600\text{N}$
구름저항 $= 0.01 \times 19,600\text{N} = 196.0\text{N}$

05. 슬립링과 레귤레이터(전압조정기)는 교류 발전기의 구성요소이고 기동전동기의 구성요소 중 일정한 방향으로 전기자 코일에 전류를 공급해주는 역할은 브러시와 정류자가 한다.

06. 바이메탈은 열팽창계수가 다른 성질을 가진 두 금속을 접합하여 온도에 따라 휘는 성질을 이용한다. 주로 온도를 조절할 수 있는 장치에 활용한다.

07. T(토크) = F(구동력) × r(반지름)의 식에서 토크가 일정할 때 반지름을 작게 가져갈 경우 구동력은 높아지게 된다.

08. 위시본 암은 위시본 방식에 사용되는 구성품이다.

09. 최소회전반경 = 5.05m
$\dfrac{L}{\sin\alpha} + r = \dfrac{2.5\text{m}}{\sin 30°} + 50\text{cm} = 5\text{m} + 0.05\text{m}$

10. 터빈은 변속기 입력축과 스플라인 부로 연결되며 스테이터 내부에 일방향 클러치가 설치되어 있다.

ANSWERS / P.450

01. ①	02. ②	03. ③	04. ④	05. ①
06. ③	07. ④	08. ①	09. ①	10. ①

01. 냉각수가 순환하는 계통으로 누수나 막힘이 있을 경우 엔진의 열을 잘 식히지 못하게 된다. 또한 냉각수 펌프가 제대로 작동하지 않을 경우 순환이 좋지 못해 역시 엔진은 과열하게 된다.

02. ①, ③, ④번의 경우 엔진 오일의 압력이 높아진다.

03. 점화시기가 너무 빠르거나 혼합기가 희박할 때 노킹은 더 잘 발생된다.

04. 엔진의 온도가 고온이 될수록 NOx의 배출량은 증대되고 이를 줄이기 위한 EGR 장치는 더욱 활성화된다. 이 때 순환되는 배기가스 양이 증가하게 되고 그 결과 EGR률은 높아진다.

05. 정의 캠버는 자동차의 정면에서 봤을 때 앞바퀴의 위쪽이 아래쪽보다 더 벌어진 것을 말한다.

06. 검은색 배기가스의 주원인은 노킹과 농후한 공연비에서 연소될 때이다.

07. 건조기가 냉매를 일시 저장하는 기능이 있어 리저버 탱크라 호칭하기도 한다.

08. 타이어의 전진 방향 및 옆 방향 미끄러짐을 방지한다.

09. 자동차의 길이는 13m 이하로 한다. 단 연결된 자동차는 16.7m 이하로 한다.

10. 출발과 저속에서 토크가 높아 효율적이고 고속 주행 시 전기소비가 급격히 증가하게 되어 전비(km/kWh)가 낮게 된다.

ANSWERS / P.452

01. ④	02. ①	03. ④	04. ②	05. ②
06. ③	07. ④	08. ①	09. ②	

01. 클러치 디스크가 마모되어 릴리스 레버의 높이가 높아질수록 릴리스 베어링과 가까워져 클러치 유격은 작아지게 된다.

02. 과·충전이 설페이션(유화) 현상의 직접적인 원인이라 할 수 없다.

03. 2개의 채널에 각 2개의 배선(버스플러스, 버스마이너스)으로 구성되어 CAN통신보다 20배 정도 더 빠르고 신뢰성이 높지만 고가인 통신은 플렉스레이 통신이다.

04. 하이포이드 기어는 구동피니언-기어의 중심을 링-기어의 중심보다 낮게 설계하여 추진축의 설치 높이를 낮추는 구조를 가지고 있다.

05. 기구학적으로 흡입과 압축을 짧게 폭발을 길게 작동하는 것이 앳킨슨 사이클이고 밸브 개폐 타이밍을 적절히 조절하여 엔진 부피를 줄이면서 같은 효과를 볼 수 있는 것이 밀러사이클이다.

06. ③ LDC(Low Dc-dc Converter)에 관한 설명이다.

07. 가솔린 엔진은 디젤엔진보다 연소실의 온도가 낮기 때문에 별도의 EGR 쿨러를 사용하지 않는다.

08. 승차정원 1인은 65kg으로 하고 13세 미만은 1.5인의 정원을 1인으로 한다.

09. HCU는 차량상태, 운전자의 요구, 엔진정보, 고전압 배터리 정보 등을 기초로 하여 엔진(ECU)과 모터의 파워(MCU) 및 토크 배분(TCU), 회생제동과 페일 세이프등을 제어하는 역할을 한다. 참고로 VCU는 순수 전기자동차에서 차량 전반적인 제어에 관여한다.

기출문제

2024년 경기

ANSWERS / P.454

01. ①	02. ③	03. ③	04. ②	05. ②
06. ③	07. ①	08. ④	09. ③	10. ④

01. 다운 및 업 시프트(변속)는 TCU(Transmission Control Unit)가 제어하는 항목이다.

02. 독립현가장치는 기본적으로 쇽업소버가 감쇠력을 줄 수 있어 스프링과 같이 사용해야 한다. 이러한 이유로 독립현가장치의 구조는 복잡하고 수리 및 유지보수가 일체식 현가장치 대비 상대적으로 어렵다.

03. $R = \dfrac{3.5\text{m}}{0.4} + 0.1\text{m} = 8.85\text{m}$

04. ① DOC Diesel Oxidation Catalyst에 대한 설명이다.
③ DPF Diesel Particulate Filter에 대한 설명이다.
④ LNT Lean NOx Trap에 대한 설명이다.

05. 기동전동기는 직류모터를 사용한다.

06. ① F = kg_f, V = m/s → F×V =kg_f·m/s → 1PS=75kg_f·m/s
② 1PS=0736W
③ 엔진의 출력은 변속기를 거쳐 구동바퀴에 전달될 때 줄어들게 된다. 다만 변속기에서 저속의 토크증대, 고속에서 많은 회전수를 원활하게 쓸 수 있도록 도와줄 수 있지만 전체 출력을 높일 수는 없다.

07. ① 압축비=행정체적/연소실체적 + 1

10. 자동차 전 과정평가 LCA
= WtW(Well to Wheel) + VC(Vehicle Cycle)
Well(유전) to Wheel : 연료생산에서 주행 단계
WTW = Well To Tank(연료생산에서 자동차에 연료공급) + Tank To Wheel(주행 중 배출)
VC(자동차 순환) : 차량의 제조, 폐기, 재활용단계
④ 자동차 정비 및 폐기 단계는 자동차 순환에 포함된다.

2024년 울산

ANSWERS / P.456

01. ②	02. ④	03. ①	04. ③	05. ①
06. ④	07. ④	08. ②	09. ③	10. ④

01. 2행정 사이클 엔진은 밸브가 없고 구조가 간단하여 마력당 중량이 가볍고 가격이 저렴하다.

02. BOP Balance of Plant : 주변 운전 장치로 스택에서 전기를 생산하기 위해 조합된 각종 집합체이고 다음과 같이 분류된다.
ⓐ 수소 공급계 FPS Fuel Processing System
ⓑ 공기 공급계 APS Air Processing System
ⓒ 열 및 물 관리계 TMS Thermal Management System

03. 양극 극판은 이산화납, 음극 극판은 해면상납으로 구성된다.

04. 선회 시 자동차에 발생되는 롤링(rolling)을 줄일 수 있다.

05. 하이포이드 기어는 종감속장치에 주로 사용되는 기어이다.

06. 저속과 고속 모두 안정적인 과급이 가능한 것이 슈퍼차저의 장점이다. 다만 항상 엔진의 출력을 사용하여 슬립없이 터빈을 구동하기 때문에 저 rpm만 제외하고 대부분의 영역에서 터보차저에 비해 출력이 부족하다.

07. 직류 전동기의 종류 - 전기자코일과 계자코일이 연결된 방식
① 직렬연결 - 직권 전동기
② 병렬연결 - 분권 전동기
③ 직·병렬연결 - 복권 전동기

08. P.128 독립식 연료 분사펌프 그림 확인

09. 클러치의 전달효율
$= \dfrac{\text{클러치에서 나온 동력}}{\text{클러치로 들어간 동력}} \times 100$
$= \dfrac{2000\text{rpm} \times 40\text{kg}_f\cdot\text{m}}{2500\text{rpm} \times 50\text{kg}_f\cdot\text{m}} \times 100 = 64\%$

10. OBC On Board Charger 완속 충전 장치 : 외부로부터 AC전원(110~220V)을 이용하여 DC로 변환한 후 배터리를 완속 충전하는 컨버터

ANSWERS / P.457

| 01. ④ | 02. ② | 03. ③ | 04. ④ | 05. ① |
| 06. ④ | 07. ④ | 08. ③ | | |

01. 수온의 변화가 급격하지 않은 관계로 핸칭량이 작아서 좋지만 한랭 시동 시 엔진 워밍업 시간이 상대적으로 길어지는 단점이 있다.

02. ① **롤링** : X축 기준의 회전운동
② **요잉** : Z축 기준의 회전운동
④ **와인드-업** : Y축 기준의 회전운동으로 스프링 아래 진량진동에 해당

03. 불활성(다른 물질과 화학 반응을 일으키기 어려운 성질) 일 것

04. LPI 엔진은 액상의 LPG 연료를 인젝터로 분사하기 위해 별도의 연료펌프가 필요하며 펌프를 구동하기 위한 제어 장치와 연료의 압력을 측정하기 위한 센서가 추가된다.

05. 병렬형 하이브리드 전기자동차는 엔진이 차량의 구동에 직접관여하기 때문에 별도의 변속장치나 동력분배장치 가 필요하다.

06. ④은 정의 캠버의 필요성에 해당되는 내용이다.

07. ④ CPF 장치에 포집된 PM을 제거하기 위해 사후(포스트) 분사를 활용하기도 한다.

08. ③ 새로운 키를 복제하여 사용할 경우 진단장비로 키를 등록시키는 과정을 거치고 사용해야한다.

ANSWERS / P.459

01. ③	02. ③	03. ②	04. ④	05. ②
06. ③	07. ③	08. ①	09. ①	10. ②
11. ②	12. ③			

01. 자동차 제원에서 윤거와 윤중의 정의에 대한 내용이 자 주 출제된다.

02. ① 렌츠의 법칙 : 유도기전력과 유도전류는 자기장의 변화를 상쇄하려는 방향으로 발생한다.
② 플레밍의 왼손법칙 : 구동모터의 회전방향을 알기 위한 법칙
④ 앙페르의 오른나사 법칙 : 전류에 의해서 생기는 자계 의 방향을 찾아내기 위한 법칙.

03. ㉠의 조건 만족하는 행정 : 압축, 폭발
㉡의 조건을 만족하는 행정 : 압축, 배기

04. 엔진오일이 연소될 경우 점화플러그가 오염되고 배기가 스가 흰색으로 배출된다. 연소실로 엔진오일이 유입되는 경우로 밸브 가이드 고무가 마모되었을 때와 실린더 헤 드 개스킷이 파손되었을 때가 대표적이다.

05. 카커스와 트레드 사이에는 브레이커가 위치한다.

06.

그림 베어링 크러시

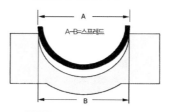

그림 베어링 스프레드

07. 디스크 브레이크는 자기작동이 없어 유압 실린더를 작동 하는 힘이 커야한다.

08. 레졸버 센서는 내연기관의 크랭크각 센서와 비슷한 역할 을 한다.

09. CRDI 엔진에서 AFS는 EGR 장치와 밀접한 관계를 갖고 피드백 제어를 한다. NOx 저감을 위해 EGR 장치가 활 성화 되면 배기가스가 재순환되는 양이 많아져서 흡입공 기량이 상대적으로 줄어드는 원리이다.

11. $E_2 = \dfrac{N_2}{N_1} E_1$,

$20,000\,V = \dfrac{20,000}{N_1} \times 250\,V, \ N_1 = 250$회

12. 변속비 $= \dfrac{Z_{출력}}{Z_{입력}}$, $A = \dfrac{75}{(25+75)} = \dfrac{75}{100}$,

$B = \dfrac{(25+100)}{75} = \dfrac{100}{75}, \ A \times B = 1$

2024년 서울

ANSWERS / P.461

01. ② 02. ④ 03. ③ 04. ③ 05. ④
06. ③ 07. ① 08. ② 09. ④ 10. ①

01. 참고 K5 하이브리드 고전압 배터리 팩 270V
셀(3.75V) × 8 → 모듈 × 9 → 팩(DC 270V)

02. LPI 엔진은 봄베에 별도의 펌프를 설치하여 액상의 연료를 흡기밸브 앞쪽에서 인젝터를 통해 분사할 수 있게 되었다.

03. 연료 분사 초기에 연료 분사량을 많게 할 경우 착화가 지연되어 디젤엔진에서 노킹의 원인이 된다.

04. 4WD는 구동계가 복잡하여 무겁고 동력전달 과정에서 손실이 상대적으로 큰 구조여서 연비가 좋지 못하다.

05. 구름 저항(R_1) = μ × W
μ : 구름 저항계수, W : 차량 총중량(kg_f)

06.

(a) 리브 패턴   (b) 러그 패턴

(c) 리브 러그 패턴   (d) 블록 패턴

07. SAE 분류에서 "W" 앞의 숫자는 겨울철용으로 -17.78℃의 점도를 나타내고 "W"가 없을 때의 숫자는 100℃에서의 점도를 나타낸다.

08. ① 12V 축전지 케이스 속에는 6개의 셀(cell)이 직렬로 연결되어 있다.
③ 음극판은 양극판과의 화학적 평형을 고려하여 1장 더 많다.
④ 납산축전지의 격리판은 비전도성이어야 한다.

09. ④ 자기작동이 없어 패드의 압착력이 커야하지만 고속에서 반복적으로 사용해도 제동력의 변화는 적다.

10. ① 응고점은 낮을수록 좋다.

2024년 서울[보훈]

ANSWERS / P.462

01. ④ 02. ③ 03. ② 04. ③ 05. ①

01. full 하이브리드 자동차와 전기자동차의 중간정도에 위치한 플러그인 하이브리드 자동차로 외부의 전원으로 고전압 배터리 충전이 가능하다. full 하이브리드 자동차에 비해 배터리 용량이 커서 한 번 충전으로 주행할 수 있는 거리가 길고 전기자동차에 비해 충전을 하기 어려운 환경에서도 내연기관을 활용하여 주행이 가능한 장점이 있다. 하지만 차체의 무게가 무겁고 완속 충전을 자주 하기 어려운 환경이라면 내연기관을 자주 활용하기 때문에 연비 및 CO_2 배출량에서 큰 단점을 가진다.

02. 자기작동이 없기 때문에 패드의 압착력이 커야한다.

03. 크랭크축이 2회전에 1회 폭발하기 때문에 피스톤 링의 소손이 상대적으로 빠르지 않다.

04. 스플릿 피스톤은 가로 홈(스커트부의 열전달 억제)과 세로 홈(전달에 의한 팽창 억제)을 둔 피스톤으로 I, U, T자 홈 모양이 있다.

05. 격리판은 비전도성이여야 한다.

2024년 전남

ANSWERS / P.463

01. ④ 02. ① 03. ① 04. ④ 05. ③
06. ③ 07. ② 08. ① 09. ② 10. ②
11. ① 12. ③ 13. ④ 14. ①

01. 자동차의 최소 회전반경은 바깥쪽 앞바퀴의 중심을 따라 12m 이하로 제한한다.

02. 엔진룸에 불길이 확인되는 경우 엔진룸을 열거나 만지지 않고 대피한다. 만약 소화기로 화재를 진압할 때는 바람을 등지고 차량별 화재 전용 소화기를 사용한다.

03. 단순히 차륜정렬 각 요소에 대해 암기하는 것보다 형상을 머릿속으로 정리하고 응용할 수 있어야 한다.

04. 종감속기어와 차동기어 두 장치의 전달순서에 대해 잘 기억해두어야 한다.

05. 현재 대부분 자동차의 직류 전기전원 장치에 복선식을 사용한다. → 접지의 안정성을 높이기 위해

06. 유압조절(릴리프) 밸브 스프링의 장력이 높을 때 오일·팬으로 회수되는 압력이 높아져서 공급되는 유압 역시 높아지게 된다.

07. ① **디플렉터** : 2행정 사이클 엔진에서 피스톤 헤드에 설치한 돌출부
③ **밸브서징** : 밸브 개폐 횟수가 밸브 스프링의 고유진동수와 같거나 정수배로 되었을 때 공진하여 캠에 의한 작동과 관계없이 진동을 일으키는 현상
④ **밸브 오버랩** : 배기에서 흡입행정으로 넘어가는 순간 상사점 부근에서 흡·배기밸브가 동시에 열리 것

08. 연료의 주성분인 탄화수소에 대한 설명이다.

09. P : 승용차용, 205 : 타이어 폭(mm), R : 레이디얼 타이어, 18 : 타이어 내경(inch), 85 : 하중지수, V : 속도기호

10. ② 구조가 단순하여 수리가 편하고 유지비가 적은 것은 일체식 차축이다.

11. P. 386 제동장치 유압식 제동장치의 구조 그림 참조

12. 인히비터 스위치는 보기에서 설명한 기능 외에 R 레인지에서 후진등 점등이 가능하게 한다.

13. ④ 점화스위치 OFF 및 브레이크 냉간 상태에서 브레이크 페달 답력이 급격이 증가할 될 때까지 브레이크를 3~5번 작동시켜 진공 브레이크 부스터 내의 진공을 제거한다.
③ 브레이크 공기 빼기 작업 순서는 유압브레이크 배관 방식이 X-분배의 경우 보기처럼 시행하라고 서비스 매뉴얼에 표기되어 있다. 기준은 가장 먼 리어 우측을 먼저 작업하고 그 라인과 대각선으로 연결되어 있는 프런트 좌측 순으로 작업한다. 그 다음 먼 곳인 리어 좌측을 작업하고 그 라인과 연결되어 있는 프런트 우측 순으로 실시한다.

14. 출제 빈도가 높은 문제이다.

2025 자동차 구조원리 9급운전직공무원

초판 발행 | 2025년 1월 10일
제2판 1쇄 발행 | 2025년 4월 10일

지 은 이 | 이윤승 · 윤명균 · 강주원
발 행 인 | 김길현
발 행 처 | (주)골든벨
등   록 | 제 1987—000018호   ⓒ 2025 Golden Bell
I S B N | 979-11-5806-734-2
가   격 | 29,000원

이 책을 만든 사람들

편 집 · 디 자 인 ∣ 조경미, 권정숙, 박은경	제 작 진 행 ∣ 최병석
웹 매 니 지 먼 트 ∣ 안재명, 양대모, 김경희	오 프 마 케 팅 ∣ 우병춘, 오민석, 이강연
공 급 관 리 ∣ 정복순, 김봉식	회 계 관 리 ∣ 김경아

㉾ 04316 서울특별시 용산구 원효로 245[원효로1가 53-1] 골든벨빌딩 6F
● TEL : 도서 주문 및 발송 02-713-4135 / 회계 경리 02-713-4137
  기획디자인본부 gard1212@naver.com   / 해외 오퍼 및 광고 02-713-7453
● FAX : 02-718-5510   ● http : // www.gbbook.co.kr   ● E-mail : 7134135@ naver.com

자동차구조원리

자동차**구조원리**

자동차구조원리

자동차구조원리

자동차구조원리